重大灾害应对调查评估与应急管理体系建设
——以澳门应对"天鸽"台风灾害实践为例

闪淳昌　主　　编

张云霞　执行主编

应 急 管 理 出 版 社

·北　京·

图书在版编目（CIP）数据

重大灾害应对调查评估与应急管理体系建设：以澳门应对"天鸽"台风灾害实践为例 / 闪淳昌主编；张云霞执行主编 . -- 北京：应急管理出版社，2021

ISBN 978-7-5020-9231-3

Ⅰ.①重… Ⅱ.①闪… ②张… Ⅲ.①自然灾害—灾害管理—研究—澳门 Ⅳ.①X432.659

中国版本图书馆 CIP 数据核字（2021）第251261号

重大灾害应对调查评估与应急管理体系建设
　　　——以澳门应对"天鸽"台风灾害实践为例

主　　编　闪淳昌
执行主编　张云霞
责任编辑　唐小磊
编　　辑　徐　静
责任校对　张艳蕾
封面设计　卓义云天

出版发行　应急管理出版社（北京市朝阳区芍药居35号　100029）
电　　话　010-84657898（总编室）　010-84657880（读者服务部）
网　　址　www.cciph.com.cn
印　　刷　北京盛通印刷股份有限公司
经　　销　全国新华书店

开　　本　787mm×1092mm¹/₁₆　印张　29　字数　704千字
版　　次　2021年12月第1版　2021年12月第1次印刷
社内编号　20211285　　　　定价　168.00元

编　委　会

主　　编　闪淳昌

执行主编　张云霞

编　　委　张学权　李湖生　柳长安　秦绪坤　邹积亮

　　　　　　纪颖波　史运涛

序

2019 年 12 月 20 日，中共中央总书记、国家主席、中央军委主席习近平出席庆祝澳门回归祖国 20 周年大会暨澳门特别行政区第五届政府就职典礼时强调："20 年来，在中央政府和祖国内地大力支持下，在何厚铧、崔世安两位行政长官带领下，澳门特别行政区政府和社会各界人士同心协力，开创了澳门历史上最好的发展局面，谱写了具有澳门特色的'一国两制'成功实践的华彩篇章。"而 2019 年 10 月颁布实施的《澳门特别行政区防灾减灾十年规划（2019—2028 年）》就是这华彩篇章中的一章，也是时任行政长官崔世安和他率领的澳门特别行政区政府献给澳门回归祖国 20 周年的一份厚礼，功在当代，利在千秋。

2017 年 8 月 23 日，澳门遭受自 1953 年有台风观测记录以来影响澳门最强台风"天鸽"的正面袭击，造成澳门特别行政区 10 人遇难，244 人受伤，直接经济损失 90.45 亿元（澳门币），间接经济损失 35.00 亿元（澳门币）。面对突如其来的灾害，时任行政长官崔世安率领澳门特别行政区政府、广大公务员、纪律部队、社会各界积极投身抗灾救灾工作，在习近平主席和中央政府的支持下，在解放军驻澳门部队和广东省等内地各有关方面的鼎力援助下，澳门广大居民守望相助，政府与社会各界共克时艰，千方百计救灾和善后，澳门社会生产生活秩序在很短时间内得到基本恢复，经济社会大局保持稳定。

风灾虽然给澳门造成重大损失，但也激发了澳门特别行政区政府和澳门同胞迎难而上和提升澳门防灾减灾救灾水平的决心。时任行政长官崔世安及时批准设立了"检讨重大灾害应变机制暨跟进改善委员会"并担任主任，对"天鸽"台风灾害造成的影响与危害进行了全面评估与反思，广泛征集并听取了社会各界意见和建议，全面总结经验和教训、查找存在的问题、明确改善方向，把居民生命财产和公共安全放在首要位置，不断提升防灾减灾救灾的能力和水平。

澳门特别行政区政府在灾害反思总结过程中，提出了希望得到国家减灾委员会支持的请求。经李克强总理等国务院领导同意，在国务院港澳事务办公室大力支持下，国家减灾委员会及时派出了评估专家组，于 2017 年 9 月 13—17 日赶赴澳门协助澳门特别行政区政府开展了灾害总结和评估工作。国家减灾委员会评估专家组在澳门通过座谈交流与实地察看，在尊重规律、尊重科学的基础上，对比分析、评估总结，迅速形成并上报了《国家减灾委协助澳门"天鸽"台风灾害评估专家组的工作报告》。该报告得到了中央政府、澳门特别行政区政府和社会公众的肯定和认可。

2017 年 11 月，澳门特别行政区政府"检讨重大灾害应变机制暨跟进改善委员会"依据时任行政长官崔世安在《二〇一八年财政年度施政报告》中关于"完善应急机制、强化公共安全"的精神，委托国家减灾中心、清华大学公共安全研究院、北方工业大学新兴风险研究院三家单位组建的项目组编制《澳门"天鸽"台风灾害评估总结及优化澳门应急管理体制建议》报告。项目组依据中国共产党第十九次全国代表大会精神，结合澳门特别行政区政府时任行政长官崔世安在《二〇一八年财政年度施政报告》的有关要求，进行了认真准备，并于 2017 年 11 月底再次赴澳门调研。此后，澳门特别行政区政府行政长官办公室派员于 2017 年 12 月专程访问了国家减灾中心、北方工业大学新兴风险研究院和清华大学公共安全研究院，就优化澳门应急管理体制问题进行研讨。2018 年 1 月中旬，项目组与澳门特别行政区政府有关部门又在珠海进行了深入交流和探讨，并根据澳门方面的意见对报告进行了认真研究和修改，与此同时，项目组还听取了中央人民政府驻澳门特别行政区联络办公室有关负责同志的意见。1 月 25 日，项目组又在北京组织召开了征求意见及研讨会，邀请国家减灾委办公室、国家防汛抗旱总指挥部办公室、公安部、国务院港澳事务办公室、国家行政学院、国家能源局、中国气象局、国家安全生产应急救援指挥中心及北京市相关部门的专家参会，对报告进行了进一步修改和完善。项目组本着认真负责、科学严谨、求真务实的态度，对报告不断修改完善，于 2018 年年初向澳门特别行政区政府正式提交了《澳门"天鸽"台风灾害评估总结及优化澳门应急管理体制建议》报告，并为后续编制《澳门特别行政区防灾减灾十年规划（2019—2028 年)》奠定了基础。

澳门特别行政区政府有效应对"天鸽"台风和不断加强防灾减灾的实践行动，得到了习近平主席和中央政府的充分肯定。正像习近平主席在 2017 年 12 月 15 日会见时任澳门特别行政区行政长官崔世安时指出的："一年来，崔世安行政长官带领澳门特别行政区政府依法施政，大力推动稳经济、惠民生工作，顺利完成第六届立法会选举，稳妥应对各种突发事件和挑战，推动各项建设事业取得新进展。中央对崔世安行政长官和澳门特别行政区政府的工作是充分肯定的。"习近平主席希望崔世安和特别行政区政府团结带领澳门各界人士，增强大局意识和忧患意识，锐意进取，不断推进"一国两制"在澳门的成功实践，为实现中华民族伟大复兴的中国梦作出新的更大贡献。

此后，澳门特别行政区政府"检讨重大灾害应变机制暨跟进改善委员会"在《澳门"天鸽"台风灾害评估总结及优化澳门应急管理体制建议》报告的基础上，又委托国家减灾中心、清华大学公共安全研究院、北方工业大学新兴风险研究院三家单位组建规划编制项目组，编制《澳门特别行政区防灾减灾十年规划（2019—2028 年）》。接到编制任务后，规划编制项目组认真学习了习近平主席在 2017 年 12 月 15 日会见行政长官崔世安时的谈话精神；研究了时任行政长官崔世安的《二〇一八年财政年度施政报告》，特别是报告中关于实施一系列短中长期防灾减灾措施，并将于 2018 年启动编制《澳门特别行政区防灾减灾十年规划（2019—2028 年）》等要点；重温了《澳门特别行政区五年发展规划（2016—2020 年）》，特别是规划中关于把"澳门建成'一个中心'，真正成为名副其实的旅游休闲城市、宜居城市、安全城市、健康城市、智慧城市、文化城市、善治城市"的发展愿景和"提升危机处理水平，建设安全城市"的目标任务。一致表示绝不辜负澳门特别行政区政府和民众的信任，一定要为澳门安全、持续、健康发展，编制一个好的防灾减灾规划。

规划编制项目组依据《中华人民共和国澳门特别行政区基本法》《澳门民防纲要法》（第 72/92/M 号法令）等法律、法规及规范性文件，立足澳门实际，坚持世界眼光、国际标准、先进适用，确定了"以人为本，减少危害；居安思危，预防为主；统一领导，依法规范；快速反应，协同应对；整合资源，突出重点；依靠科技，提高能力"的基本原则。规划的定位是通过优化防灾减灾和应急管理体系，充分利用澳门特别行政区现有资源，共享粤港澳大湾区和内地应急资源，加强应急能力建设，提升澳门应对各类突发事件的能力和水平，成为指导未来十年澳门防灾减灾和应急能力建设的行动指南。

规划编制项目组经过 2018 年 2—3 月的准备阶段，3—5 月的书面调研、现场调研和评估分析，于 5 月底提交了中期报告；6—9 月对规划愿景与目标、应急资源空间布局、规划主线和行动方案、重点建设项目、实施保障措施等开展了研究论证，编写了《澳门特别行政区防灾减灾十年规划（2019—2028 年）》（初稿）及其编制说明，并组织相关部门、单位及专家进行研讨论证，对规划（初稿）不断修改完善，其间多次征求各方意见、几易其稿，最终如期向澳门特别行政区政府提交了《澳门特别行政区防灾减灾十年规划（2019—2028 年）》。澳门特别行政区政府于 2019 年 10 月 30 日，正式发布《澳门特别行政区防灾减灾十年规划（2019—2028 年）》（中文版和葡文版）。

需要说明的是，规划编制项目组在规划编制过程中，自始至终得到了澳门特别行政区政府及各有关部门、单位、社会组织和专家们的大力支持，得到了澳门公众的大力支持。而且，澳门特别行政区政府及各有关部门、单位、社会组织、专家和公众不仅积极参与规划编制，更重要的是以实际行动加强防灾减灾工作，抓紧建设应急指挥平台，并多次开展应对台风、恐怖袭击等重大突发事件的综合演练，时任行政长官崔世安等亲自参加。通过情景—任务—能力的不断深化，进一步提升了全社会的忧患意识和公众的自救互救能力。特别是2018年在应对"山竹"台风灾害时，澳门特别行政区政府和公众把应对"天鸽"台风的经验教训真正转化为了实际行动，在应对超强台风"山竹"袭击澳门时，澳门历史上第一次要求博企暂停营业、第一次启动低洼地区居民撤离、第一次协调博企和政府单位开放车位给市民、第一次全面启用16个避险中心、第一次向全民发出紧急短讯、第一次使用广播系统播放撤离警号……电视台、电台、网络以及澳门特别行政区政府新闻局等部门也是第一时间"滚动"播放灾情及相关信息。由于采取了这一系列措施，没有一人因灾死亡，水电通信基本正常，市面及市民情绪稳定，生产生活迅速恢复。这一切在澳门防灾救灾史上具有里程碑意义，体现了澳门特别行政区政府以人民生命安全为首要任务的责任担当，说明澳门的防灾减灾与应急管理工作在不断取得明显进步。为此，在本书出版之际，我们向澳门特别行政区政府及各有关部门、单位、社会组织、专家和公众致以衷心感谢和崇高敬礼！

最后，需要强调的是，在气候变化背景下，难以遇料的全球气候反常和难以控制的自然灾害时有发生，气候变化引起的灾害风险已成为当今时代的最大挑战之一。因此，不断健全和完善应急管理体系、提升应急管理能力，已成为防范化解重大风险挑战的客观要求。重大灾害调查评估作为完善应急管理体系建设的重要组成部分，有助于加强对灾害防范应对工作的及时总结反思。通过开展重大灾害调查评估，一方面可以深入了解重大自然灾害事件的发生经过和相关的各种事实，总结受灾地区防范应对工作的成功做法、主要问题和教训，为应急管理体制机制法制的持续改进提供评价依据；另一方面可以及时发现和掌握防灾减灾救灾工作中的不足和薄弱环节，采取针对性的改进措施，强化地方各级党委和政府的责任意识，落实防灾减灾救灾措施，不断推进我国应急管理体系和能力现代化建设，持续提升我国应急管理和防灾减灾救灾水平。正像习近平主席指出的，"重大的历史进步都是在一些重大的灾难之后，我们这个民族就是这样在艰难困苦中历练、成长起来的。"衷心祝愿祖国的明天更加繁荣稳定，更加和谐美好！

本书编委会

2021年11月

前　　言

澳门"天鸽"台风灾害总结评估工作,从启动总结评估到澳门特别行政区防灾减灾十年规划编制工作结束,历时一年多。该工作是澳门特别行政区政府首次组织开展重大突发事件评估,也是国家减灾委员会首次派出专家组赴澳门开展重大灾害评估,在澳门应急管理历史上具有里程碑的意义。总结评估工作分为3个阶段:第一阶段为澳门"天鸽"台风全面评估与反思阶段;第二阶段为完善澳门应急管理体制机制论证设计阶段;第三阶段为澳门防灾减灾十年规划研究编制阶段。先后形成了《国家减灾委协助澳门"天鸽"台风灾害评估专家组的工作报告》(简称《报告》)《澳门"天鸽"台风灾害评估总结及优化澳门应急管理体制建议》(简称《建议》)和《澳门特别行政区防灾减灾十年规划(2019—2028年)》(简称《规划》)。

本书在绪论中概述了澳门社会经济情况和公共安全风险情况。澳门回归祖国以来,在中央政府和祖国内地大力支持下,澳门特别行政区政府和社会各界人士同心协力,开创了澳门历史上最好的发展局面。以宪法和澳门基本法为基础的宪制秩序牢固确立,治理体系日益完善;经济实现跨越发展,居民生活持续改善;社会保持稳定和谐,多元文化交相辉映。但是,澳门作为重要的海滨城市和旅游、商贸城市,随着经济及社会的快速发展,城市系统也更加庞大、复杂,城市公共安全潜在风险因素逐渐增加,城市公共安全形势不容乐观。

第一篇澳门"天鸽"台风灾害评估篇详细分析了"天鸽"台风灾害灾情特点,总结了澳门特别行政区政府和社会各界开展台风灾害应对的基本经验,并从应急管理体制机制、灾害应对法律法规和标准体系、预防与应急准备、生命线工程和重要基础设施防灾减灾能力等方面查找了灾害应对中存在的主要问题,就下一步优化澳门应急管理体制机制和提升能力提出了政策建议。

第二篇澳门防灾减灾规划编制篇首先介绍了规划编制方法,包括编制的目的和意义、思路和原则、方法和步骤、框架和内容以及编制过程中需要关注的主要问题等,以澳门特别行政区防灾减灾十年规划编制实践为重点,详细介绍了澳门公共安全风险评估结果,澳门应急能力评估及需求分析,澳门防灾减灾规划愿景与目标研究,澳门基础设施防灾减灾能力建设规划研究和澳门应急管理体系及应急能力建设规划研究。

　　第一篇与第二篇密切相关、相互联系、不断深化。《报告》《建议》为编制《规划》提供了坚实基础，《规划》是《建议》的丰富和发展。特别是澳门基础设施防灾减灾能力建设规划和澳门应急管理体系及应急能力建设规划实际是第一篇主要政策建议的具体化和实施路径。需要强调的是，这两篇在编写过程中，都比较详尽地介绍了国内外防灾减灾和应急管理的有益经验和做法，包括国内外应对台风灾害的主要做法，重大突发事件情景构建、分析与评估，"韧性城市"（resilient city）的由来和借鉴等国内外防灾减灾救灾与应急管理先进经验和发展趋势。

　　第三篇澳门"天鸽"台风灾害应对工作实录篇实际是国家减灾委评估专家组和《规划》编制工作的大事记，具有重要的历史参考价值。

　　本书是在澳门特别行政区政府及各有关部门和专家的大力支持下，在澳门"天鸽"台风灾害评估专家组各位专家的共同努力下完成的，在此表示衷心感谢。由于本书涉及预防与应急准备、监测与预警、应急处置与救援、事后恢复与重建等诸多领域，内容覆盖面广，协调各章节的工作量大，书中不足之处在所难免，恳请读者不吝指正。

目　　次

绪论 ·· 1

　　第一节　澳门社会经济情况 ··· 1

　　第二节　澳门公共安全风险情况 ·· 2

第一篇　澳门"天鸽"台风灾害评估篇

第一章　澳门"天鸽"台风灾害调查评估背景与方法 ··· 9

　　第一节　澳门"天鸽"台风灾害调查评估的背景 ·· 9

　　第二节　澳门"天鸽"台风灾害调查评估的必要性和重要性 ································· 10

　　第三节　澳门"天鸽"台风灾害调查评估的内容、特点和原则 ······························ 11

　　第四节　澳门"天鸽"台风灾害调查评估的方法、过程及局限性 ··························· 13

第二章　澳门"天鸽"台风应对过程及经验教训 ··· 17

　　第一节　澳门"天鸽"台风灾害特点和灾情评估分析 ··· 17

　　第二节　澳门"天鸽"台风灾害应对工作评估分析 ·· 23

第三章　国内外应对台风灾害的主要做法 ·· 37

　　第一节　国外应对台风灾害的主要做法 ·· 37

　　第二节　国内应对台风灾害的主要做法 ·· 42

　　第三节　国内外防灾减灾救灾与应急管理先进经验和发展趋势 ···························· 45

第四章　优化澳门应急管理体制机制和提升能力政策建议 ····································· 56

　　第一节　总体思路 ·· 56

　　第二节　健全完善应急管理体制机制法制 ·· 58

　　第三节　提升灾害监测预警评估能力 ·· 71

　　第四节　提升基础设施防灾减灾能力 ·· 78

　　第五节　提升区域应急联动协作能力 ·· 89

　　第六节　提升应急管理多元主体参与协同能力 ·· 95

第二篇　澳门防灾减灾规划编制篇

第五章　澳门防灾减灾规划编制方法 109

第一节　规划编制目的和意义 109

第二节　规划编制思路和原则 110

第三节　规划编制方法和步骤 111

第四节　规划编制框架和内容 114

第五节　编制过程中需要关注的主要问题 117

第六章　澳门防灾减灾十年规划编制实践 121

第一节　澳门公共安全风险评估 121

第二节　澳门应急能力评估及需求分析 135

第三节　澳门防灾减灾规划愿景与目标研究 180

第四节　澳门基础设施防灾减灾能力建设规划研究 191

第五节　澳门应急管理体系及应急能力建设规划研究 210

第三篇　澳门"天鸽"台风灾害应对工作实录篇

第七章　国家减灾委评估专家组澳门"天鸽"台风灾害评估工作实录 277

第八章　澳门防灾减灾十年规划编制工作实录 282

第九章　澳门应急预案体系建设完善工作实录 283

评估专家组名单 285

附录一　《澳门"天鸽"台风灾害评估总结及优化澳门应急管理体制建议》
**　　　　报告** 289

附录二　澳门特别行政区防灾减灾十年规划（2019—2028 年） 411

参考文献 451

绪　论

第一节　澳门社会经济情况

一、地理和人口

澳门位于中国大陆东南沿海，地处珠江三角洲的西岸，毗邻广东省，与香港相距 60 km，距离广州 145 km。

澳门的总面积因为沿岸填海造地而一直扩大，自有记录的 1912 年的 11.6 km² 逐步扩展至 2020 年的 32.9 km²，其中包括新城 A 区及港珠澳大桥珠澳口岸人工岛澳门口岸管理区。另外，澳门大学新校区面积为 1.0 km²。澳门包括澳门半岛、凼仔岛和路环岛。嘉乐庇总督大桥、友谊大桥和西湾大桥把澳门半岛和凼仔岛连接起来，而路凼填海区把凼仔和路环 2 个离岛连为一体。

截至 2019 年 12 月 31 日，澳门人口总数为 679600 人，其中男性占 46.7%，女性占 53.3%。在年龄结构方面，0～14 岁占 13.2%，15～64 岁占 74.9%，65 岁及以上占 11.9%。人口密度为 2.04 万人/km²。根据 2016 中期人口统计结果，中国籍居民占 88.4%，葡萄牙籍占 1.4%，菲律宾籍占 4.6%。

澳门的官方语言分别是汉语和葡萄牙语。澳门以粤语为日常用语的居住人口约 80.1%，能流利使用葡萄牙语的占 2.3%。其余常见的日常用语还有英语（2.8%）和菲律宾语（3.0%）等。

澳门位于亚热带地区，北靠亚洲大陆，南临广阔热带海洋，冬季主要受中、高纬度冷性大陆高压影响，多吹北风，天气较冷而且干燥，雨量较少。夏季主要受来自海洋的热带天气系统影响，以吹西南风为主，气温较高，湿度大，降雨量充沛。澳门年平均气温为 22.6 ℃，气温最低的 1 月平均温度为 15.1 ℃，但有时也会出现最低温度在 5 ℃ 以下的天气。月平均温度在 22 ℃ 以上的月份则多达 7 个月。澳门常受台风吹袭，台风季节为每年 5—10 月，其中 7—9 月是台风吹袭最多的月份。

二、经济概况

澳门经济规模不大，但外向度高，财政金融稳健，无外汇管制，具有自由港及独立关税区地位，是亚太区内极具经济活力的一员，也是连接内地和国际市场的重要窗口和桥梁。澳门就业市场良好，2019 年全年失业率保持 1.7% 的低水平。截至 2020 年 6 月底，外汇储备为 1896 亿元（澳门币）。

澳门特别行政区成立以来，在旅游博彩业的带动下，经济保持了较快的增长速度。2019 年，澳门内外环境不确定因素增多，经济承受下行压力。全年本地生产总值为 4347

亿元（澳门币）。就业情况理想，财政金融保持稳健。在美国传统基金发布的 2020 年度全球经济自由度指数报告中，澳门连续 12 年被评为较自由的经济体，在全球 179 个经济体中排名第 35 位；在亚太地区 42 个经济体中排名第 9 位。其中，澳门排名加高的指数包括财政稳健、政府开支水平、贸易自由度、投资自由度、税务负担、货币自由度及金融自由度等。

2019 年 2 月 18 日，《粤港澳大湾区发展规划纲要》正式公布，这份纲领性文件对粤港澳大湾区的战略定位、发展目标、空间布局等方面作了全面规划。按照《规划纲要》，粤港澳大湾区不仅要建成充满活力的世界级城市群、国际科技创新中心、"一带一路"建设的重要支撑、内地与港澳深度合作示范区，还要打造成宜居、宜业、宜游的优质生活圈，成为高品质发展的典范。

三、对外关系

根据《澳门特别行政区基本法》的规定，澳门可在经济、贸易、金融、航运、通信、旅游、文化、科技、体育等适当领域以"中国澳门"的名义，单独地与世界各国、各地区及有关国际组织保持和发展关系，签订和履行有关协议。截至 2020 年 8 月，给予澳门特别行政区护照免签或落地签证待遇的国家和地区共 144 个，另外，共有 13 个国家或地区给予澳门特别行政区旅行证免签证或落地签证待遇。

四、教育医疗

特区政府成立以来，积极优化澳门非高等教育和高等教育的发展，从制度、投入和规划等多方面，落实"教育兴澳""人才强澳"的施政方向，又秉持高教多元发展的方针，支持各院校办学自主，协调高等教育机构的发展，培养具有国际竞争力的高素质人才。澳门实行 15 年免费教育，包括 3 年幼儿教育、6 年小学教育、3 年初中教育及 3 年高中教育。根据澳门教育与青年局统计资料显示，2019/2020 学年，澳门共有 77 所学校，其中公立学校 10 所，私立学校 67 所。

截至 2019 年底，澳门共有 1808 名医生、2491 名护士，每千人口分别对应有 2.7 名医生和 3.7 名护士。澳门的医疗卫生服务，可分为政府和非政府两大类。政府方面主要由提供基层医疗服务的卫生中心和提供专科服务的仁伯爵综合医院（俗称山顶医院）。非政府方面，可分为接受政府和团体资助的医疗单位，如镜湖医院、科大医院、工人医疗所、同善堂医疗所等，以及各类私人诊所和化验所提供的医疗服务。其中卫生中心和同善堂医疗所提供的服务基本上是免费的。

第二节　澳门公共安全风险情况

一、公共安全现状分析

（一）公共安全整体情况

澳门回归祖国以来，在中央政府和祖国内地大力支持下，澳门特别行政区政府和社会各界人士同心协力，开创了澳门历史上最好的发展局面。以宪法和澳门基本法为基础的宪制秩序牢固确立，治理体系日益完善；经济实现跨越发展，居民生活持续改善；社会保持稳定和谐，多元文化交相辉映。但是，澳门作为重要的海滨城市和旅游、商贸城市，随着经济及社会的快速发展，城市系统也更加庞大、复杂，城市公共安全潜在风险因素逐渐增加，风险后果愈加严重，城市公共安全形势不容乐观。一旦发生重大突发事件，澳门的安全、经济和环境将遭受到巨大威胁。

总体来说，目前澳门公共安全面临的风险呈现出以下新特征：

一是自然灾害风险出现新情况，城市基础设施维修改造亟须加强。2017 年"天鸽"台风灾害引发大面积城市内涝事件表明，如果公共安全防范措施跟不上发展的步伐，城市在自然灾害面前将会显得更加脆弱。

二是生产技术领域呈现新兴风险的特征。澳门传统安全生产管理经验丰富，工作指引清晰。但是，随着新材料、新能源、新工艺广泛应用，新产业、新业态、新领域大量涌现，各类潜在危险源增多，防控难度变大。如智能化技术在工业安全方面带来的新风险、澳门与珠海跨境公治航道带来的环境和社会安全方面的风险。

三是社会治理领域安全稳定，但网络风险、恐怖袭击带来新挑战。澳门社会治理经验丰富，社会生活领域的安全形势持续好转，但恐怖主义威胁、网络安全问题等非传统安全风险随着国际化及新技术的发展日益凸显。

四是澳门城市系统越来越复杂，自然与环境、生产与技术、社会与生活等领域的风险相互交织，显现出风险来源的复杂性、风险发展的连锁性、风险后果的不确定性等特征。

（二）公共安全风险分析

通过对澳门历史灾害数据的分析，同时兼顾风险自身特征及澳门城市发展趋势，重点对以下七大公共安全风险进行分析。

（1）台风及暴雨灾害频现，基础设施及预警体系有待加强。澳门在北回归线以南，属于亚热带气候。其北靠亚洲大陆东南部，南临南海，既受来自海洋的低纬度大气流的影响，又受到来自大陆中、高纬度大气流的影响，其间相互联系、相互制约，冬夏季风环流方向相反，因此台风、暴雨灾害多发频发。根据历史数据，澳门年平均暴雨为 10.2 天，大暴雨为 2.9 天，特大暴雨为 0.5 天，台风平均每年 2.08 次。作为台风、暴雨自然灾害多发区，澳门对于预防此类灾害有较为丰富的经验，一般的台风、暴雨灾害不会对澳门造成显著影响。但随着全球气候变暖，极端天气事件频繁出现，气候变化是最大挑战之一。

（2）道路及水上交通灾害影响面广，风险管理有一定基础。澳门的陆路交通主要由私人车辆、巴士、的士等构成。澳门属旅游城市，有数量可观的旅游大巴穿梭于各主要街道，对道路交通造成一定压力，同时因为某些路段基础条件较差，导致澳门道路交通事故时有发生，影响面较广。澳门交通部门在日常管理中不断检讨和总结经验，在交通灾害的预防及应急反应方面有一定基础。作为半岛及岛屿城市，水路及航运也是澳门的主要客运及货运交通方式之一。水上交通事故频率较低，但影响较大。记录表明：2015 年 10 月，澳门开往香港客运轮船在香港附近发生碰撞事故，致 83 人受伤；2015 年 2 月，发生澳门水域偷渡轮船沉没意外；此外往来货运船只也经常被报道发生各种程度的水上事故。为了降低水上交通事故的影响，澳门海事部门已形成一套紧急救援体系，同时与广东、香港等地建立联合救助机制，很好应对了水上交通事故。

（3）建筑火灾及燃气爆炸后果严重，基础设施需要加强。澳门城市建设及发展历史时间长，房屋及基础设施陈旧，特别是老城区的建筑密度大，建筑之间通道狭窄，一旦发生火灾，消防扑救和人员疏散都面临较大困难。另外，城市新建筑或穿插在旧区中，或相对集中建设，但由于各种现实条件的制约而无法保证完善的防火规划全部得以实施。在澳门历史灾害数据记录中也有关于建筑火灾和煤气爆炸的记载：1984 年 5 月 15 日，澳门黑沙环合时工业大厦第二期发生一宗罕见大火灾，整幢大厦被火焚毁倒塌；2003 年 8 月 1 日晚，澳门青洲区燃油、液化石油气储存仓库附近发生一起特大的化学品爆炸火灾事故，这是澳门有史以来首次发生石油化工产品储存仓库爆炸事件，并引发冲天大火灾；2016 年 2 月 10 日 4 时，澳门最著名的名胜古迹妈阁庙发生火灾，庙内的正殿被焚，神案和牌匾被烧或者熏黑，疑似灯饰短路引发。澳门的火灾发生频率虽然不是很高，但澳门人口密度大、建筑密度大，容易造成较严重后果，因此建筑火灾和煤气爆炸事故应继续引起关注，需进一步加强老城区防灾能力，提高安全预防措施，加强安全消防检查。

（4）断水断电影响民生，能力升级及联动救援亟须推进。城市供水和供电是重大民生工程，如果城市发生紧急情况，城市供水陷入瘫痪，电网断电，将对生活及生产影响巨大。大面积断水会造成基本生活用水不能满足，引起居民生活不便及社会恐慌。城市交通、通信、供水、排水、供电等生命线工程对电力的依赖性大。大面积停电事件对城市生命线工程造成较大威胁，易导致次生、衍生事故发生；大面积停电事件对商业运营、金融证券业、企业生产、教育、医院以及居民生活必需品供应等公众的正常生产、生活都将造成冲击。澳门自来水和日常用电的供给能力较为稳定，以往断水断电的事故比较少见。但是受"天鸽"台风影响，又因为邻海基建设施地势低洼，海水倒灌，造成了较大面积和较长时间的停水停电。因此供水供电的基础设施亟须进一步改造升级。

（5）疫情传染影响大，防控工作需保持高度警惕。澳门作为一个地方小、人口稠密，每年接待 3000 多万游客的国际旅游城市，人口流动性较大，再加上气候比较潮湿和温暖，疫情容易在人群中造成较快较广的传播。如发生传染病暴发，将给居民健康和社会、民生和经济带来沉重打击。自澳门特别行政区政府成立以来，一直面临着各种传染病的威胁，新型传染病复杂多变，增加了疾病跨区域传播的风险，包括 1997 年的人感染甲型 H5N1 禽流感、2001 年本澳暴发的登革热、2003 年的严重急性呼吸综合征、2009 年的全球甲型 H1N1 流感、2011 年的人类感染禽流感、2013 年的人感染 H7N9 禽流感大暴发，2014 年的非洲埃博拉病毒感染和广东登革热大暴发，以及 2015 年的韩国中东呼吸综合征大暴发。据澳门卫生局统计，澳门 2018 年 2 月《强制性申报疾病月报表》记载新发流感 1729 例，2018 年 1—2 月总数 3668 例，均显示了当前传染病不可忽视。尽管存在各种传染病的持续威胁，但澳门没有暴发重大传染疫情，这得益于澳门特区政府在过去十多年来一直对传染病的防控工作保持警惕。澳门遵循世界卫生组织建议，采取不后悔原则，致力于各项防控软硬件措施的建立，包括提供足够疫苗接种、做好宣传教育、兴建公共卫生临床中心、公共卫生应急人员宿舍、传染病大楼等。但因为一旦暴发疫情影响重大，传染病防控工作还需继续保持高度警惕。

（6）刑事案件及恐怖袭击影响恶劣，治安管理仍需加强。社会安全是民众生活稳定的基础，是广大民众高度关注的城市安全管理领域。澳门历史记录中有影响恶劣的刑事案件，但没有恐怖袭击的记录。总的来说，近些年澳门刑事案件发生率略有下降。2017 年，澳门严重暴力犯罪维持低案发数量，共发生 3 宗杀人案、8 宗严重伤人案；纵火案同比上升一倍，共录得 52 宗，超过六成案件的火源是未熄烟蒂；录得盗窃案 1093 宗、勒索案 57 宗，分别下降 19.6%、33.7%；抢劫案则上升 24.7%，不法分子以兑换货币、汇款等理由引诱被害人到酒店房间内实施抢劫的案件有所增加；计算机犯罪案件在近两年呈下降趋势，全年立案 439 宗，同比下降 5.8%。根据澳门的以旅游业、娱乐场等为支柱的经济发展特征，反暴力犯罪力度依然亟须加强。虽然澳门历史上没有发生过恐怖袭击事件，但一旦发生此类事件，会对澳门的旅游业造成重大影响，而且考虑当今国际环境及澳门经济发展特征，仍需要加强社会治安和防恐的管理和能力建设。当前澳门治安与反恐工作在警察总局的协调下由司警和治安警共同处理，在反恐工作方面还需加强三地在预防和打击恐怖袭击方面的合作和演练。

（7）校园安全成为社会关注焦点，风险防控需多方联动。学校是一个由相对固定的教职员工和相对流动的学生组成的一个特殊的社会群体。由于学生安全意识不足、自身防御力量小等原因，校园安全一直是家长、学校以及社会关心的重点。在报道的澳门校园安全事故中，社会安全及公共卫生事件占比较大，校园欺凌事件和集体感染事件成为校园安全的威胁。澳门校园安全保障涉及的官方机构和社会组织众多，相关立法和学校管理规章以及各社会组织章程详尽全面，工作指引清晰具体，风险防控初具雏形。然而，从各类校园安全事故发生的情况来看，校园安全还需要持续提高安全意识方面的工作。学校安全应当受到社会各方面的关注，除了学校及相关部门的内部风险防控及管理，开展外部风险防控，建立多方联动机制，培育风险文化，最终有效防控学校安全风险。

第一篇

澳门"天鸽"台风灾害评估篇

第一章　澳门"天鸽"台风灾害
调查评估背景与方法

第一节　澳门"天鸽"台风灾害调查评估的背景

台风是一种破坏力很强的灾害性天气系统，是威胁人类生存的最主要的自然灾害之一。台风带来的强风、暴雨、巨浪、风暴潮是致灾的主要原因，对沿海地区的经济发展造成严重威胁。2017年8月23日，强台风"天鸽"重创澳门，给当地经济和市民生活造成了严重影响。全澳停班停课，澳门国际机场、航班、公共交通全部停摆，澳门本岛与凼仔之间的3座跨海大桥、西湾大桥下层行车道全部封闭，澳门与珠海之间的3个口岸也一度暂停运作。澳门全城停电，电台铁塔被吹断，澳门气象部门的实测数据更新被迫中断。"天鸽"台风是1965年以来登陆珠江三角洲的最强台风，对澳门造成重大人员伤亡与财产损失的同时，也给广东省，特别是珠海市造成重大伤亡和损失。

实践和理论证明：突发事件破坏性不完全在于灾害的原发强度，还取决于人类社会自身应对各类灾害所表现出的抵抗能力和脆弱性。灾害损失＝灾害强度×脆弱性×集中度÷应急响应能力。其中脆弱性、暴露在灾害下的人财物的集中度和应急响应能力是造成灾害损失大，且人类能够加以控制的要素，这些要素是可以不断优化的。

以史为镜可以知兴替，以人为镜可以知得失，以自然灾害为镜可以使人类的文明得到延续。总结反思应对自然灾害的经验教训，可以找到应对自然灾害的妙招，是避免重蹈覆辙的良方。集民政、气象、电力、水利、消防、安全监管、电信、建筑以及应急管理等领域专家的国家减灾委评估专家组，赴澳门协助开展台风"天鸽"灾害总结评估工作，深入总结，举一反三，旨在真正把这次抗击风灾斗争的经验教训转化为更好抵御风险的措施和能力。

评估专家组在为期1年多的时间里，多次前往澳门进行调研，与特区政府有关部门多次进行座谈交流，先后协助澳门特别行政区政府完成了《国家减灾委协助澳门"天鸽"台风灾害评估专家组的工作报告》《澳门"天鸽"台风灾害评估总结及优化澳门应急管理体制建议》《澳门特别行政区防灾减灾十年规划（2019—2028年)》相关专题报告及研究论证报告，《澳门特别行政区应急预案体系评估报告》《澳门特别行政区部门应急预案编制指引》等多份工作成果。

公共安全是澳门民众安居乐业、经济健康发展、社会稳定的基石，是确保广大民众根本利益的基础。完善应急机制，切实提升防灾减灾能力和应急管理水平可以为将澳门建设成为世界旅游休闲中心提供安全保障。澳门特区政府从实际出发，不断优化应急管理体系，必定使澳门人民的获得感、幸福感、安全感更加充实、更有保障、更可持续。

第二节 澳门"天鸽"台风灾害调查评估的 必要性和重要性

国家减灾委派出评估专家组，在强台风"天鸽"正面袭击澳门后于 2017 年 9 月 13—17 日首次赴澳门协助开展台风"天鸽"灾害总结评估工作，对取得的成效和存在的问题进行深入细致分析，对下一步优化澳门应急管理体系提出总体思路和建议。之后，澳门特别行政区政府又委托国家减灾中心、清华大学公共安全研究院、北方工业大学新兴风险研究院三家单位牵头组建的项目组，就优化澳门应急管理体制建议等开展系列评估研究工作，形成了系列工作成果。此次"天鸽"台风总结评估工作是澳门特别行政区政府首次邀请中央政府派出的评估专家团队对重大突发事件的应对过程进行公开、系统、客观的综合评估，有着重要的意义。

首先，台风灾害是世界上最严重的自然灾害之一，防范应对台风灾害是我国沿海地区共同面临的巨大挑战。中央政府派出评估专家组协助澳门特别行政区政府对"天鸽"台风灾害进行调查评估，有利于澳门特别行政区政府及时全面地总结经验和吸取教训，进一步完善澳门特别行政区政府的突发事件应急管理体系，确保在未来应对各种突发事件过程中决策更加及时，措施更加得当，生命财产损失更小。对"天鸽"台风灾害的调查评估也会对我国内地有效开展重大自然灾害调查评估工作产生积极的示范效应，对于国家和地方层面建立完善重大自然灾害现场调查评估机制、制定客观科学的评价指标和相关技术规范具有重要的参考价值。

其次，对"天鸽"台风灾害工作开展调查评估是建设澳门特别行政区服务型政府和阳光型政府的必然要求。建设服务型政府是澳门回归以来几届特别行政区政府一直坚持的施政方略。回归以来，澳门特别行政区政府提出"以人为本"的施政理念。服务型政府、阳光型政府的基本特点就是民主决策、政务公开。对政府应对突发事件的工作开展调查评估正是澳门特别行政区政府责任担当和政务透明的具体体现，也是推进澳门特别行政区政府治理体系和治理能力现代化建设的具体体现。

再次，对重大突发事件应对开展调查评估是学习借鉴国外应对突发事件有益经验的具体表现。很多发达国家、地区和国际组织都对重大突发事件处置后的调查评估予以充分重视。2005 年英国伦敦地铁系列爆炸事件、2005 年美国"卡特里娜"飓风灾害事件等发生后，英国政府、美国政府均立即成立了专门调查组，对灾害发生情况、处理过程等进行了细致的调查和评估，并向社会发布了调查评估报告。调查评估完成后，英国、美国都调整完善了相应的应急预案及应急管理机制，以更好地应对类似事件的发生。可见，重大突发事件的现场调查评估工作对应急管理体制机制改革与完善可以起到重要的推动作用。

第三节　澳门"天鸽"台风灾害调查评估的
内容、特点和原则

一、澳门"天鸽"台风灾害调查评估的主要内容

本次评估的基本思路是基于"天鸽"台风的致灾特点以及对澳门社会生活造成的影响，分析澳门特别行政区政府灾害应对情况，从取得的成效和存在的问题教训等方面综合评估，结合国内外防灾减灾救灾最新动态和主要做法，对优化澳门应急管理体系提出总体思路和建议，并提出优化澳门应急管理体系的主要工程建设项目。整个评估工作以客观综合的视角，通过现场调研、数据分析、部门座谈、专家讨论等多种手段和方法，对澳门"天鸽"台风应对的总体效果进行客观评价，立足长远发展，对澳门应急管理体系优化建设进行顶层设计，旨在推动澳门建设成为安全韧性的世界旅游休闲中心。评估的重点领域包括以下方面。

（一）"天鸽"台风灾害及应对

首先，对"天鸽"台风灾害特点和灾情进行分析，评估"天鸽"台风灾害的致灾危险性、灾害影响及灾情；其次，对"天鸽"台风灾害的应对情况进行分析，剖析澳门特别行政区政府及民防行动中心、澳门各界和民众等采取的应对措施和取得的积极成效，以及澳门特别行政区政府针对应对工作的及时反思；另外，针对"天鸽"台风应对工作暴露出的问题，从预防与应急准备、应急管理体制机制、相关法律法规和标准、生命线工程和重要基础设施设防能力、灾害预警及响应能力等方面进行评估，找出弱项和能力短板，为下一步加强完善应急管理体系建设的顶层设计和相关政策建议提出奠定基础。

（二）国内外防灾减灾救灾最新动态和做法

首先，选择中国、美国、日本、菲律宾等国家作为研究对象，分别分析这些国家遭受台风（飓风）灾害影响的主要特点、应对措施的主要特点，突出了上述国家台风灾害防御应对工作的主要理念和积极做法。另外，特别针对2013年超强台风"海燕"重创菲律宾事件，深入剖析了菲律宾的灾害应急管理体系存在的薄弱环节，从反面印证了监测预警、防范应对、救援救灾、综合减灾等工作机制完善和标准体系健全的重要性。其次，总结分析了国内外防灾减灾救灾与应急管理先进经验和发展趋势，深入剖析了我国防灾减灾救灾的新理念、新做法和国外灾害应对与应急管理的典型经验做法；最后，概要介绍了减少灾害风险的全球共识，并强调了建设安全韧性城市已成为当今全球发展趋势。

（三）优化澳门应急管理体系的总体思路和建议

首先，从理念、总体目标、分阶段目标、基本原则、体系架构等方面提出优化澳门应急管理系统的总体思路，明确通过优化澳门应急管理体系，进一步提高澳门特别行政区政府的执政能力与公信力，使澳门进一步融入国家发展大局。其次，从健全完善澳门应急管理体制机制和应急预案等方面，明确提出健全"统一领导、综合协调、部门联动、分级负责、反应灵敏、运转高效"的应急管理体制；明确提出从监测预警、突发事件信息报告、决策指挥、应急保障、风险评估和风险分担等方面健全应急管理机制；明确提出制修订应急管理相关法律法规，完善应急管理标准体系；明确提出按照"统一领导、分类管

理、分级负责"的原则和不同的责任主体，统筹规划各类突发事件应急预案体系，做到"横向到边、纵向到底"。最后，从健全完善澳门应急能力建设方面，明确提出加强气象及海洋灾害监测预警能力、灾情统计评估能力、生命线工程和重要基础设施防灾减灾能力、粤港澳应急联动协作能力等，并且要多措并举不断建立健全政府主导、社会协同、公众参与的应急管理格局。

（四）优化澳门应急管理体系的重点建设项目建议

针对澳门应急管理体系建设的迫切需求，提出开展综合风险与应急能力评估项目、应急避难及转移安置场所建设工程、内港海傍区防洪（潮）排涝建设工程、智能安全城市及公共安全运行与应急指挥平台项目、专业救援队伍培训基地建设项目、公共安全科普教育基地建设项目等重点项目建设，从建设目标、建设框架、建设内容、实现路径等方面分别对各个项目进行详细阐述，旨在从加强应急管理的软实力和硬实力方面双管齐下，提升澳门应急管理体系和能力的现代化。

二、澳门"天鸽"台风灾害调查评估的主要特点

本次调查评估主要有以下特点。

首先，它是澳门特别行政区政府首次组织开展的突发公共事件调查评估，彰显了澳门特别行政区政府对澳门人民高度负责的精神和实事求是的态度。"天鸽"台风袭击澳门后，澳门特别行政区政府与社会各界共克时艰，澳门社会生产生活秩序在很短时间内得到基本恢复，经济社会大局保持稳定。澳门特别行政区政府专门设立了"检讨重大灾害应变机制暨跟进改善委员会"，对"天鸽"台风灾害造成的影响与危害进行了全面评估与反思，这是澳门特别行政区政府首次组织开展系统而全面的突发公共事件调查评估，其社会影响和示范意义十分重大。

其次，它是中央政府首次派出评估专家组协助澳门特别行政区政府开展的灾害调查评估，也是自香港、澳门回归祖国后开展的第一次灾害调查评估，是具有澳门特色的"一国两制"成功实践的重要篇章。此次灾害调查评估工作是根据澳门特别行政区政府请求和国务院港澳事务办公室意见，经报请李克强总理等国务院领导同意，国家减灾委首次派出评估专家组协助澳门特别行政区政府开展台风"天鸽"灾害总结评估工作。此次灾害调查评估工作开展过程中，广泛征求了澳门各界人士对调查评估工作的意见，力求对灾害事件处置的全过程有更加客观深入的总结和反思，对未来健全完善澳门应急管理体系做好顶层设计，并达成广泛社会共识。

三、澳门"天鸽"台风评估的原则

本次评估特别注重收集和整理全面而真实的数据和资料，力求还原整个事件的全过程。具体遵循如下原则。

（一）客观性原则

评估的意义就是提供有别于常规的、不带偏见的信息渠道和分析结论，因此客观性是评估的首要原则。本评估在评估方案设计、评估专家团队组建、评估分析方法运用等方面都以保证评估客观性为前提，确保评估报告能够客观真实的反映澳门实际情况，尽量减少评估专家组的主观认识对评估报告客观性的影响。

（二）科学性原则

此次评估注重从灾害事件全过程出发评估灾害的致灾特点和应对工作开展情况，评估内容包括灾害致灾和灾情特点、预防与应急准备、监测与预警、应急处置与救援、事后恢复与重建等多个方面，保证了评估工作的系统性。此外，鉴于此次评估工作涉及诸多行业领域，评估专家组的构成具备较强的专业化和多元化，确保评估结论的科学有效。

（三）前瞻性原则

开展重大突发事件的总结与评估，是为了找到当前应急管理工作的短板和弱项，以便更好地推动应急管理体系和能力的现代化。因此，此次评估不仅仅局限于对"天鸽"台风灾害的致灾情况和应对工作进行评估，还系统性地对完善澳门应急管理体系建设提出了总体思路和建议，为下一步澳门应急管理体系建设的顶层设计提供参考，具有较强的指导性和前瞻性。

第四节　澳门"天鸽"台风灾害调查评估的 方法、过程及局限性

一、评估方法

根据本次评估的思路、内容和特点，具体评估工作主要由两部分组成，即前期调研工作和后期评估工作。在前期对澳门特别行政区政府相关部门进行实地调研和问卷调查的基础上，再由评估专家组的各领域专家进行综合分析与评估。具体来说，评估工作主要运用了如下方法。

（一）现场勘查

评估专家组分组实地勘查了遭受灾害影响较重的地区，包括低洼地带水浸严重地区，受损的供水设施、供电设施和通信设施，受损的市政设施和道路桥梁等，并走访了民防行动中心等部门单位。通过现场勘查，收集灾害基本情况以及应对处置的第一手数据和信息，确保调查评估的客观性和真实性。

（二）座谈交流

评估专家组组织参加了十余次由澳门特别行政区政府有关部门、相关领域专家、社会公众代表出席的专题座谈，听取特区政府及相关部门关于灾情和应对工作的情况介绍，了解有关部门和工作人员应对"天鸽"台风的体会和建议。通过座谈交流，评估专家组更加全面细致的了解了"天鸽"台风重创澳门的情形以及澳门特别行政区政府应对"天鸽"台风采取的各项措施，对于全面总结"天鸽"台风应对工作成效、准确发现应对工作短板弱项起到了非常重要的作用。

（三）问卷调查

主要通过问卷形式，请澳门特别行政区政府有关部门官员和工作人员、内地专家对澳门特别行政区自然灾害及防范措施的风险认知、行为选择与满意度展开调查。为确保问卷调查结果的客观性，评估专家组制定了较为全面的调查评估指标体系来保证问卷调查评估质量。同时，根据指标体系选择分析方法，对评估指标进行细致统计、分析和说明。

（四）比较研究

评估专家组注重纵向比较方法的运用。针对澳门"天鸽"台风灾害应对工作以及澳门应急管理系统，评估专家组对比分析了中国内地、美国、日本、菲律宾的应对台风的典型做法，并系统阐述了国内外防灾减灾救灾与应急管理先进经验和发展趋势。通过比较分析，更有利于找出澳门应急管理体系存在的问题，对于规划完善澳门应急管理体系的顶层设计和总体发展思路具有很强的借鉴意义。

二、评估过程

澳门"天鸽"台风评估工作从2017年9月开始至2018年11月结束，总历时1年多。其间，评估专家组多次往返澳门，获取了澳门"天鸽"台风相关的各种信息和数据，并开展了全面细致的调研分析工作，形成了系列工作成果，受到了社会各界的广泛好评。大体上，整个评估工作可以分为3个阶段。

（一）澳门"天鸽"台风全面评估与反思阶段

此阶段工作从2017年9月13日评估专家组首次抵达澳门开始，至2017年9月20日提交《国家减灾委协助澳门"天鸽"台风灾害评估专家组的工作报告》(以下简称评估工作报告)结束。以国家减灾委专家委副主任闪淳昌为组长的评估专家组，汇集了15个部门单位的22名专家，在澳门通过座谈交流与实地察看，在尊重规律、尊重科学的基础上，对比分析、评估总结，利用短短1周时间，迅速形成并上报了评估工作报告。报告客观分析了"天鸽"台风的致灾特点，梳理总结了澳门特别行政区政府应对台风灾害的各项措施以及取得的成效，系统剖析了应对工作中反映出的问题和不足，并对下一步提升澳门灾害应对能力从理念、目标、措施等方面提出了具体建议。该报告得到了中央政府、澳门特别行政区政府和社会公众的肯定和认可。

（二）完善澳门应急管理机制论证设计阶段

此阶段工作从2017年11月30日澳门特别行政区政府正式委托由国家减灾中心、清华大学公共安全研究院、北方工业大学新兴风险研究院三家单位组建的项目组开展《澳门"天鸽"台风灾害评估总结及优化澳门应急管理体制建议》报告编制工作开始，至项目组于2018年1月29日向澳门特别行政区政府正式提交了《澳门"天鸽"台风灾害评估总结及优化澳门应急管理体制建议》报告结束，总历时2个月。项目组邀请了国内相关行业部门的30余名权威专家作为项目组成员，以《国家减灾委协助澳门"天鸽"台风灾害评估专家组的工作报告》为基础，进一步系统梳理澳门"天鸽"台风灾害对澳门的影响，以及澳门特别行政区政府应对工作措施，特别是针对优化澳门应急管理体系的总体思路和建议方面，围绕"一案三制"建设以及全面提升防灾减灾能力方面提出了具体建议和重点建设项目建议，对于优化完善澳门应急管理体系建设具有很强的指导意义。

（三）澳门防灾减灾十年规划研究编制阶段

此阶段工作从2018年2月5日澳门特别行政区政府正式委托由国家减灾中心、清华大学公共安全研究院、北方工业大学新兴风险研究院三家单位组建的项目组开展《澳门特别行政区防灾减灾十年规划（2019—2028年）》编制工作为开始，至2018年11月15日正式向澳门特别行政区政府提交规划及研究论证报告和相关专题报告等成果结束，总历时9个月。规划确定了澳门防灾减灾的愿景和目标，以2023年和2028年为2个时间节点，分别提出了阶段性规划目标和规划指标，提出了主要任务和行动方案，为未来十年澳门应急管理体系建设明确了发展方向和发展任务。

三、评估工作流程

澳门"天鸽"台风评估工作按调查评估前准备、灾害调查、分析评估、形成结论、撰写报告等程序进行，工作流程如图 1-1 所示。

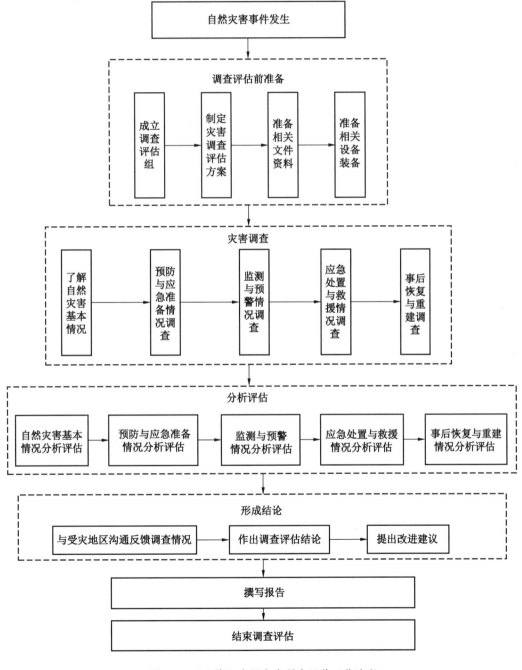

图 1-1 "天鸽"台风灾害调查评估工作流程

四、本次评估的局限性及相关说明

由于时间、资源、经验所限，本次评估在评估的视角、范围、方法等方面也有一定的局限性。

第一，从评估的难度看，由于此次评估定位于针对澳门"天鸽"台风灾害事件的基本情况、预防与应急准备、监测与预警、应急处置与救援等情况进行分析判断，作出客观、深入、全面的分析结论，并重点针对灾害防治和应对处置效果等，提出完善澳门应急管理体系建设的建议意见，因此整个评估工作涉及领域众多，需要了解的数据和信息众多，导致专家评估组工作存在较大困难。

第二，从评估的方法看，此次评估运用了现场勘查、座谈交流、问卷调查、比较研究等多种方法，但由于国内原来开展的重大自然灾害事件调查评估工作主要聚焦于致灾原因和灾情的调查评估，尚未形成重大自然灾害调查评估的国家或行业标准规范。因此，本次调查评估工作开展过程中，专家评估组只能依据行业经验进行分析判断，从定性的角度得出调查评估结论，缺少类似调查评估的先期经验及对比参考，缺少评估程序和相关技术要求的遵循和规范，在一定程度上影响了调查评估的精准性。

第三，从评估的内容看，此次评估工作既包括澳门"天鸽"台风灾害基本情况以及应对工作评估分析，也包括协助澳门提出优化完善澳门应急管理体系的顶层设计和思路，因此，整个评估工作承载的职责任务重大，对评估专家团队的专业水平和视野高度要求很高。但由于评估专家组的专家均来自内地，对澳门本地的实际情况了解有限，因此，专家评估组对调查了解情况的评估分析、对优化完善澳门应急管理体系提出的思路和建议，与澳门本地实际情况的贴合程度都有进一步完善提升的空间。

第二章　澳门"天鸽"台风
应对过程及经验教训

第一节　澳门"天鸽"台风灾害特点和灾情评估分析

一、调查评估基本背景

2017 年第 13 号台风"天鸽"于 8 月 20 日在西北太平洋上生成，22 日上午进入南海东北部海面，22 日下午加强为台风级（中心附近最大风力 12 级，33 m/s），23 日早晨加强为强台风级（14 级，42 m/s），23 日中午台风中心掠过澳门南部近海海面，于 12 时 50 分在广东珠海登陆（强台风级，14 级，45 m/s）；登陆后，"天鸽"台风强度逐渐减弱，经过广东、广西，进入云南减弱消失。

"天鸽"台风登陆前后，珠海、澳门、香港及珠江口海面和附近岛屿最大阵风达 16~17 级，局地超过 17 级，其中珠海桂山岛最大风速 66.9 m/s（约 240.8 km/h）、澳门大潭山站最大风速 60.4 m/s（约 217.4 km/h）、香港黄茅洲（岛屿）最大风速 84.2 m/s（约 303.1 km/h）。22 日 12 时至 25 日 14 时，广东西南部和沿海地区、广西西部和中南部、云南东部、贵州西部、四川东部等地累计雨量有 100~250 mm，广东江门和茂名、广西钦州等地达 300~400 mm，澳门在风球悬挂期间最大雨量为 50 mm。"天鸽"台风正面吹袭澳门，共造成澳门 10 人遇难，244 人受伤，直接经济损失 90.45 亿元（澳门币），间接经济损失 35.00 亿元（澳门币）。

二、调查评估主要思路

针对澳门"天鸽"台风基本情况的评估分析主要从致灾因子危险性和灾情严重性两方面展开，并且从致灾机理方面详细分析了致灾因子危险性高的主要原因。

（一）致灾因子危险性调查评估

台风致灾因子主要是指台风本身携带的大风、暴雨和引发的风暴潮等因子，其强度是决定台风灾害危险程度的重要条件。而致灾危险性评估主要是衡量致灾因子对承灾体的致险程度。灾害致灾因子调查评估主要聚焦灾害致灾强度和致灾原因。

开展澳门"天鸽"台风致灾因子危险性评估分析时，重点关注了"天鸽"台风整个生命周期中大风、暴雨、风暴潮的相关表征致灾强度的指标，从极端性、异常性、突发性、严重性等方面分析致灾因子特点。此外，分析导致台风致灾强度大的原因时，主要从致灾机理方面展开分析，包括台风移动速度、台风强度增强速度、台风登陆强度、台风预报预警难度等。

（二）灾情严重性调查评估

灾情是致灾因子作用于承灾体脆弱性的最终体现。台风灾害引起的灾情主要表现为灾害损失、灾害影响、次生衍生灾害情况等。灾害灾情调查评估主要聚焦灾害对人员、农作物、房屋、基础设施等造成的损害情况；灾害影响调查评估主要聚焦灾害对灾区生产生活和社会环境造成的影响情况；次生衍生灾害情况调查评估主要聚焦原生灾害引发的次生、衍生灾害情况，特别是重点区域的重点事件。

澳门作为典型的国际大都市，其承灾体脆弱性则表现为具有高度集中性、复杂性、多样性的城市生命线和市政基础设施等。因此，评估专家组开展澳门"天鸽"台风灾情评估分析时，聚焦于"天鸽"台风对人员生命安全的损害、对生命线（供电系统、供水系统、通信系统等）运行安全的损害、对市政基础设施（道路、桥梁等）运行安全的损害以及灾害对航空业、旅游业等支柱产业的影响、对低洼水浸地带生产生活的影响、以及对卫生防疫的影响等。

三、调查评估指标体系

评估专家组基于灾害致灾因子、灾害损失和影响等两大类指标共计 31 个亚类指标对"天鸽"台风灾害的危险性和灾情严重性进行分析评估。筛选确定调查评估指标时，以澳门受灾特点以及澳门城市建设发展特点为主要考虑因素。具体调查评估指标见表 2-1。

表 2-1　澳门"天鸽"台风灾害基本情况调查评估指标体系

调查评估任务	调查评估子任务	调查评估一级指标	调查评估二级指标	调查评估指标说明
灾害基本情况	灾害及灾情	致灾因子	1. 台风移动速度 2. 台风登陆强度 3. 台风强度增强速度 4. 台风累计雨量 5. 最大潮汐水位 6. 台风预报预警难度	灾害致灾强度和致灾原因
		灾害损失和影响	7. 遇难人员数量 8. 受伤人员数量 9. 转移安置人员数量	人员受灾情况
			10. 损毁变电设备数量 11. 停电用户数量 12. 平均恢复用电时间	供电系统受灾情况
			13. 停产水厂数量 14. 停水用户数量 15. 平均恢复用水时间	供水系统受灾情况
			16. 损毁远程机房数量 17. 损毁移动电话机站数量 18. 退服用户数量 19. 平均退服用户恢复服务时间	通信系统受灾情况

表 2-1（续）

调查评估任务	调查评估子任务	调查评估一级指标	调查评估二级指标	调查评估指标说明
灾害基本情况	灾害及灾情	灾害损失和影响	20. 低洼地带最大积水深度 21. 水浸低洼街区数量 22. 水浸地下停车场数量 23. 水浸损毁机动车数量	低洼水浸地带受灾情况
			24. 焚化销毁垃圾数量	卫生防疫影响
			25. 倒伏树木数量 26. 道路受损数量 27. 桥梁受损数量 28. 楼宇构件受损数量（窗户、檐篷、外挂空调、广告牌或屋顶饰面等）	市政设施受灾情况
			29. 取消航班数量 30. 延误航班数量 31. 取消或影响旅行团数量	航空业、旅游业影响

四、调查评估主要结论

（一）致灾危险性评估结论

1. 极端性强

"天鸽"台风正面袭击澳门，打破澳门多项台风纪录。据澳门和内地气象部门提供的相关数据表明，"天鸽"台风是澳门自 1953 年有台风观测记录以来影响澳门的最强台风，其极端性主要表现在：8 月 23 日 12 时友谊大桥南站 1 h 最高平均风速 132 km/h，打破了 1993 年强热带风暴"贝姬"124 km/h 的纪录；大潭山站 23 日 11 时 6 分最高阵风 217.4 km/h，打破了 1964 年台风"露比"在东望洋山站 211 km/h 的纪录；大潭山站 12 时 2 分最低气压 945.4 hPa，打破了 1964 年台风"露比"在东望洋山站 954.6 hPa 的纪录；妈阁站 12 时 20 分叠加风暴潮后的潮汐水位达 5.58 m（澳门基面），是自 1925 年澳门有潮水记录以来潮位最高的一次。

2. 异常性强

"天鸽"台风登陆前移动速度快，风力在近海急剧加强。"天鸽"台风登陆前以大约 25~30 km/h 的速度向西北偏西方向移动（南海台风移动速度一般为 10~15 km/h）；22 日上午以热带风暴强度进入南海后，强度逐渐加强，特别是从 23 日 4~10 时的 6 h 内"天鸽"中心附近最大风力由 12 级急剧加强到 15 级，23 日 10 时靠近珠江口附近海面时（距离澳门不足 70 km），强度达到最强（15 级，2 min 平均风速 173 km/h），随后 12 时 50 分登陆珠海市南部沿海。一般台风临近登陆前强度减弱，而"天鸽"台风却出现了强度急剧加强的异常现象，历史少见。

3. 突发性强

"天鸽"台风袭击澳门时，短时间内风速加强快、潮位上涨猛。从澳门各气象观测站风速数据来看，23 日 9 时，尚未达到 8 号风球风速（≥63 km/h，1 h 平均风速）。9 时起风速明显加大，9—12 时的 3 h 内风速加强非常快，由 70 km/h 增至 120 km/h 左右，最大为友谊桥南站，达 132 km/h；特别是随着东至东南风的增大，导致半岛西侧内港一带水位上升非常快，沿岸测站（内港、内港北及林茂塘）约 1 h 水位上升 1.5 m。而在较内陆的测站，在 11 时 20 分后水位上升明显加快，约 40~50 min 上升 1.5 m。短时间内风力快速增大和水位快速上涨导致灾害突发性强，增加了防御难度。

4. 严重性强

"天鸽"台风吹袭期间风雨潮三碰头，多致灾因素叠加导致连锁效应，造成的危害十分严重。"天鸽"台风正面影响澳门时，风力大、引发的风暴潮增水急，同时，"天鸽"台风登陆时恰逢天文高潮位，双潮重叠导致内港等沿岸地区异常增水高达 5.58 m，低洼地带、地下停车场等严重水浸，给供电、供水、通信、交通等设施造成重创，导致大面积停电、停水以及通信短时中断等，增加了人员救助、抢险救灾难度。

（二）致灾危险性强原因分析

1. 移动速度快

"天鸽"台风登陆前移动速度大约 25~30 km/h，比南海台风平均移动速度（10~15 km/h）明显偏快。"天鸽"台风进入南海东北部海面后，其北侧副热带高压加强并向西伸展，副热带高压南侧强盛的偏东气流推动"天鸽"台风快速向西偏北方向移动，移动速度最快达到 25~30 km/h。若"天鸽"台风北侧没有这个强大的副热带高压，移动速度会明显减慢，其登陆地点甚至会移动到珠江口以东地区。

2. 近海急剧加强

8 月 23 日 4—10 时，"天鸽"台风快速向珠江口靠近，在短短 6 h 内，珠江口外海面的风力由 12 级急剧加强到 15 级，这是由于"天鸽"台风靠近沿岸并快速加强造成的。通常，当台风靠近沿岸时，由于地形的摩擦作用，一般会出现强度逐渐减弱的现象。像"天鸽"台风这种在近海急剧加强的现象非常少见，特别是当其进入南海趋向广东沿海的过程中，近中心最大风速由 22 日 11 时的 25 m/s 增强至 23 日 11 时的 48 m/s，中心气压则由 985 hPa 下降至 940 hPa，24 h 内中心风速增强幅度达 23 m/s，中心气压下降达 45 hPa，其中 22 日 23 时至 23 日 11 时的 12 h 内中心风速增强达 13 m/s，达到业界台风快速增强的标准。

台风的强度变化受到海洋和大气环境以及台风自身结构等众多因素的影响。研究表明，对台风强度影响最大的 4 个因素是高空出流、低层水汽流入、海温和水平风垂直切变。在"天鸽"台风靠近广东沿海的过程中，上述 4 个条件都处于有利于台风加强的状态。一是高空出流条件好。"天鸽"台风进入南海后，其南侧对流层高层热带东风急流急剧加强，导致高层辐散流出气流的加强，这是南海台风急剧加强的主要高空环流形势。二是低层水汽流入条件好。"天鸽"台风在靠近沿海的过程中，来自南半球的越赤道气流和副高西侧东南风流入增强，源源不断的水汽输送至其环流内，低层流入的增强有利于"天鸽"台风强度的急剧加强。三是海温条件好。由实时海温资料分析可以发现，南海北部海面异常偏暖，海表温度普遍在 29 ℃以上，尤其是广东中西部沿海海面较常年平均海温偏高达 1.5~2.0 ℃，高海温促进海气相互作用加强、对流加剧，强度急剧加强。四是水平风垂直切变条件好。"天鸽"台风在登陆珠海前，其高低空环境风垂直切变一直维持在 6.3~8.8 m/s 之间的较小区间，有利于其强度的急剧增强。因此，在诸多有利条件下，"天鸽"台风出现了近海急剧加强。

3. 登陆强度强

"天鸽"台风为 2017 年登陆我国的最强台风，也是 2017 年唯一以强台风级登陆我国的台风，与 1954 年台风"艾达"（IDA）、1991 年台风"弗雷德"（FRED）并列为 1949 年以来 8 月登陆广东最强的台风。"天鸽"台风在 8 月 23 日 10 时靠近珠江口附近海面时（距离澳门不足 70 km），强度达到最强（15 级，2 min 平均风速 48 m/s），23 日 12 时 50 分在广东珠海登陆，登陆时为强台风级，虽然受到地形影响，强度较其巅峰时刻略有减弱，但是中心附近最大风力仍有 14 级（45 m/s）。

4. 不确定性强，预报难度大

一般台风临近登陆前强度会减弱，而"天鸽"台风却出现了强度近海急剧加强的异常现象，预报难度大。预报困难主要来源于 2 个方面：一是近海急剧加强是一种小概率事件，依据预报员经验或统计数据很难作出准确预报；二是目前全球最好的数值模式对"天鸽"台风的强度预报仍然出现明显偏差，当预报员参考这样的数值模式做预报时，同样增加了预判其近海急剧加强的难度。

在对"天鸽"台风登陆强度的预报中，除了数值模式外，国际上其他台风预报中心（例如日本、美国等）也认为其强度快速增加的可能性不大。中央气象台虽然提前 40 多个小时预报"天鸽"将以台风强度登陆，但在"天鸽"生成初期并没有预计到它会在近海快速增强，存在强度预报偏弱的情况，24 h、48 h 和 72 h 强度预报最大误差分别达 8.0 m/s、20.0 m/s 和 19.0 m/s。但随着"天鸽"台风逐步靠近华南沿海，中央气象台每天进行多次订正预报，特别在 23 日 6 时，及时将"天鸽"升级为强台风，并发布 2017 年度第一个台风红色预警。台风强度预报，特别是近海快速增强台风的强度预报仍是世界性难题和挑战。

（三）灾情严重性评估结论

1. 人员伤亡严重

"天鸽"台风灾害共造成澳门 10 人遇难，244 人受伤。遇难人员中，有 7 人在地下停车场、地下水窖、地铺等地下场所因溺水死亡，其余 3 人因高空坠落、行进滑倒、车辆碾压等原因死亡（表 2-2）。"天鸽"台风正面影响澳门时，恰逢风暴潮叠加天文大潮，双潮叠加导致内港短时增水高，居民在地下停车场未能及时撤出而丧生。另外，建筑物损毁、高空坠物、树木倒压等因素是导致人员受伤的主要原因。澳门民防行动中心收到近千宗事故报告。尽管历史上澳门也曾发生过因台风灾害造成极为严重的人员伤亡事件，但此次灾害是近几十年来造成人员伤亡最严重的自然灾害事件。

表 2-2 澳门"天鸽"台风灾害遇难人员统计

死亡人数	地点及原因
2 名男子	典雅湾停车场排水后发现
1 名男子	恒德大厦停车场排水后发现
1 名男子	快达楼停车场排水后发现
1 名男子及 1 名女子	被发现在澳门十月初五街 57 号雄记行水窖（负一层）被救出后证实死亡

表2-2（续）

死亡人数	地 点 及 原 因
1名男子	在南湾大马路被发现，怀疑被车碾过死亡
1名男子	在氹仔湖畔大厦五至六座近停车场收费处被发现，有路人表示伤者滑倒跌伤后头部撞墙死亡
1名女性长者	在澳门冯家巷1-B号地铺被发现死亡
1名男子	在澳门中心街翡翠广场一座四楼平台被发现高处坠下死亡

2. 生命线遭受重创

"天鸽"台风灾害导致澳门供电、供水、通信设施损毁严重。

（1）供电设施。8月23日12时24分起，由于受珠海大面积停电、广东电网对澳输电南北2个220 kV通道尽失的影响，导致澳门路环发电厂跳闸。澳门电网全黑、全澳停电，超过25万户受影响。交通道路监控设备因停电而影响交通讯息中心的运转。截至28日8时，仍有个别楼宇或用户低压供电存在问题，其余地区已经陆续恢复供电。本次灾害导致约220个中压客户变电站水浸受损，12台中压开关柜及1台中压变压器需要更换，因水浸受影响客户变电站PT有220座，受影响低压分接箱CD有134个，受影响低压线头箱1661个，超过300套中压客户变电站内通信及遥控装置因水浸导致故障需更换，约40支公共照明灯柱折断，数以百计公共照明设施受损。

（2）供水设施。8月23日上午由于青洲水厂、大水塘水厂及路环水厂受风灾、水浸、断电和通信中断等影响，均处于停产状态。部分用户只能通过管网内存水以及各高位水池的库余而使用到自来水，部分区域供水暂停。灾害发生6天后，全澳生产及生活供水才全面恢复正常。

（3）通信设施。因电力供应中断及严重水浸，导致部分固定电话、互联网及专线服务中断，移动电话网络覆盖亦受到轻微影响。氹仔电讯大楼、高地乌街电讯大楼、全澳的远程机房及移动电话机站均受到电力供应中断影响，所有电讯设施即时由后备发电机或后备电源支撑；其中11个远程机房及408个移动电话机站因长时间电力供应故障及后备电源耗尽导致电讯服务受到影响。

3. 低洼地带水浸严重

受海水倒灌等因素影响，澳门低洼街区和地下停车场水浸十分严重。8月23日11—13时水浸情况最为突出，影响范围包括全澳大街及沿岸地区，澳门市区内水深1~2 m，路环市区及内港一带水深2 m以上，内港货柜码头及附近商户的货物全部浸坏。停车场地库成为重灾区。43个公共停车场中，有11个停车场出现不同程度的水浸情况，部分私家楼宇的停车场也出现水浸，水浸情况最高3.5 m。全澳约212辆巴士受浸或被损坏，占全澳巴士总数24%，公共停车场受浸电单车约120辆、私家车约700多辆。

4. 卫生防疫形势严峻

受制于街道狭窄、树木倒塌阻塞等原因，大型车辆或机械较难通行以开展清渠和垃圾清理任务，加上建筑材料、家具等水浸后，与弃置的食物混杂放置于街道上等待清理，对清理工作构成较大困难。清理垃圾之速度远不及市民弃置垃圾速度，造成非常严重的环境卫生问题。各社区垃圾满地、堆积如山，在酷暑天气下，散发恶臭，具有暴发疫情的潜在危机。同时，受停水停电等因素影响，不少市民生活环境受到严重破坏，引起各种传染病风险，特别是消化道传染病和蚊虫传染病增加。政府部门和各方积极加快速度运送垃圾进行处理和焚化。8月25日焚化炉收集之垃圾数量为2600 t，8月26日焚化炉收集之垃圾数量为2900 t，远超出平日焚化炉收集1400 t垃圾的数量。

5. 市政设施道路桥梁多处受损

全澳倒伏树木约9000株。公园、休憩区、图书馆、展览场馆等市政设施严重受损，澳门文化中心顶部严重受损。局部地区的道路和桥梁受损。西湾大桥的分隔带铁网脱落、主塔顶盖变形及脱落，主桥面多处交通指示牌及设施受到损坏。凼仔东亚运大马路邻近西湾大桥出入口的路段两侧出现局部路面下陷情况。多处楼宇窗户、檐篷、外挂空调、广告牌或屋顶饰面等构件受风灾影响松脱或损毁，更有临海大厦整栋窗户几乎全部损坏。

6. 旅游业和航空运输受到严重影响

"天鸽"台风灾害对来澳旅客也造成了直接影响。8月24日共有329个旅行团来澳，酒店因受水浸和停电停水影响，导致3个旅行团无法入住酒店，经旅游局协调得以解决。8月25—30日澳门全面暂停接待旅行团，2000个旅行团受到影响。在航空运输方面，"天鸽"台风袭澳期间，约80个航班取消，30个航班延误，440名旅客滞留机场；之后"帕卡"台风袭澳期间，约70个航班取消，80个航班延误，330名旅客滞留机场。

第二节 澳门"天鸽"台风灾害应对工作评估分析

一、调查评估基本背景

在习近平主席和中央政府的关爱下，在中央政府驻澳门联络办公室的协助配合下，在解放军驻澳门部队的鼎力援助下，在广东省等内地有关方面的大力支持下，时任行政长官崔世安率领澳门特别行政区政府、携手社会各界，积极部署应对，采取紧急措施，把保障居民生命安全放在首位，为减少人员伤亡和财产损失尽了最大努力，并在很短时间内使澳门的社会秩序得到基本恢复。但"天鸽"台风正面吹袭澳门，也让素有"莲花宝地"之称的澳门，近三分之一的城区顿成汪洋，不少民宅商铺、地下车库进水被淹，出现严重的断水、断电，暴露出澳门在防灾减灾救灾方面还存在一些问题和不足。

二、调查评估主要思路

针对澳门"天鸽"台风灾害应对工作的调查评估主要从预防与应急准备、监测与预警、应急处置与救援、事后恢复与重建等方面展开。

其中，针对预防与应急准备主要从减灾能力、预防能力、应急准备能力等方面进行评估分析；针对监测与预警主要从监测能力、预警能力等方面进行评估分析；针对应急处置与救援主要从事件管理与协调能力、抢救与保护生命能力、满足受众民众基本需要能力、保护财产和环境能力、消除现场危害因素能力等方面进行评估分析；针对事后恢复与重建主要从恢复基础设施和建筑物能力、恢复环境与自然资源能力、恢复经济社会能力等方面进行评估分析。

调查评估预防与应急准备、监测与预警、应急处置与救援、事后恢复与重建等工作时，不仅仅要总结成功做法，更要发现存在的问题，找出薄弱环节，找出出现短板弱项的所有原因要素，明确各要素间的相互关系。同时，要从消除隐患、降低风险、减少损失、减轻影响等方面出发提出改进建议，具体如图2-1所示。

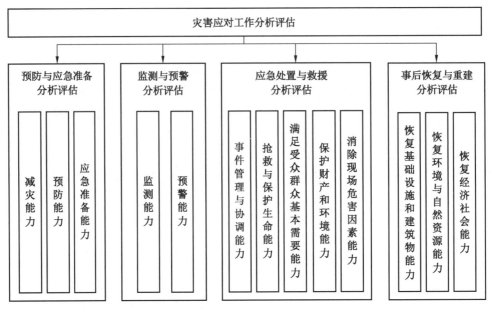

图2-1　澳门"天鸽"台风灾害应对工作评估框架

三、调查评估指标体系

(一) 预防与应急准备调查评估指标体系

针对预防与应急准备情况调查评估任务，评估专家组基于减灾能力、预防能力、应急准备能力等3个方面，设立了18项一级调查评估指标以及49项二级调查评估指标。具体调查评估指标见表2-3。

表2-3　澳门"天鸽"台风灾害预防与应急准备情况调查评估指标体系

调查评估任务	调查评估子任务	调查评估一级指标	调查评估二级指标	调查评估指标说明
预防与应急准备	减灾能力	防洪排涝系统减灾能力	1. 防洪（潮）标准 2. 治涝标准	减轻堤防设施、排水管网系统等基础设施与建筑物对洪涝灾害的脆弱性
		供水系统减灾能力	3. 本地蓄水设施的蓄水能力 4. 高位水池的供水保障能力 5. 应急供水保障方案建设情况 6. 供水设施防灾抗灾建设标准	减轻供水设施与系统对各类灾害的脆弱性
		供电系统减灾能力	7. 紧急情况下澳门电网自主供电能力占日最高负荷比例 8. 电力设施防灾抗灾建设标准 9. 电网大面积停电风险和局部影响较大的停电事件可防可控能力	减轻供电设施与系统对各类灾害的脆弱性

表 2-3（续）

调查评估任务	调查评估子任务	调查评估一级指标	调查评估二级指标	调查评估指标说明
预防与应急准备	减灾能力	供气系统减灾能力	10. 应急保供方案建设情况 11. 供气事故的本地抢险能力 12. 供气设施防灾抗灾建设标准	减轻供气设施与系统对各类灾害的脆弱性
		通信系统减灾能力	13. 通信设施的防灾抗灾建设标准 14. 通信设施的快速抢修能力	减轻通信设施与系统对各类灾害的脆弱性
		其他设施减灾能力（交通桥梁等）	15. 灾后主要交通干道救灾车辆、公交车辆恢复通行的时间 16. 交通基础设施防风防潮能力（交通主干道、道路严重积水区域、地下空间、机场港口等） 17. 居民住宅、非居民住宅等建筑的防灾抗灾建设标准	减轻交通、桥梁等其他基础设施与建筑物对各类灾害的脆弱性
		医疗系统减灾能力	18. 医疗机构的基础设施防灾抗灾建设标准 19. 每千人口的医生及护士数量	减轻医疗系统对各类灾害的脆弱性
		社区减灾能力	20. 社区应急志愿者（义工）占社区常住人口总数的比例 21. 社区和家庭应急物资储备能力 22. 家庭火灾及燃气检测报警器安装率 23. 相关服务机构指导或辅助家庭开展房屋、水电气等设备设施安全检查情况 24. 社区应急演练开展情况	减轻社区的公共设施、公共服务和家庭与个人等的脆弱性的能力
	预防能力	风险识别评估能力	25. 博彩等重点私人部门和单位、重点场所以及关键基础设施的隐患排查和整治情况 26. 热带气旋、风暴潮、暴雨及其引发的水浸、滑坡、市政设施和道路桥梁损坏等灾害风险图以及公众避险转移路线图编制情况	采用科学方法辨识存在的危险源与威胁，以及事故隐患等的能力以及通过开发或选用适当的方法，对危险源或威胁可能引发的突发事件的可能性和后果的严重性进行量化或质化的评估的能力
		风险防范能力	27. 突发事件风险隐患排查和管控的日常运行机制	对已识别出的各种危险源、威胁和隐患采取必要的技术与工程控制措施，以尽量避免其引发可能造成严重影响的突发事件的能力
		政府监管监察能力	28. 与公共突发事件预防和应急准备有关的法律法规和标准的制定情况 29. 突发事件风险隐患排查和管控监管执法队伍建设情况	制定有关法律法规和标准，建立监管执法队伍，开展行政性审批、预防性检查、行政执法、宣传教育和受理社会化监督等活动的能力

表 2-3（续）

调查评估任务	调查评估子任务	调查评估一级指标	调查评估二级指标	调查评估指标说明
预防与应急准备	预防能力	安全规划设计能力	30. 突发事件风险管控在城市规划、建设、运行和发展中的落实情况	安全管理措施、隐患排查治理体系建设、系统性安全防范制度措施落实的能力
		公共安全素质提升能力	31. 安全教育课程在学校的落实情况 32. 安全教育教材的编制出版情况 33. 学校定期开展防灾演练情况 34. 公共安全科普教育场所建设情况 35. 政府或公共部门通过移动互联网、电视台、广播、平面媒体向公众和旅客播放灾害监测预警信息或公共安全教育节目情况	提高社会公众的公共安全素质，培育全社会的公共安全文化，从而提高预防各类突发事件的主动性、自觉性的能力
	应急准备能力	应急管理规划能力	36. 应急管理相关规程建设情况 37. 应急预案体系建设情况	制定应急管理政策、规程、应急预案（计划）等的能力
		应急科技支撑能力	38. 应急管理相关标准规范建设情况 39. 应急管理指挥决策相关系统建设情况 40. 先进科学技术在应急指挥决策中的使用情况	为应急管理提供标准、规程、技术、装备、系统等方面的研究、开发、维护，以及应急行动决策支持等方面的能力
		应急物资保障能力	41. 应急物资储备库点建设情况 42. 应急物资管理调拨保障情况	通过规划建设应急物资储备库，开展应急物资储备，为应急处置和救援提供物资保障的能力
		应急救援队伍保障能力	43. 应急救援力量建设情况 44. 应急救援组织指挥机制建设情况 45. 应急救援装备保障情况	通过规划建设应急救援力量、组织指挥协调机制、经费装备保障，为应急处置和救援提供队伍保障的能力
		应急培训演练能力	46. 应急管理决策者接受应急培训情况 47. 重点行业领域和场所从业人员（包括能源供应、食品供应、公共交通、信息通信等民生领域以及学校、医院、商业场所、口岸、旅游景点、博彩场所、文化娱乐等场所等）接受应急培训情况 48. 专业救援人员接受应急培训情况 49. 应急志愿者、社会团体接受应急培训情况	通过开展规范化的培训和教育，提升相关人员的应急意识、知识和技能的能力

（二）监测与预警调查评估指标体系

针对监测与预警情况调查评估任务，评估专家组基于监测能力、预警能力等2个方面，设立了6项一级调查评估指标以及22项二级调查评估指标。具体调查评估指标见表2-4。

表2-4　澳门"天鸽"台风灾害监测与预警情况调查评估指标体系

调查评估任务	调查评估子任务	调查评估一级指标	调查评估二级指标	调查评估指标说明
监测与预警	监测能力	监测站网布局建设能力	1. 气象监测站点数量和覆盖面 2. 海洋监测站点数量和覆盖面 3. 水文监测站点数量和覆盖面 4. 环境监测站点数量和覆盖面 5. 交通干线和航道的气象和海洋监测设施数量和覆盖面 6. 重要输电线路、重要输油（气）设施、重要供水设施的气象和海洋监测设施数量和覆盖面 7. 滑坡泥石流危险区域、堤岸垮塌危险区、重点保护区和旅游区等的气象和海洋监测设施数量和覆盖面	通过规划建设气象、地震、地质等灾害信息监测站网布局，以及交通干线和航道、重要输电线路、重要输油（气）设施、重要供水设施、滑坡泥石流危险区域、堤岸垮塌危险区、重点保护区和旅游区等的气象和海洋监测设施，形成灾害的快速感知能力和精细化监测能力
		监测资料处理能力	8. 海量监测数据处理系统建设情况 9. 海量监测数据处理系统应用情况	通过规划建设海量数据快速处理系统，形成对主要灾害全天候、快速、准确监测分析能力
		监测资料共享能力	10. 监测资料共享的网络传输能力 11. 监测资料共享的数据交换存储能力	通过规划建设网络传输、数据交换与存储等系统，形成监测预警资料信息的快速共享能力
		灾情信息统计报送能力	12. 重大灾害事件报告系统建设情况 13. 重大灾害事件报送工作机制建设情况	通过规划建设灾害信息员队伍、灾情统计报送工作机制、经费装备保障，形成及时、准确、规范统计报送灾情信息的能力
	预警能力	信息融合与预警发布能力	14. 暴雨橙色及以上级别警告发布目标时间提前量 15. 热带气旋八号风球发布目标时间提前量 16. 风暴潮橙色及以上级别警告发布目标时间提前量 17. 雷暴警告或强对流天气提示发布目标时间提前量 18. 突发事件预警信息公众覆盖率	通过情报和信息的融合与共享，实现大范围、多灾种的综合预警，以及快速制作发布预警信息的能力

表2-4（续）

调查评估任务	调查评估子任务	调查评估一级指标	调查评估二级指标	调查评估指标说明
监测与预警	预警能力	预警业务规范建设能力	19. 突发事件预警信息发布系统建设情况 20. 突发事件预警信息发布制度建设情况 21. 突发事件预警响应能力建设情况 22. 学校、社区、机场、港口、车站、口岸、旅游景点、博彩场所等人员密集区和公共场所预警信息发布手段建设情况	通过规划建设灾害预警（信号）标准、流程和业务规范，形成具有可操作性的灾害监测预警信息发布能力

（三）应急处置与救援调查评估指标体系

针对应急处置与救援情况调查评估任务，评估专家组基于事件管理与协调能力、抢救与保护生命能力、满足受众群众基本需要能力、保护财产和环境能力、消除现场危害因素能力等5个方面，设立了16个一级调查评估指标以及36个二级调查评估指标。具体调查评估指标见表2-5。

表2-5　澳门"天鸽"台风灾害应急处置与救援情况调查评估指标体系

调查评估任务	调查评估子任务	调查评估一级指标	调查评估二级指标	调查评估指标说明
应急处置与救援	事件管理与协调能力	事件态势及损失评估能力	1. 灾情（预）评估能力	快速获取事件相关信息，并对事件性质和后果进行评估、分析、预测、管理的能力
		应急指挥控制能力	2. 应急管理指挥协调架构建设情况 3. 现场指挥体系建设情况	通过使用统一、协调的事件现场组织结构和工作机制，有效指挥和控制事件现场的应急响应活动的能力
		应急支援协调能力	4. 区域应急联动机制建设情况 5. 区域应急资源共享情况	在场外为事件响应提供及时有效的信息、物资、资金、技术等方面的支撑服务的能力
		应急资源保障能力	6. 应急队伍保障情况 7. 应急指挥平台保障情况 8. 应急物资调度、运送及发放情况 9. 应急资源保障的科技支撑情况 10. 避险中心保障情况	识别、配置、库存、调度、动员、运输、恢复和遣返并准确地跟踪和记录可使用的人力或物资等资源的能力
		应急通信保障能力	11. 应急通信设施保障情况 12. 应急通信"绿色通道"保障服务情况	为应急行动期间在各级政府、相关辖区、受灾社区、应急响应设施，以及应急响应人员和社会公众之间提供可靠通信的能力

表 2-5（续）

调查评估 任务	调查评估 子任务	调查评估 一级指标	调查评估 二级指标	调查评估 指标说明
应急处置 与救援	事件管理与 协调能力	应急信息 保障能力	13. 应急信息部门共享情况 14. 应急信息公众共享情况 15. 应急信息灾区最后一公里覆盖情况	及时接收或向有关机构及社会公众发布及时、可靠的信息，有效地传递有关威胁或风险的信息，以及必要时关于正在采取的行动和可提供的帮助等信息
		紧急交通 运输保障 能力	16. 疏散人员运输保障情况 17. 救援人员运输保障情况 18. 应急物资和设备运输保障情况	为应急响应提供运输保障，包括疏散人员、向受灾地区运送应急响应人员、设备和服务所需的航空、公路、铁路和水上运输的能力
	抢救与保护 生命能力	先期处置 （第一响应） 能力	19. 事发地的第一响应人开展应急响应和自救互救情况	在突发事件发生初期，由第一响应人对事件进行先期处置，以控制事件影响范围，对受害者进行抢救，尽量减少事件损失的能力
		搜索与救 护能力	20. 遇险遇难人员搜救情况 21. 遇险伤病人员救护情况	开展陆地、水上和空中搜索与救护行动，以找到和救出因各种灾难而被困的人员的能力
		紧急医疗 救护能力	22. 应急医疗救援装备保障能力 23. 应急医疗救援专业人员保障能力	提供抢救生命的紧急医学救援，以及向灾区的有需要的人群提供公共卫生和医疗支持的能力
		公众疏散 和就地避 难能力	24. 公众提前疏散避险情况 25. 公众紧急转移避险情况	将处于危险之中的人群立即实施安全和有效的紧急避难，或将处于危险中的人群疏散到安全的避难场所的能力
	满足受众 群众基本 需要能力	受灾人员 生活救助 能力	26. 受灾人员集中安置情况 27. 受灾人员分散安置情况	向受灾人口提供临时住所、饮食、饮水、保暖及相关服务，使其生活逐渐恢复基本正常状态的能力
	保护财产和 环境能力	伤亡人员 及其亲属 的善后工 作能力	28. 伤亡人员识别 29. 丧葬服务情况 30. 伤亡人员亲属抚慰情况	提供伤亡人员及其亲属的善后工作服务，包括伤亡人员识别、遗体恢复、寻找伤亡人员亲属、提供丧葬服务和其他咨询服务的能力
		现场安全 保卫与控 制能力	31. 受灾地区现场秩序维护情况 32. 受灾地区响应行动道路保障情况	为受灾地区和响应行动提供安全保卫，以避免进一步的财产和环境损失的能力
		环境应急 监测与污染 防控能力	33. 事发区域环境监测情况 34. 事发区域污染紧急处置情况	对事发区域环境进行应急监测，并采取措施对扩散到周边环境中的污染物进行紧急处置的能力
	消除现场 危害因素 能力	疫情防控 处置能力	35. 重大疫情监测报告能力 36. 重大疫情现场应急处置能力	对灾后重大传染病疫情作出快速反应，及时、有效开展监测、报告和处理的能力

（四）事后恢复与重建调查评估指标体系

针对事后恢复与重建情况调查评估任务，评估专家组基于恢复基础设施和建筑物能力、恢复环境与自然资源能力、恢复经济社会能力等3个方面，设立了5个一级调查评估指标以及12个二级调查评估指标。具体调查评估指标见表2-6。

表2-6　澳门"天鸽"台风灾害事后恢复与重建情况调查评估指标体系

调查评估任务	调查评估子任务	调查评估一级指标	调查评估二级指标	调查评估指标说明
事后恢复与重建	恢复基础设施和建筑物能力	基础设施修复和重建能力	1. 灾区基础设施修复和重建情况 2. 灾区公私建（构）筑物修复和重建情况	修复或重建受损的基础设施和公私建（构）筑物，恢复和维持必要的服务以满足基本生产生活需要的能力
	恢复环境与自然资源能力	垃圾和危险废弃物管理能力	3. 灾区垃圾和危险废弃物清运能力 4. 灾区垃圾和危险废弃物处理能力	清运和处理现场的垃圾和危险废弃物的能力
	恢复经济社会能力	政府服务恢复能力	5. 政府服务中断时长 6. 政府服务恢复情况	恢复因事件影响或因开展响应行动而中断的政府服务和运作的能力
		经济恢复能力	7. 政府针对工商企业采取的救助政策 8. 保险公司对工商企业理赔情况 9. 工商企业恢复运营情况	为工商企业的重新运营提供支持，重新建立现金流和物流，使受灾地区的工商企业尽快恢复到正常经营状态的能力
		社区恢复能力	10. 抚恤慰问受灾社区居民情况 11. 保险公司对居民财产理赔情况 12. 社区社会秩序恢复情况	恢复受事件影响社区的基本功能和活力，其基础设施、商业服务、环境和社会秩序恢复到受影响前的水平的能力

四、调查评估主要结论

（一）应对工作的成功经验和做法

1. 应急处置与救援阶段的成功经验和做法

在应急处置与救援阶段，澳门特别行政区政府、广大公务员、纪律部队、社会各界积极投身抗灾救灾的实际行动，充分体现了澳门特别行政区政府、广大民众自强爱乡的情怀，表达了要把澳门建成宜居、宜业、宜行、宜游、宜乐的世界旅游休闲中心的信心。习近平主席和中央政府的关怀，中央驻澳机构和广东省等有关方面的大力支持，特别是解放军驻澳门部队快速有效的救灾行动，进一步证明了祖国始终是澳门应对各种灾难的坚强后盾。澳门特别行政区政府及社会各界与内地的协调联动，既立足当前尽快恢复生产生活秩序、同心协力积极主动应对风灾，又着眼长治久安，共同深入研究应对灾害危机的改进措施，充分体现了"一国两制"方针的制度优势。具体做法包括以下方面：

1）澳门特别行政区政府及民防行动中心采取的应对措施

台风预防和准备工作。当获悉"天鸽"台风可能会袭击澳门的消息后，保安司范畴所有部门根据民防架构成员任务分工积极做好人力、物力及设施设备等方面的准备工作。在人力上，预先增加执勤人员数量，安排人员提前返回工作岗位并待命；在物力上，提前准备人员防护装备、抢险救援工具、应急救灾物资、紧急救援装备等；在设施方面，安排人员巡视所有设施设备的防范加固和运行状况，检查抽排水设施设备以及防洪沙包准备情况等。

治安警察局根据悬挂1~3号风球的信息，通过微信向社会公众发布做好防台风准备措施的讯息；警察总局及保安部队事务局为民防行动中心机制启动做好物资及人员准备工作，安排信息技术人员到民防行动中心进行检测，确保民防行动中心启动"动态事故报告系统"能够运作正常；悬挂3号风球时，民防行动中心向27个民防架构成员发出提示，为启动民防架构提前做好准备。

多渠道发布信息并呼吁市民做好灾害防御。民防行动中心滚动式不间断地通报"天鸽"台风最新信息，响应传媒机构的查询；及时统计发布由台风所引发的事故、伤亡的信息数据；通过新闻局、新闻媒体等各种渠道对外发布，让公众知悉灾害最新情况，及时采取防御措施。

紧急启动民防行动中心机制。悬挂8号风球后，澳门特别行政区政府紧急启动民防行动中心机制。8月23日下午，时任行政长官崔世安亲临民防行动中心部署灾后应对和善后工作，指导及协调民防架构27个成员的整体行动。民防架构成员迅速投入灾后应急救援救助工作，积极跟进供水、供电、通信等生命线设施的修复，全力协调水电恢复供应，努力保障人员和生命财产安全。治安警察局增加待命警员人数，取消警员休假，加强机动巡逻，封锁危险区域，协助进行路面清障和救援。司法警察局制定特别工作安排和应变措施，加强各区巡逻，启动24 h特别网络巡查。消防局负责拯救被困者、处理水浸、清除安全隐患，尽力减少人员伤亡。海事及水务局着力稳定澳门供水情况，设置临时供水点，提供临时供水服务。社会工作局开放青洲灾民中心和凼仔及路环社会工作中心，积极帮助受风灾影响的市民。交通事务局密切协调各巴士公司，及时恢复巴士服务。民政总署（现市政署）和卫生局加快速度处理市面环境及卫生。

习近平主席应澳门特别行政区政府请求，及时派出解放军驻澳门部队协助救灾。根据《澳门特别行政区基本法》和《澳门特别行政区驻军法》，澳门特别行政区政府及时向中央人民政府提出驻澳部队协助救灾请求，驻澳部队根据中央军委指令和南部战区指示，迅速行动，依法协助澳门特别行政区政府开展抗灾救灾工作，有效维护澳门同胞生命财产安全，尽快帮助澳门恢复社会生产生活秩序，以实际行动赢得澳门各界一致好评，充分展示驻澳部队爱澳亲民良好形象。

积极协商内地有关方面紧急调运救灾应急物资。应澳门特别行政区政府请求，在中央政府驻澳门联络办公室协调下，广东省积极配合澳门特别行政区政府开展抗灾救灾工作，紧急协调各方调运救灾应急物资，尽最大努力支持澳门。广东省在同样遭受"天鸽"台风灾害的情况下，将全力支持澳门救灾物资作为一项十分光荣的任务执行，迅速完成了支持物资的筹措准备和紧急调运工作，突出体现了广东省的政治意识和大局意识。

2）澳门各界和民众采取的应对措施

保安部队奋不顾身，倾力救人。风灾期间，保安司辖下各部队及部门人员全数取消休假，上下一心，各司其职，倾力应对及参与救灾；不顾安危，全力搜救受海水倒灌围困人士；无惧险阻，快速清除各区高危悬挂物及倒塌物，打通大部分主干道；紧守岗位，维持各口岸秩序及治安，保障滞留旅客人身安全。在应急、救灾或善后等工作上，充分发扬了舍己为人、公而忘私和团体合作的警队精神；鲜明展现出保安部队及部门人员的良好品德、专业操守和勇于担当的警队形象，涌现出了如海关潜水队、治安警察局特巡组、消防局特勤救援组等英勇集体和黎逸纹、曾智明、冯少明等英勇个人。

街坊邻居睦邻友爱，共献爱心。风灾后，整个澳门社会行动了起来，许多商家采用义卖、资助等方式向社会奉献爱心。如本次受灾最严重的十月初五街，一家近60年的老店，9月5日、6日两天从中午到晚上，每天免费为救援队员和周边居民提供了1300份云吞面、牛腩面和饮料、矿泉水等；由"天鸽"台风造成的大范围停水停电，居民做饭成了难题，受风灾影响不大的一些餐厅，免费向周围街坊、老人中心及小区中心派饭。在风灾期间，菲律宾籍外雇在明知水性不佳的情况下，依然奋不顾身落水救人，令社会感动。

社团组织积极参与，共同救灾。澳门各社团积极组织居民救灾，向需要帮助的居民及时伸出援手，有社团联同义工伙伴创设了风灾地图网站；有医疗中心的医生在楼外搭起帐篷，连续4天冒着风雨，为近200位病人提供服务；许多社团派出义工到街区清理垃圾，尽快恢复社区环境与交通秩序；街坊总会"平安通呼援中心"、学联组织青年义工为因停电受困的独居长者送食物，解决燃眉之急；澳门日报读者公益基金会为帮助受灾渔民暂渡难关，先后向澳门渔民互助会、市贩互助会、街坊总会等社团捐款1230万元（澳门币）。社会各部门也各尽所能帮助民众恢复正常生活、生产。

中央驻澳机构积极参与抢险救灾。中央驻澳机构及时响应澳门特别行政区政府号召，坚决贯彻中央政府指示精神，积极履行责任，紧急动员，组织人力、物力，全力投入抗灾救灾，在电网修复、商品供应、油气供应、垃圾清运、树木清理等救援工作中发挥了重要作用。

2. 灾后恢复重建初期的成功经验和做法

在灾后恢复重建初期，澳门特别行政区政府及时调整工作重点，在多方的共同努力之下，澳门社会秩序在"天鸽"台风灾后很短时间内得到基本恢复。澳门特别行政区政府及时检视现行的灾害应对处置机制，尤其是气象预报、民防工作统筹、信息发布协调，以及相关基础设施的状况。根据检视评估结果，迅速采取相应措施，包括未来灾害应对处置的整体规划，加强民防行动框架下的应急协同效应，尤其在统一规划、行动及发布信息方面，以提高灾害应对能力。澳门特别行政区政府高度重视国家减灾委评估专家组提交的《国家减灾委协助澳门"天鸽"台风灾害评估专家组的工作报告》，尤其是在气象、电力、水利、通信、救援等专业领域，结合有关专家意见采取了一系列改进措施，有效保障居民生命财产安全及维护社会和谐稳定。具体做法包括以下方面：

1）专门成立灾害检视机构

灾害发生后，时任行政长官崔世安于8月28日批准设立"检讨重大灾害应变机制暨跟进改善委员会"，及时开展总结评估，出台救助措施和政策。检讨重大灾害应变机制暨跟进改善委员会在澳门特别行政区政府领导下，负责检视、制定应对重大灾害的危机处理方案，包括改善气象预报，加强民防工作统筹及信息发布等工作。检讨重大灾害应变机制暨跟进改善委员会由行政长官担任主席，成员包括行政法务司司长、经济财政司司长、保安司司长、社会文化司司长、运输工务司司长、警察总局局长及海关关长，广泛听取社会各界对灾害善后工作及检讨重大灾害应变机制的意见。澳门特别行政区政府于2017年8月28日至9月11日，广泛收集市民对重大灾害应变机制的意见，并进行认真梳理分析。9月初，澳门特别行政区政府派员拜访了国家减灾委员会、民政部，邀请国家减灾委员会的专家加入检讨工作小组，帮助澳门尽快尽好地完成相关的总结，为下一步的工作奠定基础。

2）邀请国家减灾委评估专家组开展相关工作

澳门特别行政区政府及时邀请国家减灾委评估专家组赴澳门开展"天鸽"台风灾害评估和咨询工作，帮助澳门尽快做好"天鸽"台风评估与总结工作。国家减灾委评估专家组编制了《国家减灾委协助澳门"天鸽"台风灾害评估专家组的工作报告》，并于2017年9月27日向澳门市民公开征求了意见。澳门特别行政区政府、各有关部门高度重视《国家减灾委协助澳门"天鸽"台风灾害评估专家组的工作报告》，针对内地有关专家提出的问题、建议和意见，及时制定有针对性的短期和中长期改进措施。

3）出台救助措施和政策

灾害发生后，时任行政长官崔世安指示行政法务司、经济财政司、保安、社会文化司和运输工务司的五位司长充分听取社会各界对"天鸽"台风灾害善后工作及检讨重大灾害应变机制的意见，要求各司根据各自管辖范畴，结合灾害应急救助需求，研究推出市民关心的受灾问题的援助措施。

出台"中小企业特别援助计划"和"灾后补助金措施"。澳门经济局通过工商业发展基金，面向受台风影响的中小微企业、商贩、营业车辆持有人及自雇人士，推出"中小企业特别援助计划"和一次性的"灾后补助金措施"，并把"灾后补助金措施"的金额由原来的3万元（澳门币）提高为5万元（澳门币），有效缓解了受灾商户的经济压力。

及时联络保险公司开展灾害理赔。澳门特区政府高度关注"天鸽"台风对澳门商户、居民的财产造成的严重损失，在预计到有不少商户和居民可能已经购买了商业保险的情况下，澳门金融管理局灾后及时联络保险公会和保险公司，建立24 h联络沟通机制，实时跟踪掌握财产损失及理赔情况。

及时开展抚恤慰问。澳门基金会向受灾居民提供了价值13.5亿元（澳门币）援助并筹集了10万桶饮用水，具体包括向每名遇难者家属发放30万元（澳门币）慰问金；向受灾人员发放上限3万元（澳门币）的医疗慰问金，向因台风导致门窗受损或遭海水倒灌影响的住户发放上限3万元（澳门币）的援助金，向受停水停电影响的住户发放2000元（澳门币）补贴，有效缓解了受灾单位和人员的经济压力。

迅速恢复社会生产生活秩序。灾害发生后，时任行政长官崔世安及时了解情况并指导救灾工作，向全澳市民发表电视讲话，向受灾人员表示慰问并承诺全力做好救灾工作。8月24日下午，行政长官率领相关部门官员召开新闻发布会，介绍风灾善后工作的具体措施，鼓励广大澳门市民同心合力、共度时艰。澳门特别行政区政府通过政府发言人办公室、新闻局以及民防行动中心等各种渠道，主动发布"天鸽"台风灾害的有关信息，防止谣言传播，呼吁公众注意安全。行政长官办公室通过社团联盟机制，了解各界受台风灾害影响的情况，并听取对救灾工作的意见和建议，促进政府和社团密切协作，及时了解、解决民众需求，有效安抚市民情绪。特区政府与社会各界共克时艰，尽最大努力开展救灾和善后工作，澳门居民的生产生活秩序得到有效恢复，维护了澳门经济社会稳定的大局。

（二）应对工作暴露出的短板弱项

1. 预防与应急准备方面

在预防与应急准备方面，暴露出应急供水能力、应急供电保障能力、应急食品与物资储备能力的明显不足以及公众防灾减灾意识的薄弱。

1）应急供水能力明显不足

澳门自来水总储水量及应急能力均有待提高，其后备设备、发电装置及相关配套设备的选址、数量及运行状况等均需要重新作出评估，流动供水车数量不能满足灾后临时供水服务的需要，超市的瓶装水一度在几天之内被居民恐慌性抢购一空。

2）应急供电保障能力欠缺

澳门本地发电比例较小，主要依靠内地输送，由于供电中断造成澳门一度大面积停电。澳门许多公共机构虽有备用发电机，但总体数量不足且缺少日常维护，续航能力低，难以满足应急供电需求。

3）应急食品与物资储备不足

灾民中心/避风中心储备的食品较为有限，且相关物资供应只针对民防应用。社工局没能将社会服务设施用作临时避难场所，并储备相应的应急物资。另外，照明设备、水泵、垃圾清理车辆及设备，消毒设备等均储备不足。

4）公众忧患意识不强

由于澳门多年没有遭遇强台风正面袭击，悬挂风球后，澳门社会没有做好准备，缺乏相应的应急响应，对灾害的严重危害认识不足，未及时采取应对措施。

2. 应急管理体制机制方面

在应急管理体制机制方面，暴露出民防架构统筹协调作用发挥不够、粤港澳应急联动机制有待完善、公众沟通与动员机制不健全等方面的问题。

1）民防架构统筹协调作用发挥不够

虽然民防行动中心在台风灾害应对期间全力指导及协调民防架构成员开展工作，各部门也通力配合，但工作仍有不足之处，特别是在断电、断水、通信中断的情况下，多个部门与民防行动中心的沟通一度出现问题，民防行动中心在协调指挥民防架构成员及社会组织参与救灾方面缺乏必要的权威权力、动员能力和资源支配能力。

2）粤港澳应急联动机制有待完善

粤港澳应急联动机制在"天鸽"台风应对中发挥了一定作用，在事中通报和事后救灾的区域联动较为迅速和有效，但在事前预防、灾害监测预警等工作上缺乏有效沟通。澳门与香港未建立防灾救灾互助机制；《粤澳应急管理合作协议》中的"粤澳信息互换平台"尚未建成；粤港澳三地在突发事件的处置过程中气象信息、口岸信息等方面缺乏有效的沟通合作。

3）公众沟通与动员机制不健全

各种救灾力量统筹协调不足且分工不清晰，在人力调配、物资收集分派、信息沟通等方面存在不足，存在着物资错配、过剩或重复发放的现象。

3. 灾害应对法律法规和标准体系方面

在灾害应对法律法规和标准体系方面，暴露出防灾减灾救灾法律体系、应急预案体系、灾害监测预警预报等技术标准等方面存在明显的不健全不完善等问题。

1) 防灾减灾救灾法律体系需要进一步完善

现有灾害应对相关的法律法规较为分散，部分灾害应对的紧急措施，例如防疫、对灾民的援助和安置等内容，分散于不同的法规之中，在具体适用法律上需要在执法层面进一步整合，以增强灾害预防和救助相关法律法规的整体性和协调性。澳门现有的法律制度中，针对灾害的预防和应变已有基本的制度框架，包括《澳门民防纲要法》(第 72/92/M 号法令) 和《核准〈澳门特别行政区——突发公共事件之预警及警报系统〉》(第 78/2009 号行政长官批示) 等灾害应对的框架性制度，《澳门特别行政区内部保安纲要法》(第 9/2002 号法律)《设立澳门特别行政区警察总局》(第 1/2001 号法律)《设立突发事件应对委员会》(第 297/2012 号行政长官批示) 和《设立检讨重大灾害应变机制暨跟进改善委员会》(第 275/2017 号行政长官批示) 等相关的权限和机构设置的法律制度以及散见于《灾民中心的规范性规定》(第 2/2004 号行政法规) 等其他法规中灾害应对可采取的措施的规定，澳门已经初步具备了关于紧急状态处置的制度性框架和基本内容，但是还缺乏体系化和协调性。

2) 应急预案体系不健全

澳门民防领域应急预案由民防行动中心统一制订和执行，应急预案虽然对紧急情况做了预设，但对于本次强台风造成的灾害后果和救灾困难的叠加，没有充分的估计。由于本次灾害除极具破坏的风灾外，还有风暴潮叠加天文大潮导致的海水倒灌，同时破坏了澳门的水、电输送系统，停水停电大大增加了救援工作的困难；而台风灾害引发的次生灾害，如城市内涝、救援通路严重阻塞、停水、停电等，在预案中没有提及，现行的应急预案仍有很大的改进空间。

3) 灾害监测预警预报等技术标准需要进一步完善

在气象预报方面，澳门虽制定了多部技术性规范，但台风预警、风暴潮等级设定等业务规范较为陈旧，与周边和国际上通行的做法不匹配。澳门台风分级标准尚未与国际接轨，不利于准确描述台风强度变化，也不利于引起政府和公众对台风危害程度的认识。风暴潮预报和警告不足问题较为突出，目前澳门风暴潮最高警告级别是黑色，即"估计水位高于路面 1 m 以上时"发布风暴潮黑色警告，缺乏更加细化的风暴潮警告等级。现行悬挂 1 号、3 号、8 号、9 号及 10 号风球的台风预警方法，但对何时悬挂何种级别的风球无明确说法，实际操作时会有一定的随意性，并可能导致风球悬挂不及时。

4. 生命线工程和重要基础设施防灾减灾能力方面

在生命线工程和重要基础设施防灾减灾能力方面，暴露出防洪闸和防洪堤设防标准偏低、供水供电通信等重要基础设施设防标准偏低等问题。

1) 防洪闸和防洪堤设防标准低

海堤、挡潮闸等设施设计标准低，难以抵御此次风暴潮的袭击，容易造成海水倒灌严重。澳门半岛西侧 (即内港区) 部分堤岸不足抵御 10 年一遇潮位；路环西侧堤岸不足抵御 10 年一遇潮位。内港临时防洪潮工程设计高程为 2.3 m，相当于潮高 4.1 m，而本次潮高达到 5.58 m (澳门基面)，未能阻挡海水涌入内港一带区域。

2) 供水供电通信等重要基础设施设防标准低

城市供水、供电、通信等重要的生命线设施缺乏统一规范的设防标准，自身抵御灾害能力十分薄弱，很容易由于水浸等原因造成设备停运。"天鸽"台风后，受大面积停电及泵站水浸等影响，澳门主力水厂青洲水厂、大水塘水厂以及路环水厂停止产水，造成澳门居民停水。青洲水厂和大水塘水厂地势低，存在水浸风险。电网建设应对灾害标准不健全，电力基础设施设防标准不高。

5. 灾害预警及响应方面

在灾害预警及响应方面，暴露出专业技术人才和装备相对缺乏、灾害预警及响应能力薄弱等问题。

1）专业技术人才和装备相对缺乏

本次灾害应对过程中，由于气象等专业技术人才及装备缺乏，造成对此次台风及引发的风暴潮预报不及时，预警发布后可供澳门社会应急准备的有效时间不够，使得相关专责部门在救灾救援时遇到较大困难。由于与救灾直接相关的专业化救援队伍人员不足，澳门特别行政区政府不得不让纪律部队全面投入救灾工作，长时间的工作使得一些人员身心疲惫，影响了救灾救援效率。技术和装备不足也制约了救援活动的顺利开展。

2）灾害预警及响应能力薄弱

"天鸽"台风的应对暴露出澳门缺乏完善的灾害预警信息发布、传播机制，灾害预警信息发布的及时性、有效性、准确性和覆盖面不够，没有形成多语种、分灾种、分区域、分人群的个性化定制预警信息服务能力。8月23日，8号风球预报于凌晨至清晨时间发出，但直到9时才改挂8号风球，直到10时45分才改挂9号风球，并在11时30分才改挂10号风球，由于台风预警时间不足，且未对强台风造成的严重影响及风暴潮及时发出预警，以致政府机关和广大居民对风灾可能造成的危害未引起足够重视，导致没有充足时间制订有效的预警响应行动计划并处理各类紧急情况，应急行动效率受到影响。

第三章　国内外应对台风灾害的主要做法

第一节　国外应对台风灾害的主要做法

一、主要编写思路

热带气旋是影响全球的主要灾害性天气之一。热带气旋对不同地区的社会经济影响不同，与受灾地区的人口密度、海岸和岛屿地形、土地利用、工业化程度、灾害防范应对能力等密切相关。本章选取美国、日本、菲律宾作为研究参考对象，主要考虑上述三国均处于热带气旋影响高风险地区，在历史上都曾经遭受台风（飓风）重创，但受经济发展水平、应急管理理念等因素影响，上述三国在台风灾害应急能力方面呈现出不同特点，在地理区域、经济实力、管理理念等方面具有较好的代表性。

在开展具体分析时，本章较为概括地剖析了美国、日本、菲律宾三国的地理、地形、气候及台风（飓风）灾害时空分布特征，列举了历史上遭遇的重大台风（飓风）灾害事件及影响，并围绕应急管理体制、机制、法制建设以及能力建设等对上述三国的应急管理体系进行总结分析，旨在找到值得学习推广的成功做法以及需要吸取借鉴的经验教训。

二、主要分析结论

（一）美国飓风灾害特点及应对

1. 主要特点

美国幅员辽阔，地理位置独特，气候条件及大气环流状况导致飓风等灾害频发。美国的飓风季节是每年6—11月，高峰期是8—9月。飓风可能冲击的地区遍及整个大西洋沿岸，而最常遭受冲击的是佛罗里达州、南卡罗来纳州、北卡罗来纳州、路易斯安那州和得克萨斯州等。据统计，尽管美国飓风的总数自20世纪90年代以来略显下降，但强烈飓风特别是4级、5级飓风的数量却在最近几十年中呈增长态势，并造成重大人员伤亡和财产损失（表3-1）。

表3-1　美国历史上发生的重大飓风灾害

发生年份	台风名称	影响范围	损失情况
1935 年	劳动节（Labor Day）	美国东南部海岸	5 级飓风造成 423 人遇难，经济损失约为 600 万美元

表 3-1（续）

发生年份	台风名称	影响范围	损失情况
1969 年	卡米耶（Camille）	密西西比州和路易斯安那州	5 级飓风造成大约 256 人遇难，经济损失约为 120 亿美元
1988 年	吉尔伯特（Gilbert）	波多黎各和处女岛、北卡罗来纳州和南卡罗来纳州	5 级飓风造成 85 人遇难，经济损失约为 150 亿美元
1992 年	安德鲁（Andrew）	佛罗里达州和路易斯安那州	5 级飓风造成约 52 人遇难，近 13 万栋房屋受损或毁坏，经济损失约为 300 亿美元
1999 年	弗洛伊德（Floyd）	南卡罗来纳、北卡罗来纳、弗吉尼亚州、新泽西州及华盛顿、巴尔的摩、费城和纽约	飓风共造成 150 万户停电，300 万学生不能上学
2005 年	卡特里娜（Katrina）	路易斯安那州、密西西比州及亚拉巴马州	5 级飓风造成 1836 人遇难，705 人失踪，经济损失至少 750 亿美元。新奥尔良市 80%的城区被洪水淹没

2. 主要做法

美国应急管理工作基本理念是软件重于硬件、平时重于灾时、地方重于中央。其主要做法包括以下几个方面：

一是统一领导、属地为主的灾害管理体制。美国政府根据《美国联邦灾害紧急救援法案》设立了总统直接领导的美国联邦应急管理署（FEMA），它直接对总统负责，专司国家灾害和突发事件管理，负责重大灾害的预防、准备、响应和恢复工作。一旦突发飓风等重大灾害，可以调动美国所有人力、物力进行紧急救援。美国的灾害管理实行统一领导和属地为主的管理模式，灾害应急处置主要由灾害发生地所在州紧急救援管理局组织实施，当超出该州能力时，州长向总统提出救援请求，联邦政府提供支持。

二是通过加强立法规范保障灾害救援救助行动。在飓风等灾害防治方面，美国建有较为完备的法律法规体系，在总结多年防治灾害经验和教训的基础上，出台了《美国联邦灾害紧急救援法案》《防洪法》《灾害救助法》《洪水灾害防御法》《联邦灾害法》《沿海区域管理法》《斯塔福特救灾与紧急援助法》等一系列有关灾害的法律法规。《美国联邦灾害紧急救援法案》以法律形式定义了美国灾害紧急救援的基本原则、救助范围和形式、政府各部门、部队、社会组织、公民的责任和义务，为防治灾害提供了法律依据和法律保障。此外，美国制定了《国家紧急响应计划》和各专项计划等系列防灾减灾规划，特别强调以提高基层组织防灾能力建设为基础的备灾工作。

三是建立现代化的灾害监测预警体系。美国非常重视气象灾害预警，在全美已经建立了比较完备的现代化气象灾害预警体系。美国国家天气局（NWS）负责各种气象灾害监测预警和相关管理工作。按照属地及责任区原则，各种灾害性天气预警的制作、发布由NWS 和 122 个气象台负责。气象灾害预警信息通过互联网、电视台、广播等新闻媒介随时向社会公布，即便在偏远山区，当地农民也能通过收音机接收，这种收音机就算处于关闭状态，一旦接收预警信息就能自动开启播放。美国电视台设有专门气象服务频道，全天候 24 h 不间断播放气象服务信息。

四是注重运用科技手段提升防灾减灾能力。美国一直开展飓风飞机观测业务，每当飓风靠近美国本土时，隶属于美国国家海洋和大气管理局（NOAA）的国家飓风研究中心会立刻出动数架不同功能的研究专用飞机，直接飞入飓风中或绕行其周围，开展机载雷达观测和下投探空观测，用以充分掌握飓风的整体结构及其环境和动态，所得数据用于数值模式可以使飓风路径预测的准确度提高 15%～30%。美国在气象防灾减灾中还注重应用先进的技术设备，地球气象卫星、微波遥感技术早已用于气象灾害监测、预警；利用超级计算机和数值模式（全球、区域及集合模式）开展飓风预报。

（二）日本台风灾害特点及应对

1. 主要特点

日本作为太平洋上的一个岛国，因其位置、地形、地质、气象等自然条件的综合作用，一年四季多发气象灾害。在日本的气象灾害中，台风灾害无论从规模上还是程度上，都居首位。台风季为 6—10 月，登陆最多的是在 8—9 月。日本曾先后发生过 1934 年"室户"台风、1945 年"枕崎"台风、1954 年"洞爷丸"台风、1959 年"伊势湾"台风、1958 年"狩野川"台风等，都对日本造成极大影响，其中"室户"台风、"枕崎"台风和"伊势湾"台风更被称为"昭和三大台风"，导致数千人遇难（表 3-2）。

表 3-2　日本历史上发生的重大台风灾害

发生年份	台风名称	影响范围	伤亡情况
1959 年	伊势湾（VERA）	除九州岛之外的全国	遇难 4697 人、失踪 401 人
1934 年	室户	九州岛—东北	遇难 2702 人、失踪 334 人
1945 年	枕崎	西日本	遇难 2473 人、失踪 1283 人
1954 年	洞爷丸（MARIE）	全国	遇难 1361 人、失踪 400 人
1958 年	狩野川（IDA）	近畿以北	遇难 888 人、失踪 381 人

注：按伤亡严重程度排序。

2. 主要做法

日本应急管理工作的特点是理念优先于制度，制度优先于技术。其主要做法包括以下几个方面：

一是建立了较完整的应急管理组织体系。日本的应急管理组织体系分为中央、都道府县、市町村三级，各级政府在平时召开灾害应对会议，在灾害发生时，成立相应的灾害对策本部。为进一步提升政府的防灾决策和协调能力，进入 21 世纪后，日本政府将国土厅、运输厅、建设省与北海道开发厅合并为国土交通省，把原来设在国土厅内的"中央防灾会议"提升至直属总理大臣的内阁府内，并在内阁府设置由内阁总理任命的具有特命担当（主管）大臣身份的"防灾担当大臣"。"防灾担当大臣"的职责是：编制计划；在制定灾害风险减少的基本政策时进行综合协调；在出现大规模灾害时寻求应对策略；负责信息的收集、传播和紧急措施的执行。此外，该大臣还担任国家"非常灾害对策本部长"以及"紧急灾害对策本部副本部长"（本部长由内阁总理大臣担任）。

二是建立了较完善的应急管理法规体系。日本十分注重防灾法律法规的建设。日本以《灾害对策基本法》作为防灾减灾的基本法规，辅之以配套法规，针对灾害的预防、防灾体系建设、灾后救援、灾情调查、恢复与补助等制定了一系列规章细则，从而保证了防灾、减灾、救灾到灾后恢复等工作的正常进行。日本水法规体系的核心是《河川法》。在

《河川法》的基础上制定了一整套与水和防灾相关的法律。此外，根据灾害特点的变化及社会发展新要求，日本不断进行发展和完善应急管理法规体系，防灾减灾工作都建立在法制体制之上，加强防灾减灾对社会各方面的约束和调节能力。

三是重视提升民众的防灾减灾意识和能力。在防灾教育上，日本政府十分注重强化公众的风险意识、普及灾害知识和培训公众自救技能。政府组织编制了避难活用型（避难措施）、避难情报型、避难学习型（中小学教材）等多种类型的洪水风险图。在各社区开辟和标明了避难场所，即使是在地下街道、地下商场都有非常醒目的避难场所和紧急出口标志。饭店宾馆的客房都配备有应急避难的手电筒和自救升降梯等必备工具；研制了可以保存 3 年的饼干等应急食品。日本各级政府的防灾指挥中心都编制了防灾风险图，标明各地段的洪水风险及洪水能淹没的范围和水深，以及相应的避难场所等，并发放给公众。日本免费开放灾害防御教育馆，通过影视、模型、图片、文字和现场亲身体验等方式开展公众防灾知识的宣传和培训。日本政府将获得的各类灾害信息都向公众公布，公众可以通过多种渠道获得灾害信息。对于特定的服务对象，还可以通过手机短信、电台和专用收音机等方式快速获取信息。当灾害发生需要避灾时，首先是民众根据自身了解的信息自行选择是否避难；其次是当灾害达到一定程度时政府发布避难劝告，动员有关民众避难；最后是当灾害达到或将达到严重程度时政府下达避难指示，避难指示属于政府指令性质，民众必须服从政府安排，不执行者属违法，可以拘捕。

四是重视城市防洪以及地下设施的防护。随着日本工业化程度的提高，城市"热岛效应"很容易导致局部强降雨。日本三大都市圈之一的名古屋，半座城市处于暴雨中心区。加之日本国土面积有限，城市大力向地下发展，地下设施发达，如地下街道、地下商场、地下广场、地下铁路等比比皆是。因此，水灾对城市的威胁越来越突出。1998 年以来，先后袭击富冈、东京的特大暴雨，都造成了地下室里淹死人的惨剧，给地下街道、地铁造成重大损失。因此，城市减灾措施研究越来越受到重视。日本城市防洪减灾的综合对策有：①通过保护生态环境，减少废气、废热排放，植树绿化改善环境等措施创造一个较好的气候条件；②建设雨水调节设施，在地下停车场建地下蓄水池，有条件的地方则建造更大的防灾调节池，如公园地下建 $(5\sim10)\times10^4$ t 的蓄水池，在道路下面建直径 20 m 的调水池；③改造排水系统，如设置上下两层双排水管路，河道改建和堤防整治；④推广防洪新技术，如道路和广场建设时考虑雨水的下渗，路面不用水泥，改用石子或渗水的沥青等。

（三）菲律宾台风灾害特点及应对

1. 主要特点

由于菲律宾群岛特殊的地理位置，大约有 80% 形成于西北太平洋地区的台风都会光顾菲律宾，菲律宾平均每年会遭到约 20 个台风的吹袭，成为全世界遭受台风破坏最严重的国家之一。2011 年，热带风暴"天鹰"造成菲律宾 1200 多人遇难，30 万人无家可归；2012 年，超强台风"宝霞"也造成菲律宾近 1000 人遇难；2013 年 11 月 8 日，超强台风"海燕"袭击菲律宾，造成 6009 人遇难，27022 人受伤，1779 人失踪，成为菲律宾历史上有记载以来造成人员伤亡和财产受损最严重的天灾之一。

2. 主要做法和经验教训

菲律宾建立了以国家灾害协调委员会为中心的灾害应对机制，灾害协调委员会包括从中央到地方的系列协调组织。菲律宾制定了灾害管理法和灾害管理规划，形成了比较完整的防灾减灾体系。菲律宾注重业务科研部门对防灾减灾体制机制运作的支撑作用。大气地球物理和天文管理局（PAGASA）是菲律宾的国家气象水文部门（NMHS），主要工作内容包括台风、风暴潮、洪水等灾害监测、预警及发布。此外，菲律宾重视针对灾害管理者、专业人员和社会公众的防灾减灾宣传和培训。菲律宾相关研究机构组织绘制了多种灾害风险地图，培养社区居民的灾害意识。

但结合 2013 年台风"海燕"应对工作，可以看出，菲律宾的灾害应急管理体系还存在较多薄弱环节。

一是灾害预报预警不及时。2013 年 11 月 6 日 23 时，菲律宾大气地球物理和天文管理局发布 1 号风暴警告信号，7 日 5 时发布 2 号风暴警告信号，当天 11 时发布 3 号风暴警告信号，17 时发布最高等级 4 号风暴警告信号。菲律宾国家减灾委员会同步发布《减灾委员会公告》，警告低洼地区和山区居民注意洪水和滑坡。3 号风暴信号发布后，菲律宾国家减灾委员会补充公告沿海地区可能遭受 7 m 高的风暴潮。整个预警预报过程看似完整，其实存在重大问题，主要是预警预报不及时。菲律宾气象部门将"海燕"定为"台风"等级的时间比我国中央气象台晚 41 h，比美国联合台风警报中心晚 36 h。"海燕"后期移动迅速，导致该国有效预警时间太短，警告升级仓促。从 1 号警告升级到最高的 4 号警告仅间隔 18 h，且第 1 次发布警告是在 23 时，待第 2 天早上大部分民众获悉时，形势已非常严峻，当天傍晚警告就升级到了最高级别，灾前的有效处置时间不到 10 h，造成了极其被动的防灾局面。

二是灾害防御措施不到位。虽然在台风登陆前大约 10 h，菲律宾总统发表了全国电视讲话，警告民众风灾非常强烈，非常危险，呼吁务必严加防范，并启动了系列防御措施，但这些措施与之前几场台风的防御并无不同，更像是按部就班地例行公事，缺乏针对性。

三是忽视了风暴潮的影响。尽管菲律宾官方在 7 日发布了风暴潮预警，但实际上并未采取相应的防范应对措施。因此，当风暴潮袭击城市时，民众根本没有相应的防御准备，只做了应对普通台风的准备，结果超强台风"海燕"登陆时引起海水上升，并与当日最高潮位的海潮叠加，形成了超过 6 m 高的浪墙，瞬间把海岛市镇夷为平地。

四是灾后救援救灾行动迟缓。尽管作为一个台风频繁过境的国家，菲律宾政府在应对"海燕"台风时，不仅反应迟缓，而且缺乏切实可行的应急机制和处置预案。菲律宾的高等级公路普及率在东盟主要国家中属于较低水平，低下的道路建设和管理水平阻塞了"救灾通道"，国内外大批救灾物资积压无法送抵灾区。

五是台风等级划分笼统模糊。菲律宾气象部门将中心附近最大风力达到或超过 12 级的热带气旋都笼统地称为"台风"，而包括我国在内的世界多个国家都在此基础上进一步划分了"强台风"和"超强台风"。这样在开展宣传时就能突出风暴的威力，提醒公众关注，引导社会各界采取相应的防御措施。11 月 6 日下午，"海燕"已加强成为 17 级超强台风，因为无"超强台风"的定义，在国家减灾委员会的台风公告中，也只称其为"台风"，与之前发布过的其他台风公告无差别，难以突出"海燕"潜在的巨大风险。

六是综合防灾抗灾能力薄弱。菲律宾频遭台风袭击，但国内基础设施防灾抗灾能力却属较低水平。即使作为避难场所的学校、教堂和政府大楼，其建筑标准也很低，防风性能差，导致很多避难的人员也最终成了受难者。菲律宾沿海防浪设施、城市排水系统以及电力和道路设施也非常落后。相对于44个受灾省份的1600多万受灾人口，以及海潮泛滥和交通、通信、电力等大范围中断的严峻形势，菲律宾政府仅仅投入了非常有限的救灾资金、应急物资和救援力量，造成灾前转移和灾后救援的延迟、乏力和低效。

<h2 style="text-align:center">第二节　国内应对台风灾害的主要做法</h2>

一、主要编写思路

我国位于太平洋西岸，是受热带气旋影响最重的国家之一，平均每年约有7个台风（包括热带风暴、强热带风暴、台风、强台风和超强台风）登陆我国。一般来说，台风在5—10月对我国影响较大。热带气旋对经过的地区虽有解除伏旱的作用，但也会造成人民生命财产的巨大损失。我国北起辽宁，南至两广的沿海一带，每年都有可能遭受热带气旋的袭击。

本节从发生频次、登陆强度、影响范围、受灾程度、灾害群发链发效应等方面总结分析了我国台风灾害的特点，列举了新中国成立以来登陆影响我国的典型台风灾害事件，并围绕应急管理体制机制、组织指挥体系、应急预案体系、监测预警体系、应急救援体系、工程防御体系、综合防范能力等论述了改革开放以来我国台风灾害应急管理体系建设取得的显著进步，旨在强调应急管理体系和能力建设对于减少灾害损失、降低灾害风险的重要作用。

二、主要分析结论

（一）主要特点

中国是世界上遭受台风影响最严重的国家之一，具有发生频次高、登陆强度大、影响范围广、受灾程度重、灾害群发性强等特点（表3-3）。

表3-3　新中国成立以来我国典型的台风灾害事件（截至2016年末）

发生年份	台风名称	主要影响范围	特点	灾　情
1956年	温达（WANDA）	浙江、安徽、河南、山西、陕西、内蒙古等省份	体积大、深入内陆深	8月1日夜间以55 m/s的强度登陆浙江象山。次日，进入安徽境内并减弱为低气压，尔后又经河南、山西、陕西等省，在陕西与内蒙古交界处附近消失，共造成5000余人遇难
1973年	马格（MARGE）	海南	强度大、生命史短	9月14日凌晨，以其生命史中巅峰强度（60 m/s）在海南琼海登陆，350 t的烟囱在狂风中轰然倒地，整个城区几乎不见一座矗立的烟囱，整个海南至少903人遇难
1980年	珀西（PERCY）	台湾、福建	强度大	9月18日在台湾南部的恒春登陆，登陆时强度为55 m/s。9月19日再次在福建漳浦登陆，登陆强度是50 m/s

表3-3（续）

发生年份	台风名称	主要影响范围	特点	灾　情
1996 年	莎莉（SALLY）	广东	移速快、生命史短、风力强、破坏力巨大	在南海平均每小时移动速度达到 38～40 km/h，最高速度超过 40 km/h，进入南海后仅 1 天就登陆，成为有记录以来南海移动速度最快的台风。9 月 9 日 11 时在广东吴川至湛江一带沿海登陆，登陆时中心附近最大风速 50 m/s。登陆地数以百计的汽车被吹翻，港口中几百吨的龙门吊被吹入海里，至少 359 人遇难
2005 年	卡努（KHANUN）	浙江、上海、江苏、安徽	体积小、移速快、风力强	7 级风圈半径为 250 km，移动速度一度达到 30 km/h，最强时中心附近最大风速 50 m/s，在巅峰之时于 9 月 11 日在浙江台州登陆。浙江、上海、江苏、安徽共 16 人死亡，9 人失踪
2006 年	桑美（SAOMAI）	浙江、福建、江西、湖北	强度大	以 17 级（60 m/s）的风速于 8 月 10 日 17 时 25 分在浙江苍南县马站镇登陆，给浙江苍南和福建福鼎的部分地区带来毁灭性的破坏，两省因台风共造成 450 人死亡，失踪 138 人
2006 年	碧利斯（BILIS）	台湾、福建、湖南、广东、广西、浙江、江西	深入内陆时间长	强热带风暴深入内陆后低压环流维持时间长达 120 h，雨量大，造成福建、湖南、广东、广西、浙江、江西共 843 人死亡，损失之重为近年罕见
2014 年	威马逊（RAMMASUN）	广东、广西、海南、云南	强度大	先后在海南文昌、广东徐闻和广西防城港 3 次登陆我国。在海南省文昌登陆时的中心附近风力和最低气压均达到或突破有记录以来的历史极值，共造成 88 人死亡失踪

　　发生频次高。影响和登陆我国的台风主要来自西北太平洋和南海，孟加拉国湾风暴对我国西南地区也有影响。据统计，西北太平洋和南海平均每年约有 27 个台风生成，约有 7 个台风登陆我国，特别是广东、台湾、海南、福建、浙江等省沿岸是台风登陆最集中的区域。

　　登陆强度大。1949—2016 年间，共有 473 个台风登陆我国，其中以台风、强台风和超强台风级别登陆我国的台风有 228 个，占全部登陆台风的 48%，以强台风和超强台风级别登陆我国的台风 81 个，占全部登陆台风的 17%。仅 2000 年以来登陆我国的超强台风就有 7 个，分别是 2000 年"碧利斯"登陆台湾、2006 年"桑美"登陆浙江、2008 年"蔷薇"登陆台湾、2014 年"威马逊"登陆海南、2015 年"彩虹"登陆广东、2016 年"尼伯特"和"莫兰蒂"分别登陆台湾和福建，上述台风均给当地及周边地区造成重创。

　　影响范围广。全国约有五分之四的省级行政区可能受到台风影响，其中从华南到东北长 1.8 万多千米的沿岸地带更常遭受台风之害。台风登陆地点几乎遍及中国沿海各省。2000 年以来，全国因台风灾害造成的受灾人口年均 3151 万人次，有近一半的省份发生了人员死亡或失踪情况。

　　受灾程度重。2000 年以来，我国因台风灾害年均造成死亡失踪 223 人，直接经济损失462亿元。由于近年来我国加强对台风灾害的预警和防御，尤其是提前转移处于危险区域和低洼地带可能受到影响的居民，死亡失踪人口总体呈现下降趋势。同"十五"和"十一五"相比，"十二五"因台风灾害造成的死亡失踪人口大幅减少，仅为"十一五"的2成多、"十五"的近5成。但是，因台风灾害造成的直接经济损失在增加。"十二五"期间，我国因台风灾害造成的直接经济损失均为"十五"和"十一五"的2倍以上。

灾害群发性强。台风灾害常常引发洪涝、泥石流、滑坡等次生灾害，特别是重大台风灾害多数是登陆台风带来的狂风、暴雨和大海潮的共同影响以及台风灾害链所形成。当登陆台风与其他环流系统相互作用时，不仅会导致沿海台风灾害加重，而且可能深入内陆造成重大灾害。2006年强热带风暴"碧利斯"深入内陆后低压环流维持时间长达120 h，雨量大，多地引发山洪地质灾害，造成843人死亡，损失之重为近年罕见。

（二）主要做法

改革开放以来，随着内地省市气象监测和预报技术水平不断提高，台风路径预报和登陆点预报准确率有较大提升，预报时效逐步延长，为台风灾害应对提供了重要支撑。其主要做法包括以下几个方面：

一是完善台风灾害应急管理体制机制。经过不断摸索，内地在台风灾害预防与应对上逐步确立了"五个坚持"。在工作方针上，坚持安全第一、以防为主、常备不懈、全力抢险，努力争取防汛防台风的主动权；在工作理念上，坚持以人为本、服务大局，把确保人民生命财产安全放在首位，力求不死人、少损失；在工作机制上，坚持以行政首长负责制为核心的各级各类防汛防台风责任制，力求责任"横向到边、纵向到底"；在工作措施上，坚持建管并举、重在管理，不断夯实防汛防台风的物质基础和管理基础；在应急抢险上，坚持军民联手、区域联动、部门配合，增强防汛防台风抢险、灾后救助的整体合力。

二是建立统一的组织指挥体系。在各级党委领导下，由各级政府负责防台风应急管理具体工作。在国家层面，国务院是突发事件应急管理工作的最高行政领导机关。应急管理部是国务院组成部门，2018年3月根据第十三届全国人民代表大会第一次会议批准的国务院机构改革方案设立。按照分级负责的原则，一般性灾害由地方各级政府负责，应急管理部代表中央统一响应支援；发生特别重大灾害时，应急管理部作为指挥部，协助中央指定的负责同志组织应急处置工作，保证政令畅通、指挥有效。此外，中央层面设立国家减灾委员会、国家防汛抗旱总指挥部等机构，负责减灾救灾的协调和组织工作。在地方层面，地方各级政府是本地区应急管理工作的行政领导机关，负责本行政区域各类突发事件应急管理工作，是负责此项工作的责任主体。县级以上地方各级人民政府设有应急管理部门。为强化落实防台风责任，各地全面建立和完善以乡（镇）政府、街道办事处防汛防台指挥部为单位，以行政村、社区防汛防台风工作组为单元，以自然村、居民区、企事业单位、水库山塘、堤防海塘、山洪与地质灾害易发区、危房、公路危险区、船只、避灾场所等责任区为网格的基层防汛防台风组织体系，力求做到责任到人，不留死角。

三是建立高效的应急预案体系。我国已形成了应对台风的"横向到边、纵向到底"的突发事件应急预案体系，即国家总体应急预案、国家相关专项应急预案、国务院有关部门应急预案、地方政府相关应急预案、企事业单位应急预案。重大台风及次生灾害发生后，在国务院统一领导下，相关部门各司其职，密切配合，地方政府属地管理，及时启动应急响应，按照预案做好各项抗灾救灾工作。通过建立突发事件应急预案体系，对应急组织体系与职责、人员、技术、装备、设施设备、物资、救援行动及其指挥与协调等预先作出具体安排，明确了在突发事件事前、事中、事后，谁来做、做什么、何时做，以及相应的处置方法和资源准备等，确保了应对工作科学有序。

四是建立先进的监测预警体系。在气象灾害监测上，采取天、地、海、空立体手段无缝观测，力求测得准、测得细、测得快，切实提高气象灾害监测能力。在气象灾害预报上，力求报得准、报得细、报得早，不断提高气象灾害的预报准确率和精细化水平。目前，我国对台风的监测预报水平已经达到世界先进水平。对于此次台风"天鸽"路径预报，中央气象台 24 h 路径预报误差为 66.7 km，优于日本（72.8 km）和美国（98.3 km）。24 h 强度预报误差为 3.7 m/s，也优于日本（6.1 m/s）和美国（6.8 m/s）。在最大级别预警提前量上，中央气象台 8 月 23 日 6 时发布 2017 年第 1 次红色预警（最高预警级别），最大预警提前量较台风"天鸽"登陆（8 月 23 日 12 时 50 分）提前 6 h50 min。在气象灾害信息传播上，力求及时、准确、全面、覆盖面广，建立国家、区域、省、市、县等五级联防的台风监测预警服务体系，力求做到信息覆盖无盲区、无死角。

五是建立多方协同的应急救援体系。推进以国家综合性消防救援队伍为主力、以专业救援队伍为骨干、以军队和武警部队为突击、以社会力量为辅助的应急救援力量体系建设。加强矿山、危险化学品等高危行业专业救援力量建设，支持社会救援力量发展，组织开展社会救援队伍能力分类分级测评试点，与军队建立应急联动机制，协调预置工程抢险、航空运输、卫生防疫、通信保障、森林灭火、水上搜救等应急力量。此外，初步建成布局合理、种类齐全、规模适度、功能完备、保障有力的应急物资储备体系。各级政府根据常年受灾程度确定物资储备规模，采取实物储备和协议储备相结合的方式，及时补充更新应急物资，以备救援救灾实际之需。

六是建设高标准工程防御体系。江海堤围是防御台风风暴潮的基础工程设施。由于一旦江海堤围在台风风暴潮中出现问题，灾情将难以有效控制。因此，江海堤围必须达到一定的设防标准。近年来，我国沿海省份根据江海堤围保护范围大小、重要程度、江海堤围走向与台风经常袭击的方向等因素，科学制定设防标准和结构形式，开展了大规模、高标准的江海堤围建设，在防台风和风暴潮中收到了良好效益。以浙江省为例，"9711"台风之后的 1997—2002 年间浙江省投入 50 多亿元建设江海堤围，形成了比较完善的高标准海塘体系。目前浙江省 6600 余千米海岸线建有 2132 km 海塘，防潮标准为 20 年一遇及以上标准海塘长 1464 km，其中 100 年一遇的 218 km。浙江省高标准的海塘有效地减轻了 2004 年"云娜"、2006 年"桑美"等超强台风的损失。

第三节　国内外防灾减灾救灾与应急管理先进经验和发展趋势

一、我国应急管理与防灾减灾救灾的新理念和新做法

党的十八大以来，在以习近平同志为核心的党中央坚强领导下，各地区、各有关部门大力加强应急管理及防灾减灾能力建设，各司其职、认真负责、密切配合、协调联动，有力有序开展防灾减灾救灾工作，取得了显著成效，国家综合防灾减灾救灾能力明显提升。

(一) 全面贯彻应急管理与防灾减灾救灾的新理念

党的十八大以来，以习近平同志为核心的党中央高度重视公共安全与应急管理工作，作出了一系列重要指示，采取了一系列重大举措，使我国的应急管理与防灾减灾救灾工作进入了全面发展的新时期。2016 年 7 月 28 日，习近平总书记在河北省唐山市调研考察时，就防灾减灾救灾工作发表了重要讲话，强调："要总结经验，进一步增强忧患意识、责任意识，坚持以防为主、防抗救相结合，坚持常态减灾和非常态救灾相统一，努力实现从注重灾后救助向注重灾前预防转变，从应对单一灾种向综合减灾转变，从减少灾害损失向减轻灾害风险转变，全面提升全社会抵御自然灾害的综合防范能力。"2016 年 10 月 11 日，习近平总书记主持中央全面深化改革领导小组第 28 次会议，对新时期防灾减灾救灾工作提出了明确要求。2016 年 12 月 19 日，中共中央、国务院印发了《关于推进防灾减灾救灾体制机制改革的意见》，对推进防灾减灾救灾体制机制改革作出重大安排部署。2018 年 2 月 28 日，中国共产党第十九届中央委员会第三次全体会议通过《中共中央关于深化党和国家机构改革的决定》，强调"加强、优化、统筹国家应急能力建设，构建统一领导、权责一致、权威高效的国家应急能力体系，提高保障生产安全、维护公共安全、防灾减灾救灾等方面能力，确保人民生命财产安全和社会稳定。"随后组建了应急管理部。2019 年 11 月 29 日，习近平总书记在主持中央政治局集体学习时指出：应急管理是国家治理体系和治理能力的重要组成部分，承担防范化解重大安全风险、及时应对处置各类灾害事故的重要职责，担负保护人民群众生命财产安全和维护社会稳定的重要使命。要发挥我国应急管理体系的特色和优势，借鉴国外应急管理有益做法，积极推进我国应急管理体系和能力现代化……习近平总书记关于总体国家安全观、应急管理、防灾减灾的系列重要讲话，站在推动国家治理体系和治理能力现代化的高度，深刻分析了我国应急管理体系建设与防灾减灾救灾的重大理论和现实问题，系统阐明了应急管理与防灾减灾救灾的理念、原则、目标、路径、方法和要求，蕴含了丰富的国家治理现代化思想，为新时代应急管理与防灾减灾救灾工作指明了发展方向，提供了根本遵循。

(二) 新时代中国特色防灾减灾救灾工作的基本原则和做法

在历次重特大自然灾害防范应对过程中，在党中央、国务院的坚强领导下，各级党委、政府团结带领全国各族人民全力做好防灾减灾救灾和灾后恢复重建工作，积累了宝贵经验，确立了新时代中国特色防灾减灾救灾工作的基本原则和做法。

坚持党的领导，充分发挥中国特色社会主义制度的优越性。要坚持党的领导，形成各方齐抓共管、协同配合的自然灾害防治格局。中国特色社会主义制度所具有的显著优势，是抵御风险挑战、有效应对各种灾难的根本保证。在党中央领导下，构建统一指挥、专常兼备、反应灵敏、上下联动的应急管理体制，优化国家应急管理能力体系建设，提高防灾减灾抗灾救灾能力。

坚持以人为本，切实保护人民群众生命财产安全。牢固树立人民至上、生命至上的理念，把确保人民群众生命安全放在首位。人民群众是应急管理保护的主体，也是搞好防灾减灾救灾工作依靠的主体。必须提高公众的风险意识、忧患意识和自救互救技能，筑牢防灾减灾救灾的人民防线，建设人人有责、人人尽责、人人享有的社会治理共同体，努力把自然灾害风险和损失降至最低。

坚持以防为主、防抗救相结合。开展灾害事故风险隐患排查治理，实施公共基础设施安全加固和自然灾害防治能力提升工程，切实采取综合防范措施，统筹抵御各种自然灾害，将常态减灾作为基础性工作，坚持防灾抗灾救灾过程有机统一，前后衔接，未雨绸缪，常抓不懈，发挥社会力量和市场机制的作用，增强全社会抵御和应对灾害能力。

坚持分级负责、属地管理为主。健全中央与地方分级响应机制，强化跨区域、跨流域灾害事故应急协同联动。根据灾害造成的人员伤亡、财产损失和社会影响等因素，及时启动相应应急预案，党中央、国务院统一领导、综合协调，发挥统筹和支持作用，各级地方党委和政府分级负责，属地管理为主，靠前指挥，在抢险救灾中发挥主体作用、承担主体责任。

坚持依靠科技，提高防灾减灾救灾现代化水平。建立科技支撑防灾减灾救灾工作的政策措施和长效机制。统筹协调防灾减灾救灾科技资源和力量，充分发挥专家学者的决策支撑作用，加强防灾减灾救灾人才培养。认真研究全球气候变化背景下灾害孕育、发生和演变特点，充分认识新时期灾害的突发性、异常性和复杂性，准确把握灾害次生、衍生规律。以信息化推进应急管理现代化，推进大数据、云计算、地理信息等新技术新方法运用，提高灾害信息获取、模拟仿真、预报预测、风险评估、应急通信与保障能力。

坚持底线思维，做好应对大灾巨灾准备。我国是世界上自然灾害最为严重的国家之一，难以预料的全球性气候反常和难以控制的自然灾害时有发生。必须树立底线思维，从最坏处着眼，做最充分的准备，提高处理急难险重任务能力。发展巨灾保险。

坚持国际合作，协力推动防灾减灾救灾。防范化解重大灾害风险，是包括共建"一带一路"国家地区在内国际社会面临的共同挑战。推进防灾减灾救灾国际交流合作，借鉴国外应急管理有益做法，积极承担防灾减灾救灾国际责任，为推动构建人类命运共同体作出积极贡献。

（三）加快实施防灾减灾救灾重点工程项目

各级牢固树立灾害风险管理理念，将防灾减灾救灾纳入各级国民经济和社会发展总体规划，作为国家公共安全体系建设的重要内容，着力加强工程防御、监测预警、科技支撑以及基层综合防灾减灾能力建设。

中央及地方各级财政加大投入，相继实施了重大水利工程、农村危房改造工程、中小学校舍安全工程、地质灾害治理工程、生态建设工程等重大防灾减灾工程。

加强自然灾害立体监测体系建设，完善各类自然灾害监测预警预报和信息发布机制。基本建成天基、空基、地基三位一体气象灾害立体监测网。国家、省、市、县四级汛期地质灾害气象预警预报体系进一步完善，实施国家地震烈度速报与预警工程，水文监测站网和预报预警体系已经基本覆盖大江大河和有防洪任务的中小河流。

加强科技成果转化应用工作。成功发射资源系列卫星、环境减灾系列卫星、北斗导航系列卫星、"风云"系列卫星、高分系列卫星、无人机和大数据、云计算、"互联网+"等高新技术在防灾减灾救灾中得到有效应用。

加强城乡基层综合防灾减灾工作，结合新农村建设、灾后重建和扶贫工作等，大力推进区域和城乡综合防灾减灾能力建设。全国自然灾害灾情管理系统实现乡镇全覆盖，建成覆盖全国城乡社区的全国灾害信息员队伍并实现信息入库统一管理，灾情信息报送处理效率大幅提升。各省（自治区、直辖市）推动了社区减灾设施、救灾装备、应急避难场所建设，城乡综合防灾减灾能力得到全面加强。国家积极推动社会力量参与防灾减灾宣传教育工作，积极构建政府、企业、民间组织和志愿者共同参与防灾减灾的联动机制，注重加强城乡社区综合减灾工作，充分调动和发挥社区居民和辖区企事业单位在社区减灾工作中的积极性，形成社区减灾合力。

特别是 2018 年 10 月 10 日习近平总书记主持召开了中央财经委员会第三次会议，专题研究提高我国自然灾害防治能力问题。会议强调，要针对关键领域和薄弱环节，推动建设若干重点工程。目前，各地各部门正在认真贯彻党中央的重大部署，积极推进灾害风险调查和重点隐患排查工程，重点生态功能区生态修复工程，海岸带保护修复工程，地震易发区房屋设施加固工程，防汛抗旱水利提升工程，地质灾害综合治理和避险移民搬迁工程，应急救援中心建设工程，自然灾害监测预警信息化工程，自然灾害防治技术装备现代化等九大工程建设。

（四）制定并实施"十四五"时期应急管理体系建设和防灾减灾救灾规划

"十四五"时期是我国全面建成小康社会、实现第一个百年奋斗目标之后，乘势而上开启全面建设社会主义现代化国家新征程、向第二个百年奋斗目标进军的第一个五年，是我国应急管理及防灾减灾救灾建设的关键时期。我国在"十一五""十二五""十三五"期间，应急管理体系建设与防灾减灾救灾工作不断取得重大进步，应急管理能力与防灾减灾救灾能力显著加强。在此基础上，党中央强调，加强防灾减灾救灾和安全生产工作，加强国家应急管理体系和能力建设。《中华人民共和国国民经济和社会发展第十四个五年规划和 2035 年远景目标纲要》明确提出：构建统一指挥、专常兼备、反应灵敏、上下联动的应急管理体制，优化国家应急管理能力体系建设，提高防灾减灾抗灾救灾能力。坚持分级负责、属地为主，健全中央与地方分级响应机制，强化跨区域、跨流域灾害事故应急协同联动。开展灾害事故风险隐患排查治理，实施公共基础设施安全加固和自然灾害防治能力提升工程，提升洪涝干旱、森林草原火灾、地质灾害、气象灾害、地震等自然灾害防御工程标准。加强国家综合性消防救援队伍建设，增强全灾种救援能力。加强和完善航空应急救援体系与能力。科学调整应急物资储备品类、规模和结构，提高快速调配和紧急运输能力。构建应急指挥信息和综合监测预警网络体系，加强极端条件应急救援通信保障能力建设。发展巨灾保险。

应急管理部和有关部委，各地人民政府及有关部门也制定并实施了相应的应急管理体系建设规划和防灾减灾规划。

二、国外灾害应对和应急管理的典型经验做法

近年来，为有效应对严峻复杂的灾害和公共安全形势，美国、日本、德国等发达国家都在总结反思，加强了综合应急管理体系建设，呈现出了一些值得我们重视的发展态势。

（一）坚持综合应急管理理念

应急管理过程是针对各类突发事件，从预防准备、监测预警、处置救援到恢复重建的全灾种、全流程、全社会、全方位的管理，无论是联邦制国家还是单一制国家，综合的应急管理理念都在不断得到强化，应急管理的对象经历了由单灾种向多灾种的转变。应急管理模式实现了从"重响应、轻预防"向"全流程管理"的逐步完善。应急管理的主体呈

现出从单一的政府向多元化主体转变的特点。应急管理实现了各部门全方位的联合，如日本警察、消防、自卫队三大应急力量相互协助的应急事项，俄罗斯紧急情况部有权协调有关部门并调用本地资源。

（二）普遍设立了高规格、权威的应急管理机构

发达国家在近 30 年的应急管理实践中较为普遍地建立了权威、高效、协调的应急管理体系。无论是联邦制国家，还是单一制国家，在强化应急管理体系的权威性和协调力方面呈现出很大的相似性。美国等发达国家应急管理体系建设的经验主要表现为：普遍构建了以国家元首负责、多部门联动的中枢指挥系统。该系统代表了国家最高领导层的战略决策效能和危机应变能力，发挥着危机管理核心决策和指挥的重要作用。这种指挥系统有利于在最短的时间内调动举国资源进行高效的应急管理与救助，将危机损失降到最低。如美国应对大规模灾害的综合协调和决策指挥的最高领导是国家总统，国会吸取"卡特里娜"飓风应对的经验，对美国联邦应急管理署（FEMA）进行改革和强化，规定其在紧急状态下可以提升为内阁部门，直接对总统负责；日本应急管理体系以内阁首相为最高指挥官，内阁官房负责整体协调和联络；俄罗斯则在国家层面形成了以总统为核心，以联邦安全会议为决策中枢，以紧急情况部为综合协调机构，由联邦安全局、国防部、外交部、联邦通讯与情报署、对外情报局、联邦边防局、外交部等权力执行部门分工合作、相互协调的应急管理组织体系。

（三）形成了政府主导下全社会参与的应急管理体系

在西方发达国家应急管理实践中，政府和社会、公共部门和私人部门之间的良好合作，普通公民、工商企业组织、社会中介组织在应急管理中的高度参与，是实现科学应急管理的重要经验。在应急准备阶段，各国都无一例外地强调全民参与的原则，依托全体国民，基于社区开展宣传教育，组织应急演练，培育和引导全体国民的风险防范意识和理性应急行为。同时，在长期的应急管理实践中，许多发达国家形成了数量庞大的志愿者队伍，志愿者依据有关法律法规和非正式制度参与到应急准备、应急救援、灾后重建等各个环节之中，成为政府应急管理的有益补充。非政府组织在应急管理中发挥重要作用，各类基金会、志愿者组织、社区等在应急准备与宣传、开展自救与互救、恢复重建的资金筹集、专业人员储备等方面均发挥着不可替代的作用，通过国家有关立法或政策的引导，形成了较为成熟的有序参与机制。

（四）应急管理的法制体系比较完善

西方发达国家高度重视突发事件应对法律体系建设。美国、日本、俄罗斯、英国、意大利、加拿大等许多国家，都相继建立起了以宪法和紧急状态法为基础、以应急专门法律法规为主体的一整套应急法律制度。应急法律的主要任务是明确紧急状态下的特殊行政程序的规范，对紧急状态下行政越权和滥用权力进行监督并对权利救济作出具体规定，从而使应急管理逐步走向规范化、制度化和法制化轨道。进入 21 世纪以来，随着突发事件的发生频率以及造成的影响在不断加大，西方国家根据实际情况不断制定和修订出台新的法律规定。"9·11"事件发生后，美国发布爱国者法案，以防止恐怖主义的名义扩大了美国警察机关的权限。日本的《灾害对策基本法》自 1961 年颁布实施以来，根据各种实际灾害应对情况迄今已进行了数十次修订。加拿大、俄罗斯、英国、澳大利亚等国家都根据本国面临的实际威胁和危害，制定或修订了紧急状态的专门法律制度。

（五）注重发挥科学技术在应急管理中的作用

西方发达国家将发展应急管理基础理论和关键技术上升到战略高度，通过科技政策引导应急管理科技的发展方向，并加强科技方面的财政投入。美国应急管理方面的科技政策由国家科学技术委员会（NSTC）负责协调制定，注重应急技术的战略性选择，总结出了灾害信息实时获取、灾害事故机理研究、防灾策略和技术等美国防灾减灾和应急管理的六大科技挑战和9个关键环节。日本十分注重灾害发生机理及灾害预防的基础科学研究，并建立了一套完整的各种灾害的基础资料和数据库。日本政府在防灾预算中防灾科学技术研究费保持在1.5%左右，并有逐年上升的趋势，显示了防灾减灾方面的科学技术研究的重要性。

三、减少灾害风险的全球共识

根据第三届联合国世界减灾大会统计，近10年来全球各类自然灾害共造成超过15亿人受到影响，70多万人丧生，140多万人受伤，约2300万人无家可归，经济损失总额超过1.3万亿美元。灾害发生的频率和强度，特别是重特大自然灾害发生的次数与损失呈现出明显的阶段性上升趋势，严重威胁着全人类的生存与生活。其中，妇女、儿童和处境脆弱的群体受到的影响更为严重。有关数据表明，各国灾害风险的增长速度高于减少脆弱性所付出的努力，造成新的灾害风险在不断增加。从短中长期来看，频发的中小灾害和缓发性灾害在全部灾害损失中占有很高的比例，给经济、社会、文化和生态造成重大影响，特别是在地方和社区层面，给社区、家庭和中小型企业造成严重影响。

为减少各国灾害风险和灾害损失，特别是大幅减少因灾造成的人员伤亡，2015年3月在第三届联合国世界减灾大会上，187个国家的代表通过了《2015—2030年仙台减少灾害风险框架》，确立了全球七大减灾目标和4个优先行动领域。

（一）全球七大减灾目标

为评估全球在实现仙台减灾框架方面取得的进展，确定了7个全球目标，分别是：

一是到2030年大幅较少灾害死亡人数，使2020—2030年全球年平均每十万人灾害死亡率低于2005—2015年。

二是到2030年大幅减少受灾人数，使2020—2030年全球年平均每十万人受灾人数低于2005—2015年。

三是到2030年，减少灾害直接经济损失占全球国内总产值（GDP）的比例。

四是到2030年，大幅减少重要基础设施的损坏和基本公共服务的中断，特别通过提高抗灾能力降低卫生和教育设施的灾害损失程度。

五是到2030年，大幅增加已制定国家和地方减轻灾害风险战略的国家数量。

六是到2030年，提高对发展中国家的国际合作水平，为发展中国家实施仙台减灾框架提供充足和可持续的支持。

七是到2030年，大幅增加民众可获得和利用多灾种预警系统以及灾害风险信息和评估结果的机会。

（二）4个优先行动领域

为实现全球七大减灾目标，国际社会普遍认可并同意采取4个优先领域的重点行动：

一是理解灾害风险。关于灾害风险管理的政策与实践应当基于对灾害风险所有层面全面理解的基础上，包括脆弱性、风险防范能力、人员与财产的暴露、致灾因子和孕灾环境的特点。了解这些知识有助于开展灾前风险评估、防灾减灾、制定执行有效的备灾措施、高效应对灾害等。

在国家和地区层面采取的主要措施有：加强灾害相关信息的收集、分析、管理及使用；加强对包括地理信息系统在内的可靠数据的实时获取，优化数据的收集、分析、传播；加强灾害风险相关方法和模型的科研和应用；定期对灾害风险进行评估；编制并定期更新灾害风险地图；制定实施减轻灾害风险政策措施；系统地评估灾害损失，结合损失情况加深灾害对经济社会影响的理解；在开展灾害风险评估以及制定政策方案时适当借鉴本地传统经验做法；推动防灾减灾知识纳入正规教育以及各类培训；通过社区、媒体、活动等开展防灾减灾教育宣传；通过分享防灾减灾救灾方面经验教训、实践、培训与教育等，加强政府、科技界、社会、社区、社团组织、志愿者、社区居民之间的知识储备与沟通合作。

在国际合作方面采取的主要措施有：在联合国国际减灾战略支持下加强科研和科技合作；鼓励科技创新，支持对长期、多灾种、以问题为导向的灾害风险管理研究；促进对多灾种灾害风险的深入调查评估；推动科技界、学术界和私营部门互利合作；借鉴现有活动（如"百万安全学校和医院"倡议、"建设更坚强的城市：我们的城市正在做好准备中"运动、"联合国减少灾害风险笹川奖"和一年一度的联合国国际减轻自然灾害日），开展有效的全球和区域活动。

二是加强灾害风险防范，提升灾害风险管理能力。加强灾害风险防范，需要加强包括防灾、减灾、备灾、救灾、恢复和重建在内的系统性灾害风险防范工作；需要在部门内部和各部门之间制定明确的构想、计划，划定职权范围，制定指南和协调办法；需要利益相关方参与，促进各机构之间的协作，推动有关政策文件的执行。

在国家和地区层面采取的主要措施有：将减轻灾害风险作为部门内部和部门之间防灾减灾救灾的主流工作并加以整合；制定和实施国家和地区减轻灾害风险策略和计划；对灾害风险管理的技术、财务和行政能力进行评估；加强灾害风险管理，与现行法律规章中的安全规定协调一致，通过立法和法律手段，鼓励加强必要的防灾减灾机制和激励措施；通过监管和财政等手段，强化地方政府灾害风险管理权能。

在国际合作方面采取的主要措施有：积极参与全球减灾平台；加强灾害风险监测、评估以及跨界灾害风险协同应对；促进全球和区域减灾机制和机构相互协作，根据实际情况统一减灾相关的行动措施，如气候变化、生物多样性、可持续发展、消除贫困、环境、农业、卫生、粮食和营养等方面合作。

三是投资减轻灾害风险，提高抗灾能力。公共和私营部门在预防和减轻灾害风险方面的投资，是提高个人、社区、国家抗灾能力的必要措施。相关投资是促进创新、增长和创造就业强有力的驱动因素。这些投资是必要的成本，有助于挽救生命，防止和减少损失，并确保有效恢复重建。

在国家和地区层面采取的主要措施有：各级行政部门根据实际情况为减灾工作提供资金、资源等支持；加强公共和私营部门投资，提高重要设施特别是学校、医院、基础设施等减灾抗灾能力；提高工作场所、企业、供应链、生活和生产性资产、旅游业等抗灾能力；加强历史遗址、文化遗产、宗教场所、文化场所等的保护；推动将灾害风险评估纳入规划和土地使用政策；加强山区、河流、海岸带洪泛区域、干燥地、湿地和其他多灾易灾地区灾害风险评估、制图和管理；鼓励国家或地区根据实际情况制修订新的建筑抗灾标准规范，制定完善灾后安置与重建政策措施；在制定风险管理政策和规划时考虑妇女、儿童、危重、患有慢性疾病等特殊困难民众的需求；加强受灾人员和安置社区的抗灾能力；促进适当的灾害风险转移、共担和保险机制；根据实际情况推动减轻灾害风险与金融财政措施的结合；加强生态系统的可持续利用和管理，制定实施包含减轻灾害风险在内的资源环境管理办法。

在国际合作方面采取的主要措施有：推动与可持续发展、灾害风险管理相关的协作；推动学术、科研机构、网络机构与私营部门之间的合作；推动全球和区域金融机构之间的合作，评估和预测灾害对各国经济社会潜在的影响；加强卫生管理部门之间的合作；加强和扩大通过减灾消除饥饿和贫困的国际合作。

四是加强备灾，并在恢复、安置和重建中"让灾区建设得更美好"。灾害风险不断增加，人口和资产的暴露程度越来越高，结合以往灾害应对的经验教训，必须进一步加强备灾响应，将减轻灾害风险纳入应急准备，确保各级有能力开展有效的应对和恢复工作，特别要注意确保妇女和残疾人的平等权利。同时，灾害事件也表明，恢复、安置和重建需要在灾前就统筹考虑，这是"让灾区建设得更美好"的重要契机，通过将减轻灾害风险纳入各项发展措施，使国家和社区具备较高的抗灾和恢复能力。

在国家和地区层面采取的主要措施有：制定并定期更新备灾和应急政策、计划和方案；建立健全多灾种、多部门的灾害监测、预报和预警系统以及应急通信系统；提高新的和现有关键基础设施抗灾能力，包括供水、交通、通信、教育、医疗等设施，确保这些设施在发生灾害后仍具有安全性、有效性和可用性；建立以社区为单元的救灾救助物资储备中心；定期开展备灾、救灾和恢复演习；制定灾后重建工作指导方针；建立完善救助协调机制，统筹规划灾后恢复重建工作；推动灾害风险管理纳入灾后恢复重建进程；推动将灾后重建纳入灾区的经济和社会可持续发展；确保规划和执行的连续性，包括灾后的社会经济恢复和基本服务的提供；在灾后重建中，尽可能将公共基础设施迁出高风险区域；建立个案登记机制和因灾死亡人员数据库，改进人员因灾致病和死亡的预防工作；改进恢复方案，向所有需要者提供心理援助和精神健康服务；评估和改进国际救灾和恢复重建合作的法律法规。

在国际合作方面采取的主要措施有：加强区域协作，在超过单一国家应对能力的情况下能够确保迅速有效的开展灾害应急响应；根据《全球气候服务框架》，进一步建立完善区域多灾种预警机制；支持联合国相关机构加强水文气象事件的全球机制研究；支持联合演练、演习等区域备灾合作；促进区域在灾中和灾后共享救灾能力和资源；完善灾后恢复政策、实践、计划等国际交流合作机制。

《2015—2030 年仙台减少灾害风险框架》确立的全球七大减灾目标和 4 个优先行动领域是全球减少灾害风险的一致共识和共同目标。我国是仙台减灾框架的制定参与国，框架的内容和主要思想、行动措施也体现在"十三五"时期防灾减灾救灾和应急管理体系建设的最新规划中。在与现行法律制度和有关规定保持一致的情况下，结合澳门实际，全球一致共识的七大减灾目标和 4 个优先行动领域，可以作为优化澳门防灾减灾救灾和应急管理体系的重要参考。

四、建设安全韧性城市成为全球发展趋势

近年来，随着城镇化进程加快，城市这个开放的复杂巨系统面临的不确定性因素和未知风险也不断增加，城市公共安全保障与风险治理面临着巨大的挑战和考验。在各种突如其来的自然和人为灾害面前，城市的脆弱性凸显。为有效应对各类风险挑战，国际组织和世界各国在安全领域开始广泛使用韧性（Resilience）概念，并积极推进安全韧性城市（Resilient City）建设。

（一）"安全韧性城市"理念

2002 年，倡导地区可持续发展国际理事会（ICLEI）在联合国可持续发展全球峰会上提出"韧性"概念；2012 年，联合国减灾署启动亚洲城市应对气候变化韧性网络；2015 年联合国减灾大会和 2017 年联合国减灾平台大会上，建设安全韧性城市均为重要议题；2016 年 10 月，第三届联合国住房和城市可持续发展大会（人居Ⅲ）通过的《新城市议程》，提出未来城市的愿景是可持续的、韧性的城市，韧性城市的目标是加强城市韧性，减少灾害风险，减缓和适应气候变化，通过采取和落实灾害风险减轻和管理措施，降低脆弱性，增强复原力以及对自然和人为灾害的反应能力，为市民提供基本的健康和良好的环境；国际标准化组织 ISO 新组建了一个国际安全标准化技术委员会（ISO/TC 292），将 Security 拓展为 Security and Resilience。

国家层面上，美国在 2010 年《国家安全战略》、2014 年《国土安全报告》中均提出增强国家韧性，强调建设一个安全韧性的国家，使整个国家具有预防、保护、响应和恢复能力；2015 年，美国国家自然科学基金委和国家标准局分别出资 2000 万美元资助城市韧性研究，其中一个资助方向，就是从构建韧性城市迈向韧性智慧城市；欧盟第七框架计划也将城市安全作为重要研究方向，包括了建立城市空间安全事件数据库、安保和恢复整合设计框架，建立一系列综合设计方法和支撑工具，有基于网络决策的支撑系统；英国制定了国家韧性计划，由首相担任部长级韧性小组组长，旨在提高英国遭受突发紧急情况时的应对和恢复能力；日本、墨西哥、英国、澳大利亚等国也制定了各自的韧性计划。

安全韧性城市是指自身能够有效应对来自内部与外部的对其社会、经济、技术系统和基础设施的冲击和压力，能维持基本功能、结构、系统，并具有迅速恢复能力的城市。

"安全韧性城市"目标：能够最大限度地保证公众生命安全；经济社会具有承受大灾巨灾的能力，其基本功能、结构、系统能够维持运行；能够最大限度减少次生衍生灾害，减少公众财产和公共设施损失；具有迅速恢复能力。

"安全韧性城市"特征：功能多样性（系统能够抵御多种威胁）；系统冗余性（通过多重备份来增加系统的可靠性）；承载稳健性（具有抵抗和应对外部冲击的能力）；快速恢复力（城市受到冲击后能快速恢复原有的结构和功能）；适应性（根据环境的变化，能够调节自身的形态、结构和功能，以便与变化的环境相适应）。

（二）"韧性城市"建设范例

1. 伦敦韧性城市实践

英国为了将韧性城市与国家韧性战略紧密结合起来而成立了"气候变化和能源部"，同时，设立专职公务员专门负责制订韧性城市计划。2001 年，伦敦建构了政府、企业和媒体多方参与的"伦敦气候变化公私协力机制"。2002 年，伦敦出台了《英国气候影响计

划》，主要是推动制定气候变化的韧性政策及开展韧性研究计划。为了应对洪水风险的冲击，伦敦制订增加公园和绿化计划。同时，伦敦计划到 2015 年更新和改造 100 万户居民家庭用水和能源设施。

2011 年，伦敦以应对气候变化、提高市民生活质量为目标制订《风险管理和韧性提升》(Managing Risks and Increasing Resilience) 计划，主要内容分为四大部分、共 10 个章节。

第一部分：规划背景，包括了解气候变化的未来趋势、明确目前存在的关键问题和规划实施的责任主体等。

第二部分：灾害风险分析和管理，主要针对气候变化下威胁伦敦的三大主要灾害（洪水、干旱和酷热），提出"愿景—政策—行动"的框架和内容，并从背景分析、现状风险评估、未来情景预测、灾害风险管理等方面进行系统研究。

第三部分：跨领域交叉问题的分析，研究气候变化下各类风险对健康、环境、经济（商业和金融）和基础设施（交通运输、能源和固体废弃物）的影响。

第四部分：战略实施，制定"韧性路线图"，总结提出关键的规划措施的行动计划。

该计划提出气候变化的趋势不可避免，应尽早采取适应性措施以降低灾害风险、促进城市可持续发展。相比而言，前瞻性的行动计划比紧急性的应急响应更经济、更有效。但有一些适应行动非常复杂，需要调动大量利益相关者共同参与，通力协作。

2. 纽约韧性城市实践

2012 年 10 月 29 日，纽约遭遇历史罕见的"桑迪"飓风袭击，损失惨重。为解决迫在眉睫的气候变化带来的灾害风险，为了修复"桑迪"飓风带来的毁灭性影响，纽约制订了全面韧性计划，以"韧性城市"为核心理念，以应对气候变化、提高城市应对风险能力为主要目标，以风险预测与脆弱性评估为核心，以加强基础设施和灾后重建为突破口，以加大资金投入为保障，形成了完整的韧性城市建设体系。

第一，在气候灾害韧性层面，为了应对全球气候变化尤其是海平面上升、台风和暴雨等极端气候对纽约的冲击，纽约大力改进沿海防洪设施，同时强调硬化工程和绿色生态基础设施建设相结合，尤其关注城市基础设施工程的弹性。纽约还计划建立一个整合的防洪体系，通过加固防洪墙以抵挡严重的风暴冲击。同时，在特定场地设立 14 个风暴潮屏障，在 5 个行政区建立 37 个沿海保护措施并分区对海滩进行重建。此外，还设立社区设计中心，为房屋受损家庭提供新的设计方案，也为业主搬迁到不易受淹区提供选址帮助。

第二，在组织韧性层面，2004 年，纽约环保署制定了为期四年的《韧性城市建设规则》。2006 年，为了应对环境减排和韧性城市建设成立了"长期规划与可持续性办公室"。2007 年，推出了"规划纽约计划"。2008 年，制定了《气候变化项目评估与行动计划》。2010 年，成立了"纽约气候变化城市委员会"。2012 年 11 月，基于应对桑迪特大风灾的经验教训，推动了《纽约适应计划》的出台。2013 年，颁布了《一个更强大、更具韧性的纽约》(A Stronger, More Resilient NewYork)。在这份长达 438 页的报告中，扉页上有这样一段醒目的文字："谨献给在桑迪飓风中失去生命的 43 个纽约人及他们的亲人。纽约将与受灾的家庭、企业和社区一起努力，确保未来的气候灾难不再重演。"这份报告主要包括了六大部分，分别是桑迪飓风及其影响、气候分析、城市基础设施及人居环境、社区重建及韧性规划、资金和实施。其中城市基础设施及人居环境中又包括海岸带防护、建筑、经济恢复（保险、公用设施、健康等）、社区防灾及预警（通信、交通、公园）和环境保护及修复（供水及废水处理等）。

3. 日本韧性规划实践

2011年，日本"3·11"大地震和海啸之后，日本社会和学界开始集中反思，探讨将实现国土强韧化等韧性理念上升为国家战略并加以落实的可能性。2013年12月，日本颁布了《国土强韧化基本法》，为强韧化规划的编制和实施创造了具有强大约束效力的法律框架，确保了规划的地位和严肃性。日本政府成立了专门的内阁官房国土强韧化推进办公室，并于2014年6月发布了《国土强韧化基本规划》。

国土强韧化规划的核心在于针对灾害的脆弱性评估，以及基于评估之上有计划的实施步骤。日本推行国土强韧化规划有4个基本目标：①最大限度地保护人的生命；②保障国家及社会重要功能不受致命损害并能继续运作；③保证国民财产与公共设施受灾最小化；④迅速恢复的能力。

《国土强韧化基本规划》的内容主要涉及4个方面。首先，阐述了国土强韧化的基本考虑，包括目标理念、政策方针和特殊考虑事项。其次，规定了脆弱性评价的框架和步骤，重点是确定45项需规避严重事态假定。再次，通过12个不同结构组织及3个横向议题，规定了国土强韧化的主要推进方针。最后，提出了国土强韧化规划的细化策略和修正完善的方法，包括制订年度行动计划、15个重点需规避严重事态假定、制定地域规划以及对地方的技术支持和人员培训等项目。

国土强韧化规划主体部分由国土强韧化基本规划和国土强韧化地域规划（亦称地域强韧化规划）组成，分别由国家和地方编制。

4. 我国内地韧性城市实践探索

2013年，洛克菲洛基金会启动"全球100韧性城市"项目，中国黄石、德阳、海盐、义乌4座城市成功入选，一跃与巴黎、纽约、伦敦等世界城市同处一个"朋友圈"。

2014年，北京"7·21"暴雨洪灾后，国家高度重视城市洪水问题，发布海绵城市建设技术指南，在提升城市雨洪韧性方面迈出了开创性的一步。

2017年，中国地震部门启动"韧性城乡"工程。"韧性城乡"计划，让内地的地震灾害风险评估、工程韧性抗震、社会韧性支撑等领域达到国际先进水平，率先建成一批示范性韧性城镇。

2017年12月15日，《上海市城市总体规划（2017—2035年)》获得国务院批复原则同意。该规划以习近平新时代中国特色社会主义思想为指导，全面贯彻党的十九大精神，全面对接"两个阶段"战略安排，全面落实创新、协调、绿色、开放、共享的发展理念。高度重视城市公共安全，加强城市安全风险防控，增强抵御灾害事故、处置突发事件、危机管理能力，提高城市韧性，让人民群众生活得更安全、更放心。

根据中国共产党第十九次全国代表大会精神，党中央、国务院对安全韧性城市建设提出了明确要求：高度重视城市公共安全，建立健全包括消防、防洪、防涝、防震等城市综合防灾体系。形成各种交通方式相结合的多层次、多类型的城市综合交通体系。坚持先地下、后地上的原则，统筹规划建设水、电、气、通信、垃圾处理等各类市政基础设施，有序开展地下综合管廊建设，加强人防设施规划建设，提升各类基础设施对城市运行的保障能力和服务水平，确保城市生命线稳定运行。加强城市安全风险防控，增强抵御自然灾害、处置突发事件、危机管理能力，提高城市韧性，让人民群众生活得更安全、更放心。

第四章 优化澳门应急管理体制机制和提升能力政策建议

第一节 总 体 思 路

借鉴国内外防灾减灾的先进经验和理念，顺应国内外城市公共安全和应急管理的发展趋势，提出优化澳门应急管理体制机制和提升能力政策建议，通过加强顶层设计，优化应急管理体系，提升应急能力，切实保障社会公众的生命财产安全，促进澳门经济社会持续健康发展，使澳门融入国家发展大局。

一、借鉴国内外先进理念

（1）坚持世界眼光、国际标准、澳门特色、高点定位。立足当前，着眼长远，以世界眼光、战略思维、国际标准谋划推进澳门应急管理体系建设，正确处理安全与发展的关系，建立和完善适应澳门公共安全需求的体制机制法制，准确把握澳门公共安全发展趋势，提出具有前瞻性的发展思路、任务和举措，持续提升公共安全领域的科学化、现代化水平。

（2）坚持以人为本，为宜居、宜业、宜行、宜游、宜乐提供有力保障。把确保居民生命安全放在首位，增强全社会忧患意识，提升公众自救互救技能，提高防灾减灾的能力和水平，切实减少人员伤亡和财产损失。遵循自然规律，通过减轻灾害风险促进经济社会可持续发展，努力为澳门经济社会发展创造和谐稳定的社会环境、公平正义的法治环境和优质高效的服务环境，使澳门居民获得感、幸福感、安全感更加充实、更有保障、更可持续。

（3）坚持"一国"之本，善用"两制"之利。始终准确把握"一国"和"两制"的关系，确保"一国两制"实践不变形、不走样，切实维护和谐稳定的社会环境。严格依照宪法和澳门基本法办事，抓住国家发展机遇，发挥澳门独特优势，使澳门融入国家发展大局，保持澳门长期繁荣稳定。

（4）坚持以防为主、防抗救相结合，坚持常态减灾和非常态救灾相统一。努力实现从注重灾后救助向注重灾前预防转变、从应对单一灾种向综合减灾转变、从减少灾害损失向减轻灾害风险转变，突出风险管理，着重加强监测预报预警、风险评估、工程防御、宣传教育等工作，坚持防灾抗灾救灾有机统一，综合运用各类资源和多种手段，强化统筹协调，推进各领域、全过程的灾害管理工作，着力构建与经济社会发展新阶段相适应的应急管理体制机制，全面提升全社会抵御灾害和风险的能力。

（5）坚持政府主导、社会协同、公众参与、法制保障。坚持政府在防灾减灾救灾工作中的主导地位，充分发挥市场机制和社会力量的重要作用，加强政府与社会力量、市场机制的协同配合，发挥社会各方面的积极性，推动形成政府治理和社会自我调节、居民良性互动的局面，形成工作合力。坚持法治思维，依法行政，提高应急管理法治化、制度化、规范化水平。

二、明确澳门防灾减灾目标

以创新、协调、绿色、开放、共享的发展理念为指导，以保障公众生命财产安全为根本，以做好预防与应急准备为主线，坚持"一国"之本，善用"两制"之利，到 2028 年，基本建成与有效应对公共安全风险挑战相匹配，与澳门经济社会发展相适应，政府主导、全社会共同参与，覆盖公共安全与应急管理全过程、全方位的突发事件应急管理体系，使澳门成为安全韧性的世界旅游休闲中心。

三、完善应急管理体系和应急能力

（一）健全完善应急管理体制机制法制

针对澳门现有应急管理体制机制不健全、相关法律法规标准和预案体系不完善等问题，推进以"一案三制"（应急预案和应急管理体制机制法制）为核心内容的应急管理体系建设，建立健全应急预案体系和应急管理体制机制法制，建立"横向到边、纵向到底"的应急预案体系，建立健全特区政府统一领导、有关部门分工负责、社会各界广泛参与的应急管理体制，构建统一指挥、功能齐全、反应灵敏、运转高效的应急管理机制，实现部门配合、条块结合、区域联合、资源整合，建立健全符合澳门特点的法律法规和标准体系，形成源头治理、动态监管、应急处置相结合的长效机制。

（二）提升灾害监测预警评估能力

针对澳门灾害监测预警评估能力不足问题，应加强灾害监测站网布局，弥补观测短板，修订完善相关观测规范，加强粤港澳地区监测资料共享能力建设，提高台风等灾害性天气定量监测能力，建立高效集成的资料处理平台等，提高灾害综合监测能力；修订和完善台风、风暴潮等灾害等级划分、修订台风风球信号发布标准，逐步建立首席负责制的灾害性天气会商流程，建立以数值预报为基础，各种主客观方法相结合的灾害性天气预警业务，提升对台风、暴雨、风暴潮、大风、高温、雷电、大雾、霾等灾害预警能力。进一步完善灾害信息统计和报告制度，建立多元化的灾情统计报送体系，建设灾情报送与服务大数据信息平台，并注重将突发事件信息统计与救灾救助紧密衔接。

（三）提升基础设施防灾减灾能力

针对澳门防洪闸排涝设防标准低、供水供电通信等生命线系统脆弱性大等问题，通过综合采用工程措施和非工程措施，实施湾仔水道出口挡潮闸、堤岸加高加固、排涝设施、供水供电通信系统优化提升等工程措施，以及灾害监测预警和人员疏散等非工程措施，提高澳门防御各类灾害的设防标准和防灾减灾能力。

（四）提升区域应急联动协作能力

针对粤港澳三地防灾救灾互助机制不健全、信息共享和区域联动不及时等问题，立足粤港澳大湾区建设国家战略，将澳门融入国家发展大局，通过健全完善粤港澳应急联动协作机制、健全监测预警信息共享和生命线工程协调保障机制、拓展粤港澳应急人员交流培训等，提升协同应对突发事件能力，最大限度减轻灾害风险、减少灾害损失。

（五）提升应急管理多元主体参与协作能力

针对澳门在应急指挥决策、专业应急救援等方面存在的薄弱环节，通过加强应急指挥中心及应急指挥决策系统建设、专业应急救援队伍培训基地和应急物资装备储备库建设，完善消防、治安、水上、紧急医学、生命线抢修、人员疏散安置等应急救援和恢复重建专业队伍人员和装备，健全培训演练、快速响应和后勤保障机制。针对公众忧患意识不强、公众沟通与动员机制不健全等问题，通过加强公共安全与应急管理宣传教育、普及防灾减灾知识，加强社区和家庭防灾减灾能力建设，加强灾害应急救援志愿者队伍建设，完善社会力量参与防灾救灾的法规制度，提升全社会的防灾减灾意识和协同应对灾害的能力。

第二节　健全完善应急管理体制机制法制

一、主要思路构想

应急预案、应急管理体制、机制和法制合称"一案三制"，共同构成了应急管理体系的基本框架。其中，体制是基础，机制是关键，法制是保障，预案是抓手，它们共同构成了应急管理体系不可分割的核心要素。"一案三制"共同作用于应急管理的各个层面。体制属于宏观层次的战略决策，体制以权力为核心，以组织结构为主要内容，解决的是应急管理的组织结构、权限划分和隶属关系问题。机制属于中观层次的战术决策，以运作为核心，以工作流程为主要内容，解决的是应急管理的动力和活力问题。法制属于规范层次，具有程序性，它以程序为核心，以法律保障和制度规范为主要内容，解决的是应急管理的依据和规范问题。预案属于微观层次的实际执行，是对可能发生的突发事件，为迅速、有序、有效地开展应急与救援行动而预先制定的应急计划或方案，是应急管理的一项制度保障。重点是明确在突发事件的事前、事发、事中、事后的工作程序和内容，明确回答谁来做？怎样做？做什么？何时做？用什么资源做？这对于有效实施应急管理，提高干部队伍应对复杂局面和突发事件的能力，具有十分重要的基础性作用。

此次"天鸽"台风重创澳门，暴露出澳门在应急管理体系建设中存在一些缺陷和问题。例如，在应急管理体制机制方面，存在民防架构统筹协调作用发挥不够、粤港澳应急联动机制有待完善、公众沟通与动员机制不健全等问题；在应急管理法制和预案方面，存在防灾减灾救灾法律体系需要进一步完善、应急预案体系不健全、灾害监测预警预报等技术标准需要进一步完善等问题。因此，健全完善澳门应急管理体制机制法制对于提高保障公共安全和处置突发事件的能力至关重要。

本节聚焦健全应急管理体制机制法制，对澳门现有应急管理体制机制法制进行综合评估分析，找到存在的短板和弱项，并从健全完善应急管理体制、机制、法制和预案体系等方面提出了具体措施建议（图4-1）。

二、现状梳理分析

（一）应急管理法制情况

澳门现有的法律制度中，针对灾害的预防和应变已有基本的制度框架，包括《澳门

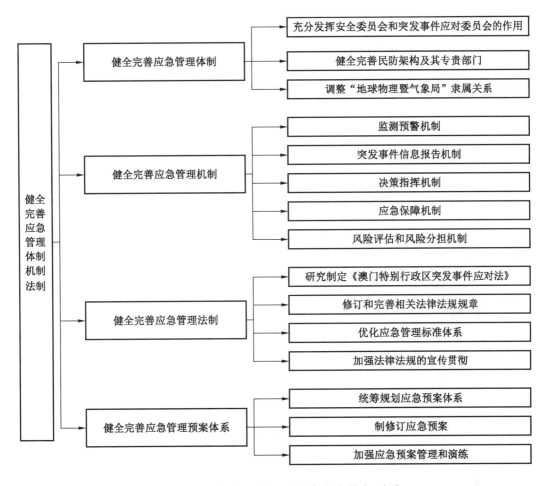

图 4-1　健全完善应急管理体制机制法制建设框架

民防纲要法》(第 72/92/M 号法令) 和《核准〈澳门特别行政区——突发公共事件之预警及警报系统〉》(第 78/2009 号行政长官批示) 等灾害应对的框架性制度,《澳门特别行政区内部保安纲要法》(第 9/2002 号法律)《设立澳门特别行政区警察总局》(第 1/2001 号法律)《设立突发事件应对委员会》(第 297/2012 号行政长官批示) 和《设立检讨重大灾害应变机制暨跟进改善委员会》(第 275/2017 号行政长官批示) 等相关的权限和机构设置的法律制度以及散见于《灾民中心的规范性规定》(第 2/2004 号行政法规) 等其他法规中灾害应对可采取的措施的规定。经检视澳门特别行政区的法律体系,目前在现有的法律制度中针对灾害的预防和应变已有基本的制度框架。

(二) 应急管理体制情况

1. 应急管理领导机构

特区行政长官通过设立突发事件应对委员会和安全委员会实施对应急管理体系的指挥与协调。

(1) 突发事件应对委员会。突发事件应对委员会由第 297/2012 号行政长官批示设立。委员会由行政长官担任主席,负责指挥和监督各政府部门采取紧急处理措施,包括启动现有民防、旅游、卫生、食品安全等范畴,以应对突然发生且造成或可能造成严重社会危害的自然灾害、事故灾难、公共卫生事件和社会安全事件。委员会常设成员包括：行政长官办公室主任，行政长官办公室代表二名；新闻局局长；法务局局长；治安警察局局长；消防局局长；卫生局局长；社会工作局局长；土地工务运输局局长。为更有效执行工作，委员会主席可召集公共实体的人员，以及邀请专家及私人实体的代表出席会议。委员会秘书长由行政长官办公室主任担任，负责执行主席指派的职务，行政长官办公室提供委员会所需的一切技术及行政辅助。委员会可以设立工作小组，就具体事宜进行研究及跟进，并编制报告。委员会的运作费用由行政长官办公室的预算承担。

（2）安全委员会。安全委员会是依据第9/2002号法律《澳门特别行政区内部保安纲要法》第九条，以及第33/2002号行政长官指示《核准安全委员会及保安协调办公室的运作规定》设立。安全委员会是行政长官在内部保安事宜上的专责咨询及提供辅助的机关。安全委员会由行政长官担任主席，由负责内部保安的司长出任副主席。其常设成员包括：政府各司（行政法务司、经济财政司、保安司、社会文化司、运输工务司）司长、警察总局局长及海关关长、治安警察局局长、司法警察局局长、消防局局长、澳门民航局主席、澳门港务局局长、检察院代表。非常设成员（由主席召集参与会议）包括：民政总署（现市政署）管理委员会主席、卫生局局长、土地工务运输局局长、地球物理暨气象局局长、社会工作局局长、房屋局局长、澳门监狱狱长、澳门保安部队事务局局长、澳门保安部队高等学校校长、旅游局局长。专业机构代表：由主席根据需要召集其他有助于应付危机或公共灾难的专业机构代表参与安全委员会。

作为咨询机关的安全委员会，有权就下列事宜表达意见：①内部保安政策的制定；②军事化部队及治安部门的组织、运作及纪律的大纲；③关于军事化部队及治安部门的职责及权限的一般性措施的法规草案；④军事化部队及治安部门人员的培训、专业训练、知识及技术的更新及进修应遵循的主要指导方针；⑤采取特别措施的可能性，倘行政长官要求发表意见；⑥法律规定或行政长官交予其处理的其他事宜。

2. 应急管理工作机构

依据第78/2009号行政长官批示：核准《澳门特别行政区——突发公共事件之预警及警报系统》，确定不同范畴内突发事件（紧急情况）的主责机构和支援责任机构（表4-1）。

表4-1 突发事件及责任一览表

类别	突发事件（紧急情况）	主责机构	支援责任机构
自然灾害	热带气旋、台风导致需要启动民防架构之其他事故	民防行动中心	联合行动指挥官、组成民防架构之部门及机构
	空气污染及噪声污染、热浪及寒流、土地污染及水污染	环境保护局	民政总署（现市政署）、社工局、海事及水务局、澳门自来水股份有限公司、地球物理暨气象局
事故灾难	道路交通意外	交通事务局/土地工务运输局	警察总局
	海上交通意外		海事及水务局
	航空交通意外		民航局
	能源（电力）短缺、燃油供应站意外、易燃物品意外	能源业发展办公室、土地工务运输局	澳门电力股份有限公司、消防局、燃油供应商

表 4-1（续）

类别	突发事件（紧急情况）	主责机构	支援责任机构
事故灾难	危险品流出意外、气体及辐射泄漏/爆炸、核放生化意外、生物意外	环境保护局、卫生局、民防行动中心	消防局、医院及卫生中心
	旅客意外	旅游局	私营公司（酒店等）
	赌场意外	博彩监察协调局	博彩经营公司
	辐射意外、接收及通信工具其他意外	邮电局	澳门电讯有限公司、澳门广播电视股份有限公司
公共卫生事件	疫情/疾病/意外：人、动物、植物	卫生局	医院及卫生中心、消防局、民政总署（现市政署）、澳门红十字会
社会安全事件	犯罪、内乱、炸弹恐吓、恐怖主义	警察总局	治安警察局、司法警察局、海关、消防局

3. 民防体系架构

澳门民防应急管理体系架构，主要是依据"第 78/2009 号行政长官批示：核准《澳门特别行政区——突发公共事件之预警及警报系统》"所构建的民防架构，该民防架构由民防行动中心及 29 个部门/机构组成，其组织架构如图 4-2 所示。

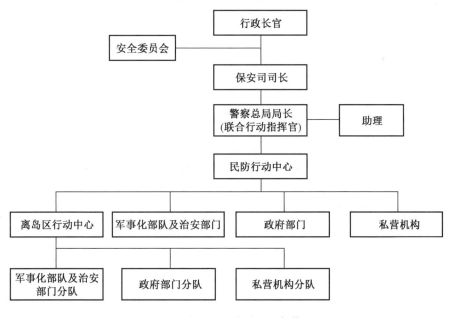

图 4-2　澳门民防体系组织架构图

1）民防行动中心

（1）民防行动中心（全澳事宜）。在民防范围内的紧急预防状态、拯救状态、灾害或灾难之状态中，听令于联合行动指挥官（由警察总局局长担任，根据职务及专业需要，警察总局局长也可将权限授予消防局局长），负责全澳的民防行动，并直接指挥在澳门半岛所采取的民防行动。民防行动中心实行 24 h 基本运作，其运作由军事化部队及治安部门人员执行。

（2）离岛区行动中心（离岛事宜）。如属在离岛采取的行动，则透过离岛区行动中心辅助指挥。

民防行动中心按命令全面启动，然而，当本澳悬挂八号或以上风球时，根据民防总计划之规定，民防行动中心即时自动全面启动。民防行动中心遵守预先编排的程序及计划采取民防行动，以使所采取的行动的指挥工作统一，所投入的资源在技术上及行动上协调，以及所采取的特殊措施适当。

2）军事化部队及治安部门（9 个）

包括：警察总局、海关、治安警察局、消防局、澳门保安部队事务局、澳门保安部队高等学校、司法警察局、民航局、海事及水务局。

3）政府部门（13 个）

包括：交通事务局、教育暨青年局、土地工务运输局、旅游局、地球物理暨气象局、新闻局、社会工作局、房屋局、民政总署（现市政署）、卫生局、邮电局、能源业发展办公室、仁伯爵综合医院。

4）私营机构（7 个）

包括：澳门电力股份有限公司、澳门电讯有限公司、西湾大桥管理公司、澳门红十字会、镜湖医院、澳门自来水有限公司、澳门广播电视股份有限公司。

4. 应急功能组

根据应急管理的职能，将应急相关部门分为 9 个功能组，具体包括：①救援及搜救部门，即消防局、海关（水域）、海事及水务局（水域）；②维护法纪及公共秩序部门，即警察总局、治安警察局、海关、司法警察局；③卫生及二次分流部门，即卫生局、仁伯爵综合医院、镜湖医院、卫生中心；④运输及工务部门，即土地工务运输局、民政总署（现市政署）、交通事务局、海事及水务局、民航局、环境保护局、地球物理暨气象局；⑤供水及供电部门，即能源业发展办公室、海事及水务局、澳门电力有限公司、澳门自来水有限公司；⑥援助及福利部门，即社会工作局、房屋局、教育暨青年局；⑦电讯部门，即邮电局、澳门电讯有限公司、澳门广播电视股份有限公司；⑧其他支持部门，即所有载于民防计划内的部门及机构；⑨后备行动协调部门，即行政长官办公室、警察总局。

（三）应急管理机制情况

1. 突发事件监测预警机制

第 78/2009 号行政长官批示《核准〈澳门特别行政区——突发公共事件之预警及警报系统〉》，制定了有关民防紧急状态预警及警报系统的一般规定和程序。批示中具体将突发公共事件分为四类，分别为自然灾害、事故灾难、公共卫生事件和社会安全事件。同时按严重及影响程度将突发公共事件的预警分成 5 个级别，分别是特别重大（红色）、重大（橙色）、较大（黄色）、一般（蓝色）、正常（绿色），并对有关级别的状况作了详细的说明。此外，还对应每一个预警级别按风险程度订定 5 个紧急预警级别，分别为：I 级极度风险（红色）、II 级高度风险（橙色）、III 级中度风险（黄色）、IV 级低度风险（蓝色）、V 级不可能出现风险（绿色），并列明针对相关情况的特别保护措施。按有关规定各部门需针对其管辖范围内可能发生的突发公共事件，设立和完善预测与预警机制，开展风险分析，做到早发现、早报告、早处置。

2. 突发事件预警信息发布机制

批示亦对紧急情况下的预警信息发布作了详细规定，包括由具有直接责任的政府部门，在其职责范围内进行预警信息的发布、调整和解除，并须以优先次序的方式，透过电台、电视、报刊和电子网页（互联网），或透过其他媒介，如电子报告板，以及在人群聚集之地方以各种公告方式进行。同时，还规定需发布之突发公共事件预警信息内容必须是严谨、有条理和清晰易明的，并应提及以下事项：①可能发生之危害类别；②开始（日期、时间）；③可能受影响地区；④紧急预警级别；⑤特别警报及适当呼吁；⑥由谁协调及调配拯救资源。另外，亦规定了应由具发布预警信息权限的部门/机构领导或其代表负责主持新闻发布会或接受记者采访，同时还规定了有关注意事项。

3. 突发事件决策指挥机制

根据第78/2009号行政长官批示规定，当民防架构被命令正式启动时，由驻守民防行动中心的联合行动指挥官执行该架构的指挥工作。当民防架构没有被命令正式启动时，由具相关权限部门，按照本身的职责范围，协调各公共事件（突发公共事件或紧急公共事件）的紧急应对工作。"民防计划"所规定的突发公共事件的紧急处理行动，是由各权限部门或机构按照其职责范围而执行的，规定中详细列明了涉及的相关公共部门和涉及水电的单位和公司。同时亦以表格形式订定了紧急情况的九大范畴，相应的风险或危险，以及涉及部门或单位的一般责任及支持责任。

（四）应急预案情况

按照国内应急预案体系框架，对澳门现有应急预案初步梳理如下。

1. 总体预案

澳门涉及面比较广泛的可看作是总体预案的是《民防总计划》及其附件，由警察总局负责制定，由保安司批准。附有以下7个指引：①热带气旋情况的指引；②发生地震和海啸的拯救行动指引；③在发生重大停电事故下的行动协调指引；④暴雨情况及雷暴现象的指引；⑤传染性疾病情况的指引；⑥供水突发事件的行动协调指引；⑦突发环境事件的行动协调指引。此外，卫生局还发布了《突发公共卫生事件处理指引》。

2. 专项预案

专项预案包括：①邻近地区核电站事故应变计划，由消防局制定；②澳门供水安全应急预案，由海事及水务局制定；③台风期间风暴潮低洼地区疏散撤离计划，由警察总局制定；④海上事故应急预案，由海事及水务局制定；⑤澳门电网黑启动方案，由澳门电力股份有限公司制定；⑥港珠澳大桥珠海连接线口岸段工程期间的应急预案；⑦澳门突发环境事件应急预案，由环境保护局制定；⑧澳门旅游危机行动手册，由旅游局制定；⑨学校防灾工作计划，由教育暨青年局制定；⑩澳门机场应急计划，由澳门机场管理有限公司制定；⑪澳门特别行政区流感大流行预防应变计划，由卫生局制定；⑫人间鼠疫控制及应变计划，由卫生局制定；⑬流感大流行预防及应变计划，由卫生局制定；⑭埃博拉病毒预防及应变计划，由卫生局制定；⑮防控中东呼吸综合征应变计划，由卫生局制定；⑯澳门及邻近地区出现甲型H7N9禽流感本地感染个案应变计划，由卫生局制定。

3. 部门预案

部门预案包括：①海关民防总计划子计划，由海关制定；②治安警察局民防计划

（代号台风），由治安警察局制定；③消防局工作指引，由消防局制定；④民防总计划保安部队事务局内部工作计划，由保安部队事务局制定；⑤离岛区行动中心之工作指引，由澳门保安部队高等学校制定；⑥澳门保安部队高等学校有关避险中心之工作指引，由澳门保安部队高等学校制定；⑦风暴潮期间的应对及灾后处理，由司法警察局制定；⑧民航局航空紧急事件应变计划，由民航局制定；⑨海事及水务局总体应急预案，由海事及水务局制定；⑩客运码头应急预案（恶劣天气），由海事及水务局制定；⑪电信范畴突发或危机事件应变机制，由邮电局制定；⑫交通事务局民防子计划，由交通事务局制定；⑬土地工务运输局台风期间紧急预案，由土地工务运输局制定；⑭民防总计划旅游局工作架构，由旅游局制定；⑮避险中心工作指引，由社会工作局制定；⑯民政总署（现市政署）民防总计划子计划，由民政总署制定；⑰卫生局供水故障应变计划，由卫生局制定；⑱卫生局供电故障应变计划，由卫生局制定；⑲在发生重大停电事故下的行动协调计划，由能源业发展办公室制定；⑳经济局突发事件总体应急预案，由经济局制定；㉑横琴澳门大学新校区应急预案，由澳门大学制定；㉒文化局危机紧急应急机制，由文化局制定；㉓公共图书馆紧急应急机制，由文化局制定；㉔文化局紧急状态信息发布机制，由文化局制定。

4. 操作指南（工作指引）

操作指南（工作指引）包括：①台风过后的传染病预防注意事项，由卫生局疾病预防控制中心制定；②台风后教育机构的传染病预防指引，由卫生局疾病预防控制中心制定；③停电或水浸期间之食品安全卫生指引，由民政总署（现市政署）食品安全中心制定；④水浸后厨房用具和餐具、设备、食品制作区等的清洁消毒，由民政总署（现市政署）食品安全中心制定；⑤澳门庙宇消防安全指引，由消防局、文化局制定；⑥文化局场馆人员暴雨及台风通用工作指引，由文化局制定；⑦校园危机事故处理程序及流程，由教育暨青年局制定；⑧热带气旋、暴雨及特殊天气情况停课时学校应关注的事项，由教育暨青年局制定；⑨传染病强制申报机制——个案申报的技术指引，由卫生局制定。

5. 单位和基层组织预案

单位和基层组织预案包括：①仁伯爵综合医院灾难应变计划，由仁伯爵综合医院制定；②镜湖医院紧急应变计划，由镜湖医院制定；③澳门红十字会备灾赈灾应急预案（内地灾害救助），由澳门红十字会制定；④《澳门社区卫生中心突发公共事件应变计划》，由卫生局制定；⑤《公共卫生化验所应急预案》，由卫生局制定。

三、主要建议措施

（一）健全完善应急管理体制

在澳门特别行政区行政长官领导下，健全"统一领导、综合协调、部门联动、分级负责、反应灵敏、运转高效"的应急管理体制，提高保障公共安全和处置突发事件的能力。充分发挥澳门特别行政区政府及安全委员会和突发事件应对委员会对应急管理工作的统筹指导和综合协调作用。设立民防及应急协调专责部门，承担应急管理的常规工作，强化综合协调职能，统筹预防与应急准备工作。

1. 充分发挥安全委员会和突发事件应对委员会的作用

在澳门特别行政区行政长官的领导下，澳门特别行政区安全委员会和澳门特别行政区突发事件应对委员会统筹公共安全和应急管理体系建设，建成统一指挥、多部门参与、运转高效的应急管理体系。主要任务是：加强城市公共安全和应急管理体系建设顶层设计，加强应急管理法律法规和制度建设；统筹做好突发事件应急管理体系建设规划，建立健全源头治理、动态监管、应急处置相结合的应急管理长效机制；负责组织协调重特大自然灾害、事故灾难、公共卫生事件和社会安全事件的预防与准备、监测与预警、应急处置与救援、恢复与重建等工作；统筹协调应急救援队伍建设、资金物资安排、防灾减灾和应急管理重点工程等；协调粤港澳跨区域应急联动工作。

建议安全委员会和突发事件应对委员会设立统一的办公室，作为委员会的日常办事机构，负责2个委员会的日常工作。

建议委员会办公室设在特区政府行政长官办公室，加强人员配备。其主要职责是：综合协调公共安全与应急管理工作，发挥运转枢纽作用。

建议组建澳门特别行政区政府公共安全与应急管理专家组。充分考虑澳门各类灾害特点，在内地的大力支持下，整合澳门当地和内地专家资源，建立起囊括自然灾害、事故灾难、公共卫生、社会安全和综合管理等各个领域的专家组，提高公共安全和突发事件应对的科学决策水平。

2. 健全完善民防架构及其专责部门

根据澳门现行法律规定，应急管理具体工作继续由民防架构承担。建议进一步健全民防架构及其专责部门，建立健全现场应急指挥官制度。

民防架构在2个委员会统一领导下开展工作，指挥长建议由安全委员会副主席、保安司司长担任，副指挥长由警察总局局长担任。应急管理的具体工作由新组建的民防及应急协调专责部门承担。民防及应急协调专责部门长官建议由保安司司长提名、特区行政长官直接任命。

民防及应急协调专责部门的职能主要是：承担自然灾害、事故灾难、公共卫生事件和社会安全事件等突发事件应急管理工作，开展突发事件的值守应急、信息管理、监测预警、应急处置与救援、灾后救助、恢复与重建、宣传教育等工作。

民防架构具体成员包括：军事化部队及治安部门建议根据实际需要调整；政府部门建议增加经济局、体育局、建设发展办公室、环境保护局以及科学技术发展基金、渔业发展及援助基金、楼宇维修基金等；私营单位建议增加澳门废物处理有限公司、澳门清洁专营有限公司、澳门基本电视频道股份有限公司、澳门有线电视股份有限公司、南光天然气有限公司、中天能源控股有限公司、建筑业范畴的商会。

3. 调整"地球物理暨气象局"隶属关系

有效应对气象灾害是保障公共安全并亟待加强的一项重要工作。总结"天鸽"台风灾害应对的经验教训，在征集并听取有关单位对灾后恢复重建工作及检讨重大灾害应变机制意见的基础上，建议将隶属澳门运输工务司的地球物理暨气象局调整到保安司。将地球物理暨气象局纳入保安司管理有利于气象工作与保安、警察、消防等部门的业务顺畅对接、减少沟通成本，有利于提高民防及应急协调专责部门及救援队伍的应急响应速度，有利于形成统一高效、反应灵敏的应急机制。

（二）建立健全应急管理机制

结合澳门实际，建议首先强化以下几个方面应急管理机制建设。

1. 监测预警机制

建立健全监测预警机制，完善"分类管理、分级预警、平台共享、规范发布"的突发事件预警信息发布体系，拓宽预警信息发布渠道，强化针对特定区域、特定人群的精准发布能力，提升预警信息发布的覆盖面、精准度和时效性。

（1）监测预警及响应。整合各部门的监测预警信息，建立覆盖自然灾害、事故灾难、公共卫生事件、社会安全事件四大领域突发事件的综合监测预警信息共享机制，加强部门协作，依托民防及应急协调专责部门，实现各类突发事件监测预警信息的实时汇总、综合分析、态势分析。建立健全各类突发事件监测预警制度和相关技术标准，强化气象、水文、海洋环境及水、电、气、热、交通等城市运行情况的监测预警，实现全澳公共安全突发事件信息的快速传递、及时响应和迅速反馈。

民防及应急协调专责部门，应根据各类公共安全突发事件监测预警信息，结合可能受影响区域的自然条件、人口和经济社会状况，对可能出现的灾情进行预评估，提前采取应对措施，及时启动预警响应，视情向可能受影响地区的公众和游客以及民防架构成员单位通报预警响应信息，提出预警响应工作要求，明确具体工作措施，将预警响应工作纳入规范的灾害管理工作流程。

（2）信息发布。加快建设统一发布、高效快捷、覆盖全澳的突发事件预警信息发布机制，进一步健全和完善预警信息发布的强制性制度规定。预警信息发布网络应以公用通信网为基础，合理组建灾情专用通信网络，确保信息畅通。要进一步健全相关法律法规，确保邮电局、澳门电讯有限公司、澳门广播电视股份有限公司、澳门基本电视频道股份有限公司、澳门有线电视股份有限公司等政府机构及私营部门，依法保障传送网络畅通，依法快速向公众发布预警信息。

在预警信息的发布过程中，要进一步完善预警信息发布、传输、播报的责任机制。指导和规范政府相关机构及私营部门充分利用各种传播渠道，通过手机短信、广播、电视台、电子广告牌、社区电子显示屏、网络、微信、手机 APP 等多种途径及时将预警信息发送到在澳的公众和游客，显著提高灾害预警信息发布的准确性和时效性，扩大社会公众覆盖面。其中，要重点确保地势低洼地区、地下车库等地下空间、内港水浸区等易灾地区以及老年人、儿童、残疾人及其他行动不便弱势群体提前获悉预警信息，提前做好避险转移等防灾避灾工作，确保居民人身安全。

2. 突发事件信息报告机制

建议尽快建立健全突发事件信息报告机制，按照及时、准确、规范、全面的原则，加强和规范突发事件信息的报告管理。

（1）建立完整的突发事件信息管理体系。依托澳门的社区社工队伍，建立全面覆盖澳门每个社区的灾害信息员队伍及相关管理办法。灾害信息员以兼职的方式，平时做好灾害风险隐患调查、防灾避灾知识宣传，应急期间负责传递突发事件预警预报信息、及时报告灾情，协助做好转移安置、应急救助和恢复重建工作。以灾害信息员队伍为依托，以社会力量和公众为补充，构建以家庭为统计单位，以社区为上报单位的突发事件信息直报体系，民防及应急协调专责部门负责全澳突发事件信息的汇总、发布等管理工作。

（2）制定科学的突发事件信息统计报告制度。将突发事件信息统计报告制度作为全澳突发事件信息统计报告工作的核心依据，对突发事件信息统计报告的责任主体、指标要求、报送时限、报表体系等工作进行系统、全面的规定。同时，注重将突发事件信息统计与救灾救助紧密衔接。突发事件信息报告内容不仅包括人员伤亡及损失情况，而且包括救灾救助需求和进展情况，实现突发事件灾情与救灾救助信息紧密结合、相互校验。

（3）建立全流程的突发事件信息监控体系。针对突发事件发生发展情况，制定初报、续报、核报的过程性报告流程。对灾害信息员报灾工作提出明确要求：一般性突发事件发生后1 h内报告初报；对于重大突发事件执行24 h零报告制度；突发事件情况稳定后报告最终核定灾情，做到突发事件全过程信息记录。

（4）建立灾害信息员培训制度。社区社工担任灾害信息员职责，承担突发事件信息上传下达的作用，是突发事件信息报告工作得以开展的人力基础，其业务素质直接关系到全澳突发事件信息管理工作的水平和成效。为保证灾害信息员队伍的理论和业务水平，需要建立针对全澳的灾害信息员培训制度，定期对社区社工进行突发事件信息报告和应急处置业务培训。

（5）实现突发事件信息化管理。基于突发事件信息报告机制，设计澳门突发事件信息统计报送系统，实现桌面端和移动客户端同步报灾，北斗终端做应急保障，使用范围涵盖全澳所有社区。系统以突发事件信息统计报告制度的报表体系、指标体系和报送流程为设计基础，形成信息化支撑下的突发事件信息报告全流程管理。

3. 决策指挥机制

民防架构实现平灾结合，在日常的应急管理工作中强化部门间的信息沟通、资源共享、技术交流，做到部门配合、资源整合、协调联动。在应急状态下，要实现应急抢险、交通管制、人员搜救、伤病员救治、卫生防疫、基础设施抢修、房屋安全应急评估、受灾民众避险转移安置等的一体化指挥。

民防及应急协调专责部门在机构和制度建设中，应重点强化突发事件现场指挥体系；强化各类应急救援力量的统筹使用和调配体系；强化预警信息和应急处置信息发布体系，实现统一指挥调配。

借鉴国内外先进经验，建立健全突发事件现场指挥官制度，出台相关制度和办法，赋予现场指挥官决策指挥、资源调度、协调各方、依法征用等权责。做好指挥官的培训和任命，提高突发事件现场应急处置能力。

民防架构各成员单位根据各自职责，分工负责，协助做好预警信息发布，做好本系统应急处置工作。特别是加强学校、医院、应急避难场所、生命线基础设施等的防灾抗灾和维护管理，做好伤病员救治、卫生防疫，受灾民众避险转移安置等工作。

4. 应急保障机制

按照底线思维的理念，立足应对超强台风等大灾、巨灾，提前做好救灾物资储备体系、应急避难场所体系等应急保障机制建设工作。

（1）建立健全救灾物资储备体系。建立健全覆盖全澳门的救灾物资储备体系，在内地中央救灾物资储备体系支持下，结合澳门居民的生活习惯、历年灾害情况以及突发事件应急处置情况等，科学确定帐篷、衣被、食品、饮用水等生活类救灾物资以及抢险救援、伤病员救治等物资储备品种及规模，建立科学的物资储备、调配和轮换周转机制。可以结合与企业、超市等私营机构开展协议储备、委托代储，将政府物资储备与企业、商业以及家庭储备有机结合，同时逐步建立健全救灾物资应急采购机制和粤港澳应急救灾物资快速通关机制，拓宽应急期间救灾物资供应渠道。

（2）建立健全应急避难场所体系。编制应急避难场所建设指导意见，明确避灾场所功能。推动开展示范性应急避难场所建设，并完善各类应急避难场所建设标准规范。结合目前现有的公共空间、绿地、体育场馆、学校、大型综合体及娱乐场等，改扩建或预先规划应急避难场所功能。根据人口分布、城市布局和灾害特征，建设形成覆盖全澳门、布局合理、功能完备、满足公众避险需要的应急避难场所。

5. 风险评估和风险分担机制

强化风险管理和风险防范意识，组织开展全澳门范围的社区风险识别与评估。充分发挥保险等市场机制作用，通过多种渠道分担大灾、巨灾等灾害风险。

（1）开展社区风险评估与防范工作。全澳门范围，特别是内港水浸及易灾地区，组织编制社区灾害风险图，加强社区灾害应急预案编制和演练，加强社区救灾应急物资储备和志愿者队伍建设，视情组织开展综合减灾示范社区创建活动。推动制定家庭防灾减灾救灾与应急物资储备指南和标准，鼓励和支持以社区为基础、以家庭为单元储备灾害应急物品，提升社区和家庭自救互救能力。

（2）发挥保险的风险分担作用。完善应对灾害的金融支持体系，扩大居民住房灾害保险、灾害人身意外保险覆盖范围。可以参考内地宁波、厦门、深圳等城市巨灾保险实践经验，逐步建立覆盖全澳门居民，包括自然灾害、事故灾难、公共卫生事件和社会安全事件四大类突发事件在内的巨灾保险制度，以全覆盖的政府政策性保险为基础，以商业性保险为补充，为全澳门居民提供全覆盖的人身意外保险、基本住房保险、财产损失保险等。

（三）建立健全应急管理法制

建议出台综合性的突发事件应急管理法律，制修订应急管理相关法律法规，不断完善应急管理标准体系，强化法律法规和标准的宣传贯彻，为优化澳门应急管理体系提供法制保障。

1. 研究制定《澳门特别行政区突发事件应对法》

制定一部综合性的应对自然灾害、事故灾难、公共卫生事件和社会安全事件的《澳门特别行政区突发事件应对法》。该法应当明确澳门突发事件应对的宗旨、基本原则及所有共性问题；明确政府、组织与居民在突发事件预防与应急准备、监测与预警、应急处置与救援、事后恢复与重建等方面的权利和义务；明确澳门突发事件应对的执法主体及其运行机制；明确各相关方及私人部门等需要承担的法律责任，解决当前民防框架下部门职责不清晰、不协调等问题，同时可以吸收现有相关法律法规规章中的内容。

2. 修订和完善相关法律法规规章

修订《澳门民防纲要法》（第72/92/M号法令）《澳门特别行政区内部保安纲要法》（第9/2002号法律）和《核准〈澳门特别行政区——突发公共事件之预警及警报系统〉》（第78/2009号行政长官批示）等有关突发事件应对相关的法律法规规章，进一步明确和细化突发事件预防与准备、监测与预警、处置与救援、恢复与重建等相关内容。建议做好突发事件应对相关法律法规规章的统筹设计，对修订与拟制定的法律法规做好衔接。

3. 优化应急管理标准体系

建议紧紧围绕澳门应急管理重点领域和业务需求，研制一批重要技术标准，实现重点突破，以点带面，发挥示范带动效应，提升应急管理标准化工作水平，并依法赋予其强制性和约束力，以促进应急管理工作规范化。建议抓紧研究和制修订以下6个方面的技术标准：①台风和风暴潮等级划分方面的标准；②水利设施防洪（潮）方面的标准；③建筑物窗户抗风方面的标准；④电力设施安装设计及防护方面的标准；⑤通信基站、机房等设施安全防护方面的标准；⑥地下室、停车场防浸水方面的标准。

4. 加强法律法规的宣传贯彻

澳门特别行政区政府及相关部门在突发事件应对相关的法律法规制修订完成后，应及时面向不同群体、采取多种形式广泛开展法律法规和标准的宣传工作，研究制定与法律法规相配套的规章、指引和技术标准，引导私人部门、学校、医院、社会团体、社会公众等学习和遵从相关法律法规，进一步夯实突发事件应对的法制基础。突发事件应对相关的技术标准发布后，应及时开展标准的宣传贯彻工作，引导气象、水利、电力、通信等部门和单位积极采用最新技术标准开展相关工作，进一步提升防灾减灾救灾能力。

（四）建立健全应急预案体系

建立健全应急预案体系的宗旨是提高突发事件的处置效率。要按照"统一领导、分类管理、分级负责"的原则和不同的责任主体，针对自然灾害、事故灾难、公共卫生事件及社会安全事件等各类突发事件制修订应急预案，并统筹规划应急预案体系，做到"横向到边、纵向到底"。同时要注意各类、各层级应急预案的衔接，特别是部门之间的配合，私人部门与政府的配合。要从最坏最困难的情况做好准备，针对大灾、巨灾和危机等具有破坏性和高度复杂性特点的特别重大突发事件制定预案，做好应急准备工作。同时，加强应急预案管理，广泛开展应急演练，建立应急预案的评估和持续改进机制。

1. 统筹规划应急预案体系

澳门突发事件应急预案体系应包括：

（1）突发事件总体应急预案。总体应急预案是澳门应急预案体系的总纲，是澳门地区应对特别重大突发事件的规范性文件。

（2）突发事件专项应急预案。专项应急预案主要是澳门特别行政区政府及其有关部门为应对某一类型或某几种类型突发事件而制定的应急预案。

（3）突发事件部门应急预案。部门应急预案是澳门特别行政区政府有关部门根据总体应急预案、专项应急预案和部门职责为应对突发事件制定的预案。

（4）基层社区（堂区）应急预案。具体包括基层社区（堂区）突发事件总体应急预案、专项应急预案和现场处置方案。

（5）社会团体、学校、医院、私人部门根据有关法律法规制定的应急预案。

（6）举办大型庆典和文化体育等重大团体活动，主办单位应当制定应急预案。各类预案应根据实际情况变化不断补充、完善，推进应急响应措施流程化，增强应急预案的针对性、可操作性。

2. 制修订应急预案

制修订应急预案应当在开展风险评估和应急资源调查的基础上进行。要针对突发事件特点，识别事件的危害因素，分析事件可能产生的直接后果以及次生、衍生后果，评估各种后果的危害程度，提出控制风险、治理隐患的措施，并全面调查可调用的应急队伍、装备、物资、场所等应急资源状况和粤港澳联动区域内可请求援助的应急资源状况，必要时对居民应急资源储备情况进行调查，为制定应急响应措施提供依据。

澳门特别行政区政府要对本行政区域内发生的重大突发事件处置负总责。各司及相关部门负责处置本范畴、本领域发生的突发事件；对涉及相关部门和基层社区（堂区）的，各有关方面要主动配合、密切协同、形成合力。对关系全局、涉及多领域的应急预案，由牵头司或部门负责组织有关方面，协调各方制定，相关配套预案由有关部门自行制订，做到有主有辅。

要做好基层社区（堂区）、学校、医院、私人部门、重点区域的应急预案编制，做到"横向到边、纵向到底"，加强预案的培训、演练、磨合和实施，增强全社会防灾意识、自救意识、互救意识以及自救、互救的技能，制定基层社区（堂区）灾害风险图、应急疏散路线图，规范应急疏散程序，组织开展参与度高、针对性强、形式多样、简单实用的应急演练，并及时修订相关应急预案。

通过构建台风、大面积停电、停水、恐怖袭击、疫情等重大突发事件情景，研究重大突发事件情景可能出现的一般性过程、后果和基本应对策略与具体任务，构建以"愿景—情景—任务—能力"为核心的应急准备体系，进一步完善应急管理规划，从而为应急预案制定和应急培训演练提供具有高度一致性和良好可行性的指导。

为使各部门和社区（堂区）、学校、医院、私人部门等从实际出发编制预案，应尽快制定《澳门特区政府有关部门制定和修订突发事件应急预案编制指引》《社区（堂区）、学校、医院、私人部门突发事件应急预案编制指引》，明确编制应急预案的指导思想、工作原则、内容要素、进度要求等。

要制订《重要基础设施和关键资源保护计划》。按照"设施分类、保护分级、监管分等"的原则，对需要由澳门特别行政区政府层面统筹协调的重要基础设施和关键资源的防护抓好落实，建立健全重要基础设施和关键资源保护体系的长效工作机制。

针对全球恐怖活动、恐怖主义的现实危害上升趋势和澳门建设世界旅游休闲中心的实际，要尽快编制《澳门特别行政区处置恐怖袭击事件应急预案》。加强反恐怖能力建设，不断提升反恐怖工作水平，注重主动进攻，先发制敌；注重专群结合，整体防范；注重标本兼治，源头治理；注重提升情报获取能力和预警能力。

3. 加强应急预案管理和演练

要从制定应急预案管理办法、广泛开展应急演练、建立应急预案及演练评估机制等方面推进工作。

（1）制定应急预案管理办法。为深入推进应急预案体系建设，加强应急预案的管理，应尽快制定《突发事件应急预案管理办法》，明确应急预案的概念和管理原则，规范应急预案的分类和内容、应急预案的编制程序，优化应急预案的框架和要素组成，建立应急预案的持续改进机制，加强应急预案管理的组织保障，强化应急预案分级分类管理。

（2）广泛开展应急演练。制定《突发事件应急演练指南》等应急演练制度，制定应急演练工作规划，针对社区（堂区）、学校、企业以及酒店、娱乐场等人员密集场所等定期开展各种形式和各具特色的应急演练。通过开展应急演练，查找应急预案中存在的问题，进而完善应急预案，提高应急预案的实用性和可操作性；检查应对突发事件所需应急队伍、物资、装备、技术等方面的准备情况，发现不足及时予以调整补充，做好应急准备工作；增强演练组织单位、参与单位和人员等对应急预案的熟悉程度，提高其应急处置能力；进一步明确相关单位和人员的职责任务，理顺工作关系，完善应急机制；普及应急知识，提高公众风险防范意识和自救互救等灾害应对能力。同时强化演练评估和考核，提倡桌面推演与实战演练相结合，切实提高实战能力，推动应急演练工作的规范、安全、节约和有序开展。

（3）建立应急预案及演练评估机制。应急预案的生命力和有效性在于不断地更新和改进，持续改进机制是应急预案系统中一个重要组成部分，完善风险评估和应急资源调查流程，充分利用互联网、大数据、智能辅助决策等新技术，在应急管理相关信息化系统中推进应急预案数字化应用。应急预案编制单位应当建立定期评估制度，分析评价预案内容的针对性、实用性和可操作性，实现应急预案的动态优化和科学规范管理。同时要对应急演练进行评估，在全面分析演练记录及相关资料的基础上，对比参演人员表现与演练目标要求，对演练活动及其组织过程作出客观评价，并编写演练评估报告，可通过组织评估会议、填写演练评价表和对参演人员进行访谈等方式进行。应急演练评估的主要内容包括：演练的执行情况，预案的合理性与可操作性，指挥协调和应急联动情况，应急人员的处置情况，演练所用设备装备的适用性，对完善预案、应急准备、应急机制、应急措施等方面的意见和建议等。

第三节　提升灾害监测预警评估能力

一、主要思路构想

监测预警评估是指政府为有效预防和处置突发事件，识别和分析各种风险及影响，及时向相关人员和区域发布危险警示信息、及时向应急指挥人员提供决策建议的过程和行为。监测更注重长期地、连续地收集原始数据的过程，是一种常态行为；预警是在监测的基础上提前进行警告，即对未来可能发生的危险进行事先的预报，通过各种预警渠道，提请相关当事人注意；评估是围绕突发事件对群众生命财产安全可能造成影响的预判以及实际造成影响的综合评价。总之，监测预警评估的目标，是加强对各类突发事件发生、发展及衍生规律的研究，完善信息网络，提高综合监测、预警、评估水平，确保风险隐患和突发事件影响早发现、早报告、早研判、早处置、早解决，以便管理部门做到心中有数，早作安排。

此次"天鸽"台风重创澳门，暴露出澳门在监测预警评估方面存在专业技术人才和装备相对缺乏、灾害预警及响应能力薄弱等问题，造成对此次台风及引发的风暴潮预报不及时，预警发布后可供澳门社会应急准备的有效时间不够，导致相关专责部门在救灾救援时遇到较大困难等问题。因此，提高澳门灾害监测预警评估能力是保障澳门政府及时、准确把握灾害现状和发展趋势的必然要求。

本节聚焦提升灾害监测预警评估能力，对澳门现有监测预警评估工作进行综合评估分析，找到存在的短板和弱项，并从完善监测站网布局、修订业务规程、优化预警评估方法、健全技术标准规范、升级业务系统、建立联动会商和资料共享机制、加强科技支撑等方面提出提高灾害监测、灾害预警、灾情统计报送、灾害损失评估的精准化业务水平的措施建议（图4-3）。

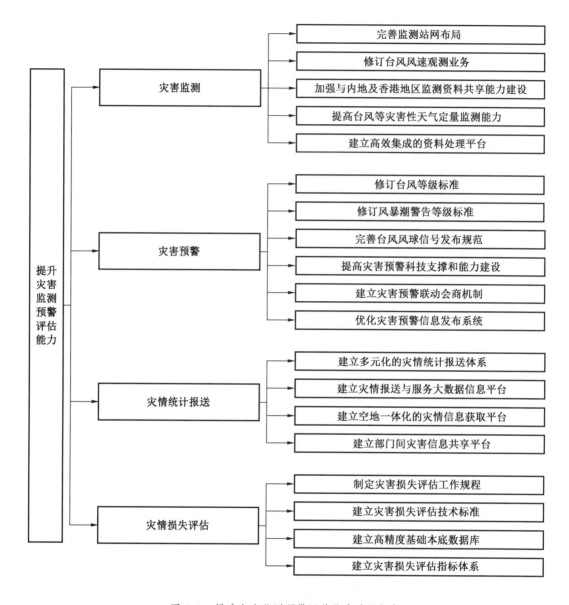

图4-3 提升灾害监测预警评估能力建设框架

二、现状梳理分析

（一）监测站网建设

为有效开展日常及灾害性天气监测，澳门地球物理暨气象局（简称气象局）一直以来持续加强天气监测站网布局，目前已在澳门半岛、凼仔及路环等地建立了16个自动气象站、17个陆上水位监测站、2个潮汐站及1个海底监测站，用来获取天气及水位、潮位等信息。本澳还分别建设了1个微波辐射计和1个风廓线雷达观测站，用来监测大气各要素垂直方向分布及变化。2013年澳门与珠海合作建成国内首部业务化的S波段双偏振多普勒天气雷达，有效提高了冰雹识别和定量估测降水的准确率。

（二）恶劣天气警告及响应

针对澳门恶劣天气，气象局经过长期的业务实践和总结，制定了热带气旋（台风）信号、风暴潮警告信号、暴雨警告信号、雷暴警告信号、强烈季候风及寒冷天气警告信号等发布规范。初步建立了以恶劣天气警告为先导的灾害应急响应机制，成立了包含保安司、警察局、气象局、海事及水务局、教青局等29个局（部门）在内的民防架构，以统筹协调灾害事故的预防、救援及善后工作。而对于学校、学生这一特殊场所和群体，专门制定了热带气旋、暴雨及特殊天气情况下所采取的停课机制。另外，交通运输部门也制定了恶劣天气警告下的停航停运及封桥措施。

（三）灾害预警信息发布途径

随着网络信息技术和传媒技术的发展，澳门逐步建立了传统和现代相结合的预警信息发布方式，发布渠道由原来在地势较高处（大炮台、东望洋炮台等地）悬挂风球，通过电台、电视台广播及电话语音查询、SMS天气短讯服务等，扩展为包括网页、微博、微信、手机应用程序（APP）等在内的新媒体发布渠道，预警信息发布效率和覆盖面得到极大提升。

三、主要建议措施

（一）灾害监测

对灾害准确、及时、有效的监测是灾害预警及防灾减灾救灾的基础和前提。应加强灾害监测站网布局，弥补观测短板，修订完善相关观测规范，加强粤港澳地区监测资料共享能力建设，提高台风等灾害性天气定量监测能力，建立高效集成的资料处理平台等，以提高灾害综合监测能力。

1. 完善监测站网布局

在现有观测能力基础上，经科学评估，弥补观测盲点，完善风、雨、水、潮、浪、流等信息测报站网布局，加强交通干线和航道、重要输电线路沿线、重要输油（气）设施、重要水利工程、重点保护区和旅游区等的气象和海洋监测设施建设。在有条件的地方（如友谊大桥、港珠澳大桥）开展10 m风和不同高度风的对比试验，为不同高度风的定量订正提供支撑，以便更准确描述不同灾害性天气风力大小。另外，针对澳门特别行政区新增海域，应加强海洋气象和海洋水文环境观测能力建设，获取海面风、气压、沿岸及离岸潮位、海浪波高、波向及波周期等观测信息，为拓展海洋预报预警及服务奠定基础。

2. 修订台风风速观测业务

不同气象机构描述台风风力大小所用平均时段不同，如中国内地用2 min平均风速、中国香港及日本用10 min平均风速，美国用1 min平均风速描述台风强度。在保留1 h平均风速观测（主要用于历史比对分析）基础上，开展10 min或2 min平均风速观测业务，既与周边气象机构保持一致性、增加可比性，又更准确捕捉台风强度，及时发布有效预警。

3. 加强与内地及香港地区监测资料共享能力建设

近年来，中国内地及香港在珠江口及南海北部新增了很多岛屿、浮标、石油平台等自动气象站和潮位站，这些观测站在提高台风、暴雨、强对流及风暴潮等灾害监测能力方面发挥了重要作用，特别对提高台风定位和定强分析精度功不可没。另外，近年中国内地持续加大卫星观测投入力度，"风云三号"D星和"风云四号"A星即将投入业务运行，为灾害天气监测提供了新的支撑。要加强与内地和香港地区观测资料共享能力建设，升级网络带宽，提高资料共享的广度和时效性，为切实提高气象和海洋灾害监测能力奠定基础。

4. 提高台风等灾害性天气定量监测能力

建立规范的、世界气象组织推荐的DVORAK台风强度分析业务，提高预报员对卫星定量分析和应用能力，提高预报员对台风云型结构、眼区温度、云顶亮温（TBB）等与强度变化关联度的认知能力，提高台风强度分析的客观性和科学性，减少主观性和随意性；加强基于地面自动站、雷达、卫星等综合观测资料对暴雨、强对流、雾霾等灾害性天气定量监测，开展基于阈值的自动监测报警业务。

5. 建立高效集成的资料处理平台

随着数值预报模式精细化程度的提升和高时空分辨率的卫星、雷达以及分钟级/秒级自动观测站数据的应用，气象监测数据量级呈几何级增长，需开发对陆基、岛屿、船舶、浮标、卫星、雷达、数值模式等多源异类数据的处理及高效集成显示，提高对各类气象监测信息的立体化（海、陆、空）、精细化和客观化分析水平，实现对主要灾害性天气的全天候无缝隙监测能力。

（二）灾害预警

修订和完善台风、风暴潮等灾害等级划分，修订台风风球信号发布标准，逐步建立首席负责制的灾害性天气会商流程，建立以数值预报为基础，各种主客观方法相结合的灾害性天气预警业务，提升对台风、暴雨、风暴潮、大风、高温、雷电、大雾、霾等灾害预警能力。

1. 修订台风等级标准

内地和香港分别于2006年和2009年修订了台风等级标准，将风力超过12级以上的台风细分为台风、强台风、超强台风（表4-2）。这样的细致划分不仅能更准确描述台风强度，同时也更能引起政府和公众的关注，从而采取更有效防范应对措施，减轻台风灾害。因此，可参考周边气象部门台风等级标准，结合澳门特点和过往使用习惯，对台风等级标准进行修订，制定科学、合理又被公众广泛认可的台风等级标准，为制作和发布台风预警打下基础。

表4-2 中国内地及港澳台气象机构热带气旋等级划分

风力等级	内地（2006年）	香港（2009年）	澳门	台湾
6级	热带低压	热带低气压	无明确定义	热带性低气压
7级				
8级	热带风暴	热带风暴	热带风暴	轻度台风
9级				
10级	强热带风暴	强热带风暴	强热带风暴	
11级				

表 4-2（续）

风力等级	内地（2006 年）	香港（2009 年）	澳门	台湾
12 级	台风	台风	台风	中度台风
13 级				
14 级	强台风	强台风		
15 级				
16 级	超强台风	超强台风		强烈台风
17 级				
17 级以上				

2. 修订风暴潮警告等级标准

这次"天鸽"台风灾害暴露出风暴潮预报和警告不足的问题较为突出，目前澳门风暴潮最高警告级别是黑色，即"估计水位高于路面 1 m 以上时"发布风暴潮黑色警告，而"天鸽"台风侵袭期间水位高于内港路面约 2.5 m。同时也注意到"天鸽"仅是强台风级别，比 2006 年登陆浙闽交界的超强台风"桑美"和 2014 年登陆海南的超强台风"威马逊"还有一定差距。因此从立足防超强台风、防超高潮位的角度出发，有必要对风暴潮警告等级重新进行审视，当水位高于路面 1 m 以上时，细化现有风暴潮警告等级，既警示风暴潮的严重程度，又科学指导防潮避险。

3. 完善台风风球信号发布规范

澳门现行热带气旋信号（第 16/2000 号行政命令）分为 1 号、3 号、8 号、9 号及 10 号风球，但对何时悬挂何种级别的风球并无明确说法，实际操作时有一定随意性。内地的做法是：台风预警分为国家级预警和省级预警信号，国家级台风红色预警信号表示"预计未来 48 h 将有强台风（中心附近最大平均风速 14～15 级）、超强台风（中心附近最大平均风速 16 级及以上）登陆或影响我国沿海"；省级台风红色预警信号表示"6 h 内可能或者已经受热带气旋影响，沿海或者陆地平均风力达 12 级以上，或者阵风达 14 级以上并可能持续"。国家级台风红色预警信号明确了最大时间提前量达 48 h，省级台风红色预警信号最大时间提前量是 6 h。建议澳门在台风预警信息发布上尽可能及早让民众了解悬挂风球信号的可能时段，同时借鉴内地的做法和经验，与民防相关部门协调，因应防灾应变措施等需求，在民防总计划或相关应急预案中，明确风球悬挂提前通报的时间，增强可操作性。

4. 提高灾害预警科技支撑和能力建设

通过典型气象灾害案例的深度分析和总结，提高预报员对气象灾害演变机理认知水平；提高对卫星、雷达、微波及其他新型观测资料定量分析水平和应用能力；加强对数值模式，特别是集合模式的解释应用和定量订正能力，提高对台风路径、强度、风雨等预报准确率和精细化水平；积极探讨大数据和人工智能技术在灾害性天气预报预警上的研究和应用。综合考虑周边海域地理和水文环境特点，建立覆盖澳门及邻近区域的精细化风暴潮数值预报系统，开展精细化风暴潮预报和街区尺度风暴潮淹没预报。综合考虑风暴潮灾害的危险性以及承灾体重要性、人口密度、经济密度等脆弱性，编制风暴潮灾害风险图，逐步开展基于精细地理信息的风暴潮灾害风险评估，为防御风暴潮灾害提供有效对策。

5. 建立灾害预警联动会商机制

不同灾害性天气的可预报性或预报难度是不一样的，现今数值预报模式和各类观测/分析资料提供了海量可供参考的信息，而预报员个体的知识、经验和时间是相对有限的，因此，面对灾害性天气时，举行集体会商是非常有必要的。应当建立包括领导、主管和气象专业人员参与的灾害性天气会商机制。同时加快培养高级气象专业技术人才，加快推动气象综合分析系统和客观预报系统的建设，逐步创造条件，适时建立首席预报员负责制的会商机制和业务流程（图4-4）。同时，应建立粤港澳重大灾害预警联动会商机制，当遇台风等重大灾害性天气时，粤港澳任何一方可申请或组织联合会商，中央气象台也可召集或参与联合会商，这样既能充分沟通交流，又尽可能保持预警的一致性，减少公众的猜疑和混淆。

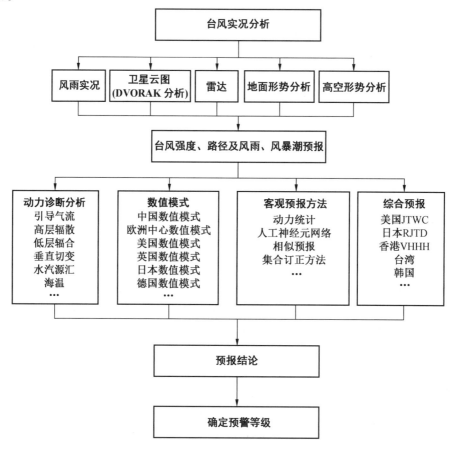

图4-4　中央气象台热带气旋会商框图

6. 优化灾害预警信息发布系统

完善灾害预警信息发布制度，明确气象及海洋灾害预警信息发布权限、流程、渠道和工作机制等，细化灾害预警信息发布标准和警示事项等；加快灾害预警信息接收传递设备设施建设，建立充分利用广播、电视台、互联网、手机短信、微信等各种手段和渠道的灾害预警信息发布机制或平台以及快速发布"绿色通道"，提高预警信息发送效率，通过第一时间无偿向社会公众发布灾害预警信息，重点是学校、社区、机场、港口、车站、口岸、旅游景点、娱乐场等人员密集区和公共场所，扩大预警信息公众覆盖面，提高发布频次，实现预警信息的滚动发布。

（三）灾情统计报送

针对灾情信息报送和服务的及时性、灾情信息统计的准确性、灾情信息服务的广覆盖等现实需求，加强灾情统计报送能力建设，提升灾情信息对救灾救助决策的支撑作用。

1. 建立多元化的灾情统计报送体系

在发挥社区社工统计、报送、核查灾情职能的基础上，进一步建立完善灾情统计报送的制度设计和业务标准，调动社会力量和公众参与灾情统计报送工作，建立灾害发生后更加丰富的海量灾情原始数据提供渠道，拓展灾情统计报送的空间与范围，提高灾情统计数据的完整性和及时性。

2. 建立灾情报送与服务大数据信息平台

充分利用"众包"模式下的数据采集与服务平台建设和运行方式，建立集共享、服务、查询、应用于一体的面向社区社工、社会组织和公众的灾情数据资源共享平台，充分调动各方资源，形成统一管理系统下资源互补、信息共享的运行机制，提高灾情数据的科学性和准确性。

3. 建立空地一体化的灾情信息获取平台

以灾害现场信息获取"看得清、看得准、看得快"为目标，综合应用无人机、通信传输、信息处理等领域的新技术、新装备，建立"现场—后方"互通、联动、协同的灾害信息获取业务平台，实现灾害现场情况的空地一体化信息全景展现。

4. 建立部门间灾害信息共享平台

以民防及应急协调专责部门为牵头单位，以增强部门间信息共享为抓手，建设灾害信息共享平台，统一标准规范，划定共享信息资源类别，确定汇集、交换、存储、处理和服务的共享信息范围，对信息的使用、存储、更新、备份管理等进行细致规定，建设数据共享信息化保障环境，实现各种灾害风险隐患、预警、灾情以及救灾工作动态等信息在部门间的及时有效共享。

（四）灾害损失评估

针对提高灾害损失评估的时效性和精准性的现实需求，各有关部门按照职责，加强灾害损失评估能力建设，推动评估结果为救灾决策、防灾规划提供参考依据。

1. 制定灾害损失评估工作规程

立足台风、风暴潮及其引发的洪涝、泥石流、滑坡等地质灾害评估工作需求，制定程序严谨、指标系统、方法科学、责任明确的灾害损失评估制度，明确工作目标和要求，规范评估基本流程、工作时限。

2. 建立灾害损失评估技术标准

针对台风、风暴潮及其引发的洪涝、泥石流、滑坡等地质灾害，建立系列损失评估技术标准，对灾害评估的工作内容、技术指标和方法制定精细化的技术规范，保障相关技术工作的有序有效开展。

3. 建立高精度基础本底数据库

针对灾害损失评估对高精度承灾体和社会经济数据的使用和更新需求，建立覆盖全澳，以社区为基本单元，涵盖人口、房屋、经济等基本指标的高精度基础本底数据库；汇集通信、电力等部门的实时业务数据，建立基于手机、固定电话、基站、电力等实时位置服务数据的重点区域实时数据库。

4. 建立灾害损失评估指标体系

针对灾害发生之前的损失预评估、灾害发生过程中的监测性评估、灾害发生之后现场的实测评估等不同阶段对损失评估的需求，建立灾害造成的社会影响及破坏情况的一整套评估指标体系，满足对灾害损失相对量和绝对量的科学判定要求。

第四节　提升基础设施防灾减灾能力

一、主要思路构想

通过很多重大灾害事件，我们都可以发现很多城市基础设施建设与维护都存在短板，成为防范应对灾害的薄弱环节，主要表现在：由于城市环境和城市灾害的不断变化，对灾害等级的估计不够准确，使得城市基础设施防灾标准过低，导致其防御城市灾害的能力不足；城市建筑、生命线工程、地下管网等基础设施没有得到定期的维护和更新，事故隐患逐步显现，其防灾能力下降。随着城市规模的扩张和人口的增加，城市运行系统越来越复杂，安全风险不断增大。为提高城市综合防灾能力，保证城市安全有序运行，城市基础设施防灾任务越来越艰巨。

此次"天鸽"台风重创澳门，暴露出澳门在生命线工程和重要基础设施防灾减灾能力方面存在设防标准偏低等问题，防洪闸和防洪堤未能有效阻挡海水涌入内港一带区域，造成城市供水、供电、通信等重要的生命线设施遭遇水浸后设备一度出现停运等情况。因此，提高澳门生命线和重要基础设施防灾能力是保障澳门城市安全的必然选择。必须从提高设防标准和加强日常运行管理等全方位出发，提高生命线和重要基础设施抵御城市主要灾害的能力。

本节聚焦提升基础设施防灾减灾能力，对澳门现有防台风防汛工程、供水工程、供电工程、通信工程以及其他重要基础设施（含交通运输系统、地下工程设施、大型综合体及娱乐场、公共服务设施、可能引起高空坠落的相关设施等）等重要基础设施的防灾减灾能力进行综合分析评估，找到存在的短板和弱项，明确具体提升目标和实现路径，为下一步加强澳门应急管理体系建设提供具体改进的措施建议（图4-5）。

二、现状梳理分析

（一）防台风防汛工程防灾能力

澳门半岛东侧、北侧及南侧地势较高，岸线顶高程在3.2~4.6 m之间，达到50~200年一遇的防御标准。澳门半岛西侧的地势较低，且沿岸现状防护标准也较低，其中，青洲—筷子基段现状堤路结合，防洪能力为2~50年一遇；内港码头段现状不设防，防洪能力小于5年一遇；西湾湖景大马路段堤路结合，防洪能力为20~100年一遇。

目前，路环、凼仔沿岸地势较低的地方建有标准不一的堤防。其中，凼仔北部澳门水道侧堤防堤顶高程为3.1~4.5 m，达到50~200年一遇防洪标准。东部外海侧堤防堤顶高

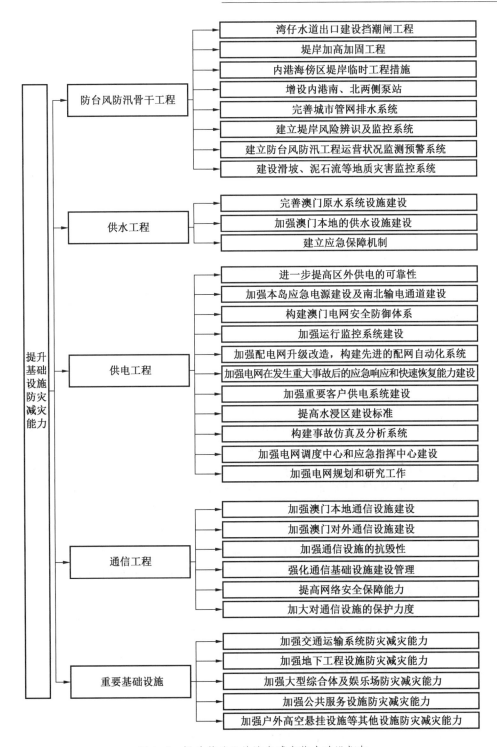

图 4-5　提升基础设施防灾减灾能力建设框架

程 4.0~4.5 m，达到 200 年一遇防洪标准以上。南部为山体，地势较高，未建堤防。西部十字门水道侧堤防分为两段，凼仔—路凼填海区段堤顶高程为 3.0~4.0 m，宽度约 70 m 左右，防洪标准为 20~200 年一遇；路环市区段现状堤防顶高程为 2.1~2.7 m，防洪

（潮）能力5~20年一遇，路环旧市区段荔枝碗不设防，十月初五马路段为堤路结合的直立堤防，堤防长度约为450 m。

存在的主要问题是防洪（潮）排涝工程体系尚不完善，防洪潮排涝能力低。澳门防洪潮工程防洪潮能力高低不一，除地势较高区域外，普遍存在防洪标准偏低或不设防的问题，尚未形成封闭的防洪（潮）工程体系。其中，地势较低但人口房屋较密集的内港海傍区和路环荔枝碗段均不设防。内港沿岸码头多为架空式高桩码头并临岸而建，码头后方陆域无堤防防护，遇风暴潮、天文大潮即会出现海水倒灌，甚至漫堤致灾。荔枝碗段为路环造船业衰落遗留下来的旧船厂，船厂后方为荔枝碗马路，高程为2.8 m左右。

（二）排涝能力现状

目前，澳门地区排水管网系统主要为合流式（一条街道只有一条下水道，雨污水合流式系统排放）和分流式（清水和污水分别经各自系统排放）并存的混流制排水模式。近年来，随着澳门经济的发展、人口的增长及填海用地的增加，不同地区进行了多项排水系统的分流、扩容和升级改造工程。存在的主要问题是排涝排水能力不足。除天文大潮和风暴潮外，短历时强降雨也往往导致澳门水浸灾害，若排水遇外江潮位顶托，则情形更为严重。澳门排水管网能力不足，现状排水能力约为2年一遇，内港等老城区远达不到治涝标准要求。雨水泵站抽排能力不足，无法及时排除涝水。同时，现有下水道管网还存在管道狭小、局部淤积受堵、排水管网错接、排水口拍门漏水、下游电排设施规模和覆盖范围不满足排涝要求等问题。

（三）供水工程防灾能力

澳门原水供应主要依靠珠海市供水系统。珠海南供水系统竹仙洞水库的原水通过3条输水管以自流方式输送到澳门青洲水厂、大水塘水厂和路环水厂，总输水能力合计每日 $50×10^4$ m^3。澳门本地供水系统由蓄水水库、自来水厂、高位水池和供水管网组成。蓄水水库的有效蓄水总量为 $190×10^4$ m^3，其中大水塘水库 $160×10^4$ m^3，石排湾水库 $30×10^4$ m^3。青洲水厂、大水塘水厂和路环水厂设计供水能力分别为 $18×10^4$ m^3/d、$18×10^4$ m^3/d、$3×10^4$ m^3/d，占全澳总设计供水能力的46%、46%、8%。高位水池设于松山及大潭山作为储备自来水之用，总储蓄量约为 $5.1×10^4$ m^3。全澳供水管网总长为574 km，供水管网漏损率约10%。目前，澳门地区日供水量约 $26.6×10^4$ m^3，最高日供水量约 $29.8×10^4$ m^3。

（四）供电工程防灾能力

1. 电源领域情况

截至2017年底，澳电所属电源装机共408 MW（路环A厂、路环B厂），另有一个小型垃圾电厂由其他企业运营。除了路环B厂以110 kV电压等级上网外，其余电厂均接入66 kV电网。2017年澳门本地电源年发电量为 $12.6×10^8$ kWh，约占澳门本地用电量的23.4%。

2. 输变电领域情况

澳门电网共有220 kV、110 kV、66 kV、22 kV及11 kV 5个电压等级，其中主网建有220 kV变电站2座，分别为鸭涌河站（5×180 MVA）和莲花站（5×180 MVA），建有110 kV变电站10座，66 kV变电站16座。2座220 kV变电站之间通过双回220 kV电缆（截面2000 mm^2）连通，同时又各自通过3回220 kV线路分别与珠海电网珠海站、琴韵站相连，每回线路设计容量为350 MW；同时澳门电网与珠海电网还有4回110 kV线路相连，分别为珠海站至澳北站双回 110 kV 电缆线路和南屏站至海洋花园站的架空、电缆混合线路，每回线路设计容量为 125 MW。由此共同构成南方电网对澳门电网南北 2 个 220 kV 输电通道为主，4 回 110 kV 线路为备用的供电格局。

3. 用电领域情况

截至 2017 年底，澳门用电量实际值为 53.7×10⁸ kWh，同比增长 2.3%，全社会最高用电负荷 1004 MW，同比增长 7.7%。澳门电网的负荷分布在澳门半岛和离岛，分别占澳门总负荷的 59% 和 41%。预计 2030 年全社会用电量和用电最高负荷分别为 80×10⁸ kWh 和 1710 MW，用电发展进入饱和阶段，增长率趋于平缓。预计 2026—2030 年期间全社会用电量和用电最高负荷年平均增长率分别为 2.7% 和 3.3%。

4. 调度控制领域情况

区内电力调度由澳电调度中心负责，可调度机组包括本地路环发电厂 A 厂及 B 厂，但焚化炉电厂不需调度。本地电厂按调度中心的日发电计划开停机组，机组出力依照调度中心要求由电厂人工调控。调度中心安排机组需先满足约束条件，包括电网安全、环保因素、输电量目标、燃料库存等，之后再按经济调度原则运行。由于澳门与广东电网相连，频率控制由广东电网主导，在正常联网情况下本地机组不参与调频。

5. 机制保障领域情况

粤港澳区域联控及协同调度演练机制。澳门从广东电网输入控制原则主要是按照澳门与南方电网签订合同的框架协议，满足年度输电量目标。当广东电网或粤澳联网发生事故时，澳门电网会按广东电网的要求加开一定发电机组来控制断面潮流，优先保障电网安全运行。每年至少举行一次粤澳反事故联合演练，一般于夏季用电高峰前进行，由广东中调、珠海地调和澳门中调共同参与。电力系统应急调度指挥机制。电力系统应急调度指挥机制主要由各相关部门按照既定预案及机制实现，主要包括粤澳联网调度运行应急机制、珠澳地区孤网运行及黑启动应急预案、危机管理、应急计划和响应、电力系统调度部与输配电部台风预案、水浸之紧急处理机制。

（五）通信工程防灾能力

澳门通信事务由隶属运输工务司的邮电局（CTT）负责。澳门现有固定公共电信网络及服务运营商 2 个，公共地面流动电信网络及服务（2G）运营商 3 个，电信网络及服务（3G）运营商 4 个，公共地面流动电信网络及服务（LTE）运营商 4 个，互联网服务运营商 21 个，收费电视地面服务运营商 1 个，卫星电视广播系统运营商 1 个，卫星电视广播服务运营商 3 个。"天鸽"台风期间，澳门通信设施总体上经受住了考验，但部分区域手机通信和移动上网功能一度中断。因电力供应中断及严重水浸，导致部分固定电话、互联网及专线服务中断，移动电话网络覆盖亦受到轻微影响。

（六）地质灾害防御能力

1. 斜坡风险及分布情况

澳门的地质灾害主要是斜坡失稳，造成塌落、土壤流失、碎石脱落，并对下游道路、行人或建筑物及各种市政设施等造成损害。发生暴雨时，易诱发滑坡泥石流灾害。为加强对本澳所有斜坡的监测工作，政府于 1995 年成立斜坡安全工作小组，定期对本澳的斜坡进行巡查和勘探，并将斜坡的风险级别进行分类，以确定哪些斜坡需要及早加固和维修，倘若属私人斜坡，土地工务运输局根据斜坡安全工作小组的建议要求斜坡所属的业权人作跟进。目前，斜坡安全工作小组的成员包括土地工务运输局、民政总署（现市政署）及澳门土木工程实验室的代表工程师。

斜坡安全工作小组按斜坡对行人的风险度、对建筑物的风险度和塌坡风险度等三方面，评估斜坡的整体风险度，分为高、中、低3个级别：①高风险级别斜坡，表示斜坡不一定有即时塌落，但对人或经济损失存有风险，应尽快进行较全面的维修工作；②中风险级别斜坡，表示斜坡对人或经济损失有一定风险，应该受到关注并应作出适当的小型维修工作；③低风险级别斜坡，表示斜坡对人或经济损失有较小或没有风险，表示无须进行维修工作，但应做定期观察及清洁处理。

据斜坡安全工作小组统计和评估，截至2018年2月8日，澳门共有斜坡221处，其中高风险等级的有3处，中风险等级的有62处，低风险等级的有156处，见表4-3。

表4-3 按风险等级分类的斜坡分布现况表

斜坡分布	高风险	中风险	低风险	总数
澳门半岛	2	25	60	87
凼仔离岛	1	21	44	66
路环离岛	0	16	52	68
总数	3	62	156	221

2. 地质灾害监测预警

为更准确监测斜坡状况，土地工务运输局与土木工程实验室合作，引入"斜坡自动监测系统"，透过安装在斜坡上的仪器监测斜坡的状态。首个监测点设在大潭山斜坡，透过监测仪器实时监测斜坡的状态，所获得的数据会即时传送到设在土木工程实验室的监测系统，以便相关部门及早采取预防措施，提高斜坡的安全预警。监测系统已完成安装及测试，于2014年6月初正式投入运作。管理人员可透过自动监测系统实时掌握斜坡的沉降、裂缝、位移、地下水、降雨量等参数的动态变化，了解和掌握斜坡体是否稳定；当斜坡有异常变化会及时通报土地工务运输局，以便做好预防和防控措施，提高斜坡安全预警。

三、主要建议措施

（一）加强防台风防汛工程防灾能力

在全面审视应对"天鸽"台风风暴潮设施能力不足的基础上，对澳门的防台风防汛骨干工程作进一步系统调查评估，本着全面规划、综合治理、因地制宜、突出重点、近远结合、分期实施的原则，开展以下工程系统的优化与建设，提高澳门防洪潮工程的防灾减灾能力。内港海傍区建议采用挡潮闸工程来防御台风风暴潮，可按200年一遇的标准进行设防，其他区域防御标准应结合其区域的重要性、致灾后的损失大小及工程建设对环境影响等各个因素综合论证后确定。

1. 湾仔水道出口建设挡潮闸工程

为从根本上解决内港海傍区水患的问题，借鉴美国纽约、俄罗斯圣彼得堡和荷兰阿姆斯特丹等城市防汛防潮经验，在澳门湾仔水道口设置挡潮闸工程（类似东京的多个洪水闸系统，日本东海岸的海啸屏障），在台风影响期间通过人工调控内港潮水位，降低风暴潮对内港区的影响，从而减少或消除台风对人口密集区域的威胁。同时，挡潮闸工程设计应体现景观要素，主体建筑物应与周边景观相协调。

2. 堤岸加高加固工程

澳门半岛南部、路凼区的北部、东部和西部堤岸，现存堤岸规整，施工条件较好，且人口密集、重要设施较多，可按较高的标准对该区域的堤岸进行整修加高加固。对澳门半岛东侧和路环岛西侧区域，因施工条件较差，且防护区域面积不大，可采用分仓防护，结合技术经济论证，合理选定设防标准，对堤岸进行整修加高加固或新建。

3. 内港海傍区堤岸临时工程措施

在挡潮闸建成之前，内港海傍区尚无有效措施来应对风暴潮带来的水患问题，建议采用先进材料和可行技术，采取临时工程措施来减免风暴潮对该区域的影响。台风发生期间可在沿线堤岸段建立临时防洪墙工程，临时防洪墙结构可采用半活动式防洪墙，合理设定防御标准，并应处理好与内港海傍区堤岸整治工程衔接的问题。临时防洪墙具有安装速度快、存放空间小、人力调配数量少的特点，可于灾害预警时应急使用。

4. 增设内港南、北两侧泵站

针对内港海傍区等低洼地区防洪排涝设施不足的问题，在内港南、北两侧增设排涝泵站，并修建大型雨水箱涵、自排闸等多种防洪排涝设施，在发生强降雨期间可快速抽排涝水，以解决一定量级的暴雨水浸问题。

5. 完善城市管网排水系统

通过完善排水管网、增设排水渠道及排涝泵站等措施应对城市涝水，并加强积水点改造，市政排水管网改造工程，完善城市雨水排水系统，增加雨水下渗，减小内涝风险。

6. 建立堤岸风险辨识及监控系统

堤岸因长期受水流、风浪侵蚀和冲刷，导致局部堤岸下部掏空，有可能造成上部堤岸坍塌或滑坡，从而影响到相毗邻地面道路正常运营及重要建（构）筑物等重要设施的正常使用，为此，应及时勘探其冲刷破坏程度，并对可能造成的影响进行风险评估，提出对策和措施。同时，对冲刷破坏特别严重区段应建立实时监控预警系统，动态掌握堤岸安全状况。

7. 建立防台风防汛工程运营状况监测预警系统

针对防洪墙建立防洪渗漏无损检测系统，并对雨污泵站、水闸等综合设施实际运营状况建立监测预警系统，包括排水管网、泵站监控系统及水闸运行监控系统等，以充分发挥防台风防汛工程措施的内在效能，全面掌握城市内涝状况，实现排水统筹调度，更好地服务于灾害事故预警、现状评估以及改造方案设计等分析管理工作。

8. 建设滑坡、泥石流等地质灾害监控系统

台风容易导致滑坡、泥石流等众多次生地质灾害，因此针对澳门山体、边坡、堆积体等地质灾害危险区域，应借助 3S 技术、地球物理勘探、合成孔径干涉雷达等多种手段，构建地表位移及深部位移监测为主，降雨量、地下水位及结构应力监测为辅的灾害监测体系，对危险区域的变形进行实时监测、动态分析以及智能预警，并据此进行安全性评价。

（二）加强供水工程防灾能力建设

供水工程是澳门地区生命线工程之一，为有效应对突发事件，保障澳门地区供水安全，加强澳门地区供水设施建设是十分必要的。

1. 完善澳门原水系统设施建设

澳门原水水源的特点是对珠海供水系统依赖程度高。珠、澳两地原水系统合为一体，原水风险一是枯水期受珠江口咸潮影响，取淡水时间少，原水保障程度受到影响；二是易受原水水源地西江水系和澳门本地水库突发性环境事件及污染影响。

2008 年国务院批复的《保障澳门、珠海供水安全专项规划》对澳、珠供水系统建设提出了近远期规划，规划基准年为 2004 年，近期规划水平年为 2010 年，远期规划水平年为 2020 年。规划提出的控制性水源工程竹银水源工程已基本建成，对保障澳门、珠海的供水安全发挥了重要作用。但由于澳门、珠海两地需水量增加较快，已逼近规划水平年预测值，系统最大供水能力为 $100×10^4 \ m^3/d$，而目前珠海主城区、澳门供水量为 $99×10^4 \ m^3/d$，供水系统已满负荷运行。针对澳门、珠海原水供应形势，粤澳双方正合作建设第四条对澳供水管道以及第二期平岗广昌西水东调系统的建设工程，届时，供澳原水的总输水能力达到 $70×10^4 \ m^3/d$。为了进一步巩固粤澳两地供水安全，应从长计议，提前谋划，按城市发展规划、土地利用规划、供水需求预测等情况，建议澳门政府尽快提出对《保障澳门、珠海供水安全专项规划》进行修编的要求，研究制定保障珠海、澳门远期供水安全的规划方案。

2. 加强澳门本地的供水设施建设

澳门本地储水设施风险隐患主要表现为：一是本地储蓄水库储蓄量仅 $190×10^4 \ m^3$，仅能满足澳门地区 7 天用水需求，储水量不足，抗风险能力低；二是青洲水厂和大水塘水厂地势低，有水浸风险；三是跨江供水管道及主要管道存在破裂风险等。

为此，建议尽快加强澳门本地的供水设施建设。

（1）建立澳门本地多点多源的供水系统，加快路凼区水厂建设。目前澳门用水增长点主要在路凼区，该区用水目前主要依靠澳门半岛供应，建议澳门加快路凼水厂建设，形成路凼区和澳门半岛之间的供水互补关系。同时加快推进对澳门供水第四条管道的建设，早日与珠海境内的管道进行接驳，尽快实现澳门多点互补、管线相通的供水网络系统，保障澳门的中长期供水安全。

（2）调蓄设施建设。针对澳门应对供水安全风险措施不足的问题，澳门特别行政区政府规划建设九澳及石排湾水库扩容整治项目，增加两水库的库容量，将澳门地区的储蓄水量提高 40%，可增加至约 9 天半的用水需求，以应对供水突发事件的发生，提高供水应急保障程度。

（3）高位水池建设。目前在松山及大潭山分别设有两组高位水池，容量可维持全澳约 4 h 的用水，且在风灾期间发挥了很重要的作用，但容量相对先进国家或地区仍然偏低，因此，选取适宜地点建设高位水池，以增加高位水池的蓄水容量，力争达到可维持全澳约 10~12 h 用水的容量，提高应对风险的能力。

3. 建立应急保障机制

加强节水型社会建设，加强节水宣传，节约用水。完善突发事件供水保障应急预案与保障措施，并完善与珠海跨地域的应急联动机制。

（三）加强供电工程防灾能力建设

虽然此次应对"天鸽"台风灾害采取了一系列措施，但也反映出澳门电网供电保障方面的问题和不足，主要表现在：电网建设灾害应对标准不够健全；电力基础设施设防标准不高，抵御灾害能力脆弱；电力防灾减灾与应急抢修体制机制不够健全；电网运行监测预警、处置救援等能力亟待提高。因此，尽快推进相关工程和系统建设迫在眉睫。

1. 进一步提高区外供电的可靠性

积极推进澳门电网与南方电网第三回输电通道建设，优化澳门电网与南方电网联网方案，增强南方电网向澳门供电电源的可靠性。构建 500 kV 双电源互联互备、全电缆线路、变电站户内布置的北、中、南 3 个免受自然灾害影响的对澳供电 220 kV 关键通道。强化珠海本地支撑电源建设，支持极端自然灾害情况下澳门、珠海电网孤网运行。

2. 加强澳门应急电源建设及南北输电通道建设

推进澳门本地新增燃气机组的建设，提高紧急情况下澳门电网自主供电能力。加强澳门电网南北输电通道建设，增强凼仔（路环）与本岛之间电力互供能力，提升电网供电的灵活性。针对澳门地区台风、雷暴等极端自然灾害，推进防灾抗灾型电网建设，提升电网整体安全及设备供电安全保障能力。

3. 构建澳门电网安全防御体系

研究澳门电网在与南方电网事故解列情况下的孤岛运行方案及安全稳定控制措施，确保重要负荷的不中断供电。构建预防性控制措施、紧急控制措施、恢复性控制措施体系。开展电网安全防御体系专项研究及系统仿真，研究具体措施的必要性和有效性，提出构建澳门电网安全防御体系的总体方案。在重大灾害预警或与珠海互联通道发生严重故障时，应调整运行方式，应对重大灾害的发生；在澳门电网与南方电网事故解列情况下应采取紧急控制措施，保证澳门电网稳定；在灾害发生后应尽快采取恢复性控制措施，紧急调整运行方式，最大限度地快速恢复停电区供电。

4. 加强运行监控系统建设

加强电网运行监控系统的建设，实现全网的可观可测、智能决策、自动控制。系统应全面覆盖各电压等级的电网及各发电厂、大用户，并与珠海电网实现信息的实时交互，构建闭环控制体系。构建高级量测体系。全面安装智能电表，开展智能用电服务。构建调配运营一体化系统及一条龙闭环指挥运维体系，实现电网故障自动定位和告警，自动恢复非故障段供电，自动组织检修，全面提高电网事故感知能力，形成快速反应机制，大幅提升事故处理效率，有效缩短事故停电时间，提高供电可靠性。

5. 加强配电网升级改造，构建先进的配网自动化系统

加强和完善配电网结构，构建强简有序、灵活可靠的配电网架构。根据澳门电网的实际情况，制定重要线路设计与建设标准，合理选取台风区域线路和网络结构，从规划源头提高电网防台风水平和转供电能力，对停电造成重要社会影响或经济损失的供电区域可在当地基本风速分布图的基础上适度提高设防标准。推进配电网自动化及光通信网络建设。应对配电网进行升级改造，实现双电源闭环运行，进一步提升配网自动化水平，实现配电网可观可控。应加大推进配电网光纤建设力度，尽快实现中压网光纤全覆盖，长远实现光纤入户。必要时，可租用电信部门的光纤，建立电力通信网络。在过渡期可研究无线通信的方式实现遥控，也可采用就地型配网自动化模式，通过开关之间的配合就地实现故障隔离和自动恢复非故障段供电。加强配电网抢修和不停电作业能力，有效减少停电时间。

6. 加强电网在发生重大事故后的应急响应和快速恢复能力建设

加强澳门电网黑启动电源建设和快速恢复供电及孤岛运行能力建设，加强应急预案的研究和仿真、演练。完善与南方电网的协作机制。构建与南方电网的合作研究、联合仿真、联合演练机制，以及协调调控、应急指挥、联动机制，构建应急物资、应急抢修队伍快速调配的绿色通道。

7. 加强重要客户供电系统建设

对重要负荷的供电方案进行全面的检查，水厂、医院、通信、澳门特别行政区政府、驻澳部队、民防及应急协调专责部门等应按一户一方案，严格落实保电方案，做到 2~3 路供电，并结合用户后备电源建设方案统筹考虑系统后备方案。制定指导用户后备电源配置的标准规范。优先开展对重要客户配电设施及协调用户侧负责的电力设备防风防水专项改造工程，确保电力设备在重大灾害发生时不会遭水浸。加强对重要用户的日常运维和带电抢修。

8. 提高水浸区建设标准

应根据历年来台风造成的水浸区历史数据，建立水浸区分布图，并精准确定每个区域、每个建筑的最高水浸线，在此基础上制定不同区域的电力设施安装标准、防风防水设计标准，形成相应的法规，指导电网和用户开展水浸区电力设施建设和改造。对现有电力设施的安装位置、防风、防水设计及标准进行全面检查评估（包括相关电网及用户侧设施），提高设防等级，合理抬升电力设施安装位置，确保重要电力设施不发生水浸事故。对重要电力设施和站点加装防水闸门、水位报警系统等，提高水浸应对能力。

9. 构建事故仿真分析系统

为满足澳门电网安全稳定运行和电力优化调度需求，构建澳门电网事故仿真分析系统及在线安全评估和智能决策系统，实现对"天鸽"台风电网事故及恢复全过程的仿真分析及事故反演，不断优化和加强电力系统应对重大自然灾害等极端事故的能力；实现静态安全分析、暂态稳定分析等全面的在线安全稳定评估；开展电网调度策略的安全稳定校核及调度处置预案智能生成，从安全裕度评估、预防措施、校正策略等方面，对电网及相关调度策略进行全面评估，自动生成负荷转供和拉减、机组出力调整、运行方式调整等方案，全面提升电网安全稳定运行和应对极端事件的能力。

10. 加强电网调度中心和应急指挥中心建设

加快澳门电网新调度中心建设。对现有调度系统进行全面升级改造，建设新一代电力调度系统 SCADA/EMS/ADMS，提升电网实时分析应用水平，全面提升澳门电网协调调控能力。可考虑在新调度中心建成投运后，将现有调度中心作为备调保留使用。加快推进应急指挥中心建设。应急指挥中心平台可考虑与调度员培训仿真系统合建，平时用于调度员培训仿真，灾害仿真分析研究，演练、联合演习等，灾害发生时用于应急指挥，以便提高平台的利用效率并保证平台的日常维护。加强粤澳两地联合反事故演习，提升两地联动协调调控水平。

11. 加强电网规划和研究工作

开展《澳门电网防灾抗灾总体规划》，推动建设和改造项目快速和有序的实施；开展《配电网改造及高可靠性配电网建设规划》；开展《澳门电网安全防御体系研究及方案设计》，为构建澳门电网整体安全防御体系提供支撑。

（四）加强通信工程防灾能力建设

"天鸽"台风期间，澳门通信设施总体上经受住了考验，但部分区域手机通信和移动上网功能一度中断，需要加强应急通信设施建设和对外通信设施建设，提升通信设施的抗毁性，提高网络安全保障能力。

1. 加强澳门本地通信设施建设

统筹部署应急通信基站，强化相关部门专用通信网络备份能力，保障应急救援时信息传递与协调指挥。通过短波通信、微波通信、集群通信等通信方式，进一步保障灾害现场救援、受困公众的通信需求。

2. 加强澳门对外通信设施建设

加强建设澳门应急辅助通信能力，推动短波、卫星等通信手段的部署应用，建立海上通信中继，开展与北斗卫星、国际海事卫星等卫星通信资源的协同调配，提升对外通信的可靠性及可用性。

3. 加强通信设施的抗毁性

提高通信基站、机房等通信设施安全防护的性能标准，将低洼地区机楼、电信设施以及室内布线等通信设施设在较高位置，通过采取应急燃油补给、交换中心冗余电力回路、不间断电源及电池检查、流动网络容量提升等保障措施，增强通信设施的抗毁性和可靠性。

4. 强化通信基础设施建设管理

简化通信网络基础设施的建设流程，推进公共通信网络与电力、交通、教育等专用通信网络基础管线和基站的共建共享，提高资源利用效率。加强云计算、大数据、物联网的运用，强化数据融合和信息感知，提高城市感知水平和经济社会智慧化运营水平，为建设智能安全澳门提供支撑。

5. 提高网络安全保障能力

加快澳门网络安全保障体系建设，完善网络信息安全防护技术与手段，进一步明确公共通信网络运营商、相关部门专用通信网络的管理权限和责任，进一步健全"电话实名制"，形成网络安全的监测、预警与应急处置等管理标准与流程体系，确保通信网络运行良好、网络数据保密与完整。

6. 加大对通信设施的保护力度

依法惩治破坏通信网络基础设施的行为。加强保护通信网络基础设施安全的宣传，积极强化公众对通信系统基础设施重要性的认知，多方面提高对通信系统基础设施的保护力度。

（五）加强其他重要基础设施防灾能力建设

1. 交通运输系统

交通运输系统是城市基础设施的核心部分。面对台风、洪涝、泥石流等自然灾害，城市交通运输系统一旦出现功能不正常或丧失某些应有的功能，必将进一步加重灾害的破坏力。

（1）道路桥梁。澳门跨境行车大桥（莲花大桥、港珠澳大桥等）、跨海大桥（嘉乐庇总督大桥、友谊大桥、西湾大桥）、主干高速公路、城市街道等道路桥梁的安全性、通畅性和防汛排涝工作，是防台风防汛、灾害救援的重点工程。对于在建或改建的城市道路，有条件地区可使用透水性铺装材料，并可考虑建立雨水收集利用系统，建设排水泵站和地下排水设施，提高道路的防洪防汛能力；针对灾时、灾后可能出现的道路严重积水区域，布置固定式、移动式泵站,加强道路应急排涝工程建设;同时应加强专业橡皮艇救援队伍的建设,为灾害发生时严重水浸路段的行人或低洼积水社区受困居民提供应急救援服务;完善积水深度标识工作,如有条件可在易积水路段设置水深预警系统或安装水深警示标志(道路水尺、涉水线等);明确电车、汽车涉水深度,超过规定水深时,禁止车辆通过。对于灾后垃圾淤积区域、树木倒伏与山泥倾泻造成的车辆无法通行路段,应建立专业的应急抢险队伍,同时鼓励和引导企业、社区、志愿团体等积极参与受损道路的抢修救援,及时清理路面,尽快恢复道路畅通。

(2)码头口岸。澳门内港码头、内港客运码头、外港客运码头、凼仔客运码头、沿江作业区域及库场等重要区域的设备设施,是澳门码头口岸防台风防汛、排涝救援的重点防御地段。台风来临前后,应保障码头口岸的水上作业安全,做好水上交通管理工作,并根据风力和潮位对船舶、轮渡的水上作业或短驳、装卸进行限制,确保水上作业、轮渡服务的安全和稳定;结合港口码头的实际地形特征、建筑物结构,以及现有的防洪设施、淹没损失情况,对防洪涵闸进行优化,加强防洪墙建设,提高防洪潮工程的防御标准;建立专业的抢险队伍,配备充足的应急资源,并根据不同等级的台风预警状态,制定相应的抢险救灾预案及不同层级的防台风防汛行动方案;灾害预警状态解除后,检查和统计码头口岸各区域的受损情况,以及各类设备、设施的运行状态,并及时进行维护和维修,确保其保持正常状态。

(3)国际机场。澳门国际机场是防台风防汛的重要防御地段,主要包括候机楼周围、登机桥、排水泵站、供电室、通信机房、机场配套交通设施等。在台风、洪涝灾害发生期间,机场安保、消防机构等部门应协调联动与密切配合,落实机场各项安全防护措施,保障机场应急疏散管理工作有序开展,为滞留旅客提供安全的环境和后勤保障服务,并根据天气状况,及时更新航班动态,确保机场运行秩序,尽快恢复机场正常运行。

2. 地下工程设施

地下工程设施极易受气象灾害、地形地势、城市排水系统、地下空间自身挡排水能力等因素的影响,是城市的易涝点。因此,澳门城市地下空间工程设施是防汛排涝、应急救援的重点,主要包括澳门已建和在建的大型地下商场、地下停车库、行车隧道(如九澳隧道、松山隧道、凼仔隧道)、行人地道等。地下空间的防汛减灾能力建设,应坚持"以防为主、以排为辅、防排结合"的原则,编制地下空间防汛安全管理规定及地下空间防汛设防标准,改建和完善地下空间所在区域的外围排水系统及防汛设施,设置合理的出入口止水闸门,配置集水井、抽水设备及备用设备,从而提高地下空间的整体防灾减灾能力。从本次台风灾害所造成的7例地下空间致死案例,反映了市民应对地下空间防洪防汛意识和自救互救能力不足,因此有必要在地下空间内部显著位置标识人员撤离路线,加强地下空间防汛知识、疏导撤离等方面的培训工作。

3. 大型综合体及娱乐场

大型城市综合体及娱乐场是人口密集区,其防台风防汛、防灾减灾能力建设不容忽视。增设抽水设备及备用设备,提高大型城市综合体及娱乐场的低层建筑、地下车库、地下室等低洼处的应急排涝能力;在台风洪涝期间,保障大型城市综合体及娱乐场的应急疏散引导工作,提供无间断的安全环境,并做好公共服务保障工作,提供如毛毯、饮水、网络服务等;对滞留顾客或游客进行安抚,消除其恐慌情绪。

4. 公共服务设施

重点是加强电厂、医院、车站、幼儿园、学校、大型商场等公共服务设施的防灾减灾能力建设。

（1）开展澳门地区重要公共服务设施受水浸及周边防水浸排水工程情况调查。对"天鸽"台风灾害中发生水浸的重要公共服务设施进行实际情况调查，重点调查公共服务设施的地下车库、地下综合设备层、电讯公司机房等受水浸后对设施正常运营的影响及其诱发的次生灾害情况等，编制澳门地区重要公共服务设施水浸灾害分级分布图，为建立内涝分级防治及预警系统建设奠定基础。

（2）对重要服务设施防水浸排水系统进行加固改造与建设。建议委托专业机构，针对排水工程改造与建设方案提出规划和设计，科学合理确定分区排水，适度提高排水工程设计的标准，对全区范围内实施的重要排水工程的设计参数选取提出强制性要求。

（3）加强防水浸排水设施的维护管理。研究制定排水工程维护疏浚的管理制度，切实加强排水工程的维护管理力度。

（4）启动全区防洪滞洪工程可行性研究与规划建设工作。研究论证澳门地区建设防洪滞洪工程的可行性、规划与建设方案，确定蓄洪空间的合理位置。对城市中的校园、公园绿地、运动场、停车场等地面设施进行工程设计，使其具备滞洪功能。研究建设地下调节池、超大型蓄洪设备等，增强城市调蓄水体，结合城市自然景观和美化建设排蓄雨水。

5. 其他

广告招牌、危旧房屋、高空构筑物、室外空调机、电梯安全、电线杆、行道树等在台风灾害期间极易对市民的生命财产安全造成危害，在防台风防汛、防灾减灾能力建设中不容忽视。针对澳门台风期间高空坠落物伤人事件，应对区内广告牌、檐篷、棚架等具有安全隐患的设施进行安全排查，及时拆除或改造违规广告牌或临时建筑物，对（高空）建筑物外墙存在脱落隐患及时排查和处理，减少和杜绝安全事故。

第五节　提升区域应急联动协作能力

一、主要思路构想

区域公共安全是区域城市群实现可持续发展的坚实基础。然而，在区域城市群这一特殊城市共同体中，一方面，突发公共事件容易突破行政地域界限，相互影响、相互传导，形成区域危机；另一方面，区域应急管理碎片化现象导致单个城市政府应急能力有限。构建统一协调、联手协作的应急联动机制是区域城市群应对突发公共事件的共同诉求。在国内外不少大城市的危机治理过程中，区域应急联动机制已经逐渐建立和发展起来，通过构建区域应急联动组织架构、健全区域应急联动运行机制、加强区域应急联动激励约束、完善区域应急联动法律法规、整合区域应急联动多元主体，极大地提高了政府应对危机的能力。

中国作为自然灾害等突发事件发生频繁国家，尤其需要加强区域应急联动，有效应对各种跨区域突发事件。近年来，长三角、京津冀和粤港澳大湾区等区域协调联动机制就在不断加强。在"天鸽"台风重创澳门应对工作中，广东省积极配合澳门特别行政区政府开展抗灾救灾工作，向澳门紧急调运救灾应急物资，并且珠海各口岸的海关、出入境检验检疫、边检等部门开设便利通道，简化通关手续，确保救灾物资、鲜活农产品等的便捷通关。但是，尽管粤港澳应急联动机制在"天鸽"台风应对中发挥了一定作用，也还是暴露出在事前预防、灾害监测预警和处置救援等方面缺乏有效沟通等问题。

本节聚焦提升区域应急联动协作能力，从现有合作机制建设、联合开展演练、开展研讨交流等方面进行综合分析，结合此次"天鸽"台风应对时区域应急联动协作开展情况，找到存在的短板和弱项，并从建立粤港澳应急管理联席会议制度、健全监测预警信息共享机制、推动粤港澳人员交流培训、建立紧急救灾物资快速通关和绿色通道机制、健全生命线工程协调保障机制、粤港澳巨灾保险联动机制等 6 个方面提出具体改进的措施建议（图 4-6）。

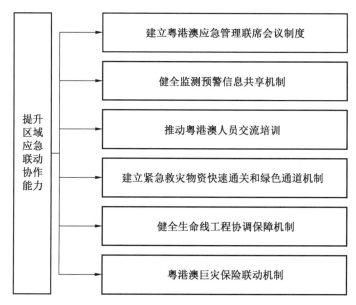

图 4-6　提升区域应急联动协作能力建设框架

二、现状梳理分析

（一）合作机制建设情况

1.《深化粤港澳合作　推进大湾区建设框架协议》

为充分发挥粤港澳地区的综合优势，深化粤港澳合作，推进粤港澳大湾区建设，高水平参与国际合作，提升在国家经济发展和全方位开放中的引领作用，为港澳发展注入新动能，保持港澳长期繁荣稳定，2017 年 7 月 1 日，在习近平主席见证下，香港特别行政区行政长官林郑月娥、澳门特别行政区行政长官崔世安、国家发展和改革委员会主任何立峰、广东省省长马兴瑞共同签署了《深化粤港澳合作　推进大湾区建设框架协议》。按照本协议，粤港澳三地将在中央有关部门支持下，完善创新合作机制，促进互利共赢合作关系，共同将粤港澳大湾区建设成为更具活力的经济区、宜居宜业宜游的优质生活圈和内地与港澳深度合作的示范区，打造国际一流湾区和世界级城市群。

2.《粤澳合作框架协议》

为落实《珠江三角洲地区改革发展规划纲要（2008—2020 年)》《横琴总体发展规划》

《内地与澳门关于建立更紧密经贸关系的安排》（CEPA）及其补充协议，推进粤澳更紧密合作，推动广东科学发展和澳门经济适度多元发展，2011 年 3 月 6 日，广东省人民政府和澳门特别行政区政府在北京签署《粤澳合作框架协议》。本协议提出：①在公共卫生方面，要"完善传染病疫情信息通报和联防联控机制，加强突发公共卫生事件应急管理合作，设立专责小组和专家组，提高区域内突发公共卫生事件应急处置的信息共享水平和措施联动能力"；②在治安管理合作方面，要"推进区域突发事件应急管理合作，完善通报及信息共享机制，实现应急平台互联互通，提升联合处置能力"；③在信息网络方面，要"提升粤澳信息通信网络基础设施水平，推动信息技术应用的普及渗透，加强电信监管和应急通信保障合作"；④在水供应方面，提出要"共同推进大藤峡水利枢纽项目建设，推进珠海竹银水源系统工程建设和运行管理，探索珠澳供水与珠海、中山、江门城市供水水源一体化的衔接，研究对澳供水管道从横琴方向直接进入澳门路凼城区的可行性，完善珠澳供水设施，提高珠澳供水系统调蓄能力和保障能力，保障对澳供水安全，共同推进节水型社会建设"；⑤在电供应方面，要"推进粤澳能源基础设施规划建设对接，落实并滚动修编《2010—2020 年南方电网向澳门输电规划研究》，推进对澳输电线路建设，探讨加强电网联网，提高对澳门供电保障能力。研究横琴岛澳门大学供电方案和区内用户电力营业服务方案"。

3.《粤澳应急管理合作协议》

为贯彻落实"一国两制"方针，促进粤澳经济社会繁荣稳定，广东省和澳门特别行政区政府决定开展粤澳应急管理区域合作，共同提高应急管理水平，2008 年 12 月 4 日，广东省人民政府应急管理办公室、澳门特别行政区保安司在珠海签署《粤澳应急管理合作协议》。本协议的合作宗旨是坚持"一国两制"方针，加强沟通与协调，充分发挥双方的优势和特色，以促进合作、增进友谊、优势互补、共同提高为目的，相互尊重，平等互利，共同推进区域应急管理合作，提升突发事件处置能力，促进区域内应急管理工作水平的整体提升，实现应急管理资源的有效利用和合理共享，建立健全相互尊重、协调共赢机制。依据本协议，广东省和澳门特别行政区政府将本着自愿参与、平等开放、优势互补、互利共赢等原则，重点在应急管理信息共享、应急管理理论研究、科技攻关、人才交流、平台建设、共同应对区域突发事件等方面开展合作与交流。

4.《广东与澳门海上搜救合作安排》

为贯彻落实《粤澳应急管理合作协议》有关规定，进一步加强粤澳双方海上搜救合作，2010 年 5 月 19 日，广东省海上搜救中心与澳门港务局在澳门共同签署了《广东与澳门海上搜救合作安排》，对加强粤澳两地海上搜救的协调与合作，实现粤澳双方海上搜救合作规范化、程序化，保护海洋环境、减少海上人命伤亡和财产损失有着重大意义。

5.《粤港澳三地突发公共卫生事件应急合作协议》

2006 年 6 月 29 日，粤港澳三地代表在东莞签订了《粤港澳三地突发公共卫生事件应急合作协议》，就三方合作宗旨、合作原则、合作领域、信息通报、监测预警、协调联动、应急支持、技术与人才交流、合作机制等方面进行了具体规定和操作要求，对于推进三方突发公共卫生事件和传染病防治合作工作产生了积极作用。

6.《澳门大学横琴校区应急合作协议》

在 2013 年 6 月 14 日召开的 2013 年粤澳合作联席会议上，广东省人民政府应急管理办公室、澳门特别行政区政府保安司签署了《澳门大学横琴校区应急合作协议》，标志着粤澳应急合作向纵深推进。广东省省长朱小丹、澳门特别行政区行政长官崔世安等见证了签署仪式。《协议》中规定，双方在各自的法律、权限及能力范围内，制订合作计划，各自建立参与应急合作的内容安排和程序，保证应急救援力量及时快速地参与协同救援行动。双方按照"属地管理"原则，建立应急处置联动机制。当澳门大学横琴校区发生突发事件，由澳方视情况需要提出启动应急联动机制请求，粤方根据协议有关规定，及时响应，并由双方牵头单位通报各方职能部门根据各自职责开展应急行动；当横琴新区发生可能对澳门大学横琴校区造成严重影响的突发事件，由粤方视情况需要提出启动应急联动机制请求，澳方根据协议有关规定，及时响应，并由双方牵头单位通报各方职能部门根据各自职责开展应急行动。

（二）联合开展演练情况

1. 2010 年粤港澳海上立体联合搜救演习

2010 年 1 月 27 日，在广东珠江口海域举行粤港澳首次大规模海上立体联合搜救演习。本次演习由广东省海上搜救中心、香港海上救援协调中心、澳门海事及水务局主办，广州市海上搜救中心承办。粤港澳三地的海事、救助、部队、海警、公安、卫生以及港航等 20 余家参演单位的 32 艘船舶、4 架飞机、600 余人参与演习。

2. 2010 年粤港澳海上搜救联合演练

2010 年 6 月 10 日，粤港澳海上搜救联合演练在澳门国际机场跑道南端举行，演习模拟了两艘往来澳门与香港间的高速客船发生碰撞，意外导致 22 名乘客受伤，三地搜救中心通过紧急协调机制启动联合救援行动。整个演练期间动用了多艘船只和直升机，澳门方面还在本地凼仔临时客运码头设立陆上临时指挥中心，负责现场伤员的处理和旅客的分流疏导等模拟行动。本次演练检视了粤港澳海上搜救预案和客船公司应急预案的有效性，有效加强了三地共同应对海上突发事件的搜救能力。

3. 2012 年粤港澳三地海上联合搜救演习

2012 年 6 月 27 日，由广东省海上搜救中心主办，珠海市海上搜救中心承办，香港海上救援协调中心、澳门港务局协办的"2012 粤港澳三地海上联合搜救演习"在珠海三角岛附近水域隆重举行。本次演习是首次在内地举行的联合搜救演习，来自粤港澳三地的 21 艘船艇、3 架飞机、300 余人参加了演习。演习模拟一艘高速客船与一艘工程船在珠海三角岛以西水域发生碰撞，碰撞后客船破损进水，工程船随后起火。广东省海上搜救中心接到险情报告后，迅速组织各部门派出船艇和飞机转移旅客、搜救落水人员和灭火；珠海船舶交通管理中心迅速对事故海域进行交通管控；协调香港、澳门海上搜救协调机构派出飞机、船艇协助救援。

4. 2014 年粤港澳三地海上搜救消防联合演习

2014 年 10 月 31 日，粤港澳三地海上搜救消防联合演习在珠江口东澳岛附近水域全面打响，来自粤港澳三地海事、搜救等部门的 17 艘船艇、1 架飞机和过百名专业救助人员同场练兵，旨在提高联合应急搜救能力，确保珠江口和港澳水域的交通运输安全和海域环境清洁。演习模拟一艘高速客船与一艘货船在珠江口东澳岛附近水域发生碰撞事故，致使客船破损进水，货船甲板起火，6 人落水，1 人伤情危重，124 名旅客急需转移救助。广东省海上搜救中心、广东海事局指挥中心接报险情后立即启动预案，来自海事、渔政、边防、海关、救助部门以及香港、澳门海上搜救机构的专业力量火速抢赴现场进行搜救。

5. 2015 年粤港澳三地海上联合搜救演习

2015 年 10 月 27 日，由广东省海上搜救中心、香港海上救援协调中心、澳门海事及水务局主办，广州市海上搜救中心承办的"2015 年粤港澳三地海上联合搜救演习"在广州市珠江口水域举行。演习模拟一艘高速客船与一艘货船在广州市珠江口水域发生碰撞出现油污并起火，广东公安、消防、卫生、海事、渔政、边防、海上救助等有关单位，香港、澳门海上搜救机构等单位组织力量火速赶赴现场，联合开展救助工作，扑灭大火、安全转移遇险旅客、救起落水人员、及时运送伤员到医院治疗，控制和清除油污。粤港澳三地共 32 艘船舶、4 架飞机、600 余人参加了演习。此次演习，实地检验了粤港澳三地水上联合搜救能力，有力推动了搜救体系的健全和应急反应机制的完善，保障了"一带一路"、中国（广东）自由贸易试验区等国家战略的顺利实施。

6. 2017 年珠澳联合搜救演练

2017 年 8 月 22 日，珠海海事局和澳门海事及水务局在澳门西湾大桥以西融和门附近海面成功举办了"2017 珠澳联合搜救演练"，该次演练主要是检验珠海及澳门两地海事搜救单位在海上消防等行动方面的合作协调能力。模拟演练共设计出动了 12 艘救援船艇，重点演练了珠澳海上联合搜救行动的协调与组织、现场协调指挥与海上交通管制、水上旅客转移、搜寻救助落水人员、客船转运人员等科目。本次珠澳联合搜救演练是根据广东省海上搜救中心与澳门签订的《广东与澳门海上搜救合作安排》，以及 2016 年国家交通运输部与澳门特别行政区政府签订的《水上交通安全及航道管理的合作安排》第五点中有关水上突发事件处置的部分，为加强珠澳两地海事部门之间处理海上救援事故的合作性而特别举办的，珠海海事局、澳门海事及水务局、珠海市九洲邮轮有限公司等单位参加了本次演练。

（三）开展研讨交流情况

2010 年 3 月 8 日，广东省政府应急办、香港特别行政区政府保安局、澳门特别行政区保安司和台湾消防设备师（士）协会共同主办的首届粤港澳台应急管理论坛在广州举办。首届论坛围绕"加强应急管理区域合作，完善应急管理联动机制"为主题，对加强区域应急管理工作合作与交流进行了深入探讨，并提出很有见地的意见和建议，对推动粤港澳台应急管理工作必将发挥重要作用。

2012 年 9 月 26 日，广东省政府应急办、香港特别行政区政府保安局、澳门特别行政区保安司和台湾消防设备师（士）协会共同主办的第二届粤港澳台应急管理论坛在澳门举办。本届主题为"应急通报、联防及联控机制之发展趋势及合作协调模式探讨"。

2015 年 3 月 10 日，第三届粤港澳台应急管理论坛在香港特区政府总部举行，广东省、香港、澳门和台湾的应急管理部门，交流应急管理工作经验。本届主题为"探讨粤港澳台区域面对的应急管理新挑战和应对策略"。

三、主要建议措施

（一）建立粤港澳应急管理联席会议制度

每年定期召开会议，统筹研究粤港澳三地信息共享、物资调配、人员交流培训等应急管理有关重大问题，充分利用粤港澳大湾区协同创新机制，加强专业领域的粤港澳应急管理合作，为应急信息通报、联合应急处置、救援资源储备与共享、联合应急演练、救援培训交流等工作提供规范性和指导性意见，构建适应协同发展和应急管理合作的新格局。

（二）健全监测预警信息共享机制

结合粤港澳大湾区建设，推进粤港澳相关应急预案的相互衔接，明确任务分工，优化细化处置流程，实现粤港澳区域突发事件监测预警信息共享，进而实现图像信息和数据实时共享。

（三）推动粤港澳人员交流培训

实现应急队伍及专家等各类资源共享，定期举办粤港澳综合应急演练、人才交流、培训等活动，提高共同应对重大突发事件的能力。建立澳门同内地应急管理人员合作与交流互访机制，创新应急管理培训、交流、考察、锻炼等工作方式，建立畅通的人员交流渠道，推动跨区域应急管理合作，为应急人员互访与交流提供机制保障。

1. 拓宽应急人员交流合作渠道

抓住机遇，积极作为，主动融入国家发展大局，积极参与和助力"一带一路"、粤港澳大湾区建设等国家发展战略，深化澳门同内地的交流合作。一方面澳门特别行政区政府公务员可以通过各种渠道来内地交流访问，包括参加培训、到内地灾害与应急管理部门长期访问、来内地有关部门短期交流等，通过形式多样的交流访问方式方法，把内地应急管理工作的经验做法结合澳门实际加以实施；另一方面，内地应急管理专家和相关专业人才也要到澳门实地访问，结合澳门民防行动实际、经济社会发展状况有针对性地为澳门防灾减灾与应急管理工作建言献策。

2. 积极推进应急管理专业人才交流

充分利用粤港澳协同创新机制，重点加强粤港澳在防灾减灾与应急管理领域的合作，加强专业领域的粤港澳应急管理合作，努力构建适应粤港澳协同发展和公共安全形势需要的粤港澳应急管理合作格局。鉴于澳门相关专业领域人才储备不足，专业技能需要进一步提升，在整体合作交流框架下，气象、消防、水利、电力、医疗卫生等专业部门需要制定自身的应急人员能力提升计划，与内地相关部委、省市建立起专业人才交流与合作机制，有力地推动应急人员整体能力水平提升。

（四）建立紧急救灾物资快速通关和绿色通道机制

建立粤港澳应急物资共享与协调调配制度，指导粤港澳三地应急物资管理相关部门和机构协同完成工作，规范物流机构、口岸机构和相关部门协作完成应急物资跨区域调配工作。

（五）健全生命线工程协调保障机制

坚持"解决当前难题和益于长远发展有机结合"的原则，对粤港澳水、电、油、气等生命线工程的联动计划、调度、存量等运行信息进行实时采集和整合，建立联调统配工程体系框架，提升非常态下生命线工程的资源调配能力和响应效率。在河道管理、用水需求管理、流域及当地水资源配置体系方面，逐步建立起跨流域、跨地区，覆盖珠三角的科学配置、高效统一的供水网络。继续加强电力基础设施建设和提升联网能力，全面提高供电可靠性和保障能力，推动两地联网电力企业持续完善工作细则和应急处置机制，进一步提高清洁能源输送比例，促进两地资源优化配置。在持续做好澳门油气产品稳定供应同时，积极开拓澳门天然气管网建设，推动天然气管道铺设及推广范围持续扩大，多渠道开拓能源资源，促进资源共享，提升管理水平。

（六）建立粤港澳巨灾保险联动机制

1. 全面客观认识粤港澳巨灾风险特征

一是粤港澳地区为我国台风等巨灾风险的高发区；二是粤港澳为财富高度聚集区；三是粤港澳缺乏一定的地理纵深，吸纳风险的余地相对小，回旋范围有限，"天鸽"袭击澳门就是一个典型的案例；四是面临的巨灾风险相对单一，缺乏不同风险之间的分散可能，导致在国际再保险市场的议价能力相对较弱，巨灾保险供给不足。香港和澳门回归之后，粤港澳地区加强了各个领域的交流与合作，并取得明显成效。但客观上看，由于行政区划和制度的差异，导致粤港澳的巨灾风险管理仍缺乏一种更有效的协调机制和制度安排。

2. 构建"粤港澳巨灾保险联动机制"

针对粤港澳巨灾风险特征以及管理中面临的挑战，以"一国两制"为方针，以"共建共治共享"和"支持香港、澳门融入国家发展大局"为思路，以"粤港澳大湾区"建设为依托，参考"加勒比海巨灾保险基金"模式，探索建立粤港澳巨灾保险联动机制，统一协调粤港澳的巨灾风险管理，包括灾害信息共享、备灾物资管理、经济损失评估、重建资金保障、巨灾风险研究、研究开发巨灾保险专门产品、加强宣传培训等。

第六节　提升应急管理多元主体参与协同能力

一、主要思路构想

应急管理是防范化解灾害风险、应对灾害事故的特殊管理领域，是国家治理体系和治理能力重要组成部分。做好应急管理工作对于保护人民群众生命财产安全和维护社会稳定具有重要意义。然而，突发事件是突然发生，造成或者可能造成严重社会危害，需要采取应急处置措施予以应对的自然灾害、事故灾难、公共卫生事件和社会安全事件。要求应急管理体系具备快速反应的能力，因此，必须在政府的主导下动员全社会力量共同参与应急管理。对标"全灾种、大应急"任务需要，必须在管理理念、组织指挥、联动机制、专业训练、保障能力等方面改革创新，既要不断提升政府主导的管理能力，也要不断提升全社会的防灾减灾救灾能力，真正提高全社会防灾减灾方面的韧性。

在"天鸽"台风重创澳门应对工作中，尽管澳门特别行政区政府携手社会各界，积极部署应对，采取紧急措施，把保障居民生命安全放在首位，为减少人员伤亡和财产损失尽了最大努力，并在很短时间内使澳门的社会秩序得到基本恢复。但应对工作也暴露出民防架构统筹协调作用发挥不够、公众沟通与动员机制不健全等一系列问题。

本节聚焦完善政府主导、社会协同、公众参与的应急管理格局，从社会多元参与防灾救灾、社会协同工作机制建设、社会参与法律制度建设等方面进行综合分析，找到存在的短板和弱项，并从提高政府官员应急决策指挥能力、提高公务人员和专业救援队伍的素质和能力、加强防灾减灾宣传教育、鼓励和支持社会力量有效有序参与防灾减灾救灾、加强社区和家庭防灾减灾能力建设、建设澳门公共安全应急信息网等6个方面提出具体改进的措施建议（图4-7）。

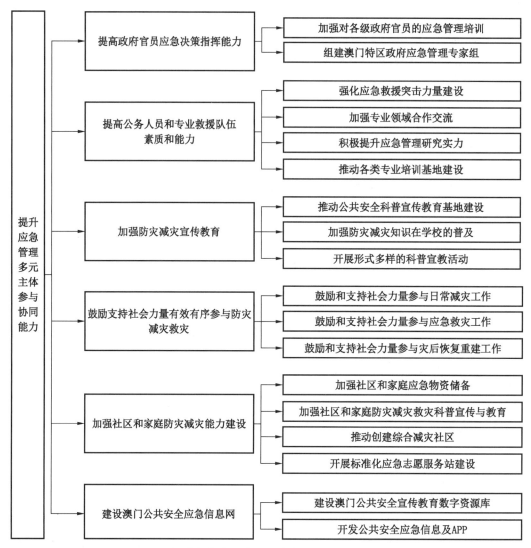

图4-7 提升应急管理多元主体参与协同能力建设框架

二、现状梳理分析

（一）现有应急救援队伍和装备能力

1. 现有应急救援队伍情况

澳门应急救援工作目前主要由民防架构负责，其中负责救援及搜救的部门包括消防局、海关和海事及水务局（水域救援），人员经过一定的训练并配备应急装备，具备基础的救援能力。其他部门包括治安警察局、卫生局、民政总署（现市政署）等部门，承担反恐防爆、疫情防范、市政维护等工作，人数众多，但受限于人员和装备等多方面因素，应急救援能力并不突出；澳门保安部队高等学校、司法警察局、交通事务局等部门由于没有开展专业化的应急救援训练，尚未配备专门的应急救援装备，目前专业救援能力比较有限。

消防局。澳门消防局编制1589人，现有1313人，共有9个消防站，平均每个消防站管辖范围3.65 km²，消防局要求救援力量6 min到达救援现场，基本能够满足日常救援的快速响应时间要求。1998 年之后，消防员同时承担急救任务，通过院前急救课程学习，澳门 80% ~ 90% 的消防员具有救护员资质。

海关。澳门海关现有工作人员 1150 人，其中海上巡逻处工作人员 165 人，参与搜救工作的海关潜水队共有 16 名潜水员。潜水队执行海上搜救打捞、船艇水下维护、水下安保等任务。

海事及水务局。海事及水务局编制 302 名，其中海事人员 106 名。主要由海事活动厅海事服务处负责提供海事事故支持、协调和执行泳滩安全工作等应急救援工作。

治安警察局。治安警察局编制 5600 人，现有 5100 人，包括文职人员 400 余人。主要负责民防工作中的治安工作，同时承担反恐维稳应急工作，通过应急救援专业化训练及装备配备，可以建立一定数量的应急救援后备队伍。

卫生局。卫生局编制 1955 人。卫生局疾病预防控制中心现有 6 名公共卫生医生、20 多名高级技术员和数名高级督察。

民政总署（现市政署）。民政总署（现市政署）共有 2700 余人，人员规模仅次于治安警察局。其中，约 170 人为泵站维护人员，遇台风等突发事件时负责组织参加现场应急排查工作。

澳门红十字会。澳门红十字会建有应急救援队伍，并开展急救培训及推广工作。红十字会应急救援队伍包括资深队员组成的民防工作队、社区服务队和青少年团队。

镜湖医院。镜湖医院现有医生 367 人，护士 600 余人，护理辅助人员（含药师、化验等）270 余人。在灾害应对中，负责与公立医院合作开展紧急医疗援助。

2. 现有应急救援装备情况

澳门应急救援装备主要由民防架构各部门/机构根据自身工作需要自行配备。

消防局。澳门消防局现有 8 辆 18 m 钢梯水泵车、2 辆高空拯救车、2 辆排烟车、5 辆救生气垫车、1 辆高喷车、12 辆灭火电单车、17 辆救护电单车、7 辆泡沫车（其中 4 辆属消防局机场处）、1 辆重型刺针车（属消防局机场处）、5 艘多功能灭火救援船（属消防局机场处）。各消防站都配有一辆 18 m 的云梯车，消防云梯最高可达 70 m，受马路宽度、承重等限制，70 m 可满足澳门消防工作的日常需求，配有高空气球可达到救援 300 m 高度，能够满足澳门观光塔 338 m 的消防需求。澳门机场设一个消防主站和一个消防分站，92 人，12 台消防车，其中 4 辆重型泡沫车和 1 辆重型刺针车，接警后 2 min 之内到达现场。消防站、装备和人员配备都是按照国际机场标准，符合国际民航组织对机场消防要求。急救方面配备了 44 辆救护车，每天 22 辆运行，22 辆待命，平均每辆车每天出勤 7 次左右。救护车分大型、小型两类，大型配备了急救方面的基本装备，目前还没有负压救护车。此外，上阁地区为适应旧城区的需要配有 12 辆灭火电单车和 17 辆救护电单车。培训方面，消防局计划建立培训基地，由土地工务局负责选址并建设。

海关。澳门海关现有巡逻船 10 艘、快艇 24 艘，未来将新建巡逻船 13 艘、快艇 25 艘，更新船队，提高救援能力。目前避风港只有 1 个，台风发生时工程船队、渔船等都要回港避风，需要加建避风港。

海事及水务局。海事及水务局共有船舶 25 艘，包括 3 艘救援船。其中，南湾号船长 25.5 m，吃水 1.9 m；妈阁号船长 38.79 m，吃水 2.1 m；莲花号船长 17.25 m，吃水 0.81 m。另配有 2 艘拖船、2 艘工程船、2 艘测量船、15 艘快艇、1 艘教学船、2 艘水上电单车，

2018—2022 年计划增购 12 艘不同类型船舶。配有抽水泵 16 台、消防泵 2 台、撇油器 1 台、围油栏 850 m、吸油纸 6000 张。

澳门保安部队事务局。澳门保安部队事务局在应急事件中负责救援人员的后勤保障，包括应急通信用到的 WIFI、电脑等通信设备。

卫生局。卫生局储备传染病防护装备并定期更新，数量可以维持 3 个月使用；储备抗病毒药达菲达 15 万人份。下属仁伯爵综合医院现有负压病房，配有一台 ECOM 及 30 台呼吸机。还建有医疗应急人员宿舍，距离仁伯爵综合医院较近，有 100 个单间，可在灾害和传染病流行期间供医疗应急人员居住。

镜湖医院。镜湖医院床位 700 余张，配有 17 个手术间、2 个负压病房、急诊观察床 24 张、血液透析床 97 张、重症监护（ICU）床 15 张；储备包括 ECOM、血液透析机、血浆置换机；被服保障 3 天，医疗物资可供 3 个月（其中常规的可供 1 个月），其他物资可用一个月；后备发电机的油料可保障 8 h；可储水 230 m³（用于肾透析），可用 3~4 h。

3. 现有应急救援队伍问题分析

（1）缺乏专业应急救援技术人员。在应对"天鸽"台风灾害过程中，由于与救灾直接相关的专业化应急救援队伍人员不足，澳门特别行政区纪律部队全面投入救灾工作，非专业性的长时间救援工作使得一些人身心疲惫，影响救灾救援效率，同时救援力量分散、布局不合理、专家队伍薄弱等，凸现出澳门目前在应对超强台风、大规模传染病疫情、核事故等重特大突发事件时仍然缺乏专业应急救援队伍和人员。

（2）应急救援队伍组织管理机制有待完善。发生突发事件时，由民防行动中心负责指导及协调民防架构成员开展工作，需要多部门联动配合，由于民防行动中心在协调指挥民防架构成员及社会组织参与应急救援工作欠缺权威、权力和动员能力，容易出现应急救援责任不明确、救援队伍缺乏统一协调、联动不够等问题，应急救援队伍组织管理机制需要进一步健全。根据专家组调研情况，澳门救援力量情况见表 4-4。

表 4-4　澳门面临的灾害及救援能力情况

4 大类	主要种类	处置主责部门	救援力量
自然灾害	水灾	海事及水务局	海关、海事及水务局
	台风、暴雨	海事及水务局	海关、海事及水务局
	风暴潮、灾害海浪和海啸	海事及水务局	海关、海事及水务局
	赤潮	海事及水务局	海关、海事及水务局
	外来生物入侵	卫生局	卫生局、镜湖医院
事故灾难	危险化学品事故	消防局	消防局
	建设工程施工突发事故	土地工务运输局	消防局
	火灾事故	消防局	消防局
	道路交通事故	交通事务局、土地工务运输局	治安警察局
	轨道交通运营突发事件	交通事务局、土地工务运输局	治安警察局
	海上交通事故	交通事务局、土地工务运输局	海事及水务局
	民用航空器飞行事故	交通事务局、土地工务运输局、民航局	消防局

表4-4（续）

4大类	主要种类	处置主责部门	救援力量
事故灾难	供水突发事件	能源业发展办公室、海事及水务局	澳门自来水有限公司
	排水突发事件	能源业发展办公室、海事及水务局	澳门自来水有限公司
	电力突发事件	能源业发展办公室、土地工务运输局	澳门电力股份有限公司
	燃气事故	能源业发展办公室、土地工务运输局	消防局
	供热事故	能源业发展办公室、土地工务运输局	消防局
	地下管线突发事件	能源业发展办公室、土地工务运输局	消防局
	核事故突发事件	能源业发展办公室	消防局
	道路突发事件	土地工务运输局	消防局
	桥梁突发事件	土地工务运输局	消防局
	网络与信息安全事件（公网、专网、无线电）	电讯管理局	澳门电讯有限公司
	突发环境事件	地球物理暨气象局	卫生局、镜湖医院
	重污染天气	地球物理暨气象局	卫生局、镜湖医院
公共卫生事件	重大传染病疫情（鼠疫、炭疽、霍乱、非典、流感等）	卫生局	卫生局、镜湖医院
	群体性不明原因疾病	卫生局	卫生局、镜湖医院
	食品安全事件	卫生局	卫生局、镜湖医院
	职业中毒事件	卫生局	卫生局、镜湖医院
	重大动物疫情（高致病性禽流感、口蹄疫等）	卫生局	卫生局、镜湖医院、消防局
	药品安全事件	卫生局	卫生局、镜湖医院
社会安全事件	恐怖袭击事件	警察总局	治安警察局
	刑事案件	警察总局	治安警察局
	澳门内涉外突发事件	警察总局	治安警察局
	境外涉及澳门突发事件	警察总局	治安警察局
	上访、聚集等群体性事件	警察总局	治安警察局
	民族宗教群体性事件	警察总局	治安警察局
	影响校园安全稳定事件	警察总局	治安警察局
	新闻舆论事件	电讯管理局	澳门广播电视股份有限公司
	旅游突发事件	博彩监察协调局、旅游局	私营公司（酒店等）

（3）市民防灾减灾意识和社会力量参与救援机制有待增强。由于澳门多年没有遭遇强台风正面袭击，"天鸽"台风期间，澳门社会没有做好充分准备，对灾害的严重危害认识不足，未及时采取有效的应对措施，市民尚未具有充分的防灾减灾救灾意识，澳门政府部门、企业单位专职和兼职应急救援队伍、社会志愿者应急救援队伍等社会力量参与突发事件应急救援机制尚未形成，上述情况在2018年应对强台风"山竹"过程中有明显改善。

（4）专业化的应急救援培训演练有待加强。目前澳门还缺乏专业化的应急培训方案和应急培训场地。应急救援队伍通过定期系统的应急救援培训，才能掌握救援装备的使用，积累应对不同的突发事件的经验。

4. 现有应急救援装备问题分析

（1）应急救援装备储备不足。目前澳门配备的应急救援装备以消防装备为主，应急救援装备体系尚不完善，缺乏科学、完整的总体框架和顶层设计，救援装备数量和种类也存在不足，当发生突发事件，特别是面对重特大突发事件时，容易造成应对的被动局面。在"天鸽"台风灾害发生期间，流动供水车数量不能满足灾后临时供水需求，照明设备、水泵、垃圾清理车辆及设备、消毒设备等均储备不足，低洼地带水浸严重，缺乏大功率供排水装备等先进设备。

（2）应急救援装备科技支持能力有待增强。目前消防局内部设立车辆研究小组和技术研究小组，主要针对消防装备研究，缺乏其他应急救援装备的研究。由于缺乏储备，对于市场上先进的应急救援装备了解程度不深，尚缺乏适合澳门的综合应急救援装备。

（3）应急救援装备使用与管理能力有待提升。目前澳门相关部门已经配备了一定的基础性应急救援装备，但目前澳门的应急救援装备主要由各部门各自管理，缺乏专业的机构和人员进行统筹和管理，对装备的使用和管理能力有待进一步提升，当遇到突发事件发生时，容易发生不知道有哪些装备、哪些装备可以使用、哪些装备如何使用等问题。

（二）社会协同应对能力情况

1. 社会多元参与防灾救灾

（1）私营机构是民防架构重要组成部分。"天鸽"台风过后，澳门及时调整了民防组织架构，目前澳门民防组织架构中将私营机构作为非常重要的组成部分。根据澳门特别行政区现行法例规定编写的《民防总计划》中明确要求，"在即将发生或发生严重意外、灾害和灾难的情况下，须启动民防架构，而参与部门及机构将被视为澳门特别行政区内部保安体系的组成部分。""倘发生严重事故而没有启动民防架构，则由第5.1.2项至第5.1.12项所载之小组成员负责协调所有行动，并确保公众对于严重意外、灾害或灾难而引致之危险及所采取之措施的知情权。"其中，私营机构小组主要任务是"私营机构的协调职能应由有权限执行相关任务之政府部门承担"。私营小组组成包括15家私营机构：澳门电力股份有限公司、澳门电讯有限公司、和记电话（澳门）有限公司、中国电信（澳门）有限公司、数码通流动电讯（澳门）股份有限公司、Mtel电信有限公司、西湾大桥管理公司、澳门红十字会、镜湖医院、科大医院、澳门自来水股份有限公司、澳门广播电视股份有限公司、澳亚卫视、莲花卫视、澳门有线电视股份有限公司。

（2）社会团体广泛参与防灾救灾。由于社会服务主要依靠社会服务组织向市民提供服务，服务使用者多为体弱或需照护的群体，相关设施均为群集性场所，以"天鸽"台风为例，位处水浸区域的服务类别、社会服务组织共 69 间，总服务名额共 8973 名。社会工作局目前监管社会服务组织/服务项目共 217 间/项，其中涉及受资助的非营利社会服务组织共 57 个。民防总计划所设立的 4 个避风中心及 16 避险中心，在突发情况开设时，均会有社会团体在现场提供各类社会服务。

2. 社会协同工作机制建设

（1）社区消防安全主任制度建设。"社区消防安全主任"的对象是社团及坊会的代表，其作为消防局与居民间的桥梁，主要工作任务是搜集其负责范围内的消防隐患，适时向消防局通报，以及协助消防局进行各项防火宣传的工作，从而扩大防火宣传的覆盖面。2017 年 4 月启动该制度至今，消防局共培训 127 名社区消防安全主任，除了培训防火安全、安全使用燃料等知识外，"天鸽"台风后又增加了灾难应对措施知识。

（2）居民、社团、义工参与防灾救灾工作机制。民防总署制定居民、社团、义工参与防灾救灾工作的机制：包括制定灾后社团及义工的集合点、组织及分流措施，救灾物资分派及人员安排准则，如何协助参与救灾人员于居住地点附近进行救灾安排等，有效发挥社会力量。

（3）社会协同宣教培训工作机制。消防局积极贯彻保安司"主动警务、社区警务、公关警务"3 个新型警务理念，持续加强各类消防安全宣传活动，如派员到全澳各区派发宣传单张，与各社区、学校及机构合办消防安全知识讲座，拜访本澳民间团体、坊会等听取居民对消防工作的意见，同时也通过电台、电视台进行消防安全的呼吁，通过刊登报刊广告、街道灯箱及巴士车身海报等途径向社会公众普及知识，以加强市民的防火意识，达到"社区防火齐参与、消防安全共构建"的目标。此外，在"天鸽"台风后，消防局在防火讲座中，加入了灾难应对措施的相关知识，让居民提高在面对灾难时的自救能力。

社会工作局在 2018 年 3 月向各社会服务组织举办"防灾应对机制分享会"。分享会有 210 家社会服务团体及组织参与，约 350 名人士出席。此外，社会工作局通过民间机构向其服务使用者或该区市民进行小区宣传及教育的工作，让市民能充分认识防灾的措施及了解本澳民防撤离的工作安排，如发布灾害信息、撤离时注意事项、所属辖区避险中心位置等。

民防总署（现市政署）通过宣传教育、防灾演习等，建立常态化的防灾救灾公民教育机制。令市民了解如何预防及处理灾害，并时刻具有危机意识，当灾害一旦来临时，能具有较高的应变能力。在每年的"好公民家族"义工招募培训课程中，加入灾害认识与应对培训内容，并在"民署义工队"与"好公民家族"两支义工队伍不定期的义工培训活动中增加相关元素，确保在需要参与救灾工作时更好地应对各种状况。

3. 社会参与法律制度建设

（1）《有关重订及修订市民保障法规》。经第 32/2002 号行政法规修改的第 72/92/M 号法令《有关重订及修订市民保障法规》，主要订定了澳门特别行政区民防救灾体系及必要的配套制度，在民防政策方面，具体涉及民防政策须与内部保安政策相协调，明确所有公共机关须确保执行民防政策所需的条件；向市民提供民防的信息和教育；订定市民、公共部门、公务人员和其他私人事业的一般和特别义务，并订有明确的刑事和纪律责任。

（2）《核准〈澳门特别行政区——突发公共事件之预警及警报系统〉》。第 78/2009 号行政长官批示《核准〈澳门特别行政区——突发公共事件之预警及警报系统〉》，制定了一系列有关启动民防紧急状态预警及警报共同系统的一般规定和程序。在紧急状态方面，还根据严重紧急事件的事态发展和预计出现的风险和影响程度，列明了一系列以级别和颜色区分的条件及工作，以资识别，并采取相应的预防措施和保护措施。同时，亦订定了透过主要传播媒介（电视、电台和报刊）公开发布警报或预警信息的程序。

（3）相关机构制定的社会参与法规。

社会工作局根据社会工作局的组织及运作第 28/2015 号行政法规，有职责向受重大事故或灾难影响的个人及家庭提供紧急支持。另外，亦依法执行第 2/2004 号行政法规灾民中心的规范性规定及第 72/92/M 号法令有关民防规定。

紧急征用私人财产。第 12/92/号法律《因公益而征用的制度》第 3 条至第 5 条规定，在公共灾难的情况下，行政长官或由其指定的公共实体为着公益的需要可立即取得有关不动产而无须任何手续，只需按一般规定赔偿予有关人士。

娱乐场所暂停运作。第 16/2001 号法律《娱乐场幸运博彩经营法律制度》第 6 条第 3 款规定在发生严重事故、灾祸或自然灾难等紧急情况时，承批公司可在无须政府许可下暂停娱乐场的运作，但须尽快将此事通知相关监管部门。

紧急情况下的公共电信营运。第 41/2011 号行政法规《设置及经营固定公共电信网络制度》第 25 条规定遇有紧急或公共灾难的情况，行政长官可命令指定的公共实体经营固定公共电信网络。

开放灾民中心解决临时居住问题。第 2/2004 号行政法规《灾民中心的规范性规定》第 2 条至第 4 条规定因受灾祸或灾难威胁或影响的个人或家团临时居住灾民中心。

（三）澳门公众应急能力

1. 澳门公众应急能力现状

尽管近些年澳门少有重特大突发事件发生，但在长期的实践中社会公众应对突发事件的经验、接受应急培训教育等方面也都有一定的积累。学校应急安全教育方面，形成了防灾行动的相关指引和机制。教青局制定了《防灾工作计划》，编制了针对幼儿、小学、中学的安全教育补充教材，学校成立危机管理小组，品德课有防灾等方面内容，每年根据不同的灾害场景进行可操作性的两次演练，《学校运作指南》有关于校车、放学等的安全管理指引。在应对"天鸽"台风时，社会工作局组织和动员了数十间社区服务机构，主动关顾弱势长者，关怀受灾市民。政府各部门还自行组建义工团队开展义工活动，有的上街清除垃圾，有的上门探访，有的负责派送物资。澳门各大社团组织的义工团队和广大市民一起，共同战斗在救灾的第一线。

2. 澳门公众应急能力薄弱环节

从"天鸽"台风灾害应对的实践看，澳门公众应急能力短板依然比较突出，表现为以下方面。

（1）危机意识薄弱。"天鸽"台风灾害共造成澳门 10 人遇难，其中有 7 人在地下停车场、地下水窖、地铺等地下场所因溺水死亡。很多人在已得知"天鸽"台风即将登陆，仍然前往地下场所，缺乏防范台风灾害的基本常识。

（2）自救能力缺乏。澳门社会公众自救意识和自救能力还不够强，当灾害突然降临，很多人处于等待救援的被动状态，缺乏主动应对的常识和技能。

（3）互助体系不健全。在"天鸽"台风应对中，很多社团组织由于缺乏相关的预案和平时的演练，应急职责不清晰，救灾技能不熟练。

三、主要建议措施

（一）提高政府官员应急决策指挥能力

各级官员要牢固树立将民众的生命安全置于首位的理念，通过模拟演练、案例教学、现场教学、专家讲授等形式多样的培训活动，以及亲身参与各类突发事件应急处置实践，提高反应快捷准确的分析力、科学民主果断的决策力、遏制事态恶化的掌控力、全面统筹整合的协调力、敢于冲锋陷阵的行动力和舆论引导力。使政府官员具备应对突发事件的基本功：对下有行动，先期处置、控制事态；对上有报告，争取指导和支援；对相关单位有通报，做到信息共享、协调联动；对媒体和社会主动发声，及时准确引导舆论。

积极开展应急管理培训，提升公务人员在突发事件指挥和应变统筹能力，以预防、控制和减轻突发事件造成的后果。制订培训计划，对各级官员进行培训，不定期举行短训班或专题研讨班；要开发适用于澳门特别行政区的专业性、系列性、层次性应急管理培训课程体系，综合运用专题讲授、案例教学、模拟演练、现场考察等各种教学方式，充分利用澳门本地、内地、国际上各种教学培训、科研咨询力量，切实提升澳门特别行政区政府各级官员应急决策指挥能力。

（二）提高公务人员和专业救援队伍的素质和能力

1. 加强专业应急队伍能力建设

加强消防、治安、水上、紧急医学等专业应急救援队建设，强化救援人员配置、装备配备、日常训练、后勤保障及评估考核，健全快速调动响应机制，提高队伍应急救援能力。依托消防队伍建设澳门综合应急救援队，使之成为应对各类突发事件的骨干力量。加强治安警察队伍建设，强化防暴制暴、攻击防护等装备配备，提高应急处突、反恐维稳能力。加强水上应急救援和抢险打捞能力建设。开展紧急医学救援能力建设，构建陆海空立体化、综合与专科救援兼顾的紧急医学救援体系，加强航空医疗救援和转运能力，建立健全突发事件心理康复队伍、突发急性传染病防控队伍建设。

2. 加强专业领域合作交流

加强与内地、国际防灾减灾和应急管理的交流合作，通过与各部委、省（自治区、直辖市）的交流研讨、国家行政学院等院校的专题培训、邀请内地专家赴澳讲座、人员短期交流和访问学习等多种方式，切实提高气象、治安、消防、电力、水利、通信、防灾减灾、应急管理等领域业务人员的专业素质和能力。

3. 积极提升应急管理研究实力

加大科技研发投资，加强产学研结合，尤其是通过落实建设粤港澳大湾区的框架协议，加强科技合作，促进科技创新。加大与澳门高等学校、科研院所、社会培训机构等优质培训资源合作力度，积极提高澳门特别行政区政府应急管理研究能力。

4. 推动各类专业培训基地建设

建议澳门特别行政区政府依托内地，与广东省共建公共安全与应急管理培训基地，共商共建共管共享，承担提高政府官员和公务人员应急能力的任务。同时，完善澳门民防行动各级领导与专业队伍应急管理培训机构，开发应急处置情景模拟互动教学课件，组织编写适用不同岗位领导干部与应急管理工作人员需要的培训教材。推动消防等专业救援队伍的培训基地建设，深化防灾减灾人力资源开发，建设专业高效的应急救援队伍，提升专业救援队伍应急处置能力。

（三）加强公共安全与应急管理宣传教育

深入推进公共安全文化建设，进一步提升公众风险意识与防灾减灾能力，建立健全公共安全与应急管理宣教工作机制，统筹有关部门宣传教育资源，整合面向基层和公众的应急科普宣教渠道。以普及应急知识为工作要点，提高公众预防、避险、自救、互救和减灾等能力，按照突发事件类型及其各个阶段，分类宣传普及应急知识，从而有效防范和妥善处置各类突发事件，最大限度预防和减少突发事件及其造成的损害，保障公众生命财产安全。

1. 推动公共安全科普宣传教育基地建设

面向社会公众、志愿者，特别是中小学生，充分利用现有科普教育场馆，建设融宣传教育、展览体验、演练实训等功能于一体的综合性防灾减灾科普宣传教育基地，满足防灾减灾宣传教育、安全知识科普、突发事件情景体验、逃生疏散模拟演练等需求，提高全社会忧患意识和自救互救能力。

2. 加强防灾减灾知识在学校的普及

加强大中小学、幼儿园的公共安全知识教育普及工作，把公共安全教育列入各级各类学校必修课程，制定《学校防灾工作指引》，编制中学、小学、幼儿园的《安全教育补充教材》，推动公共安全常识进校园，建立学校公共安全教育的长效机制。各级学校每年定期组织开展应急演练，并充分利用"国际减灾日""消防日"，以及教育营等，组织教学活动和实践活动，确保每名学生都接受公共安全教育。

3. 开展形式多样的科普宣教活动

建立实体阵地和媒体阵地相结合、公众宣传与专业培训相结合、宣传讲解与模拟演练相结合、学校教育与公众科普相结合、政府引导与媒体宣传相结合、专业队伍与志愿者相结合的科普宣教模式。寓教于乐，开发基于安全情景剧角色的中小学生科普宣教。以校园安全情景剧为基础，针对小学生安全教育的特点和不足，通过舞台模拟、VR等形式，真人参与模拟灾害发生情景，测试学生灾害发生时应急处置能力和水平，并通过正确应急避灾展示，达到修正应急避灾反应的目的，有效提升中小学生的防灾减灾技能，为澳门中小学生探索有效降低校园风险的好方法。

（四）鼓励和支持社会力量有效有序参与防灾减灾救灾

防灾减灾救灾工作不可能由政府单独完成，社会力量在灾害应急响应和灾后恢复工作中发挥着重要的作用，因此澳门特别行政区政府必须把社会力量的参与纳入防灾减灾救灾计划中，并把社会力量作为重要的合作伙伴。

1. 鼓励和支持社会力量参与日常减灾工作

在常态减灾阶段，政府应积极鼓励和支持社会力量参与日常减灾各项工作，注重发挥社会力量在人力、技术、资金、装备等方面的优势，开展防灾减灾知识宣传教育和技能培训；依托医院、私营部门、慈善团体等，加强专兼职应急救援人员的培训，加强紧急医学救援技能的普及；建立应急救护技能培训制度，确保重点行业、重点部门工作人员应急救护技能培训普及率达到80%以上。制定各类灾害应急救援志愿者队伍技术培训和装备配置标准，建立健全队伍管理模式和统一调配机制，加大政府购买服务力度，提高应急志愿者队伍组织化与专业化水平，引导其有序参与防灾减灾救灾工作。

2. 鼓励和支持社会力量参与应急救灾工作

在应急救灾阶段，要突出救援效率，政府应统筹引导具有救灾专业设备和技能的社会力量有序参与，协同开展人员搜救、伤病员紧急运送与救治、紧急救援物资运输、受灾人员紧急转移安置、救灾物资接收发放、灾害现场清理、疫病防控、紧急救援人员后勤服务保障等工作。同时，为了充实澳门本地救灾社会力量，鼓励和支持应急救援社会组织在澳门建立分支机构（分队），以便灾害发生后可以第一时间协助政府开展救灾工作。

3. 鼓励和支持社会力量参与灾后恢复重建工作

在灾后恢复重建阶段，政府应注重支持社会力量协助开展受灾居民安置、伤病员照料、救灾物资发放、特殊困难人员扶助、受灾居民心理辅导和心理治疗、环境清理、卫生防疫等工作，扶助受灾居民恢复生产生活，帮助灾区逐步恢复正常社会秩序。政府应帮助社会力量及时了解灾区恢复重建需求，支持社会力量参与重建工作，重点是参与居民住房、学校、医院等民生重建项目，以及参与社区重建、生计恢复、心理康复和防灾减灾等领域的恢复重建工作。

（五）加强社区和家庭防灾减灾能力建设

社区和家庭的应急准备是自然灾害预防、减轻、响应和恢复的最有效方法之一，居民个人和社区最有效的防灾减灾救灾方法就是提前把应急准备工作做好。

1. 加强社区和家庭应急物资储备

推动制定社区、家庭必需的应急物资储备指南和标准，鼓励和支持以社区为单元设立灾害应急物资储备点。家庭应急救灾物资储备是指以家庭为单元提前准备应对各种紧急情况的应急用品，这些应急用品能够提高居民灾后生存能力并帮助居民在紧急情况后从非正常生活状态恢复到正常生活状态，例如储备方便食品、瓶装饮用水、医疗应急包、灭火器、逃生器具等。社区应急物资储备是指将应急物资集中储备在社区应急物资储备点，灾害发生时可以为居民进行救灾物资的发放及救助工作，例如储备方便食品、桶装饮用水、帐篷、破拆工具等。相对于家庭而言，社区可以储备数量更大、种类更多的救灾物资，通过将应急救灾物资储备在社区中，民众可以进行有效互助、互救，显著提高整个社区所有住户的自救互救能力。

2. 加强社区和家庭防灾减灾救灾科普宣传与教育

加强防灾减灾救灾和灾害自救互救知识的宣传教育。开发针对社区和家庭的防灾减灾科普读物、教材和挂图等，开发动漫、游戏等防灾减灾文化产品，提升家庭和居民自救互救能力。面向社区和居民广泛开展防灾减灾知识宣讲、技能培训、应急演练等形式多样的宣传教育活动，提升居民的防灾减灾意识和自救互救技能。加强灾害警示教育，如在"天鸽"台风造成的水浸区将水浸线作为永久警示标识等。

3. 推动创建综合减灾社区

制定综合减灾社区标准，从社区日常减灾和应急工作组织与管理机制、社区灾害风险调查与评估、社区灾害风险地图编制、社区灾害应急预案制定、社区综合减灾基础设施配置、社区应急物资储备、社区减灾宣传与教育、社区应急演练等方面明确相关要求，推动实现社区减灾有队伍、有培训、有预案、有演练、有平台、有装备。

4. 开展标准化应急志愿服务站建设

应急志愿服务站是公共应急资源的重要组成部分，是应急志愿者参与应急志愿服务的基地，用于社区居民应急科普宣教，以及应急志愿者队伍的备勤、信息联络、培训交流、突发事件先期处置等工作。建设标准化应急志愿服务站可采用以下三种模式：一是由政府主导建设，按志愿者专长分类，具有完全的公益性质，并善于利用志愿者力量参与恢复重建工作，目的是保障人民的安全；二是采用PPP（公私合作模式）建设，鼓励私人部门、社会资本与政府进行合作，参与公共基础设施的建设；三是由政府倡导，私人部门、社会组织等第三方投资建设和运营，用于第三方自身的宣传教育、员工培训，同时具备标准化应急志愿服务站的基本功能。

（六）建设澳门公共安全应急信息网

澳门现有的公共安全信息发布基本都分布在政府各部门网站，内容主要集中在公共安全政策、法规和突发事件的报道和发布，发布的公共安全相关信息比较分散，发布的手段相对比较单一，在一定程度上影响了信息发布的效果。因此，建议充分利用公共基础信息设施和各种媒体，依托业务部门现有业务系统和信息发布系统，建设澳门公共安全应急信息网，强化突发事件信息公开、公共安全知识科普宣教等功能，充分发挥微博、客户端等新媒体的作用，形成突发事件信息收集、传输、发布的综合服务型网络平台。具体内容包括：

1. 建设澳门公共安全宣传教育数字资源库

通过收集整理国际、内地以及港澳台地区现有公共安全相关宣传教育资源，建立公共安全宣传教育资源数据库、典型案例库和专家资源库，建设防灾减灾救灾互动性、共享性的数字图书馆，内容包括防灾减灾救灾相关法律法规、预案、技术标准、重大灾害应对案例、灾害基本知识、自救互救技能培训视频动漫，可以实现相关资源快速检索、动态展示、实时共享等。

2. 开发公共安全应急信息网及APP

公共安全应急信息网及APP的主要功能包括：一是介绍澳门突发事件应急管理组织架构和基本情况；二是共享突发事件应急管理政策法规、应急预案、技术标准、应急手册、社区与家庭应急物资储备指南等基础资料和文件；三是分享自然灾害、事故灾难、公共卫生事件、社会安全事件的准备、应对和自救互救的基本知识；四是发布灾害预警、灾害事件动态跟踪报告、灾害应急响应、灾后恢复重建等动态信息；五是国内外突发事件应急管理基础理论研究、最新技术应用、重大灾害应对等方面的信息；六是提供在线交流、远程宣传教育等互动功能。

第二篇

澳门防灾减灾规划编制篇

第五章　澳门防灾减灾规划编制方法

第一节　规划编制目的和意义

一、汲取"天鸽"台风防灾救灾经验教训

2017 年底，澳门特别行政区政府委托国家减灾中心等三家单位联合编制的《澳门"天鸽"台风灾害评估总结及优化澳门应急管理体制建议》报告，全面评估总结了澳门应对"天鸽"台风灾害的经验教训，提出了优化澳门应急管理体系和提升防灾救灾能力的总体思路和建议，为编制《澳门特别行政区防灾减灾十年规划（2019—2028 年)》奠定了基础。

2017 年 11 月 14 日，经澳门立法会审议通过的行政长官所作的《二〇一八年财政年度施政报告》，对"完善应急机制、强化公共安全"作出了计划安排，并提出了编制《澳门特别行政区防灾减灾十年规划（2019—2028 年)》的任务。

编制防灾减灾十年规划就是为了汲取应对"天鸽"台风灾害的经验教训，借鉴国内外的先进理念和做法，将政府各部门的反思和专家组的建议，进一步凝练成指导政府和全社会未来行动的方案。

二、凝聚社会共识、达成防灾减灾愿景

在《澳门特别行政区五年发展规划（2016—2020 年)》中明确提出了建成包括"安全城市"在内的澳门长期发展愿景。

通过编制防灾减灾十年规划，进一步提出"共建安全韧性城市，同享幸福美好生活"的澳门防灾减灾愿景。

"安全韧性城市"是指能够有效防控安全风险，减少脆弱性，在重大突发事件发生时能够维持基本功能和结构，迅速展开应急响应并快速恢复正常功能的城市。安全、韧性更全面地反映了城市防灾减灾救灾的内涵和要求。而"安全韧性城市"建设离不开政府与社会力量的协同配合，"人人有责任、人人有行动"应该成为全社会的共识。因此，规划将"共建安全韧性城市，同享幸福美好生活"作为澳门防灾减灾愿景，既符合国际先进理念，也符合澳门特别行政区的实际，将有利于形成政府治理和社会自我调节、居民良性互动的防灾减灾共建共治共享格局。

三、描绘防灾减灾蓝图和未来行动方案

编制《澳门特别行政区防灾减灾十年规划（2019—2028 年)》，是通过专家团队的支持，政府和社会公众的参与，分析澳门防灾减灾存在的短板和不足，梳理防灾减灾的重点

任务和建设项目需求，立足澳门实际，借鉴国际先进理念，充分利用澳门特别行政区现有资源，共享粤港澳大湾区和内地应急资源，描绘澳门防灾减灾蓝图，制定短中长期的行动方案，形成指导未来十年澳门防灾减灾和应急能力建设的行动指南。

第二节　规划编制思路和原则

一、规划编制思路

（一）政府主导、专家支持、公众参与

由澳门特别行政区政府成立规划编制工作领导小组，各相关政府部门和机构指派专人参与规划编制工作。由国家减灾中心、清华大学、北方工业大学组织专家成立规划编制项目组，为规划编制提供技术支持。在规划编制过程中，通过召开座谈会、现场调研、公开征求意见等多种方式，广泛听取社会公众意见建议，使规划编制过程成为汇集众智、反映民意、凝聚共识的过程，实现开门编规划。

（二）贯彻落实澳门特别行政区政府执政理念和发展目标

规划编制遵循《澳门特别行政区五年发展规划（2016—2020年）》所确定的发展目标和主要措施。如五年发展规划明确提出了"争取到本世纪30年代中期，将澳门建成一个以休闲为核心的世界级旅游中心，成为具有国际先进水平的宜居、宜业、宜行、宜游、宜乐的城市"的总体目标，防灾减灾规划作为澳门的专项规划，将为这一总体目标的顺利实现提供保障。防灾减灾与公众在居、业、行、游、乐中的生命财产安全密切相关，因此，本规划以五年规划的建设国际先进的宜居、宜业、宜行、宜游、宜乐城市为基本目标，以保障公众生命财产安全为根本宗旨。

（三）坚持世界眼光、国际标准、澳门特色、高点定位

立足当前，着眼长远，以世界眼光、战略思维、国际标准谋划推进澳门防灾减灾基础设施和应急管理体系建设。强调应急管理体系建设要与澳门面临的公共安全风险挑战相匹配，与澳门的经济社会发展相适应；强调事前预防与应急准备在防灾减灾工作中的重要性，防灾减灾规划内容要全面覆盖预防与应急准备、监测与预警、处置与救援、恢复与重建全过程。充分利用"一国两制"这一基本国策的独特优势，从粤港澳区域协调和资源共享的角度，为澳门防灾减灾和应急能力建设提供根本保证。

（四）充分利用已有工作基础和现有资源，避免重复及资源浪费

以《澳门"天鸽"台风灾害评估总结及优化澳门应急管理体制建议》报告的相关对策措施建议为基础，收集整理相关部门和单位现有资料，深入分析澳门现有资源和能力状况，在此基础上，立足补短板、强弱项、建体系、强能力，优化人员、物资、装备等资源的配置，切实提升澳门防灾减灾标准和能力水平。

二、规划编制原则

（一）以人为本、减少危害

切实履行政府的社会管理和公共服务职能，坚持生命至上、安全第一，把保障公众生命财产安全作为首要任务，最大限度减少自然灾害及各类突发事件造成的人员伤亡和

危害。

（二）居安思危、预防为主

高度重视公共安全工作，增强忧患意识和风险意识，常抓不懈，防患于未然。坚持预防与应急相结合，坚持常态减灾与非常态救灾相结合，牢固树立底线思维，做好应对突发事件的各项准备工作。

（三）统一领导、依法规范

在行政长官的领导下，充分发挥专业应急指挥机构及各部门、各单位的作用。依据有关法律法规，加强应急管理，维护公众的合法权益，使突发事件应对工作更加科学化、规范化、制度化。

（四）快速反应、协同应对

加强应急队伍建设，健全和完善应急处置快速反应机制。依靠社会力量，充分动员和发挥社区、私人部门和单位、社会组织和义工的作用，建立协同应对机制；发挥粤港澳协调联动优势，形成统一指挥、反应灵敏、功能齐全、协调有序、运转高效的应急管理机制。

（五）整合资源、突出重点

充分利用政府和社会应急资源，共享粤港澳大湾区和内地资源，优化人员、物资、装备等资源的配置。重点加强基础设施防灾减灾、监测预警、应急指挥协调、信息与资源管理、社会协同应对、区域联动与资源共享等方面的能力建设。

（六）依靠科技、提高能力

采用先进的监测、预测、预警、决策和应急处置技术及装备设施，充分发挥专家队伍和专业人员的作用，提高应对突发事件的科技水平。加强宣传和培训教育工作，增强公众忧患意识和自救互救能力，提高应对各类突发事件的综合素质。

第三节　规划编制方法和步骤

在澳门防灾减灾十年规划研究编制过程中，综合采用问题与目标导向规划方法和基于能力的规划方法，充分发挥各自优势，弥补不足，提高规划的科学性和可靠性。

一、问题与目标导向规划方法

问题与目标导向规划方法是以战略目标为牵引，从存在的问题和差距中发现规划需求，进而凝练规划目标、任务和项目等，是目前国内外常用的规划编制方法。其基本过程包括现状分析、形势分析和问题分析，找出存在的问题和差距；根据发展目标和存在的差距发现建设需求；在此基本上提出规划愿景与目标、应急资源空间布局、规划主线和行动方案、重点建设项目、实施保障措施等。问题与目标导向规划方法的过程如图 5-1 所示。

问题与目标导向规划方法的主要问题是以定性分析为主，需求主观模糊，成效评估比较困难。

二、基于能力的规划方法

基于能力的规划方法，是指通过分析一系列重特大事件情景来确定需要完成的应急任

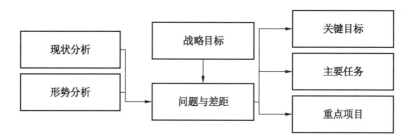

图 5-1　问题与目标导向规划方法基本过程

务，根据完成任务所需要的应急能力，通过适当的优先排序和选择，在一个经济可行的框架内为应急管理提供与风险相适应的应急能力规划。基于能力的规划方法最早是 20 世纪 80 年代由美国兰德（Rand）公司为美国军方研究开发的军力战略规划方法，后被应用于应急准备规划领域。其基本过程如图 5-2 所示。

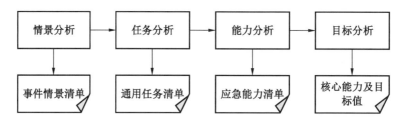

图 5-2　基于能力的规划方法基本过程

这种规划方法主要包括情景分析、任务分析、能力分析和目标分析等步骤。其特点是以能力为核心，对能力进行量化定义，通过能力评估确定准备水平和建设成效。这种方法的不足主要是，能力清单及其目标尚无标准，评估也比较困难。

三、综合应急规划方法

这种规划方法是结合问题与目标导向和基于能力的方法，通过问题分析和目标导向确定基本规划方向和重点领域，通过基于能力的方法系统分析各项应急能力的现状和差距，找出需要重点规划建设的能力及其建设目标，使得规划过程更具系统性和科学性。在国家"十二五"和"十三五"应急管理体系建设规划编制中进行了应用和研究发展。其基本过程如图 5-3 所示。

四、规划编制的步骤

（一）准备阶段

（1）制定规划编制方案。

（2）确定组织领导、技术支持、专家团队等。

（3）开展资料收集、现场调研等准备。

（4）形成规划框架稿及工作设想。

（二）调研分析阶段

（1）书面调研。制定调研大纲，相关部门、单位和组织提供规划编制所需资料。

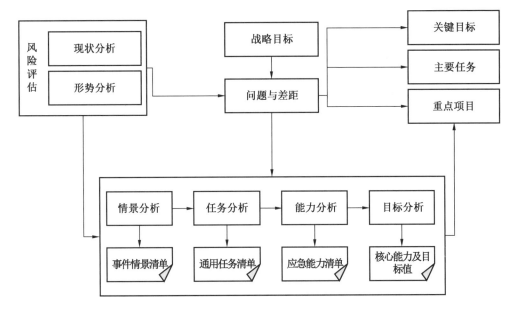

图 5-3 综合应急规划方法基本过程

（2）现场调研。规划编制组赴澳门开展现场调研活动。工作组按照专业领域分成若干小组，对澳门有关部门和单位进行现场调研。通过现场走访、察看、召开座谈会等，全面了解现有工作基础、存在的薄弱环节和未来建设需求等。

（3）专题研究。将规划编制内容分为若干研究专题，分别组织专题小组，深入分析研究。各专题小组开展公共安全风险评估、应急能力评估，研究分析未来十年澳门公共安全发展趋势，摸清相关方面存在的差距，提出完善澳门应急管理体制机制、资源布局、应急能力的思路与方案，形成专题研究报告。

（三）规划编制阶段

（1）在专题研究的基础上，规划编制组对规划的愿景与目标、应急资源空间布局、规划主线、行动方案、重点建设项目、实施保障措施等开展研究论证，形成《澳门特别行政区防灾减灾十年规划（2019—2028 年）》（初稿）和研究论证报告（初稿）。

（2）就《澳门特别行政区防灾减灾十年规划（2019—2028 年）》（初稿）进行沟通研讨。规划编制组与澳门特别行政区政府相关部门召开沟通研讨会，就规划初稿征求意见，专题研讨，同时对澳门公共风险、应急能力评估进行专家打分。

（3）在规划和研究论证报告（初稿）研讨会基础上，规划编制组全面修改完善，形成《澳门特别行政区防灾减灾十年规划（2019—2028 年）》和研究论证报告（内部征求意见稿）。规划编制组赴澳门征求澳门特别行政区政府相关部门及相关社会团体、立法会代表的意见。

（4）规划编制组在听取澳门相关部门意见基础上，多次召开专题会议并反复修改完善，形成《澳门特别行政区防灾减灾十年规划（2019—2028 年）》和研究论证报告（公开征求意见稿），提交澳门有关方面进一步征求有关部门和社会公众代表的意见。

（5）规划编制组认真研究澳门有关部门、专家和公众对《澳门特别行政区防灾减灾十年规划（2019—2028 年）》和研究论证报告（公开征求意见稿）的反馈意见，对《规划》文本、研究论证报告以及4个专题研究报告进行修改完善，形成最终提交稿。

第四节 规划编制框架和内容

学习参考国内外防灾减灾或应急管理体系建设相关规划的基本框架，结合澳门特别行政区实际，形成以下规划基本框架和内容要点。

一、基本框架

规划主要包括5个部分，分别是总则、现状与趋势、愿景与目标、主要任务与行动目标、保障措施（图5-4）。规划编制要体现澳门特别行政区范围内资源、条件的整合与利用，同时要兼顾周边地区可利用资源、条件的梳理和利用，是一种立足澳门特别行政区实际、重在实施、具有较强可行性与可操作性的行动指南。

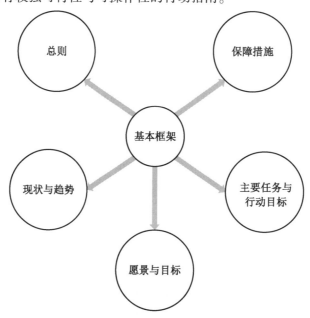

图5-4 规划编制的基本框架

二、主要内容

规划的编制立足于澳门特别行政区应急管理与防灾减灾现状，提出补短板、强弱项、建体系、强能力的具体思路，形成具有可操作性的路径措施。因此，整个规划可以分为三块内容，即现状分析、提升思路与对策、实施办法。其中，框架中的"现状与趋势"部分属于应急管理与防灾减灾现状分析；"总则、愿景与目标、主要任务与行动目标"等三部分属于补短板、强弱项、建体系、强能力的具体思路，"保障措施"部分属于实施办法（图5-5）。

（一）现状与趋势

现状与趋势是对澳门特别行政区面临的突发事件风险与挑战、现有应急资源的基础与需求、应急能力优先发展领域的梳理与分析。其中，风险与挑战分析，是以澳门各类突发

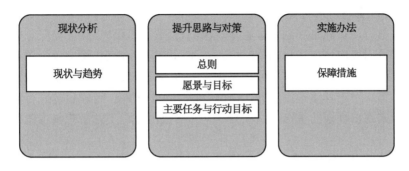

图 5-5 规划编制的主要内容

事件历史数据为基础，根据澳门和内地专家对风险事件发生可能性和后果严重性的量化与质化相结合的评估，预测澳门在自然灾害、事故灾难、公共卫生事件、社会安全事件等领域所面临的主要风险与挑战。现有资源基础与需求分析，是根据对澳门现有应急资源和应急能力状况的调研，采用基于"情景—任务—能力"的评估方法，对澳门应急能力现状进行评估。应急能力优先发展领域分析，是根据风险评估、资源调查和能力评估结果，提出未来澳门防灾减灾救灾能力建设的优先领域。

（二）总则

总则是对未来如何通过规划实施有效提升防灾减灾与应急能力的总体考虑和基本原则。这一部分包含规划背景、编制依据、规划期限、规划定位、基本原则等内容。其中，规划背景，是对规划编制背景的简要说明，如："天鸽"台风灾害的经验教训；澳门行政长官所作的《二〇一八年财政年度施政报告》提出的要求；落实《澳门"天鸽"台风灾害评估总结及优化澳门应急管理体制建议》报告中的建议等。编制依据，主要是列出作为规划编制依据的澳门特别行政区相关法律、法规及规范性文件，以及澳门现有相关规划和计划等。规划期限，明确规划的基准年和实施期限。根据本规划实际，确定 2018 年为规划基准年，规划期限为 2019—2028 年，并分为短期（2019—2023 年）和中期（2024—2028 年）。规划定位，明确规划的地位和作用。本规划是指导未来十年澳门防灾减灾和应急能力建设的行动指南。规划原则，明确规划编制及防灾减灾能力建设的基本原则，如：以人为本、减少危害，居安思危、预防为主，统一领导、依法规范，快速反应、协同应对，整合资源、突出重点，依靠科技、提高能力等。

（三）愿景与目标

愿景与目标是指引未来提升防灾减灾与应急能力的目的和方向，对现实行为具有引领性和导向性。本部分包括防灾减灾愿景、规划目标、分类指标等内容。其中，防灾减灾愿景，提出澳门未来防灾减灾的愿景为"共建安全韧性城市，同享幸福美好生活"。规划目标，提出澳门防灾救灾总体目标为：以建设国际先进的宜居、宜业、宜行、宜游、宜乐城市为基本目标，以保障公众生命财产安全为根本，以做好预防与应急准备为主线，坚守"一国"之本，善用"两制"之利，进一步优化突发事件应急管理体系，综合应急能力显著提高，有效减少重特大突发事件及其造成的生命财产损失，为把澳门建设成为世界旅游休闲中心提供安全保障。分类指标，是为保障愿景和目标实现，按照规划任务主线，提出澳门防灾减灾的一系列具体评估指标及分阶段目标。

（四）主要任务与行动目标

主要任务与行动目标是规划中最能体现澳门特别行政区防灾减灾与应急管理工作特色的部分。该部分内容应当在规划的范畴内，对澳门特别行政区各类应急资源利用和各种应急能力协作发展的统筹考虑。该部分提出未来十年防灾减灾的若干规划主线、主要任务和重点建设项目等。对于具体建设任务，将简要说明基本策略、行动目标和行动方案。同时考虑以专栏形式列出规划的重点建设项目。初步考虑围绕以下几条规划主线开展规划研究设计。

针对提高基础设施防灾减灾能力，提出加强澳门防洪排涝设施、供水供气供电设施、通信设施、交通基础设施、房屋及服务设施、历史文化遗产与设施的防灾抗灾能力建设，提升各类防灾设施对城市安全运行的保障能力，增强城市生命线工程等公共服务基础设施抵御灾害事故的能力。

针对完善防灾减灾与应急管理体系，提出进一步优化防灾减灾与应急管理法制、体制、机制和应急预案，健全完善"统一领导、综合协调、部门联动、分级负责、反应灵敏、运转高效"的应急管理体制机制。

针对提升风险管理与监测预警能力，提出以提高预警信息准确性、发布时效性和覆盖面为目标，完善突发事件监测预警网络和相关规范，依靠科技、强化协同，加强突发事件风险管理，积极拓宽预警信息传播渠道，健全预警联动工作机制，努力做到监测精细、预报准确、预警及时、应对高效。

针对增强应急队伍救援和装备能力，提出重点考虑加强消防、治安、海事、公共卫生和医疗应急等专业应急救援队建设，强化救援人员配置、装备配备、日常训练、后勤保障及评估考核，健全快速调动响应机制，提高队伍应急救援能力。

针对完善应急指挥和城市安全运行监控能力，提出充分利用互联网、物联网、大数据、云计算、智能监控和3S技术等先进科技手段，开展城市应急指挥和安全运行监控平台的信息化、智能化和规范化建设，实现各类应急指挥平台的互联互通和资源共享，满足突发事件监测预警、科学决策、指挥调度的需要。

针对强化应急物资保障能力，提出优化整合各类社会应急资源，多渠道筹集应急储备物资，形成以应急物资储备库（点）为基础，以社区储备点为补充，统一指挥、规模适度、布局合理、功能齐全，符合澳门实际的应急物资储备保障体系。

针对加强社会协同应对能力，提出充分发挥政府防灾减灾主导作用，注重政府与社会力量、市场机制的协同配合，完善多元主体协同应对机制，形成政府主导、多方参与、协调联动、共同应对的工作格局。

针对提升公众忧患意识和自救互救能力，提出以提升社会公众自救互救能力为主要目标，以夯实安全培训、教育和宣传为主要手段，围绕安全培训制度化、安全教育普及化、安全宣传常态化开展建设，基本形成全社会共同参与的安全与应急文化氛围。

针对强化区域应急联动与资源共享，提出结合粤港澳大湾区建设，主动融入国家发展大局，对接国家发展战略，深化澳门与广东、香港的应急管理和防灾减灾救灾合作，推动澳门与广东、香港建立健全三地应急管理合作机制，加强区域突发事件信息与资源共享、区域生命线工程协调保障、区域应急管理人员合作与交流。

（五）保障措施

保障措施是规划贯彻落实的重要支撑，也是机制创新、能力提升落到实处的具体体现。该部分是实施及落实规划的具体措施，包括组织领导、资金保障、评估机制等内容。其中，组织领导，明确负责本规划实施统筹协调的政府部门，并明确将规划相关指标、主要任务、重点项目分解落实到具体责任部门和单位等要求。资金保障，明确本规划实施各项工作经费和建设项目资金的筹措和保障办法，包括纳入部门年度预算和设立专项预算，引导多元化资金投入，充分发挥市场机制和社会力量的作用等。评估机制，明确建立规划实施评估机制，定期检查规划的落实情况，适时评估和调整政策措施等要求，以确保本规划的顺利实施。

第五节　编制过程中需要关注的主要问题

编制专门的防灾减灾规划，在澳门历史上属于第一次。规划编制专家团队在规划编制之初，通过查阅相关资料、座谈研讨和现场调研，梳理出规划编制过程中需重点关注和把握的以下一些问题。

一、明确澳门防灾减灾规划的性质和定位

内地与防灾减灾相关的规划主要有两类：一是作为国民经济与社会发展五年规划的专项规划的"综合防灾减灾规划"，如《国家综合防灾减灾规划（2016—2020年）》；二是作为城市总体规划组成部分的综合防灾减灾专篇或专项防灾减灾规划，如《北京城市总体规划（2004—2020年）》第十四章（城市综合防灾减灾）《北京市地质灾害防治总体规划》等。前者是一种战略性的发展规划，主要是落实五年发展规划涉及防灾减灾的目标和任务部署，规划若干重大项目，一般不涉及具体的城市设防标准和防灾减灾设施空间布局等。后者则要确定城市消防、防洪、人防、抗震等设防标准，布局城市消防、防洪、人防等设施，制定防灾减灾对策与措施，规划城市疏散通道、疏散场地布局等。

澳门特别行政区政府于2016年编制并发布了《澳门特别行政区五年发展规划（2016—2020年）》，这是澳门首份未来发展总体规划，兼顾了短中长期发展需要，并与国家"十三五"规划接轨，是特别行政区治理走向系统化、民主化、精细化的重要战略部署。在该五年发展规划中就构建安全城市设了专节，即"提升危机处理水平，建设安全城市"，强调城市安全是社会和谐、安居乐业的基础和保证。指出：公共安全风险防控与居民切身利益息息相关，政府高度重视，定会优化跨部门危机处理机制，增强忧患意识和危机意识，加强城市安全的教育和宣传，提升应对危机的综合能力。

在2013年颁布《城市规划法》之前，澳门城市规划管理依附于建筑管理，主要是以《都市建筑总章程》为规划管理的主要依据，以"街道准线图"为规划控制的主要手段，并通过颁布行政长官批示等方式加强对历史文化城区和其他特定地区的管理。在澳门回归之前，澳门政府曾在20世纪60年代编制了针对澳门半岛的总体性规划、20世纪70年代编制了一些地区性规划，在1986年编制了《澳门地区指导性规划》等，除了消防之外，这些规划对于防灾减灾没有作出专门设计。在《城市规划法》颁布后，确立了"总体规划"和"详细规划"2个层次的法定规划体系。虽然澳门有关部门在城市规划方面做了大量工作，也发布了一些区域性的城市规划文件，但直至2018年防灾减灾十年规划编制之

时，澳门还没有一个涵盖澳门半岛和路凼的城市总体规划。

因此，拟编制的澳门防灾减灾十年规划既不是澳门五年发展规划的专项规划，也不是澳门城市总体规划中的专门规划。其性质介于两者之间，属于城市防灾减灾领域的中长期专门规划，比五年发展规划的专项规划要更具体，比城市总体规划的防灾减灾专篇也更深入具体，但其重点不是城市基础设施与建筑物的设防标准和防灾减灾设施的空间布局，而是防灾减灾和应急能力建设。其定位是指导未来十年澳门防灾减灾和应急能力建设的行动指南。

二、做好本规划与澳门现有相关规划的衔接

虽然防灾减灾十年规划不是五年发展规划的专项规划，但五年规划是特区的总体规划，包含了对安全城市建设的要求。防灾减灾十年规划需要与五年发展规划做好衔接。

五年发展规划明确了澳门未来发展定位是建设世界旅游休闲中心，其中涉及城市安全和防灾减灾的内容包括以下方面：

（1）建设一套综合性的警务管理系统，发挥综合预警和应急指挥的功能，减少安全隐患，为经济发展和社会生活创造一个更加安全的城市环境。

（2）继续落实科技强警，加强各种科技手段的应用及升级，推进主动警务、小区警务、公关警务，确保后勤支持，更有效地预防及打击犯罪，强化执法能力，提升管理效率。

（3）优化安全和秩序控制的电子技术设备，推进技术培训，完善各项技术流程，提高执法能力。透过电子信息设备与媒体建立快速有效的通报机制。

（4）加强旅游景点及公共场所的安全维护工作，对可能存在的风险进行全面、动态的监测和评估，研究利用电子设备监控人流并采取相应措施，严控因人群大量聚集可能产生的风险。

（5）重视警务人员培训，不断提高执行警务、处理警民关系、应对突发事件的能力。

（6）加强区域安全合作，完善应急机制，更有效地协调跨境应急力量，快捷有效地应对紧急事故。

（7）优化跨部门危机处理机制，增强忧患意识和危机意识，加强城市安全的教育和宣传，提升应对危机的综合能力。

（8）政府与居民通力合作，不断增强应对交通事故、火灾事故、自然灾害、暴力事件等的防控能力，保障居民生命财产安全。

五年发展规划确定的城市安全建设重点工作包括以下方面：

（1）推进科技强警。

（2）构建网络安全体系。

（3）提高食物安全防控能力。

（4）完善公共卫生应变机制。

（5）落实建设"粤澳应急平台"。

（6）加强海域安全管理等。

以上工作重点和建设重点在防灾减灾十年规划中亦应该重点考虑并进一步细化和深化。

三、落实行政长官年度施政报告要求

澳门特别行政区行政长官崔世安在特区立法会发表的题为《务实进取，共享发展》的 2018 财政年度施政报告，提出了一系列短期、中长期防灾减灾措施，并宣布于 2018 年启动编制《澳门特别行政区防灾减灾十年规划（2019—2028 年）》。

他在施政报告中指出，今年（2017 年）澳门居民共同面对了自 1953 年有台风记录以来最强台风正面吹袭的艰难考验。在国家减灾委员会专家团队协助下，澳门政府全面总结经验教训，加强软硬基础设施建设，把居民生命财产和公共安全放在首要位置，提升防灾减灾能力和水平。报告还提出，将健全以政府主导和社会参与结合、日常预防与应急处理结合的机制，强化高层统筹指挥、部门协同行动。要着力制度建设与资源投入，配合短期、中长期措施，构建防灾减灾长效机制。

短期措施包括：各部门启动编制应急行动预案；设立民防及应急协调的专责部门，包括民防综合演练、全社会紧急应变、安全意识教育、防灾减灾物资管理、避险安置中心等；完善风险管控和危机应对的法律法规，重点修订气象警报方面的行政法规和标准；改善内港防洪防潮、排水排涝的基础设施，提升供水、供电、通信等现有设施的应急能力。

中长期措施包括：加强城市安全运行能力，在新城规划中优先做好基础设施，包括地下管网的规划以及建筑物的防风设计；利用大数据建立危机信息管理系统，推动灾情信息共享，建立统一的信息发布平台；建设专业高效的应急救援队伍，强化气象部门等人员专业培训等。积极推动澳门电网与南方电网第三通道的建设，并加强与内地尤其是广东省和珠海市的合作，建立紧急状态下的特别通关制度。在澳门半岛建设新的民防和应急行动中心办公大楼，加强统一指挥中心的软硬件建设；构建灾害综合风险与应急能力第三方评估机制等。

编制和实施防灾减灾十年规划就是要落实行政长官施政报告的要求，进一步细化工作和建设目标、任务和重点项目，全面提升澳门防灾减灾能力。

四、高度重视内地经验与澳门实际相结合

澳门城市发展有其独特的演化过程，并拥有独特的制度和文化，实行"一国两制"的政治制度。澳门素有"莲花宝地"之称，社会平安稳定，极少发生重大灾难和事故，政府部门及社会公众平时对于防灾减灾的关注度和意识都不是很高。内地专家团队虽然熟悉国内外城市安全与防灾减灾的相关理论、方法，并具有编制相关规划的较为丰富的经验，但对于澳门的实际情况了解有限。对于如何使编制的防灾减灾规划既能接澳门地气，切实解决实际问题并得到社会各界认可，同时又具有一定的前瞻性、科学性，体现灾难推动、理念驱动和目标拉动的原则，对规划编制专家团队也是一次重大考验。

规划编制专家团队通过调研座谈，学习了解澳门有关方面在编制五年发展规划方面的一些经验教训，确定了在防灾减灾十年规划编制过程必须掌握的几个原则：

（1）坚持"一国两制"基本国策。坚持澳门基本法，充分尊重澳门特别行政区政府相关部门和社会公众的意见，不以专家团队意见强加于人。

（2）坚持依法编规划。首先要学习了解澳门特别行政区的现行法律，尽可能使规划相关措施符合澳门现行法律，对于确实需要改进完善的法律法规，提出修法建议并给出必

要说明。

（3）坚持开门编规划。广泛调研、循序渐进，按照规划框架稿、规划初稿、规划内部征求意见稿、规划公开征求意见稿、规划专家论证稿、规划报审稿的基本程序，在不同阶段充分听取特区政府相关部门、社会组织和社会公众的意见，尽可能使规划有比较充分的民意和社会基础，凝集众智、不断完善。

（4）坚持务实编规划。规划目标、任务尽可能具体、可操作、可实现，目标尽可能划分为短中长期目标，工作任务和建设项目以解决实际问题为根本出发点，避免脱离实际套用内地或国际的做法。

（5）坚持文字浅显易懂。对于一些理论性、专业性或者内地常用的概念，尽可能用公众能够理解的方式进行表述或界定清楚，规划的语言、概念、术语、图文等都尽量符合澳门公众的习惯和理解能力。

第六章 澳门防灾减灾十年规划编制实践

第一节 澳门公共安全风险评估

一、公共安全风险评估

针对澳门公共安全领域四大类突发事件即自然灾害、事故灾难、公共卫生事件和社会安全事件，辨识公共安全风险清单，从风险事件发生的可能性和后果严重性等角度，采用专家打分评估方法确定风险等级。

（一）公共安全风险清单识别

基于澳门历史灾害数据分析及现场调研结果，得到澳门主要公共安全风险清单，并对相关灾害及历史案例情况进行简要描述，如图6-1、表6-1所示。

（二）公共安全风险分析

风险分析主要是由专家依据澳门灾害历史数据和主观判断，对风险事件发生的可能性和后果严重性进行分析。在开展风险分析时，由专家根据表6-2、表6-3中的评价标准，对风险事件的发生可能性、后果严重性进行打分。

（三）公共安全风险分级标准

风险分级评价由各个风险事件发生的可能性和产生的后果严重性决定。以 P 代表风险事件发生的可能性，以 S 代表风险事件产生的后果严重性，以 R 代表风险。风险 R 由 P 和 S 的乘积决定：

$$R = P \times S \tag{6-1}$$

式中　R——突发事件风险；

　　　P——风险事件发生的可能性；

　　　S——风险事件产生后果的严重性。

风险等级一般可划分为四级：Ⅰ级（极高风险）、Ⅱ级（高风险）、Ⅲ级（中风险）和Ⅳ级（低风险），依次用红色、橙色、黄色和蓝色表示。

按式（6-1）计算风险值 R 后，当 $R<4$ 时，风险等级为Ⅳ级（低风险），当 $4 \leqslant R < 6$ 时，风险等级为Ⅲ级（中风险），当 $6 \leqslant R < 15$ 时，风险等级为Ⅱ级（高风险），当 $R \geqslant 15$ 时，风险等级为Ⅰ级（极高风险）。

如果在风险分析过程中，只是通过专家评判出了风险事件发生的可能性和后果严重性，则可以采用风险矩阵法确定风险等级。风险矩阵分级说明见表6-4。

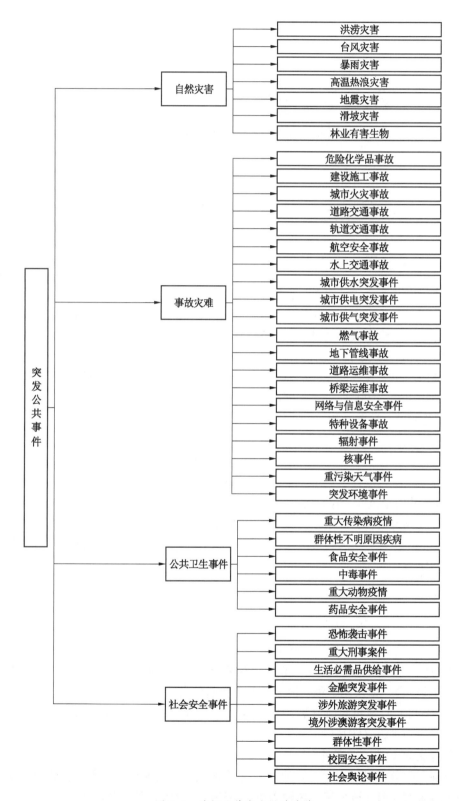

图 6-1　澳门公共安全风险清单

表6-1 澳门公共安全风险清单及简要描述

类别	分类	事件名称	序号	简要说明	相关灾害及历史案例情况简要描述
自然灾害	水旱灾害	洪涝灾害	1	城市低洼区域因风暴潮、暴雨等被水浸、淹没等	澳门受台风风暴潮、暴雨等影响频繁，且境内多低山丘陵，城市内涝、地面塌陷以及海水倒灌等自然灾害易发、多发。"天鸽"风暴潮达到黑色警告级别，多处严重水浸，包括博彩业场所、地下车库等
	气象灾害	台风灾害	2	受到热带气旋（台风）影响而导致洪涝、树木倒伏、建筑物损坏等灾害的风险	澳门台风季节为5—10月，以7—9月最为频密，平均每年2.08次。"天鸽"台风登陆时，正处于强度巅峰状态，加之恰逢七月初二天文大潮，灾害影响巨大，损失严重
		暴雨灾害	3	出现大暴雨而导致洪涝等灾害的风险	澳门年平均暴雨天数为10.2天，大暴雨为2.9天，特大暴雨为0.5天。"天鸽"在风球悬挂期间最大雨量为50 mm，最高降水纪录322.4 mm
		高温热浪灾害	4	夏季受到高温天气影响而导致人员生病、设备损坏等灾害的风险	澳门地处华南，夏季高温高湿，可能发生相关灾害。一般把日最高气温达到或超过35 ℃时称为高温，连续数天（3天以上）的高温天气过程称之为高温热浪（或高温酷暑）
	地震灾害	地震灾害	5	因发生地震而导致人员伤亡、建构筑物损坏等灾害的风险	澳门不处在地震带，历史上没有发生过破坏性地震
	地质灾害	滑坡灾害	6	因斜坡失稳，造成塌落、碎石脱落而导致人员伤亡、道路受阻、建筑物损坏等灾害的风险	根据澳门斜坡安全工作小组调查评估，截至2018年2月8日，澳门共有斜坡221处，其中高风险等级3处，中风险等级62处，低风险等级156处
	生物灾害	林业有害生物	7	因外来或本地有害生物（如松材线虫病、美国白蛾、红火蚁等）危害林木造成经济损失的风险	澳门发现过红火蚁、美国白蛾等林业有害生物
事故灾难	工矿商贸企业事故	危险化学品事故	8	因化学品储存和运输不当，导致危险化学器发生泄漏、爆炸、火灾等事故的风险	2003年8月1日晚上，澳门青洲区发生一起特大化品爆炸火灾事故
		建设施工事故	9	建筑施工工地发生各种人员伤亡事故的风险	2005年，澳门一建筑工地发生事故，造成1死5伤
	火灾事故	城市火灾事故	10	因发生各类火灾造成人员伤亡和财产损失的风险	根据记录，澳门在近30年发生过数次大型火灾，比如1984年5月15日的黑沙环合时工业大厦罕见大火，2003年8月1日青洲区的特大化学品爆炸火灾事故

表 6-1（续）

类别	分类	事件名称	序号	简要说明	相关灾害及历史案例情况简要描述
事故灾难	交通运输事故	道路交通事故	11	因发生道路交通事故造成人员伤亡和财产损失的风险	由于近十几年澳门博彩业的迅速发展，旅游车辆增加造成交通压力增加。据澳门统计数据，2010—2017 年之间，年均交通事故 15000 宗，其中造成人员伤亡的事故年均 16 宗
		轨道交通事故	12	澳门轻轨铁路投入运营后发生事故的风险	澳门轻轨铁路于 2008 年动工，2019 年年底通车
		航空安全事故	13	因民航、直升机等发生事故造成人员伤亡和财产损失的风险	1948 年 7 月 16 日，澳门发生一起坠机事件
		水上交通事故	14	在澳门水域发生各种交通事故的风险	作为半岛及岛屿城市的澳门，水路及航运是澳门的主要客运及货运交通方式之一。2015 年 10 月澳门返港客运轮船在香港附近发生碰撞事故致 83 人受伤；2015 年 2 月发生澳门水域偷渡轮船沉没意外；另外记录表明，往来货运船只也经常被报道发生各种程度的水上事故
	公共设施和设备事故	城市供水突发事件	15	由于各种原因导致澳门较大范围出现停水的风险	澳门三面临海，岛内既无河流，也没有其他可资利用的水源。澳门自来水供应主要依靠珠海市供水系统和本地供水系统，可满足岛内正常供水需要。但在"天鸽"台风期间，由于停电和青洲水厂发生水浸事故，造成澳门出现大范围停水
		城市供电突发事件	16	由于各种原因导致澳门较大范围出现停电的风险	在重大灾害发生时，澳门电力系统也遭受考验。"天鸽"台风发生期间，澳门出现大面积停电
		城市供气突发事件	17	由于各种原因导致澳门较大范围出现停气的风险	澳门天然气的供应是来自横琴的管道气，目前只有单一管道供气，上游一旦出现问题，澳门即存在供气中断的风险
		燃气事故	18	发生燃气泄漏、火灾和爆炸等事故的风险	2008 年 11 月 11 日，澳门发生风煤瓶爆炸事故造成一死一伤；2011 年 7 月 26 日，澳门国际中心发生爆炸，现场清理出多瓶石油气，13 人受伤；2015 年 2 月 7 日，澳门一高层居民楼发生石油气爆炸，碎玻璃击中路人；2018 年 7 月 3 日晚，澳门黑沙环百利新邨第二座一地铺发生石油气爆炸事故，造成 1 人死亡 6 人受伤
		地下管线事故	19	因地面塌陷、水淹、气体爆炸等造成地下管线损坏的风险	由于澳门市政设施建成时间较长，道路交通承载量增加，气温变化又比较大，因此地下管线爆裂事故常见于报道。2006 年 3 月 31 日，澳门一地下输水管道爆裂，泥水狂泻，幸无人伤；2014 年 10 月 20 日，澳门水管爆裂，马路变水塘，险些波及高压天然气管道

表 6-1（续）

类别	分类	事件名称	序号	简要说明	相关灾害及历史案例情况简要描述
事故灾难	公共设施和设备事故	道路运维事故	20	因道路运维原因导致道路无法正常使用的风险	受"天鸽"台风影响，澳门道路受水淹、倒树、垃圾等影响而受阻
		桥梁运维事故	21	因桥梁运维原因导致桥梁无法正常使用的风险	无记录
		网络与信息安全事件	22	因运维事故、黑客攻击等出现网络瘫痪、信息泄露等的风险	2017 年 5 月，澳门政府设置网络安全统一防范体系，努力降低网络安全事故发生概率
		特种设备事故	23	因运维不善导致电梯伤人事故等的风险	2015 年 7 月 31 日，两名内地游客在澳门搭扶梯滚落，手、腰受伤
	核事件与辐射事故	辐射事件	24	因各种辐射源管理不善而导致公众受到伤害的风险	澳门存在电视广播发射塔、通信、雷达、导航发射设备、高压输变电设备、工业科研医疗设施等电磁辐射源。无相关事故记录
		核事件	25	因周边核电站事故而导致公众受到伤害的风险	澳门没有核电站，距离最近的核电站为大亚湾核电站
	环境污染和生态破坏事件	重污染天气事件	26	因空气严重污染而导致公众健康受到伤害的风险	澳门是一个旅游城市，如果发生空气污染事件，将会对澳门经济产生不利影响。澳门 2017 年入冬以来不良天气日数暴增，空气污染指数高，除 PM2.5 检测标准日趋严谨外，空气污染程度也在加剧
		突发环境事件	27	因各种原因出现空气、水体、土壤严重污染的风险	澳门存在大气、水、生态、噪声等环境危害因素。无严重环境事件案例
公共卫生事件	传染病疫情	重大传染病疫情	28	因外部输入或本地滋生传染病疫情的风险	澳门流感重症、登革热输入性病例、麻疹病例多见报道。因为澳门为旅游性城市，流动人口较多，人口密度较大，因此传染病疫情的发生概率及影响均较大。2011 年澳门报告两起群体性流感事件
	群体性不明原因疾病	群体性不明原因疾病	29	发生类似"SARS（非典）"这类群体性不明原因疾病的风险	澳门的主要传染病有流行性感冒、肠病毒感染、水痘、猩红热等，以呼吸道传染病和消化道传染病为主。未发生过群体性不明原因疾病
	食品安全和职业危害	食品安全事件	30	由于食品污染、不法添加剂等原因导致公众健康受到伤害的风险	由于目前食物生产及物流环节较多，增加了目前食品安全事故发生的可能性。在报道中关于食品安全问题常见于媒体和统计记录。2014 年 3 月供澳活禽发现禽流感

表6-1（续）

类别	分类	事件名称	序号	简要说明	相关灾害及历史案例情况简要描述
公共卫生事件	食品安全和职业危害	中毒事件	31	因各种原因导致人员集体性中毒的风险	澳门的中毒事件发生概率较低、程度较轻，但有逐年增多的趋势。2015年、2016年、2017年分别发生了7、17、24起中毒事件，波及人数分别为28、34、39人。常见的中毒为中药中毒和铅中毒
	动物疫情	重大动物疫情	32	发生禽流感、猪瘟、牲畜口蹄疫等而对养殖业生产和公众健康受到伤害的风险	禽流感、狂犬病等是澳门重点防控的动物疫病。30多年来没有人感染狂犬病的死亡记录，亦没有发现有动物感染或死于狂犬病。2016年12月14日发现1名58岁的本地男性批发档主感染禽流感病例
	其他事件	药品安全事件	33	由于药品污染、假药等原因导致公众健康受到伤害的风险	2009年初发生欧化药业药物受污染的重大医疗事故。部分受污染的药片被血癌病人服用，使没有抵抗力的病人受到毛霉菌感染而死亡
社会安全事件	恐怖袭击事件	恐怖袭击事件	34	恐怖分子采取暴力手段袭击特定目标和公众，造成社会恐慌和人员伤亡的事件风险	目前澳门遭受恐怖袭击的风险处于低风险水平。澳门保安司仍在不断加强对各种因素的安全风险评估，持续做好政策制定、执法部署和警队管理等各方面的工作
	刑事案件	重大刑事案件	35	因个人暴力犯罪造成人员伤亡的案件	刑事案件是比较常见的事故风险，与博彩业有关的犯罪活动如"高利贷""非法禁锢"等案件时有报道。但澳门严重暴力犯罪则因为政府的相关制度的有效性，始终保持低发案率。记录有1985年澳门发生了轰动一时的八仙饭店灭门案、2014年澳门1名22岁的特警性侵至少9名女学生、2016年7月底至8月初发生3宗因非法禁锢而导致被禁锢人死亡的案件
	经济安全事件	生活必需品供给事件	36	因各种原因导致澳门生活必需品供应紧张，引发抢购风潮等的风险	澳门居民所需的鲜活食品，包括蔬菜、肉禽等主要靠内地供应。内地与澳门的相关部门长期保持紧密联系及交流，并建立了完善的机制，确保供澳食品的稳定及质量安全。无记录此类事件
		金融突发事件	37	因各种原因而影响澳门金融安全和稳定的事件	澳门金融体系稳健，尚没有发生过此类事件
	涉外突发事件	涉外旅游突发事件	38	涉及境外在澳旅客人身安全的事件	2017年10月澳门十一黄金周迎接旅客超92万人次。澳门人口密度较高，旅游人次较高，因此有一定旅游突发事件风险
		境外涉澳游客突发事件	39	在境外发生的涉及澳门居民人身安全的事件	在境外旅游生活的澳门人士发生事故的案例时有发生，但大多是属于偶发性、个案性的轻微事件

表 6-1（续）

类别	分类	事件名称	序号	简要说明	相关灾害及历史案例情况简要描述
社会安全事件	群体性事件	群体性事件	40	发生大规模人群参加的游行示威、抗议活动等事件	2014 年 5 月 25 日下午，澳门发生反"离补法"大游行示威活动，参与人数最多达 7000 人，远超过往澳门游行示威活动的人数规模
	其他	校园安全事件	41	校车安全、校园欺凌及其他造成校内学生伤害的事件	2010 年一名 13 岁少女遭围殴拍裸照；2015 年一名 19 岁中学男生性侵同校 9 岁男童被拘捕
		社会舆论事件	42	因各种原因引发影响澳门公共形象的负面舆论事件	此类事件时有发生，主要涉及赌博、避税和公众人物等。如 2015 年 10 月 30 日澳门海关关长在公厕死亡，此事至今仍是澳门坊间舆论的重要议题

表 6-2　事件发生可能性分级评价标准

发生可能性 P	评估等级	1	2	3	4	5
针对不同风险情况，满足右边 1 条标准，即可评为该等级	一年内发生的概率	<10%	<30%，≥10%	<70%，≥30%	<90%，≥70%	≥90%
	可能程度	极低	低	中等	高	极高
	发生频繁度	一般情况下不会发生	极少情况下才发生	某些情况下发生	较多情况下发生	常常会发生
	多长时间发生 1 次	今后 10 年内发生的可能少于 1 次	今后 5~10 年内可能发生 1 次	今后 2~5 年内可能发生 1 次	今后 1 年内可能发生 1 次	今后 1 年内至少发生 1 次

表 6-3　事件后果严重性分级评价标准

后果严重性 S	评估等级	1	2	3	4	5
针对不同风险情况，满足右边 1 条标准，即可评为该等级	人员死亡/人	0	<3	3~9	10~29	≥30
	人员受伤/人	<3	3~9	10~49	50~99	≥100
	财产损失/万元（澳门币）	<10	<100，≥10	<1000，≥100	<10000，≥1000	≥10000
	社会影响（范围）	很小影响（群体）	一般影响（本地）	较大影响（区域性）	重大影响（全国性）	特别重大影响（世界性）

表6-4 风险矩阵分级说明

风险等级		后果严重性 S				
		1	2	3	4	5
可能性 P	5	中	高	极高	极高	极高
	4	中	高	高	极高	极高
	3	低	中	高	高	极高
	2	低	中	中	高	高
	1	低	低	低	中	中

当有多位专家参与风险评估，并得到不同的事件发生可能性 P_i 和后果严重性 S_i 值时，通过计算算术平均值得到 P 值和 S 值，然后可按式（6-1）计算风险值 R，依前面的标准确定风险等级。

（四）公共安全风险评价结果

2018年6月26日和27日，在珠海召开澳门防灾减灾十年规划初稿研讨会期间，邀请参加会议的澳门和内地专家，对前期所辨识出的42项公共安全风险事件进行专家评分。共有澳门的43位和内地的31位专家提交了有效风险评价表。根据专家评价结果，进行统计分析，得到澳门公共安全风险评价结果，见表6-5。

表6-5 澳门公共安全风险分析专家评价结果汇总表

类别	分类	事件名称	序号	澳门专家（43人平均值）				内地专家（31人平均值）				所有专家（74人平均值）			
				发生可能性 P	后果严重性 S	风险值 R	风险等级	发生可能性 P	后果严重性 S	风险值 R	风险等级	发生可能性 P	后果严重性 S	风险值 R	风险等级
自然灾害	水旱灾害	洪涝灾害	1	3.98	2.79	11.10	高	4.10	3.52	14.40	极高	4.03	3.09	12.48	高
	气象灾害	台风灾害	2	4.42	2.84	12.54	高	3.94	3.74	14.73	极高	4.22	3.22	13.45	高
		暴雨灾害	3	3.79	2.42	9.17	高	3.97	3.35	13.31	高	3.86	2.81	10.90	高
		高温热浪灾害	4	3.16	1.91	6.03	中	3.19	2.26	7.21	中	3.18	2.05	6.53	中
	地震灾害	地震灾害	5	1.16	2.56	2.97	低	1.35	3.03	4.11	中	1.24	2.76	3.45	低
	地质灾害	滑坡灾害	6	2.40	1.91	4.57	中	2.35	2.58	6.08	中	2.38	2.19	5.20	中
	生物灾害	林业有害生物	7	2.02	1.60	3.25	低	1.84	1.94	3.56	低	1.95	1.74	3.38	低
事故灾难	工矿商贸企业事故	危险化学品事故	8	2.14	2.52	5.41	中	2.26	3.06	6.92	中	2.19	2.75	6.04	中
		建设施工事故	9	3.90	2.07	8.09	高	2.65	2.23	5.89	中	3.38	2.14	7.17	中
	火灾事故	城市火灾事故	10	3.71	2.36	8.76	高	3.37	3.17	10.66	高	3.57	2.70	9.55	高
	交通运输事故	道路交通事故	11	4.14	2.24	9.27	高	3.58	2.27	8.32	高	3.91	2.27	8.87	高
		轨道交通事故	12	2.25	2.35	5.29	中	1.87	2.58	4.83	中	2.09	2.45	5.10	中
		航空安全事故	13	1.81	3.02	5.47	中	1.61	3.65	5.88	中	1.73	3.28	5.64	中
		水上交通事故	14	2.98	2.43	7.23	中	2.77	2.97	8.23	高	2.89	2.65	7.65	高

表 6-5（续）

类别	分类	事件名称	序号	澳门专家（43人平均值）				内地专家（31人平均值）				所有专家（74人平均值）			
				发生可能性P	后果严重性S	风险值R	风险等级	发生可能性P	后果严重性S	风险值R	风险等级	发生可能性P	后果严重性S	风险值R	风险等级
事故灾难	公共设施和设备事故	城市供水突发事件	15	2.50	2.48	6.19	中	2.58	2.94	7.58	高	2.53	2.67	6.77	中
		城市供电突发事件	16	2.81	2.80	7.87	中	2.58	3.20	8.26	高	2.72	2.97	8.08	高
		城市供气突发事件	17	2.21	2.26	4.98	中	2.42	2.77	6.71	中	2.30	2.47	5.71	中
		燃气事故	18	2.26	2.77	6.24	中	2.42	3.23	7.80	高	2.32	2.96	6.90	中
		地下管线事故	19	2.37	2.30	5.46	中	2.42	2.97	7.18	中	2.39	2.58	6.18	中
		道路运维事故	20	3.37	1.93	6.51	中	2.52	2.03	5.11	中	3.01	1.97	5.92	中
		桥梁运维事故	21	2.74	1.95	5.36	中	2.13	2.26	4.81	中	2.49	2.08	5.13	中
		网络与信息安全事件	22	2.98	2.37	7.06	中	2.58	2.81	7.24	中	2.81	2.55	7.14	中
		特种设备事故	23	3.37	1.95	6.59	中	2.19	2.19	4.81	中	2.88	2.05	5.84	中
	核与辐射事故	辐射事件	24	1.57	3.26	5.13	中	1.16	2.65	3.07	低	1.40	3.00	4.27	中
		核事件	25	1.67	3.64	6.07	中	0.84	3.00	2.52	低	1.32	3.37	4.58	中
	环境与生态事件	重污染天气事件	26	2.45	2.83	6.95	中	1.94	2.42	4.68	中	2.24	2.66	6.00	中
		突发环境事件	27	2.07	2.64	5.47	中	1.94	2.48	4.81	中	2.01	2.58	5.20	中
公共卫生事件	传染病疫情	重大传染病疫情	28	2.60	3.31	8.59	高	2.48	3.23	8.01	高	2.55	3.27	8.35	高
		群体性不明原因疾病	29	2.50	3.69	9.23	高	2.16	3.42	7.39	中	2.36	3.58	8.46	高
	食品安全	食品安全事件	30	2.71	2.52	6.85	中	2.03	2.55	5.18	中	2.43	2.53	6.15	中
		中毒事件	31	2.57	2.40	6.18	中	2.13	2.65	5.63	中	2.39	2.51	5.95	中
	动物疫情	重大动物疫情	32	2.33	2.44	5.68	中	2.03	2.32	4.72	中	2.20	2.39	5.28	中
	其他事件	药品安全事件	33	2.14	2.19	4.68	中	1.65	2.26	3.71	中	1.93	2.22	4.27	中
社会安全事件	恐怖袭击事件	恐怖袭击事件	34	1.88	3.30	6.22	中	1.84	3.71	6.82	中	1.86	3.47	6.47	中
	刑事案件	重大刑事案件	35	2.74	2.28	6.25	中	2.26	2.61	5.90	中	2.54	2.42	6.11	中
	经济安全事件	生活必需品供给事件	36	2.09	2.21	4.62	中	1.58	2.16	3.42	低	1.88	2.19	4.12	中
		金融突发事件	37	2.10	2.60	5.44	中	1.81	2.90	5.24	中	1.97	2.72	5.36	中

表 6-5（续）

类别	分类	事件名称	序号	澳门专家（43人平均值）				内地专家（31人平均值）				所有专家（74人平均值）			
				发生可能性 P	后果严重性 S	风险值 R	风险等级	发生可能性 P	后果严重性 S	风险值 R	风险等级	发生可能性 P	后果严重性 S	风险值 R	风险等级
社会安全事件	涉外突发事件	涉外旅游突发事件	38	2.57	2.02	5.20	中	2.87	2.71	7.78	高	2.70	2.31	6.28	中
		境外涉澳游客突发事件	39	2.55	2.12	5.40	中	2.52	2.23	5.60	中	2.53	2.16	5.48	中
	群体性事件	群体性事件	40	3.57	1.98	7.06	中	1.90	2.77	5.28	中	2.87	2.31	6.31	中
	其他	校园安全事件	41	2.95	2.02	5.98	中	2.19	2.45	5.38	中	2.63	2.20	5.72	中
		社会舆论事件	42	3.48	2.26	7.86	高	2.48	2.61	6.49	中	3.06	2.41	7.29	中

对比澳门专家和内地专家的评估结果，可以看出：

（1）总体来看，两地专家的评估结果比较一致。将两地专家评估得到的风险值 $R=P \times S$ 做成柱状图，如图 6-2 所示。由图可以看出，对于绝大多数风险事件，两地专家的评估结果都比较接近。

（2）在 42 项风险事件中，根据两地专家评估结果得出的风险等级完全相同的有 27 项，占 64.3%；不相同的最多也只相差一个等级，且大多处于分级标准的边界附近。

（3）相对而言，内地专家对于自然灾害和事故灾难的风险考虑得更严重一些。例如，对于"洪涝灾害"和"台风灾害"，澳门专家评价为严重（3 级），内地专家评价为很严重（4 级），因此，澳门专家得出的风险等级为"高"，而内地专家得出的风险等级为"极高"。澳门专家则对一些人为灾难风险考虑得更严重一些，如一些核与辐射事故、公共卫生事件和社会安全事件。

（4）综合所有专家评价结果后，得出的风险等级很好地反映了澳门公共安全的实际情况：在 42 个风险事件中，有 9 项处于"高风险"等级，31 项为"中风险"等级，2 项为"低风险"等级，没有"极高风险"等级。说明澳门公共安全风险水平总体上处于中等、部分灾害或事件风险水平相对较高。

（5）根据专家评估结果，处于"高风险"等级的公共安全风险事件主要有：洪涝灾害、台风灾害、暴雨灾害，城市火灾事故、道路交通事故、水上交通事故、城市供电突发事件，重大传染病疫情、群体性不明原因疾病等；其他大多数突发事件都处于"中等风险"等级，而"地震灾害"和"林业有害生物"为"低风险"。风险水平较高的灾害或事件与前面的定性分析结果基本一致。

根据专家评价结果，得到澳门公共安全风险清单见表 6-6。

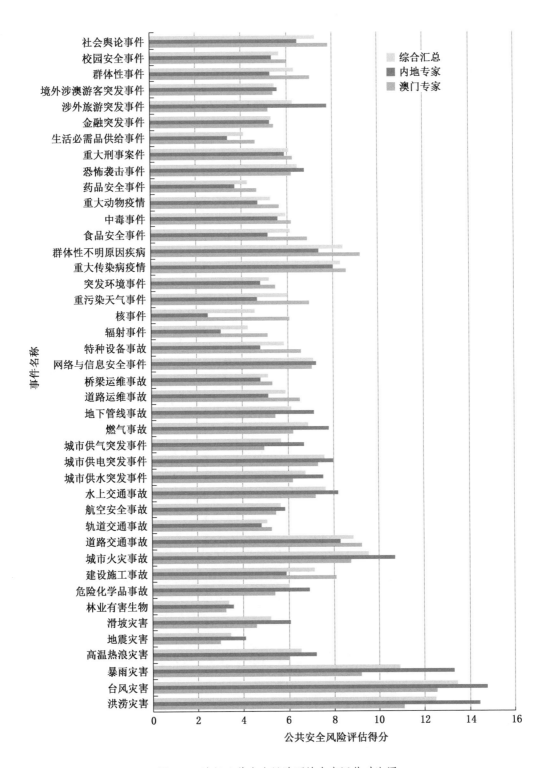

图6-2 澳门公共安全风险两地专家评估对比图

表6-6 澳门公共安全风险清单

序号	类别	风险事件名称	发生可能性 P	后果严重性 S	风险等级 R
1	自然灾害	洪涝灾害	4.0	3.1	高
2		台风灾害	4.2	3.2	高
3		暴雨灾害	3.9	2.8	高
4		高温热浪灾害	3.2	2.1	中
5		地震灾害	1.2	2.8	低
6		滑坡灾害	2.4	2.2	中
7		林业有害生物	1.9	1.7	低
8	事故灾难	危险化学品事故	2.2	2.8	中
9		建设施工事故	3.4	2.1	中
10		城市火灾事故	3.6	2.7	高
11		道路交通事故	3.9	2.3	高
12		轨道交通事故	2.1	2.4	中
13		航空安全事故	1.7	3.3	中
14		水上交通事故	2.9	2.7	高
15		城市供水突发事件	2.5	2.7	中
16		城市供电突发事件	2.7	3.0	高
17		城市供气突发事件	2.3	2.5	中
18		燃气事故	2.3	3.0	中
19		地下管线事故	2.4	2.6	中
20		道路运维事故	3.0	2.0	中
21		桥梁运维事故	2.5	2.1	中
22		网络与信息安全事件	2.8	2.6	中
23		特种设备事故	2.9	2.1	中
24		辐射事件	1.4	3.0	中
25		核事件	1.3	3.4	中
26		重污染天气事件	2.2	2.7	中
27		突发环境事件	2.0	2.6	中
28	公共卫生事件	重大传染病疫情	2.5	3.3	高
29		群体性不明原因疾病	2.4	3.6	高
30		食品安全事件	2.4	2.5	中
31		中毒事件	2.4	2.5	中
32		重大动物疫情	2.2	2.4	中
33		药品安全事件	1.9	2.2	中

表 6-6（续）

序号	类别	风险事件名称	发生可能性 P	后果严重性 S	风险等级 R
34	社会安全事件	恐怖袭击事件	1.9	3.5	中
35		重大刑事案件	2.5	2.4	中
36		生活必需品供给事件	1.9	2.2	中
37		金融突发事件	2.0	2.7	中
38		涉外旅游突发事件	2.7	2.3	中
39		境外涉澳游客突发事件	2.5	2.2	中
40		群体性事件	2.9	2.3	中
41		校园安全事件	2.6	2.2	中
42		社会舆论事件	3.1	2.4	中

将各风险事件的编号根据其发生可能性和后果严重性，标注于风险矩阵中，如图 6-3 所示。

风险等级		后果严重性 S				
		1	2	3	4	5
可能性 P	5					
	4		11	1、2、3、10		
	3		4、9、20、21、22、23、35、38、39、40、41、42	14、16、28		
	2	7	6、12、32、33、36	8、13、15、17、18、19、24、25、26、27、30、31、34、37	29	
	1			5		

图 6-3　澳门公共安全风险矩阵图

注：图中各风险事件编号的标注位置，一般是按“四舍五入”的原则，将 P、S 的数值取整数后来确定；但 7、15、24、25 由于按尺计算值其风险等级比取整后的风险相差一级，所以其位置按照确定的风险等级略有调整。

二、公共安全风险趋势分析

根据前述的公共安全风险评估结果，澳门公共安全总体风险处于中等水平，在气象灾害、火灾事故、交通事故、生产安全事故、重大传染病疫情、严重暴力犯罪案件、恐怖袭击事件等方面仍面临较高风险。但是随着风险控制能力的提升，澳门公共安全风险处于总体可控。

（一）自然灾害

水灾、气象灾害将是重点关注对象。澳门独特的地理位置决定其气候上属于典型的季风气候，风向季节转换明显，风速大且稳定。澳门地区降水量多，具有明显的干湿季节。澳门的气候特点决定了洪水、台风、暴雨是其面临威胁最大的自然灾害。例如 2017 年"天鸽"台风引起的黑色风暴潮，最高降水纪录达到 322.4 mm，导致城市严重淹水，内涝灾害严重。这些自然灾害常多种同时出现，或伴随出现形成灾害链，或衍生灾害，甚至诱发其他事故灾难的出现，例如，建筑坍塌、交通事故、大面积停电等直接影响居民的生产生活。这些突发事件往往很难预防，对城市的正常秩序和社会安定造成重大的负面影响，未来依旧需要特别重点关注。此外，生物灾害也是需要重点关注的灾害风险。统计资料显示，澳门现有外来植物 84 种，隶属于 34 科 72 属，约占总种数的 14%。这些科的一些种类对环境的适应性强，具有较强的入侵性，一旦入侵这些外来植物将会产生严重生物污染，干扰当地生态系统，造成重大损失。澳门历史上无旱灾、地震、森林火灾，综合分析，旱灾、地震、森林火灾风险相对较低。

（二）事故灾难

私人部门和单位的生产安全事故、火灾事故、交通运输事故、公共设施和设备事故是重点关注对象。2013 年澳门青洲区非法危险化学品储存仓库发生特大化学品爆炸事故，该事件也引起了澳门各界关注易燃品储存仓库的设立地点和监管问题。根据记录，澳门在近 30 年发生数次大型火灾事故，前述的青洲化学品仓库事故既是企业安全事故同时也是火灾事故。因此对于安全事故和火灾事故风险需要重点关注。

澳门的道路主要集中在半岛，路桥是连接岛间的主要通道。澳门机动车增长迅速，但是道路建设因城市土地面积有限而发展缓慢，道路超载严重。各种形态的道路网相互交错，澳门经济和人口的 90% 以上分布在半岛，半岛因地形原因，道路网呈不规则形，有放射状、环状等，组成不规则网形，形成许多街道斜交点和三角地带，交通繁忙时这些斜交点和三角地带成了交通事故频发之地，需要重点关注半岛的交通风险。此外，由于近几十年澳门博彩业的迅速发展，旅游车增加令交通压力较大，据澳门统计数据显示 2010—2017 年 8 年间，年均交通事故 15000 宗，其中造成人员伤亡的事故年均 16 宗。作为半岛及岛屿城市，水路及航运是澳门的主要客运及货运交通方式之一。在 2015 年 10 月澳门返港客运轮船在香港附近发生碰撞事故致 83 人受伤。因此，交通运输事故也需要重点关注。

在有关"天鸽"台风灾害影响和灾情分析中可以看到，此次台风灾害导致澳门供电、供水、通信设施、城市地下管线损毁严重。澳门电网全黑、全澳停电，超过 25 万户受影响。公园、休憩区、图书馆、展览场馆等市政设施严重受损，澳门文化中心顶部严重受损。局部地区的道路和桥梁受损。此外 2008 年 11 月澳门曾发生煤气瓶爆炸事故造成 1 死 1 伤；2011 年的国际中心爆炸事件，现场清理出多瓶石油气，事故造成 13 人受伤；2015 年一栋高层居民住宅发生石油气爆炸事件。上述供水、排水、地下管线、电力、燃气、道路、桥梁突发事故事件均成为公共设施和设备事故的风险来源，需重点关注。

对于核事件与辐射事故，澳门本身并无核电站，最近的核电站为大亚湾核电站，此类事故风险较低；环境污染和生态破坏事件在澳门发生的概率也较低。

（三）公共卫生事件

通过对澳门历史情况进行研究分析，传染病疫情、食品安全危害是重点关注对象。澳门为旅游性城市，流动人口较多，人口密度较大，因此传染病疫情的发生和影响均较大。自特区政府成立以来，一直面临着各种传染病的威胁，新型传染病复杂多变，增加了疾病跨境传播的风险。根据文献研究堂区人口密度与传染病的发病比例呈显著正相关关系，因此对于人口密度较大的圣安多堂区、花地玛堂区、风顺堂区和望德堂区均需对传染病疫情进行重点关注。此外，由于目前食物生产及物流环节较多，增加了目前食品安全事故的发生可能性。在报道中关于食品安全问题常见于媒体和统计记录。因此食品安全也是需要重点关注的公共卫生事件风险。对于群体性不明原因疾病、职业危害、动物疫情和其他严重影响公众健康和生命安全的事件目前暂无记录。

（四）社会安全事件

恐怖袭击、刑事案件是重点关注对象。虽然澳门受恐怖袭击的风险较低，但澳门作为国际旅游性城市，一旦受到恐怖袭击后果将是灾难性的，需要以中至高风险来严肃应对。刑事案件是比较常见的事故风险，与博彩有关的犯罪活动如"高利贷"及"非法禁锢"等案件时有报道，影响恶劣的刑事案件时有发生，如2014年澳门一名22岁的特警性侵至少9名女学生，2016年7月底及8月初发生3宗因非法禁锢而导致被禁锢人死亡的案件。目前澳门的生活必需品、粮食供给、能源资源供给主要都是依靠内地供应，因此与内地建立完善的供给机制，此类事件发生的概率不高。有关涉外突发事件并无记录，群体性事件虽偶有记录，但其发生的可能性和严重性均不高。

第二节　澳门应急能力评估及需求分析

一、应急资源与能力现状

（一）应急能力的基本概念

应急能力是指由人、系统、装备相结合，在特定条件下以一定的绩效标准完成一项或多项应急任务的综合实力。应急能力由经过适当计划、组织、装备、培训和演练后具备适当技能的人员的合理组合来提供。应急队伍通常是一种或多种应急能力的重要载体。应急能力是有效应对突发事件的基本保证，也是应急准备的重要抓手，因此也是应急管理体系规划的最核心内容。

应急能力的构成要素主要包括人员、设施装备、物资、计划预案、组织领导、培训和演练等几类：①人员，是指为完成一定的使命与任务，所需的符合相关资格和资质标准要求的人力资源，包括正式工作人员和志愿者等；②设施装备，是指为完成一定的使命与任务，所需的符合相关标准的设施、装备、工具和系统等；③物资，是指为完成一定的使命与任务，所需的消耗性材料与用品等；④计划预案，是指为完成一定的使命与任务，而制定的相关政策、计划、预案、互助协议及其他文件；⑤组织领导，是指为完成一定的应急使命与任务，所建立的团队、搭建的组织构架，以及在团队或组织的各个层级的领导角色；⑥培训，为完成一定的使命与任务，所需的符合相关标准的培训内容和培训方法；⑦演练，为完成一定的使命与任务，依据应急预案和演练方案，而开展的各种类型的演练，以及对演练效果的评估和改进活动。

（二）应急能力分类框架

以澳门"天鸽"台风灾害应对工作的调查评估指标体系为基础，从"全灾种、大应急"的角度，对应急能力评价指标体系进一步梳理，将应急能力按照减灾、预防、应急准备、监测预警、应急响应、恢复重建等六个使命领域进行梳理，并进一步按照战略目标进行分组，形成如表6-7所示的应急能力分类框架，并得到56项核心应急能力。

表6-7 应急能力分类框架

序号	使命领域	目标	应急能力	能力说明
1	减灾	减轻基础设施与建筑物的脆弱性	基础设施防洪减灾能力	减轻基础设施与建筑物对洪涝灾害的脆弱性
2			供水系统防灾减灾能力	减轻供水设施与系统对各类灾害的脆弱性
3			供电系统防灾减灾能力	减轻供电设施与系统对各类灾害的脆弱性
4			通信系统防灾减灾能力	减轻通信设施与系统对各类灾害的脆弱性
5			其他设施防灾减灾能力（交通、桥梁、建筑等）	减轻其他基础设施与建筑物对各类灾害的脆弱性
6			网络系统防灾减灾能力	减轻网络基础设施的脆弱性和提高网络安全水平
7			反恐怖袭击或人为破坏能力	避免恐怖分子或破坏者对基础设施和建筑物等实施人为攻击的能力
8		减轻自然资源与环境的脆弱性	自然与文化资源减灾能力	对自然生态和资源进行保护与修复，以及对历史文化遗产进行保护和修复等的能力
9			环境保护与污染治理能力	削减污染物排放总量、改善环境质量和对污染的环境进行治理的能力
10		减轻生命安全与健康的脆弱性	生命安全与健康保护能力	通过采取各种生命安全与健康防护措施，避免和限制各种危险因素对生命安全与健康造成损害的能力
11		减轻社区的脆弱性	社区减灾能力	减轻社区的公共设施、公共服务脆弱性以及提高家庭与个人自救互救的能力
12	预防	了解危险源和威胁	危险源和威胁识别能力	采用科学方法辨识存在的危险源与威胁，以及事故隐患等的能力
13			风险评估能力	通过开发或选用适当的方法，对危险源或威胁可能引发的突发事件的可能性和后果的严重性进行量化或质化的评估的能力
14		控制危险源和威胁	危险源物理控制能力	对已识别出的各种危险源、威胁和隐患采取必要的技术与工程控制措施，以尽量避免其引发可能造成严重影响的突发事件的能力
15			不安全行为控制能力	对可能引发各类突发事件的人类的无意或故意的不安全行为进行必要的干预和限制的能力
16			政府监管监察能力	制定有关法律法规和标准，建立监管执法队伍，开展行政性审批、预防性检查、行政性执法、宣传教育和受理社会化监督等活动的能力

表 6-7（续）

序号	使命领域	目标	应急能力	能力说明
17	预防	消除危险源和威胁	安全规划与设计能力	采取规划和设计措施提高人工系统的安全可靠性等，消除事故隐患，从而消除危险源和威胁的能力
18			动机消解能力	通过化解矛盾、消除存在条件和打击与威慑等措施，消解其动机，从而避免发生人为故意引发社会安全事件的能力
19			物理隔离与防护能力	将危险源与可能受到伤害的人员和财产、恐怖分子与其袭击目标等，通过空间隔离的方法，以避免相互接触的能力
20			公共安全素质提升能力	提高社会公众的公共安全素质，培育全社会的公共安全文化，从而提高预防各类突发事件的主动性、自觉性的能力
21	应急准备	提高应急科技水平	应急科技支撑能力	为应急管理提供理论、方法、标准、规程、技术、装备、系统等方面的研究、开发、维护，以及应急行动决策支持等方面的能力
22		完善应急规划与应急预案	应急规划能力	开发、验证和维护应急计划（预案）、政策、规程和项目等的能力
23		建立和维护应急能力	应急准备组织能力	建立和维护一个统一、协调的应急组织管理结构的能力
24			应急能力建设项目管理能力	组织开发、实施和管理相关应急能力建设项目的能力
25			应急培训能力	通过开展规范化的培训和教育，提升相关人员的应急意识、知识和技能的能力
26		验证和更新应急能力	应急演练能力	组织开展演练活动的能力，以测试和验证应急预案的有效性及应急人员的应急能力
27			应急评估能力	组织开展应急评估活动的能力，包括对应急预案、资源、能力、响应等评估
28	监测预警	突发事件监测与预警	监测与预警能力	对突发事件的致灾因子或者特征参数进行自动监测或人工观测，并通过分析作出事件预警的能力
29		情报信息融合和综合预警	信息融合与预警发布能力	通过情报和信息的融合与共享，实现大范围、多灾种的综合预警，以及快速发布预警信息的能力
30	应急响应	事件管理与协调	事件态势及损失评估能力	快速获取事件相关信息，并对事件性质和后果进行评估、分析、预测、管理的能力
31			应急指挥控制能力	通过使用统一、协调的事件现场组织结构和工作机制，有效指挥和控制事件现场的应急响应活动的能力
32			应急支援协调能力	在场外为事件响应提供及时有效的信息、物资、资金、技术等方面的支撑服务的能力
33			应急资源保障能力	识别、配置、库存、调度、动员、运输、恢复和遣返并准确地跟踪和记录可使用的人力或物资等资源的能力

表 6-7（续）

序号	使命领域	目标	应急能力	能力说明
34	应急响应	事件管理与协调	应急通信保障能力	为应急行动期间在各级政府、相关辖区、受灾社区、应急响应设施，以及应急响应人员和社会公众之间提供可靠通信的能力
35			应急信息保障能力	及时接收或向有关机构及社会公众发布及时、可靠的信息，有效地传递有关威胁或风险的信息，以及必要时关于正在采取的行动和可提供的帮助等信息
36			紧急交通运输保障能力	为应急响应提供运输保障，包括疏散人与动物、向受灾地区运送应急响应人员、设备和服务所需的航空、公路、铁路和水上运输的能力
37		抢救与保护生命	先期处置（第一响应）能力	在突发事件发生初期，由第一响应人对事件进行先期处置，以限制事件影响范围，对受害者进行抢救，尽量减少事件损失的能力
38			搜索与救护能力	开展陆地、水上和空中搜索与救护行动，以找到和救出因各种灾难而被困的人员的能力
39			紧急医疗救护能力	提供抢救生命的医疗急救，以及向灾区的有需要的人群提供公共卫生和医疗支持的能力
40			公众疏散和就地避难能力	将处于危险之中的人群立即实施安全和有效的就地避难，或将处于危险中的人群疏散到安全的避难所的能力
41		满足基本人类需要	公众照料服务能力	向受灾人口提供临时庇护所、饮食及相关服务，为失散家庭的团聚提供帮助的能力
42			遇难者管理服务能力	提供遇难者管理服务，包括遗体恢复和遇难者识别、寻找遇难者家属、提供丧葬服务和其他咨询服务的能力
43		保护财产和环境	现场安全保卫与控制能力	为受灾地区和响应行动提供安全保卫，以避免进一步的财产和环境损失的能力
44			环境应急监测与污染防控能力	对事发区域环境进行应急监测，并采取措施对扩散到周边环境中的污染物进行紧急处置的能力
45		消除现场危害因素	火灾事故应急处置能力	对火灾现场进行评估，营救被困人员，实施火灾抑制、控制、扑灭、支持和调查行动的能力
46			爆炸装置应急处置能力	在得到初期警报和通知后协调、指挥和实施爆炸装置应急处置的能力
47			危险品泄漏处置和清除能力	对由于各种事故或恐怖袭击事件所导致的危险物质的泄漏进行处置和清除的能力
48			生物疫情应急处置能力	在发生人类与动植物生物疫情时，通过采取药物和非药物干预措施控制疫情的蔓延，限制并最终消除疫情的能力

表 6-7（续）

序号	使命领域	目标	应急能力	能力说明
49	应急响应	消除现场危害因素	防汛抗旱应急处置能力	在发生洪涝或干旱灾害时，通过防洪排涝、抽水运水浇灌等，减轻或消除灾情的能力
50			人群聚集性事件应急处置能力	对一个特定区域内出现大量人员聚集，可能引发踩踏、肢体冲突、骚乱及打砸抢烧等行为的事件进行处置的能力
51	恢复重建	公众援助与关怀	受灾人员生活救助能力	为受灾人员提供临时住所、生活援助等，使其生活逐渐恢复基本正常的状态的能力
52		恢复基础设施和建筑物	基础设施修复和重建能力	修复或重建受损的基础设施和公私建（构）筑物，恢复和维持必要的服务以满足基本生产生活需要的能力
53		恢复环境与自然资源	垃圾和危险废弃物管理能力	清运和处理现场的垃圾和危险废弃物的能力（包括垃圾瓦砾、死亡的动物、农产品，以及受事件破坏的材料、设备、设施和建构筑物等）
54		恢复经济社会	政府服务恢复能力	恢复因事件影响或因开展响应行动而中断的政府服务和运作的能力
55			经济恢复能力	为工商企业的重新运营提供支持，重新建立现金流和物流，使受灾地区的工商企业尽快恢复到正常经营状态的能力
56			社区恢复能力	恢复受事件影响社区的基本功能和活力，其基础设施、商业服务、环境和社会秩序恢复到受影响前的水平的能力

（三）应急能力现状调研结果

1. 减灾使命领域能力

（1）基础设施防洪减灾能力。基础设施防洪减灾工作由隶属运输工务司的土地工务运输局（DSSOPT）负责，已制定短中长期防洪设施建设计划。澳门防御风暴潮的措施主要是堤防（岸）工程，其防洪潮能力在 2~100 年一遇之间。其中，澳门半岛西侧为内港海傍区和筷子基段，堤防（岸）现状防洪潮能力在 2~5 年一遇之间，堤防标准低或基本处于不设防状态；路环岛旧城区基本不设防，现状防洪潮能力不足 10 年一遇。澳门地区排水管网的排涝能力不足，内港等老城区治涝标准仅为 2~5 年一遇。

（2）供水系统防灾减灾能力。澳门供水事务由隶属运输工务司的海事及水务局（DSAMA）负责，具体运营由澳门自来水公司承担，制定了《澳门供水安全应急预案》。澳门原水供应主要依靠珠海市供水系统。由于澳门、珠海两地需水量增加较快，已逼近规划水平年预测值，供水系统已满负荷运行。此外，澳门本地的青洲水厂和大水塘水厂地势低，有水浸风险。跨江供水管道及主要管道存在破裂风险等。澳门本地水库储蓄量仅能满足澳门地区 7 天用水需求。高位水池设于松山及大潭山作为储备自来水之用，相当于全澳约 4 h 的用水量。

（3）供电系统防灾减灾能力。澳门供电事务由隶属运输工务司的能源业发展办公室（GDSE）负责，具体运营由澳门电力公司承担，制定了《能源业发展办公室突发事件应急及通报机制》《澳门电网发展计划（2019—2023 年)》等。澳门主要依靠珠海电网供电，包括 3 回 220 kV 线路和 3 回 110 kV 线路。本地年发电量为 $9.5×10^8$ kWh，约占澳门本地总用电量的 19%。涉澳供电关键通道均采用"架空输电线路+户外常规变电站"的建设形式，台风期间可能发生断线、倒塌以及受飘挂物影响而跳闸等故障；部分中压用户变电站、开关柜和低压分接箱等可能受水浸破坏。电力基础设施设防标准不高，抵御灾害能力脆弱。

（4）通信系统防灾减灾能力。澳门通信事务由隶属运输工务司的邮电局（CTT）负责。澳门电讯有限公司是澳门最主要的通信业务服务商，所提供的服务包括宽带、移动（2G、3G、4G）以及专业通信。其光缆及传统电话铜缆透过地下管道覆盖全澳所有建筑物；核心设施分布在 2 座电讯大楼；接入设备分布于全澳 58 个远端机房；移动网设有480 个基站。两座电讯大楼设有不间断电源及后备发电机，提供不少于 10 h 的供电能力；远端机房设有不少于 4 h 的后备供电能力，另外设有 5 部移动后备发电机；流动电话基站设有不少于 2 h 的后备电源；低洼地区的远端机房设有防水闸，最高可抵抗 2.1 m；在内港低洼地区采用防水油脂电话线。

（5）其他设施防灾减灾能力（交通桥梁等）。澳门交通、桥梁、建筑等公共设施由隶属运输工务司的交通事务局（DSAT）、土地工务运输局（DSSOPT）等负责，已制定相关运行规章和指引等。

道路桥梁。澳门跨境行车大桥（莲花大桥、港珠澳大桥等）、跨海大桥（嘉乐庇总督大桥、友谊大桥、西湾大桥）、主干高速公路、城市街道等道路桥梁的安全性、通畅性和防汛排涝工作，是防台风防汛、灾害救援的重点工程。"天鸽"台风期间，西湾大桥的分隔带铁网脱落、主塔顶盖变形及脱落，主桥面多处交通指示牌及设施受到损坏。凼仔东亚运大马路邻近西湾大桥出入口的路段两侧出现局部路面下陷情况。

码头口岸。澳门内港码头、内港客运码头、外港客运码头、凼仔客运码头、沿江作业区域及库场等重要区域的设备设施，是澳门码头口岸防台风防汛、排涝救援的重点防御地段。

国际机场。澳门国际机场是防台风防汛的重要防御地段，主要包括候机楼周围、登机桥、排水泵站、供电室、通信机房、机场配套交通设施等。

地下工程设施。澳门城市地下空间工程设施主要包括澳门已建和在建的大型地下商场、地下停车库、行车隧道（如九澳隧道、松山隧道、凼仔隧道）、行人地道等，是防汛排涝、应急救援的重点。

大型综合体及娱乐场。庞大的大型城市综合体及娱乐场是城市时尚生活的中心，已成为城市的地标建筑，具有空间尺度超大、通达性好、环境宜居性良好等特点。大型城市综合体及娱乐场是人口密集区，其防台风防汛、防灾减灾能力建设不容忽视。

公共服务设施。主要包括电厂、医院、车站、幼儿园、学校、大型商场等公共服务设施。

（6）网络系统防灾减灾能力。澳门目前提供有线宽带服务的只有澳门电讯有限公司一家。此外，中国电信澳门分公司、数码通澳门等运营商，主要提供移动通信服务。因此，网络基础设施的物理防灾减灾能力与前面的通信系统相同。在网络安全方面，澳门特别行政区政府正研究制定《网络安全法》。此外，澳门特别行政区政府于 2015 年开始就设立网络安全中心进行研究，以更好地统一全澳网络安全的防范体系，2016 年底已完成相关的网络安全法案并提交行政会。根据法案的初步设计，包括几方面的措施，其中最重要的是设立一个网络安全预警中心，由行政公职局、邮电局及司警局等 3 个部门组成，各有分工。预警中心将包括决策机构、执行机构及咨询机构，当发现有网络风险情况会实时向社会发布，同时对关键基础设施网络安全进行防范。特区政府期望将来网络安全体系投入运作后，能够为政府、公用事业和其他社会领域的重要关键基础设施的网络系统提供有效的保障和支持，并为一般市民安全使用网络及时提供指引和警示。

（7）反恐怖袭击或人为破坏能力。澳门特别行政区政府反恐怖袭击是在安全委员会领导下，由警察总局具体负责。警察总局透过其所属司法警察局和治安警察局开展相关行动。司法警察局主要负责侦查以及打击犯罪行为，包括恐怖主义袭击或涉恐大规模暴力活动的介入处理。而治安警察局则负有维持公共秩序及安宁，预防、侦查及打击犯罪，维护公共及私人财产，管制非法移民，负责出入境工作等与反恐防恐密切相关的职责。从 2005 年开始，澳门与广东、香港建立了反恐联动机制，联合开展演练活动。澳门社会大局稳定，没有发生过恐怖袭击事件，目前也没有明确涉及澳门的涉恐情报信息和袭击指向，恐怖袭击风险维持在较低水平。但澳门作为中国的特别行政区，是经济发达、人流密集、涉外交流较多、国际化程度较高的地区，也面临着恐怖主义现实威胁，必须做好防范和应对恐怖袭击的各项准备工作。目前，澳门存在城市建设规划对反恐怖安全防范重视不够、公共目标安防设施建设投入不足、危险品及易制爆物品监管存在漏洞、对社会防范应急资源的整合利用不够、对公众的反恐怖宣传教育不深入等薄弱环节。

（8）自然与文化资源减灾能力。澳门自然资源保护由隶属运输工务司的土地工务运输局、环境保护局等负责；文化资源保护由隶属社会文化司的文化局负责。澳门现有 2 个生态保护区，即路凼城生态保护区一区和二区，分别由莲花大桥西堤 15 hm² 的鸟类栖息区和莲花大桥西堤外的 40 hm² 沿岸湿地和鸟类觅食区组成。澳门有 45 个公园、花园，主要集中于澳门半岛。有 4 个郊野公园，分布在离岛，分别为大潭山郊野公园、石排湾郊野公园、九澳水库郊野公园和黑沙水库郊野公园。澳门是一座中西方文化交汇的城市，素有“东方拉斯维加斯”的美誉。四百年中西文化碰撞交融后沉淀下来的城市底蕴，至今保留完整且神韵犹在，并结集成澳门历史城区，于 2005 年成功申请为世界文化遗产。澳门在自然与文化资源保护方面，已制定了《第 3/99/M 号法令》和《文化遗产保护法》等法律。正在编制《澳门历史城区保护及管理计划》，将通过财政资源、特色生活方式的延续、旅游、交通、市政设施、城区绿化、宣传与教育，以及研究工作等 8 个方面的保护管理措施，提高对澳门历史城区的保护能力。

（9）环境保护与污染治理能力。澳门环境保护局于 2010 年 6 月 29 日正式成立，负责研究、规划、执行、统筹和推动澳门的环境政策。目前已建立起了必要的环境管理制度，包括环境宣传教育、环境信息公开、环境监测、环境影响评估制度、环境执照制度等，使环境管理有法可依，有章可循。透过制定可持续发展战略和污染治理政策、污染预防和区域合作政策，同时加强人才队伍和基础设施建设，提高了政府环境综合决策能力、环境执法能力和环境危机处理能力。为推动澳门建设成为“世界旅游休闲中心”，将澳门打造为一个宜居、宜游、低碳的环保城市，澳门特别行政区政府已于 2012 年 9 月发布《澳门环境保护规划（2010—2020 年）》，以“优化宜居宜游环境”“推进节约循环社会”及“融入绿色优质区域”为三大规划主线，针对三类环境功能区实施分区、分类管理，按先后缓急提出了 15 个关注领域的行动计划。从空气质量的改善、水环境质量的提高、固体废弃物的处理处置、噪声污染的控制、生态环境的保育、光污染的防治及辐射环境的保护等方面，提出了防控环境污染、保育生态环境、强化环境管理等行动措施。环境保护局辖下有 5 座污水处理设施、垃圾焚化中心等环保基建设施。部分设施位于低洼地区，如澳门半岛污水处理厂及垃圾自动收集系统中央收集站位于黑沙环区，跨境工业区污水处理站位于青洲区，这些设施在风暴潮中有可能被水淹，从而影响服务能力。

（10）生命安全与健康保护能力。澳门于 2004 年 3 月成立了健康城市委员会，由社会文化司司长领导，卫生局、民政总署（现市政署）、土地工务运输局、环境委员会、教育暨青年局、旅游局、新闻局、文化局、社会工作局、体育发展局、劳工暨就业局、澳门保安部队事务局、港务局、经济局代表组成，负责通过在城市规划及城市管理方面不同领域和界别的互动，以推广健康、环境及市民的生活素质。

澳门生命健康事务由隶属社会文化司的卫生局负责。截至 2016 年底，澳门共有 5 所医院、210 个西医/牙医诊所、118 个中医诊所。提供初级卫生护理服务的场所包括卫生中心、私营诊所等共 719 间，政府医疗机构有 14 间，私营场所有 705 间。本澳有 1726 名医生、2342 名护士、1591 张住院病床，医生、护士、病床与人口的比例分别为 0.0026、0.0037 及 0.0024，每千人口分别对应 2.6 名医生及 3.7 名护士，远超北京、上海等地的医护人口比。

由卫生局辖下的疾病预防控制中心负责公共卫生应急，其主要工作职责主要包括传染病监测、流行病学调查处置，环境中健康相关因素及伤害的监测，疫苗接种等。疾控中心现有 6 位公共卫生医生，20 多个高级技术员，还有几个高级督察。

根据《国际疾病分类第十版》的组别分类，澳门的头号致死疾病为肿瘤，其次为循环系统疾病，第 3 位是呼吸系统疾病。2016 年的统计资料显示，这 3 种疾病死者占全年死亡人口的比率分别是 36.6%、24.4% 和 17.0%。2013—2016 年出生时平均预期寿命男性为 80.3 岁，女性为 86.4 岁，超过中国大陆所有城市，达到世界领先的水平。

澳门传染病发生率较高的是流行性感冒和肠病毒感染，且有增加趋势，2017 年比 2016 年分别增长了 8.8%、2.7%。中毒事件发生概率较低、程度较轻，但呈现逐年增多的趋势，2015 年、2016 年、2017 年分别发生了 7 起、17 起、24 起中毒事件，波及人数分别为 28 人、34 人、39 人。中毒类型主要为中药中毒和铅中毒。总体而言，澳门拥有较强的在公众安全与健康保护能力。

（11）社区减灾能力。民政总署（现市政署）负责街面和社区市政设施、公园绿地、招牌/广告物、休憩区、行道树、街市、小贩区等的维护与巡查，并建立了相应的防灾救灾应变机制。土地工务运输局负责房屋、高空构筑物、室外空调机、屋顶饰面、电线杆等的抗台风物料标准制定及批则、隐患排查整治等。民政总署（现市政署）建立了坊会、社团联络人机制，通过增加灾害应对培训内容，提高社区应对灾害的能力。消防局于 2017 年 4 月设立"社区消防安全主任"机制，向 60 名经培训的社区消防安全主任颁发聘书，让其协助消防局了解社区的消防隐患，及早通知消防局作出跟进处理，通过警民合作共建安全和谐的社区环境。

2. 预防使命领域能力

（1）危险源和威胁识别能力。澳门相关部门已建立了相关灾害危险源和威胁的识别和排查机制，根据各部门的职责落实相关责任。例如：消防局针对本澳不同类型建筑物和场所进行防火安全巡查，包括本澳各楼宇、工业大厦、油站、地盘、饭店及社福机构等；配合文化局对本澳历史文物建筑进行防火巡查工作；文化局定期巡查检测文物建筑的结构状况以及其防火、水电等设备的安全，以确保建筑自身有足够的防护强度；民政总署负责街面和市政设施等的维护与巡查工作；土地工务运输局负责公共房屋、基础设施、斜坡等的维护与巡查工作；环境保护局负责环境污染因素的辨识与巡查；治安警察局则负责社会治安等方面的威胁识别与巡查；卫生局负责传染病等公共卫生事件风险的辨识等。虽然各部门按照行业、系统、部门、单位，掌握了自身相关的危险源、目标和应急资源，但全澳主要危险源、重点目标、应急资源的整体情况还不够系统，有待建立统一的数据库和管理系统。

（2）风险评估能力。澳门特别行政区政府相关部门仅在少数领域开展了风险评估工作，如工程项目环境影响评估、公共卫生风险评估、食品安全风险评估、旅游危机风险评估等，但尚未建立起全面的风险辨识与评估机制。在公共卫生方面，疾控部门相对缺乏实验室技术和管理人员，卫生机构也缺乏专家库及专家咨询委员会，以至于不能对突发公共卫生事件风险进行全面到位的评估。

（3）危险源物理控制能力。澳门对于不同类型的危险源分别采取不同的物理控制措施。例如：对于风暴潮，主要通过建设堤防（岸）工程，避免潮水漫入城区；对于暴雨导致的洪涝灾害，主要通过排水渠网、水泵等进行排水；对于燃气管网、油库等，则通过安全距离、安全保护系统等加以保护控制。

（4）不安全行为控制能力。对于人的不安全行为，大致分为两类分别采取不同的措施。一类是非故意的人为失误，主要通过安全教育、安全管理等措施加以控制；另一类是主观故意的不安全行为，则要通过治安警察、司法警察等的预防、侦查和打击等措施加以控制。

（5）政府监管监察能力。特区政府通过制定法律法规，赋予不同部门和机构对各类突发事件风险因素进行监管监察及执法的权力。在楼宇消防安全方面，消防局依职权于楼宇的设计阶段及投入使用前，就消防安全方面发表相应意见，并对有关消防系统进行测试，为保障市民生命及财产安全创造更好客观条件，确保楼宇在兴建的过程中，建筑设计、建筑材料、消防系统等均须符合相关法例的要求，使楼宇在落成并投入使用时，具有阻止火灾发生以及向邻近楼宇扩散与蔓延的条件，方便人群疏散及有助于消防部门人员介入。有关危险品的监管方面，目前主要是分类、分部门管理。近几年特区政府也在关注监管，成立了一个跨部门的监管小组，由保安司牵头。加油站、石油气罐管理，由经济局负责发牌，消防局参与建设规划设计审核；由运输局负责危险化学品运输管理。对烟花爆竹亦实施严格管理，只有过年期间有 2 个指定地点可以燃放；居民在平时不能购买、存放。

（6）安全规划与设计能力。对于各类基础设施、建筑物等，工务范畴相关部门制定发布相关法规、标准、指引等，以便在规划和设计过程中，避让危险地点、增强防灾标准、提高抗灾能力。具体工程项目的设计则是在世界范围内进行公开招标，借助国际上和中国内地的规划设计机构开展工程设计。"天鸽"风灾期间出现的问题：风灾中因停电被困电梯有 70 多宗，救援困难。可考虑在楼宇验收相关制度中规定电梯必须安装有应对停电故障的设备，使停电时电梯可有后备电源运行至安全楼层；旧电梯也可考虑加装。

（7）动机消解能力。澳门社会治安情况持续稳定良好，根据罪案统计及执法数据，近年来，严重暴力犯罪如杀人、绑架、严重伤害等，持续保持零或低发案率（且大多为个人之间矛盾纠纷引发），显示澳门整体治安环境继续维持稳定。澳门有关部门防患于未然，持续密切监控各类犯罪活动的发生特点、发展趋势，适时评估及调整执法策略，及时采取具针对性的预防和联防打击措施，为澳门的长治久安继续努力。

（8）物理隔离与防护能力。澳门的重要政府机关、金融机构、大型休闲娱乐场所等都建立了比较完善的安保措施，能够有效防范人为袭击、破坏等活动，并在事件发生时快速反应。

（9）公共安全素质提升能力。社会公众在灾害应急响应和灾后恢复工作中发挥着重要的作用，这有赖于全社会公共安全素质的提升。特区政府相关部门开展了多方面的公众安全宣传教育活动。

消防局近年全力贯彻保安范畴的"主动警务、社区警务、公关警务"3个警务理念，透过社区工作以及全方位的宣传方式，以加强居民的消防安全意识。在2017年共进行533次防火宣传活动，派发100364份宣传单张，与多个团体联合举办讲座278次，总参与人数5040人次。

民政总署（现市政署）亦通过派发宣传海报与小册子、直接到街区作宣传等方式，向商户和公众介绍预防水浸方法、风灾后垃圾处理方法，以及水浸食品及腐坏食品处理方法等。

教育及青年局通过在学校开设公共安全课程，向学生开展公共安全教育，社会工作局则通过举办小区宣传、街展、讲座、展览、大型活动等方式，或者通过社团组织，向公众开展安全教育，从而提升公众安全素质。

在《民防总计划》中设置了"宣传及科普教育小组"，其协调责任部门包括警察总局、海关、治安警察局、司法警察局、消防局、地球物理暨气象局，参与机构包括海关、治安警察局、司法警察局、消防局、地球物理暨气象局、社会工作局、教育暨青年局、其他民防架构成员。其承担的主要任务包括：针对不同的突发公共事件进行宣传及科普教育工作，向广大市民宣传有关预警的发布机制及各预警级别的严重程度、防灾避险的方式等。但在"天鸽"台风期间，仍有一些市民不了解暴雨讯号资讯，或者不听从预警信息采取避难措施，反映出公众的总体安全素质还不高，自救互救能力不强。

3. 准备使命领域能力

（1）应急科技支撑能力。澳门设立了专门的科学技术发展基金，每年大约2亿元（澳门币），采取开放申请机制，资助大学、研究机构或个人开展基础研究、技术开发或科普等。以往开展了一些与全球变暖、河道变窄、河道未清淤导致海水倒灌风暴潮、GIS定位水淹模拟、灾害成因及影响范围等方面的研究。与内地科技部（应用型）、国家自然科学基金（基础型）联合资助一些研究项目。总体而言，澳门本地的防灾减灾研究人才、科技资源比较薄弱。在防灾减灾相关科技装备的应用方面，在消防、警察、医疗等基本装备方面，随时跟踪国际发展动态，选择先进适用装备，总体处于较为先进的状态。但在公众场所安全监控、应急指挥系统的智能化和网络化等方面，与内地及国际先进水平相比，存在较大差距。社工局根据辖下不同工作单位的职能，已配备了不同专业领域的团队，包括社工、临床心理学家、心理辅导员、职业治疗师、物理治疗师、医生、护士、公共卫生专业、特殊教育老师、幼儿教育老师、建筑师、土木工程师等。

（2）应急规划能力。澳门相关部门依托自身能力，或者委托国际、内地的相关科研规划机构，开展了应急预案、计划、指引等的编制，或者专项防灾减灾工程的设计。但总体而言，澳门本地的应急规划能力相对薄弱，可通过购买服务方式，借助国际特别是内地科研院所的力量，提升应急规划能力。

（3）应急准备组织能力。澳门通过民防组织架构形成了基本的应急组织体系。但相关架构一般只在突发事件发生后才启动，在日常性的应急准备中，主要依靠行政部门自身的内部机构，组织开展必要的应急准备活动，应急准备的综合协调能力有待加强。

（4）应急能力建设项目管理能力。目前，澳门防灾减灾与应急能力相关建设项目，主要由相关责任部门按照职责和程序进行管理。对于一些急迫的应急能力建设项目，应该有比较高层的协调和推进部门，以加快项目推进和加强项目管理。

（5）应急培训能力。澳门相关部门已建立相对完善的人员培训机制。例如，新招录的警察和消防员，都需要在保安部队高等学校进行近 8 个月至一年的专业培训，合格后才能正式入职。在应急知识与技能培训方面，目前也有一些讲座性质的培训；部分中高级人员，通过派往内地或国际上的培训机构，接受短期的业务培训。未来可进一步加强与内地相关应急培训机构合作，制定完善培训计划和课程，增加参与应急培训的人数，提高培训的实际效果。

（6）应急演练能力。澳门相关部门根据自身职责和工作安排，每年都定期或不定期地组织不同类型的应急演练活动，如消防局每年在一些重点单位和场所举办的消防应急演练。澳门特别行政区政府也组织一些跨部门的联合演练活动，如 2018 年 4 月 28 日举行了代号"水晶鱼"的台风抢险演练，以及"台风期间风暴潮低洼地区疏散撤离计划"的测试演习，取得了良好效果。澳门相关部门与周边的香港、广东等联合举行应急演练，如粤港澳海上搜救联合演练、粤澳供水应急联合演练、粤港澳卫生联合应急演练、动物疫情联合应急演练等。未来可进一步加强应急演练的策划、实施和评估等管理能力。

（7）应急评估能力。在平时加强应急准备评估，事后开展事件及应对过程调查评估，对于不断增强应急能力具有重要意义。澳门目前在应急准备评估方面比较薄弱，除了与应急预案和应急演练相关的一些评估之外，尚未开展专门的应急准备或应急能力评估。在"天鸽"风灾之后，行政长官批准设立"检讨重大灾害应变机制暨跟进改善委员会"（简称委员会），并邀请国家减灾委评估专家组对风灾及其应对进行总结评估，形成了《国家减灾委协助澳门"天鸽"台风灾害评估专家组的工作报告》，得到了中央政府、澳门特别行政区政府和社会公众的肯定和认可。

4. 监测预警使命领域能力

（1）监测与预警能力。澳门特别行政区的危机预警机制主要是由第 78/2009 号行政长官批示公布的《澳门特别行政区突发公共事件之预警及警报系统》确立的。

澳门自然灾害监测预警由隶属运输工务司的地球物理暨气象局（DSMG）负责。在气象监测方面，设立了气象站和水位站，可提供日常天气、恶劣天气、沿海天气和航空气象等预测预报服务；在大气监测方面，设有空气质量监测网络和大气辐射监测网络；在地球物理方面，设有地震监测站和提供地磁、地质和授时等服务。

由土地工务运输局负责滑坡等地质灾害的监测，委托澳门土木工程实验室建立了大潭山斜坡自动监测系统。

澳门海上航道和水面监测方面，外港、内港、九澳都安装有雷达站，通过雷达系统以及设置于各港口、大桥的监控镜头维持海域管理。另外分别在港珠澳大桥人工岛、外港、凼仔各有 1 座雷达站处于建设当中。

由卫生局辖下的疾病预防控制中心（CDC）负责传染病监测、环境中健康相关因素及伤害的监测等。澳门建立了传染病强制申报系统，由医生和实验室进行申报，与医疗信息系统相链接；群集疾病监测系统信息来源主要来自学校、院、公众投诉、医疗机构、食物安全中心转介；症状监测系统主要从医疗信息系统自动获取数据，并且从学校传染病症状进行定点监测；缺勤监测系统主要是公务员缺勤监测、卫生局人员缺勤监测、学校学生缺勤监测；环境监测系统主要从诱蚊产卵器监测和布雷图指数监测；另外还正在完善口岸健康监察系统。

由警察总局及其辖下的治安警察局、司法警察局开展社会治安、涉恐情报等的搜集、分析和预警。

（2）信息融合与预警发布能力。目前在各类突发事件的信息融合和综合分析方面，尚缺少制度性安排。

在预警信息发布标准方面，依据可能造成损害之风险及威胁的评估、紧急程度和发展态势，将预警分为 5 个级别，分别以不同颜色标识，每一级别均对应一系列针对相关情况之特别保护措施。制定完善了台风、风暴潮灾害分级及台风风球信号发布规范。

在预警信息发布的责任主体方面，由具有直接责任之政府部门，在其职责范围内进行预警信息之发布、调整和解除，并须以优先次序的方式，透过电台、电视、报刊和电子网页（互联网），或透过其他媒介，如电子报告板，以及在人群聚集之地方以各种公告方式进行。必要时由具发布预警信息权限之部门/机构领导或其代表负责主持新闻发布会或接受记者采访。

预警信息的内容方面，要求预警信息内容必须是严谨、有条理和清晰易明的，并应提及如下事项：可能发生之危害类别，开始（日期、时间），可能受影响地区，紧急预警级别，特别警报及适当呼吁，由谁协调及调配拯救资源。

在预警信息发布渠道和手段方面，可通过广播电视台、全球电讯系统 GTS、关闸电子显示屏、互联网网页、手机版网页、RSS 天气频道、手机短信、手机 APP、微信公众号、电话和传真等多种手段向相关部门和公众发布预警信息。

在《民防总计划》中设置了"预警发布小组"，其协调责任部门包括警察总局、海关、治安警察局、司法警察局、消防局、地球物理暨气象局，参与机构包括海关、治安警察局、司法警察局、消防局、地球物理暨气象局、新闻局、电视广播股份有限公司、社会团体、其他民防架构成员。其任务包括：透过电视台、电台各渠道及时向市民发布各类信息，在各个口岸的显示屏发布有关信息，有需要时派员乘坐车辆利用扩音器在公共街道上向市民广播最新的信息。未来应进一步完善预警信息发布系统，提高预警信息发布的快捷性、覆盖面、可获得和易理解性。

5. 应急响应使命领域能力

（1）事件态势及损失评估能力。在发生突发事件后，消防局、治安警察局等第一响应者需进行基础设施、建筑物损毁、人员伤亡情况评估；当民防架构没有被命令正式启动时，由具相关权限之部门，按照本身的职责范围，及时了解事件态势及可能造成的损失；并及时向民防行动中心及联合行动指挥官报告相关信息，以便统一协调和指挥应急行动。例如：土地工务运输局要及时了解和报告受水浸影响的范围与受灾情况；民政总署（现市政署）要及时了解和报告道路、渠务、树木等方面的受灾程度等。

民政总署（现市政署）建立了信息收集机制：通过服务站及热线收集信息，厘定重灾区及严重等级，并向上级实时汇报，以便尽快组织及安排人员和物资等到场救灾。此外，在需要时可开通"紧急热线"作为接收市民意见及反映之支持，以及扩展"跨域分流措施"接听市民之求助及意见，有助掌握灾情及现场情况，有利组织人员及分工，并安排尽快解决紧急问题。

卫生局通过内部医疗部门沟通、外部的业界联系，以及舆论监测，掌握和收集各种相关的流转讯息。为加强监测各种传染病的疫情，除常规监测外，立即设立胃肠炎病人强化监测措施，要求仁伯爵综合医院和镜湖医院每天报告胃肠炎的病人数量。同时，亦要求仁伯爵综合医院、镜湖医院和科大医院留意发热病人是否感染登革热或其他传染病。

社会工作局透过提供 24 h 电话专线的服务（包括家暴专线和生命热线）加强与小区有需要的人士保持联系。与社会服务组织建立服务总监及设施负责人联络机制，协调灾后支持物资的收集、运送及分发。

在"天鸽"台风期间，政府相关部门对各区受灾程度和情况、所需救援物资等信息，未能及时全面地进行掌握和统计，在一定程度上影响了初期的应急救援。

（2）应急指挥控制能力。《民防总计划》对应急指挥作了明确规定：按照第 9/2002 号法律第十五条第一款的规定，行动的指挥由联合行动指挥官负责；民防行动中心听令于联合行动指挥官，并且当宣告进入任何一种紧急预防、拯救、灾害或灾难等状态时，负责指导及协调民防行动。民防行动中心设于治安警察局北安出入境事务厅大楼内，而中心运作所需人员由警察总局、澳门保安部队事务局、治安警察局、消防局及海关委派。倘民防行动中心无法在治安警察局北安出入境事务厅大楼内运作，则改在消防局（第一后备）或治安警察局运作（第二后备）。民防行动中心的任务包括：指导及协调民防架构之整体行动；确保透过传媒向公众发布信息；记录所有事件及在行动中所展开的各项工作；向上级报告最新资料，并就降低风险及减少伤亡提出建议。

（3）应急支援协调能力。《民防总计划》对应急协调亦作了明确规定：当民防架构没有被命令正式启动时，由具相关权限之部门，按照本身的职责范围，协调各突发事件的紧急应对工作；当民防架构被命令正式启动时，由驻守民防行动中心之联合行动指挥官执行该架构的指挥工作。此外，《民防总计划》中设置的"后备行动小组"亦负有应急支援协调的职责。其协调责任机构包括行政长官办公室（政策规划方面）、警察总局（行动方面），参与机构包括所有纳入民防架构之部门、中国人民解放军驻澳门部队（根据第 6/2005 号法律的规定提供协助）。其承担的主要任务包括：按照本身的职责，向相关小组提供所需支持；协助维持社会治安和救助灾害。根据与广东、香港及其他主体签订的联合行动或资源共享协议，相关签约部门负有协调签约方提供应急支持的职责。

（4）应急资源保障能力。在基本生活物资储备和保障方面，经济财政司与国家商务部和广东省商务厅保持密切联系和良好沟通，确保澳门居民生活物资及市场鲜活农副产品的稳定供应。在突发事件发生后，将启动应急预案，紧急组织调运应急物资，保证澳门救灾工作的顺利进行。

在本地生活物资储备方面，供水、供电、食品等都有一些储备，但尚不能满足要求。

在救灾工具和物品方面，消防局存储了一定数量的浮水泵、潜水泵（电动）、流动式水泵、救生衣、救生圈、橡皮艇、船尾机、链锯等抗洪抢险工具；治安警察局存储了一定数量的电锯、手锯、照明灯具、手推车、大铁剪、铁铲、斧头、锄头、扫把等垃圾清运工具；民政总署（现市政署）储备了一定数量的垃圾袋、手套、口罩、扫把、手推车、铁铲、锯及电锯、清理柴枝工具、照明工具、后备抽水泵及后备发电机等物资及设备；社会工作局灾民中心储备了一定数量的棉被、睡袋、床单、枕头、电饭煲、水煲、不锈钢锅、冷热水壶、塑料筲箕、碗筷等日常用品。在"天鸽"风灾期间，澳门本地储备物资包括水、电、食品、应急设备等均出现较大差距，未来需重点加以改进提高。

（5）应急通信保障能力。为确保联合行动指挥部、民防行动中心、军事化部队及治安部门和民防总计划各参与机关之间的通信，按照《民防总计划》的相关规定，由澳门保安部队事务局设立并维持下列的通信网络。

电话网络。民防行动中心与民防总计划所载实体和部队之间优先使用公用电话网络，军事化部队及治安部门之间优先使用内部电话网络。

无线电通信网络。其包括4个网络：①无线电通信指挥网络，用于确保民防行动中心、离岛区行动中心及联合行动指挥部之间的通信；②无线电通信行动网络，用于确保民防行动中心与军事化部队及治安部门各部门之间的通信；③澳门区无线电通信应急网络，用于接通民防行动中心与驻澳门区民防架构各实体之间的联系；④离岛区无线电通信应急网络，用于接通离岛区行动中心与驻离岛区民防架构各实体及分站之间的联系。

图文传真/电邮网络。民防行动中心与民防总计划所载的实体、部队及分站之间传送非紧急性信息数据的联系渠道。传送大量信息时，应使用图文传真/电邮网络。

澳门附近海域遇险的船舶及人员可通过甚高频（VHF）无线电频道16（156.800 MHz）（紧急情况下使用）、10（156.500 MHz），固定电话等通信方式向澳门船舶交通管理中心（VTS）呼叫求助。澳门海上搜救协调中心与机场有直通电话、甚高频通话设备等。

（6）应急信息保障能力。澳门与应急相关的指挥控制平台包括民防行动中心，以及各专业部门的消防指挥控制中心、交通指挥控制中心、海关指挥中心、治安警指挥控制中心等。它们各自建设了性能不一的接处警系统。

澳门民防行动中心。中心内设行动室、无线电控制室、会议室等区域，配备实时视频资讯系统，以利一旦遇上突发事件并需要启动民防架构的情况下，实时掌握各类型、各渠道的资讯。

消防指挥调度中心。其主要职能是处理求助电话，包括：119、120、28572222等服务电话，可与999（治安警察）、993（司法警察）三方通话。目前使用的调度系统是2006年建设的"安克调度系统"，系统功能比较老化，未来将配合大数据、智慧消防的应用需要，建设新的消防控制中心，并与综合指挥中心进行互联互通。

治安警指挥控制中心。其主要职能包括：负责999接警，由控制台通过无线电台与前线警员联系，调度人员出警；然后将出警人员反馈的处理结果，输入到电脑保存。系统比较陈旧，没有指挥、控制功能，也没有资料显示查询功能。接警主要靠人员听；未来新的系统应该通过可视化技术，了解现场情况。

交通指挥控制中心。也称为 CCTV 监控中心，其主要职能是交通保障，根据视频监控图像以及人员报警，调度警力保障交通畅通。

海关指挥控制中心。只是值班人员通过电话接警。

总体而言，目前澳门各指挥控制中心的信息系统比较落后，难以满足应急指挥决策对信息快速获取、共享和发布的需要。有关预警信息发布能力情况见"信息融合与预警发布能力"部分。

（7）紧急交通运输保障能力。在《民防总计划》中设置了"运输及工务小组"，其协调责任部门包括土地工务运输局、交通事务局（道路事故）、海事及水务局（海上事故）、民航局（航空事故），参与机构包括土地工务运输局、交通事务局、民政总署、海事及水务局、民航局、环境保护局。其承担的主要任务包括：列出客运交通工具及资源名单；列出建筑工程设备和机械方面的资源名单；列出可在紧急情况下维持运作之建筑公司名单；与拥有可供紧急情况下使用之工具及资源的公司签订协议；确保组织运输、清理、清拆、维修及修复重要基础设施等领域之专门队伍；在紧急状况期间清理道路；检查可能倒塌之建筑物和建筑结构，以及处于危险状态之燃料库；运送人员、物品、食水及燃料；应要求向救援及搜救小组提供设备、机械及交通工具等以作支持；根据部门本身的职能与其他要求支持的部门保持合作。

（8）先期处置（第一响应）能力。澳门的第一响应者主要是治安警察和消防人员。治安警察也负责交通管理，每个街区都有警察负责巡逻。另外还有特别巡逻队，每小队有 3 辆巡逻车，每车 5 人，发现情况可以立即处理。晚上也有警力值守，包括特警和待命警力。北区的大型消防行动站每天值班约 60 人（3 班共 180 人），中型消防站大约 30 人（3 班共 90 人），按照接到出动命令后 1 min 出警、6 min 到达现场的要求提供消防灭火和急救服务。在基层社区方面，澳门倡导全民急救，通过普及急救知识使群众掌握简单的急救常识，允许在第一时间通过自发的形式，依靠民众、社区等力量进行救助。由志愿者组成的急救义工队、民防义工队、社区服务队、青少年团队等，在接到工作指令后出动参加救援工作。

（9）搜索与救护能力。在《民防总计划》中设置了"救援及搜救小组"，其协调责任部门包括消防局、海事及水务局，参与机构包括消防局、海关（水域）、海事及水务局（水域）、澳门红十字会后备支援。其任务主要包括：组织、策划及培训各行动小组，协调灭火行动，协调及确保提供急救服务，协调陆上搜救行动，设置前线分流站，确保为伤者提供护理及救护车服务，为二次分流提供后勤支持，支持海上搜救工作之二次分流，支持海上灭火行动，协调及确保安装紧急照明，协助运送工作。

消防局有关人员装备等方面的情况，2016 年 9 月消防局成立了一支"特勤救援队"，承担大型、严重及复杂性高的意外事件救援任务。

澳门海上搜救应急工作由海事及水务局统筹协调。海事及水务局于 2013 年 7 月 18 日由原港务局改组而成，隶属澳门特别行政区政府运输工务司。发生重大海上事故时，海上搜救协调员（SMC）在征得领导同意后会启动设在澳门海事及水务局的"澳门海上搜救协调中心"（位于 VTS），不同部门代表届时均会进驻开展工作，为全面监察海上情况、协调不同部门工作提供便利。海事及水务局现有工作人员约 110 人，共有 25 艘船舶。还有抽水泵 16 台、消防泵 2 台、撇油器 1 台、围油栏 850 m、吸油纸 6000 张。作为最先接报和协调处置海上突发事件的澳门 VTS 共有 32 名工作人员，24 h 值守开展工作。

海关现有工作人员约 1060 人，巡逻船 10 艘、巡逻快艇 24 艘。海关潜水队共有 16 名潜水员，分 4 个班，每班次满员 4 人。潜水队执行海上搜救打捞、船艇水下维护、水下安保等任务。

私人疏浚公司配备有 2 艘大马力拖轮开展应急轮值工作，从事危险品运输的码头公司也配备有一定的海上防污染设备及物资。

"天鸽"风灾期间水浸停车场的人员救援的问题：因停水停电、出车困难、排水能力有限等原因，遇难者被从受淹停车场找出的时间较长。目前，海关现役连同退役的海关蛙人只有 21 人，虽然一直尽力搜救，但由于蛙人潜水搜救依靠水面人员牵线引导行进，且线路必须为直线。而受淹停车场路窄弯多，环境未明，加上蛙人的氧气筒供应时间有限，地面人员必须确保蛙人在水下的安全才能开展搜救，所以救援效果不理想。

（10）紧急医疗救护能力。澳门公共卫生范畴的指挥机制则是由卫生局协调 CDC、医疗机构、其他政府部门和非政府组织，卫生局局长向社会文化司负责并汇报，社会文化司司长向特区行政长官负责并汇报。

院前急救服务由消防局承担。包括现场抢救、运送伤者和急病者到医院急诊室。配备了 40 多辆救护车，每天 22 辆上路行驶，20 多辆待命。救护车分两类，大型和小型。大型配备了一些急救方面的基本装备，目前还没有负压工作的救护车。2003 年内地暴发非典型肺炎，澳门消防局购买了防护衣物和消毒剂，制定了安全运送指引及教导救护人员防护知识，并设立"路环临时清洗中心"，对运送怀疑患有非典型肺炎病人的车辆装备及工具进行清洗消毒。

医疗服务：由仁伯爵综合医院和镜湖医院负责，与其他卫生部门合作开展医疗应对，对受伤人员及传染病患者提供紧急医疗服务。

澳门疾病预防控制中心（CDC）是卫生局辖下的公共卫生技术单位，负责监测传染病等突发公共卫生事件并对影响因素加以研究，为公共卫生应急活动提供技术支持。

粤港澳三地建立了防治传染性疾病联席会议制度，初步建立突发公共卫生应急和医疗救治协同机制。

澳门卫生应急专业技术人员的组成主要由卫生局、仁伯爵综合医院、镜湖医院、科大医院、卫生中心、疾病预防控制中心的公共卫生技术人员、医生和护士组成，医院有 346 名医务人员参与应急工作，初级卫生护理服务场所有 210 名。心理干预人员主要是精神科医生和网络志愿者。卫生专业技术实验室较为分散，未集中于澳门疾病预防控制中心，实验室科研、专业技术人员团队人才不足。

在《民防总计划》中设置了"卫生及二次分流小组"，其协调责任部门为卫生局，参与机构包括卫生局、仁伯爵综合医院、镜湖医院、科大医院、卫生中心、疾病预防控制中心。其承担的主要任务包括：在提供医疗卫生服务的区域内，设置指挥站；协调在灾区向灾民提供的医疗服务；设置分流站及抢救站；组织、设置及管理紧急流动医疗站；协调由分流站及抢救站至各医护场所的二次分流工作；协调殡仪服务，并设置尸体收集点及临时停尸间；协调公共卫生工作，尤其是监控传染病，购买药物及疫苗等；在司法警察局协助下，为死者进行中央登记。

澳门有一定的传染病防护装备储备，并且定时更新，数量可以维持在足够 3 个月使用的标准；有抗病毒药物储备，其中达菲有 15 万人份。救治设备当中，共有 2 台 ECOM，仁伯爵综合医院和镜湖医院各有 1 台，此外仁伯爵综合医院有 30 台呼吸机。

"天鸽"风灾期间出现的问题包括：病患需要洗肾，但由于全澳停电停水，无法按时就诊，至第 2 天才由救护人员从住宅送往医院；但医院也缺乏合乎质量的水源供病患洗肾，最后需由消防车供水才得到解决。

（11）公众疏散和就地避难能力。在《民防总计划》的《台风期间风暴潮低洼地区疏散撤离计划》中明确规定了不同部门的疏散相关职责。其中，根据分区疏散撤离原则，将澳门划分为不同区域，以识别负责牵头的民防架构部门；另外根据就近设立临时避险中心原则，确定了临时避险中心的设立位置，要求各部门在辖下设施可开放提供予公众的地点，设立紧急疏散停留点；市民首选以步行疏散撤离，其次为公共交通工具。在《民防总计划》中亦设置了"疏散撤离小组"，其统筹责任部门包括警察总局、海关（澳门 D 区及凼仔 E 区）、治安警察局（澳门 B 区及凼仔 F 区）、司法警察局（澳门 C 区）、消防局（澳门 A 区）、保安部队高等学校（路环 G 区），参与机构包括海关、治安警察局、司法警察局、消防局、保安部队高等学校、社会工作局、交通事务局、其他民防架构成员。其承担的主要任务包括：将在澳门分成不同的片区，进行有关疏散撤离工作；当本澳宣告"紧急状态"，命令报行受水浸威胁的低洼地区进行撤离措施，负有统筹责任的部门按照所负责的区域采取必要措施，确保撤离的执行；确保足够避险中心对外开放；提供充足运输工具予有需要运送的受撤离人士。社会工作局联合教育局、民政总署（现市政署）、体育局，目前利用体育中心、学校等初步确定了 16 个避灾点，可容纳 1.3 万人临时避灾，基本上可以实现 15 min 步行至避灾点。

（12）公众照料服务能力。在《民防总计划》中设置了"援助及福利小组"，其协调责任部门为社会工作局，参与机构包括教育暨青年局、社会工作局、房屋局、民政总署（现市政署）、私人社会互助机构。其承担的主要任务包括：设置避风中心及避险中心，协助负责协调工作之实体管理收容中心，协调向受影响市民提供援助及福利的安排，包括供应物品及提供基本服务；安排受影响的人士与家人团聚，并提供心理辅导；与卫生及二次分流小组和维护法纪及公共秩序小组保持紧密联系，安排殡仪或宗教殡葬礼仪等事宜；与膳食供货商及提供其他专门服务之公司签订协议，确保上述中心在紧急状况下维持运作；按照灾民受灾情况，提供其他可行的援助。必要时民政总署可以协调坊会向区内商会及居民发放物资；其发放物资地点根据灾区范围并与坊会沟通后决定，主要是民政总署（现市政署）管理的休憩区、广场或公园。

（13）遇难者管理服务能力。灾难现场的遇难者管理由《民防总计划》中设置的"维护法纪及公共秩序小组"负责，其责任部门包括警察总局（策划方面）、治安警察局（行动方面）。其承担的主要任务包括：确保将尸体收集及集中在一起，并做好记录；暂时接收及保管死者之财物；对死难者的遗体作适当处理。遇难者的法医检验与殡仪服务，则由《民防总计划》中设置的"卫生及二次分流小组"负责，其责任部门为卫生局；其承担的主要任务包括协调殡仪服务，并设置尸体收集点及临时停尸间；在司法警察局协助下，为死者进行登记。司法警察局在发生台风灾害期间，需最低限度组织一队（体纹学及/或相片学的）鉴证队，以应付可能出现身份不明的尸体的情况。

（14）现场安全保卫与控制能力。在《民防总计划》中设置了"维护法纪及公共秩序小组"，其协调责任部门包括警察总局（策划方面）、治安警察局（行动方面），参与机构包括警察总局、治安警察局、司法警察局、海关。其承担的主要任务包括：维护法纪及公共秩序；实施道路交通监控，并采取措施，确保紧急车辆通行无阻；协调进出受影响区域的监控工作；确保将尸体收集及集中在一起，并作出记录；暂时接收及保管死者之财物；对死难者的遗体作适当处理；向领事馆发出通知，以及处理外国人的进出境事宜；为紧急事故调查工作作前期准备；支持消防局安装紧急照明；维持各出入境口岸之通关秩序；协助其他小组执行任务。

（15）环境应急监测与污染防控能力。环境保护局于 2015 年编制了《澳门突发环境事件应急预案》，并按当中涉及民防之内容辑录成《突发环境事件的行动协调指引》并附录于《民防总计划》中，以应对突发环境事件并减低其可能造成的损害。

为快速有效处置如沿岸污染、海面死鱼、非法排污等突发环境事件，环境保护局已与海事及水务局、土地工务运输局、民政总署（现市政署）及经济局等相关部门建立了紧急联络机制，以便实时作出沟通及协调跟进。在区域环境突发事件方面，环境保护局透过珠澳环保合作工作小组等区域机制，相互通报区域突发环境事件的讯息及跟进情况，迅速应对及处理有关区域污染问题。

就处理上述环境突发事件，为了获得客观的环境数据作科学分析，环境保护局委托澳门专业检验机构，协助环境保护局开展水质及空气质量相关的采集及化验工作，同时，环境保护局亦购置了相关环境应急检测设备，以便能及时掌握有关环境情况。

环境保护局委托科研究机构于 2018 年研究分析及编制《澳门突发环境事件应急手册》，以进一步完善对突发环境事件应急处理能力，明确细化有关应急措施；考虑组织环境应急专家组，指导环境保护局日常环境应急准备及操练工作，并协助在发生突发环境事件时进行分级，以及提供环境应急措施的意见；持续强化环境保护局环境应急设备，以及加强对环境保护局相关人员的仪器操作及培训；定期就各类可能出现的环境突发事件（如场所化学品泄漏等）的应急工作，进行沙盘推演及现场演练。

（16）火灾事故应急处置能力。消防灭火工作由澳门消防局及其所属消防行动站负责。

消防站布局。澳门目前共有 8 个消防行动站，分属澳门行动厅、海岛行动厅和机场处。其中澳门行动厅包括中央行动站、黑沙环行动站、西湾湖行动站，总人数 531 人；海岛行动厅包括凼仔行动站、路环行动站、横琴岛行动站，总人数 326 人；机场处包括机场消防主站和机场消防分站，总人数 92 人。北区的大型消防站每天值班约 60 人（3 班共180 人），中型消防站大约 30 人（3 班共 90 人）。2016 年 9 月成立了一支"特勤救援队"，承担大型、严重及复杂性高的意外事件的救援任务；现有 37 人，分成 2 个小队，24 h 候营待命。

消防站布局是按照接警后 6 min 到达现场的要求设置；如果到达时间超出 6 min，就要建议增建消防站。目前港珠澳大桥行动站已临时进驻，计划建设的消防站有青洲行动站和新城 A 区行动站；策划中的包括消防局总部暨路环行动站、消防训练基地。

消防装备情况。澳门行动厅拥有消防车辆 102 台，海岛行动厅 70 台，机场处 12 台。共有 31 辆轻型消防、救护摩托车，以适应旧城区的需要；每个消防站都有一个 18 m 的云梯车。最高的消防云梯是 70 m，考虑了马路宽度、承重等限制。另外还有高空气球，可达到救援高度 300 m（澳门观光塔最高超过 300 m）。

培训与演练情况。2017 年，消防局共派出 82 人次到外地及内地参加针对中高级人员的专业课程；本局举办培训课程 94 次，参与者达 3061 人次。2017 年共举行 42 次演习，共 17604 人参与，包括九澳货柜码头危险品事故和应急模拟演练、凼仔客运码头海上事故应急演习、机场南光油库火警演习，台风"紫藤"演习，澳门国际机场保安演习等。

（17）爆炸装置应急处置能力。澳门治安警察局负责监管有关武器、弹药、爆炸性物质的使用、携带、狩猎等一切法律规定之遵守等。治安警察局于 1993 年 8 月 6 日成立了"澳门飞虎队"。澳门飞虎队师承"葡萄牙特种警察部队 GOE"，队员来自警队精英，目前已拥有 100 多名成员，内设有突击小组、狙击小组、爆破小组及水上突击小组，专门执行澳门高度危险的任务。

（18）危险品泄漏处置和清除能力。为应对复杂多变的大型意外事故，澳门消防局于 2016 年正式成立"特勤救援队"，针对大型、严重及复杂性高的意外事件，适时调派"特勤救援队"到现场执行任务，有效提高救援效率。现时，特勤救援队有 30 人，分成 2 队，每队 15 人，全为男性，平均年龄 30 岁以下。他们要履行 24 h 候营机制，当发生大型或难度高的紧急事故时，会被召唤、集结及出勤到现场处理，并与各行动站队员紧密合作，共同完成各项救援工作。澳门消防局购置了一些必要的危险品事故处置装备和个体防护服装和用品，并组织开展危险品泄漏事故的人员救援和抢险处置演练。在海上危险品污染处置能力方面，海事及水务局现有抽水泵 16 台、消防泵 2 台及撇油器 1 台、围油栏（固体 450 m、充气 400 m）、吸油纸约 6000 张，分别设置于青洲塘、外港码头、黑沙辅助站及竹湾辅助站等位置。澳门从事危险品运输的码头公司也都配备有一定的海上防污染设备及物资。2008 年 9 月 25 日广东海事局、深圳海事局、香港特别行政区政府海事处、澳门特别行政区政府港务局签署了《珠江口区域海上船舶溢油应急合作安排》。珠海地区具有海上溢油清除能力 2200 t（其中中央政府 1200 t，地方企业 700 t），各类溢油应急物资设备库 5 座。

（19）生物疫情应急处置能力。由卫生局辖下的疾病预防控制中心负责公共卫生应急，其主要工作职责主要包括传染病监测、流行病学调查处置，环境中健康相关因素及伤害的监测，疫苗接种等。

传染病防治有跨部门的协调机制，卫生局局长向社会文化司司长负责并汇报，社会文化司司长向特区行政长官负责并汇报。机制涉及的相关部门包括消防局、民政总署（现市政署）、新闻局、教育局、社会工作局等。还专门有一个流感大流行应对小组，由社会文化司司长领导，除了上述部门外，还增加了治安局、旅游局。

在《民防总计划》中设置了"卫生及二次分流小组"，其协调责任部门为卫生局，负责监控传染病，购买药物及疫苗等。

根据 2004 年颁布的《传染病防治法》的规定，在传染病暴发流行时，可以采取的措施包括传染病病人和接触者的强制隔离、限制社会活动、限制部分行业活动、限制出入境和征用财产设施。

在传染病检测能力方面，澳门卫生局下属有个公共卫生化验所，有一个 P2+实验室，可以开展 42 种法定传染病检测，可以开展 PCR 检测。对新发传染病，主要是拿到引物，人员到香港、广东接受培训，尽快建立检测能力。罕见、新发传染病的病原检测是难点，希望建立从内地拿到 PCR 检测引物的机制。仁伯爵综合医院规划建设的传染病大楼中有一个 P3 实验室。澳门大学有一个 P3 实验室。同时，疾控中心关于传染病病原检测，与广东省疾控中心、香港、中国疾控中心，有合作机制。病原生物样本向内地（广东）的运送，目前都是临时性的，需要有一个固化的、完全合法化的机制和程序。

"天鸽"风灾期间出现的问题：街面上堆积垃圾物多，清运能力不足；味道难闻，可能滋生病菌；停水后重新供水时未对大楼储水池进行清理消毒，出现部分居民肠胃不适。

（20）防汛抗旱应急处置能力。由民政总署负责公共下水道和渠道疏通及排涝等职责，包括疏通受浸区街渠；紧急清理行车及行人隧道积水；启动后备电源排走大型明渠内积水；利用人手打开泵房的潮水闸重力排洪；在被水淹没的地方进行紧急抽排水工作；巡查及通知工程负责人恢复道路工程等。

当出现阻碍交通和街渠的障碍物时，土地工务运输局在民政总署（现市政署）的协助下，确保使受影响的公共街道恢复通行，在天气情况容许下把瓦砾清除。由民政总署（现市政署）负责联络工程承判商使用大型机械设备及车辆协助清理，以大型机械处理山泥倾泻及沿岸路面因风暴潮产生的沙泥及垃圾，安排器械及人手协助清理街渠及路面或山泥倾泻的斜坡障碍物工作，清理街道上雨水井井口垃圾、疏通渠口和其他能加快集排水的工作，重置被水冲走或移位的渠盖等。

"天鸽"风灾期间出现的问题：受海水倒灌等因素影响，澳门低洼街区和地下停车场水浸十分严重。8 月 23 日 11—13 时水浸情况最为突出，影响范围包括全澳大街及沿岸地区，澳门市区内水深大约为 1~2 m，路环市区及内港一带水深约 2 m 以上，内港货柜码头及附近商户的货物全部浸坏。停车场地库成为重灾区。43 个公共停车场中，有 11 个停车场出现不同程度的水浸情况，部分私家楼宇的停车场也出现水浸，水浸情况最高为 3~3.5 m。

（21）人群聚集性事件应急处置能力。日常人群密集的场所，如旅游景点、大型休闲娱乐中心、机场、码头等，由相关设施经营管理部门负责秩序维护。在公共场所，由治安警察、旅游警察等负责处置一般性治安问题。

在澳门大型演出活动、体育赛事、展会等，举办方应编制应急预案并报相关部门审批，加强内部安保工作，活动举办时治安警察局增派警力负责秩序维持。

在依法举行集会、游行及示威活动前，申请团体需提前向警方就举办时间、地点、参与人数等提出申请，警方有权以出于公共安全、维持公共秩序和安宁方面的考虑为理由，限定适当的场所和人数等；活动举办时治安警察局增派警力负责秩序维持。

当发生台风等灾害，造成旅客在旅游景点、大型休闲娱乐中心、机场、码头滞留时，目前完全由旅游公司、航空公司、涉及酒店等自行解决处理，旅游局负责沟通联络。

因应台风期间交通接驳的乱象和市内状况，在不适宜接待旅客的情况，旅游部门与珠海口岸建立互相通报机制，使旅客在入境之前知悉相关信息，令其对入境后可能遇到的情况有心理准备。在主要的旅游景点当眼处设置电子告示广告牌，以及透过设立在各口岸的旅客询问处发放信息及特别通知旅客。

6. 恢复重建使命领域能力

（1）受灾人员生活救助能力。社会工作局在灾后向受灾人员提供支持，包括：紧急个案收容安置；紧急经济援助；成立灾难后个案服务（包括提供关怀、抒发情绪、安抚伤痛）；电话或家访了解领取援助金的家庭之状况；设立紧急 24 h 热线服务；组织派水送饭；协调民间团体广泛接触服务对象；安排了灾后心理复原培训和推行小区教育，以及开展小组式的心理纾缓工作。同时也在社会服务组织方面提供的支持包括：协调社会服务组织资源互助互用，协调受灾院舍的长者搬迁地方，为受损毁的设施提供实时的工程维修检视与评估。

房屋局在灾后采取救助措施，协调或联同社团及社服机构向社屋住户合共派发樽装水、干粮、面包、饭盒及手电筒等应急物品，并与长者社屋楼宇的长者日间中心保持联系沟通，以协调处理问题。

在经济补偿方面，特区政府在风灾翌日（8 月 24 日）即推出有针对性的经济补偿措施。澳门基金会启动"8·23 风灾特别援助计划"：向遇难者家属致送 30 万元（澳门币）慰问金，向合资格住户发放上限 3 万元（澳门币）"家居修复援助金"，向伤者发放上限 3 万元（澳门币）"医疗慰问金"，向受停水停电影响的住户发放 2000 元（澳门币）"水电补贴"。

在心理辅导方面，因应不同的目标人群，各职能部门提供相关心理辅导。社会工作局向受风灾影响的个人或家庭提供心理辅导服务，教育暨青年局则针对受影响的师生及家长提供心理辅导及协助，卫生局亦制订情绪支持的相关应对机制。针对公务人员，行政公职局提供了危机应变心理纾缓服务；治安警察局亦向辖下人员提供情绪纾缓的知识，并启动心理支持机制。

教育暨青年局开展死难者家庭关怀，为死难者家属学生提供心理辅导服务，并向其提供学习费用援助。教育暨青年局于风灾后一直与辅导机构保持紧密沟通，跟进死难者家属学生的情况，并与社会工作局沟通相关家庭的情况及工作分工；同时，辅导机构与学校方面亦实时对相关家庭作出慰问及支持。9 月开学后，驻校辅导员一直关顾 5 名相关家庭子女的情绪状况，并与教师合作，观察及跟进其在校生活和学习，协助其渡过难关。截至 2017 年 12 月，教育暨青年局向 4 名死难者子女提供学习费用支持资助约 32.5 万元（澳门币）。

"天鸽"风灾后出现的问题：很多居民住宅被台风破坏而不能居住，居民要求政府为受影响居民提供临时住所。

（2）基础设施修复和重建能力。土地工务运输局负责道路和公共街道的清障、危险的楼宇及外墙物件处理；协助居民进行涉及公共安全的临时加固或紧急维修；提供临时处理或紧急维修的建筑商/公司名单。在民政总署（现市政署）负责所管理的公共设施的复原、废弃物品处理、环境清洁工作，包括移除危险物、封锁具安全隐患的设施区域、协助清理路障、恢复维生设施（水电）、清理受阻渠道，紧急维修台风损坏路面，恢复各泵房及行车隧道的运行状态，拆除、加固或封密破损市政设施窗户等。"天鸽"风灾期间出现的问题：部分顶楼加盖屋存在问题，市民代表提出能否考虑向部分志愿清拆的居民给予资助，搭棚架清拆的税费能否豁免。物业协会代表提出：新造楼宇电箱偏低，屏风楼造成玻璃爆裂，物业管理人员培训不到位，停车场洪闸设置存在问题，大部分楼宇因无业主会而没有财务储备开展维修计划等。

（3）垃圾和危险废弃物管理能力。在《民防总计划》中设置了"社会恢复及善后小组"，其协调责任部门包括警察总局、海关、治安警察局、司法警察局、消防局、土地工务运输局、民政总署（现市政署）、社会工作局，参与机构包括海关、治安警察局、司法警察局、消防局、土地工务运输局、澳门清洁专营有限公司、交通事务局、其他民防架构成员（倘需要）。其承担的主要任务包括：灾后实时清理路面的阻碍物及垃圾，采取措施处理实时危害的建筑物及其他物品，让社会能实时回复最基本的运作；巡查道路、建筑物及山体等，如有实时危险，立即进行处理，没有实时危险的，将个案进行登记及分类，按优先次序处理，直至社会完全恢复，同时亦应和民间机构保持密切联系，及时发现社会所需，若有需要转介"援助及福利小组"跟进。

在垃圾收集及处理能力方面，民政总署（现市政署）与环境保护局为澳门清洁专营公司的共同监管实体，因此在灾后两者共同协调澳门清洁专营公司，尽快恢复环境卫生；根据灾情于全澳增设一定数量的临时垃圾收集点；并制订依灾后情况适时组织社会力量参与清运工作的方案。要求清洁专营公司在保障日常清运垃圾所需的车辆、设备、机械数量情况下，最少要投入多30%以上的防灾车辆、设备、机械，以备救灾之用。

民政总署（现市政署）购置了一定数量的救灾所需车辆及机械，如机械化自动装载清运车辆、流动式倒树残枝破碎机械、后备发电机、流动大型水泵等。同时通过常设性采购服务合约，以年标形式，要求相关车辆机械供货商在灾后以预先订定的条款立即提供服务，善用社会资源。建立工作车辆灾害前转移的安排，以免工作车辆受损影响善后工作进行。

目前澳门唯一的一个建筑废料堆填区已饱和，必须尽快另觅地点建造新的现代化堆填区。此外，垃圾焚化中心第三期扩建工程也应抓紧推进，以增加处理能力，以便更好处置突发事件后产生的废弃物。

风灾期间出现的一些问题：8月24日民间自发救灾时，政府人员尚未到达急需清障的街区，缺少必要的应急资源；当应急资源充足时，政府又没有人员落区领导善后。救灾资源分配不合理，导致各区清障成效不一；建议政府透过社团发布准确信息，据此进行资源调配，避免救灾资源浪费。公共和私人停车场车辆受淹严重，一些拖车公司出现"趁火打劫"现象。

（4）政府服务恢复能力。从"天鸽"风灾的经验来看，澳门特别行政区政府部门在救灾期间出现紧急救援专业化队伍明显出现人员欠缺、技术及装备不足的问题，使得相关专责部门在救灾救援时遇到较大困难。由于与救灾直接相关的专业化队伍人员不足，政府不得不将纪律部队全面投入救灾工作，长时间的工作使得一些人员身心疲惫，影响了救灾救援效率；装备方面的不足也使得救援活动倍加艰难。民政总署（现市政署）在风灾中有148部车辆受到水浸，影响了救援工作的进度。

此外，多数部门由于缺乏紧急救援专业化队伍人员，尤其是机电工程师，大部分紧急维修工作仍需依赖专业公司的协助。建议未来招聘适量具信息系统维修资格和机电专业资格的人员。

行政公职局为因风灾而面临经济困难之公务人员提供一次性的经济援助措施。部分公务人员因经历风灾险情或在飓风吹袭期间执行职务而引致心理和情绪困扰，亦有提供危机应变心理舒缓服务。

为加快向受灾人员提供救助服务，法务部门采取以下措施改进服务能力：①为配合澳门基金会"8·23风灾"特别援助计划中的《家居修复援助金》之发放，于8月26日起为澳门基金会开通了"登记公证网上服务平台"的"物业登记查询"服务，让澳门基金会可透过该平台核实市民的物业登记情况，市民无须另行申领"查屋纸"等证明文件，加快工作效率；②由8月31日起，为经济局开通"登记公证网上服务平台"，提供"商业登记查询"服务，经济局可直接核实受灾的中小企业商户，并确认其商业登记数据；③由8月30日起，商业及动产登记局豁免因受"8·23风灾"影响的人士申请补领汽车所有权登记凭证的费用；④物业登记局完成"本澳设有地下停车场的物业统计表"的编制，供日后更好地部署灾情预防、险情排查和实施救援等工作使用。

（5）经济恢复能力。从"天鸽"风灾的经验来看，虽然风灾重创中小企业和市民财产，但特区政府出台政策积极扶助中小企业和市民，使得经济很快得到恢复。

经济局设立受"天鸽"风灾影响的中小企业特别援助计划，提供上限60万元（澳门币）、还款期为8年的免息援助贷款；同时灾后补助金调升至5万元（澳门币）。另外，参照实际的受灾情况，针对企业及中小企业推行相应的税务减免。考虑风灾造成大量浸毁车辆，政府拟定相关机动车辆税优惠措施。

在商业保险方面，金融管理局要求保险业界加快处理理赔申请，设立咨询及理赔热线，并向居民提供相应协助。而劳工事务局亦派员到地盘跟进工伤个案理赔。由于本澳商户及居民普遍投保意识薄弱，绝大部分居民没有为其自身的财产投保（特别是中小企业）。政府未来将通过宣传提升居民的财产投保意识。

博彩企业规定在8号风球除下后1.5h后上班。但此时仍欠缺巴士、的士等公共交通，即便企业安排员工巴士接送，此时出行亦相当危险，对于开车的司机更是如此。部分娱乐业企业在停电、停水、停冷气、水浸到脚跟的情况下，仍然没有指示员工离开工作岗位。建议政府制定规范博彩企业恢复营业和员工返工的相关规定。

（6）社区恢复能力。民政总署（现市政署）委派社群互助促进处（DAPA）职员作为联络人，负责与街坊总会及坊会联络人、街总中区办联络人、街总北区办事处联络人、街总南区办联络人、街总离岛办事处，联络人进行信息沟通。开展各区市面情况收集，了解各区市面情况，依严重性安排相关部门跟进处理。

房屋局监督各社会房屋楼宇的管理公司，并要求专营公司协助抢修各楼宇的受浸设施，以尽快恢复供电、供水等；协调相关部门安排流动水车让受影响住户作定点取水；为租户抢修窗户或露台玻璃。

文化局检视排查所有文化设施及文物建筑，对受损设施及文物进行评估后，进行排危及加固工作，并按缓急轻重制订调配及修复等相关工作计划。与各庙宇及教堂的负责人及管理者，共同商讨灾害后的保护和跟进工作，调拨预算，提供实际支持及制订具体修复措施，以期尽快修复及维护受台风影响的庙宇及教堂。

体育场馆工作人员实时检查场馆内的设施及设备，对实时危险的区域进行加固及围封，以及优先对有条件的场馆进行紧急维修，分阶段开放有条件场馆，减低对市民的影响。

二、突发事件情景分析与评估

（一）突发事件情景的概念

重特大突发事件情景是对未来一定时期内一个国家或地区可能发生的重特大突发事件

的一种合理的设想，是对不确定的未来灾难开展应急准备的一种战略性思维工具。情景对某类事件发生的可能性、发生发展的方式和过程、可能产生的严重后果、需要采取的应对行动等作出尽可能基于科学的可信的描述，但它不是对未来可能发生的特定事件的准确预报，而是对该类事件在设定环境下的一种基于普遍规律的认识表达。情景描述的是某一类事件的一种可信的最严重的情形，它通常不局限于某一具体的地理位置。在构建特别重大突发事件情景时，需要充分考虑当地的公共安全风险水平、经济发展水平、应急管理体制机制等因素对情景发生的可能性和后果的影响。

（二）突发事件情景构建过程

突发事件情景构建的基本过程如图 6-4 所示。

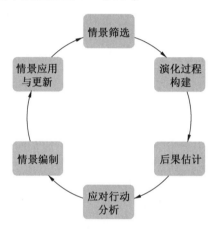

图 6-4　突发事件情景构建基本过程

（1）情景筛选：从一个区域或相似地区的突发事件历史案例和现实威胁中，筛选出适当数量的具有代表性的重特大突发事件，以作为当前和未来一个时期的应急管理重点对象。

（2）演化过程构建：在筛选出重特大突发事件情景后，接下来需要研究分析事件的演化特征，构建出情景事件发生、发展的过程。

（3）后果估计：分析情景事件可能引发的次生、衍生事件，事件造成的生命与财产损失、服务中断、经济影响和长期的健康影响等方面的后果，是情景构建的重要任务。

（4）应对行动分析：结合事件的演化过程和后果，分析在情景事件条件下需要采取哪些预防、减灾、应急准备、监测预警、应急响应和恢复重建行动。

（5）情景编制：根据以上分析结果，按照情景描述的要素和方法，编写出情景描述文本；必要时采取模拟仿真技术进行直观的展示。

（6）情景应用与更新：情景构建出来后，可以用于对现有应急资源与能力的差距进行分析、对应急预案进行评估和改进，规划应急能力提升行动方案，以及为应急培训和演练提供情景基础等；通过应用，可以发现情景所依据的条件和环境的变化，并在必要时对事件情景进行修改和完善。

（三）澳门突发事件情景简表

根据澳门历史灾害数据及公共安全风险评估结果，筛选出未来可能对澳门应急能力构成重大挑战的一些突发事件，并参考澳门或与澳门相似地区曾经发生的重特大突发事件典型案例，得到如表6-8所示的突发事件典型情景简表。由于时间所限，没有对每一个情景进行详细研究和情景构建。

表6-8 澳门典型重特大突发事件情景简表

序号	突发事件	简要说明	参考案例	损失估计（最大可能损失）								
				死亡人数/人	受伤人数/人	受灾人数/人	疏散人数/人	被困人数/人	损坏房屋/间	垃圾残骸/t	泄漏污染物/t	经济损失/亿元（澳门币）
1	自然灾害——台风灾害	台风、风暴潮，引发城市重大洪涝，并造成人员伤亡	2017年8月23日，"天鸽"台风吹袭澳门，10人死亡，244人受伤	10	244	3000	1000	20	200	8000	0	80
2	自然灾害——滑坡灾害	发生滑坡，损坏建筑物、道路等，造成人员伤亡	1976年8月25日，香港九龙秀茂坪填土坡大雨中坍塌，18人死亡，24人受伤	18	24	3121	1000	70	80	5000	0	1
3	事故灾难——建筑火灾事故	高层或人员密集场所发生火灾，造成人员伤亡	2017年，英国伦敦公寓楼火灾，81人死、74人伤；1996年香港嘉利大厦大火，41人死、80多人伤	40	80	300	5000	100	100	5000	0	2
4	事故灾难——道路交通事故	旅游或公交大巴发生碰撞、翻车、着火等，造成人员伤亡	2018年2月10日下午6时许，香港大埔公路发生巴士翻倒，19人死亡、65人受伤	20	60			15		5		1
5	事故灾难——燃气事故	在市区发生燃气等泄漏，并起火爆炸，造成人员伤亡	2014年8月1日凌晨，台湾高雄市发生燃气外泄并引发多次大爆炸，32人死亡，321人受伤	10	30	100	500		10	5		0.3
6	事故灾难——水上交通事故	客船因碰撞发生翻沉，大量人员落水，造成人员伤亡	2012年10月1日，香港南丫岛附近游艇与轮渡相撞，造成游艇上39人死亡	30	100			150			50	2

表6-8（续）

序号	突发事件	简要说明	参考案例	损失估计（最大可能损失）								
				死亡人数/人	受伤人数/人	受灾人数/人	疏散人数/人	被困人数/人	损坏房屋/间	垃圾残骸/t	泄漏污染物/t	经济损失/亿元（澳门币）
7	公共卫生事件——重大传染病疫情	在公共场所，发生人员拥挤踩踏事故，造成人员伤亡	上海外滩"12·31"拥挤踩踏事件，造成36人死亡，49人受伤	15	40							1
8	社会安全事件——拥挤踩踏事故	发生不明原因传染性疫情，或者流感大流行	在2003年"非典"期间，香港先后共有1755人受非典感染，296人死亡	100	500							20
9	公共卫生——食品安全	由于食品卫生、产品质量、人为投毒等原因，造成人员生病、中毒、死亡	1998年5月，香港发生"猪肺汤"中毒事件，17名本港居民因食用内地供应猪中毒，事后查明为"瘦肉精"中毒	5	20							1
10	社会安全——恐怖袭击	涉及枪击、交通工具、生物制剂、化学品、爆炸等的恐怖袭击事件	2016年7月14日深夜，法国尼斯市在国庆日庆祝活动期间，一辆大卡车撞向正在观看烟花表演的人群，造成至少84人死亡，202人受伤	20	50							2
11	社会安全——劫持人质	涉及针对游客车辆、休闲娱乐场所的劫持人质、事件	2010年8月23日，一辆装载25名乘客（其中22名香港乘客）的旅游车在菲律宾马尼拉市中心被劫持；菲警方实施突击解救行动，香港游客中8人死亡，6人受伤	5	10							1

（四）突发事件情景应对能力评估结果

2018年6月26日和27日，在珠海召开澳门防灾减灾十年规划初稿研讨会期间，邀请参加会议的澳门和内地专家，对表6-8中所列出的11项典型重特大突发事件的应对能力进行专家评估。共有澳门的43位和内地的29位专家返回了有效的突发事件情景评估表。专家根据事件发生可能性分级评价标准（表6-8），对各事件情景的发生可能性进行评价；根据应急能力分级评价标准（表6-9）对澳门在应对各事件情景方面所具有的预防、减灾、应急准备、监测预警、应急救援、恢复重建能力进行分项打分，或者对综合应对能力情况进行打分。根据专家评估打分结果，进行统计分析，得到澳门重特大突发事件情景发生可能性、现有应急能力情况的评价结果见表6-10。

表6-9　应急能力分级评价标准

应急能力 C	评估等级	1	2	3	4	5
	分数	0~39	40~59	60~74	75~89	90~100
针对不同风险情况，满足右边1条标准，即可评为该等级	主观评价	能力很差，几乎没有做过此类任务	能力较差，无法达成任务目标	能力尚可，勉强可以达成任务目标	能力较强，可以比较好地达成任务目标	能力很强，可以非常好地达成任务目标

表6-10　澳门典型重特大突发事件情景应对能力评估汇总表

序号	重特大突发事件	澳门专家评估汇总（43人平均值）								内地专家评估汇总（29人平均值）								所有专家评估汇总（72人平均值）							
		发生可能性	现有能力情况（分领域）						综合能力	发生可能性	现有能力情况（分领域）						综合能力	发生可能性	现有能力情况（分领域）						综合能力
			预防	减灾	应急准备	监测预警	应急救援	恢复重建			预防	减灾	应急准备	监测预警	应急救援	恢复重建			预防	减灾	应急准备	监测预警	应急救援	恢复重建	
1	洪涝灾害	2.7	2.7	3.0	3.0	2.9	3.2	3.3	3.0	3.2	2.9	2.9	3.0	2.9	2.8	3.3	3.0	2.9	2.8	3.0	3.0	2.9	3.1	3.3	3.0
2	滑坡灾害	2.1	3.0	3.0	2.9	2.7	3.3	3.4	3.0	2.1	2.8	3.0	3.1	2.9	3.0	3.4	3.0	2.1	2.9	3.0	3.0	2.8	3.2	3.4	3.0
3	建筑火灾	2.8	3.4	3.4	3.4	2.9	3.3	3.5	3.3	3.1	3.3	3.3	3.6	3.3	4.4	3.3	3.3	3.0	3.4	3.5	3.0	3.4	3.5	3.5	3.3
4	道路交通事故	3.3	3.2	3.2	3.2	2.8	2.8	3.3	3.0	3.5	3.1	3.2	3.3	2.7	3.4	3.6	3.1	3.4	3.1	3.2	3.2	2.8	3.1	3.7	3.4
5	燃气泄漏爆炸	2.1	2.9	3.0	3.0	2.8	3.3	3.3	3.0	3.1	3.0	3.1	3.1	3.1	4.1	3.7	3.1	2.1	2.9	3.0	3.1	2.9	3.4	3.4	3.1
6	船舶翻沉事故	2.4	3.1	3.1	3.3	3.1	3.2	3.2	3.0	3.1	3.3	3.3	3.5	3.3	3.5	3.7	3.3	2.3	3.2	3.2	3.4	3.2	3.3	3.5	3.3
7	拥挤踩踏事故	1.9	3.3	3.4	3.4	3.2	3.3	3.4	3.2	2.4	3.4	3.4	3.5	3.3	3.4	3.6	3.2	2.1	3.3	3.4	3.4	3.2	3.3	3.6	3.4
8	传染病疫情	2.5	3.5	3.5	3.5	3.4	3.4	3.5	3.4	3.2	3.4	3.4	3.5	3.4	3.4	3.5	3.4	2.5	3.4	3.5	3.5	3.4	3.4	3.5	3.4
9	食品安全事件	2.3	3.3	3.3	3.3	3.3	3.4	3.4	3.3	2.4	3.4	3.4	3.5	3.3	3.4	3.5	3.3	2.4	3.3	3.4	3.4	3.3	3.4	3.5	3.4
10	恐怖袭击事件	1.8	3.1	3.1	3.2	3.3	3.5	3.4	3.1	1.9	3.1	3.1	3.0	2.9	3.0	3.5	3.1	1.9	3.1	3.1	3.2	3.1	3.3	3.4	3.2
11	劫持人质事件	1.7	3.2	2.9	3.2	3.1	3.4	3.5	3.2	2.1	3.1	3.1	3.1	2.9	3.0	3.5	3.1	1.9	3.2	3.0	3.2	3.0	3.3	3.5	3.2

对比澳门专家和内地专家的评估结果，可以看出：

（1）总体来看，两地专家的评估结果比较一致。两地专家对 11 个重特大突发事件情景发生可能性、综合应对能力的评估结果柱状图，如图 6-5 和图 6-6 所示。由两图可以看出，两地专家评估结果的一致性较好。

（2）对于重特大突发事件情景的发生可能性，两地专家的评价结果基本都在可能性"较低"（2 级）和"一般"（3 级）之间；这与重特大突发事件情景的后果严重性特征相一致。构建这些情景的目的是为了基于底线思维，考虑不常发生的重特大突发事件对应急能力的需求，从而为规划应急能力建设目标和内容等提供参考依据。由于这些突发事件情景的后果都属于"严重"（4 级）或"特别严重"（5 级）等级，因此，这些突发事件情景的风险等级都属于"高风险"等级。

（3）对于重特大突发事件情景的综合应对能力，两地专家的评价结果都在"能力尚可，勉强可以达成任务目标"（3 级）附近，其中洪涝灾害、滑坡灾害的应对能力稍差，而建筑火灾、道路交通事故、拥挤踩踏事故、传染病疫情、食品安全事件的应对能力稍好。反映出澳门具有基本的应对重特大突发事件的能力，但离较强的应对能力（4~5 级）

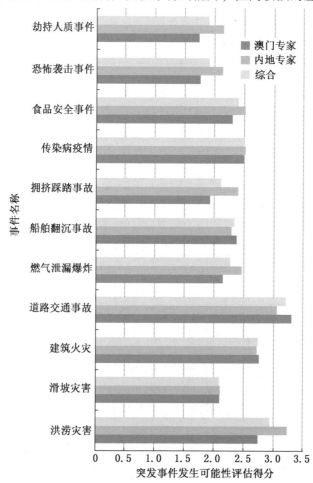

图 6-5　重特大突发事件情景发生可能性两地专家评估对比图

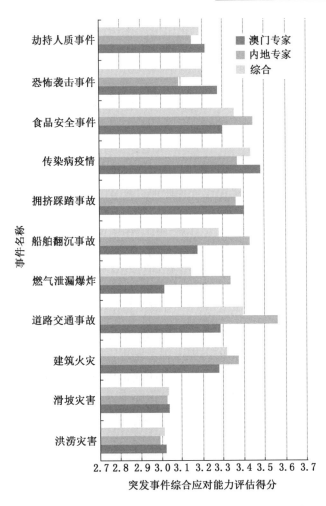

图 6-6 重特大突发事件情景综合应对能力两地专家评估对比图

还有较大差距。这正是在防灾减灾规划中需要尽可能弥补的差距。

（4）对于重特大突发事件情景的分项应对能力，两地专家的综合评价结果如图 6-7、表 6-10 所示。由图中结果可以看出，专家评价认为对于各项突发事件情景应对，各分项应急能力由高到低大致依次为：恢复重建、应急救援、应急准备、减灾、预防、监测预警。反映出专家对澳门应对突发事件的恢复重建、应急救援能力较有信心，而对预防、监测预警能力信心相对不足。不过，各分项应对能力的差距并不大。

三、突发事件应急能力评估

（一）应急能力评估方法概述

采用基于"情景构建"的方法进行应急能力评估。其基本思路是根据情景构建可得出的情景损失后果，开展应急能力的差距分析，根据差距分析结果对应急能力进行评估。

1. 应急能力差距分析

对照前述的应急能力分类框架（表 6-7），根据突发事件情景分析结果，梳理开展各项行动所需的应急能力，并按照应急能力的构成要素（人员、设施装备、物资、计划预

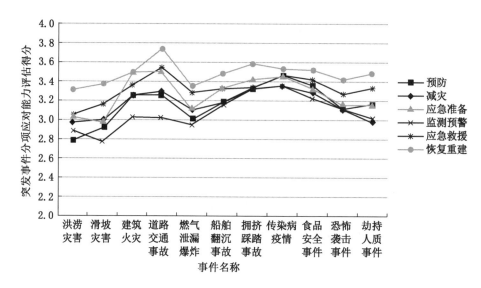

图6-7 重特大突发事件情景分项应对能力评估结果

案、组织构架、培训和演练等），确定各要素的能力基准。依据所调研了解的可用于该情景应对的资源现状，对照应急能力的各要素评估基准，查找存在的差距。如果建立起了比较完善的应急资源数据库，应急能力各要素差距评估可由评估软件进行定量评估。在本次规划研究中，由专家依据应急能力要素分级评价标准（表6-11）进行定性评价。

表6-11 应急能力要素分级评价标准

应急能力要素 E	评估等级	1	2	3	4	5
	分数	0~39	40~59	60~74	75~89	90~100
针对不同风险情况，满足右边1条标准，即可评为该等级	主观评价	差距巨大，几乎没有	差距较大，无法满足要求	差距一般，勉强可以满足要求	差距较小，可以比较好地满足要求	差距很小，可以非常好地满足要求

2. 应急能力综合评价

根据前面的应急能力要素评价结果，采用几何（考虑不同应急能力要素的权重）或算术平均法，可计算得出各应急能力的综合评价结果。也可以由评估专家根据前述应急能力分级评价标准（表6-9）进行主观评价。

3. 应急能力重要性评价

由评估专家对"此项应急能力对于澳门而言的相对重要性"进行主观评价，1—完全不重要，2—不太重要，3—比较重要，4—很重要，5—十分重要。

（二）应急能力评估过程及结果

2018年6月26日和27日，在珠海召开澳门防灾减灾十年规划初稿研讨会期间，邀请参加会议的澳门和内地专家，对"澳门突发事件分项应急能力专家评估表"进行专家评估。共有澳门的42位和内地的27位专家返回了有效的突发事件应急能力评估表。将各位专家对56项应急能力评价结果，汇总见表6-12。

表6-12　澳门应急能力评估结果汇总表

序号	应急能力	澳门专家评估汇总（42人平均值）应急能力要素评估（1~5分）									内地专家评估汇总（27人平均值）应急能力要素评估（1~5分）									所有专家评估汇总（69人平均值）应急能力要素评估（1~5分）								
		人员	设施装备	物资	计划预案	组织构架	培训	演练	能力综合评分	重要性评价	人员	设施装备	物资	计划预案	组织构架	培训	演练	能力综合评分	重要性评价	人员	设施装备	物资	计划预案	组织构架	培训	演练	能力综合评分	重要性评价
1	基础设施防洪减灾能力	2.61	2.56	2.73	2.78	2.93	2.80	2.78	2.62	4.24	3.02	2.87	3.06	3.13	3.21	2.71	2.79	2.94	4.37	2.77	2.68	2.86	2.92	3.04	2.77	2.78	2.75	4.29
2	供水系统防灾减灾能力	2.95	2.88	3.05	3.20	3.13	2.85	2.73	2.95	4.17	3.02	3.10	3.10	3.29	3.33	2.94	2.90	3.24	4.22	2.98	2.96	3.07	3.23	3.20	2.89	2.79	3.07	4.19
3	供电系统防灾减灾能力	3.00	3.02	3.08	3.10	3.13	2.93	2.78	2.95	4.19	3.10	3.21	3.29	3.33	3.25	2.94	2.94	3.20	4.33	3.04	3.10	3.16	3.19	3.17	2.93	2.84	3.05	4.25
4	通信系统防灾减灾能力	3.10	3.03	3.08	3.10	3.08	2.95	2.73	2.90	4.19	3.35	3.27	3.27	3.42	3.23	3.00	2.96	3.22	4.15	3.20	3.12	3.15	3.23	3.14	2.97	2.82	3.03	4.17
5	其他设施防灾减灾能力	3.13	3.00	3.10	3.05	3.00	2.90	2.80	2.90	3.90	3.23	3.19	3.08	3.23	3.42	2.92	2.92	3.07	3.96	3.17	3.08	3.09	3.12	3.17	2.91	2.85	2.97	3.93
6	网络系统防灾减灾能力	2.93	2.93	2.93	2.93	2.88	2.80	2.68	2.83	3.98	3.19	3.12	3.15	3.08	3.23	2.92	2.85	2.96	4.04	3.03	3.00	3.01	2.98	3.01	3.01	2.74	2.88	4.00
7	反恐怖袭击或人为破坏能力	3.05	3.18	3.05	3.21	3.28	3.15	3.33	3.12	3.98	3.17	3.17	3.33	3.33	3.37	3.21	3.29	3.17	3.93	3.10	3.18	3.16	3.25	3.31	3.18	3.32	3.14	3.96
8	自然与文化资源与减灾能力	2.68	2.78	2.78	2.83	2.95	2.83	2.65	2.79	3.50	2.92	3.00	3.04	3.15	3.00	3.08	2.96	3.22	3.56	2.77	2.86	2.88	2.95	2.97	2.92	2.77	2.96	3.52
9	环境保护与污染治理能力	2.85	2.93	2.78	2.85	3.00	2.78	2.83	2.81	3.69	3.19	3.15	3.19	3.19	3.23	3.12	2.85	3.33	3.70	2.98	3.01	2.94	2.98	3.09	2.91	2.83	3.01	3.70

表 6-12（续）

序号	应急能力	澳门专家评估汇总（42人平均值）应急能力要素评估（1~5分）									内地专家评估汇总（27人平均值）应急能力要素评估（1~5分）									所有专家评估汇总（69人平均值）应急能力要素评估（1~5分）								
		人员	设施装备	物资	计划预案	组织构架	培训	演练	能力综合评分	重要性评价	人员	设施装备	物资	计划预案	组织构架	培训	演练	能力综合评分	重要性评价	人员	设施装备	物资	计划预案	组织构架	培训	演练	能力综合评分	重要性评价
10	生命安全与健康保护能力	3.30	3.38	3.30	3.30	3.38	3.30	3.20	3.31	3.93	3.27	3.19	3.27	3.31	3.35	3.27	3.15	3.33	4.04	3.29	3.30	3.29	3.30	3.36	3.29	3.18	3.32	3.97
11	社区减灾能力	2.90	2.93	2.90	2.95	3.00	2.83	2.73	2.86	3.55	3.35	3.23	3.31	3.27	3.46	3.19	3.12	3.26	3.81	3.07	3.04	3.06	3.07	3.18	2.97	2.88	3.01	3.65
12	危险源和威胁识别能力	2.58	2.63	2.63	2.65	2.68	2.58	2.53	2.52	3.52	2.77	2.88	2.92	2.88	2.84	2.81	2.77	2.89	3.78	2.65	2.73	2.74	2.74	2.74	2.67	2.62	2.67	3.62
13	风险评估能力	2.53	2.68	2.58	2.60	2.63	2.55	2.55	2.48	3.55	2.50	2.50	2.54	2.73	2.73	2.62	2.65	2.67	3.48	2.52	2.61	2.56	2.65	2.67	2.58	2.59	2.55	3.52
14	危险源物理控制能力	2.73	2.65	2.73	2.85	2.78	2.70	2.68	2.67	3.55	2.65	2.81	2.88	2.92	2.92	2.81	2.62	2.93	3.56	2.70	2.71	2.79	2.88	2.83	2.74	2.65	2.77	3.55
15	不安全行为控制能力	2.95	2.95	3.08	3.08	3.08	2.93	2.85	2.95	3.31	3.00	2.96	2.92	3.00	3.00	3.00	2.92	2.96	3.44	2.97	2.95	3.02	3.05	3.05	2.88	2.88	2.96	3.36
16	政府监管监察能力	3.08	3.00	3.18	3.15	3.18	3.10	3.05	3.10	3.69	3.42	3.31	3.27	3.42	3.38	3.38	3.27	3.44	4.07	3.21	3.12	3.21	3.26	3.26	3.21	3.14	3.23	3.84
17	安全规划与设计能力	2.88	2.98	2.93	2.93	2.95	2.75	2.68	2.79	3.60	3.08	3.12	3.08	3.15	3.19	3.04	3.00	3.11	3.89	2.95	3.03	2.98	3.01	3.04	3.04	2.80	2.91	3.71
18	动机消解能力	2.80	2.83	2.75	2.68	2.83	2.75	2.63	2.74	3.31	2.96	2.92	2.96	3.00	3.00	2.96	2.92	3.15	3.59	2.86	2.86	2.83	2.80	2.89	2.83	2.74	2.90	3.42
19	物理隔离与防护能力	2.73	2.88	2.88	2.83	2.80	2.88	2.73	2.83	3.48	3.08	3.08	3.12	3.04	3.15	2.96	2.88	3.04	3.63	2.86	2.95	2.97	2.91	2.94	2.91	2.79	2.91	3.54

表6-12（续）

序号	应急能力	澳门专家评估汇总（42人平均值）									内地专家评估汇总（27人平均值）									所有专家评估汇总（69人平均值）								
		应急能力要素评估（1~5分）							能力综合评分	重要性评价	应急能力要素评估（1~5分）							能力综合评分	重要性评价	应急能力要素评估（1~5分）							能力综合评分	重要性评价
		人员	设施装备	物资	计划预案	组织构架	培训	演练			人员	设施装备	物资	计划预案	组织构架	培训	演练			人员	设施装备	物资	计划预案	组织构架	培训	演练		
20	公共安全素质提升能力	2.88	2.78	2.93	2.78	2.78	2.80	2.65	2.74	3.55	3.23	3.08	3.15	3.23	3.27	3.27	3.19	3.19	3.93	3.01	2.89	3.01	2.95	2.97	2.98	2.86	2.91	3.70
21	应急科技支撑能力	2.58	2.65	2.73	2.70	2.78	2.75	2.65	2.71	3.64	2.81	2.88	2.92	2.77	2.85	2.77	2.73	2.81	3.70	2.67	2.74	2.80	2.73	2.80	2.76	2.68	2.75	3.67
22	应急规划能力	2.78	2.73	2.88	2.68	2.75	2.75	2.58	2.74	3.69	2.96	2.85	2.92	2.92	3.08	2.69	2.81	3.04	3.63	2.85	2.77	2.89	2.77	2.88	2.73	2.67	2.86	3.67
23	应急准备组织能力	2.98	2.90	2.98	2.95	3.08	2.93	2.83	2.88	3.76	3.08	3.08	3.23	3.15	3.15	3.08	3.00	3.19	4.07	3.01	2.97	3.08	3.03	3.11	2.98	2.89	3.00	3.88
24	应急能力建设项目管理能力	2.83	2.85	2.88	2.85	2.90	2.75	2.78	2.79	3.48	2.92	2.81	2.92	3.15	2.96	2.77	2.77	3.00	3.70	2.86	2.83	2.89	2.97	2.92	2.76	2.77	2.87	3.57
25	应急培训能力	2.93	2.85	2.95	2.93	3.03	2.95	2.85	2.86	3.64	2.88	2.92	2.92	3.15	3.12	2.96	2.85	3.15	3.81	2.91	2.88	2.94	3.01	3.06	2.95	2.85	2.97	3.71
26	应急演练能力	3.00	3.08	3.03	3.18	3.05	3.08	3.00	3.00	3.60	2.96	2.96	3.00	3.15	3.12	3.00	2.96	3.15	3.70	2.98	3.03	3.02	3.17	3.08	3.05	2.98	3.06	3.64
27	应急评估能力	2.70	2.80	2.83	2.88	2.90	2.78	2.70	2.76	3.50	2.75	2.75	2.79	2.83	2.90	2.71	2.75	2.80	3.44	2.72	2.78	2.81	2.86	2.90	2.75	2.72	2.78	3.48
28	监测与预警能力	2.78	2.95	2.93	2.93	3.03	2.85	2.90	2.74	3.81	2.88	2.96	3.00	3.12	3.08	2.92	2.88	3.04	4.11	2.82	2.95	2.95	3.00	3.05	2.88	2.89	2.86	3.93
29	信息融合与预警发布能力	2.98	3.10	3.03	2.98	3.08	2.95	2.90	3.00	3.71	2.88	2.88	2.92	2.88	2.85	2.88	2.81	2.89	3.93	2.94	3.02	2.99	2.94	2.99	2.92	2.86	2.96	3.80

表6-12（续）

序号	应急能力	澳门专家评估汇总（42人平均值）应急能力要素评估（1~5分）							能力综合评分	重要性评价	内地专家评估汇总（27人平均值）应急能力要素评估（1~5分）							能力综合评分	重要性评价	所有专家评估汇总（69人平均值）应急能力要素评估（1~5分）							能力综合评分	重要性评价
		人员	设施装备	物资	计划预案	组织构架	培训	演练			人员	设施装备	物资	计划预案	组织构架	培训	演练			人员	设施装备	物资	计划预案	组织构架	培训	演练		
30	事件态势及损失评估能力	2.85	2.93	2.93	3.00	2.93	2.83	2.75	2.88	3.62	2.85	2.92	3.08	3.08	2.92	2.88	2.77	2.96	3.89	2.85	2.92	2.98	3.03	2.92	2.85	2.76	2.91	3.72
31	应急指挥控制能力	3.05	3.13	3.13	3.05	3.10	3.03	3.03	2.98	3.98	3.23	3.12	3.15	3.38	3.35	3.15	3.23	3.22	4.33	3.12	3.12	3.14	3.18	3.20	3.08	3.11	3.07	4.12
32	应急支援协调能力	3.08	3.08	3.08	3.00	3.00	2.98	2.95	2.95	3.79	3.08	2.96	3.04	3.16	3.24	3.00	3.00	3.04	4.00	3.08	3.03	3.06	3.06	3.09	2.98	2.97	2.99	3.87
33	应急资源保障能力	2.98	3.13	3.10	2.93	3.05	2.93	3.00	2.95	3.64	3.04	3.16	3.16	3.28	3.36	3.08	3.00	3.11	4.07	3.00	3.14	3.12	3.06	3.17	2.99	3.00	3.01	3.81
34	应急通信保障能力	2.98	3.13	3.18	3.05	3.00	2.98	2.83	2.95	3.83	3.36	3.24	3.28	3.28	3.32	3.36	3.32	3.30	4.15	3.13	3.17	3.22	3.14	3.13	3.13	3.02	3.09	3.96
35	应急信息保障能力	3.03	3.00	3.10	3.05	3.00	2.90	2.83	2.98	3.79	2.92	3.20	3.04	3.16	3.24	3.00	2.84	3.23	4.12	2.98	3.08	3.08	3.09	3.09	2.94	2.83	3.08	3.91
36	紧急交通运输保障能力	3.00	3.08	3.18	3.13	3.13	2.93	2.90	3.05	3.83	2.96	3.16	3.24	3.12	3.12	2.96	3.00	3.21	4.19	2.98	3.11	3.20	3.12	3.12	2.94	2.94	3.11	3.97
37	先期处置（第一响应）能力	2.98	3.00	3.03	3.03	3.03	2.90	2.90	2.90	3.95	3.04	3.12	3.00	3.12	3.16	3.04	3.04	3.15	4.38	3.00	3.05	3.02	3.06	3.08	2.95	2.95	3.00	4.12
38	搜索与救护能力	3.18	3.13	3.20	3.20	3.28	3.15	3.15	3.12	4.07	3.08	3.12	3.24	3.36	3.20	2.96	2.92	3.23	4.23	3.14	3.12	3.22	3.26	3.25	3.08	3.06	3.16	4.13

表6-12（续）

序号	应急能力	澳门专家评估汇总（42人平均值）									内地专家评估汇总（27人平均值）									所有专家评估汇总（69人平均值）								
		应急能力要素评估（1~5分）							能力综合评分	重要性评价	应急能力要素评估（1~5分）							能力综合评分	重要性评价	应急能力要素评估（1~5分）							能力综合评分	重要性评价
		人员	设施装备	物资	计划预案	组织构架	培训	演练			人员	设施装备	物资	计划预案	组织构架	培训	演练			人员	设施装备	物资	计划预案	组织构架	培训	演练		
39	紧急医疗救护能力	3.40	3.45	3.50	3.35	3.40	3.30	3.18	3.31	4.02	3.28	3.20	3.28	3.20	3.20	3.12	3.12	3.27	4.38	3.35	3.35	3.41	3.29	3.32	3.23	3.15	3.29	4.16
40	公众疏散和就地避难能力	2.98	3.00	3.18	3.08	3.13	2.83	2.83	2.98	3.83	3.12	3.16	3.20	3.28	3.20	3.16	3.00	3.12	4.04	3.03	3.06	3.18	3.16	3.15	2.96	2.89	3.03	3.91
41	公众照料服务能力	3.10	3.05	3.15	3.18	3.28	2.98	2.80	3.05	3.69	3.20	3.08	3.28	3.32	3.12	2.96	2.92	3.15	4.00	3.14	3.06	3.20	3.23	3.21	3.21	2.85	3.09	3.81
42	遇难者管理服务能力	3.05	2.98	3.10	3.05	3.13	2.85	2.73	3.00	3.43	3.13	3.13	3.13	3.29	3.33	3.13	3.00	3.24	3.88	3.08	3.03	3.11	3.11	3.14	2.96	2.83	3.09	3.61
43	现场安全保卫与控制能力	3.25	3.28	3.20	3.18	3.18	3.03	2.98	3.17	3.67	3.28	3.28	3.28	3.28	3.36	3.24	3.08	3.35	3.96	3.26	3.28	3.23	3.22	3.25	3.11	3.02	3.24	3.78
44	环境应急监测与污染防控能力	2.87	2.85	2.87	2.97	3.00	2.79	2.74	2.95	3.71	3.04	3.17	3.29	3.29	3.17	3.08	3.00	3.21	4.21	2.94	2.97	3.04	3.10	3.07	2.91	2.84	3.05	3.90
45	火灾事故应急处置能力	3.44	3.46	3.54	3.56	3.56	3.41	3.44	3.46	4.22	3.63	3.79	3.75	3.83	3.88	3.75	3.71	3.88	4.71	3.51	3.59	3.62	3.67	3.69	3.54	3.54	3.62	4.41
46	爆炸装置应急处置能力	3.08	3.23	3.31	3.26	3.23	3.15	3.13	3.15	3.85	3.19	3.23	3.27	3.31	3.35	3.23	3.10	3.35	4.33	3.12	3.23	3.29	3.28	3.28	3.18	3.12	3.23	4.04
47	危险品泄漏处置和清除能力	2.95	3.13	3.10	3.21	3.21	3.18	3.10	3.12	4.00	3.04	3.17	3.08	3.17	3.29	3.17	3.17	3.17	4.17	2.99	3.14	3.10	3.19	3.24	3.17	3.13	3.14	4.07

表6-12（续）

序号	应急能力	澳门专家评估汇总（42人平均值）									内地专家评估汇总（27人平均值）									所有专家评估汇总（69人平均值）								
		应急能力要素评估（1~5分）							能力综合评分	重要性评价	应急能力要素评估（1~5分）							能力综合评分	重要性评价	应急能力要素评估（1~5分）							能力综合评分	重要性评价
		人员	设施装备	物资	计划预案	组织构架	培训	演练			人员	设施装备	物资	计划预案	组织构架	培训	演练			人员	设施装备	物资	计划预案	组织构架	培训	演练		
48	突发性传染病应急处置能力	3.23	3.38	3.44	3.38	3.49	3.36	3.26	3.32	4.05	3.25	3.33	3.21	3.29	3.33	3.29	3.13	3.25	4.46	3.24	3.36	3.35	3.35	3.43	3.33	3.20	3.29	4.21
49	防汛抗旱应急处置能力	2.74	2.85	2.90	3.03	3.03	2.85	2.87	2.90	3.93	3.04	3.13	3.21	3.33	3.21	3.13	3.04	3.25	4.33	2.86	2.96	3.02	3.15	3.10	2.96	2.94	3.04	4.09
50	人群聚集性事件应急处置能力	3.26	3.33	3.33	3.28	3.33	3.18	3.13	3.20	3.85	3.29	3.13	3.29	3.25	3.25	3.08	3.08	3.25	4.13	3.27	3.25	3.32	3.27	3.30	3.14	3.11	3.22	3.96
51	受灾人员生活救助能力	3.23	3.21	3.13	3.10	3.21	3.18	2.97	3.12	3.66	3.44	3.48	3.56	3.52	3.52	3.27	3.27	3.60	4.21	3.31	3.31	3.30	3.27	3.33	3.22	3.09	3.31	3.87
52	基础设施修复和重建能力	2.95	3.00	3.03	3.10	3.05	2.90	2.74	2.98	3.61	3.25	3.25	3.25	3.29	3.38	3.29	3.21	3.29	4.17	3.07	3.10	3.11	3.18	3.18	3.05	2.93	3.10	3.83
53	垃圾和危险废弃物管理能力	2.89	2.97	3.00	3.00	3.00	2.87	2.79	2.75	3.78	3.09	3.04	3.13	3.43	3.30	3.17	3.09	3.13	3.96	2.97	3.00	3.05	3.17	3.12	2.99	2.91	2.90	3.85
54	政府服务恢复能力	3.39	3.39	3.42	3.39	3.37	3.21	3.13	3.38	3.93	3.54	3.54	3.50	3.63	3.67	3.33	3.37	3.60	4.46	3.45	3.45	3.45	3.49	3.49	3.26	3.22	3.46	4.13
55	经济恢复能力	3.37	3.42	3.42	3.42	3.42	3.16	3.03	3.23	3.70	3.61	3.57	3.61	3.70	3.74	3.39	3.43	3.71	4.54	3.46	3.48	3.49	3.53	3.55	3.25	3.19	3.41	4.03
56	社区恢复能力	3.24	3.24	3.30	3.22	3.30	3.08	2.97	3.10	3.79	3.52	3.30	3.30	3.52	3.57	3.17	3.35	3.42	4.21	3.35	3.27	3.30	3.34	3.40	3.12	3.12	3.23	3.96
	分要素综合	2.98	3.01	3.04	3.04	3.07	2.94	2.87	2.95	3.77	3.11	3.11	3.15	3.22	3.22	3.06	3.01	3.18	4.02	3.03	3.05	3.09	3.11	3.13	2.99	2.93	3.04	3.87

1. 两地专家评估结果对比分析

两地专家对 56 项应急能力的综合评价结果对比如图 6-8 所示。

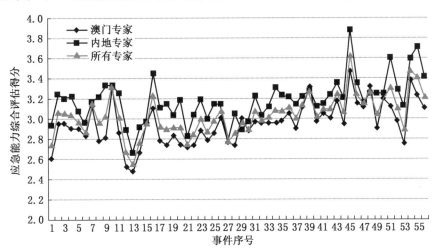

图 6-8 应急能力评估结果两地专家对比

由图 6-8 可知, 两地专家对各项应急能力总体评价结果基本一致。

从图 6-8 也可看出, 澳门专家对各项应急能力的评价总体低于内地专家的评价。澳门专家对 56 项应急能力的评分的平均值为 2.95 分, 其中在 "3 (能力尚可, 勉强可以达成任务目标)"以下的为 36 项, 在 "3" 以上的为 20 项; 而内地专家评分的平均值为 3.04 分, 在 "3" 以下的为 10 项, 在 "3" 以上的为 46 项。反映出澳门专家对澳门现有应急能力存在一定的担忧, 而内地专家则较为乐观。两地专家对 56 项应急能力的重要性评价结果对比如图 6-9 所示。

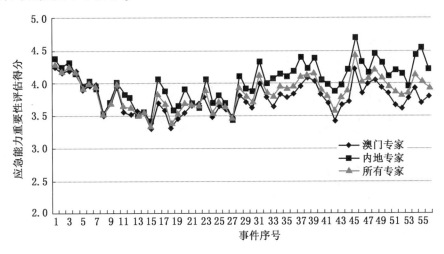

图 6-9 应急能力重要性评价两地专家对比

由图 6-9 可知, 两地专家对各项应急能力的重要性评价结果比较一致, 内地专家对各项能力的重要性评价普遍比澳门专家稍高一些。

专家们认为各项应急能力对于澳门而言 "比较重要" "很重要" 甚至 "十分重要";

重要性评级大于 4 的应急能力主要是减灾、应急响应和恢复重建使命领域的能力。

2. 专家评估结果总体分析

根据对现有应急能力评估的结果（表 6-12 中所有专家评估汇总"能力综合评分"列），按得分高低顺序排列后，得出澳门现有应急能力的基本状况，如图 6-10 所示。

从评估结果可以得出以下初步结论。

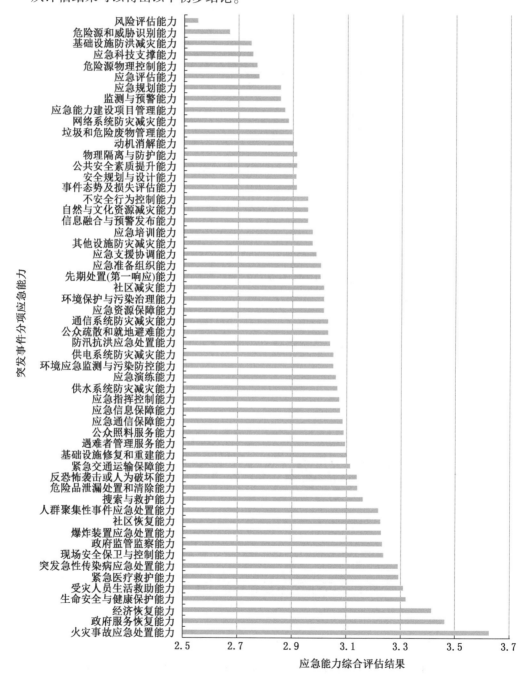

图 6-10　澳门应急能力现状评估结果

一是应急能力总体情况。澳门的应急能力总体评估等级处于基本合格区间。反映出澳门特别行政区已初步具备应对各类突发事件的能力，能够应对各类日常性突发事件；但在应对各类非常规重大大突发事件时，应急能力还存在较大差距，有待完善提高。

二是应急能力较强的领域。位于56项应急能力前面的10项为：火灾事故应急处置能力、政府服务恢复能力、经济恢复能力、生命安全与健康保护能力、受灾人员生活救助能力、紧急医疗救护能力、突发急性传染病应急处置能力、现场安全保卫与控制能力、政府监管监察能力和爆炸装置应急处置能力。

三是应急能力比较薄弱的领域。位于56项应急能力后面的10项为：风险评估能力、危险源和威胁识别能力、基础设施防洪减灾能力、应急科技支撑能力、危险源物理控制能力、应急评估能力、应急规划能力、监测与预警能力、应急能力建设项目管理能力、网络系统防灾减灾能力等。

3. 应急能力要素评估结果分析

将得分排名前十项和后十项应急能力的各能力要素得分情况，用柱状图形式绘出，分别如图6-11和图6-12所示。从得分前十项应急能力的能力要素得分情况来看，计划预案、组织构架的得分相对都较高，其次是设施装备、物资，而培训、演练的得分则相对较低；人员情况变化较大，在受灾人员生活救助、紧急医疗救护、现场安全保卫等能力方面人员要素得分相对较高，而在突发急救传染病处置、爆炸装置应急处置方面人员要素则得分较低。

从得分后十项应急能力的能力要素得分情况来看，与前十项应急能力相似，计划预

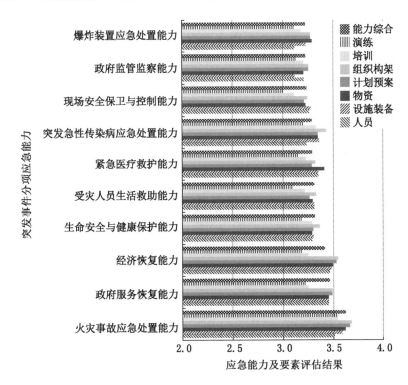

图6-11 前十项应急能力的能力要素比较

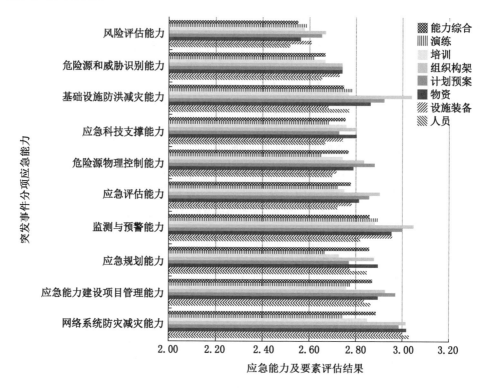

图 6-12　后十项应急能力的能力要素比较

案、组织构架的得分相对都较高，其次为设施装备、物资，培训、演练的得分则相对较低；人员的得分除了网络系统防灾等少数应急能力外，其他都相对较低。

从应急能力的要素评估结果可以看出，专家们对澳门目前在计划预案、组织构架方面的工作的认可度相对较高，其次是应急设施装备、物资方面，而应急培训、演练则相对差距较大；人员情况因应急能力情况不同而存在差异。这一评估结果，对于未来加强应急能力建设具有重要参考价值。

四、应急能力优化策略

（一）应急能力发展优先度评价

针对前述 56 项核心应急能力，以 B 代表现有基础，以 W 代表重要性，以 P 代表优先性指数，然后根据式（6-2）计算应急能力的优先性指数 P，根据计算所得出的优先性指数对应急能力进行排序，就可得出需要优先发展的应急能力的排列顺序（表6-13）。

$$P = W/B \tag{6-2}$$

表 6-13　应急能力发展优先度评价结果

序号	编号	使命领域	应急能力	现有基础 B（1~5）	重要性 W（1~5）	优先性指数 P/%	能力分组
1	1	减灾	基础设施防洪减灾能力	2.75	4.29	156.2	A
2	3	减灾	供电系统防灾减灾能力	3.05	4.25	139.2	A
3	6	减灾	网络系统防灾减灾能力	2.88	4.00	138.7	A

表6-13（续）

序号	编号	使命领域	应急能力	现有基础 B（1~5）	重要性 W（1~5）	优先性指数 P/%	能力分组
4	13	预防	风险评估能力	2.55	3.52	138.1	A
5	4	减灾	通信系统防灾减灾能力	3.03	4.17	137.8	A
6	28	监测预警	监测与预警能力	2.86	3.93	137.6	A
7	37	应急响应	先期处置（第一响应）能力	3.00	4.12	137.3	A
8	2	减灾	供水系统防灾减灾能力	3.07	4.19	136.6	A
9	12	预防	危险源和威胁识别能力	2.67	3.62	135.9	A
10	49	应急响应	防汛抗洪应急处置能力	3.04	4.09	134.5	A
11	31	应急响应	应急指挥控制能力	3.07	4.12	134.0	A
12	21	应急准备	应急科技支撑能力	2.75	3.67	133.2	A
13	53	恢复重建	垃圾和危险废物管理能力	2.90	3.85	132.8	A
14	5	减灾	其他设施防灾减灾能力	2.97	3.93	132.2	A
15	38	应急响应	搜索与救护能力	3.16	4.13	130.7	A
16	32	应急响应	应急支援协调能力	2.99	3.87	129.6	B
17	47	应急响应	危险品泄漏处置和清除能力	3.14	4.07	129.5	B
18	23	应急准备	应急准备组织能力	3.00	3.88	129.5	B
19	40	应急响应	公众疏散和就地避难能力	3.03	3.91	129.1	B
20	29	监测预警	信息融合与预警发布能力	2.96	3.80	128.4	B
21	22	应急准备	应急规划能力	2.86	3.67	128.4	B
22	14	预防	危险源物理控制能力	2.77	3.55	128.3	B
23	34	应急响应	应急通信保障能力	3.09	3.96	128.2	B
24	44	应急响应	环境应急监测与污染防控能力	3.05	3.90	127.9	B
25	48	应急响应	突发急性传染病应急处置能力	3.29	4.21	127.9	B
26	30	应急响应	事件态势及损失评估能力	2.91	3.72	127.9	B
27	36	应急响应	紧急交通运输保障能力	3.11	3.97	127.7	B
28	17	预防	安全规划与设计能力	2.91	3.71	127.4	B
29	35	应急响应	应急信息保障能力	3.08	3.91	127.3	B
30	20	预防	公共安全素质提升能力	2.91	3.70	126.9	B
31	39	应急响应	紧急医疗救护能力	3.29	4.16	126.5	C
32	33	应急响应	应急资源保障能力	3.01	3.81	126.4	C
33	7	减灾	反恐怖袭击或人为破坏能力	3.14	3.96	126.0	C
34	27	应急准备	应急评估能力	2.78	3.48	125.3	C
35	46	应急响应	爆炸装置应急处置能力	3.23	4.04	125.2	C
36	25	应急准备	应急培训能力	2.97	3.71	124.9	C
37	24	应急准备	应急能力建设项目管理能力	2.87	3.57	124.2	C
38	52	恢复重建	基础设施修复和重建能力	3.10	3.83	123.5	C

表6-13（续）

序号	编号	使命领域	应急能力	现有基础 B（1~5）	重要性 W（1~5）	优先性 指数 P/%	能力分组
39	41	应急响应	公众照料服务能力	3.09	3.81	123.4	C
40	50	应急响应	人群聚集性事件应急处置能力	3.22	3.96	123.1	C
41	56	恢复重建	社区恢复能力	3.23	3.96	122.7	C
42	9	减灾	环境保护与污染治理能力	3.01	3.70	122.6	C
43	45	应急响应	火灾事故应急处置能力	3.62	4.41	121.7	C
44	19	预防	物理隔离与防护能力	2.91	3.54	121.4	C
45	11	减灾	社区减灾能力	3.01	3.65	121.2	C
46	10	减灾	生命安全与健康保护能力	3.32	3.97	119.7	D
47	54	恢复重建	政府服务恢复能力	3.46	4.13	119.3	D
48	8	减灾	自然与文化资源减灾能力	2.96	3.52	119.1	D
49	26	应急准备	应急演练能力	3.06	3.64	119.0	D
50	16	预防	政府监管监察能力	3.23	3.84	118.8	D
51	55	恢复重建	经济恢复能力	3.41	4.03	118.0	D
52	18	预防	动机消解能力	2.90	3.42	118.0	D
53	51	恢复重建	受灾人员生活救助能力	3.31	3.87	117.0	D
54	43	应急响应	现场安全保卫与控制能力	3.24	3.78	116.8	D
55	42	应急响应	遇难者管理服务能力	3.09	3.61	116.5	D
56	15	预防	不安全行为控制能力	2.96	3.36	113.7	D

（二）需优先发展的应急能力建议

根据对应急能力优先性指数评估的结果（表6-13中的"优先性指数 P"列），按得分高低顺序排列后，得出澳门未来应急能力建设优先度情况，如图6-13所示。将排在最前面的1~15项应急能力设为A组、16~30项设为B组、31~45项设为C组、46~56项设为D组，显然A组是在规划中需最优先发展的，其余各组优先度依次降低。

由此可得出澳门未来应优先发展的应急能力（A组）为：基础设施防洪减灾能力、供电系统防灾减灾能力、网络系统防灾减灾能力、风险评估能力、通信系统防灾减灾能力、监测与预警能力、先期处置（第一响应）能力、供水系统防灾减灾能力、危险源和威胁识别能力、防汛抗旱应急处置能力、应急指挥控制能力、应急科技支撑能力、垃圾和危险废弃物管理能力、其他设施防灾减灾能力、搜索与救护能力。

紧随其后同样需重点发展的应急能力（B组）为：应急支援协调能力、危险品泄漏处置和清除能力、应急准备组织能力、公众疏散和就地避难能力、信息融合与预警发布能力、应急规划能力、危险源物理控制能力、应急通信保障能力、环境应急监测与污染防控能力、突发急性传染病应急处置能力、事件态势及损失评估能力、紧急交通运输保障能

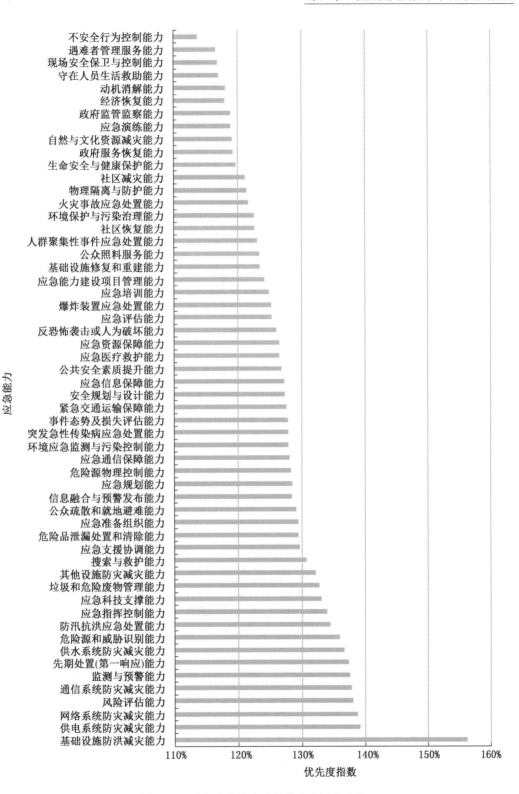

图 6-13 澳门应急能力发展优先度评价结果

力、安全规划与设计能力、应急信息保障能力、公共安全素质提升能力。

（三）规划主线与应急能力

结合需要优先发展的应急能力，并综合考虑澳门相关部门提出的规划需求，提出以下9个方面的规划主线：基础设施防灾减灾、应急管理体系、监测预警、应急队伍救援和装备、应急指挥和城市安全运行监控、应急物资保障、社会协同应对、公众忧患意识和自救互救、粤港澳应急联动与资源共享等。将各项应急能力与9个方面的规划主线对应起来，得到各规划主线的应急能力及其建设优先度（表6-14）。

表6-14　规划主线与应急能力之间的关系

序号	规划主线	应急能力	使命领域	优先等级分组
1	提高基础设施防灾减灾能力	基础设施防洪减灾能力	减灾	A
		供水系统防灾减灾能力		A
		供电系统防灾减灾能力		A
		通信系统防灾减灾能力		A
		其他设施防灾减灾能力（交通、桥梁、建筑等）		A
		网络系统防灾减灾能力		A
		反恐怖袭击或人为破坏能力		C
		自然与文化资源减灾能力		D
		环境保护与污染治理能力		C
		物理隔离与防护能力	预防	C
		危险源物理控制能力		B
2	完善应急管理体系	应急规划能力	应急准备	B
		应急准备组织能力		B
		应急能力建设项目管理能力		C
		应急培训能力		C
		应急演练能力		D
		政府监管监察能力	预防	D
		安全规划与设计能力		B
3	提升突发事件监测预警能力	监测与预警能力	监测预警	A
		信息融合与预警发布能力		B
		危险源和威胁识别能力	预防	A
		风险评估能力		A

表 6-14（续）

序号	规划主线	应急能力	使命领域	优先等级分组
4	增强应急队伍救援和装备能力	搜索与救护能力	应急响应	A
		紧急医疗救护能力		C
		现场安全保卫与控制能力		D
		环境应急监测与污染防控能力		B
		火灾事故应急处置能力		C
		爆炸装置应急处置能力		C
		危险品泄漏处置和清除能力		B
		突发急性传染病应急处置能力		B
		防汛抗旱应急处置能力		A
		人群聚集性事件应急处置能力		C
5	完善应急指挥和城市安全运行监控能力	事件态势及损失评估能力	应急响应	B
		应急指挥控制能力		A
		应急通信保障能力		B
		应急信息保障能力		D
		不安全行为控制能力	预防	D
		动机消解能力		
6	强化应急物资保障能力	应急资源保障能力	应急响应	C
		紧急交通运输保障能力		B
7	社会协同应对能力	先期处置（第一响应）能力	应急响应	A
		应急支援协调能力		A
		公众疏散和就地避难能力		B
		公众照料服务能力		C
		遇难者管理服务能力		D
		应急科技支撑能力	应急准备	A
		应急评估能力		C
		受灾人员生活救助能力	恢复重建	D
		垃圾和危险废弃物管理能力		A
		基础设施修复和重建能力		C
		经济恢复能力		D
		政府服务恢复能力		D

表6-14（续）

序号	规划主线	应急能力	使命领域	优先等级分组
8	提升公众忧患意识和自救互救能力	公共安全素质提升能力	预防	B
		生命安全与健康保护能力	减灾	D
		社区减灾能力		C
		社区恢复能力	恢复重建	C
9	提升粤港澳应急联动与资源共享能力	基础设施防洪减灾能力	减灾	A
		供水系统防灾减灾能力		A
		供电系统防灾减灾能力		A
		监测与预警能力	监测预警	A
		信息融合与预警发布能力		B
		应急支援协调能力	应急响应	B
		应急资源保障能力		C
		紧急交通运输保障能力		B
		危险品泄漏处置和清除能力		B
		突发急性传染病应急处置能力		B
		基础设施修复和重建能力	恢复重建	C

第三节　澳门防灾减灾规划愿景与目标研究

规划愿景和目标是规划的重要组成部分，是规划确定主要任务、重点项目和保障措施的重要基础，是规划评估考核的主要依据，是规划实施效果的综合反映。综合考虑澳门特别行政区防灾减灾工作面临的形势和需求，从实际出发，遵循规划编制指导原则，并按照"前瞻性、指导性，相关性、针对性，综合性、可实现性，定量与定性相结合"的目标筛选原则，初步形成防灾减灾十年规划的愿景、总体目标、分类目标及其指标等，以供规划编制参考。

一、愿景和目标确定原则

（一）前瞻性、指导性

针对当前和未来澳门公共安全形势的实际情况，规划在愿景和目标方面围绕建成"世界级旅游休闲中心"和安全城市的要求，加强顶层设计，既要接地气又要有指导作用，体现灾难推动、理念驱动和目标拉动的原则。

（二）相关性、针对性

目标要紧扣五年发展规划和十年防灾减灾规划确定的主要任务，重点围绕基础设施防灾减灾、应急管理基础、监测预警、应急队伍、应急指挥、应急物资、社会协同、区域联动等方面，提出短中长期目标。

（三）综合性、可实现

具体指标选择和设置方面，不简单罗列各类突发事件应对、部门和单位的指标，而是充分体现规划的综合性特征；同时，相关指标及其目标值应能反映防灾减灾规划实施进展，具有可实现性。

（四）定量与定性相结合

为有利于评估防灾减灾和应急管理体系建设成效，所选取的指标原则上要求可以定量计算并可分解和落实；但对于一些确实无法或不宜准确量化的指标，则采取定性描述的方式提出明确要求。

二、防灾减灾规划愿景研究

（一）澳门防灾减灾愿景

共建安全韧性城市，同享幸福美好生活。

（二）防灾减灾愿景的内涵

在澳门五年发展规划中明确提出了建成包括"安全城市"在内的澳门长期发展愿景。

"安全城市"（safe city）通常是指通过对城市的各类公共安全风险进行全面、动态监测和评估，制定并落实风险防控措施，减少安全隐患，尽最大可能减少各类事故灾难和社会安全事件的发生。如内地正在推进的"安全发展城市"，主要侧重于城市运行过程中与人民群众生命健康安全密切相关的生产安全及其可能引发的公共安全问题，强调城市经济社会发展必须切实建立在安全保障能力不断增强、劳动者生命安全和身体健康得到切实保障的基础上。

"韧性城市"（resilient city）是指城市能够在各类重大突发事件发生时有效应对突发事件对其社会、经济、技术系统和基础设施造成的冲击和压力，能维持基本功能、结构、系统，并具有迅速恢复的能力。韧性城市建设是 2015 年 3 月在日本仙台召开的第三届联合国减灾大会的重要主题，也是国际发达国家积极推进的方向。如南非德班市《适应气候变化规划：面向韧性城市》（2010），伦敦《管理风险与增强韧性》（2011），纽约《一个更强大更有韧性的纽约》（2013），日本《国土强韧化基本计划》（2014）等。

规划将安全韧性城市的内涵表述为：安全韧性城市是指能够有效防控安全风险，减少脆弱性，在重大突发事件发生时能够维持基本功能和结构，迅速展开应急响应并快速恢复正常功能的城市。安全韧性城市建设需要政府与社会力量协同配合，"人人有责任、人人有行动"，形成政府治理和社会自我调节、居民良性互动的共建共治共享格局。

对于以上防灾减灾愿景，在规划初稿征求部门和专家意见时，绝大多数部门和专家都明确表示认同。极少数专家认为"安全城市"已在澳门五年发展规划中提出，再提出"韧性"这一新的概念，担心公众是否容易理解和接受。经研讨认为，"韧性城市"这一概念虽然在华语世界相对较新，但在国际上提出已有 20 多年了，许多国际大都市都开展了"韧性城市"规划和建设。联合国也将增强社区"韧性"作为未来的防灾减灾战略目标。因此，综合各方面意见，将"安全韧性城市"作为澳门未来的防灾减灾愿景，符合澳门的城市特点及规划的基本定位。在将来规划征求公众意见以及规划实施过程中，可用通俗易懂的图文方式，对"安全韧性城市"的概念和内涵进行解释说明。

三、防灾减灾规划目标研究

（一）总体目标的提出

以建设国际先进的宜居、宜业、宜行、宜游、宜乐城市为基本目标，以保障公众生命财产安全为根本，以做好预防与应急准备为主线，坚守"一国"之本，善用"两制"之利，到 2023 年，进一步优化突发事件应急管理体系，综合应急能力显著提高，有效减少重特大突发事件及其造成的生命财产损失。到 2028 年，主要防灾减灾工程和项目基本建成，安全韧性城市愿景基本实现，公众生命财产安全得到更加充分的保障，基本建成与澳门经济社会发展相适应，政府主导、全社会共同参与，覆盖全灾种、全过程、全方位的应急管理体系，为把澳门建设成为世界旅游休闲中心提供安全保障。

（二）总体目标的内涵

在澳门五年发展规划中明确提出了"争取到本世纪 30 年代中期，将澳门建成一个以休闲为核心的世界级旅游中心，成为具有国际先进水平的'宜居、宜业、宜行、宜游、宜乐'的城市"的总体目标，防灾减灾规划作为澳门的专项规划，将为这一总体目标的顺利实现提供保障。

防灾减灾与公众在居、业、行、游、乐中的生命财产安全密切相关，因此，本规划以五年规划的建设国际先进的宜居、宜业、宜行、宜游、宜乐城市为基本目标，以保障公众生命财产安全为根本宗旨。

在规划所遵循的基本方针方面，强调事前预防与应急准备在防灾减灾工作中的重要性，充分利用"一国两制"这一基本国策的独特优势，从粤港澳区域协调和资源共享的角度，为澳门防灾减灾和应急能力建设提供根本保证。

在规划澳门突发事件应急管理体系时，强调应急管理体系建设要与澳门面临的公共安全风险挑战相匹配，与澳门的经济社会发展相适应；在应急管理体系中政府发挥主导作用，同时全社会所有成员要共同参与；应急管理体系的范围要全面覆盖预防与应急准备、监测预警、应急救援与处置、恢复重建全过程，从而为把澳门建设成为世界旅游休闲中心提供全方位的安全保障。

四、防灾减灾规划指标及分阶段目标研究

（一）指标体系及其目标值

为保障愿景和目标实现，按照规划任务主线，基础设施防灾减灾、应急管理体系、风险管理与监测预警、应急队伍救援和装备、应急指挥和城市安全运行监控、应急物资保障、社会协同应对、公众忧患意识和自救互救、粤港澳应急联动与资源共享等 9 个方面的37 项指标，以全面反映未来 10 年澳门防灾减灾与应急能力建设的成效。各重点建设领域的主要规划指标见表 6-15。

（二）主要规划指标及目标值说明

（1）防洪（潮）标准达到 200 年一遇。此指标主要反映澳门抵御台风、风暴潮等导致海潮漫入城市的能力。通常以长系列水文观测数据为依据，采用频率法计算的某一重现期的设计洪（潮）水位作为防洪（潮）标准。澳门的防洪（潮）标准，主要以澳门内港潮位站历史观测潮位（澳门基面）数据为依据，测算 200 年一遇洪（潮）水位为 3.71 m，

300 年一遇洪（潮）水位为 3.91 m。

表 6-15　应急管理体系建设规划指标及目标值

序号	指标项	现值 （2018 年）	短期目标 （2023 年）	中期目标 （2028 年）	备注
1	**基础设施防灾减灾能力**				
1.1	防洪（潮）标准	2~200 年一遇		200 年一遇	重要保护区远期可提高到 300 年一遇
1.2	治涝标准	2 年一遇		20 年一遇 24 h 降雨 24 h 排除	
1.3	本地蓄水设施蓄水量	$190 \times 10^4 m^3$（满足约 7 天用水需求）	约 $258 \times 10^4 m^3$（满足约 8 天用水需求）	约 $270 \times 10^4 m^3$（满足约 8 天用水需求）	本地蓄水设施蓄水量是指本澳水库的总库容
1.4	高位水池保障供水量	$5.3 \times 10^4 m^3$（可供水约 4 h）	约 $8.3 \times 10^4 m^3$（可供水约 7 h）	约 $14.3 \times 10^4 m^3$（可供水约 12 h）	
1.5	紧急情况下澳门电网自主供电能力占日最高负荷比例	30%	50%	50%	如果未来供电负荷快速增长，中期比例可能会下降
1.6	灾后主要交通干道救灾车辆和公交车辆恢复通行的时间	"天鸽"等重特大灾害超过 24 h	救灾车辆一般灾害不超过 5 h，重特大灾害不超过 12 h；公交车辆一般灾害不超过 8 h（重特大灾害除外）	救灾车辆一般灾害不超过 3 h，重特大灾害不超过 8 h；公交车辆一般灾害不超过 6 h（重特大灾害除外）	
2	**应急管理体系**				
2.1	应急管理体制机制法制完善程度	基本建立	基本完善	完善	第三方评估
2.2	特区政府及其相关部门应急预案制修订率	60%	≥80%	100%	私人单位和社会组织参照执行
2.3	特区政府及其相关部门应急预案按要求培训演练率	60%	≥80%	100%	私人单位和社会组织参照执行
3	**风险管理与监测预警能力**				
3.1	热带气旋八号风球发布目标时间提前量	民防内部 3 h	4 h	6 h	发布目标时间提前量是指可预测情况下提前作出预警的目标时间。但预测具有不确定性，在必要情况下可能会缩短
3.2	风暴潮橙色及以上级别警告发布目标时间提前量	民防内部 6 h	8 h	10 h	
3.3	雷暴警告或强对流天气提示发布目标时间提前量	约 10 min	15 min	30 min	

表 6-15（续）

序号	指标项	现值（2018 年）	短期目标（2023 年）	中期目标（2028 年）	备注
3.4	风暴潮高潮位（叠加天文潮）24 h 预报平均误差	约 74 cm	±55 cm	±45 cm	以进入澳门 800 km 内的热带气旋计算
3.5	风暴增水 24 h 预报平均误差	约 63 cm	±45 cm	±35 cm	
3.6	突发事件预警信息公众覆盖率	约 60%	≥80%	≥95%	通过社会调查统计
3.7	传染病申报率	95%	≥98%	100%	
3.8	群集疾病监测报告率	90%	≥93%	≥95%	
4　应急队伍救援和装备能力					
4.1	消防人员数量占常住人口比例	2.0‰	2.3‰	2.5‰	视实际情况可作出合理调整
4.2	治安警察人数占常住人口比例	7.8‰	8.9‰	10.0‰	
4.3	消防和急救车辆在出动后 6 min 内到达现场率	95%	≥98%	≥98%	离岛特殊区域除外
4.4	可用于传染病治疗的负压病房病床数量	95 张	≥150 张	≥200 张	
4.5	一天内可以紧急救治突发事件受伤人员数量	300 人	≥400 人	≥500 人	
4.6	海上应急力量接到指令后 30 min 内到达现场率	95%	≥98%	≥98%	在 8 级风力或以下、以及处于非恶劣天气时
4.7	海上溢油应急清除能力	18 t	42 t	100 t	区域合作可达 500 t
5　应急指挥和城市安全运行监控能力					
5.1	澳门城市应急指挥平台与专业应急指挥平台及其他相关单位之间互联互通率		≥80%	100%	
5.2	公共场所监控探头数量	820 个	2600 个	4200 个	
5.3	城市基础设施安全运行监控系统覆盖率		≥60%	100%	包括供水、排水、燃气管网、桥梁、隧道等

表 6-15（续）

序号	指标项	现值 （2018 年）	短期目标 （2023 年）	中期目标 （2028 年）	备注
6 应急物资保障能力					
6.1	重特大灾害发生后第一批救灾物资发放给需要的受灾人员的时间	避险中心内储存物资发放为即时，补充物资因各中心位置不同所需时间差异较大	≤12 h	≤8 h	目前避险中心储备有 20% 救灾物资。在橙色或以上预警信号发布时，启动运送救灾物资至避险中心
6.2	避险中心基本生活物资储备可满足需求的天数	≤1 天	≥2 天	≥3 天	物资仅针对避险中心启用后，有避险和救助需求的人群
7 社会协同应对能力					
7.1	应急志愿者（义工）占常住人口总数的比例		≥0.6%	≥1%	
8 公众忧患意识和自救互救能力					
8.1	每个社区每年举行应急演练次数		≥1 次	≥2 次	
8.2	每个小学、中学、大学每年举行应急演练次数	≥1 次	≥1 次	≥2 次	
8.3	学校安全教育普及率		≥80%	100%	通过社会调查统计
8.4	公众对公共安全基本知识的知晓率		≥80%	≥95%	通过社会调查统计
9 粤港澳应急联动与资源共享能力					
9.1	粤澳、港澳应急管理合作和突发事件应急联动机制	基本建立	基本完善	完善	
9.2	粤港澳海上互助合作机制	基本建立	基本完善	完善	
9.3	粤港澳联合开展港珠澳大桥警务、应急救援及应急交通管理合作机制	基本建立	基本完善	完善	

澳门半岛东侧、北侧及南侧地势较高，现状已达到 50～200 年一遇的防御标准；澳门半岛西侧地势较低，沿岸现状防护标准也较低，其中，青洲—筷子基段现状防洪能力为 2～50 年一遇，内港码头段现状防洪能力小于 5 年一遇，西湾湖景大马路段防洪能力为 20～100 年一遇。凼仔北部澳门水道现状防洪标准达到 50～200 年一遇，东部外海侧达到 200 年一遇；西部十字门水道侧凼仔—路凼填海区段防洪标准为 20～200 年一遇，路环市

区段防洪能力 5~20 年一遇；路环旧市区段荔枝碗防洪能力小于 5 年一遇。

在 2008 年国务院已批复实施的《珠江河口澳门附近水域综合治理规划》中，澳门暂按国家特别重要城市考虑，远期规划水平年（2020 年）防洪（潮）标准暂设为 300 年一遇。按照中国国家标准《防洪标准》(GB 50201—2014)，根据澳门保护人口、当量经济规模以及其特殊的地位，澳门防洪应按特别重要城市对待，防护等级为 I 级，防洪（潮）标准为 200 年一遇以上。综合各方面因素，规划澳门的防洪（潮）标准为 200 年一遇，远期可结合实际情况，将重要保护区的防洪（潮）标准提高到 300 年一遇。

（2）治涝标准达到 20 年一遇 24 h 降雨 24 h 排除。此指标反映发生暴雨情况下的城市总体排涝能力。通常以长系列降雨观测数据为依据，采用频率法计算某一重现期的雨量作为设计值。设计重现期可以为 5 年、10 年、20 年等。24 h 降雨 24 h 排除是排涝设计强度的概念，通常是指某一区域的自然排涝能力和工程排涝能力的总和。

目前，澳门地区排水管网系统主要为合流式（一条街道只有一条下水道，雨污水合流式系统排放）和分流式（清水和污水分别经各自系统排放）并存的混流制排水模式。澳门现状是排水管网能力不足，内港等老城区治涝标准仅为 2~5 年一遇；雨水泵站抽排能力不足，无法及时排除涝水。澳门目前没有明确的治涝标准，根据中国内地水利行业标准《治涝标准》(SL 723—2016)，按常住人口，澳门治涝标准为 10~20 年一遇；而按当量经济规模，治涝标准为 ≥20 年一遇。考虑澳门为遭受涝灾后损失严重及影响较大的城市，治涝标准原则上确定为 20 年一遇 24 h 降雨 24 h 排除，与上海市的治涝标准相当。

要实现规划目标，需要对现有排水管网进行扩容和升级改造，对全澳所有雨水渠出口截流，新建雨水截留涵箱渠和排水泵站工程等，涉及大型工程设计投资和街面施工，可能会对营商环境、交通和居民日常出行产生较大影响。此外，旧城区内狭窄的街道环境、大量地下管道纵横交错、地势较低洼及土地问题等因素，可能也会制约有关工程改造。建议在规划实施及相关重点项目设计期间，特区政府相关部门加强领导和协调，共同做好相关工程方案设计，促进工程的顺利实施，力争按期实现规划目标。

（3）澳门本地蓄水设施蓄水量达到约 $270 \times 10^4 \mathrm{m}^3$，满足约 8 天用水需求。本指标主要反映在外部水源中断供应情况下本地储蓄水源的供水保障能力。通过本地蓄水设施蓄水量可满足的用水供应需求的时间来衡量。

澳门本地供水系统由蓄水水库、自来水厂、高位水池和供水管网组成。蓄水水库的有效蓄水总量为 $190 \times 10^4 \mathrm{m}^3$，其中大水塘水库 $160 \times 10^4 \mathrm{m}^3$，石排湾水库 $30 \times 10^4 \mathrm{m}^3$，约可满足 7 天用水需求。特区政府规划建设九澳及石排湾水库扩容整治项目，计划于 2028 年前将两水库的库容量合共提高至约 $105 \times 10^4 \mathrm{m}^3$。届时，可将澳门地区的总蓄水量提高到约 $270 \times 10^4 \mathrm{m}^3$；预计到 2028 年平均日供水所需原水量达 $33 \times 10^4 \mathrm{m}^3$，本地蓄水设施蓄水量约可满足 8 天用水的需求。

（4）高位水池保障供水时间达到约 12 h。本指标主要反映在自来水厂因灾等原因停止生产后在一定时间内保持自来水供应的能力。通过高位水池储蓄水量可满足供水需求的时间来衡量。

目前，本澳于澳门松山及氹仔大潭山设有两组高位水池，总蓄水能力约为 $5.3 \times 10^4 \mathrm{m}^3$，相当于全澳约 4 h 的用水量。澳门自来水公司提出了增建 3 个高位水池的选址方案。其中一个位于小潭山，另一个位于石排湾水库东侧，其余 2 个选址（二择其一）位于澳门松山。通过推进高位水池选址和增建，预计可将高位水池蓄水能力逐步增加到约 14.3×10⁴ m³，保障供水时间提升至约 12 h。

（5）紧急情况下澳门电网自主供电能力占日最高负荷比例达到 50%。此指标主要反映在外部电网因故中断供电后本地电网自主发电保障供电需求的能力，通过本地发电机组装机容量与日最高负荷之比进行计算。

截至 2017 年底，澳门本地发电机组装机容量约为 428 MW，实际可用发电容量约为 326 MW，日最高负荷为 1004.03 MW（2017 年 8 月 22 日），本地可用发电容量约占总负荷的 30%。澳门计划投产新路环电厂，基本可满足 50% 的供电需求。但是，如果未来澳门电力最高负荷增长过快，而本地电源装机容量受土地等因素限制而不能同步增加，则自主供电能力占日最高负荷比例可能会下降。

（6）主要交通干道恢复救灾车辆通行的时间在一般灾害时不超过 3 h、重特大灾害时不超过 8 h；一般灾害时恢复公交车辆通行时间不超过 6 h（重特大灾害除外）。此指标主要反映在各种灾害和事故对道路设施产生破坏并影响通行时，快速抢修和恢复交通设施并开放给救灾车辆、公交车辆通行，以保障应急救援工作顺利开展、满足市民公共交通需求的能力。通常以交通干道在灾害过后恢复通行的时间来衡量。

灾害发生后，尽快抢通道路对于抢险救灾十分重要。当出现道路受损时，需要有足够的抢修力量。为此，规划提出依托道路维护保养、工程施工企业，建立专业的交通抢修保通队伍，配备充足的应急资源，负责道路设施损毁和因垃圾淤积、树木倒伏与滑坡泥石流等造成道路无法通行时的抢修保通工作。在一般灾害发生时，对道路影响的范围较小、程度较轻，要求灾后主要交通干道恢复救灾车辆通行的时间不超过 3 h、公交车辆通行时间不超过 6 h；但当出现大面积灾害时，一般不只一条交通主要干道受封阻，届时要先清理多条干道的障碍物才能恢复通行，因此要求主要交通干道恢复救灾车辆通行的时间不超过 8 h，而公交车辆恢复通行则应综合考虑路面恢复及其他安全等方面的因素。

（7）热带气旋八号风球发布目标时间提前量达到 6 h。此指标主要反映台风（热带气旋）灾害的监测预警能力水平。预警发布目标时间提前量是指可预测情况下，争取按目标时间提前作出预警，以便为防灾应变预留所需时间，然而发布提前量越大预警之准确度越低，故预警实际发布时间需平衡上述因素而尽早发出。

内地台风预警信号等级依台风影响程度而定，最高级别为红色预警信号，表示"6 h 内可能或者已经受热带气旋影响，沿海或者陆地平均风力达 12 级以上，或者阵风达 14 级以上并可能持续"，明确了台风红色预警信号发布时间提前量为 6 h。澳门未来通过完善监测站网，建立高效集成的资料处理平台，加强与内地及香港地区的监测预警资料和能力共享，修订完善台风风速观测和预警标准规范，加强预警信息发布系统建设，应可实现热带气旋八号风球发布目标时间提前量达到 6 h，但由于预测具有一定的不确定性，在某些情况下，该时间可以适当缩短。

（8）风暴潮橙色及以上级别警告发布目标时间提前量达到 10 h。此指标反映风暴潮灾害的监测预警能力水平。预警发布目标时间提前量是指可预测情况下，争取按目标时间提前作出预警，以便为防灾应变预留所需时间，然而发布提前量越大预警之准确度越低，故预警实际发布时间需平衡上述因素而尽早发出。

目前，在《民防总计划》的《台风期间风暴潮低洼地区疏散撤离计划》中对风暴潮警告发布有如下要求：当地球物理暨气象局预计将发出黑色风暴潮警告且预测水位高于路面 1.5 m 或以上，地球物理暨气象局须将有关情况通知联合行动指挥官，有关通知应尽可能在早于有关风暴潮影响本澳前 6 h 作出。未来，通过加强风暴潮的监测预警能力建设，结合澳门海洋水文环境和周边海域地理状况，有条件改进和完善风暴潮数值模式系统，发展风暴潮集合数值预报模式，为有效防范风暴潮灾害提供更多参考，有助于实现风暴潮橙色及以上级别警告发布时间提前量达到 10 h。但由于预测具有一定的不确定性，在某些情况下，该时间可以适当缩短。

（9）雷暴警告或强对流天气提示发布目标时间提前量达到 30 min。此指标反映对雷暴或强对流天气的监测预警能力水平。预警发布时间提前量主要是为防灾应变预留所需时间。

目前澳门气象局已建立雷暴大风天气预警发布机制，预警发布时间提前量约为 10 min。通过开展横向技术交流和引进，加强大数据、机器学习及人工智能技术在强对流天气监测预警上的应用研究，提升典型强对流事件总结分析、多资料综合应用、数值模式解释应用等业务能力，实现强对流天气预报准确率达到周边气象机构同等水平，强对流天气提示发布目标时间提前量达到 30 min。

（10）风暴潮高潮位（叠加天文潮）24 h 预报平均误差不超过 ±45 cm。此指标反映对风暴潮高潮位（叠加天文潮）进行准确预报预警的能力。针对每次影响澳门地区的风暴潮开展高潮位预报，既考虑天文潮，也考虑风暴增水以及发生时间，反映了一次风暴潮过程的影响程度。预报时效为 24 h，即至少提前 24 h 开展风暴潮高潮位预报。测算方法是对每次风暴潮期间的高潮位预报数值与实测数值进行比较计算误差值，一般以绝对误差来表示，年度或一段时间内的误差平均值代表年度或一段时间内的高潮位预报能力。

澳门气象局现通过预测水位高于路面的数值来发布风暴潮警告，各级警告依据的数值差值为 50 cm。但现时澳门并没有常规统计资料，按 2017 年影响澳门的 4 个热带气旋（天鸽、帕卡、玛娃、卡努）的风暴潮高潮位 24 h 预报作统计，平均误差约为 74 cm。通过加强风暴潮监测能力与预警能力，逐步提高风暴潮高潮位预报准确率，应可实现本规划指标。

（11）风暴增水 24 h 预报平均误差不超过 ±35 cm。此指标反映对由台风引起的海面异常升高现象即风暴增水进行准确预报预警的能力，重点考虑最大增水预报。针对每次风暴潮过程，至少提前 24 h 开展最大风暴增水预报，最大风暴增水反映了一次风暴潮的强度。测算方法是对每次风暴潮期间的最大风暴增水预报值与实测值进行比较计算误差值，一般以绝对误差来表示，年度或一段时间内的误差平均值代表年度或一段时间内的风暴增水预报能力。

澳门气象局现通过预测水位高于路面的数值来发布风暴潮警告，是在预测风暴增水与天文潮的基础上实现的。但现时澳门并没有常规统计资料，按 2017 年影响澳门的 4 个热带气旋（天鸽、帕卡、玛娃、卡努）的风暴潮最大增水 24 h 预报作统计，平均误差约 63 cm。通过加强风暴潮监测能力与预警能力，逐步提高风暴潮预报准确率，应可实现本规划指标。

（12）突发事件预警信息公众覆盖率不小于 95%。此指标综合反映突发事件预警信息发布能力水平。测算方法主要是根据不同预警信息发布手段的有效公众覆盖范围，叠加之后得到总的公众覆盖范围占全澳门总人数的比例。

随着网络和传媒技术的发展，澳门逐步建立了传统和现代相结合的预警信息发布方式，气象灾害的预警发布渠道由原来的在高处（大炮台、东望洋炮台）悬挂风球，通过电台、电视台广播及电话语音查询、SMS 天气短讯服务等，扩展为包括网页、微博、微信、手机应用程序（APP）等在内的新媒体发布渠道。未来通过完善灾害预警信息发布制度，加快突发事件预警信息接收传递设备设施建设，建立充分利用广播、电视台、互联网、手机短信、微信等各种手段和渠道，完善突发事件预警信息发布机制或平台以及快速发布"绿色通道"等，预期可实现预警信息公众有效覆盖率达 95% 的目标。

（13）传染病申报率达到 100%。此指标反映了对传染病发生情况及时发现并采取措施的能力。测算方法是通过传染病强制申报系统申报的传染病病例数与实际发生病例数之比。通过完善突发公共卫生事件监测报告制度，提高各个报告单位的报告内容和流程的规范性和及时性，实现传染病申报率达到 100% 的目标。

（14）群集疾病监测报告率不小于 95%。此指标反映了对群集疾病发生情况及时发现并采取措施的能力。测算方法是通过群集疾病监测系统申报的群集疾病病例数与实际发生病例数之比。通过提高各个报告单位的报告内容、流程的规范性和及时性，加强不同来源报告信息的整合，实现群集疾病监测报告率达到 95% 以上的目标。

（15）消防人员数量占常住人口比例不小于 2.5‰。此指标主要反映城市消防和专业应急救援队伍建设情况。测算方法是计算消防人员实际人数与常住人口数之比值。消防局现有编制 1589 人，实有人员 1313 人，尚有空缺 276 人。按常住人口 65 万人计算，目前实有消防人员占常住人口比例为 2.0‰，按编制人数计算为 2.4‰。随着城市人口规模以及入境旅游人数的快速增加，消防应急救援力量也要随之增加。因此确定消防人员数量占常住人口比例为 2.5‰，但仍需根据实际情况进行合理调整。

（16）治安警察人数占常住人口比例不小于 10‰。此指标主要反映城市治安警察队伍建设情况。测算方法是计算治安警察实际人数与常住人口数之比值。治安警察局现有编制 5600 人，实有 5100 人，未来目标是 6500 人。按常住人口 65 万人计算，目前实有治安警察人数占常住人口比例为 7.8‰，按编制人数计算为 8.6‰，按未来目标是 6500 人计算为 10‰。

澳门人口密度已达 2.11 万人/km²，为全球之首；每年还要接待 32 万多名旅客，以及管理接近 18 万人的外地雇员；此外，特区政府与各类民间团体每年都举办大量的传统节庆、体育比赛、旅游文化或国际盛事等。特别是随着经济社会快速发展，治安警察局工作涉及面越来越广。在执行传统警务的同时，处理各类行政违规的任务亦不断增长，如稽查非法劳工、控烟、检控乱抛垃圾、处理非法旅馆、监管噪声、处理家暴、动物保护、打击的士（出租车）违规等工作，都迫切需要增加前线警务人员。因此确定治安警察人员数量占常住人口比例为 10‰，但仍需根据实际情况进行合理调整。

（17）消防和急救车辆在出动后 6 min 内到达现场率不小于 98%。此指标反映消防与急救应急力量的快速反应能力。测算方法是根据每次消防和急救车辆的实际出警时间记录进行统计计算。目前，已实现在路面状况正常情况下出动后 6 min 内到达现场（偏远地区除外）、执行率为 95% 的承诺目标。为提高对偏远地区的消防保障能力，应当增建消防站，现计划建设的消防站有青洲行动站和新城 A 区行动站，策划中的有消防局总部暨路环行动站和消防训练基地。通过进一步完善消防站布局，进一步加强消防车等装备配备，确保除个别偏远地区外、路面状况正常情况下车辆出动后 6 min 内到达现场率达到 98% 以上。

（18）可用于传染病治疗的负压病房病床数量不少于 200 张。此指标反映最常发生的呼吸性传染病疫情发生后的治疗能力。测算方法是直接统计各医疗机构可用于传染病治疗的负压病房病床数。目前，澳门共有负压病房病床数量 95 张。正在建设新的传染病大楼的仁伯爵综合医院和其他医疗机构都将适当增加负压病房病床数量，预计可达到负压病房病床数量达到 200 张以上的目标。

（19）一天内可以紧急救治突发事件受伤人员数量不少于 500 人。此指标反映重特大突发事件发生并造成大量人员受伤时的紧急医疗救护能力。测算方法是统计各医疗机构可救治的受伤人员数量之和。"天鸽"台风灾害期间，受伤需由救护车送院或自行到仁伯爵综合医院和镜湖医院求诊的总人数共 244 人，其中仁伯爵综合医院处理了 60% 的个案；各卫生中心共为 200 人次提供了紧急医疗服务。在现有基础上，通过加强卫生应急核心人员的培训和交流、提高紧急医疗救援能力和卫生应急能力，实现一天内紧急救治突发事件受伤人员数量达到 500 人以上的目标。

（20）海上应急力量接到指令后 30 min 内到达现场率不小于 98%。此指标综合反映海上应急力量的快速反应能力，是应急队伍及装备能力的综合体现。根据澳门海上应急力量规划建设情况以及海上搜救工作的实际需要，在 8 级风力或以下，以及处于非恶劣天气的情况下，海上应急力量接到指令后应在 30 min 内到达现场，考虑到一些特殊情况，设定 30 min 内到达现场率不小于 98%。

（21）海上溢油应急清除能力本澳达到 100 t，区域合作达到 500 t 以上。此指标反映在所辖海域石油运输船舶发生事故造成石油泄漏后的海上溢油应急清除能力。测算方法是所拥有的溢油清污船只及设备的清污能力之和。目前，澳门海事及水务局海上溢油应急清除能力约为 18 t。由于因受海岸线性质及水深条件所限，沿岸缺乏停泊大型船只的条件，只能采用较小型的清污船只。通过政府政策引导和支持，力争本澳海上溢油清除能力达到 100 t。通过区域合作，结合粤港的支持，可使澳门海上溢油清除能力达到 500 t 以上。

（22）澳门城市应急指挥平台与专业应急指挥平台及其他相关单位之间互联互通率达到 100%。此指标反映城市应急指挥平台之间互联互通并为应急指挥提供信息支撑的能力。测算方法是已经实现互联互通的平台和单位数量与需要互联互通的平台和单位数量之比。

（23）公共场所监控探头数量逐年增加达到 4200 个。此指标反映对公共场所正在发生或各类事件发生后的现场信息获取能力。测算方法是直接计算投入使用的监控探头的数量。根据建设计划，到 2023 年，监控探头数量将达到 2600 支；到 2028 年达到 4200 支左右，基本实现主要路口和公共场所全覆盖。

（24）城市基础设施安全运行监控系统安装率达到 100%。此指标主要反映对城市基础设施的安全运行状态进行实时了解的能力。规划建设监控系统的基础设施主要包括供水、排水、燃气管网、桥梁、隧道等。测算方法是首先确定各类基础设施中应该安装监控系统的地点数量，根据特定时间节点实际已安装的地点数量与需要安装的地点数量之比得出。

（25）重特大灾害发生后第一批救灾物资发放给需要的受灾人员的时间不超过 8 h。此指标综合反映重特大灾害发生后救灾物资筹措与调配的能力水平。以实际灾害发生后第一批救灾物资从储备库（点）运送到物资发放点并发放给需要的受灾人员的时间为测算依据。通过完善应急物资运送和发放机制，形成以特区政府为主导、以社区内部运送和发放为基础，符合澳门实际的应急物资运送和发放机制，到 2028 年，预计可实现灾害发生后 8 h 内将第一批应急基本生活物资发放给需要的受灾人员的目标。

（26）避险中心基本生活物资储备可满足需求的天数不少于 3 天。此指标反映避险中心的基本生活物资保障能力。测算方法可根据避险中心的最大可安置人数、每人每天所需要的基本生活物资数量进行计算。通过在新建和已有应急物资储备库（点），采购储备相应的安置类、生活类、避险救生类等应急物资[①]；通过协议储备、协议供货、专业部门存储等方式保障食品、饮用水、药品以及婴儿、妇女等特殊群体用品等物资，预计可满足各避险中心计划安置人数 3 天（黄金救援期）所需的基本生活物资需要。

（27）应急志愿者（义工）占人口总数的比例不小于 1%。此指标反映一个地区的居民热心参与公共服务，愿意投入时间和精力从事义务性志愿服务的程度。通常，社会发达和文明程度越高，应急志愿者（义工）占人口总数的比例也越高。测算方法是通过统计注册志愿者中的应急志愿者（义工）数量，计算其占当地常住人口数量的百分比。通过积极引导公众参与志愿者（义工）服务，实现应急志愿者（义工）占人口总数的比例达到 1% 以上的目标。

（28）学校安全教育普及率达到 100%。此指标反映澳门安全教育的普及情况。计算公式为：学校安全教育普及率=（接受学校安全教育人口总数/澳门特别行政区在校学生总数）×100%。结合目前澳门的学校安全教育开展基础，设定短期目标为学校安全教育普及率不低于 80%，中期目标为 100% 全覆盖。

（29）公众对公共安全基本知识的知晓率不小于 95%。此指标综合反映政府和社会开展公共安全和应急管理知识科普宣传的力度和广度，以及公众接受科普宣传的途径多少、方便程度及主动性等。通过社会调查样本统计得出，计算公式为：公众对公共安全基本知识的知晓率=（被调查者知道了解公共安全基本知识的人数/被调查者总人数）×100%。结合目前澳门宣传普及公共安全基本知识的基础，设定短期目标为公众对公共安全基本知识的知晓率不低于 80%，中期目标为不低于 95%。

第四节　澳门基础设施防灾减灾能力建设规划研究

一、防洪（潮）防灾减灾能力建设规划研究

（一）防洪（潮）及治涝标准

1. 防洪（潮）标准

在 2008 年国务院已批复实施的《珠江河口澳门附近水域综合治理规划》中，澳门片

---

① 安置类物资包括帐篷、折叠床、毛毯、衣裤、照明设备等；生活类物资包括家庭应急包、食品、饮用水、净水机、移动厕所等；避险救生类物资包括救生衣、救生筏等。

滩涂（主要指澳门半岛南片、东片，凼仔北片，凼仔和路环之间片，十字门水道东侧路环西南片滩涂）暂按国家特别重要城市考虑，远期规划水平年（2020年）暂按300年一遇防洪（潮）标准。根据《防洪标准》（GB 50201—2014），各类防护对象的防洪标准应根据防洪安全的要求，并考虑经济、政治、社会、环境等因素，综合论证确定，各等级的防洪标准见表6-16。根据澳门人口数量、经济规模以及其特殊的地位，澳门防洪应按特别重要城市对待，防护等级为Ⅰ级，防洪（潮）标准为200年一遇以上。

根据《澳门特别行政区城市发展策略（2016—2030年）》，澳门半岛规划以居民居住、展现特色、发扬传统、公共服务、商贸中心以及产业转型升级为基本方向；凼仔以业已形成的功能区划为基础，优化相关区域的配套设施，逐步形成生活居住、文体活动、娱乐博彩和旅游休闲的新中心；路环以生态养育、旅游休闲和文化遗产保护为主，形成澳门绿色发展和旅游休闲的中心。考虑澳门各岛屿采取分片防护措施，规划澳门的防洪（潮）标准为200年一遇。

表6-16 城市防护区的防护等级和防洪标准(GB 50201—2014)

防护等级	重要性	常住人口/万人	当量经济规模/万人	防洪标准/重现期（年）
Ⅰ	特别重要	≥150	≥300	≥200
Ⅱ	重要	<150，≥50	<300，≥100	200~100
Ⅲ	中等	<50，≥20	<100，≥40	100~50
Ⅳ	一般	<20	<40	50~20

2. 治涝标准

澳门目前没有明确要求执行的治涝标准，参照国内相关规程规范及国内主要城市治涝标准确定。根据《治涝标准》（SL 723—2016），按常住人口，澳门治涝标准为10~20年一遇；而按当量经济规模，治涝标准为≥20年一遇（表6-17）。考虑澳门为遭受涝灾后损失严重及影响较大的城市，治涝标准原则上取20年一遇设计暴雨。

表6-17 城市设计暴雨重现期(SL 723—2016)

重要性	常住人口/万人	当量经济规模/万人	设计暴雨重现期/年
特别重要	≥150	≥300	≥20
重要	<150，≥20	<300，≥40	20~10
一般	<20	<40	10

参照国内主要城市治涝标准：①北京、南京、天津治涝标准为20年一遇；②上海市治涝标准为20年一遇24 h暴雨24 h随时排除；③杭州、宁波、深圳市治涝标准为20年一遇24 h暴雨不成灾；④广州城区及建制镇治涝标准为20年一遇24 h暴雨不成灾；⑤珠海市治涝标准按遭遇5年一遇外江高潮位的情况下，20年一遇24 h暴雨1天排干。综上，澳门治涝标准定为20年一遇24 h降雨24 h排除。

（二）防洪减灾体系总体布局

根据澳门地形地势，结合近年来的水情、工情和各岛的发展状况，规划澳门防洪减灾工程体系由澳门半岛、路凼岛防洪减灾工程体系构成。

澳门半岛防洪减灾工程体系由沿岸堤防及内港挡潮闸工程组成。澳门半岛东高西低，西侧为内港海傍区，是昔日澳门最重要的客货上落点和最繁华商业中心，城区内有不少百年老店和具历史文化价值的建筑物，蕴含大量历史人文资源，地势低洼，沿岸基本不设防，受风暴潮、天文大潮与暴雨的影响，极易发生海水倒灌和积水淹浸。由于涉及征地移民问题和复杂的业权问题，建设堤防工程不具备近期实施的可能性，规划通过建设澳门内港挡潮闸工程解决内港海傍区水患问题。澳门半岛东侧通过新建堤防和对现有堤防工程达标加固，将整个澳门半岛的防洪（潮）标准提高到 200 年一遇，相应内港潮位站潮位为 3.71 m（澳门基面，下同）；重要保护区远期可进一步提高至 300 年一遇，相应内港潮位站潮位为 3.91 m。

路凼岛防洪减灾任务主要由沿岸堤防工程承担。规划路凼岛的堤防标准为 200 年一遇。

治涝主要通过建设雨水截留箱涵、排水管道扩容和升级改造，并逐步实现对排水系统的雨污分流，布置水闸和泵站，排除涝水，使治涝标准达到 20 年一遇 24 h 降雨 24 h 排除。

(三) 防洪（潮）及排涝工程建设规划

1. 主要目标

防洪（潮）及排涝工程建设的主要目标是在规划期内，建立起符合澳门实际情况、满足经济发展和人民群众生命财产安全要求的防洪减灾体系，保障经济社会的可持续发展。在发生天文大潮和常遇台风风暴潮时，使城市主要街道不受水浸，能保障经济发展和社会安定；在遭遇强台风（类似"天鸽"）时，经济活动和社会生活基本不受影响。

2. 工程建设规划

（1）澳门半岛堤防工程。澳门半岛堤防工程规划重点是为现状不设防的区域新建堤防，已建堤防的区域进行达标加固整治，使全半岛达到 200 年一遇防洪（潮）标准。规划新建堤防共 8.0 km，分为两段，一段为青洲至澳门内港挡潮闸闸址沿岸堤防，按湾仔水道控制水位 1.8 m 建设，考虑越浪，堤顶高程按 2.3 m 设计，堤防长度 7.0 km；另一段为渔人码头到海立方娱乐场沿岸，堤防长度约为 1.0 km。规划达标加固堤防共 6.8 km，分为两段，一段为西湾湖景大马路内港挡潮闸闸址至渔人码头，长度约为 4.1 km；另一段为海港前地至关闸广场，长度约为 2.7 km。

（2）路凼岛堤防工程。路凼岛堤防工程建设包括新建和达标加固两部分，其中新建堤防主要位于现状不设防的路环旧市区、九澳货柜码头等区域，堤防总长约 3.3 km，规划按 200 年一遇标准建设。为解决路环西侧（十月初五马路和荔枝碗一带）防洪（潮）问题，保护历史文化景观，规划新建路环西侧防洪（潮）工程，堤防设计标准为 200 年一遇。达标加固堤防主要位于凼仔和路凼填海区以及路环新市区，将现状已建堤防中低于 200 年一遇标准的部分达标加固，使全岛达到 200 年一遇防洪（潮）标准。

（3）控制性挡潮工程。澳门内港挡潮闸工程位于湾仔水道出口，距离上游石角咀水闸约 3 km，是澳门半岛西侧内港海傍区防洪（潮）排涝体系重要组成部分。工程的主要任务为挡潮、排涝、航运等综合利用，主要建筑物由泄水孔、通航孔、排涝泵站、船闸组成。内港挡潮闸采用挡潮闸与泵站结合的方式，将湾仔水道的水位控制在 1.8 m。挡潮闸总净宽 300 m，排涝泵站抽排流量为 42 m³/s，装机规模为 2840 kW。工程等别为 I 等，工程规模为大（一）型。主要建筑物泄水孔、通航孔、船闸（前沿挡水部分）、排涝泵站级别为 1 级，次要建筑物级别为 3 级。挡潮闸的防洪（潮）标准为 200 年一遇，相应设计年最高潮位为 3.71 m，治涝标准为 20 年一遇 24 h 降雨 24 h 排除。工程建成后可解决内港海傍区因天文大潮和台风风暴潮带来的水患问题，保障澳门半岛西侧内港海傍区的防洪（潮）安全，同时满足湾仔水道通航要求。

（4）治涝工程。治涝工程建设的重点是完善现有排水管道的扩容和升级改造，新建雨水截留箱涵和泵站工程，使其逐步达到规划治涝标准。为了尽可能减少内涝，在路凼新城的开发建设中，加强排涝系统建设与管理，尽量将新开发区或重要设施的地面标高设置在防洪（潮）水位以上，合理安排绿地、湿地等透水地面面积。

排水系统的分流、扩容和升级改造。规划对排水管道进行扩容和升级改造，并逐步实现对排水系统的雨污分流。制定地下管网抵抗洪水工程设计规范，提高地下管网的防灾减灾能力。

新建雨水截留箱涵。由于澳门地区四面环海，排水系统的排水口往往因受潮位影响而导致排水能力降低，比如凼仔望德圣母湾大马路的涵箱排水口因潮汐升高而降低其排水能力，截流箱涵还面临集水面积过大的问题，因此，规划新建雨水截留箱涵，增加对涝水的调蓄能力。

新建排水泵站。受潮汐影响，澳门地势低洼地区的排水口极少有自排条件，现状排水泵站能力不足，比如凼仔的菜园路，澳门运动场至新濠影汇一带易涝区就是因为排水泵站能力无法及时排除涝水所致。规划新建排水泵站，增强抽排能力。

3. 非工程措施

防洪减灾非工程措施是防洪减灾体系的重要组成部分，要建立和完善澳门防洪减灾体系，就必须在加强防洪减灾工程体系建设的同时，注重防洪非工程措施。非工程措施主要包括建设监测、通信及预警系统，制定防灾预案与救灾措施，完善相应的法律法规，开展广泛的宣传与教育活动，使受影响人群具备防御洪水台风灾害的常识等。

（1）防洪设施自动化控制与监测系统建设。完善防洪减灾工程的监测系统、自动化控制系统与管理系统，主要是建立数据库、信息采集系统、信息监测系统。利用现代化监测设备与手段，动态、准确地掌握堤防、水闸、泵站等工程的安全与运行情况。通过设立水文专用站，结合已建的自动化测报系统随时掌握水情变化情况。根据工程特点，对已建堤防堤身位移、部位沉陷、浸润线和渗漏等进行必要的观测，观测的成果应真实、准确、精度符合规范要求。利用信息化技术对排涝系统进行自动化监测和控制，科学制定各种排涝方案，高效发挥排涝系统的整体效益，把涝灾的损失减到最小。新建工程应配套建设工程安全、运行监测及自动化调度运行设施。

（2）强化灾害预警预报系统建设。预报主要分为气象预报和水文预报，两类预报侧重点、精度要求各有不同。为增加水情、雨情的预见期，随时掌握其变化趋势，提高洪水预报预警水平，要加强水文与气象部门的协作与沟通，完善联系机制，建立气象监测、分析与预警信息的适时发送与接收系统。

加强预警信息的发布，当有热带气旋影响澳门，及时向社会发布改变更高风球信号的可能时段及可能性高低的信息，同时加强热带气旋及风暴潮预警信息的发布频率、及时性和内容等。

提升气象监测和预警通报的能力，以配合应对未来可能出现的极端气象灾害。增大气象监测范围，在受风暴潮影响较严重和人口密集地区，安排增设自动气象站、水位站仪器和设置点，按实际需要增设站点，优化监测网络。研究调整悬挂风球风速标准的可行性，增加气象资讯专线频宽，提升气象灾害的预警能力。采用先进的水雨情监测、预报、调度、防台通信技术和设备，确保水雨情监测数据的准确、快速传输，提高预报的精度，完善台风、风暴潮、海啸预警预报系统，为防洪减灾决策提供准确的信息。加强与水利部珠江水利委员会和广东、香港等周边地区的合作，建立防汛预报系统间的信息共享与联动机制，以提高预报准确性。

开展澳门半岛、路凼岛的洪水风险制图工作，及时准确地了解洪水风险状况，进行预警分析，对洪水风险进行分析决策和统筹安排，提高防灾减灾水平和指挥决策效率。

（3）编制完善防洪防台风应急预案。为科学、高效、有序地开展防御灾害工作，最大限度地减少人员伤亡和财产损失，保障社会经济全面、协调、可持续发展。应根据区域气候、地形、水文特点，编制完善防台风应急预案、防御暴雨应急预案、防风暴潮海啸灾害应急预案，制定应急抢险措施，做到有备无患。

4. 工程实施建议

按照量力而行、突出重点、分步实施的原则，结合《澳门特别行政区五年发展规划（2016—2020年）》和《澳门特别行政区城市发展策略（2016—2036年）》，计划在未来5年主要进行控制性挡潮工程和新建堤防工程建设，并根据保护对象的重要性，逐步安排其他堤防工程的达标加固建设；积极开展防洪非工程措施建设。建成澳门内港挡潮闸工程、路环西侧防洪（潮）排涝工程、澳门半岛渔人码头至海立方娱乐场沿岸堤防工程。在进行防洪减灾体系建设的同时，以城市治涝为重点，实施内港海傍区排涝工程建设，增设排涝泵站和修建大型雨水箱涵，使该区域达到规划的治涝标准。

规划到2028年前，根据工程、河道及河口变化情况，适时安排堤防工程达标加固和泄洪出海口门及其延伸区域的整治；实施筷子基北湾、南湾和路环市区以及关口至新口岸重点易涝区城市排水管网改造工程和排涝工程建设，治理水浸黑点，使上述区域达到规划的排涝标准；新建城区应按照规划确定的排涝标准，建设城市排水管网和排涝工程；以低洼易涝区域为重点，对全澳排水管网的排涝能力进行总体评估，在此基础上，按照规划确定的排涝标准，逐步实施易涝区现有排水管网的扩容和升级改造，新建雨水截留箱涵和排水泵站工程，力争全澳达到规划的治涝标准。继续开展非工程防洪减灾体系的建设与完善，形成较为完善的工程与非工程措施相结合的防洪减灾体系。

在确保防洪（潮）排涝安全的同时，防洪减灾工程建设应与城市发展规划相协调，与环境景观相协调，注意生态环境保护，改善人居环境。

根据"一带一路"倡议、粤港澳大湾区发展规划等，以及《澳门特别行政区五年发展规划（2016—2020年）》《澳门特别行政区城市发展策略（2016—2036年）》总体要求，在今后的城市发展过程中，应根据客观条件的变化适时调整优化防灾减灾体系总体布局，建议编制与城市发展策略相匹配的城市防洪规划。

二、电力设施防灾减灾能力建设规划研究

（一）电力设施防灾减灾能力建设总体布局

1. 主要目标

电力系统的制度保障、应急准备、预防预警、处置救援、恢复重建等能力有效提升，

电网大面积停电风险可防可控，极端自然灾害情况下澳门电网可孤网运行，可保证重要用户优先供电。紧急情况下澳门电网自主供电能力占日最高负荷可达 50%。

2. 总体框架

坚持以防为主、协同保障的原则，提高内地电网对澳供电可靠性，加强澳门本地电力基础设施建设，提升澳门因灾引发电网事故的预警能力，增强电网事故处置救援能力，形成"多点供电、网架坚强、电源支撑、风险可控"的澳门电网新格局（图 6-14）。

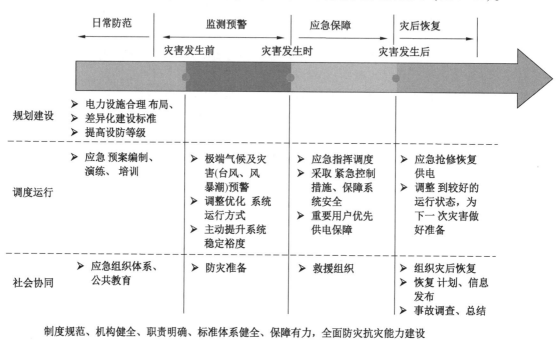

图 6-14　电力设施防灾减灾能力建设总体框架

灾害发生前：在规划建设阶段，严格依照灾害防范建设标准，提高电力设施设防等级，制定更加严格的电力设施规划、建设、改造标准，增强电网设施在灾害情况下的稳定运行能力；在调度运行方面，加强极端自然灾害的应急预案编制、演练和培训，提升电网应对灾害的反应速度和事故处理水平；加强政府、电网公司、用户等相关主体的互动沟通，加强针对电力安全的公共教育，形成全方位的电力系统安全运行协调保障机制。

灾害发生时：加强对台风、雷电等极端天气的监视和预警，根据自然灾害等级和预案措施，采取调整电网运行方式、加强电源及重要用户的供电设施检查等多种措施，提升电力系统安全稳定运行裕度；在灾害发生期间加强与政府、气象、供水、电信等部门的沟通协调，增强电力设施抢修力量，保障供水、通信等基础设施的安全可靠供电。

灾害发生后：加强灾害发生后的协同调度与指挥，以快速清除设备故障、综合停电损失最低为目标，充分考虑不同设备在电网调度中的重要度优化抢修策略，快速实施减灾救灾行动；及时将事故抢险的完成进度反馈给调度员，根据事故抢修情况及影响，及时将电网运行状态调整至最优状态，为应对下一次的故障灾害做好准备；加强与社会各界的沟通，做好信息发布、事故调查和总结等工作。

根据上述电力设施防灾减灾能力建设的总体框架，提出澳门电力设施灾害防御能力建设重点。

（二）电力设施灾害防御能力建设

1. 提高内地电网对澳电网供电能力

（1）基本策略。坚持以防为主、协同保障的原则，提高内地电网对澳门供电可靠性，加强澳门本地电力基础设施建设，提升澳门因灾引发电网事故的预警能力，增强电网事故处置救援能力，形成"多点供电、网架坚强、电源支撑、风险可控"的澳门电网新格局。

（2）行动目标。增强内地电网对澳门供电能力，力争实现极端自然灾害情况下对澳门供电通道不中断、供电能力不减少。

（3）行动方案。主要包括以下两项措施：

一是优化网架结构。采用不同的 220 kV 及以上电压等级供电区"手拉手"构网模式，实现珠海 2 个以上 220 kV 及以上电压等级供电区互联互备对澳门供电，确保单一变电站、单一输电通道故障风险可控。

二是强化通道建设。加强生命线工程和重要基础设施防灾减灾能力建设，按照全电缆线路、变电站户内布置的建设模式，构建北、中、南 3 个对澳门供电的抗灾能力强的 220 kV 关键通道，形成 3 个直接对澳电缆化输电通道。

2. 提升澳门本地应急电源供电能力

（1）基本策略。推进燃气机组建设，研究分布式电源开发建设方案，支撑澳门电网孤岛运行；加强澳门老旧电厂的评估检查，建立合理有序的老旧电厂退出机制。

（2）行动目标。形成多元化电源供电体系，提高紧急情况下澳门电网自主供电能力，提升澳门电网孤岛运行能力和电网供电的灵活性。

（3）行动方案。主要包括以下四项措施：

一是加快推进燃气机组建设。有效发挥现有天然气电厂稳定运行能力，积极推进负荷中心燃气电源建设，促进紧急情况下的电力供需就地平衡，使澳门电网具有在极端自然灾害情况下孤网运行的能力，提高系统抵御和防范极端灾害天气能力。

二是积极开发屋顶光伏等分布式电源。研究在澳门地区公共建筑、工业厂房等大型建筑屋顶建设分布式光伏发电系统；选择数据中心、医院、机场、酒店、工业园等具有稳定冷热负荷、投资回报率较高的优质潜在用户，推动天然气冷热电三联供的研究；在冷负荷需求较为集中的地区开展海水源热泵系统建设，降低夏季高峰期电力尖峰负荷。

三是推动老旧电厂有序退出。推动现有路环发电厂 A 电厂和 B 电厂的有序退出，其中路环发电厂 A 电厂中 G01～G04 共 4 台机组逐渐退役，G05～G08 共 4 台机组在 B 电厂新燃气机组投运之后转为应急电源，B 电厂老机组主要作为备用和应急电源。

四是加强区内黑启动能力建设。根据澳门电网结构特点、电源布点及重要负荷分布情况，按黑启动①电源响应具有快速性、恢复或重构新的运行方式具有有序性、操作步骤具有严格性和灵活性、新的运行方式具有稳定性等原则，合理布置黑启动电源，建立澳门黑

---

① 黑启动：指整个系统因故障停运后，系统全部停电，通过系统中具有自启动能力的发电机组启动，并带动无自启动能力的发电机组，逐渐扩大系统恢复供电范围，最终实现整个系统的供电恢复。

启动电源启动策略，实现在最短的时间内使系统恢复带负荷的能力，以便能快速有序地实现系统的重建和对用户恢复供电，保证电网快速稳定恢复供电。

3. 优化澳门本地主网架布局和结构

（1）基本策略。基于现有网架，持续完善电网主网架结构；合理规划变电站数量，有序推动变电站建设。

（2）行动目标。到 2023 年，形成规模适中、结构清晰、定位明确的输电网网架结构，实现电网大面积停电风险和局部影响较大停电事件的可防可控。

（3）行动方案。主要包括以下两项措施：

一是加强主网架建设。根据变电站在系统中的作用，明确定位、差异建设，优化简化出线规模，合理确定主接线形式，形成结构清晰、安全可控的 220 kV 主网架结构。

二是推进变电站建设。在新城填海 A 区右方中段靠北区域预留用地新建澳门第四座 220 kV 变电站——RB 站，变电容量为 5×180 MVA，通过双解口 220 kV 北安—鸭涌河双回线路接入电网或插入新建的 220 kV 鸭涌河—莲花站双回线路，形成澳门境内 220 kV 电网环形结构。

4. 加强配电网升级改造

（1）基本策略。结合城市规划发展，针对澳门地区灾害特点和水平，提升配电网装备防护水平，适当提高电网建设标准，遵循差异化原则进行配电网升级改造，加强配电网抢修和不停电作业能力，提高电网可靠供电和防灾抗灾能力。

（2）行动目标。增强配电网适应恶劣环境和抵御自然灾害能力，提高供电可靠性，保障用户供电可靠水平。

（3）行动方案。主要包括以下两项措施：

一是提升配电网建设水平。针对澳门地区灾害特点和水平，采用差异化设计原则，制定电力设施防风防水设计标准和规范，提升配电网设备防潮、防腐、防水浸等防护水平；开展配电网改造方案研究、规划及设计工作，远近结合，有序推进配电网及用户侧供电设施的改造，推进配电网装备标准化配置，保障电网安全可靠运行。

二是加强配电网抢修和不停电作业能力。研究利用智能配电台区一体化监控系统、地下电缆定位等先进在线监测技术、信息化系统、移动终端和先进装备提高故障复电能力；试点带电作业工具，如绝缘斗臂车、负荷转移车、工具库房车、工器具温湿度控制系统等，并开展带电作业人员的技能培训，提高配电网带电作业能力。

5. 提升电力设施防灾抗灾建设标准

（1）基本策略。建设水浸区分布图，采用差异化设计原则，制定电力设施防风、防水设计标准和规范。

（2）行动目标。因地制宜地建立电力建设改造标准，提高电力设施防风、防水、防潮和绝缘能力。

（3）行动方案。主要包括以下四项措施：

一是建立水浸区分布图，差异性制定电力设施改造标准。基于历年来台风造成的水浸区历史数据，建立水浸区分布图，并精准确定每个区域最高水浸线；再根据水浸区分布图制定不同区域的电力设施安装标准、防风防水设计标准，形成相应的法规，指导电网和用户开展水浸区电力设施建设和改造。

二是提高电力设施防风、防水、防潮和绝缘能力。对现有电力设施的防风、防水设计及标准进行全面检查评估（包括相关电网及建筑设施标准），提高设防等级。应用新型涂料，解决箱变、环网柜、分接箱等设备的防水防潮问题，改善设备运行环境；应用新型涂料，对配电线路、设备绝缘受损及裸露部分进行绝缘处理，降低用电安全隐患和提高线路及设备的绝缘能力。

三是抬升电力设施安装位置，加装防水设施。按照水浸分布图，对现有电力设施安装位置进行反措改进，合理抬升电力设施安装位置，确保重要电力设施不发生水浸事故；通过升高低压线头箱、低压分线箱位置等措施，提高低洼地区配电网抗灾能力。

四是推进智能水浸监测报警系统建立。针对澳门强风强雨气候，合理选择水浸监测点，构建智能水浸监测报警系统，通过视频监控系统，实现对澳门水浸区重要电力设施的水浸情况全时间实时监控；采用短信远程及时报警方式，实现无人值守监控；综合历史水浸区域大数据，分析水浸隐患高发区域，评估水浸风险，指导电力设施建设及运维。

6. 提升澳门电网智能运维水平

（1）基本策略。基于物联网、GIS、智能机器人等技术，提高电缆线路智能化运维水平；有序推进全生命周期电力资产管理体系建设，从技术和经济2个层面实现对电网设备的有效管理。

（2）行动目标。提升澳门电网智能运维水平，实现设备管理的高效性，提升资产利用效率。

（3）行动方案。主要包括以下两项措施：

一是提升电力电缆线路智能化运维水平。提高电力电缆线路智能运维水平，支持电网实时监测、实时分析、实时决策，提高输电网运行安全灵活性、防灾抗灾能力和资产利用效率。基于物联网技术，通过RFID射频标签技术实现对电缆设备参数的记录；研究利用智能巡视机器人开展电力隧道智能巡视，提高输电线路智能运维效率，基于GIS技术开发电缆线路设备可视化信息系统；研究建立电缆线路绝缘预警系统平台，提高电缆线路安全运行的预测水平。

二是构建全生命周期电力资产管理体系。基于设备在线、离线状态监测信息，以资产策略为引导、以资产绩效分析为手段、以技术标准和信息系统为支撑，稳步、有序推进全生命周期管理体系建设，覆盖项目规划设计、物资采购、工程建设、运维检修等各个环节，实现设备管理的高效性，提升资产利用效率。

7. 完善重要用户供电系统建设

（1）基本策略。全面排查、重新评估重要用户①供电方案，优化重要用户的网架结构，推动落实重要用户的保电方案。

（2）行动目标。确保重要用户的双电源或三电源供电，落实重要用户保电方案可行性，提高其供电可靠性。

（3）行动方案。主要包括以下三项措施：

---

① 重要用户是指对于澳门政治、安全、卫生、应急等具有重要意义的部门、单位和设施。在《民防总计划》附件C3之"附表一　紧急电力的供应"中列出了在发生重大电力中断时必须确保优先得到紧急电力供应的部门、单位和设施名单。澳门电力股份有限公司亦建立了重要用户清单，并定期作出检讨及更新。

一是加强重要用户供电网络建设，提高转供能力。全面梳理澳电供应的重要用户，梳理现有重要电力用户供电网络，在条件许可的情况下，在现有供电网架基础上由两路供电增加为三路供电，加强重要用户供电可靠性；改造现有网架形成一个给重要用户供电的专用供电环形网络，使重要用户加入现有的中压闭环系统；提高重要用户供电设施安装高度，降低水浸影响。

二是配置重要用户保安电源。梳理重要电力用户保安电源情况，对不符合规范要求的用户提出修改意见，并协助其完善供电方案，增加用户自身后备发电能力。对水厂、医院、电信等用户按照一户一方案，落实保电方案。优先开展对重要用户配电设施及用户侧电力设备防风防水专项改造工程，确保电力设备在重大灾害发生时不会遭水浸；加强对重要用户的日常运维和带电抢修，通过网络信息平台将网架规划、设施建设、检修维护、调度运行等各环节整合构建系统性保电专项管理体系。

三是对重要用户提供帮扶工作。对于对供电质量有特殊要求的用户，可以提供电能质量方面的意见；协助重要用户制定后备电源配置方案，并由用户定期开展检查和评估，确保后备/应急电源随时可投入运行，满足运行时间要求。

8. 完善电网调度与监控系统建设

（1）基本策略。以提高信息共享、智能决策为原则，加强澳门电网调度中心建设，集成调度自动化系统；加强电网运行监控系统的建设，构建调配运营一体化系统，研究建立电网调度、控制、运检、客服一体化在线监控、运营、指挥平台。

（2）行动目标。达到全网的可观可测、智能决策、自动控制，完成电网运行状况、用户供电状态的实时监视、闭环控制和智能处理，实现一体化调度运行管理。

（3）行动方案。主要包括以下四项措施：

一是加快澳门电网新调度中心建设。对现有调度系统进行全面升级改造，建设新一代电力调度系统 SCADA/EMS/ADMS，提升电网实时分析应用水平，全面提升澳门电网协调调控能力。

二是开展备调建设方案的研究。研究考虑异地备调的建设，以确保大灾面前电网不会因为单一场地的问题失去调度能力，从整体上提升电网运行和管理能力。

三是加强电网运行监控系统的建设。系统应全面覆盖 220 kV、110 kV、66 kV、11 kV 各电压等级的电网及各发电厂、大用户，构建澳门电网闭环控制体系，并与珠海电网实现信息交互，必要时可组织精准切负荷，以主动应对大的自然灾害或连锁严重故障，保证电力系统稳定运行。

四是构建调配运营一体化系统。构建一条龙闭环指挥运维体系，实现短路、跳闸等故障自动定位和告警，自动恢复非故障段供电，自动搜索确认检修队伍及车辆、设备所在地，自动通知、组织检修队伍参与抢修，全程跟踪抢修进度，并为抢修过程提供全程技术支持（提高故障设备的相关资料，建议修复方案等），实现故障组件恢复，系统自动实时感知，即时组织恢复供电等功能，全面提高电网事故感知能力，形成快速反应机制，大幅提升事故处理效率，有效缩短事故停电时间，提高供电可靠性。

9. 构建电力系统安全防御体系

（1）基本策略。研究电网安全防御体系总体方案，构建预防性控制措施、紧急控制措施、恢复性控制措施体系。

（2）行动目标。提高电网的安全防御能力，避免在大灾时全澳停电，确保电网安全稳定运行。

（3）行动方案。主要包括以下两项措施：

一是构建电网安全防御体系总体方案。从预防性控制措施、紧急控制措施、恢复性控制措施3个层面开展建设澳门电网安全防御体系，通过电力系统全面感知、电网风险预警等方式开展电网安全预防性建设，使电力系统运行于最佳状态；通过切机组、切负荷等措施开展电网紧急控制建设，使电力系统快速恢复稳定；通过调整运行方式提升系统稳定裕度等方式开展电网恢复性建设，使电网趋于稳定运行（图6-15）。

二是推进电网安全稳定控制系统建设。允许电网采取切机、切负荷、电网失步解列及频率紧急控制策略等控制措施，以保证电网稳定。为避免全澳停电，应允许电力部门在面对严重灾害或电网故障时，在确保重要负荷不中断供电的前提下，合理调整运行方式，实施必要的主动限电措施，并应在相关立法工作中统一考虑，制定相关法律条款。

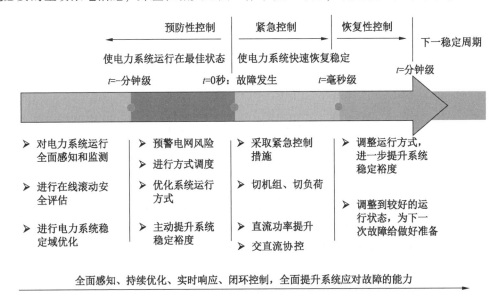

图6-15　电网安全防御体系示意图

10. 构建事故仿真及分析系统

（1）基本策略。以满足澳门电网安全稳定运行和电力优化调度需求为出发点，研究构建澳门电网事故仿真分析系统及在线安全评估和智能决策系统，实现重大事故反演、在线预警、辅助决策等功能。

（2）行动目标。实现澳门电网在重大故障以及日常运行、设备检修、负荷高峰期间的安全稳定运行分析，保障电网在可预见严重故障发生时能够快速反应、有效处置，为澳门电网调度控制、运行监视、风险评估、应急故障处置等工作提供有力支撑。

（3）行动方案。主要包括以下四项措施：

一是构建澳门电网事故仿真分析系统。全面分析、反演电网事故过程，分析查找事故原因，提出切实可行的应对措施，通过仿真对比不同措施对电网事故的影响，不断优化和加强电力系统的应对自然灾害等极端事故的能力（图6-16）。

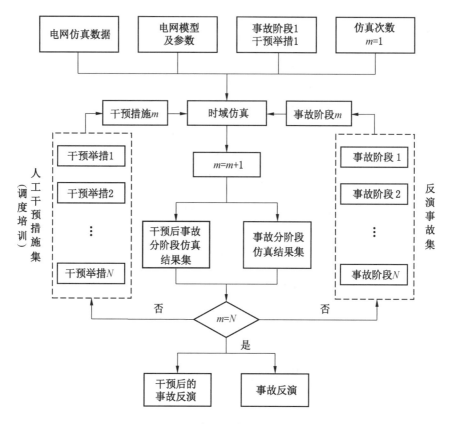

图 6-16 电网事故仿真分析系统原理图

二是构建澳门电网在线安全评估和智能决策系统。基于事故仿真分析系统，构建澳门电网在线安全评估和智能决策系统，实现静态安全分析、暂态稳定分析等全面的在线安全稳定评估，进而自动生成负荷转供和拉减、机组出力调整、运行方式调整等方案，实现智能决策。

三是开展应急预案的研究和仿真、演练。基于历史灾害的影响和应对措施的分析，针对不同类型、程度的灾害制定定制性的应急预案，经过仿真验证应急预案的有效性，并组织演练，使运行人员熟练掌握。

四是建设澳门保电管理系统。按照主—备双重化模式建设澳门保电管理系统。在有效整合调度自动化、配网自动化及 GIS 系统的数据、图形、模型的基础上，辅以相关供电保障的管理信息，建设数据分析、统计、展示、故障判断、稳定控制与复电方案的自动生成等功能，实现重要供电区域的配电监控管理、电源追踪分析、自然灾害风险控制以及电网的总体展示，最大限度地保障重要地区和用户的安全可靠供电。

11. 部署需求侧响应机制

（1）基本策略。合理分析和预测澳门电力需求侧资源潜力，推动政府对需求侧响应机制的政策建立及宣传引导，促进电网企业建立高级测量体系，鼓励电力用户积极参与电力需求侧响应机制。

（2）行动目标。实现电网与用户之间的双向互动，实现澳门地区需求侧响应机制部署。

（3）行动方案。主要包括以下三项措施：

一是在政府层面，组织制定当地的电力需求响应规划，出台相应政策，研究提出开展电力需求侧响应工作的内容和目标，长远建立健全当地电力需求侧响应效率评价制度，推动和促进当地需求侧响应工作的开展。

二是在电网企业层面，合理分析澳门电力需求侧资源潜力，为政府制定电力需求响应政策、法规提供建议，针对澳门的工业负荷、商业负荷、居民负荷，提出相应的电价激励策略，并配合政府完成电价激励策略的制定，推动电力需求侧响应机制；全面安装智能电表，开展智能用电服务，建立电网与用户的双向互动通道，通过高级量测体系及时掌握用户用电情况，通过互动鼓励用户参与电网需求侧响应。

三是在电力用户层面，积极响应需求侧响应机制，落实需求侧响应机制，必要时减少用电、延时用电，以支撑电网应对严重系统故障的能力。

12. 加快推进电力系统应急指挥中心建设

（1）基本策略。加快应急指挥中心基础环境建设，不断完善应急指挥中心信息汇集、指挥调度等功能，并推动应急指挥中心多场景应用。

（2）行动目标。建立澳门电力应急指挥中心，预防和处理澳门电网发生的各种应急事件，并具备调度员仿真培训演练室的功能。

（3）行动方案。主要包括以下三项措施：

一是加快应急中心基础环境建设。具有 UPS 电源、灯光、机房空调、通信，以及基本生活设施，满足电力应急指挥中心与政府应急指挥中心等部门之间的应急指挥调度的通信要求，满足电力应急指挥中心与调度中心，各电力生产单位、事故处理部门之间的应急指挥调度的通信要求。

二是完善应急指挥中心功能。实现信息汇集，可以监测和采集灾害地区电力设施的运行情况；实现指挥调度功能，通过热线电话、视频会议完成与其他电力部门、事故处理部门的协调；具备辅助决策功能，根据灾害地区电力设施运行、气候等参数，向指挥人员提供应急处理方案；具备信息发布功能，保证能通过网络同步发布事故处理的信息。

三是实现应急指挥中心多场景应用。应急指挥中心平台可考虑与调度员培训仿真系统合建，平时用于调度员培训仿真，灾害仿真分析研究，演练、联合演习等，灾害发生时用于应急指挥，以便提高平台的利用效率并保证平台的日常维护。

13. 完善与内地电网的应急协调联动机制

（1）基本策略。从突发事件发生的前、中、后 3 个阶段，建立与南方电网的应急协调联动机制，包括为应对突发事件而采取的预先防范措施、事发时采取的应对行动、事发后采取的各种善后及减少损害的措施。

（2）行动目标。在发生澳门电网大面积停电事故时，实现与南方电网的应急系统的协调联动，提升应急处置能力，保障停电事故的快速恢复，最大限度预防和减少突发事件对澳门电网及社会造成的损失和影响。

（3）行动方案。主要包括以下两项措施：

一是建立与南方电网应急协调联动组织体系。由双方共同成立应急管理协调领导小组，负责应急管理总体工作事项、建立应急管理体系等事务；成立应急管理协调工作组，负责落实领导小组的相关决议、督促落实相关应急管理工作等任务；成立各单位部门的专有职责，完成 2 个单位各部门之间的人员衔接及任务分配。

二是完善与南方电网应急协调联动体系。建立完善的应急预案和演练机制；从响应分级、响应发布、应急值班、应急信息、应急支持、响应解除等方面建立应急响应机制；完善应急处置和应急恢复方案。

三、供水供气设施防灾减灾能力建设规划研究

（一）供水保障设施防灾减灾能力建设

1. 基本策略

针对澳门供水系统的特点和供水保障需求，通过完善供水系统，建设本地调蓄设施和高位水池，建立供水应急保障机制，提高澳门供水安全保障能力。

2. 行动目标

将澳门本地蓄水设施蓄水量提高 40%、达约 $270×10^4 m^3$（满足约 8 天用水需求）；将高位水池保障供水量增加到约 $14×10^4 m^3$（可供水约 12 h）。

3. 行动方案

主要包括以下四项措施：

一是完善供水系统建设。推进"第四条对澳供水管道"工程和石排湾水厂工程建设，开展澳门半岛与离岛之间的供水管道工程建设。

二是实施澳门本地调蓄设施建设。推进落实九澳水库扩容工程和石排湾水库整治工程建设，于 2028 年将两水库的总库容量提高至约 $105×10^4 m^3$，将澳门本地蓄水设施蓄水量提高至约 $270×10^4 m^3$，满足约 8 天用水需求。

三是实施新增高位水池建设。在澳门本地选择合适地点，新建高位水池，使全澳高位水池蓄水量增加到约 $14.3×10^4 m^3$，保障供水时间提升至约 12 h。

四是建立应急保障机制。加强节水型社会建设，加强节水宣传，提倡节约用水。完善突发事件供水保障应急预案与保障措施，完善与珠海的应急供水联动机制。

（二）供气设施防灾减灾能力建设

1. 基本策略

加强政府对供气专营公司的监管，完善突发事件应急通报机制；加快实施应急保供方案，增强与内地天然气管网的互通能力，逐步实现多气源、多渠道供气。

2. 行动目标

到 2025 年，实施第二气源供澳管道方案；到 2028 年，持续建设完善天然气供气设施。

3. 行动方案

主要包括以下八项措施：

一是加强与内地抢险队伍的合作，由供气专营公司签订抢险合作协议，在发生重大事故时内地抢险队伍能及时赴澳提供协助（包括人员及设施）。

二是由供气专营公司筹建"抢修中心"，储备足够的抢险设施及备件，加强供气事故的本地抢险能力。

三是完善供气事故应急预案及应急通报机制，加强灾害和事故发生后与各部门的信息

沟通与发布，及时作出相应处置及补救措施。

四是配备 LNG/CNG 槽车，从内地直接引入 LNG/CNG，作为灾害和事故发生后的应急供应气源，以及未来本澳 LNG 储配站的气源补给。

五是增强与内地天然气管网的互通能力，研究实施澳门天然气分配管网与珠海城市天然气管网连接项目，连通珠海横琴与澳门路凼区管网、珠海拱北与澳门半岛天然气管网。

六是加快建设本澳 LNG 储配站，其储存规模达到 600 m³ 液化天然气（远期储量为 1000 m³），提升液化天然气应急储配能力。

七是研究于澳门或珠海附近海域内建造 LNG 接收站，通过长输管线向本澳供气，实现多气源、多渠道的供气目标。

八是开展现有管网安全风险评估，评估风险点残余寿命及其事故风险等级，并建立相应的实时监测监控与预警系统。

四、房屋建筑防灾减灾能力建设规划研究

本部分所指房屋建筑包括普通建筑、重点建筑、历史建筑、文物建筑、危旧建筑等。针对澳门地区的实际情况，房屋建筑防灾减灾的主要内容有抗风、防洪、防火、防雷、防空、抗震、地质灾害防治等方面。

（一）新建房屋建筑防灾减灾能力建设

1. 风灾与抗风设计

新建建筑应适当提高抗风等级，重点地区、重点建筑或复杂建筑应保证结构整体的抗风设计，建筑各部件（如外窗等）和室外建筑设备等都应加强抗风设计。

2. 洪灾及城市防洪

建筑屋面、建筑外墙都应采取防雨水渗漏的措施，同时还要考虑防水隔热措施的抗风能力。地下空间的防洪设计应采取可靠的防洪设防标准，同一地下空间各个与地面联通的出入口应保持同一设防标准，最底层的地下空间应具备足够的应急排水能力。

3. 火灾及建筑防火

新建建筑要采用最前沿的消防设计技术，推广应用物联网监控和报警联动技术。制修订《高层建筑消防设计要点》《高层、地下建筑消防应急逃生设备配备标准》《建筑消防设施检测评定规程》和《建筑消防设施维修保养规程》等，并抓好实施，推进消防标准化建设。其中，高层建筑群更要加强消防安全管理，尽可能推动高层建筑消防安全管理智能化，推广采用单人自救系统、居民楼独立报警系统集成等，做到对高层建筑的实时、动态、智能化监督管理。

4. 防雷、防空工程

新建建筑务必做好防雷、防空设计。

5. 地质灾害及其防治

新建建筑要在规划设计阶段应做详尽的地质灾害评估，从规划选址方面考虑避开可能发生地质灾害的隐患点。

6. 防震减灾

新建建筑要采用先进的防震减灾设计技术，重点建筑或复杂建筑应尽可能采取性能化设计方法，有需要的地方可以采用减震隔震措施。

（二）既有房屋建筑防灾减灾能力建设

1. 火灾及建筑防火

对既有建筑的消防状况进行科学评估，进行消防设计改进的可行性研究，尽可能提高既有建筑的防火灾能力和尽可能减小灾害影响。对于文物建筑应采取特别防火措施，完善文物保护单位消防安全规定。结合文物修缮保护解决遗留的消防安全问题，增补消防安全设施。水源不足时采取修建蓄水池、改造消防水源、增加消防泵和消火栓等措施加以改善。具备条件的地方增加火灾自动报警和灭火系统。

2. 风灾与抗风设计

对既有建筑的抗风能力进行科学评估，对于建筑各部件都要进行抗风能力审核；室外的建筑设备也应进行抗风能力审核。在必要的情况下采取适当的加强措施或其他减灾措施。

3. 洪灾及城市防洪

对既有建筑的建筑屋面、建筑外维护墙体以及地下空间进行防雨防洪评估，并根据评估结果采取适当改善措施。对于浸水后建筑物的相应部位应进行可靠性评估，建筑物应及时进行沉降监测，发现问题及时处理。

4. 地质灾害调查及其防治措施

既有建筑要做好地质灾害影响与危害调查评估工作，对于存在重大地质灾害隐患的要建立地质灾害监测系统，有针对性地采取防灾减灾措施。

5. 防震减灾

对既有建筑的抗震能力进行鉴定评估，如有必要可以采取结构加固措施、减震隔震措施等。

（三）房屋建筑防灾减灾重点技术开发应用

1. 智慧城市消防技术

主要包括物联网技术、智能化技术、联动平台技术在消防技术的管理应用。智能城市物联网模式下，构成城市的各个元素联系在一起成为整体，某建筑物发生火灾，将会作出综合性判断，合理调配消防资源，快速协调高效灭火。智能化技术可以应用于消防的各个环节。联动平台技术在智慧城市消防技术中的应用体现在各类事故发生、处理、后续重建等所有环节。

2. 消能减震技术、建筑隔震技术

对于提高建筑物的抗震性能有突出作用，尤其对于不能中断或只是短暂中断使用功能的建筑，是保障建筑结构安全、保护生命财产安全的先进技术手段。另外在建筑结构加固工程中恰当应用减隔震技术是解决结构问题的新途径。对于超高层建筑采用高效的阻尼器或隔震措施也可以提高风荷载作用下的舒适性。

3. 结构加固技术

建筑业顺应绿色健康发展的需求，逐步淘汰结构胶（老化、防火性能差、会释放有害气体等）以取得更好的综合防灾效益。钢绞线网片聚合物砂浆加固技术是一项较为新型的技术，具有高效、环保、自重轻等优点，应该加以推广。由粘钢加固技术发展而来的外包钢加固技术取消了结构胶，采用干式外包钢加固，整体性更好，承载能力提高更有效。

4. 结构无损拆除技术

主要适用于建筑物或市政工程需要局部拆除，而且在拆除过程中对于其他保留结构部分不产生扰动和破坏。金刚石无损钻切技术可以保证拆改时扰动少、噪声低、少尘埃、工期短，经济性好；水力破除技术是采用高速水流来破除混凝土的静力铣刨技术，应用于大作业面的表面铣刨和需要保留钢筋的混凝土去除；建筑移位技术可以将影响新规划的有价值历史建筑整体移动加以妥善保护，可以节约土地资源、避免重大建筑投资浪费、减少建筑垃圾。

五、其他基础设施防灾减灾能力建设规划研究

（一）电信设施防灾减灾能力建设

1. 基本策略

提高电信设施安全防护标准，加强对外通信设施和本地通信设施的建设和保护，增强通信设施的抗毁能力和快速抢修能力，提高电信网络安全保障能力。

2. 行动目标

减轻突发事件对电信设施和电信服务的影响，为重要用户提供稳定、可靠的电信服务，以便更好为公众服务。

3. 行动方案

主要包括以下五项措施：

一是加强电信设施的抗毁性和可靠性。提高通信基站、机房等电信设施安全防护标准，电信网络的核心网络必须有备份，且相关后备电源至少能维持核心网络正常运行 3 h；低洼地区机房、电信设施以及室内线路等应设在较高位置，提供宽带服务的光纤线路终端、流动电信室外基站的位置应不低于水平面 5.6 m 且设有后备电源；提升流动通信网络容量。

二是加强对重要用户的通信保障。加强供水、供电、医院、通信、澳门特别行政区政府、解放军驻澳门部队、民防及应急协调专责部门等重要用户的通信保障。配合民防行动中心，尽快将风暴潮预警中受水浸威胁地区撤离信息及其他预警信息准确地发放给市民和公众。

三是提升电信设施抢修和保护能力。加强抗灾演练，定期测试核心冗余资源性能，以提高电信网络快速抢通能力。加大对电信设施的保护力度，各相关部门依法开展通信网络基础设施的保护工作。

四是加强本地对外通信设施建设。加强通信网络建设规划，促进本地及国际网络建设的投资，除强化现有通信设施外，还应推动对外通信路由的多元化，从而提升公共电信服务的整体安全性、可靠性及可用性。

五是强化通信基础设施建设管理。推进通信网络基础设施建设；在新城填海 A 区规划建设中探索和总结共同管沟建设、维护及管理经验，推进公共通信网络基础设施共建共享，提高通信资源利用效率。

（二）交通基础设施防灾减灾能力建设

1. 基本策略

加强交通基础设施运行维护管理，提高交通基础设施防风防潮能力，加强专业工程抢

险能力建设，提高交通运输系统的韧性。

2. 行动目标

减少交通基础设施因灾损毁中断服务的时间，力争主要交通干道救灾车辆恢复通行时间一般灾害不超过 3 h、重特大灾害不超过 8 h；公交车辆恢复通行时间不超过 6 h（重特大灾害除外）。

3. 行动方案

主要包括以下九项措施：

一是加强澳门跨境行车大桥（莲花大桥、港珠澳大桥等）、跨海大桥（嘉乐庇总督大桥、友谊大桥、西湾大桥）、隧道及其辅助设施设备的运行维护管理和安全健康监测。加强对（澳门大学）河底隧道设施设备的运行维护管理及其结构安全监测。

二是针对灾时、灾后可能出现的道路严重积水区域，布置固定式、移动式泵站，加强道路应急排涝工程建设；完善积水深度标识，在易积水路段设置水深预警系统或安装水深警示标识（道路水尺、涉水线等）；明确电车、汽车涉水深度，超过规定水深时，禁止车辆通过。

三是加强已建和在建大型地下商场、地下停车库、行车隧道（如九澳隧道、松山隧道、凼仔隧道）、行人地道等的防汛减灾能力建设，改建和完善地下空间所在区域的外围排水系统及防汛设施，合理设置出入口止水闸门，配置集水井、抽水设备及备用设备，在显著位置设置人员逃生路线标识，提高地下工程的整体防灾减灾能力。

四是加强机场和港口的安保、消防等部门协调联动与密切配合，落实机场、港口各项安全防护措施，保障机场、港口应急疏散管理工作有序开展，为滞留旅客提供安全的环境和后勤保障服务，并根据天气状况，及时更新、发布航班动态，确保机场、港口运行秩序，尽快恢复机场、港口正常运行。

五是依托道路维护保养、工程施工企业，建立专业的交通抢修保通队伍，配备充足的应急资源，负责道路设施损毁和因垃圾淤积、树木倒伏与滑坡泥石流等造成道路无法通行时的抢修保通工作。

六是对于在建或改建的城市道路，有条件地区可使用透水性铺装材料，并可考虑建立雨水收集利用系统或海绵城市体系，建设排水泵站和地下排水设施，提高道路的防洪防汛能力。

七是加强专业橡皮艇救援队伍建设，为灾害发生时严重水浸路段的行人或低洼积水社区受困居民提供应急救援服务。建立完善灾害期间应急救援、工程抢修车辆道路优先通行机制。

八是加强澳门国际机场候机楼周围、登机桥、排水泵站、供电室、通信机房、机场配套交通设施等的防风防潮能力。

九是加快论证在澳门特别行政区管理海域内新建避风港项目，以满足台风及休渔期间大量船只回港避风和停泊需求。

（三）历史文化遗产与设施防灾减灾能力建设

1. 基本策略

加强澳门历史城区和被评定的不动产及相关文化设施安全风险防控和隐患排查治理，加强防灾减灾能力建设和运行维护管理，保障公众和游客安全。

2. 行动目标

提高历史文化遗产安全风险辨识、评估、预防、减灾、保护能力，减少安全隐患，有效处置突发事件。

3. 行动方案

主要包括以下三项措施：

一是全面开展澳门历史城区和被评定的不动产及相关文化设施的安全风险评估，重点排查台风、暴雨、雷击、水浸、地面沉降、山体滑坡、虫害、树木、火灾、建筑结构安全、人为破坏等风险因素，划分风险等级，制定并实施风险监测和防控方案。

二是建立澳门历史城区火灾等安全隐患常态化排查整治机制，严管电源、明火，定期检查消防设施；制定并实施安全隐患整治方案和应急预案，定期开展应急培训和演练活动。适时开展打通消防车道整治行动，重点解决老城区阻碍消防及救援车辆通行的问题。

三是对公众开放的不动产，如庙宇、教堂、博物馆、老屋及公共部门辖下的文化设施，政府相关部门与经营者共同制定相关场所拥挤程度标准、安全管理方案和应急预案，设置必要的警示标识、疏散通道和应急装备，实施景点承载力管理，确保公众和游客安全。

六、基础设施防灾减灾能力建设重点项目建议

（一）澳门自然灾害风险评估项目

开展自然灾害风险评估，建立自然灾害风险隐患数据库；编制热带气旋、风暴潮、暴雨及其引发的水浸、滑坡、市政设施和道路桥梁损坏等灾害风险图。

（二）防洪排涝设施建设项目

力争尽早开工建设内港挡潮闸工程，结合内港海傍区排涝工程和堤岸临时工程建设，整治沿岸廊道、管线、拍门等，实现内港海傍区防洪（潮）标准 200 年一遇，治涝标准 20 年一遇 24 h 降雨 24 h 排除的治理目标；建设澳门半岛青洲—筷子基沿岸堤防工程，使其防洪（潮）标准和治涝标准与内港海傍区相协调；结合澳门经济社会发展需求和城市总体规划要求，新建或达标加固路环岛西侧、澳门半岛南侧、路凼岛等堤防工程；对城市易涝区现有排水管网实施升级改造，使其逐步达标；完善防洪非工程措施，编制洪水风险图，制定防灾减灾预案和应急抢险措施。

（三）澳门供水保障设施建设项目

推进落实九澳水库扩容工程和石排湾水库整治工程建设，于 2028 年将两水库的总库容量提高至约 $105 \times 10^4 \text{m}^3$，将澳门本地蓄水设施蓄水量提高至约 $270 \times 10^4 \text{m}^3$，满足约 8 天原水供水需求；在澳门本地选择合适地点，新建高位水池，使全澳高位水池蓄水量增加到约 $14.3 \times 10^4 \text{m}^3$，保障供水时间提升至约 12 h。

（四）重要用户供电保障系统建设项目

全面排查、重新评估重要用户（包括政府部门、应急指挥中心、医院、水厂、通信、解放军驻澳门部队等）供电方案，加强重要用户供电网络建设，优化重要用户的网架结构，协调重要用户配置保安电源，确保重要用户双电源或三电源供电，落实重要用户的保电方案；保障重大灾害情况下重要用户的优先供电。

第五节　澳门应急管理体系及应急能力建设规划研究

一、应急管理体系建设规划研究

（一）应急管理体系建设需求

1. 应急管理法制建设需求

澳门虽然已初步具备突发事件处置的制度性框架和基本内容，但现有法律法规较为分散，还缺乏体系化和协调性；部分灾害应对的紧急措施，例如防疫、对灾民的援助和安置等内容，分散于不同的法规之中，在具体适用法律上需要在执法层面进一步整合，以增强灾害预防和救助相关法律法规的整体性和协调性。

同时在某些规范领域有些内容需要进一步强化，例如在促进、协助及奖励灾害防救团体和志愿者组织等多方面内容仍有所欠缺。另外，在灾后复原重建的规范方面亦存在空白，例如对受灾民众的善后照料、电信、电力、自来水等设施的修复、民生物资供需的调节、环境消毒与废弃物的清除及处理以及捐赠物资、款项的分配与管理等内容均需要考虑作出规范。

随着社会经济快速发展，本澳部分公共部门正面临一线人员人手短缺及年龄老化等问题，尤其在发生突发事件时，需要大量人手进行处理更显困难，现时并未有完善的法律法规来规范及鼓励相关人员的权利、义务、保险保障及所需的支持等。完善的法律基础能为民防工作执行者提供结构性的保障，建议修订有关的法例，以对相关工作有明确的规范。

2. 应急管理体制建设需求

澳门虽然已经建立了民防架构体系，并明确了联合行动指挥官，但总体而言，各项应急工作主要还是依靠政府各部门的日常工作机构进行处理，在一定程度上存在职责不清、由常规工作机制转入应急工作机制比较缓慢、对日常性工作影响大等问题。未来需要从跨司角度去协调各部门的应急执行行动，对民防架构各成员的具体职责和协调合作工作制定规范性指引。澳门正在考虑设立一个赋予必要职权、独立运作、专门管理预防、应对和灾后复原的专责部门，赋予该部门统筹和监管各部门参与民防运作的权限，并制定民防架构中其他部门（例如卫生部门、社会工作部门）在参与工作时须遵守的规范指引，以及建立危机讯息管理系统。

3. 应急管理机制建设需求

主要包括预测与预警机制、信息报告与反馈机制、决策指挥与协调机制、粤港澳应急联动机制、公众沟通与动员机制等方面的建设需求。

（1）预测与预警机制。现行第 78/2009 号行政长官批示订定了突发公共事件的预警及警报系统，其中第 3.5 款规定了各部门要针对其管辖范围内可能发生的突发公共事件，设立和完善预测与预警机制，并展开风险分析。由于设立和完善这些机制对应急机制能否有效启动起到至关重要的作用，故需要尽快对批示的落实作全面的检视和检讨，及时作出相应调整。例如在"天鸽"台风中，向全社会市民发出台风及水浸预警预告紧急通知不够及时，加重了灾情。

（2）信息报告与反馈机制。要加强危机发生过程中的信息收集和发放机制，确保通报机制的运用，以达到消息可迅速地传达至领导主管人员，让部门领导、各级主管和相关公务人员都能配合危机的应变和调度安排。需要考虑同时建立从下到上的信息报告与反馈机制，要求具体分工的专责部门在第一时间就可能发生的潜在风险反馈至决策者。

（3）决策指挥与协调机制。虽然民防行动中心在台风灾害应对期间全力指导及协调民防架构成员开展工作，各部门也通力配合，但工作仍有不足之处，特别是在断电、断水、通信中断的情况下，多个部门与民防行动中心的沟通一度出现问题，民防行动中心在协调指挥民防架构成员及社会组织参与救灾方面缺乏必要的权威权力、动员能力和资源支配能力。此外，有关救灾资源分布于不同部门，不同的社会机构，由于缺乏资源数据共通共享的机制，故未能充分发挥救灾资源的最大功效。

（4）粤港澳应急联动机制。粤港澳应急联动机制在"天鸽"台风应对中发挥了一定作用，在事中通报和事后救灾的区域联动较为迅速和有效，但在事前预防、灾害监测预警等工作上缺乏有效沟通。澳门与香港未建立防灾救灾互助机制；《粤澳应急管理合作协议》中的"粤澳信息互换平台"尚未建成；粤港澳三地在突发事件的处置过程中气象信息、口岸信息等方面缺乏有效的沟通合作。

（5）公众沟通与动员机制。各种救灾力量统筹协调不足且分工不清晰，在人力调配、物资收集分派、信息沟通等方面存在不足，存在着物资错配、过剩或重复发放的现象。

4. 应急预案建设需求

目前澳门各部门与应急相关的文件一般使用"应急预案""民防计划""应急计划""应变计划""紧急计划""指引"等不同名称。应急预案的名称、格式、内容和管理等都还没有统一规范。

目前的各级各类应急预案没有形成完整的应急预案体系。各类、各层级应急预案之间缺少相互衔接，特别是部门之间的协同配合、私人部门与政府的协同配合很不够。

澳门现有应急预案的内容框架和核心要素不统一，不同预案的格式和内容差异较大；突发事件分级缺乏定量判断标准，分级响应的规定和措施不太明确，职责和程序不够清晰。当出现重特大突发事件时很难做到快速反应。

应急预案的管理和备案制度不健全，大多数应急预案仅限于部门内部或少数部门的有限范围内知晓，其他相关部门和公众难以获取和了解应急预案的内容。应急预案的评估和持续改进机制尚不健全。

澳门公共卫生应急预案偏向于传染病单病种"行动计划"，缺乏中毒事件类单项应急预案、其他严重影响公众健康事件类单项预案、突发公共卫生事件的医疗救援预案、与其他部门联防联控的应急预案，例如公路、铁路、水路、航空的交通部门以及口岸和医药储备等。

从应对"天鸽"台风的实际情况来看，当前的一些应急预案（民防计划）的针对性、有效性和可操作性也存在不足。例如，民防总计划虽然对紧急情况做了预设，但对于强台风造成的灾害后果和救灾困难的叠加，没有充分的估计。对于台风灾害叠加天文大潮，引发的次生灾害，如城市内涝、救援通路严重阻塞，大范围停水、停电等，在预案中没有提及，应急预案内容仍有很大的改进空间。

（二）应急管理体系建设行动方案

1. 应急管理法制建设行动方案

（1）基本策略。坚持法治思维，依法行政，通过立法修法、普法用法、守法执法，夯实应急管理的法治基础。健全的法律法规和标准体系是优化澳门应急管理体系、提升应急能力的内在要求和法制保障。建议出台综合性的突发事件应急管理法律，制修订应急管理相关法律法规，不断完善应急管理标准体系，强化法律法规和标准的宣传贯彻，为优化澳门应急管理体系提供法制保障。

（2）行动目标。制修订一批重要应急管理法律法规和标准，提高应急管理法治化、制度化、规范化水平。

（3）行动方案。主要包括以下四方面的具体措施：

一是制定新的《民防纲要法》。统一规范澳门突发事件分类分级方法；确立民防领域决策、管理和执行的恒常权力架构、领导体制、运作机制，以及相关的民间支持机制、信息共享机制等；明确政府、公私营实体和社会公众在预防和应对突发事件过程中的权利和义务；政府增设专责统筹协调机构，实现行政当局对民防行动的强势统筹，提升民防体系对突发事件的应对效率。

二是制定落实《民防纲要法》具体实施的配套法规。通过制定和修订相关行政法规，落实法律有关民防专责统筹协调机构组织运作、民防架构运作、民防领域公民教育、各类应急预案编制、预警机制及措施、应急资源配置与调用、民间力量协助民防事宜等的规定，以确保法律规定实施的可操作性。

三是制订完善一批防灾减灾与应急管理标准。围绕澳门应急管理重点领域和业务需求，制订一批重要技术标准，在基础设施防灾减灾、监测预警、应急标识、应急信息、避难场所建设等方面实现重点突破，发挥示范带动效应，提升应急管理标准化工作水平。

四是加强法律法规的宣传教育。面向不同群体、采取多种形式广泛开展法律法规和标准的宣传，引导政府部门和单位，以及私人部门和单位、学校、医院、社会组织、社会公众等，学习和遵守相关法律法规，提高应急管理法治化水平。

2. 应急管理体制建设行动方案

（1）基本策略。通过完善应急管理指挥协调架构，理顺不同部门、不同主体的职责，加强相互协调配合，提高应急管理体制运转有效性。

（2）行动目标。健全"统一领导、综合协调、部门联动、分级负责、反应灵敏、运转高效"的应急管理体制。

（3）行动方案。主要包括以下六方面的具体措施：

一是设立民防及应急协调专责部门，承担应急管理的常规工作，强化综合协调职能，统筹预防与应急准备工作，开展突发事件的值守应急、信息管理、监测预警、应急处置与救援、灾后救助、恢复与重建、宣传引导等工作；具体负责民防行动中心的运作。

二是进一步健全民防架构，根据各类突发事件应对的实际需要适时调整和补充相关成员单位，将旅游危机处理办公室纳入民防架构；在特区政府领导下协同开展防灾减灾和应急管理工作，由新组建的民防及应急协调专责部门承担日常应急管理职责。

三是健全旅游危机事件协调架构，加强与民防及应急协调专责部门的协作关系，建立常态化的信息共享机制和支撑系统；明确旅游危机应对时民防构架相关成员单位的职责，明确旅游服务单位、旅游团组和游客各方职责及沟通机制，提高旅游危机事件应对能力。

四是完善海上应急指挥协调体系，将气象、环保、市政等部门纳入海上应急指挥体系；强化"澳门海上搜救协调中心"协调中枢职能，简化协调程序，在发生海上突发事件时直接协调消防局、卫生局及医院等参与海上应急工作。

五是健全突发事件卫生应急协调架构，建立卫生应急行动指挥中心（Emergency Operation Center，EOC），明确行动指挥官、组成部门和机构等；明确卫生应急行动指挥中心与民防及应急协调专责部门之间的协作关系，建立健全常态化的信息共享机制和支撑系统。

六是加强应急管理体制顶层设计，适时改进完善应急管理领导与指挥体制，提升政府应急能力，以适应澳门经济社会快速发展需要。

3. 应急管理机制建设行动方案

（1）基本策略。通过健全风险管理、监测预警、信息报告、决策指挥、应急保障和风险分担等机制，提高应急管理的综合效率。

（2）行动目标。形成涵盖突发事件事前、事中和事后，涵盖应对全过程的各种系统化、制度化、程序化、规范化的方法与措施。

（3）行动方案。主要包括以下六方面的具体措施：

一是完善突发事件风险管理制度。建立重大决策风险评估制度以及风险常态化管理制度，健全风险管理机制，推动风险管理的科学化。

二是健全监测预警机制。加强部门协作，依托民防及应急协调专责部门，整合各部门监测预警信息，建立覆盖自然灾害、事故灾难、公共卫生事件、社会安全事件等四大类突发事件的综合监测预警信息共享机制，实现各类突发事件监测预警信息的实时汇总、综合分析、态势分析、快速发布。加快建设统一发布、高效快捷、覆盖全澳的突发事件预警信息发布机制，进一步健全和完善预警信息发布的强制性制度规定。预警信息发布网络应以公用通信网为基础，合理组建灾情专用通信网络，确保信息畅通。要进一步健全相关法律法规，确保邮电局、澳门电讯有限公司、澳门广播电视股份有限公司、澳门基本电视频道股份有限公司、澳门有线电视股份有限公司等政府机构及私营部门，依法保障传送网络畅通，依法快速向公众发布预警信息。

在预警信息的发布过程中，要进一步完善预警信息发布、传输、播报的责任机制。指导和规范政府相关机构及私营部门充分利用各种传播渠道，通过手机短信、广播、电视台、电子广告牌、社区电子显示屏、网络、微信、手机 APP 等多种途径及时将预警信息发送到在澳的公众和游客，显著提高灾害预警信息发布的准确性和时效性，扩大社会公众覆盖面。其中，要重点确保地势低洼地区、地下车库等地下空间、内港水浸区等易灾地区以及老年人、儿童、残疾人及其他行动不便弱势群体提前获悉预警信息，提前做好避险转移等防灾避灾工作，确保居民人身安全。

三是完善信息报告机制。建立健全政府部门和社区的突发事件信息报告机制，针对突发事件发生发展情况，制定初报、续报、核报的过程性报告流程。建立完善突发事件信息统计报告制度，明确突发事件信息统计报告的责任主体、指标要求、报送时限等。

突发事件信息是救灾工作的重要决策依据，直接关系应急处置、救援救助、恢复重建等各项工作开展。科学准确、及时快速的突发事件信息，有利于政府掌握突发事件动态和发展趋势，采取积极有效的应对措施。建议尽快建立健全突发事件信息报告机制，按照及时、准确、规范、全面的原则，加强和规范突发事件信息的报告管理。

制定科学的突发事件信息统计报告制度。将突发事件信息统计报告制度作为全澳突发事件信息统计报告工作的核心依据，对突发事件信息统计报告的责任主体、指标要求、报送时限、报表体系等工作进行系统、全面的规定。同时，注重将突发事件信息统计与救灾救助紧密衔接。突发事件信息报告内容不仅包括人员伤亡及损失情况，而且包括救灾救助需求和进展情况，实现突发事件灾情与救灾救助信息紧密结合、相互校验。

建立全流程的突发事件信息监控体系。针对突发事件发生发展情况，制定初报、续报、核报的过程性报告流程。对灾害信息员报灾工作提出明确要求：一般性突发事件发生后 1 h 内报告初报；对于重大突发事件执行 24 h 零报告制度；突发事件情况稳定后报告最终核定灾情，做到突发事件全过程信息记录。

基于突发事件信息报告机制，设计澳门突发事件信息统计报送系统，实现桌面端和移动用户端同步报灾，北斗终端做应急保障，使用范围涵盖全澳所有社区。系统以突发事件信息统计报告制度的报表体系、指标体系和报送流程为设计基础，形成信息化支撑下的突发事件信息报告全流程管理。

四是完善决策指挥机制。进一步明确安全委员会、突发事件应对委员会的职责和关系。进一步理顺民防行动中心与专业行动指挥中心的职责和关系。重点强化突发事件现场指挥体系和现场指挥官制度，实现各类应急资源的统一指挥调配。

民防及应急协调专责部门实现平灾结合，在日常的应急管理工作中强化部门间的信息沟通、资源共享、技术交流，做到部门配合、资源整合、协调联动。在应急状态下，要实现应急抢险、交通管制、人员搜救、伤病员救治、卫生防疫、基础设施抢修、房屋安全应急评估、受灾民众避险转移安置等的一体化指挥。

民防及应急协调专责部门在机构和制度建设中，应重点强化突发事件现场指挥体系；强化各类应急救援力量的统筹使用和调配体系；强化预警信息和应急处置信息发布体系，实现统一指挥调配。

借鉴国内外先进经验，建立健全突发事件现场指挥官制度，出台相关制度和办法，赋予现场指挥官决策指挥、资源调度、协调各方、依法征用等权责。做好指挥官的培训和任命，提高突发事件现场应急处置能力。

民防架构各成员单位根据各自职责，分工负责，协助做好预警信息发布，做好本系统应急处置工作。特别是加强学校、医院、应急避难场所、生命线基础设施等的防灾抗灾和维护管理，做好伤病员救治、卫生防疫，受灾民众避险转移安置等工作。

五是完善应急保障机制。统筹利用各方面资源，进一步完善应急队伍、应急指挥平台、应急通信、应急物资、紧急运输、科技支撑和避险中心等保障体系和运行机制，提升综合应急保障能力。

按照底线思维的理念，立足应对超强台风等大灾、巨灾，统筹利用各方面资源，加快新技术应用，进一步完善应急队伍、应急指挥平台、应急通信、应急物资、紧急运输、科技支撑和应急避难场所等保障体系和运行机制，是提升综合应急保障能力的重要基础。

建立健全救灾物资储备体系。建立健全覆盖全澳门的救灾物资储备体系，在内地中央救灾物资储备体系支持下，结合澳门居民的生活习惯、历年灾害情况以及突发事件应急处置情况等，科学确定帐篷、衣被、食品、饮用水等生活类救灾物资以及抢险救援、伤病员救治等物资储备品种及规模，建立科学的物资储备、调配和轮换周转机制。可以结合与企业、超市等私营机构开展协议储备、委托代储，将政府物资储备与企业、商业以及家庭储备有机结合，同时逐步建立健全救灾物资应急采购机制和粤港澳应急救灾物资快速通关机制，拓宽应急期间救灾物资供应渠道。

建立健全应急避难场所体系。编制应急避难场所建设指导意见，明确避灾场所功能。推动开展示范性应急避难场所建设，并完善各类应急避难场所建设标准规范。结合目前现有的公共空间、绿地、体育场馆、学校、大型综合体及娱乐场等，改扩建或预先规划应急避难场所功能。根据人口分布、城市布局和灾害特征，建设形成覆盖全澳门、布局合理、功能完备、满足公众避险需要的应急避难场所。

六是完善风险分担机制。强化风险管理和风险防范意识，组织编制社区灾害风险图，开展安全韧性社区创建活动。充分发挥市场机制在防灾减灾及灾害风险分担中的作用。

强化风险管理和风险防范意识，组织开展全澳门范围的社区风险识别与评估。充分发挥保险等市场机制作用，通过多种渠道分担大灾、巨灾等灾害风险。

开展社区风险评估与防范工作。全澳门范围，特别是内港水浸及易灾地区，组织编制社区灾害风险图，加强社区灾害应急预案编制和演练，加强社区救灾应急物资储备和志愿者队伍建设，视情组织开展综合减灾示范社区创建活动。推动制定家庭防灾减灾救灾与应急物资储备指南和标准，鼓励和支持以社区为基础、以家庭为单元储备灾害应急物品，提升社区和家庭自救互救能力。

发挥保险的风险分担作用。完善应对灾害的金融支持体系，扩大居民住房灾害保险、灾害人身意外保险覆盖范围。可以参考内地宁波、厦门、深圳等城市巨灾保险实践经验，逐步建立覆盖全澳门居民，包括自然灾害、事故灾难、公共卫生事件和社会安全事件四大类突发事件在内的巨灾保险制度，以全覆盖的政府政策性保险为基础，以商业性保险为补充，为全澳门居民提供全覆盖的人身意外保险、基本住房保险、财产损失保险等。

4. 应急预案建设行动方案

（1）基本策略。做好应急预案体系顶层设计，规范应急预案的内容要素，全面制修订重要应急预案，加强应急预案全过程管理。

（2）行动目标。特区政府及其相关部门应急预案制修订率达 100%、预案按要求培训演练率达 100%，构建起"横向到边、纵向到底"的应急预案体系，提高应急预案的针对性、实用性和可操作性。

（3）行动方案。主要包括以下十方面的具体措施：

一是研究制定突发事件预案体系及内容框架指引，构建以政府突发事件总体应急预案、专项应急预案和部门应急预案、基层社区和社会组织应急预案、重点场所和重大活动应急预案等为基本构成的应急预案体系。

澳门突发事件应急预案体系应包括：①突发事件总体应急预案。总体应急预案是澳门应急预案体系的总纲，是澳门地区应对特别重大突发事件的规范性文件。②突发事件专项应急预案。专项应急预案主要是澳门特别行政区政府及其有关部门为应对某一类型或某几种类型突发事件而制定的应急预案。③突发事件部门应急预案。部门应急预案是澳门特别行政区政府有关部门根据总体应急预案、专项应急预案和部门职责为应对突发事件制定的预案。④基层社区（堂区）应急预案。具体包括基层社区（堂区）突发事件总体应急预案、专项应急预案和现场处置方案。⑤社会团体、学校、医院、私人部门根据有关法律法规制定的应急预案。⑥举办大型庆典和文化体育等重大团体活动，主办单位应当制定应急预案。各类预案应根据实际情况变化不断补充、完善，推进应急响应措施流程化，增强应急预案的针对性、可操作性。

二是在开展风险评估和重大突发事件情景的基础上，梳理各级各类应急预案编制需求，制订政府应急预案编制计划，明确不同应急预案的牵头和参与部门。

应急预案的制修订，应当在开展风险评估和应急资源调查的基础上进行。要针对突发事件特点，识别事件的危害因素，分析事件可能产生的直接后果以及次生、衍生后果，评估各种后果的危害程度，提出控制风险、治理隐患的措施，并全面调查可调用的应急队伍、装备、物资、场所等应急资源状况和粤港澳联动区域内可请求援助的应急资源状况，必要时对居民应急资源储备情况进行调查，为制定应急响应措施提供依据。

对关系全局、涉及多领域的专项应急预案，由牵头司或部门负责组织有关方面，协调各方制定。通过构建台风、大面积停电、停水、恐怖袭击、疫情等重大突发事件情景，研究重大突发事件情景可能出现的一般性过程、后果和基本应对策略与具体任务，为专项应急预案制定和优化提供参考。

要做好基层社区（堂区）、学校、医院、私人部门、重点区域的应急预案编制，做到"横向到边、纵向到底"，加强预案的培训、演练、磨合和实施，增强全社会防灾意识、自救意识、互救意识以及自救、互救的技能，制定基层社区（堂区）灾害风险图、应急疏散路线图，规范应急疏散程序，组织开展参与度高、针对性强、形式多样、简单实用的应急演练，并及时修订相关应急预案。

为使各部门和社区（堂区）、学校、医院、私人部门等从实际出发编制预案，应尽快制定澳门特别行政区政府有关部门制定和修订突发事件应急预案编制指引，社区（堂区）、学校、医院、私人部门突发事件应急预案编制指引，明确编制应急预案的指导思想、工作原则、内容要素、进度要求等。

针对全球恐怖活动、恐怖主义的现实危害上升趋势和澳门建设世界旅游休闲中心的实际，要尽快修订《澳门特别行政区处置恐怖袭击事件应急预案》，加强反恐怖能力建设，不断提升反恐怖工作水平，注重主动进攻，先发制敌；注重专群结合，整体防范；注重标本兼治，源头治理；注重提升情报获取能力和预警能力。

三是以现有《民防总计划》为基础，研究制定突发事件总体应急预案。

四是开展台风与风暴潮、大面积停电、旅游危机、公共卫生事件、海上突发事件、恐怖袭击事件等专项应急预案的制修订工作。

五是根据总体预案和专项预案，制修订部门应急预案，并根据情况制定相应的标准操作程序（手册）和应急行动指南。

六是根据需要组织编制娱乐场等重点场所和重大活动应急预案，重点加强预防与应急准备，明确人员保护与疏散方案。

七是制订重要基础设施和关键资源保护计划，按照"设施分类、保护分级、监管分等"的原则，建立健全重要基础设施和关键资源风险评估和风险管控长效工作机制。要制订重要基础设施和关键资源保护计划。按照"设施分类、保护分级、监管分等"的原则，对需要由澳门特别行政区政府层面统筹协调的重要基础设施和关键资源的防护抓好落实，建立健全重要基础设施和关键资源保护体系的长效工作机制。

八是通过开展宣传、培训、指导和检查等活动，推动私人部门和单位、社会组织、基层社区编制或修订应急预案。

九是研究制定突发事件应急预案管理规范性文件，明确应急预案的编制、审批、发布、备案、培训、演练、评估、修订等要求，建立应急预案持续改进机制，加强应急预案管理的组织保障，强化应急预案分级分类管理。

为深入推进应急预案体系建设，加强应急预案的管理，应尽快制定《突发事件应急预案管理办法》，明确应急预案的概念和管理原则，规范应急预案的分类和内容、应急预案的编制程序，优化应急预案的框架和要素组成，建立应急预案的持续改进机制，加强应急预案管理的组织保障，强化应急预案分级分类管理。

应急预案的生命力和有效性在于不断地更新和改进，持续改进机制是应急预案系统中一个重要组成部分，完善风险评估和应急资源调查流程，充分利用互联网、大数据、智能辅助决策等新技术，在应急管理相关信息化系统中推进应急预案数字化应用。应急预案编制单位应当建立定期评估制度，分析评价预案内容的针对性、实用性和可操作性，实现应急预案的动态优化和科学规范管理。同时要对应急演练进行评估，在全面分析演练记录及相关资料的基础上，对比参演人员表现与演练目标要求，对演练活动及其组织过程作出客观评价，并编写演练评估报告，可通过组织评估会议、填写演练评价表和对参演人员进行访谈等方式进行。应急演练评估的主要内容包括：演练的执行情况，预案的合理性与可操作性，指挥协调和应急联动情况，应急人员的处置情况，演练所用设备装备的适用性，对完善预案、应急准备、应急机制、应急措施等方面的意见和建议等。

十是研究制定突发事件应急演练指引，组织开展形式多样的应急演练，以检验和完善应急预案，促进应急物资、装备和技术准备，锻炼应急人员和队伍，理顺相关单位和人员职责任务，提高公众风险防范意识。

制定突发事件应急演练指引等应急演练制度，制定应急演练工作规划，针对社区（堂区）、学校、企业以及酒店、娱乐场等人员密集场所等定期开展各种形式和各具特色的应急演练。通过开展应急演练，查找应急预案中存在的问题，进而完善应急预案，提高应急预案的实用性和可操作性；检查应对突发事件所需应急队伍、物资、装备、技术等方面的准备情况，发现不足及时予以调整补充，做好应急准备工作；增强演练组织单位、参与单位和人员等对应急预案的熟悉程度，提高其应急处置能力；进一步明确相关单位和人员的职责任务，理顺工作关系，完善应急机制；普及应急知识，提高公众风险防范意识和自救互救等灾害应对能力。同时强化演练评估和考核，提倡桌面推演与实战演练相结合，切实提高实战能力，推动应急演练工作的规范、安全、节约和有序开展。

二、突发事件监测预警能力建设规划研究

（一）监测预警能力建设需求

近年来，全球气候变化导致的极端天气灾害事件逐渐增多，城市的脆弱性和易损度不断增加，城市安全面临越来越严峻的考验，城市防灾减灾救灾对灾害监测预警能力提出了更高要求。近20年来澳门在灾害监测预警能力方面虽然取得了一些进步，但在技术和人才方面尚有很多欠缺，如海域探测基础薄弱，尚未开展海域风、浪、流等观测；资料共享及快速处理能力不足；尚未开展台风强度分析及预报业务，对台风近海快速增强机理认知不足；尚未有效开展预报检验评估；尚未有效开展海雾监测预警业务；对数值模式，特别

是集合预报模式释用能力不足；尚未开展灾害影响预报；预报员队伍总量不足，高层次技术人员匮乏等。为切实增强澳门灾害监测预警能力，重点需加强以下方面能力建设。

一是优化气象及海洋观测站网建设。澳门以往的灾害监测站点多布设于陆地及岸边，尚未有效开展海洋水文环境监测。应以业务和服务需求为导向，结合澳门陆地和海域分布，科学规划设计澳门境内气象及海洋观测站网布局，特别在监测空白海域，合理增设观测站点和观测要素；基于与内地及香港共建共享原则，加大共建共享力度，初步形成地（地基观测）、海（海基观测）、空（飞机、飞艇等观测）、天（卫星观测）一体化的综合监测网络和业务，为灾害监测分析提供第一手资料。

二是加强粤港澳资料共享能力建设。近年来，中国内地及香港在珠江口附近及南海北部海域新增了很多自动气象站和潮位站，这些观测站在提高台风、暴雨、强对流及风暴潮等灾害监测方面发挥了重要作用。同时，内地及香港气象机构等研发或运行满足不同需求的全球及区域高分辨率数值预报模式。应加强网络及数据存储等信息能力建设，秉持"不求所有，但求所用"，促进与内地及香港等资料共享，提高资料共享的广度和时效性。

三是建立高效集约的资料应用业务系统。随着观测资料类型和观测时空频次的增加、数值模式的种类和分辨率的提升，预报员每时每刻被海量数据所淹没，远远超过了其手工分析能力。因此，高效集约的数据处理系统显得尤为重要。应建立交互式气象数据分析及预报制作平台，实现海量气象数据的快速解析、存储、检索、分析和应用，综合利用数据可视化技术与气象客观分析技术，实现陆基、岛屿、船舶、浮标、卫星、雷达、数值模式等资料的快速显示与分析应用，实现对主要气象及海洋灾害的全天候、无缝隙、快速、准确监测分析。

四是加强台风监测和预报预警能力。加强台风监测分析能力建设。台风现时位置和强度的准确分析是预报预警的基础。应建立世界气象组织推荐的、世界各主要台风中心通用的DVORAK台风强度分析流程，提高台风强度分析的客观性和科学性。同时，辅以星载微波资料、雷达及海岛、浮标、石油平台自动站等观测，切实提高台风定位定强的准确性和时效性。

加强台风预报预警能力建设。应综合利用统计、统计动力、数值模式及解释应用等多种技术方法，开展台风路径、强度及风雨预报。通过对典型台风灾害案例的深度分析和总结，提高预报员对台风路径、强度变化及台风暴雨落区、近海台风快速增强机理认知水平，建立影响澳门台风的物理概念模型。重点要发展对区域数值模式和集合预报的解释应用和定量订正技术，提高台风路径、强度预报准确率；加强多模式降水预报集成以及主客观降水预报融合等技术研究和应用，提高台风降水精细预报能力；探讨大数据、机器学习及人工智能技术等在台风路径、强度及风雨预报预警上的应用。

五是加强暴雨监测分析和预报预警能力。加强暴雨监测分析能力建设。应综合应用"风云四号"和"葵花八号"等卫星、雷达、风廓线、地面自动站等多种手段和资料加强对暴雨及其影响系统的监测分析，特别要加强华南雷达组网及与珠海共建的双偏振雷达在暴雨系统监测和强降水估测的应用，提高暴雨监测分析能力。

加强暴雨预报预警能力建设。基于共建共享原则，联合粤港相关部门发展多重嵌套的高分辨率数值预报模式、高分辨率区域集合预报模式、高分辨率快速更新同化模式，为暴雨预报提供强有力的科技支撑；发展数值预报模式客观订正释用方法，如配料法降水预报技术、最优百分位降水预报技术、暴雨降尺度技术等；发展基于集合预报或超级集合预报的降水概率预报订正技术，发展基于概率预报的暴雨预警技术；探索基于大数据、机器学习、人工智能技术在暴雨预报预警中的应用。

六是加强强对流天气监测和预报预警能力。加强强对流天气监测分析能力建设。春夏季珠三角地区容易出现短时强降水、雷暴大风、冰雹甚至龙卷风等强对流天气。应加强雷暴大风、强降水、冰雹等分类强对流天气环境流场识别、概念模型构建，研究分析特征物理量变化与强对流天气的关系。综合应用各类监测资料，特别是双偏振雷达，实现强对流天气系统及其属性监测；开展基于阈值的分类强对流天气自动监测报警业务。

加强强对流天气预报预警能力建设。应建立客观、高效、涵盖多种强对流天气短临预报预警技术体系，逐步建设智能化强对流自动预警系统，进一步提升短时强降雨、雷暴大风、冰雹和龙卷等强对流天气预警能力。

七是提高风暴潮、海浪监测和预报预警能力。2017年"天鸽"台风影响期间，珠江口附近多个潮位站的最高潮位破历史纪录，澳门、珠海等多地出现严重的海水倒灌现象。从预报预警角度反思，这反映出对风暴潮强度极端性的预报预警不足。应加强风暴潮的监测预警能力建设，结合澳门海洋水文环境和周边海域地理状况，有条件改进和完善风暴潮数值模式系统，发展风暴潮集合数值预报模式，给出不同程度风暴潮灾害可能出现的概率，为有效防范风暴潮灾害提供更多参考。

台风、冷空气及强烈季候风均能产生巨浪，但澳门尚未开展海浪监测及预报预警。澳门水域面积虽然不大，但水上交通繁忙，为加强船只运行安全及航道管理，应开展海浪监测、预报和预警。应结合澳门沿海地形及水文气象特点，建立海浪监测站网，建立高分辨率、精细化近岸浪数值预报系统，提升海浪精细监测预警能力。

八是溢油扩散预报系统。加强与内地及香港相关部门的合作，根据澳门周边海域特征，开发针对澳门及其附近海域的高分辨率业务化溢油预报模型，建立溢油模型同各环境动力场及溢油事件信息的衔接，建立溢油漂移扩散预警报系统。

九是水质污染物扩散预报系统。基于在线水质监测数据，加强与内地及香港相关部门的合作，开展澳门附近海域水质污染物种类及来源分析，建立澳门附近海域污染物输运扩散数值模式，基于选定的典型污染源，开展污染扩散参数敏感性数值模拟和分析，建立水质污染物扩散预报系统，提供污染分布及趋势性产品。

十是搜救应急预报系统。基于澳门海域三维温盐流数值预报系统和现有搜救预报模型，开发针对澳门海域的高分辨率搜救预测模型，建立搜救模型同各环境动力场及搜救事件信息的衔接，建立搜救应急响应系统，为搜救事件提供信息支持。

十一是开展台风、风暴潮等典型灾害风险评估业务。基于典型案例和历史资料，通过技术交流和引进，联合相关部门探索构建台风、暴雨、高温、寒冷等极端或高影响天气的评估模型，尝试开展主要气象灾害影响评估业务。开展澳门风暴潮灾害风险区划，编制风暴潮灾害风险图，逐步建立基于精细地理信息和承灾体信息等的风暴潮灾害风险评估业务。

十二是优化灾害预警信息发布系统。完善灾害预警信息发布制度，明确气象灾害预警信息发布权限、流程、渠道和工作机制等，细化气象灾害预警信息发布标准和警示事项等；加快气象灾害预警信息接收传递设备设施建设，建立充分利用广播、电视台、互联网、手机短信、微信等各种手段和渠道的气象灾害预警信息发布机制或平台以及快速发布"绿色通道"，提高预警信息发送效率，通过第一时间无偿向社会公众发布气象灾害预警信息，重点是学校、社区、机场、港口、车站、口岸、旅游景点、娱乐场等人员密集区和公共场所，不断扩大预警信息公众覆盖面。

（二）监测预警能力建设行动方案

新一代气象卫星、天气雷达、气象自动化探测设备的不断进步，使得气象探测越来越精密，为天气预报提供越来越丰富的基础数据；大气运动机理研究不断进步和计算能力飞跃提升使得以数值模式为发展方向的天气预报越来越精细；以云计算、大数据、物联网、移动互联网为代表的信息技术的快速发展和应用，促使气象服务更加智能化、多样化和便捷化。快速发展的科学技术及其应用为实施灾害监测预警能力建设行动方案提供了支撑。

1. 气象及海洋环境观测能力建设

（1）基本策略。科学规划气象及海洋观测站网布局，通过新增观测站点及观测要素，全面提升气象及海洋观测能力。

（2）行动目标。实现风、气压、能见度、潮位、波浪、海流、水质等要素的观测与监测。

（3）行动方案。主要包括以下三方面的具体措施：

一是潮位站建设。在澳门现有潮位观测的基础上，结合当地具体情况，选取重要区域增设潮位站，提供实时、稳定的潮位观测数据。

二是综合观测浮标布放。在澳门近岸海域布设综合观测浮标，开展海浪观测，获取海浪波高、周期、波向等的实时观测；开展海流、温度、盐度、气象、能见度等要素观测，获取流速流向、海温、风速风向等要素；开展生态观测，获取叶绿素、营养盐、酸碱度、溶解氧等浅水表层和垂向生态水质数据。

三是地波雷达站建设。与内地及香港合作，在澳门近岸海域建设地波雷达观测站，建立近岸地波雷达观测系统，实现辐射覆盖澳门近岸海域，获取高精度流场观测资料。

四是数据资料接收传输和处理系统。通过 VSAT 卫星网络、地面网络、无线网络等手段将各观测站点数据统一汇总至数据处理中心。并可以通过 VSAT 通信系统接收澳门周边沿海海洋观测站点的观测数据。对接收到的近海观测数据进行处理、解析、入库，并对所有数据进行预处理以符合其他业务系统所需的中间产品。同时，建设一套观测数据监控系统，实时监控所辖台站、浮标等观测设备运行状况，以及数据接收处理进程和主要设备的运行状态。

2. 资料共享能力建设

（1）基本策略。加强与内地及香港等地的数据传输、存储等方面的基础设施建设，扩大共享资料范围。

（2）行动目标。提高与内地及香港等在各类观测资料、预报预警信息、数值预报模式等资料共享的广度和时效性。

（3）行动方案。主要包括以下两方面的具体措施：

一是升级与内地及香港连通的网络带宽，实现与内地及香港地、海、空、天各类观测资料、会商视频信号、高时空分辨率数值模式产品的高速传输及共享。

二是与内地及香港合作共建大湾区气象及海洋大数据云平台，加强数据存储资源池建设，及时共享澳门周边及南海北部岛屿、浮标、石油平台等自动气象站和潮位、水位信息；共享华南雷达网资料；共享"风云三号"D星和"风云四号"A星等资料；共享数值预报模式资料。

3. 高性能数据处理及业务平台建设

（1）基本策略。综合利用数据可视化技术与客观分析技术，实现陆基、岛屿、船舶、浮标、卫星、雷达、数值模式等资料的快速显示与分析应用。

（2）行动目标。实现对主要气象及海洋灾害的全天候、无缝隙、快速、准确监测分析。

（3）行动方案。主要包括以下三方面的具体措施：

一是构建分布式数据存储结构，利用数据可视化技术与客观分析技术，实现业务数据秒级检索、加载和分析能力。

二是实现百米级分辨率气象及海洋全要素（降水、风、温、压、湿、潮、浪、流等）格点编辑，提升监测预警精细化水平。

三是实现数据采集、分析、预报预警产品制作及"一键式"分发等功能一体化，提升业务平台的智能化水平。

4. 台风监测预警能力建设

（1）基本策略。通过开展技术交流和引进、典型案例总结分析、多资料综合应用、台风数值预报模式联合研发及数值模式解释应用，并加强大数据、机器学习及人工智能技术在台风监测预警上的应用研究，切实加强台风监测预警能力。

（2）行动目标。提高台风强度分析的客观性和科学性。

（3）行动方案。主要包括以下五方面的具体措施：

一是建立规范的、世界气象组织推荐的 DVORAK 台风强度分析业务，提高预报员对卫星定量分析和应用能力，提高预报员对台风云型结构、眼区温度、云顶量温（TBB）等强度变化认知能力，提高台风强度分析的科学性和准确性。

二是研究热力、动力因子对台风强度变化的影响，（引进）建立基于统计动力相结合的台风强度预报方法，初步开展台风强度预报业务。

三是建立基于集合预报的台风路径和强度预报订正方法。

四是与相关气象机构或科研单位联合研发/运行基于快速循环同化的台风数值预报模式，为实时业务提供科技支撑。

五是探讨机器学习、人工智能技术在台风监测预警上的应用研究。

5. 暴雨监测预警能力建设

（1）基本策略。通过开展横向技术交流和引进、典型暴雨事件总结分析、多资料综合应用、数值模式解释应用，并加强大数据、机器学习及人工智能技术在暴雨监测预警上的应用研究，切实加强暴雨监测预警能力。

（2）行动目标。暴雨预报准确率达周边气象机构同等水平。

（3）行动方案。主要包括以下四方面的具体措施：

一是建立基于地面自动站、雷达、卫星资料等多资料融合的降水估测业务流程，提升降水监测分析能力。

二是研究最优百分位降水预报技术、暴雨降尺度技术在强降水预报中的应用，提升强降水预报预警能力。

三是发展基于集合预报或超级集合预报的降水概率预报订正技术。

四是探讨人工智能技术在暴雨监测预警中应用技术。

6. 强对流天气监测预警能力建设

（1）基本策略。基于新一代气象卫星多通道产品及天气雷达、地面自动站、闪电观测等多源数据，结合典型强对流天气案例分析、高分辨率数值模式解释应用、机器学习等人工智能算法，实现短时强降水、雷暴大风和冰雹等强对流天气的精细化监测预警。

（2）行动目标。强对流天气预报准确率达周边气象机构同等水平。

（3）行动方案。主要包括以下四方面的具体措施：

一是综合应用新一代气象卫星多信道产品、雷达基本反射率因子、组合反射率因子、垂直液态含水量等物理量场，实现强对流天气系统及其属性监测。

二是基于不同强对流天气类型，计算输出模式短时强降水指数、大风指数、冰雹指数、超级单体指数、龙卷指数等，实现强对流天气类型潜势预报。

三是升级改造传统强对流算法，如中气旋识别、PUP 冰雹识别、TVS 识别算法，进行本地化参数调试，实现短时强降水、雷暴大风、冰雹以及龙卷天气的识别和预警。

四是运用机器学习方法（基于三维卷积神经网络、多层前馈神经网络等）发展强对流天气的识别系统，针对短时强降水、雷暴大风、冰雹、龙卷（龙卷式涡旋特征 TVS）等，比较不同机器学习算法识别准确率，优化深度学习网络及相关参数，建立智能强对流自动分类识别和预警。

7. 海雾监测预警能力建设

（1）基本策略。通过典型海雾事件总结分析，研究澳门及珠江口附近海域海雾形成及维持的大气和海洋环境，结合多源地基综合观测、卫星反演及海雾数值模式，切实加强海雾监测预警能力。

（2）行动目标。建立海雾监测预警业务，海雾预报准确率达周边气象机构同等水平。

（3）行动方案。主要包括以下五方面的具体措施：

一是通过典型海雾事件总结分析，研究风速、风向、低层相对湿度、海气温差等有利于海雾形成及维持的大气和海洋环境。

二是利用沿岸站点、船舶、浮标及大桥等能见度观测数据，结合卫星反演海雾落区，制作高时空分辨率的澳门附近海域海雾实时监测产品。

三是与周边气象机构合作，开发/运行南海北部海雾数值预报模式。

四是建立基于实时监测和数值模式订正基础上的澳门海雾监测预警业务。

五是探讨基于人工智能的海雾天气识别技术，逐步建立智能海雾监测和预报预警业务。

8. 海洋灾害预报能力建设

（1）基本策略。针对澳门海洋灾害预报能力现状及需求，通过预报系统建设，提高海洋灾害预报能力。

（2）行动目标。风暴潮数值预报系统、近岸浪数值预报系统、海啸产品接收应急系统等海洋灾害预报系统实现业务化运行。

（3）行动方案。主要包括以下三方面的具体措施：

一是风暴潮预报能力建设。综合考虑澳门周边海域地理和水文环境特点,建立覆盖澳门区域的最高分辨率为 50~100 m 的精细化风暴潮数值预报系统,提供未来 72 h 风暴潮精细化数值预报产品;并发展风暴潮集合预报技术,提供风暴潮概率预报。加强典型风暴潮事件总结、分析,研究台风路径、强度、尺度等对澳门区域风暴潮的影响。加强风暴潮数值预报系统释用技术研究,提高数值预报系统的预报准确率。

二是海浪预报能力建设。综合考虑澳门沿海地形及水文气象特点,建立最高分辨率为 50~100 m 的澳门附近海域的精细化近岸浪数值预报系统,提供未来 72 h 大面及重点保障目标点的海浪精细化数值预报产品。加强典型海浪事件总结、分析,研究台风路径、强度等对澳门海域海浪的影响;针对澳门海域特点,研究不同天气系统影响下海浪的特点。加强海浪数值预报系统释用技术研究,提高数值预报系统的预报准确率。

三是海啸预警能力建设。建设海啸产品接收应急系统,通过传真、网络、短信等方式接收国家海洋环境预报中心制作的海啸预警报产品,预警报产品内容包括海啸波到达时间、最大海啸波高、岸段危险等级等。

9. 海洋环境预报能力建设

(1)基本策略。针对澳门海洋环境预报能力现状及需求,通过预报系统建设,提高海洋环境预报能力。

(2)行动目标。海流海温、赤潮、溢油扩散等海洋环境预报系统实现业务化运行。

(3)行动方案。主要包括以下五方面的具体措施:

一是海温、海流预报能力建设。考虑澳门周边海域水文环境特点,建立海温、海流数值预报系统,发展数值预报解释应用技术,提供海温、海流、水位等要素的精细化预报产品,同时为赤潮预报系统、溢油预报系统等提供环境场预报。

二是赤潮预测能力建设。与内地及香港合作,掌握澳门周边海域生态环境特点,开展赤潮生消过程关键影响因子分析,获取赤潮易发区水环境异常预警阈值,研制赤潮漂移轨迹预测模型,建立赤潮迁移预测系统,提供赤潮漂移轨迹和赤潮影响区域等预报产品,为澳门周边海域赤潮灾害防御提供技术支持。

三是溢油扩散预报能力建设。根据澳门周边海域特征,基于海流预报系统,开发针对澳门及其附近海域的高分辨率业务化溢油预报模型,建立溢油模型同各环境动力场及溢油事件信息的衔接,建立溢油漂移扩散预警报系统,提供扩散漂移预报产品。

四是水质污染物扩散预报能力建设。基于在线监测的水质监测数据,开展澳门附近海域澳门海域水质污染物种类及来源分析,建立澳门附近海域污染物输运扩散数值模式,基于选定的典型污染源,开展污染扩散参数敏感性数值模拟和分析,建立水质污染物扩散预报系统,提供污染分布及趋势性产品。

五是搜救应急预报能力建设。基于澳门海域海流数值预报系统,研发针对澳门海域的高分辨率搜救预测模型,建立搜救模型同各环境动力场及搜救事件信息的衔接,建立搜救应急响应系统,为搜救事件提供信息支持。

10. 海洋灾害风险评估能力建设

(1)基本策略。基于澳门的灾害特征、地理特点和经济社会情况,针对风暴潮、海浪、海啸等海洋灾害,开展风险评估和区划,开展重点防御区划定,实行新建沿海工程风险评估和已建沿海工程风险排查,为澳门经济社会空间布局、防御工程建设和应急准备提供基础支撑。

（2）行动目标。具备开展风险评估和隐患排查的技术能力，形成常态化的工作机制。

（3）行动方案。主要包括以下三方面的具体措施：

一是构建符合澳门海域特点的风暴潮、海浪、海啸模式及漫滩模式，对不同等级不同种类灾害的危险性和脆弱性进行评估，制作最大可能灾害强度及不同等级灾害强度分布图、危险性评价图、脆弱性评价图、风险评价图、风险区划图、应急疏散图等。

二是基于风险评估和区划结果，划定海洋灾害重点防御区，在灾害重点防御区内设置标识牌（碑），充分发挥指示、警示、宣传的作用。

三是建立海洋灾害风险评估和隐患排查工作机制，形成重大工程项目建设可行性论证阶段以及建设运行阶段开展风险评估和隐患排查的强制性要求。

11. 灾害预警发布能力建设

（1）基本策略。加强突发事件预警信息发布系统建设，完善突发事件预警信息发布标准和机制，提升预警信息发布的时效性、精准度和覆盖面。

（2）行动目标。热带气旋八号风球发布目标时间提前量达到 6 h，风暴潮橙色及以上级别警告发布目标时间提前量达到 10 h，雷暴警告或强对流天气提示发布目标时间提前量达到 30 min，突发事件预警信息公众覆盖率达到 95% 以上。

（3）行动方案。主要包括以下八方面的具体措施：

一是建设统一的突发事件预警信息发布系统。制定预警信息发布管理办法，完善预警信息发布机制，规范预警信息发布与解除程序。完善预警信息发布平台，统筹发布各类突发事件预警信息。

二是加强预警响应能力建设，规范和细化各类预警响应措施与协调联动机制，明确启动预警响应后民防架构成员单位的工作职责和具体任务，将预警响应纳入灾害管理工作流程。

三是完善气象及海洋灾害预警信息发布制度，明确气象及海洋灾害预警信息发布权限、流程和渠道等，细化灾害预警信息发布标准和警示事项等。加快灾害预警信息接收传递设备设施建设。

四是进一步完善台风风球信号发布规范。参考内地的做法和经验（国家级台风红色预警最大时间提前量达 48 h、省级台风红色预警信号最大时间提前量 6 h），完善台风风球信号发布规范，优化热带气旋信号发布机制，建立预警发布目标时间提前量，并根据科技发展适当调整有关指标，尽可能及早让民众了解台风预警信息，提前采取应急避险措施。

五是加强学校、社区、机场、港口、车站、口岸、旅游景点、博彩场所等人员密集区和公共场所预警信息发布手段建设。结合澳门节假日人流车流密度剧增的特色，通过多种渠道探索人流交通高峰预警发布模式。

六是建立充分利用广播、电视台、互联网、手机短信、微信微博、警报器、宣传车、公共场所电子显示屏等各种手段，完善预警信息发布平台和预警信息快速发布"绿色通道"，提高预警信息发送效率。

七是强化针对特定区域、特定人群的预警信息精准发布能力，特别加强针对老年人、儿童、残疾人和其他行动不便弱势群体，以及游客、外籍人士等的预警信息发布系统建设。

八是推进预警信息服务能力建设，形成多语种、分灾种、分区域、分人群的个性化定制预警信息服务，完善各类预警信息数据库，提高预警信息发布的针对性和时效性。

三、应急救援队伍和装备能力建设规划研究

（一）应急救援队伍和装备能力建设需求

1. 应急救援队伍建设及装备配备

通过文献研究和前期调研梳理，对国内外应急救援队伍建设及装备配备情况进行简要分析，为澳门应急救援队伍建设和装备配备提供参考。

（1）国外及部分区域应急救援队伍建设及装备配备。

美国。1979 年，美国成立了联邦应急管理署（FEMA）。2002 年，美国在 FEMA 的基础上成立了国土安全部（DHS），重点加强了防恐反恐的职能，形成涵盖各类突发事件的应急管理体系。美国应急救援队伍主要包括消防队、城市搜救队和医疗队等，其中，应急救援主要由消防队伍来承担。消防队伍一般分为火灾、危险化学品、地震救援等不同功能小组。例如发生泥石流灾害，消防局的搜救人员是应急救援的主要队伍，应急管理办公室、气象局、交通局、卫生防疫局以及国民卫队等配合进行辅助救援。美国的联邦、州、县、市、社区均有自己的紧急救援专业队伍，联邦紧急救援队伍被分为 12 个功能组：运输组、联络组、公共设施和公共工程组、消防组、信息计划组、民众管理组、资源人力组、健康医疗组、城市搜索和救援组、危险性物品组、食品组和能源组，每组通常由一个主要机构牵头。各州、县、市、社区救援队也有自己的功能组，负责地区救援工作。以美国得克萨斯州第一响应队（Texas Task Force 1）为例，这是一支联邦救援队，有 16 名全职人员、600 名志愿者，共配备了 10 万件各类装备，总重量约 100 t。可以应对恐怖袭击、飓风等各种突发事件。除了服务于得克萨斯州，可以调动到全美 50 个州开展救援活动。

德国。德国应急救援队伍具有救援与救护相结合、综合与专业相结合、专职与兼职相结合、政府与社会相结合、地方与联邦相结合的特点，主要由消防、联邦技术救援署、红十字会、马耳他骑士战地服务中心、工人助人为乐联盟、生命救助协会、约翰尼特事故救援等各类综合性救援、技术救援、医疗救护和专业救援组织组成。消防队伍是第一时间救援力量，处置的事件多种多样，是一支综合性的救援队。联邦技术救援署在全国有 668 个地方协会机构，建立了 13 种专业救援队伍，成员除了掌握和消防队同样的基础救援技能之外，还接受其他专业性救援培训。此外，德国建立有以志愿者为主体人数多达 180 万人的庞大应急救援队伍。在德国 130 万的消防员中，绝大部分是志愿者；联邦技术救援署 8 万人中只有 800 名专职人员；马耳他骑士战地服务中心、工人助人为乐联盟、生命救助协会、约翰尼特事故救援等则更是纯粹的志愿者组织。

日本。日本专业化救援队伍由消防、警察、自卫队和医疗机构等基本力量构成。日本消防队伍是应急救援的最主要力量，担负灾害信息收集整理和公开发布、医疗救助以及伤员急救等重要职能。中央层面，日本消防厅成立了由 8 个专业化部队构成的灾害紧急消防救援队。各地消防署也设有相应的消防救援队，开展各类事故灾难的抢险救援工作。日本法律规定消防队应承担医疗救援职能，其医疗救援次数几乎占到 80% 以上的出动任务。日本规定，所有消防员都需要参加培训并取得资格证书后方可上岗工作。日本政府开设了消防员培训班，进行防火知识、防灾责任、设备操作等内容的培训。警察是日本救灾抢险

的又一支重要力量。警察不但要参与防灾减灾计划制定，在灾难来临时还要担负维持社会秩序、迅速收集灾害信息、传递灾害情报、征用和保管救援物质、指挥受灾群众避难、寻找失踪人员和验尸等救援职能，日本依托其警察制度也建立了专门的应急部队。此外，日本还建有灾害救援队，从成立初期的 400 人到 2002 年已扩大到 1540 人，这些搜索救援人员分别来自日本警察局、日本海岸警备队和火灾管理机构。该队按照规定配备有 100 余吨的设备和工具，包括运输与通信车辆、船只和小型直升机、各类起重、挖掘和装卸工具、搜救仪器、个人全套用具、生活补给储存设备以及发电设备等。

（2）内地部分区域应急救援队伍建设及装备配备。广东、四川等省份在应急救援队伍建设和装备配备方面取得了一定的经验。

广东省。2010 年，广东省人民政府办公厅印发《广东省综合性应急救援队伍组建方案》，提出了依托公安消防部队组建综合性应急救援队伍。目前，全省 21 个地级市全部设立了消防支队，全省县（市、区）全部设立了消防大队（消防科）。广东省消防部队在承担防火灭火任务的同时，也承担了大量的应急抢险救援工作，如危险化学品泄漏、道路交通事故、台风及其次生灾害、建筑坍塌、重大安全生产事故等。广东省各级人民政府根据实际需要，拨专款配置了必要的救援装备。

四川省。四川省在汶川地震、芦山地震等一系列重特大地震灾害后，全省各级、各类救援队伍迅速发展。据不完全统计，全省建有市级救援队 19 支，总人数 47735 人；县级救援队 54 支，总人数 6043 人；地震应急救援志愿者队伍也在不断扩大，全省地震应急救援力量显著提升。依托成都市消防特勤大队建设的四川省地震灾害紧急救援队，是四川抗震救灾工作的一支新兴、常设灾害救援力量，承担各种灾害事件特别是地震及其次生灾害事件抢险救援任务，该救援队装备配备较为齐全和先进，配备了生命搜索设备，大型液压破拆、支撑、顶撑设备，便携式辅助设备，无论队员单兵技能还是队伍整体技战术水平都相对较高。

（3）应急救援队伍建设及装备配备参考标准。

救援队伍方面。联合国国际搜索与救援专家咨询团（INSARAG）要求联合国国际城市搜救队配有队伍管理、后勤保障、搜索、救援和医疗救护 5 个分队，并将国际救援队分为轻型、中型和重型 3 个级别。美国联邦应急管理署（FEMA）规定了联邦救援队结构及各个岗位的作用和职责，以城市搜救队伍为例，包括搜索、救援、危险品、医疗、后勤、计划 6 个分队，配有结构专家、技术与信息专家、危化品专家、重型设备与起重专家、通信专家、后勤保障专家等。

装备配备方面。依据《国际搜索与救援指南和方法》（INSARAG 指南）的相关规定以及中国国际救援队所配备的装备类型，救援装备按照用途分为侦查设备、搜索设备、营救设备、动力照明设备、通信设备、医疗救助器材、救援车辆及船只、个人装备和后勤保障设备等 9 类；按照动力性质分为液压、气动、电动、机动和手动等 5 类。按照中国内地《地震灾害紧急救援队装备分类、代码与标签》，地震救援装备共包括侦检装备、搜索装备、营救装备、医疗装备、通信装备、评估与信息装备、后勤装备、救援车辆八大类。

2. 应急救援队伍能力建设需求

澳门的民防体系构架基本完善，应急救援队伍（消防、警察、海上、卫生等）体系基本健全。在此基础上，参照发达国家和内地有关经验，结合澳门实际情况和突发事件特点，应急救援队伍建设主要有以下四点建议：一是可依托消防局现有人员建立综合应急救援队伍；二是依托海关和海事、水务局建立水上应急救援队伍；三是依托卫生局和各大医院建立卫生防疫应急救援队伍；四是加强治安警察队伍建设，打造专业应急救援队伍。

通过建设多支反应迅速、机动性高、突击力强的应急救援队伍，应对台风、洪水灾害、暴雨灾害、城市火灾事故、道路交通事故、海上交通事故、危险化学品泄漏和船舶溢油环境污染、各种传染性疾病等澳门典型突发事件的抢险救援任务。

（1）综合应急救援队伍能力提升需求。依托消防局现有人员建立综合应急救援队伍，使之成为应对各类突发事件的骨干力量。结合联合国《INSARAG 行动指南》和美国消防协会《NFPA1006—2017 技术救援人员职业资格标准》的要求，提出澳门应急救援队伍综合能力建设需求，主要包括 16 项能力建设：

救援队伍管理能力。成立救援队伍管理小组，日常工作包括人员管理、任务分配、装备采购、培训演练等，确保应急队伍具有足够的编制，人员能够得到不断补充；灾难应急时，对整体行动进行规划，收集汇总各种信息和材料，对行动过程中所遇到的问题提供解决方案，建立起应急队伍与政府各相关单位的工作机制，确保应急队伍救援工作中能够得到必要的支持。

规范流程能力。在城市灾害环境下展开救援，需要各个部门包括指挥、任务管理、搜索、救援、医疗和通信等的密切合作。为了减少救援行动中的盲目性，高效有序地完成救援行动，除了组织专业救援队伍、提高救援技术、应用先进救援设备外，所有救援队员必须遵守一个共同的规则，这个规则具体表现为搜索与救援工作程序。这是保障救援工作顺利开展，提高时间利用率的重要内容。

救援指挥能力。救援行动想要取得成功，必须有良好的现场组织与控制，很大程度上取决于应急队伍指挥官的决策。需要重点培养面对混乱的灾害现场，始终保持镇定清醒的现场救援指挥能力，确保以最快的速度建立现场救援指挥系统，快速观察灾害现场，估计现有的和潜在的威胁以及需要处置的情况，正确估计实际救援所需要的资源，判断灾害中是否有幸存者并发现危险因素，尽快将主要精力集中在重点地段上开始搜索与救援。

风险识别能力。救援过程中会遇到各种各样的环境和有害物，容易发生的风险包括地下隧道中的有毒气体、缺氧环境，台风发生水下救援，房屋倒塌变形，高层救援，有害物质转运等。需要配备专业的结构工程师及有害物识别与处置专家，对任务区域进行侦查及快速评估，对倒塌建筑物结构稳定性进行评价，对危险化学品爆炸、有毒有害气体扩散等危险评估，同时，利用计算机等先进设备，结合以往救援经验，对救援现场可能发生的各种事件进行分析、统计、分类，及时形成处理意见，具备风险识别评估能力。

安全保证能力。安全保证是救援行动中基础性重要要求。这里的安全不仅指幸存者的安全，更包括救援人员、现场公众和救援行动的安全。需要建立风险阈值，评估救援成功的可能性及应急救援人员执行救援的潜在风险。如果救援人员在危险的环境中进行救援，将面临有毒气体吸入（限制空间救援）、溺水（水上救援）、跌落（绳索救援）、继发性塌陷和挤压（塌方救援）和爆炸（危化品救援）等危险，需要建立安全监督机制，对于应急救援装备进行检查，并对救援人员的活动和身心状态进行监督，形成安全保证。

快速反应能力。国际上通行的办法认为地震发生后 72 h 为黄金救援期，反应时间对于救援队能力来说是一个很重要的衡量因素，其长短直接关系到被救人员的生命。对于澳门消防局来说，6 min 到达现场，已具备快速响应能力，需要继续保持和加强。

通信能力。通信系统的建立规则是确保现场的实际情况与监控人员所得到的信息一致。现场工作人员的活动通过通信系统传递给指挥人员，指挥人员传递给指挥中心，通信设备包括对讲机、无线电话、卫星通信、便携式计算机以及其他电子设备等，确保应急救援队伍能够与民防架构各部门随时进行沟通联络，实现信息共享、救灾过程中能够相互支持等。

搜救能力。搜救系统由救援队员、救援设备及搜救犬组成。救援队员通过平时的训练与演练，掌握救援工作需要的专业知识及技能，熟练使用救援装备。同时，加强救援装备配备，包括声波震动生命探测仪、光学生命探测仪、红外生命探测仪等搜索仪器，破拆、剪切和攀援等救援工具，以及紧急医疗装备、通信设备、动力照明设备、个人防护装备和后勤保障设备等。搜救犬可用于一个区域受害者的侦察定位等最初搜寻工作。在全力搜寻阶段，救援犬搜寻还可作为确认手段。需要按照联合国评价方法配备一定数量的搜救犬，满足搜救工作需要。

坍塌救援能力。台风和泥石流等自然灾害易造成建筑物坍塌或结构变化，老旧建筑物及未完工的建筑物容易发生坍塌，需要具备坍塌建筑物专业应急救援能力。

绳索救援能力。在高层建筑、通信塔、水塔、山坡地形等发生事故时需要高角度或低角度的救援，需要复杂的绳索和拖曳系统来解救受害者并安全地保护搜救人员。

机械救援能力。机械发生故障可能出现人员被困的情况，需要机械专业应急救援能力，识别和评估各类机械装备并进行机械拆装。

装备配备能力。对于应急救援需要的设备需求进行分析，确保包括搜索、救援以及其他装备方面的配备。救援行动开始前，装备技师应检查装备、动力，保证其达到良好状态；必须保证一定数量的救援队运输、储备所需的车辆及船只；给重症幸存者提供医疗转运；保证储备足够的医用氧气、燃油等。

技术保障能力。应急队伍应具备救援专业技术，同时配备先进的、现代化的救援装备，实现科学救援、高效救援。招募具备建筑、给排水、电气、金属加工、电子、重型设备操作、潜水等专业技术群体。

训练保障能力。对于应急救援队伍的救援范围要求越广，需要的应急救援训练越复杂。通过日常训练保证救援队伍熟悉生命探测仪、液压扩张、顶升、剪切、破拆等专业救援设备，模拟突发灾害进行演练，训练内容包括废墟内仪器搜索、人工搜索、顶升破拆作业、狭小空间救援、帐篷搭建、医疗急救、高空缓降、担架高空转运、水平拉梯救援等科目。

火灾及危险化学品救援能力。应急救援队伍需要具备识别火灾及危险化学品危险的能力，掌握火灾周边环境及危险化学品种类，展开应急救援工作。

交通及轻轨事故救援能力。车辆碰撞可能导致一个或多个乘客被困，澳门正在建设轻轨，可能发生碰撞或脱轨等突发事件，需要交通及轻轨事故专业应急救援能力，通过专门的知识、培训和装备解救被困人员。针对澳门实际，重点完善应急指挥和城市安全运行监控能力，提升综合应急救援队伍的接报、调度及现场指挥能力；加强消防专业技术培训，强化特勤救援队伍能力，使之逐步具备搜索救援、风险识别、技术保障、高空拯救、危险品处理及救护事故综合救援能力。

（2）专业应急救援队伍能力建设需求。结合《INSARAG 行动指南手册 A：能力建设》的内容，对于应急救援的专业范围进行了划分，根据澳门潜在突发事件风险，专业救援能力重点加强 4 个方面：

水上及水下救援能力。澳门存在台风、洪涝、水浸等自然灾害风险，需要具备水上及水下专业应急救援能力，主要依托海关和海事、水务局建立水上应急救援队伍，加强水上应急救援、水下抢险救援、潜水搜救和抢险打捞等能力建设。此外，还需加强海上溢油的清除能力。相对香港海上消防队伍已经是纪律部门的第二大队伍，澳门的相关力量还需要提升，尚缺乏较好的海事清油装备。

传染病疫情及医疗救援能力。一方面自然灾害等突发事件会造成人员伤亡，另一方面突发事件包括传染病疫情、不明原因的群体性疫病、重大食物中毒等事件，需要救援队伍具备对突发事件卫生防疫和应急医疗救援的能力。救援队伍医疗组应配备设备用于执行紧急救护和医院外看护任务，对救援行动中发生严重的伤病情况进行治疗，能够进行灾后常见的各类手术，对幸存者实施有效的医治。加强相关传染病疫情及医疗救援也是澳门专业应急救援队伍建设的一个重点。澳门 80%~90% 的消防员都有救护员资质。一般在消防站配备有救护车，并与卫生局保持联系，如果是传染病，救护人员穿上防护服装，由医院的专门地点接收，对人员、车辆在洗消中心洗消。此外，依托卫生局和各大医院完善卫生防疫应急救援队伍，开展紧急医学救援能力建设，构建综合与专科救援兼顾的紧急医学救援能力建设，加强航空医疗救援和转运能力，建立健全突发事件心理康复队伍、突发急性传染病防控队伍建设，也是澳门专业应急队伍建设的重点。

核事故救援能力。澳门距离台山核电站约为 130 km，严重核事故的发生概率极低，但为有效应对台山及外围地区核电站可能发生的事故，需要具备一定的核事故应急救援能力。核事故救援能力的建设，建议不再专门组建核事故救援队伍，而是加强与中国内地、广东省的联动，加强与中国内地核应急救援队伍、广东省民用核设施核事故预防与应急管理委员会、广东省环保厅所组建的辐射监管队伍的合作交流。可以借鉴广东省政府和香港特别行政区的做法，广东省政府和香港特区政府曾签订了粤港核应急合作协议，粤港双方每年都举行核应急例行年会，定期组织粤、港、中辐院（中国辐射防护研究院）三方核应急辐射测量对比，交换核电站外围辐射监测数据年报，测试粤港双方联络渠道的有效性，不定期举行粤港核应急合作事宜座谈会。

公共安全事件处置能力。加强治安警察队伍建设，强化防暴制暴、攻击防护等装备配备，提高应急处突、反恐维稳能力。澳门在警务方面有比较规范的培训，但对于应急方面培训，目前还需要进一步完善和加强，加强对警务人员的应急基础知识培训，加强与内地围绕应急管理和应急救援的合作交流与培训。

3. 应急救援装备能力建设需求

根据发达国家和中国内地有关经验，结合澳门实际情况，应当为综合应急救援队伍、专业应急救援队伍、志愿者应急救援队伍配置新型、高效、先进的应急救援装备，重点加强个人防护、营救设施、水上救援、生命搜救等应急救援装备配备，不断优化应急救援队伍装备结构。

（1）综合应急救援队伍装备能力建设需求。近几年，澳门消防参与抢险救援和社会救助逐年增长。但是澳门的消防行动站、人员、车辆、装备等发展还存在滞后问题，与承担的任务还不完全适应。参照一些城市和区域的应急救援装备能力建设的案例，参考《国际搜索与救援指南和方法》(INSARAG 指南) 的相关规定以及中国国际救援队所配备的装备类型等，提出澳门应急救援装备能力建设需求。

侦检设备。在各类灾害事故应急救援处置过程中，现场侦检起决定性作用，澳门侦检装备能力必须要适应新形势发展的需要，加强其自动化、集成化、网络化以及小型化等方面的建设 (表6-18)。

表6-18 应急救援侦检设备

类别	序号	物资名称
环境监测	1	温度（热量）测量仪表
	2	土壤分析仪
	3	水质分析仪
	4	有毒有害气体检测仪
	5	化学品检测仪
	6	爆炸物检测仪
	7	重金属监测仪
	8	核辐射监测设备
疫情监测	1	电子测温仪
	2	现场采样仪
	3	生物快速侦检仪
	4	红外监测仪
	5	病原微生物检测车
观察测量	1	工业内窥镜
	2	测绘仪器
	3	探测机器人
	4	航拍设备
	5	遥感设备
	6	低空探测飞行器
	7	现场监测图传设备
	8	卫星遥感接收设备

搜索设备。搜索装备的发展应紧紧围绕"如何缩短搜救时间"，着力提高快速搜索能力而开展，主要包括搜救犬、声波/振动生命探测仪、光学生命探测仪、热红外生命探测仪和电磁波（雷达）生命探测仪等设备（表6-19）。

表6-19 应急救援搜索设备

类别	序号	物资名称
生物搜救	1	搜救犬
振动设备	1	声波生命探测仪
	2	振动生命探测仪
视频设备	1	光学生命探测仪
热红外设备	1	热红外生命探测仪
电磁波设备	1	电磁波（雷达）生命探测仪

　　营救设备。按装备功能分为破拆设备（凿岩、扩张、剪切）、顶升设备、支撑设备、攀援设备和辅助设备；按照工作原理分为液压设备、气动设备、机动设备、电动设备和手动设备（表6-20）。

表6-20 应急救援营救设备

类别	序号	物资名称
破拆设备	1	扩张钳
	2	剪切钳
	3	扩张/剪切器
	4	无齿锯
	5	风镐
	6	凿岩机
	7	快速钢筋切断器
	8	破拆机器人
	9	内燃链锯
	10	电弧切割机
	11	破碎机
	12	牵拉器
	13	个人手动组合工具
顶升设备	1	边缘抬升器
	2	千斤顶
	3	液压顶杆
	4	高压顶升气垫与气球
支撑设备	1	液压、气动、机械撑杆
攀援设备	1	上升下降器
	2	救生滑轮组
	3	高层缓降器
	4	救生软梯
	5	救生吊篮

表6-20（续）

类别	序号	物　资　名　称
攀援设备	6	救生绳索
	7	逃生气垫
	8	折叠梯
辅助设备	1	检测装备
	2	维修工具

动力照明设备。通过动力照明设备为救援地震现场的电动设备提供不同功率的电力；为救援地震现场的照明设备提供不同功率的电力；为救援基地提供照明、生活用电提供不同功率的电力；为医疗设备提供电力。主要分为救援现场场地照明设备、救援队员工作照明设备、狭小空间内救援照明设备和救援现场警示发光设备（表6-21）。

表6-21　应急救援动力照明设备

类别	序号	物　资　名　称
救援现场场地照明设备	1	民用发电机
	2	救援发电机
	3	照明灯
	4	移动式升降照明灯组
救援队员工作照明设备	1	民用发电机
	2	救援发电机
	3	抢险照明车
	4	照明设备
狭小空间内救援照明设备	1	手电筒
	2	探照灯
	3	蜡烛
	4	照明设备
救援现场警示发光设备	1	移动式交通信号装置
	2	警戒标志杆
	3	安全警戒带
	4	警示灯
	5	紧急疏散标志灯
	6	警报器（电动、手动）
	7	发（反）光标记

通信设备。通信设备主要辅助灾害发生时的紧急通信保障：由通信设备、通信程序、通信技术人员构成，是为救援人员实施灾害救援行动提供包括指挥命令、图像、数据等信息传输的技术保障。主要任务包括救援行动启动与人员集结的通信、行动途中的联络通信和灾害救援现场的通信。发生灾害后，应急通信指挥车、集群通信车和卫星通信车可以第

一时间赶赴灾害现场，到达现场后开展现场情况、灾情信息的收集与处理工作，为现场应急指挥提供技术支撑，并向后方提供所收集到的地震现场的灾害信息和图像（表6-22）。

表6-22　应急救援通信设备

类别	序号	物 资 名 称
有线通信	1	通信调度机
	2	载波通信设备
	3	电话交换机
无线通信	1	蜂窝移动通信系统（移动电话）
	2	集群通信系统（手持台、车载台）
	3	微波通信设备
	4	无线电台
	5	对讲机
	6	卫星通信系统
网络通信	1	网络通信设备
	2	网络信息传送设备
	3	移动应急平台
	4	计算机网络设备
通信车辆	1	应急通信指挥车
	2	集群通信车
	3	卫星通信车

救援车辆。针对澳门地区特殊的地理环境和以洪涝、突发疫情为主的应急救援需求，配备轻型高机动、中型高机动应急救援装备和大功率供排水装备，保证可在非正常道路情况下快速进入灾区，进行道路抢通、灾害救援、消防抢险、整体自装卸运输、污染洗消、双油品供给作业，实现灾害现场救援和后勤补给（表6-23）。

表6-23　应急救援车辆

类别	序号	物 资 名 称
救援车辆	1	技术救援车（轻高机、中高机）
	2	抢险突击车（轻高机、中高机）
	3	抢险破障车（轻高机、中高机）
	4	消防排水车（轻高机）
	5	抢险消防车（中高机）
	6	化学侦检车
运输车辆	1	运加油车（轻高机）
	2	整体自装卸运输车（轻高机）
	3	整体自装卸通用方舱（轻高机）
	4	水陆两栖运输车（轻高机）

个人装备。救援队伍需要配备个人防护装备，在展开救援工作的同时能够保护自身安全和生活所需（表6-24）。

表6-24 应急救援个人装备

类别	序号	物资名称
防护装备	1	救援服装
	2	头盔
	3	护目镜
	4	射灯
	5	手套
	6	救援靴
过滤面罩	1	粉尘环境中的呼吸过滤面罩
	2	竖井、坑道中或存在有毒有害气体的空呼器
护具及耳塞	1	凿岩、切割时的护具
	2	耳塞
个人生活装备	1	计时器
	2	记号笔/笔记本
	3	安全钩
	4	10 m救援绳
	5	滑轮
	6	口哨

后勤保障设备。后勤保障设备需能够维持救援队7~10天必要的食品和饮用水，包括个人生活日常用品，指挥、通信、医疗、居住帐篷，生活设施和办公设备等（表6-25）。

表6-25 应急救援后勤保障设备

类别	序号	物资名称
临时住宿	1	帐篷（单、棉、功能性）
	2	宿营车
	3	移动房屋
	4	折叠床
	5	淋浴挂车（轻高机）
饮食保障	1	炊事车
	2	移动厨房
	3	整体自装卸净水方舱（轻高机）
	4	炊事挂车（轻高机）
	5	应急运水车
	6	饮用纯净水（瓶、桶）
	7	方便食品

（2）专业应急救援队伍装备能力建设需求。由于澳门特殊的地理环境和洪涝为主的突发事件需求，需要配备一定数量的海上救援船只，以应对台风等自然灾害。水上应急救援队伍装备能力建设需求（表6-26）。

表6-26　水上应急救援队伍装备

类别	序号	物资名称
水域通信	1	水下通信系统
	2	水下全景记录仪
	3	水下照明灯
水（海）上救捞船只	1	气垫船
	2	冲锋舟
	3	救生船
	4	橡皮艇
	5	抢险打捞起重船
	6	潜水工作母船
	7	半潜驳船
	8	打捞装备
	9	减压舱
水域救援装备	1	双瓶呼吸器组
	2	减压呼吸器组
	3	30磅浮力BC
	4	40 L气囊
	5	干式潜服
	6	干衣内胆
	7	7 mm湿式分体潜服
	8	潜鞋
	9	潜刀
	10	主潜水灯
	11	压铅2 kg
	12	潜水头盔
	13	全密闭循环呼吸器

卫生防疫应急救援队伍装备能力建设需求。救援队对伤员的救治应分三级进行。第一级是现场抢救，填写伤单，就近集中后送；第二级是早期治疗，对伤员进行检伤分类、纠正包扎、固定、卫生整顿、清创、手术止血、抗休克、抗感染，有生命危险的进行紧急处理，填写简要病历或伤情卡片。第三级是专科治疗，紧急建立现场应急野战救治医院。医疗物资除了一些专用药物之外，很多也属于通用类物资，在各类应急事件中都能够使用，伤员固定与转运需要一部分基础的医疗设备（表6-27）。

表6-27　卫生防疫应急救援队伍装备

类别	序号	物资名称
院前急救	1	急救箱或背囊
	2	除颤起搏器
	3	输液泵
	4	心肺复苏机
	5	简易呼吸器
	6	多人吸氧器
	7	便携呼吸器
	8	氧气机（瓶、袋）
	9	制氧设备
	10	手术床
	11	麻醉机
	12	监护仪
	13	脱脂纱布
	14	输液袋
伤员固定与转运	1	颈托
	2	躯肢体固定托架（气囊）
	3	关节夹板
	4	各式担架
	5	直升机救生吊具
药品疫苗	1	抗生素、解热镇痛、麻醉、解毒、抗过敏、抗寄生虫等各类常用药
	2	血浆
	3	人用疫苗
	4	抗毒血清
医疗车辆	1	医疗急救器材车
	2	小型移动手术车
	3	应急移动医疗车

　　围绕相关需求，加强综合应急救援队伍的装备配备能力，广泛搜购和配置适合澳门使用的各种救援工具，通过科技强警，提高人员的救援效率。

（二）应急救援队伍和装备能力空间布局

1. 依托消防局消防站建立综合应急救援站点

　　应急队伍和装备的布局决策对灾后的救援效率有巨大的影响。应急队伍和装备的储备布局建议以消防局消防站为基础进行队伍及装备配置，澳门全岛现有9个消防站，平均每个消防站管辖范围为3.65 km²，其中北区的大型消防站每天值班约60人（3班共180人），中型消防站每天值班为30人（3班共90人）。在未来十年，加紧对各个基建项目的规划及建设工作，提高消防局整体的救援力量，适应未来城市发展需要，提升救援培训能力。重点推进兴建及落成以下基础设施：

（1）推进消防局总部建设。发挥消防局总部的指挥、协调、整合作用，完善现代消防责任体系，提高消防安全管理水平，着力补齐灭火救援能力滞后、装备不适应、基础工作相对滞后、体制机制不完善等消防工作短板，提升全民消防安全素质，科学制定、实施城市消防规划，全方位推进同内地特别是广东省和泛珠三角地区消防警务深度合作和一体化建设。

（2）建设新消防局控制中心。提高消防局的接报、调度及现场指挥的基础设施。

（3）策划和建设消防训练基地。按照相关标准，推进消防训练基地的建设，确定建设规模和项目构成，进行基地选址和规划布局，结合澳门灾害实际选取体技能、灾害事故处置、战勤保障等训练设施、配套训练设备、装备。对内地同类消防训练基地进行考察，借鉴相关经验，加强对现有消防人员的专业化应急救援训练。

（4）加强重点行动站建设。按照统一规划、结构合理、功能配套、实用有效的原则，进行重点站点的规划建设，重建路环行动站，策划和建设青洲行动站，研究和推进新城 A 区行动站，进驻港珠澳大桥行动站。在消防站储备专业应急救援装备，满足发生突发事件时救援需求。

（5）强化特勤救援队能力提升。加强培训及专业救援装备购置，提升其对搜索救援、危险化学品事故救援、扑救特殊火灾、拯救遇险人员生命等特殊勤务的处置能力，提升综合救援能力。

（6）依托现有消防局清洗中心建立应急装备维护保养站点。目前澳门消防局清洗中心位于路凼城莲花海滨大马路，主要负责消防局消防车辆、救护车辆的清洗工作。未来扩充消防局清洗中心的面积，增加对应急救援装备的维修与保养功能，同时可储备一批备用应急救援装备。

2. 依托澳门港口建立水上应急救援站点

澳门现有外港、内港、凼仔临时客运码头、九澳港、九澳货柜码头和九澳油库等海运码头。依托现有港口特别是外港、内港等客流量大的港口，建立水上应急救援站点，负责水上搜救、海上溢油等突发事件的处置，配备相应的专业设备、器材以及车辆。

3. 依托仁伯爵综合医院、镜湖医院建立卫生防疫应急救援站

仁伯爵综合医院和镜湖医院都位于澳门半岛，其中仁伯爵综合医院紧邻澳门卫生局，依托现有医护人员和卫生局卫生局疾病预防控制中心组建卫生防疫应急救援队伍，并配备相应的药品、器械等卫生和医疗设备。

4. 选取台风重灾区建立台风防御应急救援站点

本次"天鸽"台风受灾最为严重的区域为澳门半岛十月初五街和凼仔广东大马路附近区域，在此区域分别设立台风防御应急救援站点，配备冲锋舟、救生衣、手持电台、发电机、帐篷、喊话器、破拆工具、电焊切割机、强光手电筒、强光灯、移动照明灯等应急救援装备，为紧急搜救、临时安置等工作提供必要的装备保障。

5. 选取低洼地带地区建立洪涝应急救援装备站

本次"天鸽"台风期间，受海水倒灌等因素影响，澳门低洼街区和地下停车场水浸十分严重，全澳约 212 辆巴士受浸或被损坏，公共停车场受浸电单车约 120 辆、私家车约700 多辆，内港货柜码头及附近商户的货物全部浸坏。在路环市区和内港等低洼地带地区建立洪涝应急救援装备站，配备冲锋舟、皮划艇、重型水罐车、远程供水排水系统、消防水泵排水、照明器材等应急救援装备，提供城市洪涝的应急救援保障。

6. 选取人流密集区域建立反恐防暴应急救援站点

澳门旅游业繁荣，单日客流量一般在 50 万人次左右，其中威尼斯赌场、金沙赌场、葡京赌场、大三巴牌坊等地人流密集，配备防爆手电筒、防暴叉、灭火毯、灭火器、警用盾牌等装备，用以解决危害公共安全的突发事件，维护社会公共秩序，保障社会和谐与安全。

（三）应急救援队伍和装备能力建设行动方案

1. 应急救援队伍能力建设

（1）基本策略。建设综合应急救援队伍、重点行业领域专业救援队伍、企业专职救援队伍和社会志愿者应急队伍，加强各类应急救援队伍的协调联动，全面提高应急救援队伍的处置能力。

（2）行动目标。建设形成以综合应急救援队伍和专业队伍为骨干，以私人部门和单位专职或兼职队伍为辅助，以社会志愿者应急队伍为补充的应急救援体系，消防人员数量占常住人口比例达 2.5‰（视实际情况可作出合理调整），海上应急力量接到指令后 30 min 内到达现场率超过 98%（在 8 级风力或以下，以及处于非恶劣天气时），确保各类突发事件能够得到迅速有力处置。

（3）行动方案。包括十方面的具体措施：

一是依托消防局加强综合应急救援队伍建设，重点加强灭火、搜索、营救、医疗和后勤保障等救援能力建设，使其具备应对火灾、建筑结构坍塌、严重交通事故、热带气旋、风暴潮、暴雨及水浸、爆炸及恐怖事件、群体性事件以及生命紧急救援能力。目前，消防人员数量占常住人口比例为 2‰。鉴于消防人员在承担防火灭火任务的同时，也要承担其他应急抢险救援工作。建议按照每年 2.26% 的比例增长，到 2028 年消防人员数量占常住人口比例达到 2.5‰，达到 1641 人。此外，消防和急救车辆在完成接报后 1 min 内出动率、消防和急救车辆在出动后 6 min 内到达现场率维持从现有的 95% 提升到 98%（偏远地区除外）。

二是依托海事、海关等部门，加强海上应急救援队伍建设，在现时海关已设立的 3 个海上运作基地及海关船艇 24 h 执勤基础上，配合本澳填海建设工程，尽快在港珠澳大桥人工岛、九澳港等地新增海事、海关共享公务码头作为海上运作基地，进一步加强海上运作基地的设备设施建设，优化整体布局，提升救援效率。建立健全符合澳门实际的海上巡航搜救、专业化海上巡航、巡逻、救助队伍和管理机制。消防队伍作为综合应急救援队伍，需要处置多种灾害，除了灭火救援技能之外，其掌握的其他技能都只是基础性的。为了弥补这种不足，就需要借用专业的救援力量进行支持，消防之外的其他组织正是补充性的专业力量，在各自专业领域起到支持作用。目前，截至 2018 年 6 月，海关工作人员1150 名，海上巡逻处工作人员 165 名，参与搜救工作的海关潜水队共有 16 名潜水员；海事及水务局人员编制 302 名，其中海事人员 106 名，主要由海事活动厅海事服务处负责提供海事事故支持、协调和执行泳滩安全工作等应急救援工作。两方面力量合计为 122 名人员。通过加强培训演练，不断提升专业应急能力，实现海上应急力量接到指令后 30 min 内（在 8 级风力或以下，以及处于非恶劣天气的情况下，能够在 30 min 内到达现场）到达现场率≥95%。民政总署（现市政署）有 2700 余人，负责泵站维护人员约 170 人，遇台风等突发事件时，发挥相关的技术救援职能。由于澳门受海岸线性质及水深条件所限，沿岸缺乏停泊大型船只的条件，只能采用小型清淤船只，且本地企业规模较小，因此需要不断优化相关设备在提升溢油清除能力同时，加强区域合作，结合珠海及香港的支持力量，使溢油清除能力达到 500 t 的目标。在溢油规模超越澳门辖区的应对能力时，可通过《珠江口区域海上船舶溢油应急计划》联合各区域采取相应措施及行动，防止溢油扩散和减少污染造成的损害和影响。以上相关力量，在保持总体编制不变的前提下，进一步整合和提升救援能力，通过建立专业队伍，加强与粤港区域联动，不断提升应对台风、传染病疫情、核事故等重大突发事件的应急救援能力。

三是在医疗卫生部门已经建立的卫生及防疫救援队伍的基础上，加紧筹建国际应急医疗队，以持续巩固和完善各项应急能力。加强卫生应急核心人员的培训和交流，提高其紧急医疗救援能力、卫生应急能力、现场流行病学调查与处置能力、新发病原体的实验室检测能力。

四是依托治安警察局、司法警察局等相关部门建立应急救援后备队伍，主要应对重大暴力犯罪、恐怖袭击活动等社会安全事件、重特大道路交通事故以及参与其他突发事件事态升级时的应急处置与救援工作。发生重大突发事件时，有时仅靠消防局等应急救援队伍很难完成救援救助任务，必须在人员物资方面做好充分准备，并在体制上建立应急救援后备队伍，应对灾难特殊情况下的救援准备工作。地理气候条件，灾难造成的恶劣环境，都增加了救援的难度和工作强度，对应急救援队伍的体力体质损耗很大，以至于影响到应急救援效率，必须建立应急救援后备队伍，施行人员轮换或替换。

五是由民政总署（现市政署）负责建立市政应急救援队伍，澳门电力股份有限公司、澳门电讯有限公司、澳门广播电视股份有限公司等应当建立相应的应急抢修队伍，提升专业救援和工程抢险能力。

六是由新设立民防及应急协调专责部门统筹及依托澳门红十字会、私人部门和单位等社会力量，建设社会志愿者应急队伍，使其达到一定数量的人员规模并拥有必要的装备设施。加强志愿者组织体系建设，政府相关部门在办公场所、应急救援设备及维护、日常培训及演练等方面给予必要的保障支持。

七是完善各类应急救援队伍管理体系和教育培训体系，合理配备应急救援人员，完善应急救援人员统招、统训、统管机制和考核、奖惩制度，建立完善激励机制，定期组织多种形式业务培训、竞赛和演练活动，实施粤澳应急救援培训演练联动工程。加强与广东省相关应急救援培训演练基地的联动，分主题组织澳门应急救援队伍参加培训和演练，特别是针对特殊群体实施救援的能力培训，提升应急救援与处置能力。

八是综合考虑现有保安部队高等学校、消防学校、警察学校（正在规划兴建）的功能提升，完善本地应急救援培训设施。抓住粤港澳大湾区建设契机，考虑采取跨地建设模式，与广东省共建公共安全与应急管理培训基地。

九是制定各类应急救援队伍协调联动制度，建立健全民防行动中心、消防局、海关、海事及水务局、民政总署（现市政署）、治安警察局等部门应急救援队伍联动机制，探索多类型应急救援队伍分工模式，建立统一指挥、协调配合的应急救援指挥体系。

十是探索建立政府飞行服务队。澳门应当创造条件建立自己的空中搜救力量，发挥直升机在海陆搜救、人员转移、高空救援及消防等方面的优势，提升突发事件快速反应能力。建议在条件成熟时，适时建立政府飞行服务队，并在珠澳口岸人工岛增设直升机停机坪，以加强搜救行动时人员运输的灵活性。

2. 应急救援装备能力建设

（1）基本策略。逐步配备或改装一批适用于澳门的高效、先进应急救援装备，根据地域范围、道路交通等情况合理布置应急装备储备站（点）。加强与内地科研机构、龙头应急企业合作，不断提高应急救援装备水平。

（2）行动目标。提出一套科学、完整、经济、适用的应急救援队伍装备配备体系，实现应急救援装备合理配备和双套配备（一用一备）。

（3）行动方案。包括以下三方面的具体措施：

一是建立澳门应急救援队伍装备配备体系。根据澳门的城市特点、社会环境和突发事件特点和趋势，提出一套科学、完整、经济、适用的应急救援队伍装备配备体系，逐步完成澳门应急救援装备配备和升级工作。为应急救援队伍配备应急救援装备，可有效提高城市应对自然灾害、事故灾难和重大疫情等突发事件的能力，为政府和社会应对和处置突发事件和灾害提供科学有效的技术装备和手段，保障城市的可持续发展。通过采购和现有装备升级，并与应急救援队伍建设相结合，逐步实现装备的体系化、标准化、智能化，为突发事件应对提供可靠的基础和保证。

二是加强海上清污及消防装备建设。新建 1 艘小型专业清污及消防船，或将计划新建的搜索救援船增加溢油应急回收及消防功能。新增配置移动式收油机 4 台（300 m³/h）、围油栏 3000 m 等，使澳门本地海上溢油清除能力达到 100 t，并透过《珠江口区域海上船舶溢油应急计划》的区域合作机制达到 500 t。

三是加强澳门应急救援装备配备。合理配置消防、医疗救援、海上搜救等方面的应急救援装备，增强其在防护装备、攻坚装备、首战装备、通信装备、工程机械装备、保障装备等方面的能力，并健全完善粤港澳大湾区应急救援联动机制。

四、应急指挥和城市安全运行监控能力建设规划研究

（一）应急指挥和城市安全运行监控能力建设需求

加强应急指挥和城市安全运行监控能力建设规划，可以使城市具有系统的科学应对能力、更强的风险管理能力。通过构建先进的应急指挥平台，可以加强突发事件信息接收报送、现场信息获取、综合风险监测、突发事件趋势分析、靶向预警信息发布、综合资源管理，以及协同指挥调度等关键应急能力，对于全面提升澳门应急指挥决策和城市安全运行监控能力具有重要意义。

1. 建设方向

利用先进的安全管理理念、公共安全科学技术、物联网技术，建立健全大数据辅助科学决策和社会治理的机制，推进政府管理和社会治理模式创新，实现政府决策科学化、社会治理精准化、公共服务高效化，形成覆盖全澳门、统筹利用、统一接入的公共安全数据共享平台，实现跨层级、跨地域、跨部门、跨业务的协同管理和服务，创新智能安全管理模式，推进城市运行管理与应急指挥建设朝以下方向迈进。

（1）城市管理向精细化、智慧化方向转变。借助统一规范的数字化城市网格平台，按照相应的标准，将全澳门划分成为若干个网格单元，把数据、事件、网格资源和 GIS 进

行整合，监督和处置互相分离，形成一种相互制约的新模式。

（2）应急管理向全过程、综合性、多元化方向转变。近年来，国内外越来越多的大城市开始围绕突发事件风险，将事前和事后的管理工作进行融合，逐渐向基于风险管理的全过程统一管理转变。例如，纽约、东京等城市的应急管理机构，不仅负责突发事件发生后的响应处置工作，同时还加强了预防、监测预警和应急准备工作，突出事前预防监测、信息收集、会商分析、公众宣教、规划演练等，城市运行管理工作已经包含了突发事件管理的全过程。

2. 应急指挥应用平台建设需求

为实现安全韧性城市愿景，建设具有处理各种突发事件的统一的应急指挥应用平台，应分别接入医疗、消费、燃气、管网、交通等各类分系统，提升澳门面对巨灾、大灾时的快速分析和辅助决策能力。

应急指挥应用平台应包括以下功能。

1）呼叫中心

（1）电话接入容量：对当前 12 路接入容量进行扩充。

（2）拓展接入方式：手机 APP 及即时通信工具如 WeChat 等。

（3）接入分配规则：更智能化，并遵循忙闲和公平原则。

（4）接入信息识别：接入位置、接入号码、接入姓名等智能化提示功能。

（5）接入信息记录：信息化录入、归类、模板以及语音录音及文字转化。

（6）与相关部门的信息共享：接收后根据信息类型自动与相关部门共享。

2）应急处置

（1）更为灵活智能的信息录入方式：如添加受伤人员详细信息。

（2）拓展信息接报方式：如增加线上获取接报，直接将相关部门（主要为治安警察局、消防局）推送至数据库，并开发其他部门信息录入 WEB 端。

（3）更为智能的信息展示、处置：如规则化相似信息并加以提示，具有相似信息合并、拆分功能。

（4）智能化在线事件处置。

（5）事件处置进展状态。

（6）事件处置方式及日志。

（7）统计：事故、灾损、应急资源等。

（8）基于地图的信息展示。

3）资源管理

（1）民防行动中心目前没有可自行调度资源，事件处置时需协调其他 29 个部门代表来民防行动中心协同办公，由部门代表进行各部门的资源调度。

（2）开发/开放 WEB 端，让各部门各自维护资源情况。

（3）资源分类建议采用内地编码标准。

（4）物资的进出记录、借调、归还（消耗品、内用品）、保质期、物资保障、人员借调等；社会资源类信息。

4）信息发布

（1）发布的方式包括：手机 APP、微信公众号、Facebook、WEB、WhatsApp、大喇叭（面向低洼区域）、公众信息显示屏。

（2）预制智能化信息模板，可以根据情况进行编辑。

（3）发布信息领导审核机制。

（4）信息发布授权。

（5）信息发布到大喇叭，并可进行文字转语音功能。

（6）针对身体不便人群（如视觉障碍）设计的手机 APP。

5）信息获取

（1）现场快速信息方式：现场便携式音视频获取、旋翼无人机现场音视频获取等方式。

（2）应急处置人员专业终端。

（3）现场民众通过专用 APP 上传。

（4）接入视频监控信号。

3. 城市安全运行监控建设需求

（1）排水管网监控：全面建立低洼地带、关键排水口等排水管网监控系统，实现对澳门内涝风险地带全面监控，结合相关气象信息，对澳门内涝区域、严重程度实现预测、预警。

（2）桥梁健康监测：通过对桥梁应力、位移、振动和桥梁温度与湿度等环境参数进行监测，结合桥梁风险评估模型，实现桥梁健康状态预测、预警。

（3）供水管网监控：通过加装余氯检测仪、低浊度检测仪、颗粒物计数仪、pH 值监测仪等水质监测仪器，实现供水管网、水质的在线跟踪监测；通过全面监控供水管网的管网中水压力、流量、流向等管网指标，提高供水管网漏点监控能力，加强供水管网风险辨识能力。

（4）燃气管网监控：通过不间断跟踪监测燃气管网环境可燃气体浓度、燃气管网管压，利用燃气综合风险评估模型，加强燃气管网综合风险评估能力，提高燃气管网风险预测、预警能力。

（5）隧道安全运行监控：加强隧道车辆检测器、能见度检测、CO 浓度检测、风速风向检测、亮度检测、超高车辆监测等监测能力建设，提高隧道安全运行监控能力，实现隧道安全风险的提早发现以及高效应对。

（二）应急指挥和城市安全运行监控能力建设框架

1. 总体思路

系统规划在顶层架构上呈现层次化的多级协作关系，总体采用"1+2+3+N"的设计模式，其中："1"建设一个城市安全运行综合监测与应急指挥中心；"2"建设一网一图，即澳门城市安全运行监测物联网和城市安全综合监测与应急一张图；"3"建设三大基础支撑，即城市安全大数据、空间信息服务和标准规范体系；"N"建设 N 个智慧安全专项应用（图 6-17）。

各层级的作用如下：

（1）建设全澳统一的城市安全运行综合监测与应急指挥中心，综合治安、消防、海关、交通、电力、气象、水务、工务等民防架构成员单位和各类社会资源，实现多部门（单位）信息的互联互通和多方应急协调联动，共同保障城市安全运行，并为粤港澳地区

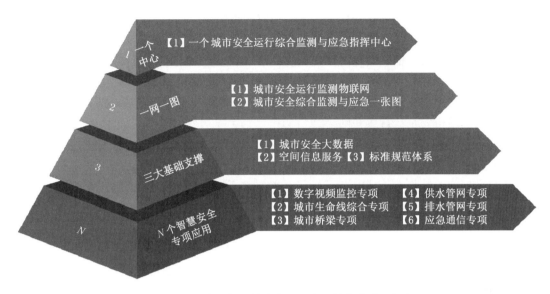

图6-17　应急指挥和城市安全运行监控能力建设框架

监测预警与应急指挥信息的共享提供技术保障。

（2）通过城市安全运行监测物联网（"一网"）和城市安全综合监测与应急一张图（"一图"）的系统化建设，形成服务城市风险监测和应急响应的网络体系，包括危险源监测、重点关注目标和场所监测、基础设施运行监测、灾害前兆监测、社情采集等各个方面。通过城市运行物联网监测数据的采集、汇聚和分析，建立城市运行安全动态评估体系，实时呈现城市安全运行动态风险图。

（3）通过城市安全大数据、空间信息服务和标准规范体系三项基础体系支撑，为平台的建设提供基础支撑服务。

（4）智慧安全专项应用包括数字视频监控专项、城市生命线综合专项、城市桥梁专项、供水管网专项、排水管网专项、应急通信专项等。

2. 核心技术

（1）感知技术：智慧安全城市的建设需要对整个城市的运行、管理状况开展及时、准确地监控，城市管理者通过智慧安全城市系统获取全面的、动态的、实时的城市数据和信息，掌握城市运行、发展状态，为城市科学决策与管理提供有效依据。通过各项感知技术的应用以及覆盖整个城市感知网络的建设，智慧安全城市可以获取实时、有效、全方位的视频、语音、文字、位置、环境等多种类型的整合感知信息。

智慧安全城市的感知应用一般包括如下几个种类：一是身份感知。在城市公共场所建立标准统一的射频识别感知网络，实现全方位的有效目标物的身份识别。二是位置感知。将卫星定位技术扩展到全城市范围内，依托定位技术确定各目标物的位置所在，并为用户提供相关的位置应用服务。三是图像感知。通过遍布在城市主要位置的摄像、照相等图像采集设备，对物体的固定以及运动状态进行感知，实时掌握城市内所有地表以上事物的运行状态。四是状态感知。状态感知是物联网建设的基础，主要是利用各种传感器、传感网络对物体的运行状态开展动态的感知。

为了实现智慧安全城市的各项感知应用，需具有传感器、卫星空间定位、遥感等几项感知技术。基于上述的三类感知技术，配套相应的感知器，形成智慧安全城市感知网络的技术基础。各类感知技术在智慧安全城市中的应用主要有以下方面：在公共区域安设电子标签读写器，强化公共信息网络的接收功能；推广卫星空间定位系统，提高智慧安全城市的空间定位能力、导航和监测；构建覆盖全澳门的城市公共场所摄像监控系统，强化图像感知网络的建设，提高公共场所全方位、实时的监控能力。通过以上感知应用的建设，形成覆盖澳门的城市安全运行感知网络。

（2）网络与通信技术：智慧安全城市的构建，不仅依托于感知技术所创造的感知网络，还需要一个"无处不在"的通信网络。伴随着信息社会的到来，网络与通信技术不断创新与发展，尤其是在近十几年，除了传统的电信网络以外，下一代计算机网络技术（IPv6、Web3.0）、移动通信（5G）、窄带通信（NB-IoT）的不断进化与发展充实了智慧安全城市的互联互通能力。

（3）应用技术：①云计算。云计算被看作第三次信息化浪潮的引导性技术，它将带来社会生产、生活方式的根本性改变。云计算具有以下几个主要特征：一是资源配置动态化。可根据用户的需求动态管理各种物理、信息资源，提高了资源使用效率。二是需求服务个性化。用户采用自助方式选择相应的服务内容。三是服务终端普及化。用户可借助各种终端设备，通过网络访问相应的服务。四是资源的虚拟化。将分布在不同位置的计算资源进行整合，实现基础设施资源的共享。②多媒体仿真技术。多媒体仿真技术是一种感受技术，可以通过将仿真所产生的信息转变成为被感受的场景、图形和过程，提高用户对仿真原型的理解与感受程度。它利用各种多媒体手段，将人的感官和思维带入到仿真场景，充分发挥了可视化、交互性、引导等功能的作用。多媒体仿真技术充分地利用视觉、听觉与触觉媒体的处理和合成技术，为仿真原型信息表达提供了有力工具，将仿真原型的属性、状态和行为从抽象空间转移到现实空间中来。它所提供的临场体验扩大了可视仿真的范围，允许将实景图像与虚拟景象结合起来产生半虚拟环境。现代多媒体仿真技术正在朝着分布式、开放型和智能化的方向发展。

3. 硬件基础设施

实现全面覆盖的网络通信及网际融合是智慧安全城市建设的硬件基础设施，融合物联网、互联网、通信网和广电网等多个网络，可以为智慧安全城市提供多种高速接入方式，为不同需求的用户提供个性化、智能化信息服务，为海量信息资源提供多渠道的信息通道。澳门于2014年4月成立基本电视频道有限公司协助居民接收经常收看的电视频道，为澳门实现三网融合创造了一定条件。在澳门特别行政区五年发展规划（2016—2020年）中，特别在构建智慧城市的重点工作第五点列出：加快展开研究三网融合策略，完成拟定相关法律法规、发牌机制及技术配套等工作；通过适度监管措施，推动营运商提升网络质素，并致力维护电信市场秩序。在智慧安全城市建设过程中，提速三网融合工程需要注意的问题有：做到统筹规划、资源共享，完善行业准入机制，合理竞争，营造和谐的发展环境；强化信息资源的开发、利用，以服务应用为导向，大力发展IPTV、手机电视、互联网视频等各项服务融合业务；强化现有优势，在融合过程中，打破门第观念，发挥各自现有资源的最大效能，减少重复建设、信息孤岛现象的发生，建立多方合作共赢的运营模式、机制；要从制度、政策等管理环境入手，构建保障三网融合规范有序开展的政策体系、决策系统、监管体系等。

4. 组织基础

（1）领导机构：智慧安全城市建设应该设立专门的领导小组，负责人应由该澳门主要官员担任，其他信息化建设、城市管理、保安范畴的主要领导以及相关专家作为领导小组成员。该领导小组在智慧安全城市建设的过程中起引领、协调和指导的作用，是整个项目建设成功的核心组织保障。领导小组能够建立一套科学、有效、快速的决策机制，促进澳门政府现行行政管理体制互联互通，以智能安全城市项目为主体，整合各个相关部门、组织，从战略发展的角度，对整个智慧安全城市建设进行监控与协调。

（2）建设机构：智慧安全城市建设机构是一个由多个部门、多个组织而组成的，相互交叉，相互影响的机构。它应该完成方案设计与选择、任务分解与分配、工程实施与监控、成果验收，以及各组织协调等具体任务。其组成与职能如下：①城市政府主管、相关建设部门。这些部门的职能是协助统一的领导机构对智慧安全城市建设进行全面规划，整合城市资源，提供决策支持，参与具体建设工作。它既是智能安全城市的设计者，又是智能安全城市的建设者、使用者，还是智能安全城市建设的监督者。②相关行业及科研机构。智慧安全城市建设的需求来源于处于信息领域最前沿的信息行业与科研机构，智慧安全城市建设对信息化、智能化、综合化的需求使信息行业、科研机构成为智慧安全城市建设最直接的利益相关者。建设智能安全城市不仅仅为相关行业、科研机构提供他们急需的服务，同时也为其发展指明了方向。智慧安全城市建设应以行业、企业为主体，联合大专院校、科研院所等知识密集型组织，建立产、学、研一体化的技术创新体系，以满足智慧安全城市建设的创新需求。③咨询机构。在新公共管理领域中，政府决策已经转变为科学决策的模式，各种咨询机构、智囊团在政府决策过程中发挥着巨大的作用。智慧安全城市建设过程中应大量引入咨询机构，为项目确立、评审、建设、监督和验收提供有益的技术保障，其职能包括对方案的制定，技术的支持、评估，对关键决策的审查，对项目进度、质量的监督等等。智慧安全城市建设机构之间应该协调配合，共享资源，统一协作，真正做到网络互联互通、功能整合、信息资源共享，减少重复建设，这样才能保证项目的合理规划和稳步实施，在领导小组的统一领导下，积极、高效地实现项目目标。

5. 制度基础

（1）完善相关法律法规。智慧安全城市作为信息社会中的全新事物，其建设与发展过程中必然会遇到各种各样的新问题，所以必须逐步建立起一套完善的法律法规，使其建设过程有规可守、有法可依。法治规范化是智慧安全城市建设的前提条件，法治的规范化就是将智慧安全城市建设的基本内容都纳入法律规范的范围内。

（2）确立标准规范与评价体系。标准规范与评价体系是建设智慧安全城市的关键环节，在智慧安全城市建设过程中应执行统一的标准规范，统一的规范、标准是规划方案、系统开发及服务应用等项目建设的基础。智慧安全城市评价指标体系的构建是一个理论与实践不断结合、逐步完善的过程，其设计主要包括以下几方面内容：一是明确指标范围，在明确智慧安全城市内涵的基础上，结合当前智慧安全城市建设现状以及存在的问题，确定智慧安全城市评估的指标范围。二是选取能够反映现阶段澳门智慧安全城市建设发展水平的指标，指标具有可操作性，以定量指标为主，定性指标为辅。三是评价指标体系初步确定后，选择有代表性的城市进行抽样评估，对初步测算结果进行检测和验证，通过对智慧安全城市建设成效的横纵向比较，发现问题，找出原因，进行调整和修正，最终确定适合澳门和当前智慧安全城市发展阶段特点的评价指标体系。

（3）健全推进智慧安全城市建设的各项配套政策。包括：①人才政策。智慧安全城市建设需要大量专业的、创新型的信息化人才，因此需要不断加强信息化人才队伍的建设，优化信息化人才队伍结构，提升人才潜力，将培养和引进高级信息技术人才结合起来，完善相应的人才培养、管理、使用的激励机制。②产业政策。智慧安全城市是一个多学科、多领域融合的复合型系统，建设过程中涉及了多个智慧产业和组织，政府须根据各行业的特点，完善产业化的政策法规，以需促用、以用促建。③资金政策。建立多元主体、多渠道、多环节、多元化的融资机制，完善对市场、资金等环节的培育，保证智慧安全城市建设的可持续发展。

（三）应急指挥和城市安全运行监控能力建设行动方案

充分利用互联网、物联网、大数据、云计算、智能监控和 3S 技术等先进科技手段，开展城市应急指挥和安全运行监控平台的信息化、智能化和规范化建设，实现各类应急指挥平台的互联互通和资源共享，满足突发事件监测预警、科学决策、指挥调度的需要。

1. 建设城市应急指挥平台

（1）基本策略。基于智慧城市规划和建设成果，对分散在各个部门的资源进行充分整合，实现资源的最优利用。采用先进的技术手段、系统平台架构和安全措施，整合治安监控资源、道路监控资源、市政监控资源、社会监控资源，建设先进的城市应急指挥和安全运行监控平台，实现部门间系统的互联互通和资源共享。

（2）行动目标。实现跨层级、跨部门、跨业务的协同应急管理和指挥决策，提升快速协同应对能力。

（3）行动方案。主要包括以下五项具体措施：

一是建设新民防应急指挥中心。尽早完成澳门半岛新民防和应急行动中心办公场地建设，并同步建设新应急指挥中心及应用平台软硬件和网络系统。

二是建设城市应急指挥应用平台。2022 年完成应用平台软件系统核心功能建设；实现澳门城市应急指挥平台与民防架构成员单位、解放军驻澳门部队、相邻地区应急平台（例如广东省应急平台）的互联互通，及时接收、处理、共享突发事件信息。

三是构建应急指挥标准体系。建设公共安全基础标准、支撑技术标准、建设管理标准、信息安全标准、应用系统标准等，为综合应急管理、各部门业务与数据整合、系统建设与运行提供保障。

四是推进专业应急行动指挥中心建设。推进消防指挥控制中心、交通指挥控制中心、治安警指挥控制中心、海关指挥中心、公共卫生应急行动指挥中心、旅游危机指挥中心建设，完善软硬件设施设备，实现与城市应急指挥平台、业务相关单位之间的互联互通，满足专业领域信息接报、监测预警、指挥控制、资源调度等的需要。

五是加强应急通信系统建设，确保大灾巨灾下的应急指挥信息通畅。依托固定通信线路、卫星通信线路和移动通信线路建立应急信息骨干网，实现民防行动中心与民防架构成员单位、相关专业应急行动指挥中心、内地相关部门间网络的互联互通，并实施视频会商系统建设，为应急指挥、调度、决策会商提供现代化的手段。为社区、应急救援队伍配备视、音频应急电话系统以及小型移动应急平台，实现灾害现场迅速连通民防行动中心以及相关专业应急行动指挥中心。加强应急信息骨干网络、城市应急指挥应用平台的安全等级保护加固，并建立业务级异地容灾备份系统。

2. 提升城市安全运行监控能力

（1）基本策略。在重点场所、重要部位、热点地区设置监控"点"，将出入关口、主要干道、轨道交通沿线监控点连成"线"，将每个监控中心的覆盖区域设置为"面"，实现网格化、层次化监控和管理。

（2）行动目标。澳门城市应急指挥平台与专业应急指挥平台及其他相关单位之间互联互通率达100%，公共场所监控探头数量达4000个，城市基础设施安全运行监控系统覆盖率达100%，实现澳门供电线路、供水管网、排水系统、燃气管网、交通等安全运行监控，为澳门城市安全运行事件的及早预测、高效应对提供支撑。

（3）行动方案。主要包括以下八项具体措施：

一是建设城市安全运行监控系统。利用人工智能、互联网、物联网等先进科技，2025年基本建成澳门城市安全运行监控平台。

二是加强城市安全综合分析，提升城市生命线全寿命周期信息管理、城市安全综合分析、突发事件综合应急辅助分析等能力。

三是加强滑坡泥石流、堤岸安全及桥梁结构健康智能监控体系建设，提升监控信息一体化、精细化、智能化管理及其对安全事故的预测预警能力。

四是加强供水系统安全监控，提升供水系统基础数据管理、管网综合监测、管网在线预警、管网风险评估、管网实时模拟以及应急决策支持等能力。

五是加强排水运行系统监控，加快智能排水运行监控系统试点工程建设，提升排水系统基础数据管理、排水管网模拟、三维可视化管理、风险评估、实时监测与报警以及辅助决策等能力。

六是加强隧道安全运行监控，实现隧道交通、通风、照明、消防、火灾、环境等监控，提升隧道安全数据分析、异常情况处理、图像监控、诱导交通流及日常运行维护等运行管理能力。

七是加强燃气管网运行系统监控，提升燃气管网系统基础数据管理、风险评估、实时监测、预警与报警以及辅助决策等能力。

八是提升城市安全运行预警保障服务能力。基于澳门城市应急平台大数据支撑环境，构建综合多种数据分析的气象灾害引发的城市内涝、建筑施工、桥梁涵洞积水风险点的智能识别和风险分析研判模型，并纳入城市应急管理平台，形成智慧城市气象灾害风险精准预警辅助支撑能力。

3. 提升智慧化运行支撑能力

（1）基本策略。结合智慧城市建设，构建安全风险大数据系统、城市地理信息服务系统、城市安全运行监测物联网、城市安全综合监测系统，为应急指挥和城市安全运行监控提供获取、分析和展示数据与信息的支撑环境。

（2）行动目标。满足应急指挥和城市安全运行监控对数据获取、管理和分析的需要，实现以"一张图"形式展现城市整体运行情况与应急管理要素。

（3）行动方案。主要包括以下四项具体措施：

一是建设智慧安全城市安全风险大数据系统，形成大数据基础平台和大数据服务平台，满足数据聚合、管理和分析处理需求，提供数据交换和共享服务。

二是建设城市地理信息服务系统，完成对基础设施、危险源和防护目标等基础信息的三维城市建模，实现对地上建筑和地下建筑及管网的安全分析和系统直观显示。

三是建设城市安全运行监测物联网，布设或接入不同类别的传感器，构建延伸到风险源、危险源、重要设施、重点目标等城市运行载体的物联网和覆盖人群移动、交通运行等城市社会系统的传感网；同时接入相关部门的基础数据信息，为澳门整体城市安全状态监测和应急指挥提供数据基础。

四是构建城市安全综合监测"一张图"，采集、汇聚和分析城市运行物联网监测数据及来自相关部门的监测信息、应急资源状态、灾情实时态势等数据，以"一张图"形式呈现城市整体运行情况与应急管理要素。

五、应急物资保障能力建设规划研究

（一）应急物资保障能力建设需求

1. 澳门应急物资保障采取的改进措施

针对灾害应对过程中暴露出的问题与不足，特区政府及时修订有关应急行动预案，进一步改善预警信息发布机制，让市民能更清晰及时采取预防措施。研究设立专门预防应对自然灾害和安全事故的专责部门"民防及应急协调局"，研究制订民防应变及救灾统筹方面的短中长期系列针对性计划，统筹防灾减灾必要的物资管理等。海事及水务局吸取"天鸽"台风灾害应对经验，完善现有的《澳门供水安全应急预案》。社工局联合教育局、民政总署（现市政署）、体育局，利用体育中心、学校等初步确定了 16 个避灾点，拟采购补充必要的救灾物资。警察总局、消防局等部门也制订了进一步健全完善应急救援物资和装备的采购配备计划。

2. 提升应急物资保障能力的发展趋势

（1）《2015—2030 年仙台减少灾害风险框架》中的有关要求。2015 年 3 月第三届联合国世界减灾大会上，187 个国家的代表通过了《2015—2030 年仙台减少灾害风险框架》，关于应急物资储备保障理念，提出加强备灾以有效应对，并在恢复、安置和重建中"让灾区建设得更美好"。其中应急物资储备保障，在本地区层面，需要制定并定期更新备灾和应急政策、计划和方案，建立以社区为单元的救灾物资储备中心，定期开展备灾、救灾和灾害恢复演习。地区合作层面，需要加强区域协作，在超过单一国家或地区应对能力的情况下能够确保迅速有效的开展灾害应急响应，支持联合演练、演习等区域备灾合作，促进区域在灾中、灾后能够共享救灾能力和资源。

（2）安全韧性城市发展建设的有关要求。2002 年，倡导地区可持续发展国际理事会（IDLAI）在联合国可持续发展全球峰会上提出"韧性"概念；2015 年联合国减灾大会和2017 年联合国减灾平台大会上，也把建设安全韧性城市列为重要议题。安全韧性城市是指自身能够有效应对来自内部与外部的对其社会、经济、技术系统和基础设施的冲击和压力，能维持基本功能、结构、系统，并具有迅速恢复能力的城市。关于应急物资储备和保障的建设目标和特征有：经济社会具有承受大灾巨灾的能力，其基本功能、结构、系统能够维持运行，城市的特征具有系统冗余性，能够通过多重备份来增加系统的可靠性。这就要求应急物资储备一方面数量要充足，另一方面储备方式需要多元化，符合分级负担、分级管理的原则。

3. 澳门应急物资储备保障的任务目标

主要包括以下几方面：

一是优化整合各类社会应急资源，多渠道筹集应急储备物资，形成以应急物资储备库（点）为基础，以社区储备点为补充，统一指挥、规模适度、布局合理、功能齐全、符合澳门实际的应急物资储备保障体系。

二是建设应急物资储备库（点）体系。到 2028 年，建成统一指挥、规模适度、布局合理、功能齐全，符合澳门实际的应急物资储备库（点）体系。

三是完善应急物资储备品种和数量。到 2028 年，避险中心基本生活物资储备可满足避险和应急救助人员需求的天数不少于 3 天，形成规模适度、品种齐全、保障有力、符合实际的应急物资储备。

四是建立应急物资运送和发放机制。到 2028 年，建成统一指挥、反应迅速、运转高效、符合实际的应急物资运送和发放机制。

五是建立物资跨区域协同保障机制。内地作为保持澳门繁荣稳定发展的坚强后盾，发生大灾、巨灾后，特别是超过澳门应对能力的特大灾害，充分发挥珠三角广大腹地的物资筹集保障能力，建立健全物资紧急协调、紧急调运、应急通关机制，增强物资跨区域协同保障能力。

（二）应急物资储备规模和空间布局

1. 应急物资储备类型分析

为有效应对澳门面临的自然灾害、事故灾难、公共卫生事件、社会安全事件等突发公共安全事件风险，综合考虑澳门地区主要灾害类型、所处气候带和受灾民众的基本需求，确定各避险中心和物资储备库（点）存储的应急物资主要为取暖照明安置类、生活类、救生类、医用类及其他等 4 个大类。

（1）取暖照明安置类物资。包括：单帐篷，用于受灾人员临时居住安置之用，每顶安置 1 户 3~4 人；折叠床，用于受灾人员短期休息之用，尤其用于老人、儿童、孕妇及病人等脆弱群体；毛毯，保障受灾人员保暖、御寒的必备物资；单衣裤，救灾应急期间，供紧急转移和临时安置的受灾人员临时替换穿着使用，包括大中小号单衣、长裤等；照明设备，用于灾害救助和灾后临时生活照明使用，包括手电筒、蜡烛、场地照明设备等。

（2）生活类物资。包括：家庭应急包，家庭应急自救所用的小包，内装有安全帽、压缩饼干、干粮、饮用水、应急药品、毛巾、牙刷、牙膏、手电筒、剪刀、长绳子、哨子等物资；净水机，保障受灾人员安全饮水的必备生活设施；移动厕所，保障受灾人员临时安置地卫生清洁、防止疫情传播的必要设施。

（3）救生类物资。包括：冲锋舟，澳门台风、水浸等灾害相对频繁，用于紧急转移疏散受洪水围困的群众；救生衣，发生水灾、内涝等灾害时救生使用；破拆工具，突击救援时，快速破拆和清除栏杆、栏网、门窗等障碍物，包括锹、镐等手动破拆工具以及电动、液压等破拆工具；劳保用品，应急救援时，保护人身安全和健康的基本防御装备，包括劳保手套、口罩、安全帽、胶鞋等。

（4）医用类及其他物资。包括：医用物资，灾害发生后用于应急医疗和消毒防疫使用，包括医疗用品、净水剂、消毒液等，除水浸区等内涝多发易发地区可适度储备净水剂、消毒液等，建议医用物资由各大医院等医疗机构存储，同时可以委托医药企业开展协议储备、委托代储；食用物资，救灾食品、瓶装饮用水等物资用于应急解决受灾人员基本生活急需，由于食品、饮用水等物资保质期较短，通常由相关部门和食品供应厂商、企业、超市等事先签订购买和供应协议，灾害发生时按协议约定提供保障，救灾物资储备库（点）少量储存或不储存；特殊群体及其他物资，妇女、婴幼儿、老年人等特殊群体和其他特殊用途物资，可适度存储，同时通过家庭储备、相关社团和机构存储、应急采购等方式做好保障。

2. 应急物资储备规模分析

应急物资储备规模与历年灾害的影响破坏程度、救灾人口数量、需要达到的救助标准密切相关，建设规模过大，建设投资、维护保养和储备管理等费用就会增加，造成有限的空间、救灾资金和资源的浪费；建设规模不足，就难以满足救灾应急的需要，可能引发一系列社会问题。因此，澳门救灾储备规模和储备库（点）的建设规模必须立足本地实际、科学规划。

1）储备规模测算思路

储备物资的数量由实际需要保障的人口决定，基本测算思路是：①收集统计澳门历年受灾人口的数量，研究受灾人口数量、分布以及和总人口的比例关系等情况（资料不足情况下，可参考内地历年数据）。②结合全球灾害形势，分析澳门灾害发生发展趋势，综合判断未来可能受到灾害影响的人口数量。③根据受灾人口的保障比例和保障系数计算出澳门总体应急物资储备规模。④结合实际情况，对储备规模不断优化和调整。

2）储备保障分析和建议

澳门受灾害影响的人口分布情况。根据社工局提供的材料，"天鸽"台风灾害鼎盛时期，位处水浸区域的服务类别和设施共69间，影响人数8973名，其中避险中心临时安置318人次，提供食物援助等2.4万人次。与澳门地区总人口相比，受灾需救助人数占比约3.7%。根据澳门土地工务运输局、统计暨普查局有关资料，澳门地区各社区历年受水浸影响的人口约32.5万人，占总人口比例约49.8%。根据中国内地历年灾害情况资料，每年受灾人口约2.7亿人次，占总人口比例约19.3%；其中需救助人口约6900万人次，占总人口比例约5.0%（表6-28、表6-29）。

表6-28 各社区居于水浸区域的人数估算及占比表

社 区	人口估计/人	居于水浸区域	
		人数估算/人	占比/%
总数	646200	325460	50.4
圣安多尼堂	136490	92670	67.9
林茂塘区	30670	30670	100.0
高士德及雅廉访区	27890	15050	54.0
新桥区	47280	30300	64.1
沙梨头及大三巴区	30650	16650	54.3
望德堂	33110	0	0
荷兰园区	26840	0	0
东望洋区（松山区）	6270	0	0

表 6-28（续）

社　区		人口估计/人	居于水浸区域	
			人数估算/人	占比/%
风顺堂		53930	22790	42.3
	下环区	42410	22040	52.0
	南西湾及主教山区	11520	750	6.5
大堂		49680	4460	9.0
	新口岸区	15610	0	0
	外港及南湾湖新填海区	11640	0	0
	中区	22430	4460	19.9
花地玛堂		244050	204770	83.9
	青洲区	16110	16110	100.0
	台山区	39770	30310	76.2
	黑沙环及佑汉区	76500	58880	77.0
	黑沙环新填海区	63800	63800	100.0
	望厦及水塘区	22990	10790	46.9
	筷子基区	24880	24880	100.0
凼仔		102200	450	0.4
	海洋及小潭山区	10340	0	0
	凼仔中心区	67560	0	0
	大学及北安湾区	12370	450	3.6
	北安及大潭山区	7110	0	0
	凼仔旧城及马场区	4820	0	0
路环		26740	320	1.2

资料来源：土地工务运输局、统计暨普查局。

表 6-29　澳门和内地受灾害影响人口对比表

地区	年份	灾害影响人口/ 万人次	占总人口比重/ %	灾害需救助人口/ 万人次	占总人口比重/ %
澳门	2017	32.5	49.8	2.4	3.7
内地	2011	43290	31.1	7507.4	5.4
	2012	29422	21.2	7800.0	5.6
	2013	38818.7	27.9	8000.0	5.8
	2014	24353.7	17.5	7156.7	5.1
	2015	18620.3	13.4	6028.4	4.3
	2016	18911.7	13.6	6107.1	4.4
	2017	14448	10.4	5801.5	4.2
	2011—2017 年平均值	26837.8	19.3	6914.4	5.0

灾害风险可能影响的人口。根据澳门地球物理暨气象局提供的材料，近年来，澳门地区强烈季风信号（黑球）发出的次数较过去有了明显提高；暴雨警告信号发出时录得最大降雨量平均水平逐年升高；雷暴警告信号发出次数已达到年均超过70次、逼近80次；每年影响本地的热带气旋数量、风速、最大小时降雨量以及造成的内涝灾害水浸线高度都在逐年增长。面对严峻的灾害形势，澳门地区应急物资储备立足可能发生超强台风等重特大自然灾害，需要立足"防大灾、抗大灾、救大灾"，从最坏处着眼，向最好处努力，全面做好应急物资储备保障。因澳门素有"莲花宝地"之称，相关灾害救助资料较少，未来一段时期，灾害影响和灾害需救助人口比例分析，参考内地应急物资保障经验，参照近年来灾害最大值"天鸽"台风上限做好防备应对。综合判断结论见表6-30。

表6-30　澳门可能受灾害影响人口测算表

评估内容	灾害影响人口/万人次	占总人口比重/%	灾害需救助人口/万人次	占总人口比重/%
澳门测算值（最大值）			3.2	5.0
澳门测算值（平均数）	32.5	49.8	2.8	4.3
澳门测算值（最小值）			2.4	3.7
澳门2017年参考值	32.5	49.8	2.4	3.7
内地2011—2017年平均值	26837.8	19.3	6914.4	5.0

澳门应急物资储备规模分析。根据上述灾害风险可能影响的人口分析，澳门应急物资储备规模以因灾需救助人口的平均测算值2.8万人次为基数，以2.4万人次为下限、3.2万人次为上限，以灾害可能影响的人口32.5万人次为参考。根据内地历年来应急物资保障情况，因灾需救助人口和救灾物资之间有一定的比例关系：①单帐篷，10%的服务人口需要单帐篷，每顶安置一户（约3人）；②折叠床，15%的服务人口需要折叠床（主要用于老人、儿童、孕妇及病人等脆弱群体），每人1张；③毛毯，25%的服务人口需要毛毯，每人1条；④单衣裤，25%的服务人口需要单衣裤，每人1套；⑤应急包，33%的服务人口需要应急包，每人1个；⑥净水机，约15%的服务人口的饮水需要净水机解决，每台服务90人；⑦应急照明设备，10%的服务人口需要应急照明设备，每户1个；⑧简易厕所，每200个服务人口需要1个简易厕所；⑨冲锋舟，1%的服务人口需要冲锋舟，每100人1艘；⑩救生衣，1%的服务人口需要救生衣，每人1件；⑪破拆工具，1%的服务人口需要破拆工具，每人1件；⑫劳保用品，33%的服务人口需要劳保用品，每人1件。根据以上测算比例，澳门应急物资总体储备需求见表6-31。

表6-31　澳门应急物资需求测算表

物资类别	物资需求数量
单帐篷/顶	2800
折叠床/张	5000
毛毯/条	7000
单衣裤/套	7000
家庭应急包/个	9240

表 6-31（续）

物资类别	物资需求数量
净水机/个	50
照明设备/个	2800
移动厕所/个	140
冲锋舟/艘	3
救生衣/件	280
破拆工具/件	280
劳保用品/件	9240

注：上述物资共满足 2.8 万人救助需要。其他如食品、饮用水、药品、特殊用品等物资参照 2.8 万人救助需要进行合理测算，通过协议储备、协议供货、专业部门存储等方式解决。

各级承担的储备规模数量。根据政府主导，社会广泛参与的原则，建议总的应急储备物资数量由澳门特别行政区政府主导的各物资储备库（点）承担 25%，由拟鼓励设置的社区物资储备点承担 25%，社团群体、社会各界和居民家庭承担 25%，遇到重特大突发事件中央政府协调解决 25%（表 6-32）。

表 6-32　澳门应急物资储备分担测算表

澳门应急物资储备数量	特区政府	社区	社团群体、家庭储备	遇重大突发情况跨地区协调	总计
单帐篷/顶	1400	0	0	1400	2800
折叠床/张	2500	0	0	2500	5000
毛毯/条	1750	1750	1750	1750	7000
单衣裤/件	1750	1750	1750	1750	7000
家庭应急包/个	2310	2310	2310	2310	9240
净水机/个	50	0	0	0	50
照明设备/个	700	700	700	700	2800
移动厕所/个	40	0	0	100	140
冲锋舟/艘	3	0	0	0	3
救生衣/件	280	0	0	0	280
破拆工具/件	280	0	0	0	280
劳保用品/件	2310	2310	2310	2310	9240

注：应急物资中，单帐篷、折叠床、净水机、移动厕所、冲锋舟、救生衣、破拆工具等，不方便家庭、个人或社团群体存储，建议由特区政府、内地通过跨区域调运等方式协调保障。

3. 应急物资储备布局分析

1）应急物资储备库（点）选址思路

在确定库址过程中，主要考虑自然灾害、交通条件和区域位置等因素：

（1）根据澳门现有条件，考虑到建设用地相对较少、新建储备库相对较为困难，主要从现有的避难场所、公共设施、应急设施中选择设置救灾物资储备库（点）。

（2）根据拟设置的救灾物资储备库（点），测算形成澳门救灾物资储备布局全覆盖，特别是澳门半岛、路环、凼仔3个岛屿均建立形成具有自我保障能力的应急物资储备体系，确保在灾害发生后，特别是重特大灾害或公共突发事件导致3个岛之间交通中断的情况下，能够满足应急期保障需要。

（3）根据自然灾害形势，分析城市中不同区域的灾害风险、交通通达性、储备库（点）使用便利性、应急保障的时限性要求，进一步筛选确定合理的储备库（点）选址。

（4）综合考虑以上三项因素，加入储备库布局密度、政府投入、公众接受度等因素进行适当调整，最终确定储备库（点）布局。

2）应急物资储备库（点）布局分析

应急物资分类中安置类、生活类救灾物资可以参照内地有关规划和经验，灾害发生后，物资运送发放至受灾人员手中时限为不超过12 h。救生救援类救灾物资可以参照"天鸽"台风应对经验，建议在接到悬挂8号风球等灾害预警信息后，物资运送发放至救援人员手中时限为不超过2 h。

（1）澳门拟设置的16个应急避难场所。目前，澳门社工局已计划设置16个避险中心，分布及地址见表6-33。

表6-33　澳门拟设置的16个避险中心

区域	序号	避险中心名称	地址
澳门半岛	1	青洲避风中心（社工局）	澳门青洲大马路
	2	塔石体育馆C馆（体育局）	澳门东望洋街
	3	塔石体育馆B馆（体育局）	澳门东望洋街
	4	中葡职中体育馆（教青局）	澳门劳动节街
	5	澳门理工学院体育馆	澳门高美士街
	6	慈幼中学	澳门风顺堂街16号
	7	海星中学	澳门高楼街36号
	8	澳门培正中学	澳门高士德马路7号
	9	利玛窦中学	澳门大三巴巷1号B
凼仔	10	凼仔避风中心（社工局）	凼仔地堡街
	11	凼仔创福运动培训中心（体育局）	凼仔美副将大马路
	12	凼仔奥林匹克体育中心（体育局）	凼仔奥林匹克大马路
路环	13	路环保安高校	路环石街
	14	凼仔及路环社会工作中心（石排湾）	路环石排湾
	15	路环澳门东亚运动会体育馆（体育局）	体育馆大马路（东亚运广场）
	16	路环少年飞鹰培训基地	路环打缆街46号

（2）16个应急避难场所布局分析。已设置和拟设置分布各区的避险中心及已有的紧急疏散停留点、集合点等，基本实现了澳门地区全覆盖，其中澳门半岛、凼仔、路环3个岛屿所有社区基本做到短时间即可到达。建议结合拟建设的16个避险中心设置应急物资储备库（点），实现澳门应急物资储备库（点）布局的全覆盖。

（3）避险中心、储备库（点）交通通达性分析。澳门3个岛屿应急保障分析。拟建设的避险中心，澳门半岛9个、凼仔3个、路环4个，3个岛屿均建立形成自成体系的应急避难场所体系，储备库（点）结合设置，可以在发生灾害后，特别是3个岛屿互相之间交通中断情况下，满足应急期自我保障需要。

交通方式选择。澳门应急物资运输优先选择公路运输方式。一是运输准备时间短，运输车辆资源充沛，协调容易，装卸时间短。二是运输机动灵活，澳门主要公路运输网络发达，可选线路多，线路辐射能力强。三是公路容灾能力强，遇到灾害堵塞或损坏后修复时间短。航空、水路运输作为补充。在澳门受极端灾害天气影响，陆路通道完全切断的孤岛情况以及其他特殊情况下，可以事情采用航空、水路等运输方式作为补充，确保救灾物资能够在规定时限内到达灾区。

时空分布计算。根据澳门地区运输实际情况，从3个岛任意一处避险中心出发到达该岛任意一处社区，时间一般不超过30 min。发生灾害后，根据内地救灾工作经验，物资从接到指令到出库装车约1 h，考虑修复因自然灾害堵塞或损坏的道路一般需要2~3 h，可设灾害发生后，应急物资运输时间约4~5 h，可以满足应急物资中安置类、生活类物资运输时限要求。但救生救援类救灾物资应急运输难以保障，需要特殊规划、特殊存储和管理。

根据以上思路，经过计算，按时空因素初步分析16个应急物资储备库（点）选址（表6-34）。

表6-34 16个避险中心时空分析

区域	序号	名称	救灾物资覆盖范围	到达时限/h
澳门半岛	1	青洲避风中心（社工局）	澳门半岛	<2
	2	塔石体育馆C馆（体育局）	澳门半岛	<6
	3	塔石体育馆B馆（体育局）	澳门半岛	<6
	4	中葡职中体育馆（教青局）	澳门半岛	<6
	5	澳门理工学院体育馆	澳门半岛	<6
	6	慈幼中学	澳门半岛	<6
	7	海星中学	澳门半岛	<6
	8	澳门培正中学	澳门半岛	<6
	9	利玛窦中学	澳门半岛	<6
凼仔	10	凼仔避风中心（社工局）	凼仔岛	<6
	11	凼仔创福运动培训中心（体育局）	凼仔岛	<6
	12	凼仔奥林匹克体育中心（体育局）	凼仔岛	<6
路环	13	路环保安高校	路环岛	<6
	14	凼仔及路环社会工作中心（石排湾）	路环岛	<6
	15	路环澳门东亚运动会体育馆（体育局）	路环岛	<6
	16	路环少年飞鹰培训基地	路环岛	<6

注：花地玛堂区，受水浸灾害风险最重，冲锋舟、救生衣、破拆工具等救生救援类物资，需要就近布置在本区域青洲避风中心，确保接到预警等信息后，能够在2 h内运到灾区救援人员手中。

4. 应急物资储备库空间布局

综合澳门应急救灾物资储备种类、储备规模、储备布局等分析结果，对澳门应急物资储备库（点）空间布局，提出以下建议，见表6-35。

表6-35　储备库典型物资储存规模

序号	地点	服务人口/人	单帐篷/顶	折叠床/张	毛毯/条	单衣裤/件	家庭应急包/个	净水机/个	照明设备/个	移动厕所/个	冲锋舟/艘	救生衣/件	破拆工具/件	劳保用品/件
1	青洲避风中心（社工局）	1200	120	200	200	200	400	5	50	20	2	200	200	400
2	塔石体育馆C馆（体育局）	1000	100	200	100	100	100	5	50	0	0	0	0	100
3	塔石体育馆B馆（体育局）	1000	100	200	100	100	100	5	50	0	0	0	0	100
4	中葡职中体育馆（教青局）	1000	100	200	100	100	100	5	50	0	0	0	0	100
5	澳门理工学院体育馆	1000	100	200	100	100	100	5	50	0	0	0	0	100
6	慈幼中学	800	80	200	100	100	100	5	50	0	0	0	0	100
7	海星中学	800	80	200	100	100	100	5	50	0	0	0	0	100
8	澳门培正中学	800	80	200	100	100	100	5	50	0	0	0	0	100
9	利玛窦中学	800	80	200	100	100	100	5	50	0	0	0	0	100
10	凼仔避风中心（社工局）	800	80	100	200	200	300	5	40	10	1	50	50	300
11	凼仔创福运动培训中心（体育局）	800	80	100	100	100	100	5	40	0	0	0	0	100
12	凼仔奥林匹克体育中心（体育局）	800	80	100	100	100	100	5	40	0	0	0	0	100
13	路环保安高校	800	80	100	100	100	100	5	40	0	0	0	0	100
14	凼仔及路环社会工作中心（石排湾）	800	80	100	200	200	300	5	40	10	0	30	30	300
15	路环澳门东亚运动会体育馆（体育局）	800	80	100	100	100	100	5	40	0	0	0	0	100
16	路环少年飞鹰培训基地	800	80	100	100	100	100	5	40	0	0	0	0	100
	总计	14000	1400	2500	1900	1900	2300	80	730	40	3	280	280	2300

（三）应急物资保障能力建设行动方案

总体思路：优化整合各类社会应急资源，多渠道筹集应急储备物资，形成以应急物资储备库（点）为基础，以社区储备点为补充，统一指挥、规模适度、布局合理、功能齐全，符合澳门实际的应急物资储备保障体系。

1. 建设应急物资储备库（点）体系

（1）基本策略。坚持澳门特别行政区政府在应急物资储备库（点）建设工作中发挥主导作用，加强特区政府各部门间沟通和协调，结合避险中心设置，新建和改扩建一批应急物资储备库（点），形成澳门应急物资储备库（点）体系。

（2）行动目标。到2028年，建成统一指挥、规模适度、布局合理、功能齐全，符合澳门实际的应急物资储备库（点）体系。

（3）行动方案。主要包括以下三项具体措施：

一是结合已设置和拟设置分布各区的避险中心及已有的紧急疏散停留点、集合点等，通过新建、改扩建等方式，于半岛、凼仔、路环各设置不少于1个应急物资储备库（点）。

二是在上述基础上，进一步调整完善各应急物资储备库（点）设置和布局，同时，根据居民社区的实际条件，组织开展以居民社区为单位的社区储备，指导各社区设置符合本社区实际情况的应急物资储备点。

三是至2028年，健全和完善澳门应急物资储备布局，形成以避险中心、应急物资储备库（点）为基础，以社区储备点为补充的应急物资储备保障体系。

2. 完善应急物资储备品种和数量

（1）基本策略。以澳门特别行政区政府为主导，优化整合各类社会应急资源，采取协议储备、委托代储等方式，充分调动社会力量参与应急物资储备，多渠道筹集应急物资。

（2）行动目标。到2028年，避险中心基本生活物资储备可满足避险和应急救助人员需求的天数不少于3天，形成规模适度、品种齐全、保障有力、符合实际的应急物资储备。

（3）行动方案。主要包括以下三项具体措施：

一是结合拟新建和设置的应急物资储备库（点），通过采购实物、签订委托代储协议等方式储备相应的安置类、生活类、避险救生类等应急物资，以满足每个避险中心计划安置人数1天所需的基本生活物资。

二是在上述基础上，进一步健全完善应急物资储备库（点），以满足每个避险中心计划安置人数2天所需基本生活物资为储备目标，完善储备保障方式，丰富储备物资品种和数量。

三是至2028年，健全和完善澳门应急物资储备规模，以满足每个避险中心计划安置人数3天所需的基本生活物资为储备目标，形成以分布各区的避险中心、应急物资储备库（点）实物储备为基础，以应急物资协议储备等方式为支撑，符合澳门重特大灾害应急需要的物资储备。

3. 建立应急物资运送和发放机制

（1）基本策略。发挥澳门特别行政区政府的主导作用，充分动员社区、私人部门和单位、社会组织和义工队伍积极参与，共同做好应急物资运送和发放保障工作。

（2）行动目标。到2028年，建成统一指挥、反应迅速、运转高效、符合实际的应急物资运送和发放机制，重特大灾害发生后第一批救灾物资发放给需要的受灾人员的时间不超过8 h。

（3）行动方案。主要包括以下三项具体措施：

一是以灾害发生后16 h内将第一批应急基本生活物资发放至各区避险中心为目标，结合拟新建、改扩建等方式设置的应急物资储备库（点），建立以政府为主导的应急物资运送和发放保障队伍。

二是在上述基础上，以灾害发生后12 h内将第一批应急基本生活物资发放至各区避险中心为目标，加快提升应急物资运送和发放保障能力，结合居民社区实际，以居民社区为单位设置应急物资集中接收和发放点，建构各社区内部的物资运送和发放机制。

三是至 2028 年，以灾害发生后 8 h 内将第一批应急基本生活物资发放给需要的受灾人员为目标，进一步调整完善应急物资运送和发放机制，形成以政府为主导、以社区内部运送和发放为基础，私人部门和单位、社会组织和义工队伍积极参与，符合澳门实际的应急物资运送和发放机制。

六、社会协同应对能力建设规划研究

（一）社会协同应对能力建设需求

1. 健全完善社区消防安全主任制度

消防局计划持续发展社区消防安全主任制度，每年培训一定数量的社区消防安全主任，使其成为社区与消防局之间的桥梁，传递防灾减灾的信息，提升社区安全条件。加强日常与小区消防安全主任的沟通，适时透过不同渠道发送防灾的讯息，提高小区消防安全主任的灾害安全知识，并透过他们将防灾讯息传递至各小区的市民。持续举办小区消防安全主任的课程，扩大小区消防安全主任人数，以加强小区警务的力度。

2. 建立健全多元主体沟通机制

消防局计划加强与其他政府部门、机构及私人团体的沟通机制，研究在紧急情况下，向其借用救援所需物资的可行性，从而增加消防局救援工作时的工具及物资补给。

3. 增强社会服务组织的应急能力

社会工作局引领各社会服务组织制作自身的《防灾紧急应变计划》。包括：成立应变小组，拟定灾害前、中、后期的分工及各项应急预案等。

4. 加强多元主体社会协同能力

社会工作局为配合民防有关撤离工作，事前透过向民间机构收集撤离过程中，需关顾及支持有特别需要的人士数据，如行动不便、听障或视障人士等进行撤离，当宣布进入撤离状态，民防中心会启动疏散处于有水浸危险之低洼区域的居民，过程中除了迅速有序地疏散居民外，亦关顾及支持有特别需要的人士。同时，构建民防、社会工作局及民间机构三方的互助互补机制，迅速掌握有需要特别支持进行撤离人士的情况，并动员民间机构的人力资源协助护送有需要人士到达民防默认的集合点或避险中心进行有序撤离。

5. 加强宣教培训工作

消防局一向重视与各业界之间的消防安全培训工作，每年定期为物业管理业界、酒店业、饮食业及一些世遗建筑的管理人员举办针对性的消防安全知识讲座，提高有关从业人员的消防安全意识。宣传教育计划增加防灾元素，长期恒常方式加强市民防灾及自救知识；通过市民参观消防行动站，增加防灾宣传元素，以加强市民防灾及自救知识；配合警察总局的防灾之宣传及教育工作，并于防火讲座及拜访活动加入防灾避险的信息。

（二）社会协同应对能力建设行动方案

充分发挥政府防灾减灾主导作用，注重政府与社会力量、市场机制的协同配合，完善多元主体协同应对机制，形成政府主导、多方参与、协调联动、共同应对的工作格局。

1. 完善社会协同救灾机制

（1）基本策略。制定和完善社会力量参与防灾减灾的法律法规、参与救灾的工作预案和操作规程，加强对社会力量参与防灾减灾救灾工作的引导和支持，使社会力量成为政府重要合作伙伴。

（2）行动目标。充分发挥社会力量在预防与应急准备、监测预警、应急救援与处置和灾后恢复重建工作中的重要作用，鼓励、支持、引导社会力量依法依规有序参与防灾减灾救灾工作。

（3）行动方案。主要包括以下五项具体措施：

一是制定社会协同应急计划。通过签订"互助协议"等形式，与社会组织建立合作互助关系。制订社会协同应急计划，将民间组织、社区组织、志愿者组织纳入政府应急管理框架，明确社会组织在防灾减灾救灾工作中的责任分工和权利义务，在应急响应时提供必要的人力、物力和智力支持。

二是鼓励和支持社会力量开展防灾减灾知识宣传教育和技能培训。依托医院、私人部门和单位、慈善团体等，开展专兼职应急救援人员培训，普及紧急医学救援技能；建立应急救护技能培训制度，确保重点行业、重点部门工作人员应急救护技能培训普及率达到80%以上。

三是鼓励和支持社会力量参与灾后恢复重建工作。政府支持社会力量协助开展受灾居民安置、伤病员照料、救灾物资发放、特殊困难人员扶助、受灾居民心理干预、环境清理、卫生防疫等工作，扶助受灾居民恢复生产生活，帮助灾区逐步恢复正常社会秩序。

四是大力发展社会化应急救援力量。将社会力量参与救灾纳入政府购买服务范围，明确购买服务的项目、内容和标准，鼓励社会服务组织和私人部门自建的应急救援队伍提供社会化救援服务。建立系统、规范的社会应急救援力量信息数据库，为科学调度、有序协调社会力量参与救灾提供信息支持。

五是搭建社会应急资源协同服务平台。积极研究搭建社会应急资源协同服务平台，协调、指导社会力量及时向服务平台报送参与救灾的计划、可提供资源、工作进展等信息，做好政策咨询、业务指导、项目对接、跟踪检查等工作。联合有关部门和社团组织，依托互联网、社交媒体、电话等手段，及时在服务平台上发布灾情、救灾需求和供给等指引信息，保障救灾行动各方信息畅通，促进供需对接匹配，实现救灾资源优化高效配置。

2. 推动应急志愿者队伍建设

（1）基本策略。健全完善志愿者和志愿服务组织参与抗灾善后的工作机制，鼓励发展提供专项服务的应急志愿者队伍，引导志愿者和志愿服务组织有序参与应急救援。

（2）行动目标。形成以专项服务应急志愿者为基础、多种类型志愿者广泛参与的应急志愿者队伍格局，提升应急志愿服务能力。

（3）行动方案。主要包括以下四项具体措施：

一是明确专项服务应急志愿者队伍定位。依法确立政府在应急救援志愿者队伍建设中的主体地位，明确政府在应急救援志愿者的招募、登记、培训、组织等工作中所承担的具体义务，明确政府对志愿者实施表彰激励的方式方法，以及志愿者在应急救援中所享有的各种政府保障。

二是促进专项服务应急志愿者队伍有序发展。加大与高等院校、中学、社会组织、公共部门及公营机构合作，鼓励市民加入应急救援志愿者队伍，组建种类齐全的专项服务应急救援志愿者队伍。

三是制定专项服务应急救援志愿者队伍服务规程。研究制定各灾种应急救援志愿者队伍技能培训体系、装备配置标准、管理模式、统一调配机制。加强对应急救援志愿者的专项服务技能培训工作，提高应急志愿者队伍组织化与专项服务技能，引导其有序参与防灾减灾救灾工作。

四是开展标准化应急志愿服务站建设。将应急志愿服务站作为公共应急资源的重要组成部分，使其成为应急志愿者参与应急志愿服务的基地，发挥其在社区居民应急科普宣教，应急志愿者队伍的备勤、信息联络、培训交流、突发事件先期处置等方面的作用。

3. 强化社区防灾减灾能力

（1）基本策略。加强社区和家庭应急物资储备，开展家庭火灾、燃气安全风险检测报警，提高社区韧性和家庭防灾减灾水平。

（2）行动目标。发挥社区和家庭在防灾减灾中的作用，建设安全韧性社区。

（3）行动方案。主要包括以下三项具体措施：

一是加强社区和家庭应急物资储备。研究制定社区、家庭必需的应急物资储备标准和指南，鼓励和支持社区、家庭储备必要的应急物资，为家庭发放通用功能的家用应急包（内含手电、口哨、充电器、多功能刀、急救包等），编制和发放公众防灾减灾知识手册，提高社区和家庭的防灾减灾能力。

二是开展安全韧性社区建设。制定安全韧性社区标准，明确安全韧性社区的建设要求，建立火灾、燃气泄漏分布式监测体系，安装家庭火灾及燃气检测报警器，全面提升社区在日常减灾、灾中应急和灾后恢复重建中的作用。

三是指导家庭开展防灾减灾活动。相关服务机构指导或辅助家庭开展房屋、水电气等设备设施安全检查，及时消除安全隐患；编制家庭安全风险监测和应急计划，了解居住环境风险情况，掌握社区应急避险场所和避险疏散路线；鼓励家庭购买灾害相关保险，参与社区防灾减灾活动，提高家庭抗灾能力。

七、增强公众应急能力建设规划研究

（一）公众应急能力建设需求

社会公众应急能力建设是一项系统化工程。发达国家在应急实践中探索出了适合本国发展需要的社会公众应急能力建设模式，虽然各具特色，但都呈现出制度化、常态化和系统化的特点。

1. 培训制度法制化

美国：《灾害救助和紧急援助法》和《国家地震灾害减轻法》等法律对美国减灾机构的职责和任务作了详尽规定，并制订社区版的"可持续减灾计划"，建立包括各利益相关者在内的伙伴关系，识别并减少灾害风险，把风险及风险规避决策纳入社区日常决策之中。

日本：《灾害对策基本法》是日本突发事件防范与应对的"根本大法"。《灾害对策基本法》明确规定，灾害应对不只是国家的职责，地方公共团体、防灾重要设施的管理者以及居民皆有共同完成防灾任务、参加自主性防灾活动的义务。日本政府在应急实践中不断加强公众"依法防灾，科学应急"的思想教育与实践。

德国：德国联邦政府法律规定普通民众参加 7 年的志愿者服务工作即可免除 10 个月服兵役的义务。为免除志愿者的后顾之忧，政府规定志愿者享有为其购买法定义务保险和给予相应伤亡补偿的待遇；在考取一般驾照、卡车驾照、参加运动协会和获取猎人证前，公民必须接受学时不等的急救知识技能培训课程；要求消防员每年必须参加 30 个学时的急救培训。

2. 组织合作密切化

美国：美国形成了以州、郡、地方应急管理机构和社区应急反应小组为主的合作模式，组建以社区应急反应小组为核心的市民组织，在危机状态和非危机状态都发挥着重要作用。由国家应急管理培训办公室或应急管理研究所开展教员培训课程即 CERT 课程，完成 CERT 课程的教员即具备教师资格，被分派到各个社区对居民开展 CERT 培训。社区应急反应小组的成员能在灾害现场组织自发的志愿者队伍，在消防和医疗服务队伍到来之前开展紧急救援救护。

日本：日本建立以政府—城市防灾中心—社区公众为主要构成的自救培训模式，使市民防灾训练制度化和规范化，提高全民防灾意识和协作精神。城市防灾中心下设有消防机关、防洪团、社区内公共团体组织以及居民自主防灾组织。城市防灾中心在市民、社区和企业机构中树立"自己的生命自己保护"和"自己的社区自己保护"的防灾理念，不断加强市民防灾意识和自救互救技能教育，并定期开展实战演练。

德国：德国建立以政府—地方技术救援小组—志愿者为主要构成的应急能力建设模式。德国强调公民自身能力的培养，通过技术救援协会、德国汽车俱乐部、工会等社会组织开展培训教育。除此之外，志愿者培训在全国范围内广泛开展。90%的志愿者培训由分散于全国各地的地方技术救援小组承担，德国联邦技术救援署所辖的两所培训学院（分别位于诺侬豪森和哈亚）承担 10%的培训任务。志愿者能在灾难发生后被迅速组织起来。

3. 培训内容规范化

美国：CERT 培训的对象是社区普通民众。培训课程总共 20~30 h，需要 7 周时间学习，每周利用一次晚上时间集中培训。培训的内容涉及灾害准备、灭火、急救医疗基础知识、轻型搜索与救援。培训地点设在社区内，由完成 CERT 课程的教员负责授课。培训结束并考试合格后，参与者可以获得结业证书和徽章。联邦紧急事务管理局公布的《你准备好了吗？——市民灾害准备指南》是美国政府对社区居民开展灾害教育的范本。该指南涉及风险识别、家庭和社区应急计划、家庭逃生包准备以及自然灾害、人为灾害发生前、发生时和发生后如何应对等措施。此外，居民灾难心理培训如危机咨询援助与培训项目（CCP）也在社区得到推广实施。

日本：日本自主防灾组织由社区防灾志愿者组成，强调全家人一起参加防灾训练。自主防灾组织分"基础能力培养"和"领导型人才培养"两种模式。对居民以"基础能力培养"为主，传授防灾的基础知识，内容包括防灾演习、初期灭火训练、应急救护、避难诱导训练、炊事训练、信息传达训练以及综合训练等。"领导型人才培养"面向自主防灾组织的会长、副会长和各个小组组长等，培养他们如何指导训练以及强化他们遇灾时的指挥能力。

德国：德国志愿者培训一般分为基本理论培训和模拟演练 2 个模块，以及基础培训、专业技术培训和指挥培训 3 个阶段。地方技术救援小组为志愿者提供基础培训。每个地方技术救援小组共有 75 个培训单元，每个单元培训时间为 45 min，志愿者可利用业余时间学习公民保护、安全保障、危险物品、救援常识、常规救援行动、急救、极端天气下的行动、媒体简介等知识；由位于哈亚的技术培训学校负责专业技术培训，内容包括通信、水处理、交通、电力、定向爆破、装备仪器的操作与维护等技能培训，专业技术培训时间为1周左右，最大特色就是讲授与实践广泛结合，采用案例式、模拟式、演练式教学；由位于伊豪森的培训学校进行指挥培训，包括高级指挥人员协调能力、应急救援现场管理、欧盟内部协调知识、沟通技巧、安全保障、人力资源管理、后勤管理等内容的培训。按照标准化的要求设置培训内容，保证了德国联邦技术救援署的所有志愿者都能接受大体一致的技术救援培训。

4. 应急教育普及化

美国：美国 CERT 培训面向社区居民以及企业，采用广播、电视传播、录像、防灾手册、演讲、宣传单等方式，宣传适合本社区的防灾知识与技能。部分中小学成立了学生应急反应小组（SERT），他们学习急救知识、心肺复苏（CPR）、地震灾害和应急反应等常识。美国政府还将应急知识加入中小学教育计划，形成全美阶梯式急救医疗网。

日本：日本在小学阶段设立逃生课，要求学生掌握自然灾害以及人为灾害的逃生知识与技能；在中学阶段设立自救互救课，通过规范的授课普及急救知识和技能；到了大学则开设有"危机管理"专业，专门培养高层次的防灾救灾、应急管理等方面的人才。各都道府县教育委员会都组织编写《危机管理和应对手册》或《应急教育指导资料》等教材，同时迎合日本人喜欢漫画的心理，资料中附有大量生动形象的漫画插图和说明，指导各类中小学开展灾害预防和应对教育。为在全社会营造应急文化氛围，日本政府制定防灾日，如"灾害管理志愿者日""雪崩防灾周""全国火灾预防运动""灾害管理日""急救日"等，通过展览、媒体宣传、标语、讲演会、模拟体验等形式开展公众防灾教育宣传活动。除此之外，全国的保健所、各地医师会、消防部门、红十字会等也会为一般居民举行急救知识和技术讲座。

德国：志愿者是德国应急救援的主力军，年龄范围在 10~70 岁不等。德国政府通过税收减免方式推动企业支持志愿活动，通过参与志愿服务代替服兵役、为志愿者购买保险、为伤亡的应急救援志愿者提供补偿、设立志愿者奖励项目等措施保障志愿者的权益，吸引更多的青年人加入应急救援志愿者组织。除此之外，德国政府规定 10~16 岁的青少年要接受 1.5 天的急救知识学习，内容一般包括心肺复苏和外伤的处理，年龄低于 10 岁的儿童可以参加 8 h 的急救课程学习（主要是心肺复苏）。

5. 防灾演练实战化

美国：美国 CERT 培训内容由理论与实操两部分组成。CERT 学员完成基础理论学习后，必须接受学时不等的实操演练。同时，美国联邦应急管理局和美国红十字会开展了"社区家庭应急准备项目""社区灾难教育项目"，在活动中穿插防灾教育宣传和防灾演练。灾害应急演练多选在重大节假日期间进行，以加深全民防灾意识，提高家庭自救互救能力。

日本：日本开展了制度化的防灾减灾宣传活动和多样化的防灾训练。日本教育部规定学校每个学期都要进行防灾演练，政府和相关灾害管理组织会定时组织全国范围的大规模灾害演练，在指定区域对交通条件等进行必要限制，力求演练更符合实际。近年来，一种类似角色训练的仿真演练方法被推广应用，成效显著。此外还通过地震体验区、灭火体验区、防震介绍区、海啸放映厅、防灾用品展示区等危机体验室和训练屋，让公众直观立体感受灾害现场，训练人们在危难时刻实施自救。

德国：德国志愿者专业技术培训课程采用现场讲授与实操相结合的形式，指挥培训课程采用模拟演练的形式。考核合格后成为联邦技术救援署的志愿者，在全国范围内进行救援。通过自愿的、面向公益的、不以获取物质收益为目的的志愿行动，不断提高志愿者的自救与互救能力和管理者的应急能力。

6. 资金保障专项化

美国：美国国会设立了 CERT 培训的专项资金项目，同时每个州有不同的资金筹措办法。有些社区将社区建设费用纳入财政预算，也有通过公益团体、私人民间组织、基金会、私人企业等帮助筹措。

日本：日本政府鼓励各种志愿者组织的发展，主要从宣传、提供训练场所和学习条件等方面提供支持。日本政府不仅投资建设了灾难纪念馆以及地震体验馆等用于防灾教育，防灾预算在国家整个年度财政预算中始终保持在 6%~7% 左右，发生特大灾害时比例还会明显提高。

德国：德国联邦技术救援署统一配置救援装备，由联邦财政支付。政府建立了志愿服务实际支出抵偿制度（包含向企业补偿、个人损失补偿、免税等政策），为志愿服务事业给予一定的资金保障。同时，志愿者可以申请因参与技术救援服务必需的现金开支、合理的工作损失补偿与物质损失赔偿。

（二）增强公众应急能力建设行动方案

1. 推动建立健全学校安全及防灾教育制度

（1）基本策略。通过建立健全安全教育课程、编制安全教育教材、定期开展防灾演练，形成健全的学校安全及防灾教育制度。

（2）行动目标。确保各年龄段学生都能接受系统的安全及防灾教育，实现安全及防灾教育普及化，每个小学、中学、大学每年举行应急演练次数不少于 2 次，学校安全教育普及率达 100%。

（3）行动方案。主要包括以下三项具体措施：

一是推进安全及防灾教育进学校，使之成为高等教育和非高等教育的基本内容，将安全及防灾知识纳入学校教学内容。

二是研究编印安全及防灾教育教材，为各年龄段学生提供全面、实用的安全及防灾学习资料。幼儿、小学教育阶段以掌握自然灾害以及人为灾害的逃生知识与技能为主，中学和大学教育阶段以学习急救知识和自救互救技能为主。

三是建立定期防灾演练制度，组织学校师生开展形式多样的演练活动，完善学校重大突发事件应急预案及处置机制，提高师生自救互救技能，增强学校应对突发事件的实战能力。

2. 推动建立多层次的安全培训体系

（1）基本策略。建立面向不同培训对象，涵盖基础培训、专业技术培训和指挥决策培训等的多层次、标准化培训体系，通过专题研讨、桌面推演、实战演练等，实现应急理论与实务培训的紧密结合。

（2）行动目标。应急管理决策者、重点行业领域和场所[①]从业人员、专业救援人员、

---

① 重点行业领域和场所主要包括能源供应、食品供应、公共交通、信息通信等民生领域以及学校、医院、商业场所、口岸、旅游景点、博彩场所、文化娱乐等场所。

志愿者、社区居民都能够接受专业实用的应急培训。

（3）行动方案。主要包括以下六项具体措施：

一是依托澳门消防部门和相关院校，联合内地相关培训机构和专家，建立应急管理专门培训机构，建立针对应急管理决策者、重点行业领域从业人员、专业救援人员、志愿者等的应急培训课程，逐步实现培训课程的规范化、标准化、模块化①。

二是加强应急培训师资力量建设。从事应急培训工作的人员必须完成规定学习课程、具备应急培训能力并取得相关培训资质。

三是加强重点行业领域从业人员应急培训，将应急培训课程纳入从业人员岗前培训科目，并定期开展继续教育培训。

四是加强急救知识和技能培训。从事司机、警察、消防员、导游等特殊行业人员，每年必须参加不少于规定课时的急救知识和技能培训。全社会接受急救知识和技能培训人员比例不低于 2%。

五是加强特殊需要人群保护应急培训。针对老年人、儿童、残疾人士及其他弱势群体的特殊需要，制定针对性的安全避险及应急救援机制，组织开展相关服务机构人员应急培训和演练。

六是加强社区居民应急培训。组织社区居民定期开展参与度高、针对性强、形式多样的应急演练，每个社区每年举行应急演练次数不少于 2 次，提高居民自救互救技能。

3. 推动建设应急科普基地与设施

（1）基本策略。将公共安全科普教育基地建设纳入城市规划，打造多样化的科普宣教场所，推动公共场所配备基本应急救援装备。

（2）行动目标。建成高标准的应急科普宣传场所，公共场所普及配备自救互救器材。

（3）行动方案。主要包括以下三项具体措施：

一是利用澳门科学馆设立公共安全科普教育基地，为澳门市民提供免费开放式的公共安全科普教育场所。

二是在学校、社区、大型商场超市、城市综合体、博彩场、酒店、公共文体场馆等公共场所和人员密集区域，合理配置固定或流动科普教育橱窗展板、急救药品、自动体外除颤仪（AED）等自救互救器材，加强宣传培训，提升公众自救互救能力。

三是利用广东等内地现有公共安全教育基地，组织公众、学生参观学习体验。

4. 推动建立畅通的应急信息和知识获取渠道

（1）基本策略。充分利用和发挥移动互联网、电视台、广播、平面媒体等功能作用，营造增强公众应急意识和技能的舆论氛围和学习环境。

（2）行动目标。基本形成全民宣教、社会参与的安全文化氛围，社会公众对公共安全基本知识的知晓率超过 95%，应急意识和技能显著增强，全社会抵御灾害的综合防范能力显著提高。

（3）行动方案。主要包括以下六项具体措施：

一是充分利用"国际减灾日""消防日"以及重大节假日，在公共场所播放公益宣传

---

① 课程模块化是指将教学内容按知识和能力编排成不同的基本单元，并根据需要进行排列组合，以实现灵活多样的课程编排和教学。

广告、开设专家讲座、开展现场模拟演练、分发通俗读本等方式，广泛宣传和普及应急知识。

二是积极推进应急知识"进社区"活动，开发应急宣传产品，免费发放给社区居民。各社区通过公告栏、电梯广告、户外广告等各类载体宣传应急知识。

三是政府或公共部门应在适当地点安装电视屏幕、LED 显示屏等，本澳酒店在灾害预警和发生期间应在酒店内装设的电视机或 LED 显示屏上免费提供澳门电视广播股份有限公司的中葡文频道讯号，以便向公众和旅客播放最新电视新闻信息、灾害监测预警信息或公共安全教育节目。

四是根据灾害严重程度增加求助电话线路数量，减少居民危急致电求助时因线路繁忙出现无法接通的情况。

五是开发由幼儿园、小学和中学学生亲身参与突发事件舞台情景剧项目，培养幼儿和青少年的安全意识，提高师生在突发事件中自救互救的应变能力，同时带动家庭和社会关注突发事件安全教育。

六是建设澳门公共安全应急信息网，及时发布应急政策、危险源分布、突发事件预警、灾情和处置进程等应急信息，为社会公众提供各类应急文化产品服务。

八、区域应急联动与资源共享能力建设规划研究

（一）区域应急联动与资源共享能力建设需求

1. 将澳门融入国家发展大局，建设世界旅游休闲中心

习近平总书记在中国共产党第十九次全国代表大会报告中指出："要支持香港、澳门融入国家发展大局，以粤港澳大湾区建设、粤港澳合作、泛珠三角区域合作等为重点，全面推进内地同香港、澳门互利合作，制定完善便利香港、澳门居民在内地发展的政策措施。"粤港澳大湾区指的是由香港、澳门 2 个特别行政区和广东省的广州、深圳、珠海、佛山、中山、东莞、肇庆、江门、惠州等九市组成的城市群，是中国开放程度最高、经济活力最强的区域之一，是国家建设世界级城市群和参与全球竞争的重要空间载体，与美国纽约湾区、旧金山湾区和日本东京湾区比肩的世界四大湾区之一。粤港澳大湾区的建设与发展必须高度重视区域内城市公共安全，加强城市安全风险防控，增强抵御灾害事故、处置突发事件、危机管理能力，提高城市韧性，让人民群众生活得更安全、更放心。

2. 坚持国家总体安全观，保持澳门长期繁荣稳定

国家安全是保障公民生命和财产安全的基础，澳门特别行政区的安全依赖于国家安全这一根本保障，没有国家安全将必影响国计民生，也谈不上澳门长期繁荣稳定，市民安居乐业。回归祖国以来，在国家的全力支持下，澳门经济腾飞发展，居民生活安定。澳门天然水资源匮乏，长期以来居民基本生活必需的水、电、燃料、食品等绝大部分都是依靠内地供应。澳门以往经济发展相对单一，自回归祖国后，中央政府高度关注澳门的发展，国家"十二五"规划明确支持澳门建成世界旅游休闲中心，之后陆续出台多项惠澳政策，促进特区经济适度多元发展。2009 年，跨海长度世界第一的港珠澳大桥动工兴建，粤港澳三地形成 1 h 生活圈。2015 年，国家提出建设"粤港澳大湾区"，又批准自同年 12 月 20 日起澳门特别行政区依法管理周边 85 km² 的海域，为澳门特别行政区拓展发展空间，加快经济适度多元提供强力支持。2017 年 8 月 23 日，超强台风"天鸽"袭击澳门，造成

严重影响和破坏，中央政府应特区政府请求，派出解放军驻澳门部队作出救援，一千名官兵前往多个受灾严重的区域，协助进行灾后支持工作，军民一心，迅速恢复了各个社区原来的井然面貌。

3. 充分发挥区域资源优势，提升澳门防灾减灾救灾能力

澳门特别行政区地处珠江三角洲出口，毗邻广东省，与香港相距约 60 km。广东省和香港特别行政区的应急管理经验值得澳门学习，积极推动并健全粤港澳三地应急联动与资源共享机制对于提升澳门防灾减灾救灾能力具有重要意义。

广东省以"无急可应，有急能应"为应急管理最终目标，坚持"第一时间、第一现场、第一响应、第一救援"的理念，通过构建应急管理体系、预防预测预警预报体系、宣教培训体系、信息报送体系、科技支撑体系、应急平台体系、应急保障体系、应急管理区域合作体系、应急管理社会组织体系等十大体系，打造了应急管理"广东模式"，确保应对处置突发事件实现"信息传递快、领导到位快、应急联动快、队伍集结快"，全力以赴提高应急能力建设，成功应对一系列突发事件，切实保障人民群众生命财产安全，最大限度降低突发事件带来的损失，为建设幸福广东创造了良好的社会环境。广东省通过外合内联，从省际、港澳台、国际等层面着手，不断拓展合作渠道，不断拓宽合作领域，不断深化合作内容，不断完善合作机制，积极搭建粤港澳台应急管理交流合作平台，分别与香港、澳门签署了应急管理合作协议，全方位加强应急管理区域合作交流，高效整合了区域内应急资源，高质实现了区域优势互补，对提升全省乃至区域内应急管理工作水平发挥了重要作用。

香港特区政府应急管理体系主要由应急行动方针、应急管理组织机构、应急运作机制构成。香港特区政府将突发事件分为两种情况：一是紧急情况，指任何需要迅速应变以保障市民生命财产或公众安全的自然或人为事件；二是危急情况或灾难。一旦发生突发事件，香港特区政府遵循精简、高效、灵活、便捷的行动方针指导应对工作，即限制涉及的部门和机构数目；限制紧急应变系统的联系层次；授予紧急事故现场的有关人员必要的权力和责任。香港设有领导机构为以行政长官为首的行政长官保安事务委员会。如果发生非常严重的事故，且持续时间长、波及范围广、会严重影响或有可能严重影响香港安全，保安事务委员会将召开会议，指示有关部门执行政府保安政策。香港政府在应急管理工作方面有五大经验值得借鉴。一是注重应急预案演练。应急预案演练几乎每年至少举行一次，以建立健全应急联动机制，提高预案的科学性、可行性和可操作性。二是注重应急宣教培训工作。特区政府依托美国、加拿大先进的应急管理培训系统，提高队伍素质，普及应急知识，提高公众自救互救能力。三是注重相关信息发布的及时性。一旦发生突发事件，负责牵头处置的部门在采取相关措施的同时，立即知会相关单位，及时通过电视台、电台、报纸等发布相关信息，有效解决了政府部门与公众之间的信息不对称问题。四是注重发挥专家作用。注重听取专家意见，发挥专家作用，减轻政府处置突发事件的外围压力，为处置突发事件营造公信的氛围。五是高度重视应急指挥中心建设及应急装备的配置，通过采用世界先进的应急技术、装备等，提升突发事件处置水平。同时，香港海上救援协调中心可以及时协调香港特区和国际救援力量开展海上应急救援工作。

4. 深入落实粤澳应急管理合作协议，共同提高应急管理水平

在《粤澳应急管理合作协议》框架下，澳门与广东省在应急管理领域建立了良好的合作关系并取得的积极的成效，需要进一步加强深化双方在应急管理信息共享、应急管理理论研究、科技攻关、人才交流、平台建设、共同应对区域突发事件等方面的合作与交流。主要合作内容是：

（1）信息共享机制。充分利用双方网站，建立日常信息沟通机制，及时通报、交流应急管理重大信息。在即将发生或已经发生重大突发事件时，及时将相关信息告知对方。双方互为对方咨询突发事件信息提供方便。

（2）理论研究与科技开发。加强应急管理基础理论研究，逐步建立区域合作与发展的应急管理理论体系。加强公共安全体系相关标准研究，重点突破应急资源分类及配置、应急能力评估、应急救援绩效评估等标准规范。加快科技开发，以共性、关键性公共安全技术开发为重点和突破口，加强公共安全体系技术创新，不断提高监测、预警和预防、应急处置等技术装备水平，提高区域公共安全科技水平。

（3）专家交流。探索建立区域内应急管理专家合作机制，通过学术交流、理论研究、项目合作等形式，探讨解决区域内应急管理共性问题。建立专家信息交流机制，为应急管理工作提供决策咨询和建议。

（4）应急平台互联互通。双方对各自应急平台系统进行完善，适时实现相互间的互联互通，建立专家数据库、救援队伍数据库、物资储备数据库，互通信息，互相支持，提高资源利用率，实现资源共享。

（5）共同应对区域突发事件。根据区域内共性突发事件风险，共同研究对策，提高应对突发事件水平；开展跨地区、跨部门的应急联合演练，促进各方协调配合和职责落实；做好应急预案制订的协调和相互借鉴工作，大力推进区域应急救援和预防能力建设。

2018年5月8日，《广东省民政厅关于政协十三届全国委员会第一次会议第0951号（社会管理类069号）提案会办意见的函》[粤民函〔2018〕944号（A）]在回复陈明金委员提出的关于粤港澳建立健全防灾、减灾、救灾与应急联动机制的提案时指出，建议继续按照《粤港应急管理合作协议》《粤澳应急管理合作协议》有关要求，进一步健全完善应急管理联动机制：一是建议进一步推动粤港澳三地协同开展联防联治防灾减灾救灾应急工作。二是建议推动粤港澳三地防灾减灾救灾应急预案实行有效衔接。三是建议健全信息通报与共享渠道。四是建议开展联合应急演练，提高联合应急处置水平。五是建议建立应急救援队伍、应急物资"绿色通道"。六是建议进一步深化区域应急管理交流合作。七是建议搭建协作平台，积极引导粤港澳三地社会力量参与防灾减灾救灾应急工作。

因此，澳门需要主动融入国家发展大局，对接国家发展战略，坚持国家总体安全观，积极配合"一带一路"及"粤港澳大湾区"建设，深化澳门与内地、香港在突发事件应对和防灾减灾救灾中的合作，重点加强与内地在应急联动机制建设、应急资源共享、防灾减灾救灾人才培养方面的交流和合作。通过防灾减灾救灾区域合作，实现优势互补、拓展合作空间、增强合作动力，实现互补共赢。

（二）区域应急联动与资源共享能力建设行动方案

结合粤港澳大湾区建设，主动融入国家发展大局，对接国家发展战略，深化澳门与广东、香港的应急管理和防灾减灾救灾合作，推动澳门与广东、香港建立健全三地应急管理合作机制，加强区域突发事件信息与资源共享、区域生命线工程协调保障、区域应急管理人员合作与交流。

1. 完善区域突发事件应急管理合作机制

（1）基本策略。推动建立与广东省应急管理部门、珠三角各市政府、香港特区政府参与的联防联治突发事件应急管理合作机制，形成统一协调、分工明确、配合密切、运转高效的联动工作机制，协同开展粤港澳大湾区突发事件应急活动，提升澳门突发事件应急能力。

（2）行动目标。建立健全与粤港的应急管理合作机制，完善区域应急协同联动机制、海上互助合作机制、应急救灾物资和应急救援队伍快速通关机制、应急救灾物资储备共享机制、社会力量参与防灾减灾救灾协作机制。

（3）行动方案。主要包括以下六项具体措施：

一是加强《粤澳应急管理合作协议》的落实，进一步健全合作机制、拓展合作领域、完善合作内容，促进区域内应急管理工作水平的整体提升，实现应急管理资源的有效利用和合理共享。2008年，广东省分别与澳门、香港签订了《粤澳应急管理合作协议》《粤港应急管理合作协议》，明确了广东与澳门、香港开展应急管理合作的合作宗旨、合作原则、主要合作领域和内容、合作机制等。

二是加强澳门突发事件应急预案与粤港相关应急预案在应急管理组织体系、工作职责、运行机制、应急保障、监督管理等方面的有效衔接，每年联合举办粤港澳应对突发事件联合演练，提高粤港澳协同应对突发事件能力。粤港澳在共同应对自然灾害等突发事件方面已经开展过富有成效的合作，特别是在海上安全事故联合应急救援、森林火灾处置等方面积累了丰富的经验。粤港澳相关单位应继续积极加强沟通协商，深化合作，定期联合开展针对各类突发事件的大型应急演练活动、着力探索通过大规模联合演练提高协同预防与应对跨区域突发事件能力，通过交流合作，密切配合，不断提升共同应对突发事件的能力。

三是推动完善澳门与内地、香港的海上互助合作机制，修定完善相关合作安排和计划，推动建立并不断完善粤港澳海上联合搜救行动机制，提升澳门海上搜救能力。澳门通过《内地与澳门特别行政区关于澳门附近水域海事管理工作安排》《珠江口区域海上船舶溢油应急合作安排》《广东与澳门海上搜救合作安排》《珠江口区域VTS数据共享合作计划》"粤港澳三地搜救机构《客船与搜救中心合作计划》互认合作安排"等，与包括广东、香港等地建立了有效的海上互助合作机制。

四是建立与广东特别是珠海的应急物资共享与协调调配机制，规范物流机构、口岸机构和相关部门协作完成应急物资跨区域调配工作。推动建立健全粤港澳三地应急救援队伍、需转运的伤病人员和应急救灾物资"快速通道"机制，方便救援队伍、伤病人员和物资快速通关。广东全省建有各级救灾物资储备仓库281个，仓储总面积达 $6.74 \times 10^4 m^2$，能够实现灾情发生后 5～8 h 内将救灾物资运送至灾区。2017年"天鸽"台风登陆期间，救灾物资通关过程中，珠海各口岸的海关、出入境检验检疫、边检等部门高度重视，开设便利通道，简化通关手续，确保了救灾物资、鲜活农产品等的便捷通关。

五是加强与粤港合作，形成粤港澳公共卫生事件应急标准作业程序（SOP）。将三地合作的协议内容，以精细化、规范化的具体步骤进行描述，保证三地合作联防联控机制有效、高效发挥作用，并开展效果评估和监督工作。

六是积极引导粤港澳社会力量参与澳门防灾减灾救灾和突发事件应对工作，推动搭建粤港澳三地社会力量应急协作平台,加强三地社会力量之间的交流合作,有效支持三地政府合作开展防灾减灾救灾工作。粤港澳大湾区地处珠三角核心地带,中国经济最发达的南部沿海地区,由于历史渊源、语言文化风俗相同和经济社会发展需要,促使三地民间来往密切,加上港澳地区在社会发展方面具有先行优势,历来在大灾大难面前弘扬"祖国同胞一家亲""一方有难、八方支持"精神,捐资捐物支持内地抗灾救灾蔚然成风。珠三角地区近年来民间组织蓬勃发展,社会力量逐渐壮大,许多社会组织在对内地自然灾害救助工作中,发挥了越来越明显的参与支持作用。

"十二五"期间,广东省积极支持和引导社会力量有序参与防灾减灾救灾工作,在全国率先出台了《广东省社会力量参与救灾促进条例》《关于加快推进我省灾害社会工作服务的实施意见》《关于支持引导社会力量有序参与减灾救灾的实施意见》。近年来,广东省各地相继成立减灾救灾联合会、灾害社工服务队或减灾救灾志愿者服务队,积极开展救灾捐赠,引导社会力量参与防灾减灾宣传、灾害应急救助、灾民心理抚慰、灾后重建等工作。

在澳门,参与社区治理和服务的大型社团有澳门街坊会联合总会、澳门工会联合总会、澳门妇女联合总会和澳门明爱等,这些社团在澳门不同的地区都设有社区中心及其他类型的服务机构,为澳门居民提供多元化的社会服务,为防灾减灾救灾作出了重要贡献。

2. 加强区域突发事件信息与资源共享

(1) 基本策略。结合粤港澳大湾区建设,进一步完善与粤港的突发事件信息沟通渠道,建立澳门应急管理机构与粤港应急管理机构之间的常态信息交流机制、联合预警机制,建立协同工作平台,加强与粤港的突发事件信息与资源共享。

(2) 行动目标。促进与粤港在常态风险管理、突发事件监测预警、应急响应等方面的信息交流,提升粤港澳大湾区防灾减灾救灾信息交流时效性和准确性。

(3) 行动方案。主要包括以下四项具体措施:

一是建立澳门应急管理机构与粤港应急管理机构之间的常态信息交流机制,进一步健全与粤港的突发事件信息通报机制,畅通突发事件信息沟通渠道。

二是建立与粤港的突发事件联合预警机制,针对台风、风暴潮等区域性灾害开展联合预警,对于本地发生的、可能会波及其他两地的突发事件,第一时间向相关方通报准确情况,确保及时、有效开展联合处置。

三是加强与内地及香港的气象海洋观测资料共享能力建设,按照共享信息传输的需要增加澳门与广东省气象局数据专线带宽,提高资料共享的深度、广度和时效性。气象是没有边界(国界)的,影响澳门的灾害性天气系统可来自东、南、西、北各个方向,要做好澳门的天气监测,必须要有更宽更广的视野。特别是近年来中国内地持续加大卫星观测投入力度,"风云三号"D星和"风云四号"A星即将投入业务运行,为灾害天气监测提供了新的支撑。澳门与广东省气象数据专线带宽现已增加至20MB,以便收听全国及广东省天气会商,并借此加强与广东省气象局加强数据交换,包括台风预报模式、风暴潮预报模式及沿海岛屿气象实测资料。澳门地球物理暨气象局中长期希望加强信息科技和大数据的应用,并通过与不同部门和不同地区的数据共享,发展"智慧气象",推动更快捷、有效、客观、且基于影响的气象预报和预警服务发展。近年来,中国内地及香港在珠江口附近及南海北部新增了很多岛屿、浮标、石油平台等自动气象站和潮位站,这些观测站在提高台风、暴雨、强对流及风暴潮等灾害监测方面发挥了重要作用。同时，内地及香港气象机构等研发或运行满足不同需求的全球及区域高分辨率数值预报模式。

四是促进与粤港在环境监测、水质监测、气象观测、海洋观测等方面积极开展合作交流，推动建立灾害协同立体观测网和气象云服务协同工作平台。2018 年 1 月，中国气象局局长在解读《中国气象局关于加强气象防灾减灾救灾工作的意见》时指出：气象部门长期以来紧跟国家战略部署，积极服务区域协调发展。我们围绕粤港澳大湾区建设，粤港澳三地气象部门在数据共享、港珠澳大桥气象服务、区域防灾减灾等方面开展了诸多合作。未来，以国家重点城市群为示范，我们将大力实施重点区域气象防灾减灾救灾示范计划。在京津冀、粤港澳大湾区城市群，将建立协同立体观测网和气象云服务协同工作平台，构建城市群气象灾害风险管理体系，形成气象灾害风险一张图。此类示范建设还将覆盖到灾害高风险区域，例如实施东南沿海台风灾害监测预警工程、开展西北区域生态保障气象服务等。

3. 加强区域生命线工程安全协调保障

（1）基本策略。坚持"解决当前难题和益于长远发展有机结合"的原则，建立健全与广东在供水、供电等生命线工程运行信息方面的共享机制，提升粤港澳非常态下生命线工程的安全协调和应急保障能力。

（2）行动目标。加强供水、供电、消防、交通等方面的协调与合作，促进粤澳信息共享和资源优化配置，提升澳门应急供水、供电保障能力和重大生命线工程的安全保障能力。

（3）行动方案。主要包括以下四项具体措施：

一是加强应急供水保障能力。全面推动落实《粤澳供水合作框架协议》《粤澳供水协议》《关于建造第四条对澳供水管道工程的合作协议》及《关于建造平岗—广昌原水供应保障工程的合作协议》，加快推进第四条对澳供水管道工程及平岗—广昌原水供应保障工程建设，确保对澳供水安全。《广东省人民政府关于印发实施粤澳合作框架协议2017年重点工作的通知》指出，要落实《粤澳供水协议》《粤澳供水合作框架协议》《关于建造第四条对澳供水管道工程的合作协议》及《关于建造平岗—广昌原水供应保障工程的合作协议》，加快推进第四条对澳供水管道工程及平岗—广昌原水供应保障工程建设，确保对澳供水安全。澳门海事及水务局已编制了《澳门供水安全应急预案》，以便有效落实对澳门供水安全突发事件的及时控制和应急处理，全面加强本澳公共实体与境内外相关实体应对供水安全突发事件的应急反应能力，并适时组织澳门自来水公司举行供水安全演练。澳门海事及水务局正持续推动构建区域灾害应急联动机制，目前已草拟供水范畴的防灾救灾物资清单及建议方案，并与内地相关部门开展技术会议，以进一步深化有关工作。

二是加强应急供电保障能力。积极推进澳门电网与南方电网第三回输电通道建设，优化澳门电网与内地电网联网方案，增强内地电网向澳门供电电源的保障性。

三是加强消防救援保障能力。加大与粤港消防队伍的协调联动，增强澳门抢险救灾、灭火消防等器材装备与粤港的兼容互通，加强应急装备互操作性培训和适应性训练。合理配备可共享的消防应急救援专用装备，加强联合训练与演练，提高联合作战能力。由于澳门防火设计规范与内地防火设计规范存在较大差异，两地在建筑物分类、室内外消防栓设置、消防储水池设置等有一定的不同，需要两地消防队员提前了解相关的知识和情况。

四是加强港珠澳大桥联合应急救援能力。推动粤港澳三地深入开展调研评估，根据港珠澳大桥运营管理情况、周边环境和安全形势，建立健全港珠澳大桥应急救援联合预案、港珠澳大桥警务、应急救援及应急交通管理等合作机制。港珠澳大桥已于 2018 年 10 月正式通车，作为世界上最大的桥、隧、岛组成的跨海交通集群工程，港珠澳大桥警务、应急救援及应急交通管理等也面临许多重大挑战。粤港澳三地相关事务主管部门已就港珠澳大桥警务、应急救援及应急交通管理合作开展了多次研讨，并已于 2018 年签署《港珠澳大桥警务、应急救援及应急交通管理合作协议框架》，确定了三地警务、消防、救护服务及交通管理等部门在其属地法律授权范围内开展执法、应急救援及交通管理活动过程中，需要其他一方或两方相关部门提供协助或配合的情形，需遵循的基本原则、联络机制、协助或配合的方式等，为港珠澳大桥正式开通运营的安全保障奠定了基础。港珠澳大桥正式开通运营后，随着经验的不断积累，粤港澳大湾区各方面合作的不断深化，三地相关事务主管部门需适时修订完善相关合作机制，细化操作规程，提高各类突发事件的应急救援与处置效率。

4. 加强区域应急管理人员合作与交流

（1）基本策略。依托粤港澳各自优势资源，强化应急管理人员合作与交流，创新应急管理培训、交流、考察、锻炼等工作方式，建立畅通的人员交流渠道，推动跨区域应急管理人员合作交流。

（2）行动目标。建立完善澳门同内地与香港应急管理人员合作与交流互访机制，拓宽应急管理合作交流渠道，互相学习借鉴先进经验，提高共同应对重大突发事件的能力。

（3）行动方案。主要包括以下四项具体措施：

一是加强公务人员应急能力合作培训。充分利用澳门、内地、香港应急管理教学培训资源，积极开展粤港澳公务人员应急管理合作培训。通过多种渠道组织澳门公务人员赴内地或香港参加培训、访问交流等，学习交流应急管理工作经验。

二是提高专业队伍应急救援能力。充分利用澳门、内地、香港专业应急救援培训基地和教学资源，加强粤港澳消防、治安、水上、紧急医学等专业应急救援队合作培训。

三是提升专业人才能力水平。制定气象、消防、水利、电力、医疗卫生等专业部门应急人员能力提升计划，与内地相关部委、省市建立专业人才交流与合作培训机制，提升澳门应急专业人才能力水平。

四是提升应急管理研究能力。加大与粤港科研管理部门、高等学校、科研院所等的合作交流力度，加强应急相关科研、规划、标准、技术和装备研发等方面的合作，提高澳门应急管理科学研究与技术研发能力。

九、应急管理体系能力建设重点项目建议

（一）澳门应急预案体系建设项目

制定发布应急预案管理和编制指引等规范性文件，统筹推进政府总体预案、专项预案、部门预案建设，以及指导私人部门和单位、社会组织和基层社区制修订应急预案和应急处置方案，形成"纵向到底、横向到边"的应急预案体系，规范应急预案编制和管理，提高应急预案的针对性、实用性和可操作性。

（二）气象灾害监测预警系统建设项目

科学评估现有气象及水文观测能力，进一步优化陆地及所属海域风、雨、水、潮、

浪、流等气象和海洋水文环境信息监测站网布局；加强粤港澳监测资料共享能力建设；提升多源海量资料快速处理及应用能力，实现对主要灾害全天候、无缝隙、快速、准确监测分析；通过技术引进和合作共建，加强大气及海洋高分辨率数值模式技术应用，为提升主要灾害预警水平提供核心科技支撑。

（三）突发事件预警信息发布系统建设项目

建设统一的突发事件预警信息发布系统，进一步完善预警信息发布机制，建立预警信息发布平台和预警信息快速发布"绿色通道"，提高预警信息发送效率和覆盖面。

（四）海上应急队伍建设项目

探索建立海上巡航搜救、专业化海上巡航、巡逻、救助队伍；加强公务船舶船员消防和搜救技能培训、海上应急高级指挥人员培养，组建海上应急专家队伍；充分发挥社会船只的作用；定期开展演习演练；逐步创造条件，打造全方位覆盖、全天候运行、具备快速反应能力的海上应急队伍。

（五）新应急指挥中心及应用平台建设项目

尽早完成澳门半岛新民防和应急行动中心办公场所建设，并同步开展新应急指挥中心及应用平台软硬件和网络建设、城市应急指挥应用平台软件系统核心功能建设，对接澳门城市运行和民防架构成员部门信息，集中处理各种应急需求，统一指挥、协调、调度澳门民防行动。

（六）城市安全运行监控系统建设项目

采用人工智能、互联网、物联网等先进科技，建设澳门城市安全运行监控系统，实现对澳门水、电、气、交通、通信网等安全运行监控，并将信息汇集到城市应急指挥应用平台，为城市安全运行风险管控提供科技支撑。

（七）应急物资储备库（点）新建和改扩建项目

实施应急物资储备库（点）的新建、改扩建工程，采购储备相应的安置类、生活类、避险救生类等应急物资。制定社区应急物资储备指导意见，引导和鼓励有条件的社区、居民社区等设置片区、社区、居民楼内的应急物资储备点，存储符合各自社区实际需要的临时安置类、生活类等应急物资。

（八）社会应急物资信息化管理平台建设项目

建立完善实物储备、协议储备、社区储备、社团组织储备和居民家庭储备相结合的应急物资储备机制，适时建立社会应急物资信息化管理平台，依托互联网、社交媒体、电话等手段，及时通过平台发布救灾需求和供给等信息，促进供需对接匹配，实现应急物资统一接收、调配和及时有序发放。

（九）安全韧性社区建设项目

制定安全韧性社区标准，明确安全韧性社区的建设要求，倡导家庭、社区安装火灾、燃气探测器并进行集中联网报警，进行火灾和燃气风险的早发现、早施救，做到风险监测有手段、有应急志愿者、有安全教育、有应急预案、有培训演练、有应急物资储备、有应急通信装备，全面提升社区在日常减灾、灾中应急和灾后恢复重建中的作用，为建设安全韧性澳门奠定基础。

（十）公共安全科普教育基地建设项目

依托澳门科学馆，建设融宣传教育、展览体验、演练实训等功能于一体的综合性防灾减灾科普宣传教育基地，形成实景展现、模拟互动、寓教于乐的安全教育科普场所，满足普通民众学习安全知识和逃生技能的需求。

（十一）公共安全知识服务平台建设项目

建设公共安全知识服务平台，开发系列安全及防灾科普产品，方便澳门市民和来澳游客获取安全及防灾科普资料，及时了解突发事件相关信息，享受安全及防灾产品服务。

（十二）粤澳公共安全与应急管理培训基地建设项目

加强与广东省合作，共商共建共管共享，在珠海建设集决策指挥培训、救援技能培训、实战演习培训、综合应急演练、救援物资储备、应急物资储备等多种功能于一体的专业救援队伍培训基地。建立平时培训演练、急时应急的综合运营模式，有效提升指挥人员的应急决策指挥能力、应急救援队伍的应急处置能力；同时还可以作为澳门公众特别是青少年安全教育科普基地。

（十三）粤港澳应对突发事件联合演练项目

继续推动粤港澳三地每年定期开展港珠澳大桥应急演练、海上联合搜救演练、海上联合消防演练等突发事件应对联合演练，并根据演练效果评估情况对相关应急预案进行修订和完善，不断提高粤港澳三地协同应对突发事件能力。

第三篇

澳门"天鸽"台风灾害应对工作实录篇

第七章　国家减灾委评估专家组澳门 "天鸽" 台风灾害评估工作实录

2017 年 8 月 23 日　澳门遭受自 1953 年有台风观测记录以来影响澳门最强台风"天鸽"的正面袭击。面对突如其来的灾害，澳门特别行政区行政长官崔世安率领澳门特别行政区政府、广大公务员、纪律部队、社会各界积极投身抗灾救灾工作，在习近平主席和中央政府的支持下，在解放军驻澳门部队和广东省等内地各有关方面的鼎力援助下，澳门广大居民守望相助，政府与社会各界共克时艰，千方百计救灾和善后，澳门社会生产生活秩序在很短时间内得到基本恢复，经济社会大局保持稳定。

2017 年 8 月 24 日　澳门海、空方面的交通已陆续复航，相应的边境站同步恢复出入境服务。陆路方面，口岸边境站均已恢复对行人的出入境检查工作。

2017 年 8 月 25 日　澳门特别行政区政府多个机构的区旗下半旗，向台风"天鸽"过境造成的遇难者致哀。

2017 年 8 月 25 日　根据澳门基本法、驻军法和抗灾救灾需求，行政长官崔世安及时向中央提出驻澳部队协助救灾请求。驻澳部队待命期间预先快速准备，9 时 45 分接到中央军委命令和南部战区指示后，迅速深入任务最重地区，不怕苦、不怕累、不怕臭，昼夜连续奋战，至 28 日 8 时圆满完成救灾任务返回驻地。

2017 年 8 月 28 日　行政长官崔世安批准设立"检讨重大灾害应变机制暨跟进改善委员会"（下称委员会），协助特区政府检视、制定应对重大灾害的危机处理方案。委员会由行政长官担任主席，成员包括行政法务司司长、经济财政司司长、保安司司长、社会文化司司长、运输工务司司长、警察总局局长及海关关长。委员会秘书长由行政长官办公室主任兼任，委员会相关工作的经费支出由行政长官办公室的预算承担。

2017 年 8 月 29 日　委员会召开第一次会议，行政长官崔世安指示五位司长充分听取社会各界对台风善后工作及检讨重大灾害应变机制的意见，吸纳可行建议，作为政府日后进一步强化应对重大灾害机制的参考，并广泛征集市民对重大灾害应变机制的意见。

2017 年 8 月底　澳门特别行政区政府致函国家有关部门，请求国家减灾委员会能够派出具有理论和实践经验的技术专家团队赴澳，帮助澳门全面检视应急管理体系，对防灾减灾工作规划提出意见。

2017 年 9 月 1 日　澳门特别行政区政府派员赴京拜访国家减灾委员会、民政部，邀请国家减灾委员会派出专家加入检讨工作小组，帮助澳门尽快尽好地完成相关的总结。

2017 年 9 月 6 日　中央政府批复同意派出专家组赴澳。澳门特别行政区政府于当天下午召开的新闻发布会上，向社会透露，应特区政府的邀请，国家减灾委员会派员协助澳门检视防灾减灾体系。

2017 年 9 月 10 日　国家减灾委副主任、民政部部长黄树贤同志召开了专题会议，及时传达了习近平总书记、李克强总理等党中央、国务院领导关于澳门台风灾害救灾工作的重要指示批示精神，和国务委员、国家减灾委主任王勇同志的指示批示，对专家组工作提出了4点要求：一是党中央、国务院高度重视此次澳门台风灾害应对，体现了党中央、国务院领导对澳门特别行政区的关心关怀，专家组责任重大，要全力以赴。二是澳门特别行政区遇到困难，中央政府给予支持，协助做好灾害评估总结工作，有助于增强凝聚力和向心力，体现"一国两制"的制度优势。三是内地在灾害应对工作中有着较为丰富的经验，各相关部门要对专家的工作和澳门的请求给予大力支持。四是崔世安行政长官专门与国家减灾委领导通话，表示感谢并希望尽快成行，专家组要在短时间内高效高质量完成评估任务。

2017年9月13—17日 经李克强总理等国务院领导同意，在国务院港澳事务办公室大力支持和积极协调下，国家减灾委员会组成并派出了以国家减灾委专家委员会副主任闪淳昌为组长的评估专家组，来自15个部门单位的22名专家于9月12日晚全部集结到珠海，13日上午到达澳门。在澳期间，专家组专程拜会了中央政府驻澳门联络办公室，中央政府驻澳门联络办公室主任王志民介绍了"天鸽"台风灾害应对情况，希望专家组发挥专业所长，深入调研并向特区政府积极建言献策，并对舆情引导工作提出了明确要求。

在澳门特别行政区政府的领导下，在国务院港澳事务办公室、中央政府驻澳门联络办公室等的大力支持和帮助下，专家组本着"依法依规、当好参谋，科学严谨、实事求是，团结一致、全力以赴"的原则，在澳门高效有序开展工作，圆满完成了总结评估任务。

在澳门的4天时间里，专家组详细听取了特区政府及相关部门关于灾情和救灾工作的情况介绍，详细查阅了澳门关于此次台风灾害的相关资料，分组走访了民防行动中心等部门单位，实地察看了灾害现场，与有关部门单位官员进行了坦诚交流，在尊重规律、尊重科学的基础上，通过对比分析、评估总结，于9月16日向行政长官崔世安和特别行政区政府作了初步汇报，得到了充分肯定（图7-1）。

图7-1 2017年9月13日，时任澳门特别行政区行政长官崔世安（前排左六）
接见评估专家组一行

2017 年 9 月 20 日　国家减灾委协助澳门"天鸽"台风灾害评估专家组向国家减灾委员会、澳门特别行政区政府正式提交《国家减灾委协助澳门"天鸽"台风灾害评估专家组的工作报告》。该报告得到了中央政府、澳门特别行政区政府和社会公众的肯定和认可。

2017 年 9 月 27 日　澳门特别行政区政府向社会公布《国家减灾委协助澳门"天鸽"台风灾害评估专家组的工作报告》全文。欢迎公众参阅并表达意见。

2017 年 11 月 30 日　澳门特别行政区政府"检讨重大灾害应变机制暨跟进改善委员会"依据行政长官崔世安在《二〇一八年财政年度施政报告》中关于"完善应急机制、强化公共安全"的精神，与国家减灾中心、清华大学、北方工业大学三家单位组建的项目组，正式签订了"编制《澳门"天鸽"台风灾害评估总结及优化澳门应急管理体制建议》报告委托协议书"。

2017 年 12 月　《澳门"天鸽"台风灾害评估总结及优化澳门应急管理体制建议》项目组向澳门特别行政区检讨重大灾害应变机制暨跟进改善委员会提交了《关于调整澳门地球物理暨气象局隶属关系优化澳门应急管理体制的建议》。

2017 年 11 月 30 日至 12 月 2 日　项目组再次赴澳门调研"天鸽"台风灾后恢复重建初期采取的改进措施，协助澳门特别行政区政府开展编制《澳门"天鸽"台风灾害评估总结及优化应急管理体制建议》报告。在澳期间，专家组专程拜会了中央政府驻澳门联络办公室，时任中央政府驻澳门联络办公室主任郑晓松对专家组此行的工作高度肯定，希望专家组发挥专业所长，深入调研并向特区政府积极建言献策，为澳门特别行政区政府编制《澳门特别行政区防灾减灾十年规划（2019—2028 年)》做好准备。12 月 1 日专家组向行政长官崔世安和特区政府就下一步的工作设想做了汇报，得到了充分认可（图 7-2）。

2017 年 12 月 27—29 日　时任澳门特别行政区行政长官办公室主任柯岚一行专程访问了国家减灾中心、北方工业大学和清华大学，就优化澳门应急管理体制问题进行研讨

图 7-2　2017 年 11 月 30 日，时任澳门特别行政区行政长官崔世安（前排左六）再次接见评估专家组一行

（图 7-3、图 7-4）。

图 7-3　时任澳门特别行政区行政长官办公室主任柯岚（左五）
一行到访国家减灾中心

图 7-4　时任澳门特别行政区行政长官办公室主任柯岚（前排右四）
一行到访清华大学公共安全研究院

2018 年 1 月 18—21 日　项目组与澳门方面在珠海进行了深入交流和探讨，并根据澳门方面的意见对报告进行了认真研究和修改，与此同时，项目组还听取了中央人民政府驻澳门特别行政区联络办公室有关负责同志的意见。

2018 年 1 月 25 日　项目组在北京组织召开了征求意见及研讨会，邀请了国家减灾委办公室、国家防汛抗旱总指挥部办公室、公安部、国务院港澳事务办公室、国家行政学院、国家能源局、中国气象局、国家安全生产应急救援指挥中心及北京市相关部门的专家参会，并根据与会专家意见对报告进行了进一步修改和完善。

2018 年 1 月 29 日　项目组向澳门特别行政区政府正式提交了《澳门"天鸽"台风灾害评估总结及优化澳门应急管理体制建议》报告，并为后续编制《澳门特别行政区防灾减灾十年规划（2019—2028 年)》奠定了基础。

2018 年 2 月 26—27 日　项目组赴澳门就《澳门"天鸽"台风灾害评估总结及优化应急管理体制建议》报告作终期总结汇报。27 日上午，崔世安行政长官和检讨重大灾害应变机制暨跟进改善委员会在政府总部与项目组举行会议，审视《澳门"天鸽"台风灾害评估总结及优化澳门应急管理体制建议》终期总结报告，并进行了讨论和定稿。闪淳昌代表项目组在会议上对报告进行了详细的介绍和汇报。崔世安代表澳门特别行政区政府向专家组表达由衷感谢，并对终期总结报告内容予以肯定（图 7-5）。

图 7-5　项目组赴澳门就《澳门"天鸽"台风灾害评估总结及优化应急管理体制建议》
报告作终期总结汇报

2018 年 4 月　项目组向澳门特别行政区政府正式提交了《澳门"天鸽"台风灾害评估总结及优化澳门应急管理体制建议》报告后，特区政府根据专家组的意见整理并发布了澳门防灾减灾领域十项重点工作。

2018 年 9 月　超强台风"山竹"登陆香港、澳门和广东，澳门的监测预警、紧急避险、指挥协调、区域联动、公众自救互救能力明显提升，一年来的真抓实干使澳门在超强台风"山竹"的挑战面前经受了严峻考验，整个澳门零死亡。在抗击台风"山竹"的过程中，出现了多项第一次：澳门史上第一次要求博企暂停营业、第一次启动低洼地区居民撤离、第一次协调博企和政府单位开放车位给市民、第一次全面启用 16 个避险中心、第一次向全民发出紧急短讯、第一次使用广播系统播放撤离警号……电视台、电台、网络以及特区政府新闻局等部门也是第一时间"滚动"播放灾情及相关信息，确保了人民群众生命安全。

2019 年 5 月　澳门特别行政区行政长官办公室致函专家所在单位，对协助澳门进行防灾减灾体系完善优化、防灾减灾十年规划的论证与编制等工作表示感谢。

第八章　澳门防灾减灾十年规划编制工作实录

2018 年 2 月 5 日　澳门特别行政区政府检讨重大灾害应变机制暨跟进改善委员会在《澳门"天鸽"台风灾害评估总结及优化澳门应急管理体制建议》报告的基础上，又委托国家减灾中心、清华大学公共安全研究院、北方工业大学新兴风险研究院三家单位组建规划编制项目组，编制《澳门特别行政区防灾减灾十年规划（2019—2028 年）》，并正式签订了"编制《澳门特别行政区防灾减灾十年规划（2019—2028 年）》报告委托协议书"。

2018 年 4 月 17—21 日　规划编制组 18 名专家，赴澳门开展现场调研活动。工作组按照专业领域分成 6 个小组，共对 39 个部门和单位进行了现场调研。通过现场走访、察看、召开座谈会等，全面了解现有工作基础、存在的薄弱环节和未来建设需求。

2018 年 6 月 25—28 日　规划编制组在珠海与澳门特别行政区政府相关部门召开沟通研讨会，就规划初稿征求意见、专题研讨，同时对澳门公共风险、应急能力评估进行专家打分。

2018 年 9 月 3—7 日　规划编制组 22 名专家赴澳门，就《澳门特别行政区防灾减灾十年规划（2019—2028 年）》（二稿）征求澳门特别行政区政府相关部门及相关社会团体、立法会代表的意见。

2018 年 10 月上旬　规划编制组多次召开专题会议并反复修改完善，形成《澳门特别行政区防灾减灾十年规划（2019—2028 年）》和研究论证报告（四稿），提交澳门方面进一步征求有关部门和社会公众代表的意见。

2018 年 11 月 15 日　规划编制组在认真研究澳门有关部门和专家对《澳门特别行政区防灾减灾十年规划（2019—2028 年）》和研究论证报告（四稿）的反馈意见的基础上，对《规划》文本、研究论证报告以及 4 个专题研究报告进行修改完善，形成最终提交稿。正式向澳门特别行政区政府提交了《澳门特别行政区防灾减灾十年规划（2019—2028 年）》。

2019 年 10 月 30 日　澳门特别行政区政府正式公布《澳门特别行政区防灾减灾十年规划（2019—2028 年）》。

第九章　澳门应急预案体系
建设完善工作实录

2018 年 9 月 7 日　为增强应急处置能力，加强安全城市建设，完善应急预案体系，落实《澳门"天鸽"台风灾害评估总结及优化澳门应急管理体制建议》以及《澳门特别行政区防灾减灾十年规划（2019—2028 年)》有关内容，澳门特区政府相关部门委托预案指导专家组对澳门应急预案体系进行评估并指导部门开展应急预案编制和修订，签订了《编制〈澳门应急预案体系之部门应急预案〉委托协议书》。

2018 年 9—10 月　预案指导专家组收集了澳门现有民防总计划、子计划、预案、工作指引、应急机制等应急预案相关材料，以及澳门相关法律、法规、标准文件等，研究提出了《澳门应急预案体系评估指标和方法》，并对澳门现有总体应急预案（民防总计划)、专项应急预案和部门应急预案等进行了全面分析评估，形成并提交了《澳门特别行政区应急预案体系评估报告》。

2018 年 10—11 月　预案指导专家组在对澳门应急预案体系进行全面评估的基础上，结合内地应急预案编制的经验总结，研究提出了《澳门特别行政区部门应急预案编制指引（建议稿)》，并于 11 月初提交给澳门有关部门，供相关部门修改完善或编制部门应急预案时参考。

2018 年 11—12 月　预案指导专家组对澳门民防架构 29 个成员单位、专业顾问单位（环境保护局）以及其他 3 个在《民防总计划》中规定了一定职责的部门和单位，共 33 个部门和单位提交的部门应急预案及相关材料逐一进行认真分析，以《澳门特别行政区部门应急预案编制指引》相关要求为依据进行简要评价，并提出修改完善的建议，并编制《对澳门有关部门修改完善应急预案的建议（建议稿)》，提交给澳门各有关部门和单位参考。

2018 年 12 月至 2019 年 1 月上旬　根据预案指导专家组的建议，澳门各有关部门和单位编制了部门预案或者对已有部门预案进行了修改完善，于 1 月初提交给预案指导专家组审阅。

2019 年 1 月 15—16 日　预案指导专家组与澳门特别行政区政府有关部门在珠海举行了应急预案修改完善研讨会，介绍了项目工作进展情况，就各相关部门应急预案编制情况和修改完善要求进行了一对一的交流讨论。澳门各有关部门和单位根据专家建议，对部门应急预案再次进行了修改完善，并于 1 月底提供了最新修订稿。

2019 年 1 月 17—19 日　规划编制组赴澳门向行政长官崔世安及澳门有关部门汇报了《澳门特别行政区防灾减灾十年规划（2019—2028 年)》编制和部门应急预案修改完善等工作情况，崔世安向专家组在一年多来为提升澳门防灾减灾能力所作出的重大贡献表示感谢。与澳门警察总局、治安警察局、消防局相关部门领导进行了座谈交流，参观了治安警察局装备展示，研讨了未来在澳门防灾减灾规划实施、应急预案体系优化等方面进一步加强合作交流的初步设想。在澳门访问交流期间，专家组还拜会了中央人民政府驻澳门特别行政区联络办公室，汇报了一年来专家组为澳门开展防灾减灾总结评估、规划编制、完善预案等方面工作的情况，并对澳门中联办对专家组办理相关手续等方面给予的大力支持表示感谢。

2019 年 2 月上旬　预案指导专家组对各部门应急预案最新修订稿进行了审阅，对其中一些应急预案又提出了局部修改建议，提交了《对澳门有关部门应急预案的审阅与建议》。

2019 年 2 月 13 日　预案指导专家组向澳门特区政府有关部门提交了《关于抓紧制修订澳门专项应急预案的建议》，并已全部完成了《编制〈澳门应急预案体系之部门应急预案〉委托协议书》要求的各项任务。

评估专家组名单

名单一：国家减灾委协助澳门"天鸽"台风灾害评估专家组名单

(职务为时任)

组　　长：闪淳昌　国家减灾委专家委员会副主任
　　　　　　　　　　国务院应急管理专家组组长
副组长：张学权　民政部国家减灾中心副主任
成　　员：李　鲲　国务院港澳事务办公室联络司副司长
　　　　　谭泽锋　国务院港澳事务办公室联络司副处长
　　　　　裴顺强　国家预警信息发布中心高级工程师
　　　　　钱传海　国家气象中心台海中心研究员
　　　　　林良勋　广东省气象局总工程师
　　　　　金新阳　中国建筑科学研究院研究员
　　　　　蒋　肖　水利部水利水电规划设计总院教授级高级工程师
　　　　　沈汉堃　珠江水利委员会规划计划处教授级高级工程师
　　　　　黄晓莉　电力规划设计总院教授级高级工程师
　　　　　戴剑锋　电力规划设计总院高级工程师
　　　　　李　政　中国信息通信研究院副主任
　　　　　宋培刚　福建消防总队高级工程师
　　　　　陶其刚　湖北消防总队高级工程师
　　　　　王　勇　中央军委联合参谋部作战局大校
　　　　　邹积亮　国家行政学院应急管理培训中心副教授
　　　　　吴建安　民政部港澳台办公室综合处处长
　　　　　王　超　民政部救灾司副处长
　　　　　张云霞　民政部国家减灾中心研究员
　　　　　张宝军　民政部国家减灾中心副研究员
　　　　　秦绪坤　国家安全生产监督管理总局干部

名单二:《澳门"天鸽"台风灾害评估总结及优化澳门应急管理体制建议》报告编制项目组人员名单

(职务为时任)

组　长：闪淳昌　国家减灾委专家委员会副主任
　　　　　　　　国务院应急管理专家组组长
　　　　　　　　教授级高级工程师

成　员：张学权　民政部国家减灾中心副主任
　　　　袁宏永　清华大学公共安全研究院教授
　　　　钱传海　国家气象中心台风与海洋气象预报中心研究员
　　　　黄晓莉　电力规划设计总院教授级高级工程师
　　　　蒋　肖　水利水电规划设计总院教授级高级工程师
　　　　沈汉堃　珠江水利委员会规划计划处教授级高级工程师
　　　　孙世国　北方工业大学新兴风险研究院教授
　　　　纪颖波　北方工业大学土木工程学院教授
　　　　李　进　北京市消防局原副局长
　　　　王　超　民政部救灾司备灾处副处长
　　　　张云霞　民政部国家减灾中心研究员
　　　　张宝军　民政部国家减灾中心副研究员
　　　　邹积亮　国家行政学院应急管理培训中心副教授
　　　　付　明　清华大学合肥公共安全研究院教授
　　　　秦绪坤　国家安全生产应急救援指挥中心工程师

名单三:《澳门特别行政区防灾减灾十年规划(2019—2028年)》报告项目组人员名单

(职务为时任)

组　长：闪淳昌　国家减灾委专家委员会副主任
　　　　　　　　国务院应急管理专家组组长、教授级高级工程师

成　员：张学权　民政部国家减灾中心副主任
　　　　袁宏永　清华大学公共安全研究院教授
　　　　宋家慧　交通运输部原安全总监
　　　　许树强　国家卫健委应急办主任
　　　　王　宇　中国疾病预防控制中心
　　　　柴俊勇　上海市突发事件应急管理专家组组长
　　　　李湖生　中国安全生产科学研究院副总工

钱传海　国家气象中心台风与海洋气象预报中心研究员
黄晓莉　电力规划设计总院教授级高级工程师
蒋　肖　水利水电规划设计总院教授级高级工程师
沈汉堃　珠江水利委员会规划计划处教授级高级工程师
李正懋　国家卫健委应急办预警处处长
董剑希　国家海洋局海洋环境预报中心研究员
徐兰军　新兴际华集团应急研究总院院长
董炳艳　新兴际华集团技术中心副主任研究员
孙世国　北方工业大学新兴风险研究院教授
纪颖波　北方工业大学土木工程学院教授
刘　妍　北方工业大学新兴风险研究院副教授
李　进　北京市消防局原副局长
廖凯举　中国疾病预防控制中心研究员
丁　元　公安部反恐局
王　超　民政部救灾司备灾处副处长
张云霞　民政部国家减灾中心研究员
张宝军　民政部国家减灾中心副研究员
邹积亮　国家行政学院应急管理培训中心副教授
付　明　清华大学合肥公共安全研究院教授
姜　超　交通运输部中国海上搜救中心
杜　鹏　清华大学公共安全研究院
秦绪坤　国家安全生产应急救援指挥中心工程师

附录一

《澳门"天鸽"台风灾害评估总结及优化澳门应急管理体制建议》报告

《澳门"天鸽"台风灾害评估总结及优化澳门应急管理体制建议》报告

2018 年 3 月

　　谨以此报告向"天鸽"台风灾害中罹难的同胞致以深切悼念！向积极应对"天鸽"台风并在灾后深刻反思，不断增强忧患意识的澳门特区政府和自强爱澳爱国的澳门同胞致以崇高敬意！

《澳门"天鸽"台风灾害评估总结及优化澳门应急管理体制建议》报告编制项目组人员名单

组　长：闪淳昌　国家减灾委专家委员会副主任
　　　　　　　　国务院应急管理专家组组长
　　　　　　　　教授级高级工程师

成　员：张学权　民政部国家减灾中心副主任
　　　　袁宏永　清华大学公共安全研究院教授
　　　　钱传海　国家气象中心台风与海洋气象预报中心研究员
　　　　黄晓莉　电力规划设计总院教授级高级工程师
　　　　蒋　肖　水利水电规划设计总院教授级高级工程师
　　　　沈汉堃　珠江水利委员会规划计划处教授级高级工程师
　　　　孙世国　北方工业大学新兴风险研究院教授
　　　　纪颖波　北方工业大学土木工程学院教授
　　　　李　进　北京市消防局原副局长
　　　　王　超　民政部救灾司备灾处副处长
　　　　张云霞　民政部国家减灾中心研究员
　　　　张宝军　民政部国家减灾中心副研究员
　　　　邹积亮　国家行政学院应急管理培训中心副教授
　　　　付　明　清华大学合肥公共安全研究院教授
　　　　秦绪坤　国家安全生产应急救援指挥中心工程师

目　　录

引言 …………………………………………………………………………… 301

第一章　"天鸽"台风灾害及应对 ………………………………………… 303

　第一节　"天鸽"台风灾害特点和灾情分析 ………………………… 303

　　一、"天鸽"台风概述及特点 ……………………………………… 303

　　二、"天鸽"台风致灾因子分析 …………………………………… 304

　　三、"天鸽"台风灾害影响和灾情分析 …………………………… 306

　第二节　"天鸽"台风灾害应对的基本情况 ………………………… 308

　　一、澳门特区政府及民防行动中心积极应对 …………………… 308

　　二、澳门各界和民众守望相助自强爱乡 ………………………… 310

　　三、澳门特区政府及时反思并出台救助政策措施 ……………… 311

　第三节　主要问题与教训 …………………………………………… 312

　　一、预防与应急准备不充分 ……………………………………… 313

　　二、应急管理体制机制不健全 …………………………………… 313

　　三、灾害应对法律法规和标准不健全 …………………………… 314

　　四、生命线工程和重要基础设施设防标准不高 ………………… 314

　　五、灾害预警及响应能力亟待提高 ……………………………… 315

　第四节　灾后恢复重建成效明显 …………………………………… 315

　　一、改进应急管理体制机制 ……………………………………… 316

　　二、抓好灾害救助政策落实 ……………………………………… 316

　　三、加强防台风防潮防洪工作 …………………………………… 317

　　四、加强生命线工程建设 ………………………………………… 318

第二章　国内外防灾减灾救灾最新动态和做法 ………………………… 320

　第一节　国内外应对台风灾害的主要做法和经验教训 …………… 320

　　一、我国台风灾害特点及应对 …………………………………… 320

　　二、美国飓风灾害特点及应对 …………………………………… 324

　　三、日本台风灾害特点及应对 …………………………………… 325

　　四、菲律宾台风灾害特点及应对 ………………………………… 327

　第二节　国内外防灾减灾救灾与应急管理先进经验和发展趋势 … 330

　　一、我国防灾减灾救灾的新理念和新做法 ……………………… 330

　　二、国外灾害应对和应急管理的典型经验做法 ………………… 333

　　三、减少灾害风险的全球共识 …………………………………… 335

　　四、建设安全韧性城市成为全球发展趋势 ……………………… 337

第三章　优化澳门应急管理体系的总体思路和建议 ·········· 341

第一节　总体思路 ·········· 341
一、坚持先进理念 ·········· 341
二、总体目标 ·········· 342
三、分阶段目标 ·········· 342
四、应急管理体系建设的基本原则 ·········· 342
五、应急管理的体系架构 ·········· 343

第二节　健全完善应急管理体制 ·········· 343

第三节　建立健全应急管理机制 ·········· 344
一、监测预警机制 ·········· 344
二、突发事件信息报告机制 ·········· 345
三、决策指挥机制 ·········· 345
四、应急保障机制 ·········· 345
五、风险评估和风险分担机制 ·········· 346

第四节　建立健全应急管理法制 ·········· 346
一、修订和完善相关法律法规规章 ·········· 346
二、优化应急管理标准体系 ·········· 347
三、加强法律法规的宣传 ·········· 347

第五节　建立健全应急预案体系 ·········· 347
一、统筹规划应急预案体系 ·········· 347
二、制修订应急预案 ·········· 348
三、加强应急预案管理和演练 ·········· 349

第六节　提升气象及海洋灾害监测预警能力 ·········· 349
一、灾害监测 ·········· 349
二、灾害预警 ·········· 350

第七节　提升灾情统计评估能力 ·········· 353
一、灾情统计报送 ·········· 353
二、灾害损失评估 ·········· 354

第八节　加强生命线工程和重要基础设施防灾减灾能力 ·········· 354
一、防台风防汛骨干工程 ·········· 354
二、供水工程 ·········· 356
三、供电工程 ·········· 357
四、通信工程 ·········· 359
五、重要基础设施 ·········· 360

第九节　健全完善粤港澳应急联动协作机制 ·········· 362
一、建立粤港澳应急管理联席会议制度 ·········· 363
二、健全监测预警信息共享机制 ·········· 363
三、推动粤港澳人员交流培训 ·········· 363

四、建立紧急救灾物资快速通关和绿色通道机制 ·············· 363

五、健全生命线工程协调保障机制 ···························· 364

六、粤港澳巨灾保险联动机制 ································ 364

第十节 建立健全政府主导、社会协同、公众参与的应急管理格局 ·········· 364

一、提高政府官员应急决策指挥能力 ························ 364

二、提高公务人员和专业救援队伍的素质和能力 ·············· 365

三、加强公共安全与应急管理宣传教育 ······················ 365

四、鼓励和支持社会力量有效有序参与防灾减灾救灾 ·········· 366

五、加强小区和家庭防灾减灾能力建设 ······················ 367

六、建设澳门公共安全应急信息网 ·························· 367

第四章 优化澳门应急管理体系的重点建设项目建议 ·············· 369

第一节 综合风险与应急能力评估项目 ························ 369

一、建设目标 ·· 369

二、建设框架 ·· 369

三、建设内容 ·· 370

四、实现路径 ·· 376

第二节 应急避难及转移安置场所建设工程 ···················· 378

一、建设目标 ·· 378

二、建设框架 ·· 378

三、建设内容 ·· 378

四、实现路径 ·· 379

第三节 内港海傍区防洪（潮）排涝建设工程 ·················· 381

一、建设目标 ·· 381

二、现状分析 ·· 381

三、建设框架 ·· 383

四、建设内容 ·· 384

五、实现路径 ·· 385

第四节 智慧安全城市及公共安全运行与应急指挥平台项目 ········ 386

一、建设目标 ·· 386

二、建设框架 ·· 386

三、建设内容 ·· 387

四、实现路径 ·· 388

第五节 专业救援队伍培训基地建设项目 ······················ 393

一、建设目标 ·· 393

二、建设框架 ·· 394

三、建设内容 ·· 395

四、实现路径 ·· 398

第六节 公共安全科普教育基地建设项目 ······················ 399

一、建设目标 …………………………………………………………… 399

二、建设框架 …………………………………………………………… 399

三、建设内容 …………………………………………………………… 400

四、实现路径 …………………………………………………………… 408

结束语 ………………………………………………………………… 409

引　　言

2017 年 8 月 23 日，澳门遭受自 1953 年有台风观测记录以来影响澳门最强台风"天鸽"的正面袭击，造成澳门特区 10 人遇难，244 人受伤，直接经济损失 83.1 亿元（澳门币），间接经济损失 31.6 亿元（澳门币）①。

面对突如其来的灾害，澳门特区政府和社会各界积极投身抗灾救灾工作，在习近平主席和中央政府的关爱下，在中央政府驻澳门联络办公室的协调配合下，在解放军驻澳门部队的鼎力援助下，在广东省等内地有关方面的大力支持下，澳门广大居民守望相助，政府与社会各界共克时艰，千方百计救灾和善后，澳门社会生产生活秩序在很短时间内得到基本恢复，经济社会大局保持稳定。

风灾虽然给澳门造成重大损失，但也激发了澳门特区政府和澳门同胞迎难而上和提升澳门防灾减灾救灾水平的决心。行政长官及时批准设立了"检讨重大灾害应变机制暨跟进改善委员会"，对"天鸽"台风灾害造成的影响与危害进行全面评估与反思，广泛征集并听取社会各界意见和建议，全面总结经验和教训、查找存在问题、明确改善方向，把居民生命财产和公共安全放在首要位置，不断提升防灾减灾救灾的能力和水平。

澳门特区政府在灾害反思总结过程中，提出了希望得到国家减灾委员会支持的请求。经李克强总理等国务院领导同意，在国务院港澳事务办公室大力支持下，国家减灾委员会及时派出评估专家组，于 2017 年 9 月 13—17 日赴澳门协助澳门特区政府开展了灾害总结和评估工作。国家减灾委员会专家组在澳门通过座谈交流与实地察看，在尊重规律、尊重科学的基础上，对比分析、评估总结，迅速形成并上报了《国家减灾委协助澳门"天鸽"台风灾害评估专家组的工作报告》。

此后，依据澳门特别行政区行政长官崔世安在《二〇一八年财政年度施政报告》中关于"完善应急机制、强化公共安全"的精神，在国家减灾委员会的支持下，澳门特区政府"检讨重大灾害应变机制暨跟进改善委员会"委托清华大学公共安全研究院、北方工业大学新兴风险研究院和民政部国家减

---

① 上述经济损失数据为 2017 年 9 月数据，2018 年 2 月 26 日，澳门统计局经综合全部所得数据，估算"8·23"风灾对澳门造成的直接经济损失为 90.45 亿元（澳门币），间接经济损失为 35.00 亿元（澳门币），合共 125.45 亿元（澳门币），较去年的初步估算高 10.75 亿元（澳门币）。

灾中心三家单位组建项目组，联合编制《澳门"天鸽"台风灾害评估总结及优化澳门应急管理体制建议》报告。

项目组根据澳门的实际，认真设计了研究方案，并于 2017 年 11 月 30 日至 12 月 2 日赴澳门现场调研，听取有关部门的意见。澳门特区政府行政长官办公室柯岚主任等也于 2017 年 12 月 27—29 日专程访问了民政部国家减灾中心、北方工业大学新兴风险研究院和清华大学公共安全研究院，就优化澳门应急管理体制问题进行研讨。2018 年 1 月 18—21 日双方又在珠海进行了深入交流和探讨，并根据澳门方面的意见对报告进行了认真研究和修改，与此同时，项目组还听取了中央人民政府驻澳门特别行政区联络办公室的意见。1 月 25 日，项目组在北京组织召开了征求意见及研讨会，邀请了国家减灾委办公室、国家防汛抗旱总指挥部办公室、公安部、国务院港澳事务办公室、国家行政学院、国家能源局、中国气象局、国家安全生产应急救援指挥中心及北京市相关部门的专家参会，对报告进行了进一步修改和完善。

项目组本着认真负责、科学严谨、求真务实的态度，在前期《国家减灾委协助澳门"天鸽"台风灾害评估专家组的工作报告》的基础上，认真调查研究并听取各有关方面意见，编制完成了本报告，期望为澳门防灾减灾救灾与应急管理体制机制建设提供重要参考，同时为下一步编制《澳门特别行政区防灾减灾十年规划（2019—2028 年)》打好基础。

我们深信，有习近平主席和中央政府的关怀、支持，有"一国两制""澳人治澳"、高度自治方针的指引，有澳门特区政府的积极作为和澳门各界人士的齐心协力，一定能够把澳门建设成为安全韧性的世界旅游休闲中心，澳门一定能够更加繁荣稳定。

第一章 "天鸽"台风灾害及应对

第一节 "天鸽"台风灾害特点和灾情分析

一、"天鸽"台风概述及特点

2017 年第 13 号台风"天鸽"于 8 月 20 日在西北太平洋上生成，22 日上午进入南海东北部海面，22 日下午加强为台风级（中心附近最大风力 12 级，33 m/s），23 日早晨加强为强台风级（14 级，42 m/s），23 日中午台风中心掠过澳门南部近海海面，于 12 时 50 分在广东珠海登陆（强台风级，14 级，45 m/s）；登陆后，"天鸽"台风强度逐渐减弱，经过广东、广西，进入云南减弱消失。

"天鸽"台风登陆前后，珠海、澳门、香港及珠江口海面和附近岛屿最大阵风达 16~17 级，局地超过 17 级，其中珠海桂山岛最大风速 66.9 m/s（约 240.8 km/h）、澳门大潭山站最大风速 60.4 m/s（约 217.4 km/h）、香港黄茅洲（岛屿）最大风速 84.2 m/s（约 303.1 km/h）（参考香港天文台"天鸽"台风总结报告）。22 日 12 时至 25 日 14 时，广东西南部和沿海地区、广西西部和中南部、云南东部、贵州西部、四川东部等地累计雨量有 100~250 mm，广东江门和茂名、广西钦州等地达 300~400 mm，澳门在风球悬挂期间最大雨量为 50 mm。

"天鸽"台风正面吹袭澳门，共造成澳门 10 人遇难，244 人受伤，直接经济损失 83.1 亿元（澳门币），间接经济损失 31.6 亿元（澳门币）[①]。本次灾害具有极端性、异常性、突发性和严重性 4 个主要特点。

（一）极端性

"天鸽"台风正面袭击澳门，打破澳门多项台风纪录。据澳门和内地气象部门提供的相关数据表明，"天鸽"台风是澳门自 1953 年有台风观测记录以来影响澳门的最强台风，其极端性主要表现在：8 月 23 日 12 时友谊大桥南站 1 h 最高平均风速 132 km/h，打破了 1993 年强热带风暴"贝姬"124 km/h 的纪录；大潭山站 23 日 11 时 6 分最高阵风 217.4 km/h，打破了 1964 年台风"露比"在东望洋山站 211 km/h 的纪录；大潭山站 12 时 2 分最低气压 945.4 hPa，打破了 1964 年台风"露比"在东望洋山站 954.6 hPa 的纪录；妈阁站 12 时 20 分叠加风暴潮后的潮汐水位达 5.58 m（澳门基面），是自 1925 年澳门有潮水记录以来潮位最高的一次。

[①] 上述经济损失数据为 2017 年 9 月数据，2018 年 2 月 26 日，澳门统计局经综合全部所得数据，估算"8·23"风灾对澳门造成的直接经济损失为 90.45 亿元（澳门币），间接经济损失为 35.00 亿元（澳门币），合共 125.45 亿元（澳门币），较去年的初步估算高 10.75 亿元（澳门币）。

（二）异常性

"天鸽"台风登陆前移动速度快，风力在近海急剧加强。"天鸽"台风登陆前以大约25~30 km/h的速度向西北偏西方向移动（南海台风移动速度一般为10~15 km/h）；22日上午以热带风暴强度进入南海后，强度逐渐加强，特别是从23日4时到10时的6 h内"天鸽"中心附近最大风力由12级急剧加强到15级，23日10时靠近珠江口附近海面时（距离澳门不足70 km），强度达到最强（15级，2 min平均风速173 km/h），随后12时50分登陆珠海市南部沿海。一般台风临近登陆前强度减弱，而"天鸽"台风却出现了强度急剧加强的异常现象，历史少见。

（三）突发性

"天鸽"台风袭击澳门时，短时间内风速加强快、潮位上涨猛。从澳门各气象观测站风速数据来看，23日9时，尚未达到8号风球风速（63 km/h，1 h平均风速）。9时起风速明显加大，9—12时的3 h内风速加强非常快，由70 km/h增至120 km/h左右，最大为友谊桥南站，达132 km/h；特别是随着东至东南风的增大，导致半岛西侧内港一带水位上升非常快，沿岸测站（内港、内港北及林茂塘）约1 h水位上升1.5 m。而在较内陆的测站，在11时20分后水位上升明显加快，约40~50 min上升1.5 m。短时间内风力快速增大和水位快速上涨导致灾害突发性强，增加了防御难度。

（四）严重性

"天鸽"台风吹袭期间风雨潮三碰头，多致灾因素叠加导致连锁效应，造成的危害十分严重。"天鸽"台风正面影响澳门时，风力大、引发的风暴潮增水急，同时，"天鸽"台风登陆时恰逢天文高潮位，双潮重叠导致内港等沿岸地区异常增水高达5.58 m，低洼地带、地下停车场等严重水浸，给供电、供水、通信、交通等设施造成重创，导致大面积停电、停水以及通信短时中断等，增加了人员救助、抢险救灾难度。

二、"天鸽"台风致灾因子分析

从致灾角度看，"天鸽"台风具有移动速度快、近海急剧加强、登陆强度强和不确定性强等特点。

（一）移动速度快

"天鸽"台风登陆前移动速度大约25~30 km/h，比南海台风平均移动速度（10~15 km/h）明显偏快。"天鸽"台风进入南海东北部海面后，其北侧副热带高压加强并向西伸展，副热带高压南侧强盛的偏东气流推动"天鸽"台风快速向西偏北方向移动，移动速度最快达到25~30 km/h。若"天鸽"台风北侧没有这个强大的副热带高压，移动速度会明显减慢，其登陆地点甚至会移动到珠江口以东地区。

（二）近海急剧加强

8月23日4时至10时，"天鸽"台风快速向珠江口靠近，在短短6 h内，珠江口外海面的风力由12级急剧加强到15级，这是由于"天鸽"台风靠近沿岸并快速加强造成的。通常，当台风靠近沿岸时，由于地形的摩擦作用，一般会出现强度逐渐减弱的现象。像"天鸽"台风这种在近海急剧加强的现象非常少见，特别是当其进入南海趋向广东沿海的过程中，近中心最大风速由22日11时的25 m/s增强至23日11时的48 m/s，中心气压则由985 hPa下降至940 hPa，24 h内中心风速增强幅度达23 m/s，中心气压下降达

45 hPa，其中 22 日 23 时至 23 日 11 时的 12 h 内中心风速增强达 13 m/s，达到业界台风快速增强的标准。

台风的强度变化受到海洋和大气环境以及台风自身结构等众多因素的影响。研究表明，对台风强度影响最大的 4 个因素是海温、高空出流、低空水汽流入和水平风垂直切变。在"天鸽"台风靠近广东沿海的过程中，上述 4 个条件都处于有利于台风加强的状态。一是高空出流条件好。"天鸽"台风进入南海后，其南侧对流层高层热带东风急流急剧加强，导致高层辐散流出气流的加强，这是南海台风急剧加强的主要高空环流形势。二是低层水汽流入条件好。"天鸽"台风在靠近沿海的过程中，来自南半球的越赤道气流和副高西侧东南风流入增强，源源不断的水汽输送至其环流内，低层流入的增强有利于"天鸽"台风强度的急剧加强。三是海温条件好。由实时海温数据分析可以发现，南海北部海面异常偏暖，海表温度普遍在 29 ℃以上，尤其是广东中西部沿海海面较常年平均海温偏高达 1.5～2.0 ℃，高海温促进海气相互作用加强、对流加剧，强度急剧加强。四是垂直切变条件好。"天鸽"台风在登陆珠海前，其高低空环境风垂直切变一直维持在 6.3～8.8 m/s 之间的较小区间，有利于其强度的急剧增强。因此，在诸多有利条件下，"天鸽"台风出现了近海急剧加强。

（三）登陆强度强

"天鸽"台风为 2017 年登陆我国的最强台风，也是 2017 年唯一以强台风级登陆我国的台风，与 1954 年台风"埃达"（IDA）、1991 年台风"弗雷德"（FRED）并列为 1949 年以来 8 月登陆广东最强的台风。"天鸽"台风在 23 日 10 时靠近珠江口附近海面时（距离澳门不足 70 km），强度达到最强（15 级，2 min 平均风速 48 m/s），23 日 12 时 50 分在广东珠海登陆，登陆时为强台风级，虽然受到地形影响，强度较其巅峰时刻略有减弱，但是中心附近最大风力仍有 14 级（45 m/s）。2017 共有 8 个台风在我国登陆（表 1-1），登陆个数略多于多年平均值（7 个），但是 2017 的平均登陆强度只有 29 m/s，低于多年平均强度（33 m/s）。

表 1-1　2017 年登陆我国的台风一览表

台风编号	台风名称	最大强度/（m·s⁻¹）	登陆地点	登陆时间	风级	登陆强度风速/（m·s⁻¹）	气压/hPa
1702	苗柏 MERBOK	25	广东深圳	6 月 12 日 23：10	9	23	990
1707	洛克 ROKE	20	香港	7 月 23 日 09：50	8	20	995
1709	纳沙 NESAT	40	台湾宜兰	7 月 29 日 19：40	13	40	960
			福建福清	7 月 30 日 6：00	12	33	975
1710	海棠 HAITANG	23	台湾屏东	7 月 30 日 17：30	9	23	984
			福建福清	7 月 31 日 2：50	8	18	990
1713	天鸽 HATO	48	广东珠海	8 月 23 日 12：50	14	45	950
1714	帕卡 PAKHAR	33	广东台山	8 月 27 日 09：00	12	33	978
1715	玛娃 MAWAR	25	广东汕尾	9 月 3 日 23：30	8	20	995
1720	卡努 KHANUN	42	广东湛江	10 月 16 日 03：25	10	28	988

（四）不确定性强，预报难度大

一般台风临近登陆前强度会减弱，而"天鸽"台风却出现了强度近海急剧加强的异常现象，预报难度大。预报困难主要来源于两个方面：一是近海急剧加强是一种小概率事件，依据预报员经验或统计数据很难做出准确预报；二是目前全球最好的数值模式对"天鸽"台风的强度预报仍然出现明显偏差，当预报员参考这样的数值模式做预报时，同样增加了预判其近海急剧加强的难度。在对"天鸽"台风登陆强度的预报中，除了数值模式外，国际上其他台风预报中心（例如日本、美国等）也认为其强度快速增加的可能性不大。中央气象台虽然提前 40 多个小时预报"天鸽"将以台风强度登陆，但在"天鸽"生成初期并没有预计到它会在近海快速增强，存在强度预报偏弱的情况，24 h、48 h 和 72 h 强度预报最大误差分别达 8.0 m/s、20.0 m/s 和 19.0 m/s。但随着"天鸽"台风逐步靠近华南沿海，中央气象台每天进行多次订正预报，特别在 23 日 6 时，及时将"天鸽"升级为强台风，并发布 2017 年度第一个台风红色预警。台风强度预报，特别是近海快速增强台风的强度预报仍是世界性难题和挑战。

三、"天鸽"台风灾害影响和灾情分析

"天鸽"台风造成的灾情极为严重，居民生命财产安全、社会生产生活秩序均受到很大影响。

（一）人员伤亡严重

"天鸽"台风灾害共造成澳门 10 人遇难，244 人受伤。遇难人员中，有 7 人在地下停车场、地下水窖、地铺等地下场所因溺水死亡，其余 3 人因高空坠落、行进滑倒、车辆碾压等原因死亡（表 1-2）。"天鸽"台风正面影响澳门时，恰逢风暴潮叠加天文大潮，双潮叠加导致内港短时增水高，居民在地下停车场未能及时撤出而丧生。另外，建筑物损毁、高空坠物、树木倒压等因素是导致人员受伤的主要原因。澳门民防行动中心收到近千宗事故报告。尽管历史上澳门也曾发生过因台风灾害造成极为严重的人员伤亡事件，但此次灾害是近几十年来造成人员伤亡最严重的自然灾害事件。

表 1-2 风灾期间遇难人员统计

死亡人数	地 点 及 原 因
2 名男子	典雅湾停车场排水后发现
1 名男子	恒德大厦停车场排水后发现
1 名男子	快达楼停车场排水后发现
1 名男子及 1 名女子	被发现在澳门十月初五街 57 号雄记行水窖（负一层）被救出后证实死亡
1 名男子	在南湾大马路被发现怀疑被车碾过死亡
1 名男子	在凼仔湖畔大厦五至六座近停车场收费处被发现，有路人表示伤者滑倒跌伤后头部撞墙死亡
1 名女性长者	在澳门冯家巷 1-B 号地铺被发现死亡
1 名男子	在澳门中心街翡翠广场一座四楼平台被发现高处坠下死亡

（二）生命线遭受重创

"天鸽"台风灾害导致澳门供电、供水、通信设施损毁严重。

（1）供电设施。8月23日12时24分起，由于受珠海大面积停电、广东电网对澳输电南北两个220 kV通道尽失的影响，导致澳门路环发电厂跳闸。澳门电网全黑、全澳停电，超过25万户受影响。交通道路监控设备因停电而影响交通讯息中心的运转。截至28日8时，仍有个别楼宇或用户低压供电存在问题，其余地区已经陆续恢复供电。本次灾害导致约220个中压客户变电站水浸受损，12台中压开关柜及1台中压变压器需要更换，因水浸受影响客户变电站PT有220座，受影响低压分接箱CD有134个，受影响低压线头箱1661个，超过300套中压客户变电站内通信及遥控装置因水浸导致故障需更换，约40支公共照明灯柱折断，数以百计公共照明设施受损。

（2）供水设施。8月23日上午由于青洲水厂、大水塘水厂及路环水厂受风灾、水浸、断电和通信中断等影响，均处于停产状态。部分用户只能通过管网内存水以及各高位水池的库余而使用到自来水，部分区域供水暂停。灾害发生6天后，全澳生产及生活供水才全面恢复正常。

（3）通信设施。因电力供应中断及严重水浸，导致部分固定电话、互联网及专线服务中断，移动电话网络覆盖亦受到轻微影响。凼仔电讯大楼、高地乌街电讯大楼、全澳的远程机房及移动电话机站均受到电力供应中断影响，所有电信设施实时由后备发电机或后备电源支撑；其中11个远程机房及408个移动电话机站因长时间电力供应故障及后备电源耗尽导致电信服务受到影响。

（三）低洼地带水浸严重

受海水倒灌等因素影响，澳门低洼街区和地下停车场水浸十分严重。8月23日11时至13时水浸情况最为突出，影响范围包括全澳大街及沿岸地区，澳门市区内水深1~2 m，路环市区及内港一带水深2 m以上，内港货柜码头及附近商户的货物全部浸坏。停车场地库成为重灾区。43个公共停车场中，有11个停车场出现不同程度的水浸情况，部分私家楼宇的停车场也出现水浸，水浸情况最高3.5 m。全澳约212辆巴士受浸或被损坏，占全澳巴士总数24%，公共停车场受浸电单车约120辆、私家车700多辆。

（四）卫生防疫形势严峻

受制于街道狭窄、树木倒塌阻塞等原因，大型车辆或机械较难通行以开展清渠和垃圾清理任务，加上建筑材料、家具等水浸后，与弃置的食物混杂放置于街道上等待清理，对清理工作构成较大困难。清理垃圾之速度远不及市民弃置垃圾速度，造成非常严重的环境卫生问题。各小区垃圾满地、堆积如山，在酷暑天气下，散发恶臭，具有暴发疫情的潜在危机。同时，受停水停电等因素影响，不少市民生活环境受到严重破坏，引起各种传染病风险，特别是消化道传染病和蚊虫传染病增加。政府部门和各方积极加快速度运送垃圾进行处理和焚化。8月25日焚化炉收集之垃圾数量为2600 t，8月26日焚化炉收集之垃圾数量为2900 t，远超出平日焚化炉收集1400 t垃圾的数量。

（五）市政设施道路桥梁多处受损

全澳倒伏树木约9000株。公园、休憩区、图书馆、展览场馆等市政设施严重受损，澳门文化中心顶部严重受损。局部地区的道路和桥梁受损。西湾大桥的分隔带铁网脱落、主塔顶盖变形及脱落，主桥面多处交通指示牌及设施受到损坏。凼仔东亚运大马路邻近西湾大桥出入口的路段两侧出现局部路面下陷情况。多处楼宇窗户、檐篷、外挂空调、广告牌或屋顶饰面等构件受风灾影响松脱或损毁，更有临海大厦整栋窗户几乎全部损坏。

（六）旅游业和航空运输受到严重影响

"天鸽"台风灾害对来澳旅客也造成了直接影响。8 月 24 日共有 329 个旅行团来澳，酒店因受水浸和停电停水影响，导致 3 个旅行团无法入住酒店，经旅游局协调得以解决。8 月 25—30 日澳门全面暂停接待旅行团，2000 个旅行团受到影响。在航空运输方面，"天鸽"台风袭澳期间，约 80 个航班取消，30 个航班延误，440 名旅客滞留机场；"帕卡"台风袭澳期间，约 70 个航班取消，80 个航班延误，330 名旅客滞留机场。

第二节 "天鸽"台风灾害应对的基本情况

面对突如其来的"天鸽"台风灾害，在习近平主席和中央政府的关爱下，在解放军驻澳门部队的鼎力援助下，在广东省等内地有关方面的大力支持下，澳门特区政府携手社会各界，积极部署应对，采取紧急措施，把保障居民生命安全放在首位，为减少人员伤亡和财产损失尽了最大努力，并在很短时间内使澳门的社会秩序得到基本恢复。

一、澳门特区政府及民防行动中心积极应对

（一）台风预防和准备工作

当获悉"天鸽"台风可能会袭击澳门的消息后，保安司范畴所有部门根据民防架构成员任务分工积极做好人力、物力及设施设备等方面的准备工作。在人力上，预先增加执勤人员数量，安排人员提前返回工作岗位并待命；在物力上，提前准备人员防护装备、抢险救援工具、应急救灾物资、紧急救援装备等；在设施方面，安排人员巡视所有设施设备的防范加固和运行状况，检查抽排水设施设备以及防洪沙包准备情况等。治安警察局根据悬挂 1 号至 3 号风球的信息，通过微信向社会公众发布做好防台风准备措施的讯息；警察总局及保安部队事务局为民防行动中心机制启动做好物资及人员准备工作，安排信息技术人员到民防行动中心进行检测，确保民防行动中心启动"动态事故报告系统"能够运作正常；悬挂 3 号风球时，民防行动中心向 27 个民防架构成员发出提示，为启动民防架构提前做好准备。

（二）多渠道发布信息并呼吁市民做好灾害防御

民防行动中心滚动式不间断地通报"天鸽"台风最新信息，响应传媒机构的查询；及时统计发布由台风所引发的事故、伤亡的信息数据；通过新闻局、新闻媒体等各种渠道对外发布，让公众知悉灾害最新情况，及时采取防御措施。

（三）紧急启动民防行动中心机制

悬挂 8 号风球后，澳门特区政府紧急启动民防行动中心机制。8 月 23 日下午崔世安行政长官亲临民防行动中心部署灾后应对和善后工作，指导及协调民防架构 27 个成员的整体行动。民防架构成员迅速投入灾后应急救援救助工作，积极跟进供水、供电、通信等生命线设施的修复，全力协调水电恢复供应，努力保障人员和生命财产安全。治安警察局增加待命警员人数，取消警员休假，加强机动巡逻，封锁危险区域，协助进行路面清障和救援。司法警察局制定特别工作安排和应变措施，加强各区巡逻，启动 24 h 特别网络巡查。消防局负责拯救被困者、处理水浸、清除安全隐患，尽力减少人员伤亡。海事及水务局着力稳定澳门供水情况，设置临时供水点，提供临时供水服务。社会工作局开放青洲灾

民中心和冹仔及路环社会工作中心，积极帮助受风灾影响的市民。交通事务局密切协调各巴士公司，及时恢复巴士服务。民政总署和卫生局加快速度处理市面环境及卫生。

（四）习近平主席应澳门特区政府请求，及时派出解放军驻澳门部队协助救灾

根据《澳门特别行政区基本法》和《澳门特别行政区驻军法》，澳门特区政府及时向中央人民政府提出驻澳部队协助救灾请求，驻澳部队根据中央军委指令和南部战区指示，迅速行动，依法协助澳门特区政府开展抗灾救灾工作，有效维护澳门同胞生命财产安全，尽快帮助澳门恢复社会生产生活秩序，以实际行动赢得澳门各界一致好评，充分展示驻澳部队爱澳亲民良好形象。

（1）准备充分，行动迅速。"天鸽"台风生成后，驻澳部队就密切跟踪灾害发展形势，积极安排部署灾害防范工作。8月25日9时45分，驻澳部队接到中央军委命令和南部战区指示后，仅用10 min就完成集结，最快的仅用15 min就投入救灾。驻澳部队官兵深入灾情最重地区，面对垃圾堆积如山、街道一片狼藉、气味腥臭无比的环境，全体官兵不怕苦、不怕脏、不怕累，昼夜连续奋战三天三夜，8月28日8时圆满完成救灾任务返回驻地。驻澳部队这次协助救灾的特点是应急启动快、完成准备快、机动展开快、撤回速度快。

（2）全力以赴，无私奉献。驻澳部队根据救灾任务需求，最大限度调动部队官兵，全力以赴投入救灾。针对救灾范围大的需求，集中主要力量于澳门半岛重灾区，用最短时间最快速度恢复灾区秩序。针对专业抢险救灾器材短缺的困难，紧急筹措20部摩托锯和30台消杀灭设备，组织骨干力量连夜展开应急训练，次日即投入使用，在清理倒伏树木和卫生防疫方面发挥了中坚作用。为了提高救灾效率，减少扰民，驻澳部队尽量避开昼间人流密集、交通拥堵，将救灾时间合理调整到夜间。协助救灾期间，驻澳部队共完成澳门半岛十月初五街、河边新街、高士德大马路、新桥、冹仔广东大马路、濠江中学、沙梨头海边街至提督马路、黑沙环海边马路至黑沙环新街、青洲、孙逸仙大马路至新八佰伴等十一大区域的灾后清理任务，累积面积 $107.6 \times 10^4 \text{ m}^2$，街道总长约120 km，截锯拉运树木约680棵，运送垃圾700余车。

（3）协调联动，提高效率。协助救灾期间，驻澳部队自始至终与澳门特区政府、中联办、澳门保安部队、民防行动中心等保持不间断联系、协调和会商，先后8次参加救灾联席会议，主要就任务分区、联合指挥、车辆调度、交通疏导、现场协调等相关问题达成共识并统一行动。每一任务分区，驻澳部队与澳门特区政府相关部门一线救灾力量联合行动，形成驻澳部队一个排、澳门警方一名联络员、澳门民政总署2~3人专业装备小组的混合编成模式，极大提高救灾效率。

（五）积极协商内地有关方面紧急调运救灾应急物资

应澳门特区政府请求，在中央政府驻澳门联络办公室协调下，广东省积极配合澳门特区政府开展抗灾救灾工作，紧急协调各方调运救灾应急物资，尽最大努力支持澳门。广东省在同样遭受"天鸽"台风灾害的情况下，全力支持澳门救灾，迅速完成了支持物资的筹措准备和紧急调运工作，突出体现了广东省的政治意识和大局意识。

（1）紧急组织并调运应急物资和设备。经中央政府驻澳门联络办公室协调，在商务部和广东省商务厅的支持下，紧急协调澳门所需的各类抗灾救灾物资，全部货源随后于8月25日当夜通过中资企业运抵澳门，包括20万个大型垃圾袋、10万条编织袋、5000支

扫把、6 万个口罩、1.5 万双劳工手套、3000 支铁锹、3000 双雨鞋、50 辆四轮垃圾车、300 支手电筒和 3000 箱饮用水。广东省委、省政府高度关注,在珠海也受灾严重的情况下,仍然积极支持澳门开展抗灾救灾工作,向所辖有关地市和部门印发《广东省人民政府办公厅关于全力做好支持澳门救灾物资工作的通知》(粤办函〔2017〕524 号),要求全力开展支持澳门物资工作。据统计,广东省共为澳门调拨急缺的救灾物资包括:消防水罐车 20 辆、垃圾车 10 辆、发电机 53 台、消毒器械 50 台、汽油水泵 50 台、垃圾袋 12 万个、劳工手套 5.1 万个、口罩 5 万个、橡胶手套 1 万个、瓶装水 1 万支、胶合板 3000 块、扫把 5000 只、电筒 1000 只等。同时协调调配巨型粉碎机、吊车、电锯等车辆和设备以及技术工人赴澳门开展灾后清理工作。

(2)保障澳门市场鲜活农产品供应和应急物资便利通关。商务部高度关注灾后内地对澳门鲜活农副产品供应工作,及时与澳门特区政府取得联系,并对内地经营公司进行了工作部署,启动应急预案,确保澳门市场鲜活农产品稳定供应,"天鸽"台风登陆次日,澳门鲜活农副产品供应已恢复正常。救灾物资通关过程中,珠海各口岸的海关、出入境检验检疫、边检等部门高度重视,开设便利通道,简化通关手续,确保救灾物资、鲜活农产品等的便捷通关。

二、澳门各界和民众守望相助自强爱乡

在突如其来的特大灾害面前,澳门特区政府携手社会各界和广大市民奋起抗灾救灾,涌现了许多感人事迹,充分体现了"天鸽无情、澳门有爱"。

(一)保安部队奋不顾身,倾力救人

风灾期间,保安司辖下各部队及部门人员全数取消休假,上下一心,各司其职,倾力应对及参与救灾:不顾安危,全力搜救受海水倒灌围困人士;无惧险阻,快速清除各区高危悬挂物及倒塌物,打通大部分主干道;紧守岗位,维持各口岸秩序及治安,保障滞留旅客人身安全。无论在应急、救灾或善后等工作上,充分发扬了舍己为人、公而忘私和团体合作的警队精神;鲜明展现出保安部队及部门人员的良好品德、专业操守和勇于担当的警队形象,涌现出了如海关潜水队、治安警察局特巡组、消防局特勤救援组等英勇集体和黎逸纹、曾智明、冯少明等英勇个人。

(二)街坊邻居睦邻友爱,共献爱心

风灾后,整个澳门社会行动了起来,许多商家采用义卖、资助等方式向社会奉献爱心。如本次受灾最严重的十月初五街,一家近 60 年的老店,9 月 5—6 日两天从中午到晚上,每天免费为救援队员和周边居民提供了 1300 份云吞面、牛腩面和饮料、矿泉水等;由于"天鸽"台风造成的大范围停水停电,居民做饭成了难题,一些受风灾影响不大的餐厅,免费向周围街坊、老人中心及小区中心派饭。在风灾期间,菲律宾籍外雇在明知水性不佳的情况下,依然奋不顾身落水救人,令社会感动。

(三)社团组织积极参与,共同救灾

澳门各社团积极组织居民救灾,向需要帮助的居民及时伸出援手,有社团联同义工伙伴创设了风灾地图网站;有医疗中心的医生在楼外搭起帐篷,连续 4 天冒着风雨,为近200 位病人提供服务;许多社团派出义工到街区清理垃圾,尽快恢复小区环境与交通秩序;街坊总会"平安通呼援中心"、学联组织青年义工为因停电受困的独居长者送食物,解决燃眉之急；澳门日报读者公益基金会为帮助受灾渔民暂渡难关，先后向澳门渔民互助会、市贩互助会、街坊总会等社团捐款 1230 万元（澳门币）。社会各部门也各尽所能帮助民众恢复正常生活、生产。

（四）中央驻澳机构积极参与抢险救灾

中央驻澳机构及时响应澳门特区政府号召，坚决贯彻中央政府指示精神，积极履行责任，紧急动员，组织人力、物力，全力投入抗灾救灾，在电网修复、商品供应、油气供应、垃圾清运、树木清理等救援工作中发挥了重要作用。

（1）开展电力抢修。澳门电力中断后，南方电网公司克服一切困难，在自身电网受到严重破坏的情况下，在 1~1.5 h 内逐步恢复向澳门供电，在 8 h 内恢复了澳门七八成居民的供电。

（2）开展垃圾清运。南光集团等主要中资建筑企业，克服企业自救人手缺乏等困难，紧急抽调并派出千名中企员工，安排 20 余辆货车、500 多把铁锹及电锯等工作，赴受灾严重区域进行垃圾、树木清理。

（3）协助开展救助。南光集团、南粤集团克服灾后交通困难，及时抽调运输车辆和人员保障供澳商品按时到达批发市场，有效保障了油气供应。中企协会、中职协会、中银澳门、工银澳门等驻澳中资企业，积极配合澳门特区政府全力完成灾后救援工作。强台风过后，工银澳门成立了"风灾重建支持贷款方案"，太平保险（澳门）第一时间成立理赔服务应急工作组并开展快速理赔。

三、澳门特区政府及时反思并出台救助政策措施

灾害发生后，行政长官于 8 月 28 日批准设立"检讨重大灾害应变机制暨跟进改善委员会"，及时开展总结评估，出台救助措施和政策。

（一）专门成立灾害检视机构

检讨重大灾害应变机制暨跟进改善委员会在澳门特区政府领导下，负责检视、制定应对重大灾害的危机处理方案，包括改善气象预报，加强民防工作统筹及信息发布等工作。检讨重大灾害应变机制暨跟进改善委员会由行政长官担任主席，成员包括行政法务司司长、经济财政司司长、保安司司长、社会文化司司长、运输工务司司长、警察总局局长及海关关长，广泛听取社会各界对灾害善后工作及检讨重大灾害应变机制的意见。澳门特区政府于 2017 年 8 月 28 日至 9 月 11 日，广泛收集市民对重大灾害应变机制的意见，并进行认真梳理分析。9 月初，澳门特区政府派员拜访了国家减灾委员会、民政部，邀请国家减灾委员会的专家参与灾情评估总结工作，提供技术支持，帮助澳门尽快尽好地完成相关的总结，为下一步的工作奠定基础。

（二）邀请国家减灾委专家组开展相关工作

澳门特区政府及时邀请国家减灾委专家组赴澳门开展"天鸽"台风灾害评估和咨询工作，帮助澳门尽快做好"天鸽"台风评估与总结工作。国家减灾委专家组由民政、气象、电力、水利、消防、安全监管、电信、建筑以及应急管理等领域的 22 名专家组成，利用 4 天时间，详细听取了澳门特区政府及相关部门关于灾情和救灾工作的情况介绍，详细查阅了澳门关于此次台风灾害的相关资料，分组走访了民防行动中心、海事及水务局、邮电局、消防局、地球物理暨气象局、能源业发展办公室、土地工务运输局、自来水公司、电力公司等单位，实地察看了灾害现场、有关防灾减灾设施以及澳门防灾减灾基础工程，与有关部门单位官员进行了坦诚交流，研究提出了改进灾害预测、预报、预防的工作机制，完善防灾减灾救灾机制等方面的措施，编制了《国家减灾委协助澳门"天鸽"台风灾害评估专家组的工作报告》，并于2017年9月27日向澳门社会公布。澳门特区政府、各有关部门高度重视《国家减灾委协助澳门"天鸽"台风灾害评估专家组的工作报告》，针对内地有关专家提出的问题、建议和意见，及时制定有针对性的短期和中长期改进措施。

（三）出台救助措施和政策

灾害发生后，行政长官指示行政法务司、经济财政司、保安司、社会文化司和运输工务司的五位司长充分听取社会各界对"天鸽"台风灾害善后工作及检讨重大灾害应变机制的意见，要求各司根据各自管辖范畴，结合灾害应急救助需求，研究推出市民关心的受灾问题的援助措施。

（1）出台"中小企业特别援助计划"和"灾后补助金措施"。澳门经济局通过工商业发展基金，面向受台风影响的中小微企业、商贩、营业车辆持有人及自雇人士，推出"中小企业特别援助计划"和一次性的"灾后补助金措施"，并把"灾后补助金措施"的金额由原来的3万元（澳门币）提高为5万元（澳门币），有效缓解了受灾商户的经济压力。

（2）及时联络保险公司开展灾害理赔。澳门政府高度关注"天鸽"台风对澳门商户、居民的财产造成的严重损失，在预计到有不少商户和居民可能已经购买了商业保险的情况下，澳门金融管理局灾后及时联络保险公会和保险公司，建立24 h联络沟通机制，实时跟踪掌握财产损失及理赔情况。

（3）及时开展抚恤慰问。澳门基金会向受灾居民提供了价值13.5亿元（澳门币）援助并筹集了10万桶饮用水，具体包括向每名遇难者家属发放30万元（澳门币）慰问金；向受灾人员发放上限3万元（澳门币）的医疗慰问金，向因台风导致门窗受损或遭海水倒灌影响的住户发放上限3万元（澳门币）的援助金，向受停水停电影响的住户发放2000元（澳门币）补贴，有效缓解了受灾单位和人员的经济压力。

（4）迅速恢复社会生产生活秩序。灾害发生后，行政长官及时了解情况并指导救灾工作，向全澳市民发表电视讲话，向受灾人员表示慰问并承诺全力做好救灾工作。8月24日下午，行政长官率领相关部门官员召开新闻发布会，介绍风灾善后工作的具体措施，鼓励广大澳门市民同心合力、共度时艰。澳门特区政府通过政府发言人办公室、新闻局以及民防行动中心等各种渠道，主动发布"天鸽"台风灾害的有关信息，防止谣言传播，呼吁公众注意安全。行政长官办公室通过社团联盟机制，了解各界受台风灾害影响的情况，并听取对救灾工作的意见和建议，促进政府和社团密切协作，及时了解、解决民众需求，有效安抚市民情绪。特区政府与社会各界共克时艰，尽最大努力开展救灾和善后工作，澳门居民的生产生活秩序得到有效恢复，维护了澳门经济社会稳定的大局。

第三节 主要问题与教训

"天鸽"台风正面吹袭澳门，让素有"莲花宝地"之称的澳门，近三分之一的城区遭到不同程度水浸，不少民宅商铺、地下车库进水被淹，出现严重的断水、断电，暴露出澳门在防灾减灾救灾方面还存在一些问题和不足。

实践和理论证明：灾难的破坏性不完全取决于灾害的原发强度，还取决于人类社会抵御灾难的能力和脆弱性。灾难造成的损失通常与灾难强度、社会体系的脆弱性和暴露在灾害下的人财物的集中程度成正比，与应急响应能力成反比。如以下公式：

$$D = \frac{H \times V \times C}{R}$$

式中　D——灾难造成的损失；

　　　H——灾难强度；

　　　V——社会体系的脆弱性；

　　　C——暴露在灾害下的人财物的集中程度；

　　　R——应急响应能力（包括公众的自救互救、救援队伍应急响应速度和救援水平等）。

一、预防与应急准备不充分

（一）应急供水能力明显不足

澳门自来水总储水量及应急能力均有待提高，其后备设备、发电装置及相关配套设备的选址、数量及运行状况等均需要重新作出评估，流动供水车数量不能满足灾后临时供水服务的需要，超市的瓶装水一度在几天之内被居民恐慌性抢购一空。

（二）应急供电保障能力欠缺

澳门本地发电比例较小，主要依靠内地输送，由于供电中断造成澳门一度大面积停电。澳门许多公共机构虽有备用发电机，但总体数量不足且缺少日常维护，续航能力低，难以满足应急供电需求。

（三）应急食品与物资储备不足

灾民中心/避风中心储备的食品较为有限，且相关物资供应只针对民防应用。社工局没能将社会服务设施用作临时避难场所，并储备相应的应急物资。另外，照明设备、水泵、垃圾清理车辆及设备，消毒设备等均储备不足。

（四）公众忧患意识不强

由于澳门多年没有遭遇强台风正面袭击，悬挂风球后，澳门社会没有做好准备，缺乏相应的应急响应，对灾害的严重危害认识不足，未及时采取应对措施。

二、应急管理体制机制不健全

（一）民防架构统筹协调作用发挥不够

虽然民防行动中心在台风灾害应对期间全力指导及协调民防架构成员开展工作，各部门也通力配合，但工作仍有不足之处，特别是在断电、断水、通信中断的情况下，多个部门与民防行动中心的沟通一度出现问题，民防行动中心在协调指挥民防架构成员及社会组织参与救灾方面缺乏必要的权威权力、动员能力和资源支配能力。

（二）粤港澳应急联动机制有待完善

粤港澳应急联动机制在"天鸽"台风应对中发挥了一定作用，在事中通报和事后救灾的区域联动较为迅速和有效，但在事前预防、灾害监测预警等工作上缺乏有效沟通。澳门与香港未建立防灾救灾互助机制；《粤澳应急管理合作协议》中的"粤澳信息互换平台"尚未建成；粤港澳三地在突发事件的处置过程中气象信息、口岸信息等方面缺乏有效的沟通合作。

（三）公众沟通与动员机制不健全

各种救灾力量统筹协调不足且分工不清晰，在人力调配、物资收集分派、信息沟通等方面存在不足，存在着物资错配、过剩或重复发放的现象。

三、灾害应对法律法规和标准不健全

（一）防灾减灾救灾法律体系需要进一步完善

现有灾害应对相关的法律法规较为分散，部分灾害应对的紧急措施，例如防疫、对灾民的援助和安置等内容，分散于不同的法规之中，在具体适用法律上需要在执法层面进一步整合，以增强灾害预防和救助相关法律法规的整体性和协调性。澳门现有的法律制度中，针对灾害的预防和应变已有基本的制度框架，包括《澳门民防纲要法》（第 72/92/M 号法令）和《核准〈澳门特别行政区——突发公共事件之预警及警报系统〉》（第 78/2009 号行政长官批示）等灾害应对的框架性制度，《澳门特别行政区内部保安纲要法》（第 9/2002 号法律）《设立澳门特别行政区警察总局》（第 1/2001 号法律）《设立突发事件应对委员会》（第 297/2012 号行政长官批示）和《设立检讨重大灾害应变机制暨跟进改善委员会》（第 275/2017 号行政长官批示）等相关的权限和机构设置的法律制度以及散见于《灾民中心的规范性规定》（第 2/2004 号行政法规）等其他法规中灾害应对可采取的措施的规定，澳门已经初步具备了关于紧急状态处置的制度性框架和基本内容，但是还缺乏体系化和协调性。

（二）应急预案体系不健全

目前，澳门民防领域应急预案由民防行动中心统一制定和执行，当前的应急预案虽然对紧急情况做了预设，但对于本次强台风造成的灾害后果和救灾困难的叠加，没有充分的估计。由于本次灾害除极具破坏的风灾外，还有风暴潮叠加天文大潮导致的海水倒灌，同时破坏了澳门的水、电输送系统，停水停电大大增加了救援工作的困难；而台风灾害引发的次生灾害，如城市内涝、救援通路严重阻塞、停水、停电等，在预案中没有提及，现行的应急预案仍有很大的改进空间。

（三）灾害监测预警预报等技术标准需要进一步完善

在气象预报方面，澳门虽制定了多部技术性规范，但台风预警、风暴潮等级设定等业务规范较为陈旧，与周边和国际上通行的做法不匹配。澳门台风分级标准尚未与国际接轨，不利于准确描述台风强度变化，也不利于引起政府和公众对台风危害程度的认识。风暴潮预报和警告不足问题较为突出，目前澳门风暴潮最高警告级别是黑色，即"估计水位高于路面 1 m 以上时"发布风暴潮黑色警告，缺乏更加细化的风暴潮警告等级。现行悬挂 1 号、3 号、8 号、9 号及 10 号风球的台风预警方法，但对何时悬挂何种级别的风球无明确说法，实际操作时会有一定的随意性，并可能导致风球悬挂不及时。

四、生命线工程和重要基础设施设防标准不高

（一）防洪闸和防洪堤设防标准低

海堤、挡潮闸等设施设计标准低，难以抵御此次风暴潮的袭击，容易造成海水倒灌严

重。澳门半岛西侧（即内港区）部分堤岸不足抵御 10 年一遇潮位[①]；路环西侧堤岸不足抵御 10 年一遇潮位。内港临时防洪潮工程设计高程为 2.3 m，相当于潮高 4.1 m，而本次潮高达到 5.58 m（澳门基面），未能阻挡海水涌入内港一带区域。

（二）供水供电通信等重要基础设施设防标准低

城市供水、供电、通信等重要的生命线设施缺乏统一规范的设防标准，自身抵御灾害能力十分薄弱，很容易由于水浸等原因造成设备停运。"天鸽"台风后，受大面积停电及泵站水浸等影响，澳门主力水厂青洲水厂、大水塘水厂以及路环水厂停止产水，造成澳门居民停水。青洲水厂和大水塘水厂地势低，存在水浸风险。电网建设应对灾害标准不健全，电力基础设施设防标准不高。

五、灾害预警及响应能力亟待提高

（一）专业技术人才和装备相对缺乏

本次灾害应对过程中，由于气象等专业技术人才及装备缺乏，造成对此次台风及引发的风暴潮预报不及时，预警发布后可供澳门社会应急准备的有效时间不够，使得相关专责部门在救灾救援时遇到较大困难。由于与救灾直接相关的专业化救援队伍人员不足，澳门特区政府不得不让纪律部队全面投入救灾工作，长时间的工作使得一些人员身心疲惫，影响了救灾救援效率。技术和装备不足也制约了救援活动的顺利开展。

（二）灾害预警及响应能力薄弱

"天鸽"台风的应对暴露出澳门缺乏完善的灾害预警信息发布、传播机制，灾害预警信息发布的及时性、有效性、准确性和覆盖面不够，没有形成多语种、分灾种、分区域、分人群的个性化定制预警信息服务能力。8 月 23 日，8 号风球预报于凌晨至清晨时间发出，但直到 9 时才改挂 8 号风球，直到 10 时 45 分才改挂 9 号风球，并在 11 时 30 分才改挂 10 号风球，由于台风预警时间不足，且未对强台风造成的严重影响及风暴潮及时发出预警，以致政府机关和广大居民对风灾可能造成的危害未引起足够重视，导致没有充足时间制订有效的预警响应行动计划并处理各类紧急情况，应急行动效率受到影响。

第四节 灾后恢复重建成效明显

澳门特区政府及时将工作重点转移到灾后恢复重建，在多方的共同努力之下，澳门社会秩序在"天鸽"台风灾后很短时间内得到基本恢复。澳门特区政府及时检视现行的灾害应对处置机制，尤其是气象预报、民防工作统筹、信息发布协调，以及相关基础设施的状况。根据检视评估结果，迅速采取相应措施，包括未来灾害应对处置的整体规划，加强民防行动框架下的应急协同效应，尤其在统一规划、行动及发布信息方面，以提高灾害应对能力。澳门特区政府高度重视国家减灾委专家组提交的《国家减灾委协助澳门"天鸽"台风灾害评估专家组的工作报告》，尤其是在气象、电力、水利、通信、救援等专业领

---

① "N 年一遇"在专业上准确的含义是"任意一年内都有百分之 N 发生概率的事件"。美国从 20 世纪 60 年代开始使用 100-year event 这种概念用于风险评估，目的是评价"在百分之一概率事件下，工程项目的可靠性"。相应的还有 10-year，50-year 的使用——全部都是十分之一，五十分之一发生概率的意思。

域，结合有关专家意见采取了一系列改进措施，有效保障居民生命财产安全及维护社会和谐稳定。

一、改进应急管理体制机制

（一）修订与完善应急预案

针对灾害应对过程中所暴露出的问题与不足，澳门特区政府及时修订有关应急行动预案，为制定整体应急行动预案做好准备。地球物理暨气象局进一步改善预警信息发布机制；海事及水务局吸取"天鸽"台风灾害应对经验，完善现有的《澳门供水安全应急预案》。邮电局于2017年11月1日修订更新了《电信范畴突发或危机事件应变机制》。

（二）及时调整民防架构

根据"天鸽"台风灾害应对情况，及时调整民防架构成员单位，保安司提议行政长官批示新增加邮电局及能源业发展办公室作为民防架构成员，调整后的民防架构由两个行动中心和29个部门/机构组成。强化民防架构成员间的沟通与合作，强制规定各部门派驻民防行动中心的厅级以上级别和专业要求。明确民防架构成员的职责划分、合作义务、违反义务所应该承担的纪律责任。

（三）研究设立民防及应急协调专责部门

保安司专门研究制定民防应变及救灾统筹方面的短中长期系列针对性计划，拟设立专门预防应对和善后自然灾害和安全事故的专责部门——民防及应急协调专责部门，主要职能是承担统筹防灾减灾常规工作，包括民防综合演练、全社会紧急应变和安全意识日常教育、防灾减灾必要的物资管理、避险安置等。

（四）强化气象灾害监测预警机制

地球物理暨气象局着力提升对台风、风暴潮等灾害性天气的预警能力，采取的主要措施包括：一是进一步改善预警信息发布机制，让市民能更清晰及时采取预防措施。及早公布不同风球的可能时段和可能性高低，增加发布途径（新闻局网站及民防行动中心）。二是检讨各类恶劣天气警告的标准及相关技术指标（如风速的平均时段）。三是加强信息系统及供电系统的稳定性，完善备用系统和应急方案。四是加强对热带气旋信号及风暴潮警告的推广和教育。五是继续加强台风风力预测及相关风暴潮预报能力。

（五）统筹城市规划与防灾减灾工作

《澳门新城区总体规划》第三阶段公众咨询文本中，提出了新城区都市防灾的内容及建议，并配有新城区综合防灾规划示意图，当中提出新城区采用高标准防御风暴潮体系，采用能抵御100年一遇的防潮标准；合理布局重要基础设施，如供水、供电、通信、供气等生命线工程设施，并需加以重点保护；合理布局易燃易爆危险品单位，完善各分区消防安全布局；结合公园、绿地、广场、运动场等建设避灾场所，完善城市避难疏散体系，提高新城区整体防灾抗毁和抢险救援能力。新城区的后续规划及设计工作将在上述建议的基础上深化和落实。

二、抓好灾害救助政策落实

结合灾害救助需求，澳门特区政府在风灾善后工作中，紧急推出一系列援助措施，帮助受灾居民、商户及中小企业缓解生活和经营压力。截至2017年10月，共实施援助项目

36 个，支出约 17.57 亿元（澳门币）。澳门特区政府对因风灾事件影响的中小商户（包括市贩、营业车辆持有人及自雇人士）开展灾后经济补助及扶持政策，落实"受'天鸽'风灾影响的中小企业特别援助计划"和"灾后补助金措施"两项政策。为方便商户提交申请，实时与多个商会合作，尽量在各区设置申请地点，以方便商户提交申请，共设置了13 个收件点。由于申请数量庞大，经济财政司下属的所有部门均抽调人手来支持帮助，以加快处理申请。截至 2017 年 11 月底，援助项目支出约 21.6 亿元（澳门币）。土地工务运输局在风灾后得到澳门建筑业界的全力支持，在风灾后连日得到多达 300 家以上工程公司的积极响应，愿意为市民提供协助，自 2017 年 8 月 25 日起至 9 月 3 日止，各工程公司积极派出人员、车辆和机具，协助处理达 400 宗个案，为市民恢复正常生活出力（表 1-3）。

表 1-3　灾害救助个案申请及审批情况

申请及审批情况	灾后补助金	特别援助计划	两项措施合计
申请量/宗	14536	6640	21176
已处理个案/宗	12784	5061	17845
已处理个案/%	88	76	84
已实地复查次数/次		953	
工商业发展基金批准个案/宗	12462	4995	17457
涉及金额/澳门币	545198257	1614536910	2159735167

注：数据截至 2017 年 11 月 29 日。

三、加强防台风防潮防洪工作

自 2017 年 9 月，土地工务运输局跟进评估因受灾而损坏的建筑物，完善对地下室、地下停车场的管理，优化风暴潮时的挡水机制，研究制定建筑物窗户抗风标准。

（一）论证城市防洪潮工程

防洪潮工程主要针对沿岸防洪标准相对较低的地区，主要包括内港区、外港区及路环西侧，论证不同标准的短期、中长期防洪工程。

针对本次"天鸽"台风影响最大的内港区，中长期方案是在湾仔水道兴建内港挡潮闸，相关方案研究正紧锣密鼓地进行。2017 年 8 月底，《澳门内港海傍区防洪（潮）排涝规划总体方案报告》已获中央多个部委回复，修建挡潮水闸提上议事日程。2017 年 9 月 12 日，崔世安行政长官在广州与广东省省长马兴瑞会面共商建闸挡潮大计。双方决定在既有粤澳合作框架下，加强两地对口部门沟通，继续协调开展挡潮闸工程的深度论证。

内港兴建挡潮闸预计实施完工至少需要数年时间，在此期间为尽早缓解内港风暴潮水浸压力，尽最大努力保障居民的生命财产安全，改善内港民生环境，海事及水务局邀请珠江水利委员会珠江水利科学研究院协助开展《澳门内港防洪潮排涝优化及应急方案研究》项目，研究沿内港及筷子基北湾加高堤岸。内港初步构思以矮墙加挡水板的型式，在现有防洪涵闸的基础上进行优化，临时防洪潮工程防御标准设计为 20 年一遇，采用半活动式防洪墙，即"矮墙+移式防洪墙"；开展筷子基至青洲临时防洪工程研究，针对风暴潮海水越堤对筷子基及青洲造成的影响，计划加高林茂、筷子基及青洲的沿岸堤围，提高防洪能力。

编制《外港堤围优化工程计划》，对外港堤围进行加高及重整，以及对设施进行完善及优化；编制《路环西侧防洪排涝规划总体方案》，制定防洪排涝规划，以便展开下阶段的工程研究及设计。

（二）研究城市排涝工程方案

一是准备在内港北建设大型雨水箱涵及泵房，增强排涝及蓄洪能力。二是计划研究在内港建造地下蓄洪池、雨水箱涵及排水系统，以缓解内港一带的水患。三是在凼仔大潭山山坡建造排水明沟，以便将大潭山的部分雨水分流至下水管道及大型箱涵，并及时排放出海。

（三）制修订相关建筑设施标准

通过对澳门黑沙环中街和东方明珠街交界街区高层楼宇风洞实验及计算流体动力学数值模拟，分析楼宇所受到的风压值，检视、更新及完善《屋宇结构及桥梁结构之安全及荷载规章》关于抗风及抗震的规定；草拟《建筑物玻璃窗设计指引》初稿（2017年11月29日），确保建筑物玻璃窗有足够的抗风能力。

四、加强生命线工程建设

（一）电力

能源业发展办公室积极开展"天鸽"台风灾后的跟进工作，高度重视国家减灾委电力行业专家的意见建议，主要开展了以下工作：

（1）积极同南方电网公司联系，总结分析灾情及推进相关工作。南方电网公司组织开展了对受灾情况和对两地的影响的评估工作，在对现有的电力设施防风标准与应急处置能力，及对基于现有网架的保底电网存在的问题和解决措施评估的基础上，提出了要进一步提升电力设施防风标准；按照高标准（全电缆线路+全户内GIS变电站）完善对澳门供电通道。双方对加快推进落实第三输电通道的建设达成了共识，经过会议协调，第三输电通道登陆点及路径亦已基本确定，力争2018年初完成核准并开展建设，2019年6月建成投运。双方已着手起草相关文件，推动完善联动指挥机制及应急保障能力建设。

（2）与澳门电力公司检讨事故。澳门电力公司加快推进澳门本地新增燃气机组的建设，目前已完成项目可行性研究工作，拟于2018年初开展招标工作，争取新机组在2021年底投运。由土地工务运输局、能源业发展办公室和澳门电力公司三方组成的工作小组，正在检讨变压房防水设计并开展了对低洼地区配电网改造方案研究。开展改善重要用户供电方案研究。加快调度中心建设工程及智能电表安装工程，加快推进离岛旧城区架空线路转地下电缆工程。澳门电力公司还对国家减灾委专家组提出的建议逐条进行了响应，提出了具体的落实措施和计划安排。

（二）供水

海事及水务局采取一系列措施提升澳门应对供水安全突发事件的能力：一是要求自来水公司在下一风季来临前，完成可抵御比本次"天鸽"台风所引发的风暴潮水位更高标准的防洪措施，包括提高各水厂的防水闸高度，并适当提高部分机电设备的座台高度等。二是要求自来水公司增加重要供水设备零部件储备及其他救灾设备，以加强水厂自身的防灾减灾救灾能力。三是完善供水优先次序方案并优化管网调度。四是加强水厂外设施的保护（包括中控室对青洲水厂以外其他水厂的通信设施、全澳各区的流量计、压力点等）。

五是要求自来水公司建立多渠道、多方位的讯息收集与发布途径和手段，以达到快速收集信息和发布最新供水讯息。自来水公司改善客服热线系统（例如增加备用客服热线）。六是与内地水利部门紧密合作，计划 2018 年完成第四条原水管道内地段工程，澳门段的工程已经动工，未来可提升自来水厂的安全运行能力和应急备用储水能力。

（三）通信

澳门邮电局要求营运商采取了一系列恢复重建措施。一是强化网络设施和营运，主要包括：制定优先恢复供电地点的清单；设立恶劣天气情况下燃油补给安排；建立健全突发性服务中断的应变机制，并定期演练；加强室外设备的物理强度；检查基站的不间断供电设备。二是加强应变沟通能力，检视及优化信息发布机制，建立跨营运商的紧急事故应变联合小组。三是建议营运商检视和优化信息发布机制。

在中央政府的全力支持下，在解放军驻澳门部队、兄弟省区及驻澳机构的帮助下，澳门广大居民守望相助，政府与社会各界共克时艰，澳门居民的生活逐步恢复正常，社会大局保持稳定。

2017 年 12 月 15 日，习近平主席会见澳门特别行政区行政长官崔世安，充分肯定了崔世安行政长官带领澳门特别行政区政府依法施政，大力推动稳经济、惠民生工作，顺利完成第六届立法会选举，稳妥应对各种突发事件和挑战，推动各项建设事业取得新进展。中央对崔世安行政长官和澳门特别行政区政府的工作充分肯定。希望崔世安行政长官和澳门特别行政区政府团结带领澳门各界人士，增强大局意识和忧患意识，锐意进取，不断推进"一国两制"在澳门的成功实践。

第二章 国内外防灾减灾救灾最新动态和做法

第一节 国内外应对台风灾害的主要做法和经验教训

一、我国台风灾害特点及应对

(一) 主要特点

中国是世界上遭受台风影响最严重的国家之一，具有发生频次高、登陆强度大、影响范围广、受灾程度重、灾害群发性强等特点。

发生频次高。影响和登陆我国的台风主要来自西北太平洋和南海，孟加拉国湾风暴对我国西南地区也有影响。据统计，西北太平洋和南海平均每年约有 27 个台风生成，约有 7 个台风登陆我国，特别是广东、台湾、海南、福建、浙江等省沿岸是台风登陆最集中的区域。

登陆强度大。1949—2016 年间，共有 473 个台风登陆我国，其中以台风、强台风和超强台风级别登陆我国的台风有 228 个，占全部登陆台风的 48%，以强台风和超强台风级别登陆我国的台风 81 个，占全部登陆台风的 17%。仅 2000 年以来登陆我国的超强台风就有 7 个，分别是 2000 年"碧利斯"登陆台湾、2006 年"桑美"登陆浙江、2008 年"蔷薇"登陆台湾、2014 年"威马逊"登陆海南、2015 年"彩虹"登陆广东、2016 年"尼伯特"和"莫兰蒂"分别登陆台湾和福建，上述台风均给当地及周边地区造成重创。

影响范围广。全国约有五分之四的省级行政区可能受到台风影响，其中从华南到东北长 1.8 万多千米的沿岸地带更常遭受台风之害。台风登陆地点几乎遍及中国沿海各省。2000 年以来，全国因台风灾害造成的受灾人口年均 3151 万人次，有近一半的省份发生了人员死亡或失踪情况。

受灾程度重。2000 年以来，我国因台风灾害年均造成死亡失踪 223 人，直接经济损失 462 亿元。由于近年来我国加强对台风灾害的预警和防御，尤其是提前转移处于危险区域和低洼地带可能受到影响的居民，死亡失踪人口总体呈现下降趋势。同"十五"和"十一五"相比，"十二五"因台风灾害造成的死亡失踪人口大幅减少，仅为"十一五"的 2 成多、"十五"的近 5 成。但是，因台风灾害造成的直接经济损失在增加。"十二五"期间，我国因台风灾害造成的直接经济损失均为"十五"和"十一五"的 2 倍以上。

灾害群发性强。台风灾害常常引发洪涝、泥石流、滑坡等次生灾害，特别是重大台风灾害多数是登陆台风带来的狂风、暴雨和大海潮的共同影响以及台风灾害链所形成。当登陆台风与其他环流系统相互作用时，不仅会导致沿海台风灾害加重，而且可能深入内陆造成重大灾害。2006 年强热带风暴"碧利斯"深入内陆后低压环流维持时间长达 120 h，雨量大，多地引发山洪地质灾害，造成 843 人死亡，损失之重为近年罕见（表 2-1）。

表2-1 新中国成立以来我国典型的台风灾害

发生年份	台风名称	主要影响范围	特点	灾 情
1956年	温达（WANDA）	浙江、安徽、河南、山西、陕西、内蒙古等省份	体积大、深入内陆深	8月1日夜间以55 m/s的强度登陆浙江象山。次日，进入安徽境内并减弱为低气压，尔后又经河南、山西、陕西等省，在陕西与内蒙古交界处附近消失，共造成5000余人遇难
1973年	马格（MARGE）	海南	强度大、生命史短	9月14日凌晨，以其生命史中巅峰强度（60 m/s）在海南琼海登陆，350 t的烟囱在狂风中轰然倒下，整个城区几乎看不见一座矗立的烟囱，整个海南至少903人遇难
1980年	珀西（PERCY）	台湾、福建	强度大	9月18日在台湾南部的恒春登陆，登陆时强度为55 m/s。9月19日再次在福建漳浦登陆，登陆强度是50 m/s
1996年	莎莉（SALLY）	广东	移速快、生命史短、风力强、破坏力巨大	在南海平均每小时移动速度达到38~40 km/h，最高速度超过40 km/h，进入南海后仅1天就登陆，成为有记录以来南海移动速度最快的台风。9月9日11时在广东吴川与湛江一带沿海登陆，登陆时中心附近最大风速50 m/s。登陆地数以百计的汽车被吹翻，港口中几百吨的龙门吊被吹入海里，至少359人遇难
2005年	卡努（KHANUN）	浙江、上海、江苏、安徽	体积小、移速快、风力强	7级风圈半径为250 km，移动速度一度达到30 km/h，最强时中心附近最大风速达50 m/s，在巅峰之时于9月11日在浙江台州登陆。浙江、上海、江苏、安徽共16人死亡，9人失踪
2006年	桑美（SAOMAI）	浙江、福建、江西、湖北	强度大	以17级（60 m/s）的风速于8月10日17时25分在浙江苍南县马站镇登陆，给浙江苍南和福建福鼎的部分地区带来毁灭性的破坏，两省因台风共造成450人死亡，失踪138人
2006年	碧利斯（BILIS）	台湾、福建、湖南、广东、广西、浙江、江西	深入内陆时间长	强热带风暴深入内陆后低压环流维持时间长达120 h，雨量大，造成福建、湖南、广东、广西、浙江、江西共843人死亡，损失之重为近年罕见
2014年	威马逊（RAMMASUN）	广东、广西、海南、云南	强度大	先后在海南文昌、广东徐闻和广西防城港3次登陆我国。在海南省文昌登陆时的中心附近风力和最低气压均达到或突破有记录以来的历史极值，共造成88人死亡失踪

（二）主要做法

改革开放以来，随着内地省市气象监测和预报技术水平不断提高，台风路径预报和登陆点预报准确率有较大提升，预报时效逐步延长，为台风灾害应对提供了重要支撑。总结多年抗台风经验，最根本的是进一步增强忧患意识、责任意识。

一是围绕"五个坚持"，完善台风灾害应急管理体制机制。经过不断摸索，内地在台风灾害预防与应对上逐步确立了"五个坚持"。在工作方针上，坚持安全第一、以防为主、常备不懈、全力抢险，努力争取防汛防台风的主动权；在工作理念上，坚持以人为本、服务大局，把确保人民生命财产安全放在首位，力求不死人、少损失；在工作机制上，坚持以行政首长负责制为核心的各级各类防汛防台风责任制，力求责任"横向到边、纵向到底"；在工作措施上，坚持建管并举、重在管理，不断夯实防汛防台风的物质基础和管理基础；在应急抢险上，坚持军民联手、区域联动、部门配合，增强防汛防台风抢险、灾后救助的整体合力。

二是围绕"科学有序"，建立统一的组织指挥体系。防台风工作既是一项常态管理工作，更是一项应急管理工作，必须建立高效统一的组织指挥体系。在各级党委领导下，由各级政府负责防台风应急管理具体工作。在国家层面，国务院是突发事件应急管理工作的最高行政领导机关。在国务院统一领导下，中央层面设立国家减灾委员会、国家防汛抗旱总指挥部等机构，负责减灾救灾的协调和组织工作。在地方层面，地方各级政府是本地区应急管理工作的行政领导机关，负责本行政区域各类突发事件应急管理工作，是负责此项工作的责任主体。各级地方政府成立职能相近的减灾救灾协调机构。为强化落实防台风责任，各地全面建立和完善以乡（镇）政府、街道办事处防汛防台指挥部为单位，以行政村、小区防汛防台风工作组为单元，以自然村、居民区、企事业单位、水库山塘、堤防海塘、山洪与地质灾害易发区、危房、公路危险区、船只、避灾场所等责任区为网格的基层防汛防台风组织体系，力求做到责任到人，不留死角。

三是围绕"规范实用"，建立高效的应急预案体系。我国已形成了应对台风的"横向到边、纵向到底"的突发事件应急预案体系，即国家总体应急预案、国家相关专项应急预案、国务院有关部门应急预案、地方政府相关应急预案、企事业单位应急预案。重大台风及次生灾害发生后，在国务院统一领导下，相关部门各司其职，密切配合，地方政府属地管理，及时启动应急响应，按照预案做好各项抗灾救灾工作。通过建立突发事件应急预案体系，对应急组织体系与职责、人员、技术、装备、设施设备、物资、救援行动及其指挥与协调等预先作出具体安排，明确了在突发事件事前、事中、事后，谁来做、做什么、何时做，以及相应的处置方法和资源准备等，确保了应对工作科学有序。总的看，全国应急预案体系向多层次、全方位、宽领域、广覆盖方向不断发展，突发事件防范能力明显增强。

四是围绕"精准及时"，建立先进的监测预警体系。在气象灾害监测上，采取天、地、海、空立体手段无缝观测，力求测得准、测得细、测得快，切实提高气象灾害监测能力。在气象灾害预报上，力求报得准、报得细、报得早，不断提高气象灾害的预报准确率和精细化水平。目前，我国对台风的监测预报水平已经达到世界先进水平。对于此次台风"天鸽"路径预报，中央气象台24 h路径预报误差为66.7 km，优于日本（72.8 km）和美国（98.3 km）。24 h强度预报误差为3.7 m/s，也优于日本（6.1 m/s）和美国（6.8 m/s）。在最大级别预警提前量上，中央气象台8月23日6时发布2017年第1次红色预警（最高预警级别），最大预警提前量较台风"天鸽"登陆（8月23日12时50分）提前6 h 50 min。在气象灾害信息传播上，力求及时、准确、全面、覆盖面广，建立国家、区域、省、市、县等五级联防的台风监测预警服务体系，充分组织、动员各级政府部门和公众，利用政府网站、两微一端（微博、微信、客户端）等互联网渠道、广播电视等传统媒体、公共场所显示屏、大喇叭等发布台风动态和防灾避险预警信息，力求做到信息覆盖无盲区、无死角。

五是围绕"专业高效"，建立多方协同的应急救援体系。建设以解放军、武警、公安部队及预备役民兵为突击力量，各专业应急救援队伍为骨干力量，企事业单位专兼职救援队伍和社会义工为辅助力量的应急救援体系，是提高应急救援能力的重要保证。99%的县级政府依托公安消防部队等成立综合性应急救援队伍，武警专业救援力量纳入国家应急体系，不断加强国家核应急救援队、国家卫生应急队伍、国家矿山应急救援队、国家应急测绘保障队等专业救援队伍建设，应急救援和保障能力快速提升。此外，初步建成布局合理、种类齐全、规模适度、功能完备、保障有力的救灾物资储备体系。中央主要存储救灾帐篷、棉大衣、棉被、睡袋、折叠床等生产周期长的物资，以实物储备为主；地方根据各自灾害特点存储部分上述物资和方便食品、饮用水等，采取实物储备和协议储备两种方式。各级政府根据常年受灾程度确定物资储备规模，及时补充更新，以备应急救援实际之需。

六是立足"大灾巨灾"，建设高标准工程防御体系。江海堤围是防御台风风暴潮的基础工程设施。由于一旦江海堤围在台风风暴潮中出现问题，灾情将难以有效控制。因此，江海堤围必须达到一定的设防标准。近年来，我国沿海省份根据江海堤围保护范围大小、重要程度、江海堤围走向与台风经常袭击的方向等因素，科学制定设防标准和结构形式，开展了大规模、高标准的江海堤围建设，在防台风和风暴潮中收到了良好效益。以浙江省为例，1994年以前浙江省钱塘江的海塘防御标准大约为20~50年一遇，浙江东部沿海地区仅为5~10年一遇的标准。1994年17号强台风造成的重大损失给浙江省防台风工作起到了强烈的警示作用。这次台风之后，浙江省防台风部门根据实测潮位、风速等最新数据，对海塘工程技术规定作了若干修订。浙江自此开始了大规模的、高标准的海塘建设，其中"9711"台风之后的1997—2002年间浙江省就投入50多亿元。目前浙江省6600余千米海岸线建有2132 km海塘（浙东海塘1732 km，钱塘江海塘400 km），防潮标准为20年一遇及以上标准海塘长1464 km，其中100年一遇的218 km。浙江沿海形成了一条防台风防潮的生命线，形成了比较完善的高标准海塘体系。浙江省高标准的海塘有效地减轻了2004年"云娜"、2006年"桑美"等超强台风的损失。

七是坚持"生命至上"，增强抵御自然灾害综合防范能力。习近平主席在主持浙江、上海工作期间，就对防范台风工作提出要求，即：不怕十防九空，不怕兴师动众，不怕"劳民伤财"，就怕给人民生命财产造成损失。面对灾情变化、基础薄弱、城市脆弱、社会舆情、应急不足等防汛防台风工作的新挑战，切实推进依法防汛防风、科学防汛防风、智慧防汛防风、精准防汛防风、全社会防汛防风。充分动员和利用社会力量参与防灾减灾救灾，强化社会组织和义工队伍建设、强化保险公司参与、强化社会媒体和公众参与、探索政府购买公共服务。大力推进基层防灾减灾救灾体系建设，推进街镇基层应急管理工作"有班子、有机制、有预案、有队伍、有物资、有演练"建设，并向村（居）委会延伸，结合小区特点，因地制宜开展自救互救技能训练。提升防台风科技水平，借力移动通信、卫星遥测、物联网、大数据等先进技术，不断改进台风预报关键技术和装备，进一步提高台风预报准确性和精细化程度，尤其是提高对异常台风（包括路径突变和强度突变的台风）的监测预报水平。

二、美国飓风灾害特点及应对

（一）主要特点

美国幅员辽阔，地理位置独特，气候条件及大气环流状况导致飓风等灾害频发。美国东部有阿巴拉契亚山脉、西部科迪勒拉山系等，均呈南北走向，而中部主要是平原，南部和北部几乎没有山脉阻挡，因此，来自北冰洋的冷空气与来自热带的热空气容易长驱直入，同时东部的阿巴拉契亚山脉比较低缓，对水汽阻挡作用不明显，诸多原因造成飓风数量多、强度大。美国的飓风季节是每年6—11月，高峰期是8—9月。飓风可能冲击的地区遍及整个大西洋沿岸，而最常遭受冲击的是佛罗里达州、南卡罗来纳州、北卡罗来纳州、路易斯安那州和得克萨斯州等。据统计，尽管美国飓风的总数自20世纪90年代以来略显下降，但强烈飓风特别是4级、5级飓风的数量却在最近几十年中呈增长态势，并造成重大人员伤亡和财产损失（表2-2）。

表2-2 美国历史上发生的重大飓风灾害

发生年份	台风名称	影响范围	损失情况
1935年	劳动节（Labor Day）	美国东南部海岸	5级飓风造成423人遇难，经济损失约为600万美元
1969年	卡米耶（Camille）	密西西比州和路易斯安那州	5级飓风造成大约256人遇难，经济损失约为120亿美元
1988年	吉尔伯特（Gilbert）	波多黎各和处女岛、北卡罗来纳州和南卡罗来纳州	5级飓风造成85人遇难，经济损失约为150亿美元
1992年	安德鲁（Andrew）	佛罗里达州和路易斯安那州	5级飓风造成约52人遇难，近13万栋房屋受损或毁坏，经济损失约为300亿美元
1999年	弗洛伊德（Floyd）	南卡罗来纳、北卡罗来纳、弗吉尼亚州、新泽西州及华盛顿、巴尔的摩、费城和纽约	飓风共造成150万户停电，300万名学生不能上学
2005年	卡特里娜（Katrina）	路易斯安那州、密西西比州及亚拉巴马州	5级飓风造成1836人遇难，705人失踪，经济损失至少750亿美元。新奥尔良市80%的城区被洪水淹没

（二）主要做法

美国应急管理工作基本理念是软件重于硬件、平时重于灾时、地方重于中央。其主要做法包括以下几个方面：

一是统一领导、两级管理的灾害管理体制。美国政府根据《美国联邦灾害紧急救援法案》设立了总统直接领导的美国联邦应急管理署（FEMA），它直接对总统负责，专司国家灾害和突发事件管理，负责重大灾害的预防、准备、响应和恢复工作。一旦突发飓风等重大灾害，可以调动美国所有人力、物力进行紧急救援。美国的灾害管理实行统一领导和分两级管理的模式，灾害应对的第一责任者是灾害发生地区所在的州，灾害应急处置主要由所在州紧急救援管理局组织实施，当超出该州能力时，州长向总统提出救援请求，联邦政府提供支持。

二是通过加强立法规范保障灾害救援救助行动。在飓风等灾害防治方面，美国建有较为完备的法律法规体系，在总结多年防治灾害经验和教训的基础上，出台了《美国联邦灾害紧急救援法案》《防洪法》《灾害救助法》《洪水灾害防御法》《联邦灾害法》《沿海区域管理法》《斯塔福特救灾与紧急援助法》等一系列有关灾害的法律法规。《美国联邦灾害紧急救援法案》以法律形式定义了美国灾害紧急救援的基本原则、救助范围和形式、政府各部门、部队、社会组织、公民的责任和义务，为防治灾害提供了法律依据和法律保障。此外，美国制定了《国家紧急响应计划》和各专项计划等系列防灾减灾规划，规划具备可评价性，视规划执行情况进行定量评估和比较分析，同时规划强调以提高基层组织防灾能力建设为基础备灾。

三是建立现代化的灾害监测预警体系。美国非常重视气象灾害预警，在全美已经建立了比较完备的现代化气象灾害预警体系。美国国家天气局（NWS）负责各种气象灾害监测预警和相关管理工作。按照属地及责任区原则，各种灾害性天气预警的制作、发布由NWS和122个气象台负责。气象灾害预警信息通过互联网、电视台、广播等新闻媒介随时向社会公布，即便在偏远山区，当地农民也能通过收音机接收，这种收音机就算处于关闭状态，一旦接收预警信息就能自动开启播放。美国电视台设有专门气象服务频道，全天候24 h不间断播放气象服务信息。

在对飓风、龙卷风等极端天气的预警方面，国家海洋大气管理局（NOAA）的国家强风暴实验室（NSSL）具有世界一流的研究能力。NSSL的职责就是调查和研究灾害性天气的原因，致力于提高灾害性天气预警水平，使人民生命财产减少损失。NOAA气象数据和卫星监测系统是气象灾害预警的重要依据。依靠卫星、雷达等提供的综合数据，NOAA实现了24 h的实时气候监测与分析，对飓风、龙卷风、暴风雪以及其他极端天气进行预警，NOAA依靠科学家的研究分析能力，及时提供有可能引发气象灾害的边界气象条件，并应用模式分析预测灾害的严重程度。

四是运用先进科学技术，提升防灾减灾能力。美国一直开展飓风飞机观测业务，每当飓风靠近美国本土时，隶属于NOAA的国家飓风研究中心会立刻出动数架不同功能的研究专用飞机，直接飞入飓风中或绕行其周围，开展机载雷达观测和下投探空观测，用以充分掌握飓风的整体结构及其环境和动态，所得数据用于数值模式可以使飓风路径预测的准确度提高15%~30%。美国在气象防灾减灾中还注重应用先进的技术设备，地球气象卫星、微波遥感技术早已用于气象灾害监测、预警；利用超级计算机和数值模式（全球、区域及集合模式）开展飓风预报。

三、日本台风灾害特点及应对

（一）主要特点

日本作为太平洋上的一个岛国，因其位置、地形、地质、气象等自然条件的综合作用，一年四季多发气象灾害。在日本的气象灾害中，台风灾害无论从规模上还是程度上，都居首位。根据日本气象厅数据，1981—2010年的30年间，平均每年约有3个台风登陆日本列岛。台风季为6—10月，登陆最多的是在8—9月。日本曾先后发生过1934年"室户"台风、1945年"枕崎"台风、1954年"洞爷丸"台风、1959年"伊势湾"台风、1958年"狩野川"台风等，都对日本造成极大影响，其中"室户"台风、"枕崎"台风和"伊势湾"台风更被称为"昭和三大台风"，导致数千人遇难（表2-3）。

表 2-3　日本历史上发生的重大台风灾害

发生年份	台风名称	影响范围	伤亡情况
1959 年	伊势湾（VERA）	除九州之外的全国	遇难 4697 人、失踪 401 人
1934 年	室户	九州岛—东北	遇难 2702 人、失踪 334 人
1945 年	枕崎	西日本	遇难 2473 人、失踪 1283 人
1954 年	洞爷丸（MARIE）	全国	遇难 1361 人、失踪 400 人
1958 年	狩野川（IDA）	近畿以北	遇难 888 人、失踪 381 人

注：按伤亡严重程度排序。

（二）主要做法

日本应急管理工作的特点是理念优先于制度，制度优先于技术。其主要做法包括以下几个方面：

一是建立了较完整的应急组织体系。日本的应急组织体系分为中央、都道府县、市町村三级，各级政府在平时召开灾害应对会议，在灾害发生时，成立相应的灾害对策本部。为进一步提升政府的防灾决策和协调能力，进入 21 世纪后，日本政府将国土厅、运输厅、建设省与北海道开发厅合并为国土交通省，把原来设在国土厅内的"中央防灾会议"提升至直属总理大臣的内阁府内，并在内阁府设置由内阁总理任命的具有特命担当（主管）大臣身份的"防灾担当大臣"。"防灾担当大臣"的职责是：编制计划；在制定灾害风险减少的基本政策时进行中心协调；在出现大规模灾害时寻求应对策略；负责信息的收集、传播和紧急措施的执行。此外，该大臣还担任国家"非常灾害对策本部长"以及"紧急灾害对策本部副本部长"（本部长由内阁总理大臣担任）。

二是建立了完善的法规体系，依法防灾减灾。日本十分注重防灾法律法规的建设。日本以《灾害对策基本法》作为防灾减灾的基本法规，辅之以配套法规，针对灾害的预防、防灾体系建设、灾后救援、灾情调查、恢复与补助等制定了一系列规章细则，从而保证了防灾、减灾、救灾到灾后恢复等工作的正常进行。日本水法规体系的核心是《河川法》。在《河川法》的基础上制定了一整套与水和防灾相关的法律，如《砂防法》《灾害救助法》《水防法》《水害预防组合法》《防灾迁移财政特别措施法》《公共土木设施灾害恢复事业费国库负担法》《台风常袭击地带灾害防御特别措施法》《滑坡防治法》《特大灾害特别财政援助法》《灾害对策基本法》《灾害土木费国家补助规程》《海岸法》和《城市水资源对策法》等。

日本水法规体系能根据灾害特点的变化及社会发展新要求不断进行发展和完善，并不断制定颁布相应配套法规，防灾减灾工作都建立在法制体制之上，加强防灾减灾对社会各方面的约束和调节能力。日本早在 1896 年就建立了《河川法》；在经历多次台风的严重袭击后，1949 年出台了《水灾防治法》；随着经济发展用水问题的突出，1964 年修订了《河川法》。20 世纪 90 年代环境保护的呼声加大，1997 年再次对《河川法》进行了大幅度的修订；随着城市的发展，城市水灾日趋严重，2001 年又对有关的水法律进行了修订。

三是大力普及灾害知识，培养民众防灾意识。在防灾教育上，日本政府十分注重强化公众的风险意识、普及灾害知识和培训公众自救技能。政府组织编制的洪水风险图有避难活用型（避难措施）、避难情报型、避难学习型（中小学教材）3 种。避难活用型侧重于避灾的各种具体措施，避难情报型侧重于各种灾情信息及其获取，避难学习型侧重于中小学生灾害认识的教育。在各小区开辟和标明了避难场所，即使是在地下街道、地下商场都有非常醒目的避难场所和紧急出口标志。饭店宾馆的客房都配备有应急避难的手电筒和自救升降梯等必备工具；研制了可以保存 3 年的饼干等应急食品。日本各级政府的防灾指挥中心都编制了防灾风险图，标明各地段的洪水风险及洪水能淹没的范围和水深，以及相应的避难场所等，并发放给公众。日本免费开放灾害防御教育馆，通过影视、模型、图片、文字和现场亲身体验等方式开展公众防灾知识的宣传和培训。日本政府将获得的各类灾害信息都向公众公布，公众可以通过多种渠道获得灾害信息。日本河川局管辖的 26 部雷达和气象局管辖的 20 部雷达分别对陆地和近海的降雨情况和天气系统进行监测。目前日本的防洪信息都是通过网络进行传输并实现共享，公众可以通过信息网站免费获得各种防灾信息。对于特定的服务对象，还可以通过手机短信、电台和专用收音机等方式快速获取信息。

当灾害发生需要避灾时，首先是民众根据自身了解的信息自行选择是否避难；其次是当灾害达到一定程度时政府发布避难劝告，动员有关民众避难；最后是当灾害达到或将达到严重程度时政府下达避难指示，避难指示属政府指令性质，民众必须服从政府安排，不执行者则属违法，可以拘捕。

四是重视风暴潮防护工程建设。风暴潮防护工程主要包括防潮堤、防潮护岸、水门、陆闸和排水泵站等。"伊势湾"台风后，伴随经济的高速发展，日本开始大兴土木。1960年日本建造的防潮堤和护岸的长度已达 4400 km。截至 20 世纪 90 年代，防潮堤和护岸的长度已达 9000 km，占日本海岸线总长的四分之一以上。

五是重视城市防洪以及地下设施的防护。目前日本的城市化率已达 70% 左右，随着日本工业化程度的提高，城市"热岛效应"很容易导致局部强降雨。日本三大都市圈之一的名古屋，半座城市处于暴雨中心区。加之日本国土面积有限，城市大力向地下发展，地下设施发达，如地下街道、地下商场、地下广场、地下铁路等比比皆是。因此，水灾对城市的威胁越来越突出。1998 年以来，先后袭击富冈、东京的特大暴雨，都造成了地下室里淹死人的惨剧，给地下街道、地铁造成重大损失。因此，城市减灾措施研究越来越受到重视，日本政府开始在科研部门进行大型物理模型试验和研究，如日本京都大学防灾研究所的大型城市立体空间洪水试验模型。日本城市防洪减灾的综合对策有：①通过保护生态环境，减少废气、废热排放，植树绿化改善环境等措施创造一个较好的气候条件；②建设雨水调节设施，在地下停车场建地下蓄水池，有条件的地方则建更大的防灾调节池，如公园地下建 $(5\sim10)\times10^4$ t 的蓄水池，在道路下面建直径 20 m 的调水池；③改造排水系统，如设置上下两层双排水管路，河道改建和堤防整治；④推广防洪新技术，如道路和广场建设时考虑雨水的下渗，路面不用水泥，而是用石子或渗水的沥青。日本政府计划城市防洪能力按 100 mm/h 降雨来设防，其中 75 mm 降雨产生的洪水由河道排泄，15 mm 降雨产生的洪水由蓄水池承担，其他民间设施承担 10 mm 降雨产生的洪水。

四、菲律宾台风灾害特点及应对

(一) 主要特点

菲律宾大部分地区年平均降水量约 2000~3000 mm，由北向南渐多。北部吕宋岛可分为东、西两部分，年平均降雨量为 4000 mm。南部棉兰老岛的大部分地区终年多雨，没有明显的旱季和雨季。另外，宿务岛和吕宋岛的卡加延地则因山岭屏蔽，年平均降水量不到 1500 mm，是全国比较干燥的地区。台风常常给菲律宾带来严重灾害，只有米沙鄢群岛以南地区很少受到台风影响。菲律宾的台风灾害主要呈现以下特点：

一是常年遭受台风灾害袭击。台风是形成于西北太平洋地区的热带气旋，由于菲律宾群岛特殊的地理位置，大约有 80% 的台风都会光顾菲律宾，菲律宾也因此平均每年会遭到约 20 个台风的吹袭，成为全世界遭受台风破坏最严重的国家之一。

二是台风造成人员伤亡严重。由于台风频密登陆或影响，常常给菲律宾造成巨大的人员伤亡。2011 年，热带风暴"天鹰"造成菲律宾 1200 多人遇难，30 万人无家可归；2012 年，超强台风"宝霞"也造成菲律宾近 1000 人遇难；2013 年 11 月 8 日，超强台风"海燕"袭击菲律宾，造成 6009 人遇难，27022 人受伤，1779 人失踪，彻底毁坏了近 60 万栋房屋，损坏了 61 万多栋房屋，近 400 万人失去家园，台风"海燕"成为菲律宾历史上有记载以来造成人员伤亡和财产受损最严重的天灾之一。

（二）主要做法和经验教训

菲律宾灾害管理机构及组织主要包括国家灾害协调委员会（NDCC）、17 个区域灾害协调委员会、79 个省级灾害协调委员会、113 个市级灾害协调委员会、1496 个县级灾害协调委员会和 41956 个基层灾害协调委员会。综合来看，菲律宾建立了以国家灾害协调委员会为中心的灾害应对机制。灾害协调委员会包括从中央到地方的系列协调组织，其主要活动由民防协调委员会完成。菲律宾建立了自己的应急管理框架，制定了灾害管理法和灾害管理规划，形成了比较完整的防灾减灾体系。

菲律宾防灾减灾体制机制的运作，注重业务科研部门的支撑。大气地球物理和天文管理局（PAGASA）是菲律宾的国家气象水文部门（NMHS），主要工作内容包括台风、风暴潮、洪水等灾害监测、预警及发布。警报和报告会及时转至国家灾害风险降低和管理委员会（NDRRMC）、媒体、报纸、无线电台和电视台、应急服务机构和其他用户。开展有效的灾害风险管理需要培养和培训灾害管理者和专业人员以及社会公众。通过与 NDRRMC 的合作，菲律宾相关研究机构组织绘制多种灾害风险地图，培养当地居民的灾害意识。PAGASA 还提倡改善基于小区的洪水预警系统（CBFEWS）以及危害/易损性地图绘制。

但结合 2013 年台风"海燕"应对工作，可以看出，菲律宾的灾害应急管理体系还存在较多薄弱环节。

一是预报预警不及时。11 月 6 日 23 时，菲律宾大气地球物理和天文管理局发布 1 号风暴警告信号，7 日 5 时发布 2 号风暴警告信号，当天 11 时发布 3 号风暴警告信号，17 时发布最高等级 4 号风暴警告信号。菲律宾国家减灾委员会同步发布《减灾委员会公告》，警告低洼地区和山区居民注意洪水和滑坡。3 号风暴信号发布后，菲律宾国家减灾委员会补充公告沿海地区可能遭受 7 m 高的风暴潮。整个预警预报过程看似完整，其实存在重大问题，主要是预警预报不及时。菲律宾气象部门将"海燕"定为"台风"等级的时间比我国中央气象台晚 41 h，比美国联合台风警报中心晚 36 h。"海燕"后期移动迅速，导致该国有效预警时间太短，警告升级仓促。从 1 号警告升级到最高的 4 号警告仅间隔 18 h，且第 1 次发布警告是在 23 时，待第 2 天早上大部分民众获悉时，形势已非常严峻，当天傍晚警告就升级到了最高级别，灾前的有效处置时间不到 10 h，造成了极其被动的防灾局面。

二是防御措施不到位。虽然在台风登陆前大约 10 h，菲律宾总统发表了全国电视讲话，警告民众风灾非常强烈，非常危险，呼吁务必严加防范，并启动了系列防御措施，但这些措施与之前几场台风的防御并无不同，更像是按部就班地例行公事。比如台风登陆前一天，全国仅有 3 个镇和 1 个市采取了有组织的人员转移。而据灾后统计，实际受灾人口达 44 个省，因灾转移 400 万人。根据历史经验，菲律宾台风致灾的主要原因是台风暴雨引发洪水和泥石流。由于"海燕"移速非常快，因此有专家认为"海燕"驻留菲律宾的时间会很短，降雨不足，不会引发重大的洪涝和泥石流灾情。该国大气地球物理和天文管理局官员接受采访时曾表示，测得风速最大的台风不一定就是最具有破坏性或最致命的。这一判断经媒体传播后，削弱了公众的警惕性。

三是忽视了风暴潮灾害。尽管菲律宾官方宣称在 7 日发布了风暴潮预警，但实际上所谓的预警只是国家减灾委员会台风情况公告当中的一句话，"同时，警告沿海发布 2 号和 3 号台风警告信号的区域可能面临高达 7 m 的风暴潮"，并未予以特别强调，或发出特别警告。因此，当海啸般的风暴潮吞噬城市时，人们根本没有相应的防御准备。灾后，菲律宾社会福利和发展部部长科拉松·索利曼告诉《今日美国》报，政府曾发布风暴潮预警，但"没人明白什么是风暴潮"，他们只做了应对普通台风的准备。结果超强台风"海燕"登陆时引起海水上升，并与当日最高潮位的海潮叠加，形成了超过 6 m 高的浪墙，瞬间把海岛市镇夷为平地。

四是灾后救援行动迟缓。尽管作为一个台风频繁过境的国家，菲律宾政府在应对"海燕"台风时，不仅反应迟缓，而且缺乏切实可行的应急机制和处置预案。比如，由于菲律宾的高等级公路普及率在东盟主要国家中最低，全国仅有 20% 的公路铺有混凝土或沥青，低下的道路建设和管理水平阻塞了"救灾通道"。非但如此，菲律宾政府还缺乏强有力的应急机制和处置预案，致使"救灾通道"长时间未能打通，国内外大批救灾物资积压无法送抵灾区。11 月 19 日，台风已登陆 11 天之久，菲律宾却仍有 60 万台风幸存者没有得到任何援助，部分省份电力供应尚未恢复，救援通道仍未打通，缺乏警力加之赈灾物品迟迟不到，灾区哄抢事件层出不穷。

五是台风等级模糊，公众难以判别风险程度。菲律宾气象部门对台风的等级划分却过于简单，特别是将中心附近最大风力达到或超过 12 级的都笼统地称"台风"，而包括我国在内的世界多个国家都在此基础上进一步划分了"强台风"和"超强台风"。这样在开展宣传时就能突出风暴的威力，提醒公众关注，引导社会各界采取相应的防御措施。这一问题在防御超强台风"海燕"的过程中反应非常突出，比如，11 月 6 日下午，"海燕"已加强成为 17 级超强台风，但根据菲律宾的公共风暴警告信号发布规则，台风在 36 h 可能影响本地，只能发布最低等级的 1 号台风预警信号；因为无"超强台风"的定义，在国家减灾委员会的台风公告中，也只称其为"台风"，与之前发布过的其他台风公告没有什么差别，难以突出"海燕"潜在的巨大风险。

六是综合抗灾能力薄弱。大量建筑物被摧毁，是"海燕"吹袭导致的主要灾情。菲律宾频遭台风袭击，但国内基础设施没有改进、普遍简陋，大多数建筑由木板、茅草等轻质材料搭建而成，即使作为避难场所的学校、教堂和政府大楼，其建筑标准也很低，很多是用砖头砌成，防风性能差，导致很多到此避难的人员也最终成了受难者。同时，该国沿海防浪设施、城市排水系统以及电力和道路设施也非常落后，造成灾前转移和灾后救援的延迟、乏力和低效。针对本次台风，菲律宾政府预先仅准备不到 450 万美元紧急救援基金，不到 10 万个家庭应急包，以及屈指可数的义工，如此少的物资和救援力量，相对于 44 个受灾省份的 1600 多万受灾人口，以及海潮泛滥和交通、通信、电力等大范围中断的严峻形势，无疑是杯水车薪。

第二节　国内外防灾减灾救灾与应急管理先进经验和发展趋势

一、我国防灾减灾救灾的新理念和新做法

近年来，在党中央、国务院坚强领导下，各地区、各有关部门大力加强防灾减灾能力建设，各司其职、认真负责、密切配合、协调联动，有力有序开展抗灾救灾工作，取得了显著成效，国家综合防灾减灾救灾能力明显提升。

（一）全面贯彻防灾减灾救灾新的指导思想

2016 年 7 月 28 日，习近平总书记在河北省唐山市调研考察时，就防灾减灾救灾工作发表了重要讲话，对新时期防灾减灾救灾工作提出了明确要求。2016 年 10 月 11 日，习近平总书记主持中央全面深化改革领导小组第 28 次会议，对推进防灾减灾救灾体制机制改革作出重大安排部署。2016 年 12 月 19 日，中共中央、国务院印发了《关于推进防灾减灾救灾体制机制改革的意见》，确立了新时期做好防灾减灾救灾工作新的指导思想，即：全国贯彻党的十八大和十八届三中、四中、五中、六中全会精神，以邓小平理论、"三个代表"重要思想、科学发展观为指导，深入学习贯彻习近平总书记系列重要讲话精神和治国理政新理念新思想新战略，切实增强政治意识、大局意识、核心意识、看齐意识，紧紧围绕统筹推进"五位一体"总体布局和协调推进"四个全面"战略布局，牢固树立和落实新发展理念，坚持以人民为中心的发展思想，正确处理人和自然的关系，正确处理防灾减灾救灾和经济社会发展的关系，坚持以防为主、防抗救相结合，坚持常态减灾和非常态救灾相统一，努力实现从注重灾后救助向注重灾前预防转变，从应对单一灾种向综合减灾转变，从减少灾害损失向减轻灾害风险转变，落实责任、完善体系、整合资源、统筹力量，切实提高防灾减灾救灾工作法治化、规范化、现代化水平，全面提升全社会抵御自然灾害的综合防范能力。

（二）确立新时代防灾减灾救灾工作基本原则

在历次重特大自然灾害防范应对过程中，在党中央、国务院的坚强领导下，各级党委、政府团结带领社会各界全力做好防灾减灾救灾和灾后恢复重建工作，确立了新时代防灾减灾救灾工作的基本原则。

坚持以人为本，切实保障人民群众生命财产安全。牢固树立以人为本理念，把确保人民群众生命安全放在首位，保障受灾群众基本生活，增强全民防灾减灾意识，提升公众知识普及和自救互救技能，切实减少人员伤亡和财产损失。

坚持以防为主、防抗救相结合。高度重视减轻灾害风险，切实采取综合防范措施，将

常态减灾作为基础性工作，坚持防灾抗灾救灾过程有机统一，前后衔接，未雨绸缪，常抓不懈，增强全社会抵御和应对灾害能力。

坚持综合减灾，统筹抵御各种自然灾害。认真研究全球气候变化背景下灾害孕育、发生和演变特点，充分认识新时期灾害的突发性、异常性和复杂性，准确把握灾害衍生次生规律，综合运用各类资源和多种手段，强化统筹协调，科学应对各种自然灾害。

坚持分级负责、属地管理为主。根据灾害造成的人员伤亡、财产损失和社会影响等因素，及时启动相应应急预案，中央发挥统筹指导和支持作用，各级党委和政府分级负责，地方就近指挥、强化协调并在救灾中发挥主体作用、承担主体责任。

坚持党委领导、政府主导、社会力量和市场机制广泛参与。充分发挥我国的政治优势和社会主义制度优势，坚持各级党委和政府在防灾减灾救灾工作中的领导和主导地位，发挥组织领导、统筹协调、提供保障等重要作用。更加注重组织动员社会力量广泛参与，建立完善灾害保险制度，加强政府与社会力量、市场机制的协同配合，形成工作合力。

（三）健全防灾减灾救灾体制机制

按照分级负责、属地管理为主的原则，内地进一步明确了防灾减灾救灾管理新的体制机制，进一步明确了中央和地方在防灾减灾救灾工作中的事权划分，进一步建立健全了社会力量、市场力量参与防灾减灾救灾的体制机制。

一是中央层面，明确了统筹协调、分工负责的灾害管理机制。强化资源统筹和工作协调，明确了国家减灾委员会对防灾减灾救灾工作的统筹指导和综合协调作用；充分发挥主要灾种防灾减灾救灾指挥机构的防范部署和应急指挥作用；建立各级减灾委员会与防汛抗旱指挥部、抗震救灾指挥部、森林防火指挥部等机构之间，以及与军队、武警部队之间的工作协同制度；探索建立包括珠江三角洲等重点区域和自然灾害高风险地区在灾情信息、救灾物资、救援力量等方面的区域协同联动制度。

二是地方层面，强化地方政府在应急救灾中的主体作用。进一步明确了中央和地方应对自然灾害的事权划分。对达到启动国家救灾应急响应等级的自然灾害，中央发挥统筹指导和支持作用，地方党委政府发挥主体作用，承担主体责任。地方政府根据应急预案，统筹调配各类应急救援力量，统一指挥人员搜救、伤病员救治、基础设施抢修、受灾居民转移安置以及信息发布等应急处置工作。

三是社会层面，引导社会力量有序参与防灾减灾救灾工作。支持、引导、规范社会力量有序参与防灾减灾救灾工作，目前正在进一步研究制定和完善相关政策法规、行业标准、行为准则，搭建社会组织、义工等社会力量参与的协调服务平台和信息导向平台，完善政府与社会力量协同救灾的联动机制，研究为社会力量参与救灾提供装备、培训及服务等支持措施。

四是市场层面，充分发挥市场机制在灾害风险综合保障等方面作用。坚持政府推动、市场运作原则，强化保险等市场机制在风险防范、损失补偿、恢复重建等方面的积极作用。加快巨灾保险制度建设，不断扩大保险覆盖面，逐步形成财政支持下的多层次巨灾风险分散机制，完善应对灾害的金融支持体系。

（四）加快实施防灾减灾救灾重点工程项目

各级牢固树立灾害风险管理理念，将防灾减灾救灾纳入各级国民经济和社会发展总体规划，作为国家公共安全体系建设的重要内容，着力加强工程防御、监测预警、科技支撑以及基层综合防灾减灾能力建设。

中央及地方各级财政加大投入，相继实施了重大水利工程、农村危房改造工程、中小学校舍安全工程、地质灾害治理工程、生态建设工程等重大防灾减灾工程。"十二五"时期开工建设了85项重大水利工程；全面启动黑龙江、松花江、嫩江流域防洪治理；完成4.7万座中小型病险水库除险加固；安排1440亿元支持1794万贫困农户改造危房；安排3800亿元实施全国中小学校舍安全工程，改造14万所学校的$3.47×10^8 m^2$校舍；投入地质灾害防治专项资金210亿元，避让搬迁46.6万户、162万人，有效治理480条特大型泥石流沟、1780处特大型滑坡等灾害隐患；继续实施京津风沙源治理、三北防护林建设、退耕还林还草等生态建设工程，完成沙化土地治理面积$1000×10^4 hm$。

进一步加强自然灾害立体监测体系建设，完善各类自然灾害监测预警预报和信息发布机制。建有60292个自动气象站、2075个自动土壤水分观测站、181部新一代天气雷达以及覆盖全国大部分乡镇的暴雨监测站，全国36个大城市建立了精细到街区的预报业务，35639个乡镇建立了气象预报业务，台风24 h和48 h路径预报误差分别减小到66 km和121 km，建立了水平分辨率为110 km的全球气候预测模式系统，极端气候监测能力进一步加强。建立了大江大河主要河段洪水预报系统，在29个省（自治区、直辖市）2058个县初步建成山洪灾害监测预警系统，对1973个滑坡专业监测站（点）和24万处突发性地质灾害建立群测群防体系，建设完善10处国家级地质灾害监测预警研究基地。国家突发事件预警信息发布系统投入业务化运行，实现了民政、安全监管、食品药品监管、农业、林业、旅游、国土、水利、地震、交通、气象等11个部门50类预警信息的实时收集和共享，可通过多种手段统一权威发布预警信息。

进一步加强科技成果转化应用工作。资源系列卫星、环境减灾系列卫星、北斗导航系列卫星、"风云"系列卫星、高分系列卫星、无人机和大数据、云计算、"互联网+"等高新技术在防灾减灾救灾中得到有效应用。初步建立重特大自然灾害损失综合评估技术体系，灾害快速评估机制初步建立，实现灾后1 h内完成地震灾害评估、3 h内完成台风和洪涝灾害预评估，防灾减灾科技支撑能力明显增强。

进一步加强城乡基层综合防灾减灾工作，结合新农村建设、灾后重建和扶贫工作等，大力推进区域和城乡综合防灾减灾能力建设。全国自然灾害灾情管理系统实现乡镇全覆盖，建成74.3万人的全国灾害信息员队伍并实现信息入库统一管理，灾情信息报送处理效率大幅提升。各省普遍建立应急避灾场所体系，浙江、福建分别建成各级避灾安置场所12784个和20043个，形成全面覆盖县、乡、村三级的避灾网络。各地普遍建立广播预警系统，其中广西在全区建成5000套气象预警大喇叭系统和7350台山洪灾害无线预警广播系统。全国创建综合减灾示范小区6551个，各省（自治区、直辖市）命名省级综合减灾示范小区近1万个，推动了小区减灾设施、救灾装备、应急避难场所建设，城乡综合防灾减灾能力得到全面加强。国家积极推动社会力量参与防灾减灾宣传教育工作，积极构建政府、企业、民间组织和义工共同参与防灾减灾的联动机制，注重加强城乡小区综合减灾工作，充分调动和发挥小区居民和辖区企事业单位在小区减灾工作中的积极性，形成小区减灾合力。

（五）制定并实施"十三五"时期应急体系建设和防灾减灾救灾规划

我国在"十一五""十二五"应急体系建设和防灾减灾救灾工作基础上，又制定并实施了《国家突发事件应急体系建设"十三五"规划》和《国家综合防灾减灾规划（2016—2020 年)》，各有关部委也制定并实施了相应规划。

一是实施《国家突发事件应急体系建设"十三五"规划》。"十三五"时期是我国全面建成小康社会的决胜阶段，党中央、国务院把维护公共安全摆在更加突出的位置，要求牢固树立创新、协调、绿色、开放、共享的发展理念和安全发展理念，把公共安全作为最基本的民生，为人民安居乐业、社会安定有序、国家长治久安编织全方位、立体化的公共安全网。坚持目标和问题导向，着力补短板、织底网、强核心、促协同，推进应急管理工作法治化、规范化、精细化、信息化，最大限度减少突发事件及其造成的损失，为全面建成小康社会提供安全保障。通过加强应急管理基础能力、核心应急救援能力、综合应急保障能力、社会协同应对能力进一步完善应急管理体系 4 个方面建设，依托现有资源，实施8 个具有综合性、全局性的重点工程项目，到 2020 年建成与有效应对公共安全风险挑战相匹配、与全面建成小康社会要求相适应、覆盖应急管理全过程、全社会共同参与的突发事件应急体系。

二是实施《国家综合防灾减灾规划（2016—2020 年)》。防灾减灾救灾工作事关人民群众生命财产安全，事关社会和谐稳定。为贯彻落实党中央、国务院关于加强防灾减灾救灾工作的决策部署，提高全社会抵御自然灾害的综合防范能力，"十三五"时期，各级党委、政府统筹将防灾减灾救灾工作纳入各级国民经济和社会发展总体规划，加快建立并完善多灾种综合监测预报预警信息发布平台，着力提高重要基础设施和基本公共服务设施的灾害设防水平，进一步完善自然灾害救助政策，加快防灾减灾知识在社会公众特别是在校学生的全面普及，加快实施自然灾害综合评估业务平台、民用空间基础设施减灾应用系统、全国自然灾害救助物资储备体系、应急避难场所体系建设等重点工程，确保年均因灾直接经济损失占国内生产总值的比例控制在 1.3% 以内，年均每百万人口因灾死亡率控制在 1.3 以内。

二、国外灾害应对和应急管理的典型经验做法

近年来，为有效应对严峻复杂的灾害和公共安全形势，美国、日本、德国等发达国家都在总结反思，加强了综合应急体系建设，呈现出了一些值得我们重视的发展态势：

（一）坚持综合应急管理理念

应急管理过程是针对各类突发事件，从预防准备、监测预警、处置救援到恢复重建的全灾种、全流程、全社会、全方位的管理，无论是联邦制国家还是单一制国家，综合的应急管理理念都在不断得到强化，应急管理的对象经历了由单灾种向多灾种的转变。应急管理模式实现了从"重响应、轻预防"向"全流程管理"的逐步完善。应急管理的主体呈现出从单一的政府向多元化主体转变的特点。应急管理实现了各部门全方位的联合，如日本警察、消防、自卫队三大应急力量相互协助的应急事项，俄罗斯紧急情况部有权协调有关部门并调用本地资源。

（二）普遍设立了高规格、权威的应急管理机构

发达国家在近 30 年的应急管理实践中较为普遍地建立了权威、高效、协调的应急管理体系。无论是联邦制国家，还是单一制国家，在强化应急管理体系的权威性和协调力方面呈现出很大的相似性。美国等发达国家应急管理体系建设的经验主要表现为：普遍构建

了以国家元首负责、多部门联动的中枢指挥系统。该系统代表了国家最高领导层的战略决策效能和危机应变能力，发挥着危机管理核心决策和指挥的重要作用。这种指挥系统有利于在最短的时间内调动举国资源进行高效的应急管理与救助，将危机损失降到最低。如美国应对大规模灾害的综合协调和决策指挥的最高领导是国家总统，国会吸取"卡特里娜"飓风应对的经验，对美国联邦应急管理署（FEMA）进行改革和强化，规定其在紧急状态下可以提升为内阁部门，直接对总统负责；日本应急管理体系以内阁首相为最高指挥官，内阁官房负责整体协调和联络；俄罗斯则在国家层面形成了以总统为核心，以联邦安全会议为决策中枢，以紧急情况部为综合协调机构，由联邦安全局、国防部、外交部、联邦通讯与情报署、对外情报局、联邦边防局、外交部等权力执行部门分工合作、相互协调的应急管理组织体系。

（三）形成了政府主导下全社会参与的应急体系

在西方发达国家应急管理实践中，政府和社会、公共部门和私人部门之间的良好合作，普通公民、工商企业组织、社会中介组织在应急管理中的高度参与，是实现科学应急管理的重要经验。在应急准备阶段，各国都无一例外地强调全民参与的原则，依托全体国民，基于小区开展宣传教育，组织应急演练，培育和引导全体国民的风险防范意识和理性应急行为。同时，在长期的应急管理实践中，许多发达国家形成了数量庞大的义工队伍，义工依据有关法律法规和非正式制度参与到应急准备、应急救援、灾后重建等各个环节之中，成为政府应急管理的有益补充。非政府组织在应急管理中发挥重要作用，各类基金会、义工组织、小区等在应急准备与宣传、开展自救与互救、恢复重建的资金筹集、专业人员储备等方面均发挥着不可替代的作用，通过国家有关立法或政策的引导，形成了较为成熟的有序参与机制。

（四）应急管理的法制体系比较完善

西方发达国家高度重视突发事件应对法律体系建设。美国、日本、俄罗斯、英国、意大利、加拿大等许多国家，都相继建立起了以宪法和紧急状态法为基础、以应急专门法律法规为主体的一整套应急法律制度。应急法律的主要任务是明确紧急状态下的特殊行政程序的规范，对紧急状态下行政越权和滥用权力进行监督并对权利救济作出具体规定，从而使应急管理逐步走向规范化、制度化和法制化轨道。进入 21 世纪以来，随着突发事件的发生频率以及造成的影响在不断加大，西方国家根据实际情况不断制定和修订出台新的法律规定。"9·11"事件发生后，美国发布爱国者法案，以防止恐怖主义的名义扩大了美国警察机关的权限。日本的《灾害对策基本法》自 1961 年颁布实施以来，根据各种实际灾害应对情况迄今已进行了 23 次修订。加拿大、俄罗斯、英国、澳大利亚等国家都根据本国面临的实际威胁和危害，制定或修订了紧急状态的专门法律制度。

（五）注重发挥科学技术在应急管理中的作用

西方发达国家将发展应急管理基础理论和关键技术上升到战略高度，通过科技政策引导应急管理科技的发展方向，并加强科技方面的财政投入。美国应急管理方面的科技政策由国家科学技术委员会（NSTC）负责协调制定，注重应急技术的战略性选择，总结出了灾害信息实时获取、灾害事故机理研究、防灾策略和技术等美国防灾减灾和应急管理的六大科技挑战和 9 个关键环节。日本十分注重灾害发生机理及灾害预防的基础科学研究，并建立了一套完整的各种灾害的基础数据和数据库。日本政府在防灾预算中防灾科学技术研究费保持在 1.5% 左右，并有逐年上升的趋势，显示了防灾减灾方面的科学技术研究的重要性。

三、减少灾害风险的全球共识

根据第三届联合国世界减灾大会统计，近 10 年来全球各类自然灾害共造成超过 15 亿人受到影响，70 多万人丧生，140 多万人受伤，约 2300 万人无家可归，经济损失总额超过 1.3 万亿美元。灾害发生的频率和强度，特别是重特大自然灾害发生的次数与损失呈现出明显的阶段性上升趋势，严重威胁着全人类的生存与生活。其中，妇女、儿童和处境脆弱的群体受到的影响更为严重。有关证据表明，各国灾害风险的增长速度高于减少脆弱性所付出的努力，造成新的灾害风险在不断增加。从短中长期来看，频发的中小灾害和缓发性灾害在全部灾害损失中占有很高的比例，给经济、社会、文化和生态造成重大影响，特别是在地方和小区层面，给小区、家庭和中小型企业造成严重影响。

为减少各国灾害风险和灾害损失，特别是大幅减少因灾造成的人员伤亡，2015 年 3 月第三届联合国世界减灾大会上，187 个国家的代表通过了《2015—2030 年仙台减少灾害风险框架》，确立了全球减灾七大目标和 4 个优先行动领域。

（一）全球七大减灾目标

为评估全球在实现仙台减灾框架方面取得的进展，确定了 7 个全球目标，分别是：一是到 2030 年大幅较少灾害死亡人数，使 2020—2030 年全球年平均每十万人灾害死亡率低于 2005—2015 年；二是到 2030 年大幅减少受灾人数，使 2020—2030 年全球年平均每十万人受灾人数低于 2005—2015 年；三是到 2030 年，减少灾害直接经济损失占全球国内总产值（GDP）的比例；四是到 2030 年，大幅减少重要基础设施的损坏和基本公共服务的中断，特别通过提高抗灾能力降低卫生和教育设施的灾害损失程度；五是到 2030 年，大幅增加已制定国家和地方减轻灾害风险战略的国家数量；六是到 2030 年，提高对发展中国家的国际合作水平，为发展中国家实施仙台减灾框架提供充足和可持续的支持；七是到 2030 年，大幅增加民众可获得和利用多灾种预警系统以及灾害风险信息和评估结果的机会。

（二）4 个优先行动领域

为实现全球七大减灾目标，国际社会普遍认可并同意采取 4 个优先领域的重点行动：

一是理解灾害风险。关于灾害风险管理的政策与实践应当基于对灾害风险所有层面全面理解的基础上，包括脆弱性、风险防范能力、人员与财产的暴露、致灾因子和孕灾环境的特点。了解这些知识有助于开展灾前风险评估、防灾减灾、制定执行有效的备灾措施、高效应对灾害等。在国家和地区层面采取的主要措施有：加强灾害相关信息的收集、分析、管理及使用；加强对包括地理信息系统在内的可靠数据的实时获取，优化数据的收集、分析、传播；加强灾害风险相关方法和模型的科研和应用；定期对灾害风险进行评估；编制并定期更新灾害风险地图；制定实施减轻灾害风险政策措施；系统地评估灾害损失，结合损失情况加深灾害对经济社会影响的理解；在开展灾害风险评估以及制定政策方案时适当借鉴本地传统经验做法；推动防灾减灾知识纳入正规教育以及各类培训；通过小区、媒体、活动等开展防灾减灾教育宣传；通过分享防灾减灾救灾方面经验教训、实践、培训与教育等，加强政府、科技界、社会、小区、社团组织、义工、小区居民之间的知识储备与沟通合作。在国际合作方面采取的主要措施有：在联合国国际减灾战略支持下加强科研和科技合作；鼓励科技创新，支持对长期、多灾种、以问题为导向的灾害风险管理研究；促进对多灾种灾害风险的深入调查评估；推动科技界、学术界和私营部门互利合作；借鉴现有活动（如"百万安全学校和医院"倡议、"建设更坚强的城市：我们的城市正在做好准备中"运动、"联合国减少灾害风险笹川奖"和一年一度的联合国国际减轻自然灾害日），开展有效的全球和区域活动。

二是加强灾害风险防范，提升灾害风险管理能力。加强灾害风险防范，需要加强包括防灾、减灾、备灾、救灾、恢复和重建在内的系统性灾害风险防范工作；需要在部门内部和各部门之间制定明确的构想、计划，划定职权范围，制定指南和协调办法；需要利益相关方参与，促进各机构之间的协作，推动有关政策文件的执行。在国家和地区层面采取的主要措施有：将减轻灾害风险作为部门内部和部门之间防灾减灾救灾的主流工作并加以整合；制定和实施国家和地区减轻灾害风险策略和计划；对灾害风险管理的技术、财务和行政能力进行评估；加强灾害风险管理，与现行法律规章中的安全规定协调一致，通过立法和法律手段，鼓励加强必要的防灾减灾机制和激励措施；通过监管和财政等手段，强化地方政府灾害风险管理权能。在国际合作方面采取的主要措施有：积极参与全球减灾平台；加强灾害风险监测、评估以及跨界灾害风险协同应对；促进全球和区域减灾机制和机构相互协作，根据实际情况统一减灾相关的行动措施，如气候变化、生物多样性、可持续发展、消除贫困、环境、农业、卫生、粮食和营养等方面合作。

三是投资减轻灾害风险，提高抗灾能力。公共和私营部门在预防和减轻灾害风险方面的投资，是提高个人、小区、国家抗灾能力的必要措施。相关投资是促进创新、增长和创造就业强有力的驱动因素。这些投资是必要的成本，有助于挽救生命，防止和减少损失，并确保有效恢复重建。在国家和地区层面采取的主要措施有：各级行政部门根据实际情况为减灾工作提供资金、资源等支持；加强公共和私营部门投资，提高重要设施特别是学校、医院、基础设施等减灾抗灾能力；提高工作场所、企业、供应链、生活和生产性资产、旅游业等抗灾能力；加强历史遗址、文化遗产、宗教场所、文化场所等的保护；推动将灾害风险评估纳入规划和土地使用政策；加强山区、河流、海岸带洪泛区域、干燥地、湿地和其他多灾易灾地区灾害风险评估、制图和管理；鼓励国家或地区根据实际情况制定修订新的建筑抗灾标准规范，制定完善灾后安置与重建政策措施；在制定风险管理政策和规划时考虑妇女、儿童、危重、患有慢性疾病等特殊困难民众的需求；加强受灾人员和安置小区的抗灾能力；促进适当的灾害风险转移、共担和保险机制；根据实际情况推动减轻灾害风险与金融财政措施的结合；加强生态系统的可持续利用和管理，制定实施包含减轻灾害风险在内的资源环境管理办法。在国际合作方面采取的主要措施有：推动与可持续发展、灾害风险管理相关的协作；推动学术、科研机构、网络机构与私营部门之间的合作；推动全球和区域金融机构之间的合作，评估和预测灾害对各国经济社会发展潜在的影响；加强卫生管理部门之间的合作；加强和扩大通过减灾消除饥饿和贫困的国际合作。

四是加强备灾以有效应对灾害，并在恢复、安置和重建中"让灾区建设得更美好"。灾害风险不断增加，人口和资产的暴露程度越来越高，结合以往灾害应对的经验教训，必须进一步加强备灾响应，将减轻灾害风险纳入应急准备，确保各级有能力开展有效的应对和恢复工作，特别要注意确保妇女和残疾人的平等权利。同时，灾害事件也表明，恢复、安置和重建需要在灾前就统筹考虑，这是"让灾区建设得更美好"的重要契机，通过将减轻灾害风险纳入各项发展措施，使国家和小区具备较高的抗灾和恢复能力。在国家和地区层面采取的主要措施有：制定并定期更新备灾和应急政策、计划和方案；建立健全多灾种、多部门的灾害监测、预报和预警系统以及应急通信系统；提高新的和现有关键基础设施抗灾能力，包括供水、交通、通信、教育、医疗等设施，确保这些设施在发生灾害后仍具有安全性、有效性和可用性；建立以小区为单元的救灾救助物资储备中心；定期开展备灾、救灾和恢复演习；制定灾后重建工作指导方针；建立完善救助协调机制，统筹规划灾后恢复重建工作；推动灾害风险管理纳入灾后恢复重建进程；推动将灾后重建纳入灾区的经济和社会可持续发展；确保规划和执行的连续性，包括灾后的社会经济恢复和基本服务的提供；在灾后重建中，尽可能将公共基础设施迁出高风险区域；建立个案登记机制和因灾死亡人员数据库，改进人员因灾致病和死亡的预防工作；改进恢复方案，向所有需要者提供心理援助和精神健康服务；评估和改进国际救灾和恢复重建合作的法律法规。在国际合作方面采取的主要措施有：加强区域协作，在超过单一国家应对能力的情况下能够确保迅速有效的开展灾害应急响应；根据《全球气候服务框架》，进一步建立完善区域多灾种预警机制；支持联合国相关机构加强水文气象事件的全球机制研究；支持联合演练、演习等区域备灾合作；促进区域在灾中和灾后共享救灾能力和资源；完善灾后恢复政策、实践、计划等国际交流合作机制。

《2015—2030 年仙台减少灾害风险框架》确立的全球七大减灾目标和 4 个优先行动领域是全球减少灾害风险的一致共识和共同目标。我国是仙台减灾框架的制定参与国，框架的内容和主要思想、行动措施也体现在"十三五"时期防灾减灾救灾和应急管理体系建设的最新规划中。在与现行法律制度和有关规定保持一致的情况下，结合澳门实际，全球一致共识的七大减灾目标和 4 个优先行动领域，可以作为优化澳门防灾减灾救灾和应急管理体系的重要参考。

四、建设安全韧性城市成为全球发展趋势

近年来，随着城镇化进程加快，城市这个开放的复杂巨系统面临的不确定性因素和未知风险也不断增加，城市公共安全保障与风险治理面临着巨大的挑战和考验。在各种突如其来的自然和人为灾害面前，城市的脆弱性凸显。为有效应对各类风险挑战，国际组织和世界各国在安全领域开始广泛使用韧性（Resilience）概念，并积极推进安全韧性城市（Resilient City）建设。

（一）"安全韧性城市"理念

2002 年，倡导地区可持续发展国际理事会（ICLEI）在联合国可持续发展全球峰会上提出"韧性"概念；2012 年，联合国减灾署启动亚洲城市应对气候变化韧性网络；2015 年联合国减灾大会和 2017 年联合国减灾平台大会上，建设安全韧性城市均为重要议题；2016 年 10 月，第三届联合国住房和城市可持续发展大会（人居Ⅲ）通过的《新城市议程》，提出未来城市的愿景是可持续的、韧性的城市，韧性城市的目标是加强城市韧性，减少灾害风险，减缓和适应气候变化，通过采取和落实灾害风险减轻和管理措施，降低脆弱性，增强复原力以及对自然和人为灾害的反应能力，为市民提供基本的健康和良好的环境；国际标准化组织 ISO 新组建了一个国际安全标准化技术委员会（ISO/TC 292），将

Security 拓展为 Security and Resilience。国家层面上，美国在 2010 年《国家安全战略》、2014 年《国土安全报告》中均提出增强国家韧性，强调建设一个安全韧性的国家，使整个国家具有预防、保护、响应和恢复能力；2015 年，美国国家自然科学基金委和国家标准局分别出资 2000 万美元资助城市韧性研究，其中一个资助方向，就是从构建韧性城市迈向韧性智慧城市；欧盟第七框架计划也将城市安全作为重要研究方向，包括了建立城市空间安全事件数据库、安保和恢复整合设计框架，建立一系列综合设计方法和支撑工具，有基于网络决策的支撑系统；英国制定了国家韧性计划，由首相担任部长级韧性小组组长，旨在提高英国遭受突发紧急情况时的应对和恢复能力；日本、墨西哥、英国、澳大利亚等国也制定了各自的韧性计划。

安全韧性城市是指自身能够有效应对来自内部与外部的对其社会、经济、技术系统和基础设施的冲击和压力，能维持基本功能、结构、系统，并具有迅速恢复能力的城市。"安全韧性城市"目标：能够最大限度地保证公众生命安全；经济社会具有承受大灾巨灾的能力，其基本功能、结构、系统能够维持运行；能够最大限度减少次生衍生灾害，减少公众财产和公共设施损失；具有迅速恢复能力。"安全韧性城市"特征：功能多样性（系统能够抵御多种威胁）；系统冗余性（通过多重备份来增加系统的可靠性）；承载稳健性（具有抵抗和应对外部冲击的能力）；快速恢复力（城市受到冲击后能快速恢复原有的结构和功能）；适应性（根据环境的变化，能够调节自身的形态、结构和功能，以便与变化的环境相适应）。

（二）"韧性城市"建设范例

1. 伦敦韧性城市实践

英国为了将韧性城市与国家韧性战略紧密结合起来而成立了"气候变化和能源部"，同时，设立专职公务员专门负责制订韧性城市计划。2001 年，伦敦建构了政府、企业和媒体多方参与的"伦敦气候变化公私协力机制"。2002 年，伦敦出台了《英国气候影响计划》，主要是推动制定气候变化的韧性政策及开展韧性研究计划。为了应对洪水风险的冲击，伦敦制订增加公园和绿化计划。同时，伦敦计划到 2015 年更新和改造 100 万户居民家庭用水和能源设施。

2011 年，伦敦以应对气候变化、提高市民生活质量为目标制订《风险管理和韧性提升》（Managing Risks and Increasing Resilience）计划，主要内容分为四大部分、共 10 个章节。

第一部分：规划背景，包括了解气候变化的未来趋势、明确目前存在的关键问题和规划实施的责任主体等。

第二部分：灾害风险分析和管理，主要针对气候变化下威胁伦敦的三大主要灾害（洪水、干旱和酷热），提出"愿景—政策—行动"的框架和内容，并从背景分析、现状风险评估、未来情景预测、灾害风险管理等方面进行系统研究。

第三部分：跨领域交叉问题的分析，研究气候变化下各类风险对健康、环境、经济（商业和金融）和基础设施（交通运输、能源和固体废弃物）的影响。

第四部分：战略实施，制定"韧性路线图"，总结提出关键的规划措施的行动计划。该计划提出气候变化的趋势不可避免，应尽早采取适应性措施以降低灾害风险、促进城市可持续发展。相比而言，前瞻性的行动计划比紧急性的应急响应更经济、更有效。但有一些适应行动非常复杂,需要调动大量利益相关者共同参与,通力协作。

2. 纽约韧性城市实践

2012 年 10 月 29 日,纽约遭遇历史罕见的"桑迪"飓风袭击,损失惨重。为解决迫在眉睫的气候变化带来的灾害风险,为了修复"桑迪"飓风带来的毁灭性影响,纽约制订了全面韧性计划,以"韧性城市"为核心理念,以应对气候变化、提高城市应对风险能力为主要目标,以风险预测与脆弱性评估为核心,以加强基础设施和灾后重建为突破口,以加大资金投入为保障,形成完整的韧性城市建设体系。

第一,在气候灾害韧性层面,为了应对全球气候变化尤其是海平面上升、台风和暴雨等极端气候对纽约的冲击,纽约大力改进沿海防洪设施,同时强调硬化工程和绿色生态基础设施建设相结合,尤其关注城市基础设施工程的弹性。纽约还计划建立一个整合的防洪体系,通过加固防洪墙以抵挡严重的风暴冲击。同时,在特定场地设立 14 个风暴潮屏障,在 5 个行政区建立 37 个沿海保护措施并分区对海滩进行重建。此外,还设立小区设计中心,为房屋受损家庭提供新的设计方案,也为业主搬迁到不易受淹区提供选址帮助。

第二,在组织韧性层面,2004 年,纽约环保署制定了为期四年的《韧性城市建设规则》。2006 年,为了应对环境减排和韧性城市建设成立了"长期规划与可持续性办公室"。2007 年,推出了"规划纽约计划"。2008 年,制订了《气候变化项目评估与行动计划》。2010 年,成立了"纽约气候变化城市委员会"。2012 年 11 月,基于应对"桑迪"特大风灾的经验教训,推动了《纽约适应计划》的出台。2013 年,颁布了《一个更强大、更具韧性的纽约》(A Stronger, More Resilient New York)。在这份长达 438 页的报告中,扉页上有这样一段醒目的文字:"谨献给在'桑迪'飓风中失去生命的 43 个纽约人及他们的亲人。纽约将与受灾的家庭、企业和小区一起努力,确保未来的气候灾难不再重演。"这份报告主要包括了六大部分,分别是"桑迪"飓风及其影响、气候分析、城市基础设施及人居环境、小区重建及韧性规划、资金和实施。其中城市基础设施及人居环境中又包括海岸带防护、建筑、经济恢复(保险、公用设施、健康等)、小区防灾及预警(通信、交通、公园)和环境保护及修复(供水及废水处理等)。

3. 日本韧性规划实践

2011 年,日本"3·11"大地震和海啸之后,日本社会和学界开始集中反思,探讨将实现国土强韧化等韧性理念上升为国家战略并加以落实的可能性。2013 年 12 月,日本颁布了《国土强韧化基本法》,为强韧化规划的编制和实施创造了具有强大约束效力的法律框架,确保了规划的地位和严肃性。日本政府成立了专门的内阁官房国土强韧化推进办公室,并于 2014 年 6 月发布了《国土强韧化基本规划》。

国土强韧化规划的核心在于针对灾害的脆弱性评估,以及基于评估之上有计划的实施步骤。日本推行国土强韧化规划有 4 个基本目标:①最大限度地保护人的生命;②保障国家及社会重要功能不受致命损害并能继续运作;③保证国民财产与公共设施受灾最小化;④迅速恢复的能力。

《国土强韧化基本规划》的内容主要涉及 4 个方面。首先,阐述了国土强韧化的基本考虑,包括目标理念、政策方针和特殊考虑事项。其次,规定了脆弱性评价的框架和步骤,重点是确定 45 项需规避严重事态假定。再次,通过 12 个不同结构组织及 3 个横向议题,规定了国土强韧化的主要推进方针。最后,提出了国土强韧化规划的细化策略和修正完善的方法，包括制订年度行动计划、15 个重点需规避严重事态假定、制定地域规划以及对地方的技术支持和人员培训等项目。国土强韧化规划主体部分由国土强韧化基本规划和国土强韧化地域规划（亦称地域强韧化规划）组成，分别由国家和地方编制。

4. 我国内地韧性城市实践探索

2013 年，洛克菲洛基金会启动"全球 100 韧性城市"项目，中国黄石、德阳、海盐、义乌四座城市成功入选，一跃与巴黎、纽约、伦敦等世界城市同处一个"朋友圈"。2014 年，北京"7·21"暴雨洪灾后，国家高度重视城市洪水问题，发布海绵城市建设技术指南，在提升城市雨洪韧性方面迈出了开创性的一步。2017 年，中国地震部门启动"韧性城乡"工程。"韧性城乡"计划，让内地的地震灾害风险评估、工程韧性抗震、社会韧性支撑等领域达到国际先进水平，率先建成一批示范性韧性城镇。2017 年 12 月 15 日，《上海市城市总体规划（2017—2035 年）》获得国务院批复原则同意。该规划全面落实创新、协调、绿色、开放、共享的发展理念。高度重视城市公共安全，加强城市安全风险防控，增强抵御灾害事故、处置突发事件、危机管理能力，提高城市韧性，让人民群众生活得更安全、更放心。

第三章 优化澳门应急管理体系的总体思路和建议

第一节 总体思路

面对公共安全的风险挑战，顺应国内外应急管理的发展趋势，健全公共安全体系、提升应急管理能力越来越成为全面履行政府职责的重要体现，创新社会治理的重要内容，社会公众的重要期盼和经济社会持续健康发展的重要保障。在认真总结"天鸽"台风应对经验教训的基础上，借鉴国内外先进经验和理念，亟须加强顶层设计，优化应急管理体系，进一步提高澳门特区政府的执政能力与公信力，使澳门融入国家发展大局。

一、坚持先进理念

——坚持世界眼光、国际标准、澳门特色、高点定位。立足当前，着眼长远，以世界眼光、战略思维、国际标准谋划推进澳门应急管理体系建设，正确处理安全与发展的关系，建立和完善适应澳门公共安全需求的体制机制法制，准确把握澳门公共安全发展趋势，提出具有前瞻性的发展思路、任务和举措，持续提升公共安全领域的科学化、现代化水平。

——坚持以人为本，为宜居、宜业、宜行、宜游、宜乐提供有力保障。把确保居民生命安全放在首位，增强全社会忧患意识，提升公众自救互救技能，提高防灾减灾的能力和水平，切实减少人员伤亡和财产损失。遵循自然规律，通过减轻灾害风险促进经济社会可持续发展，努力为澳门经济社会发展创造和谐稳定的社会环境、公平正义的法治环境和优质高效的服务环境，使澳门居民获得感、幸福感、安全感更加充实、更有保障、更可持续。

——坚持"一国"之本，善用"两制"之利。始终准确把握"一国"和"两制"的关系，确保"一国两制"实践不变形、不走样，切实维护和谐稳定的社会环境。严格依照宪法和基本法办事，抓住国家发展机遇，发挥澳门独特优势，使澳门融入国家发展大局，保持澳门长期繁荣稳定。

——坚持以防为主、防抗救相结合，坚持常态减灾和非常态救灾相统一。努力实现从注重灾后救助向注重灾前预防转变、从应对单一灾种向综合减灾转变、从减少灾害损失向减轻灾害风险转变，突出风险管理，着重加强监测预报预警、风险评估、工程防御、宣传教育等工作，坚持防灾抗灾救灾有机统一，综合运用各类资源和多种手段，强化统筹协调，推进各领域、全过程的灾害管理工作，着力构建与经济社会发展新阶段相适应的应急管理体制机制，全面提升全社会抵御灾害和风险的能力。

——坚持政府主导、社会协同、公众参与、法制保障。坚持政府在防灾减灾救灾工作中的主导地位，充分发挥市场机制和社会力量的重要作用，加强政府与社会力量、市场机制的协同配合，发挥社会各方面的积极性，推动形成政府治理和社会自我调节、居民良性互动的局面，形成工作合力。坚持法治思维，依法行政，提高应急管理法治化、制度化、规范化水平。

二、总体目标

以创新、协调、绿色、开放、共享的发展理念为指导，以保障公众生命财产安全为根本，以做好预防与应急准备为主线，坚持"一国"之本，善用"两制"之利，到2028年，基本建成与有效应对公共安全风险挑战相匹配，与澳门经济社会发展相适应，政府主导、全社会共同参与，覆盖公共安全与应急管理全过程、全方位的突发事件应急体系，使澳门成为安全韧性的世界旅游休闲中心。

三、分阶段目标

短期目标：到2019年底，以加强"一案三制"（制定修订应急预案、建立健全防灾减灾救灾与应急管理体制机制法制）为抓手，进一步优化澳门应急管理体系，按计划实施防灾减灾重点工程，建立健全与澳门公共安全风险挑战相匹配的粤港澳区域协同联动机制。

中长期目标：到2028年，城市安全运行能力不断加强，水、电、油、气、通信、地下管网等生命线工程和重要基础设施设防标准不断提高，防灾减灾救灾与应急管理人才体系不断健全，专兼职应急救援队伍体系基本完善，基本建成与有效应对公共安全风险挑战相匹配，与澳门经济社会发展相适应，政府主导、全社会共同参与，覆盖公共安全与应急管理全过程、全方位的突发事件应急体系，使澳门成为安全韧性的世界旅游休闲中心。

四、应急管理体系建设的基本原则

应急管理是针对自然灾害、事故灾难、公共卫生事件和社会安全事件等各类突发事件，从预防与应急准备、监测与预警、应急处置与救援、恢复与重建等全方位、全过程的管理，其目的是为了预防和减少突发事件的发生，控制、减轻和消除突发事件引起的严重社会危害，保护人民生命财产安全，维护国家安全、公共安全、环境安全和社会秩序。由于突发事件的不确定性、复杂性、高变异性、紧迫性、关联性和当代信息网络的快速发展，公共安全与应急管理成为一个复杂的、开放的、巨大的系统工程。应急管理体系建设的基本原则是：

——以人为本，减少危害。切实履行政府的社会管理和公共服务职能，坚持生命至上，把保障公众健康和生命财产安全作为首要任务，最大限度地减少突发事件及其造成的人员伤亡和危害。

——居安思危，预防为主。高度重视公共安全工作，常抓不懈，防患于未然。增强忧患意识和风险意识，坚持预防与应急相结合，坚持常态与非常态相结合，做好应对突发事件的各项准备工作。

——统一领导，分级负责。在特区政府的统一领导下，建立健全分类管理、分级负责的应急管理体制，在特区行政长官的领导下，实行行政领导责任制，充分发挥专业应急指挥机构的作用。

——依法规范，加强管理。依据有关法律和行政法规，加强应急管理，维护公众的合法权益，使应对突发事件的工作规范化、制度化、法制化。

——快速反应，协同应对。加强应急处置队伍建设，建立联动协调制度，充分动员和发挥小区（堂区）、私人部门、社会团体和义工队伍的作用，依靠公众力量，发挥粤港澳区域协同联动优势，形成统一指挥、反应灵敏、功能齐全、协调有序、运转高效的应急管理机制。

——依靠科技，提高素质。加强公共安全科学研究和技术开发，采用先进的监测、预测、预警、预防和应急处置技术及设施，充分发挥专家队伍和专业人员的作用，提高应对突发事件的科技水平和指挥能力，避免发生次生、衍生事件；加强宣传和培训教育工作，提高公众自救、互救和应对各类突发事件的综合素质。

五、应急管理的体系架构

推进以"一案三制"为核心内容的应急管理体系建设，建立健全应急预案体系和应急管理体制机制法制，加强专业应急队伍能力建设。建立"横向到边、纵向到底"的应急预案体系，建立健全特区政府统一领导、有关部门分工负责、社会各界广泛参与的应急管理体制，构建统一指挥、功能齐全、反应灵敏、运转高效的应急管理机制，实现部门配合、条块结合、区域联合、资源整合，建立健全符合澳门特点的法律法规和标准体系，形成源头治理、动态监管、应急处置相结合的长效机制。

第二节 健全完善应急管理体制

在澳门特区行政长官领导下，健全"统一领导、综合协调、部门联动、分级负责、反应灵敏、运转高效"的应急管理体制，提高保障公共安全和处置突发事件的能力。建议设立民防及应急协调专责部门，承担应急管理的常规工作，强化综合协调职能，统筹预防与应急准备工作。

根据澳门现行法律规定，应急管理具体工作继续由民防架构承担。建议进一步健全民防架构及其专责部门，建立健全现场应急指挥官制度。

民防架构在特区政府领导下开展工作，指挥长建议由保安司司长担任，副指挥长由警察总局局长担任。应急管理的具体工作由新组建的民防及应急协调专责部门承担。

民防及应急协调专责部门的职能主要是：承担自然灾害、事故灾难、公共卫生事件和社会安全事件等突发事件应急管理工作，开展突发事件的值守应急、信息管理、监测预警、应急处置与救援、灾后救助、恢复与重建、宣传教育等工作。

民防架构具体成员包括：军事化部队及治安部门建议根据实际需要调整；政府部门建议增加经济局、体育局、建设发展办公室、环境保护局以及科学技术发展基金、渔业发展及援助基金、楼宇维修基金等；私营单位建议增加澳门废物处理有限公司、澳门清洁专营有限公司、澳门基本电视频道股份有限公司、澳门有线电视股份有限公司、南光天然气有限公司、中天能源控股有限公司、建筑业范畴的商会。

第三节　建立健全应急管理机制

应急管理机制是涵盖了突发事件事前、事发、事中和事后的应对全过程中各种系统化、制度化、程序化、规范化和理论化的方法与措施，对于应急管理体制建设具有重要的影响和补充作用。包括监测预警机制、信息报告和发布机制、应急响应机制、决策指挥机制、公众沟通与动员机制、区域联动机制、应急保障机制、恢复重建机制、评估和奖惩机制和风险分担机制等。结合澳门实际，建议首先强化以下几个方面应急管理机制建设。

一、监测预警机制

建立健全监测预警机制，完善"分类管理、分级预警、平台共享、规范发布"的突发事件预警信息发布体系，拓宽预警信息发布渠道，强化针对特定区域、特定人群的精准发布能力，提升预警信息发布的覆盖面、精准度和时效性。

（一）监测预警及响应

整合各部门的监测预警信息，建立覆盖自然灾害、事故灾难、公共卫生事件、社会安全事件四大领域突发事件的综合监测预警信息共享机制，加强部门协作，依托民防及应急协调专责部门，实现各类突发事件监测预警信息的实时汇总、综合分析、态势分析。建立健全各类突发事件监测预警制度和相关技术标准，强化气象、水文、海洋环境及水、电、气、热、交通等城市运行情况的监测预警，实现全澳公共安全突发事件信息的快速传递、及时响应和迅速反馈。

民防及应急协调专责部门，应根据各类公共安全突发事件监测预警信息，结合可能受影响区域的自然条件、人口和经济社会状况，对可能出现的灾情进行预评估，提前采取应对措施，及时启动预警响应，视情向可能受影响地区的公众和游客以及民防架构成员单位通报预警响应信息，提出预警响应工作要求，明确具体工作措施，将预警响应工作纳入规范的灾害管理工作流程。

（二）信息发布

加快建设统一发布、高效快捷、覆盖全澳的突发事件预警信息发布机制，进一步健全和完善预警信息发布的强制性制度规定。预警信息发布网络应以公用通信网为基础，合理组建灾情专用通信网络，确保信息畅通。要进一步健全相关法律法规，确保邮电局、澳门电讯有限公司、澳门广播电视股份有限公司、澳门基本电视频道股份有限公司、澳门有线电视股份有限公司等政府机构及私营部门，依法保障传送网络畅通，依法快速向公众发布预警信息。

在预警信息的发布过程中，要进一步完善预警信息发布、传输、播报的责任机制。指导和规范政府相关机构及私营部门充分利用各种传播渠道，通过手机短信、广播、电视台、电子广告牌、小区电子显示屏、网络、微信、手机 APP 等多种途径及时将预警信息发送到在澳的公众和游客，显著提高灾害预警信息发布的准确性和时效性，扩大社会公众覆盖面。其中，要重点确保地势低洼地区、地下车库等地下空间、内港水浸区等易灾地区以及老年人、儿童、残疾人及其他行动不便弱势群体提前获悉预警信息，提前做好避险转移等防灾避灾工作，确保居民人身安全。

二、突发事件信息报告机制

突发事件信息是救灾工作的重要决策依据，直接关系应急处置、救援救助、恢复重建等各项工作开展。科学准确、及时快速的突发事件信息，有利于政府掌握突发事件动态和发展趋势，采取积极有效的应对措施。建议尽快建立健全突发事件信息报告机制，按照及时、准确、规范、全面的原则，加强和规范突发事件信息的报告管理。

（一）制定科学的突发事件信息统计报告制度

将突发事件信息统计报告制度作为全澳突发事件信息统计报告工作的核心依据，对突发事件信息统计报告的责任主体、指标要求、报送时限、报表体系等工作进行系统、全面的规定。同时，注重将突发事件信息统计与救灾救助紧密衔接。突发事件信息报告内容不仅包括人员伤亡及损失情况，而且包括救灾救助需求和进展情况，实现突发事件灾情与救灾救助信息紧密结合、相互校验。

（二）实现突发事件信息化管理

基于突发事件信息报告机制，设计澳门突发事件信息统计报送系统，实现桌面端和移动客户端同步报灾，北斗终端做应急保障，使用范围涵盖全澳所有小区。系统以突发事件信息统计报告制度的报表体系、指针体系和报送流程为设计基础，形成信息化支撑下的突发事件信息报告全流程管理。

三、决策指挥机制

民防架构实现平灾结合，在日常的应急管理工作中强化部门间的信息沟通、资源共享、技术交流，做到部门配合、资源整合、协调联动。在应急状态下，要实现应急抢险、交通管制、人员搜救、伤病员救治、卫生防疫、基础设施抢修、房屋安全应急评估、受灾民众避险转移安置等的一体化指挥。

民防及应急协调专责部门在机构和制度建设中，应重点强化突发事件现场指挥体系；强化各类应急救援力量的统筹使用和调配体系；强化预警信息和应急处置信息发布体系，实现统一指挥调配。

借鉴国内外先进经验，建立健全突发事件现场指挥官制度，出台相关制度和办法，赋予现场指挥官决策指挥、资源调度、协调各方、依法征用等权责。做好指挥官的培训和任命，提高突发事件现场应急处置能力。

民防架构各成员单位根据各自职责，分工负责，协助做好预警信息发布，做好本系统应急处置工作。特别是加强学校、医院、应急避难场所、生命线基础设施等的防灾抗灾和维护管理，做好伤病员救治、卫生防疫，受灾民众避险转移安置等工作。

四、应急保障机制

按照底线思维的理念，立足应对超强台风等大灾、巨灾，提前做好救灾物资储备体系、应急避难场所体系等应急保障机制建设工作。

（一）建立健全救灾物资储备体系

建立健全覆盖全澳门的救灾物资储备体系，在内地中央救灾物资储备体系支持下，结合澳门居民的生活习惯、历年灾害情况以及突发事件应急处置情况等，科学确定帐篷、衣被、食品、饮用水等生活类救灾物资以及抢险救援、伤病员救治等物资储备品种及规模，建立科学的物资储备、调配和轮换周转机制。可以结合与企业、超市等私营机构开展协议储备、委托代储，将政府物资储备与企业、商业以及家庭储备有机结合，同时逐步建立健全救灾物资应急采购机制和粤港澳应急救灾物资快速通关机制，拓宽应急期间救灾物资供应渠道。

（二）建立健全应急避难场所体系

编制应急避难场所建设指导意见，明确避灾场所功能。推动开展示范性应急避难场所建设，并完善各类应急避难场所建设标准规范。结合目前现有的公共空间、绿地、体育场馆、学校、大型综合体及娱乐场等，改扩建或预先规划应急避难场所功能。根据人口分布、城市布局和灾害特征，建设形成覆盖全澳门、布局合理、功能完备、满足公众避险需要的应急避难场所。

五、风险评估和风险分担机制

强化风险管理和风险防范意识，组织开展全澳门范围的小区风险识别与评估。充分发挥保险等市场机制作用，通过多种渠道分担大灾、巨灾等灾害风险。

（一）开展小区风险评估与防范工作

全澳门范围，特别是内港水浸及易灾地区，组织编制小区灾害风险图，加强小区灾害应急预案编制和演练，加强小区救灾应急物资储备和义工队伍建设，视情组织开展综合减灾示范小区创建活动。推动制定家庭防灾减灾救灾与应急物资储备指南和标准，鼓励和支持以小区为基础、以家庭为单元储备灾害应急物品，提升小区和家庭自救互救能力。

（二）发挥保险的风险分担作用

完善应对灾害的金融支持体系，扩大居民住房灾害保险、灾害人身意外保险覆盖范围。可以参考内地宁波、厦门、深圳等城市巨灾保险实践经验，逐步建立覆盖全澳门居民，包括自然灾害、事故灾难、公共卫生事件和社会安全事件四大类突发事件在内的巨灾保险制度，以全覆盖的政府政策性保险为基础，以商业性保险为补充，为全澳门居民提供全覆盖的人身意外保险、基本住房保险、财产损失保险等。

第四节　建立健全应急管理法制

健全的法律法规和标准体系是优化澳门应急管理体系、提升应急管理能力的内在要求和法制保障。建议修订应急管理相关法律法规，不断完善应急管理标准体系，强化法律法规和标准的宣传贯彻，为优化澳门应急管理体系提供法制保障。

一、修订和完善相关法律法规规章

修订《澳门民防纲要法》（第 72/92/M 号法令）等有关突发事件应对相关的法律法规规章，进一步明确和细化突发事件预防与准备、监测与预警、处置与救援、恢复与重建等相关内容。建议做好突发事件应对相关法律法规规章的统筹设计，对修订与拟制定的法律法规做好衔接。

二、优化应急管理标准体系

标准化是统筹协调部门工作、提升工作效率和水平的现实需求，技术标准能够为应急管理相关法律法规的执行提供技术支持，同时应急管理标准化是规范应急管理业务工作的内在要求，日常减灾、灾前备灾、灾中救灾和灾后恢复重建等业务工作都需要技术标准的支撑。建议紧紧围绕澳门应急管理重点领域和业务需求，研制一批重要技术标准，实现重点突破，以点带面，发挥示范带动效应，提升应急管理标准化工作水平，并依法赋予其强制性和约束力，以促进应急管理工作规范化。

建议抓紧研究和制修订以下 6 个方面的技术标准：

(1) 台风和风暴潮等级划分方面的标准。

(2) 水利设施防洪（潮）方面的标准。

(3) 建筑物窗户抗风方面的标准。

(4) 电力设施安装设计及防护方面的标准。

(5) 通信基站、机房等设施安全防护方面的标准。

(6) 地下室、停车场防浸水方面的标准。

三、加强法律法规的宣传

澳门特区政府及相关部门在突发事件应对相关的法律法规制修订完成后，应及时面向不同群体、采取多种形式广泛开展法律法规和标准的宣传工作，研究制定与法律法规相配套的规章、指引和技术标准，引导私人部门、学校、医院、社会团体、社会公众等学习和遵从相关法律法规，进一步夯实突发事件应对的法制基础。突发事件应对相关的技术标准发布后，应及时开展标准的宣传贯彻工作，引导气象、水利、电力、通信等部门和单位积极采用最新技术标准开展相关工作，进一步提升防灾减灾救灾能力。

第五节 建立健全应急预案体系

建立健全应急预案体系的宗旨是提高突发事件的处置效率。要按照"统一领导、分类管理、分级负责"的原则和不同的责任主体，针对自然灾害、事故灾难、公共卫生事件及社会安全事件等各类突发事件制定修订应急预案，并统筹规划应急预案体系，做到"横向到边、纵向到底"。同时要注意各类、各层级应急预案的衔接，特别是部门之间的配合，私人部门与政府的配合。要从最坏最困难的情况做好准备，针对大灾、巨灾和危机等具有破坏性和高度复杂性特点的特别重大突发事件制定预案，做好应急准备工作。同时，加强应急预案管理，广泛开展应急演练，建立应急预案的评估和持续改进机制。

一、统筹规划应急预案体系

澳门突发事件应急预案体系应包括：

(1) 突发事件总体应急预案。总体应急预案是澳门应急预案体系的总纲，是澳门地区应对特别重大突发事件的规范性文件。

（2）突发事件专项应急预案。专项应急预案主要是澳门特区政府及其有关部门为应对某一类型或某几种类型突发事件而制定的应急预案。

（3）突发事件部门应急预案。部门应急预案是澳门特区政府有关部门根据总体应急预案、专项应急预案和部门职责为应对突发事件制定的预案。

（4）基层小区（堂区）应急预案。具体包括基层小区（堂区）突发事件总体应急预案、专项应急预案和现场处置方案。

（5）社会团体、学校、医院、私人部门根据有关法律法规制定的应急预案。

（6）举办大型庆典和文化体育等重大团体活动，主办单位应当制定应急预案。各类预案应根据实际情况变化不断补充、完善，推进应急响应措施流程化，增强应急预案的针对性、可操作性。

二、制修订应急预案

制修订应急预案应当在开展风险评估和应急资源调查的基础上进行。要针对突发事件特点，识别事件的危害因素，分析事件可能产生的直接后果以及次生、衍生后果，评估各种后果的危害程度，提出控制风险、治理隐患的措施，并全面调查可调用的应急队伍、装备、物资、场所等应急资源状况和粤港澳联动区域内可请求援助的应急资源状况，必要时对居民应急资源储备情况进行调查，为制定应急响应措施提供依据。

澳门特区政府要对本行政区域内发生的重大突发事件处置负总责。各司及相关部门负责处置本范畴、本领域发生的突发事件；对涉及相关部门和基层小区（堂区）的，各有关方面要主动配合、密切协同、形成合力。对关系全局、涉及多领域的应急预案，由牵头司或部门负责组织有关方面，协调各方制定，相关配套预案由有关部门自行制定，做到有主有辅。

要做好基层小区（堂区）、学校、医院、私人部门、重点区域的应急预案编制，做到"横向到边、纵向到底"，加强预案的培训、演练、磨合和实施，增强全社会防灾意识、自救意识、互救意识以及自救、互救的技能，制定基层小区（堂区）灾害风险图、应急疏散路线图，规范应急疏散程序，组织开展参与度高、针对性强、形式多样、简单实用的应急演练，并及时修订相关应急预案。

通过构建台风、大面积停电、停水、恐怖袭击、疫情等重大突发事件情景，研究重大突发事件情景可能出现的一般性过程、后果和基本应对策略与具体任务，构建以"愿景—情景—任务—能力"为核心的应急准备体系，进一步完善应急管理规划，从而为应急预案制定和应急培训演练提供具有高度一致性和良好可行性的指导。

为使各部门和小区（堂区）、学校、医院、私人部门等从实际出发编制预案，应尽快制定《澳门特区政府有关部门制定和修订突发事件应急预案编制指引》《小区（堂区）、学校、医院、私人部门突发事件应急预案编制指引》，明确编制应急预案的指导思想、工作原则、内容要素、进度要求等。

建议研究制订《重要基础设施和关键资源保护计划》。按照"设施分类、保护分级、监管分等"的原则，对需要由澳门特区政府层面统筹协调的重要基础设施和关键资源的防护抓好落实，建立健全重要基础设施和关键资源保护体系的长效工作机制。

针对全球恐怖活动、恐怖主义的现实危害上升趋势和澳门建设世界旅游休闲中心的实际，要尽快编制《澳门特别行政区处置恐怖袭击事件应急预案》，加强反恐怖能力建设，不断提升反恐怖工作水平，注重主动进攻，先发制敌；注重专群结合，整体防范；注重标本兼治，源头治理；注重提升情报获取能力和预警能力。

三、加强应急预案管理和演练

（一）制定应急预案管理办法

为深入推进应急预案体系建设，加强应急预案的管理，应尽快制定《突发事件应急预案管理办法》，明确应急预案的概念和管理原则，规范应急预案的分类和内容、应急预案的编制程序，优化应急预案的框架和要素组成，建立应急预案的持续改进机制，加强应急预案管理的组织保障，强化应急预案分级分类管理。

（二）广泛开展应急演练

制定《突发事件应急演练指南》等应急演练制度，制定应急演练工作规划，针对小区（堂区）、学校、企业以及酒店、娱乐场等人员密集场所等定期开展各种形式和各具特色的应急演练。通过开展应急演练，查找应急预案中存在的问题，进而完善应急预案，提高应急预案的实用性和可操作性；检查应对突发事件所需应急队伍、物资、装备、技术等方面的准备情况，发现不足及时予以调整补充，做好应急准备工作；增强演练组织单位、参与单位和人员等对应急预案的熟悉程序，提高其应急处置能力；进一步明确相关单位和人员的职责任务，理顺工作关系，完善应急机制；普及应急知识，提高公众风险防范意识和自救互救等灾害应对能力。同时强化演练评估和考核，提倡桌面推演与实战演练相结合，切实提高实战能力，推动应急演练工作的规范、安全、节约和有序开展。

（三）建立应急预案及演练评估机制

应急预案的生命力和有效性在于不断地更新和改进，持续改进机制是应急预案系统中一个重要组成部分，完善风险评估和应急资源调查流程，充分利用互联网、大数据、智能辅助决策等新技术，在应急管理相关信息化系统中推进应急预案数字化应用。应急预案编制单位应当建立定期评估制度，分析评价预案内容的针对性、实用性和可操作性，实现应急预案的动态优化和科学规范管理。同时要对应急演练进行评估，在全面分析演练记录及相关数据的基础上，对比参演人员表现与演练目标要求，对演练活动及其组织过程作出客观评价，并编写演练评估报告，可通过组织评估会议、填写演练评价表和对参演人员进行访谈等方式进行。应急演练评估的主要内容包括：演练的执行情况，预案的合理性与可操作性，指挥协调和应急联动情况，应急人员的处置情况，演练所用设备装备的适用性，对完善预案、应急准备、应急机制、应急措施等方面的意见和建议等。

第六节　提升气象及海洋灾害监测预警能力

一、灾害监测

对灾害准确、及时、有效的监测是灾害预警及防灾减灾救灾的基础和前提。应加强灾害监测站网布局，弥补观测短板，修订完善相关观测规范，加强粤港澳地区监测数据共享能力建设，提高台风等灾害性天气定量监测能力，建立高效集成的数据处理平台等，以提高灾害综合监测能力。

（一）完善监测站网布局

在现有观测能力基础上，经科学评估，弥补观测盲点，完善风、雨、水、潮、浪、流等信息测报站网布局，加强交通干线和航道、重要输电线路沿线、重要输油（气）设施、重要水利工程、重点保护区和旅游区等的气象和海洋监测设施建设。在有条件的地方（如友谊大桥、港珠澳大桥）开展 10 m 风和不同高度风的对比试验，为不同高度风的定量订正提供支撑，以便更准确描述不同灾害性天气风力大小。另外，针对澳门特区新增海域，应加强海洋气象和海洋水文环境观测能力建设，获取海面风、气压、沿岸及离岸潮位、海浪波高、波向及波周期等观测信息，为拓展海洋预报预警及服务奠定基础。

（二）修订台风风速观测业务

不同气象机构描述台风风力大小所用平均时段不同，如中国内地用 2 min 平均风速、中国香港及日本用 10 min 平均风速，美国用 1 min 平均风速描述台风强度。在保留 1 h 平均风速观测（主要用于历史比对分析）基础上，开展 10 min 或 2 min 平均风速观测业务，既与周边气象机构保持一致性、增加可比性，又更准确捕捉台风强度，及时发布有效预警。

（三）加强与内地及香港地区监测数据共享能力建设

近年来，中国内地及香港在珠江口及南海北部新增了很多岛屿、浮标、石油平台等自动气象站和潮位站，这些观测站在提高台风、暴雨、强对流及风暴潮等灾害监测能力方面发挥了重要作用，特别对提高台风定位和定强分析精度功不可没。另外，近年中国内地持续加大卫星观测投入力度，"风云三号" D 星和 "风云四号" A 星即将投入业务运行，为灾害天气监测提供了新的支撑。要加强与内地和香港地区观测资料共享能力建设，升级网络带宽，提高资料共享的广度和时效性，为切实提高气象和海洋灾害监测能力奠定基础。

（四）提高台风等灾害性天气定量监测能力

建立规范的、世界气象组织推荐的 DVORAK 台风强度分析业务，提高预报员对卫星定量分析和应用能力，提高预报员对台风云型结构、眼区温度、云顶亮温（TBB）等与强度变化关联度的认知能力，提高台风强度分析的客观性和科学性，减少主观性和随意性；加强基于地面自动站、雷达、卫星等综合观测资料对暴雨、强对流、雾霾等灾害性天气定量监测，开展基于阈值的自动监测报警业务。

（五）建立高效集成的数据处理平台

随着数值预报模式精细化程度的提升和高时空分辨率的卫星、雷达以及分钟级/秒级自动观测站数据的应用，气象监测数据量级呈几何级增长，需开发对陆基、岛屿、船舶、浮标、卫星、雷达、数值模式等多源异类数据的处理及高效集成显示，提高对各类气象监测信息的立体化（海、陆、空）、精细化和客观化分析水平，实现对主要灾害性天气的全天候无缝隙监测能力。

二、灾害预警

修订和完善台风、风暴潮等灾害等级划分、修订台风风球信号发布标准，逐步建立首席负责制的灾害性天气会商流程，建立以数值预报为基础，各种主客观方法相结合的灾害性天气预警业务，提升对台风、暴雨、风暴潮、大风、高温、雷电、大雾、霾等灾害预警能力。

（一）修订台风等级标准

随着全球变暖，以登陆台风为代表的极端天气事件呈现增多趋势，2006 年超强台风"桑美"、2014 年超强台风"威马逊"、2015 年超强台风"彩虹"、2016 年超强台风"莫兰蒂"登陆华东或华南沿海、给我国带来严重影响。内地和香港分别于 2006 年和 2009 年修订了台风等级标准，将风力超过 12 级以上的台风细分为台风、强台风、超强台风（表3-1）。这样的细致划分不仅能更准确描述台风强度，同时也更能引起政府和公众的关注，从而采取更有效防范应对措施，减轻台风灾害。因此，可参考周边气象部门台风等级标准，结合澳门特点和过往使用习惯，对台风等级标准进行修订，制定科学、合理又被公众广泛认可的台风等级标准，为制作和发布台风预警打下基础。

表3-1 中国内地及港澳台气象机构热带气旋等级划分

风力等级/级	大陆（2006 年）	香港（2009 年）	澳门	台湾
6	热带低压	热带低气压	无明确定义	热带性低气压
7				
8	热带风暴	热带风暴	热带风暴	轻度台风
9				
10	强热带风暴	强热带风暴	强热带风暴	
11				
12	台风	台风	台风	中度台风
13				
14	强台风	强台风		
15				
16	超强台风	超强台风		强烈台风
17				
>17				

（二）修订风暴潮警告等级标准

这次"天鸽"台风灾害暴露出风暴潮预报和警告不足的问题较为突出，目前澳门风暴潮最高警告级别是黑色，即"估计水位高于路面 1 m 以上时"发布风暴潮黑色警告，而"天鸽"台风侵袭期间水位高于内港路面约 2.5 m。同时也注意到"天鸽"仅是强台风级别，比 2006 年登陆浙闽交界的超强台风"桑美"和 2014 年登陆海南的超强台风"威马逊"还有一定差距。因此从立足防超强台风、防超高潮位的角度出发，有必要对风暴潮警告等级重新进行审视，当水位高于路面 1 m 以上时，细化现有风暴潮警告等级，既警示风暴潮的严重程度，又科学指导防潮避险。

（三）完善台风风球信号发布规范

澳门现行热带气旋信号（第 16/2000 号行政命令）分为 1 号、3 号、8 号、9 号及 10 号风球，但对何时悬挂何种级别的风球并无明确说法，实际操作时有一定随意性。内地的做法是：台风预警分为国家级预警和省级预警信号，国家级台风红色预警表示"预计未来48 h将有强台风（中心附近最大平均风速14~15级）、超强台风（中心附近最大平均风速16级及以上）登陆或影响我国沿海"；省级台风红色预警信号表示"6 h内可能或者已经受热带气旋影响，沿海或者陆地平均风力达12级以上，或者阵风达14级以上并可能持续"。国家级台风红色预警明确了最大时间提前量达48 h，省级台风红色预警信号最大时间提前量是6 h。建议澳门在台风预警信息发布上尽可能及早让民众了解悬挂风球信号的可能时段，同时借鉴内地的做法和经验，与民防相关部门协调，因应防灾应变措施等需求，在民防总计划或相关应急预案中，明确风球悬挂提前通报的时间，增强可操作性。

（四）提高灾害预警科技支撑和能力建设

通过典型气象灾害案例的深度分析和总结，提高预报员对气象灾害演变机理认知水平；提高对卫星、雷达、微波及其他新型观测数据定量分析水平和应用能力；加强对数值模式，特别是集合模式的解释应用和定量订正能力，提高对台风路径、强度、风雨等预报准确率和精细化水平；积极探讨大数据和人工智能技术在灾害性天气预报预警上的研究和应用。

综合考虑周边海域地理和水文环境特点，建立覆盖澳门及邻近区域的精细化风暴潮数值预报系统，开展精细化风暴潮预报和街区尺度风暴潮淹没预报。综合考虑风暴潮灾害的危险性以及承灾体重要性、人口密度、经济密度等脆弱性，编制风暴潮灾害风险图，逐步开展基于精细地理信息的风暴潮灾害风险评估，为防御风暴潮灾害提供有效对策。

（五）建立灾害预警联动会商机制

不同灾害性天气的可预报性或预报难度是不一样的，现今数值预报模式和各类观测/分析数据提供了海量可供参考的信息，而预报员个体的知识、经验和时间是相对有限的，因此，面对灾害性天气时，举行集体会商是非常有必要的。应当建立包括领导、主管和气象专业人员参与的灾害性天气会商机制。同时加快培养高级气象专业技术人才，加快推动气象综合分析系统和客观预报系统的建设，逐步创造条件，适时建立首席预报员负责制的会商机制和业务流程（图3-1）。

同时，应建立粤港澳重大灾害预警联动会商机制，当遇台风等重大灾害性天气时，粤港澳任何一方可申请或组织联合会商，中央气象台也可召集或参与联合会商，这样既能充分沟通交流，又尽可能保持预警的一致性，减少公众的猜疑和混淆。

（六）优化灾害预警信息发布系统

完善灾害预警信息发布制度，明确气象及海洋灾害预警信息发布权限、流程、渠道和工作机制等，细化灾害预警信息发布标准和警示事项等；加快灾害预警信息接收传递设备设施建设，建立充分利用广播、电视台、互联网、手机短信、微信等各种手段和渠道的灾害预警信息发布机制或平台以及快速发布"绿色通道"，提高预警信息发送效率，通过第一时间无偿向社会公众发布灾害预警信息，重点是学校、小区、机场、港口、车站、口岸、旅游景点、娱乐场等人员密集区和公共场所，扩大预警信息公众覆盖面，提高发布频次，实现预警信息的滚动发布。

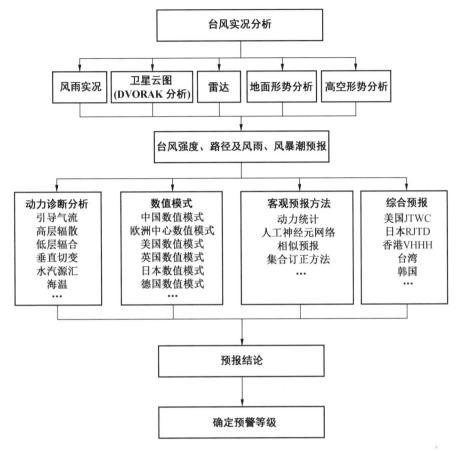

图 3-1　中央气象台热带气旋会商框图

第七节　提升灾情统计评估能力

一、灾情统计报送

针对灾情信息报送和服务的及时性、灾情信息统计的准确性、灾情信息服务的广覆盖等现实需求，加强灾情统计报送能力建设，提升灾情信息对救灾救助决策的支撑作用。

（一）建立多元化的灾情统计报送体系

在现有统计制度的基础上，进一步建立完善灾情统计报送的制度设计和业务标准，建立灾害发生后更加丰富的海量灾情原始数据提供渠道，拓展灾情统计报送的空间与范围，提高灾情统计数据的完整性和及时性。

（二）建立灾情报送与服务大数据信息平台

充分利用"众包"（Crowdsourcing）模式下的数据采集与服务平台建设和运行方式，建立集共享、服务、查询、应用于一体的面向社会组织和公众的灾情数据资源共享平台，充分调动各方资源，形成统一管理系统下资源互补、信息共享的运行机制，提高灾情数据的科学性和准确性。

（三）建立空地一体化的灾情信息获取平台

以灾害现场信息获取"看得清、看得准、看得快"为目标，综合应用无人机、通信传输、信息处理等领域的新技术、新装备，建立"现场—后方"互通、联动、协同的灾害信息获取业务平台，实现灾害现场情况的空地一体化信息全景展现。

（四）建立部门间灾害信息共享平台

以民防及应急协调专责部门为牵头单位，以增强部门间信息共享为抓手，建设灾害信息共享平台，统一标准规范，划定共享信息资源类别，确定汇集、交换、存储、处理和服务的共享信息范围，对信息的使用、存储、更新、备份管理等进行细致规定，建设数据共享信息化保障环境，实现各种灾害风险隐患、预警、灾情以及救灾工作动态等信息在部门间的及时有效共享。

二、灾害损失评估

针对提高灾害损失评估的时效性和精准性的现实需求，各有关部门按照职责，加强灾害损失评估能力建设，推动评估结果为救灾决策、防灾规划提供参考依据。

（一）制定灾害损失评估工作规程

立足台风、风暴潮及其引发的洪涝、泥石流、滑坡等地质灾害评估工作需求，制定程序严谨、指针系统、方法科学、责任明确的灾害损失评估制度，明确工作目标和要求，规范评估基本流程、工作时限。

（二）建立灾害损失评估技术标准

针对台风、风暴潮及其引发的洪涝、泥石流、滑坡等地质灾害，建立系列损失评估技术标准，对灾害评估的工作内容、技术指标和方法制定精细化的技术规范，保障相关技术工作的有序有效开展。

（三）建立高精度基础本底数据库

针对灾害损失评估对高精度承灾体和社会经济数据的使用和更新需求，建立覆盖全澳，以小区为基本单元，涵盖人口、房屋、经济等基本指标的高精度基础本底数据库；汇集通信、电力等部门的实时业务数据，建立基于手机、固定电话、基站、电力等实时位置服务数据的重点区域实时数据库。

（四）建立灾害损失评估指标体系

针对灾害发生之前的损失预评估、灾害发生过程中的监测性评估、灾害发生之后现场的实测评估等不同阶段对损失评估的需求，建立灾害造成的社会影响及破坏情况的一整套评估指标体系，满足对灾害损失相对量和绝对量的科学判定要求。

第八节　加强生命线工程和重要基础设施防灾减灾能力

一、防台风防汛骨干工程

目前，澳门防御风暴潮的措施主要是堤防（岸）工程，其标准不一，防潮能力在2～100年一遇之间。澳门半岛东北侧地势比较高，南侧建有堤防，标准可达到50～100年一遇，西侧为内港海傍区和筷子基段，堤防（岸）现状防洪潮能力在2～5年一遇之间，堤防标准低或基本处于不设防状态。路环岛、凼仔岛地势较高,岛区中、北部区域地面高程较低,沿岸建有堤防,防洪潮能力 50~100 年一遇。

"天鸽"台风及近年的几场风暴潮给澳门带来了严重的影响,暴露出澳门防御风暴潮措施方面的不少问题,需要全面规划,针对出现的问题提出切实可行的工程措施方案和非工程措施方案。为此,建议澳门政府组织编制澳门防洪潮排涝规划,针对澳门的地理特点,水患灾害防治及经济社会发展的要求,科学制定本地区防洪潮与排涝标准,提出澳门地区防洪潮排涝工程总体布局方案。

在全面审视应对"天鸽"台风风暴潮设施能力不足的基础上,对澳门的防台风防汛骨干工程作进一步系统调查评估,本着全面规划、综合治理、因地制宜、突出重点、近远结合、分期实施的原则,开展以下工程系统的优化与建设,提高澳门防洪潮工程的防灾减灾能力。内港海傍区建议采用挡潮闸工程来防御台风风暴潮,可按 200 年一遇的标准进行设防,其他区域防御标准应结合其区域的重要性、致灾后的损失大小及工程建设对环境影响等各个因素综合论证后确定。

(一)湾仔水道出口建设挡潮闸工程

为从根本上解决内港海傍区水患的问题,借鉴纽约、俄罗斯圣彼得堡和荷兰阿姆斯特丹等城市防汛防潮经验,在澳门湾仔水道口设置挡潮闸工程(类似东京的多个洪水闸系统,日本东海岸的海啸屏障),在台风影响期间通过人工调控内港潮水位,降低风暴潮对内港区的影响,从而减少或消除台风对人口密集区域的威胁。同时,挡潮闸工程设计应体现景观要素,主体建筑物应与周边景观相协调。

(二)堤岸加高加固工程

澳门半岛南部、路凼区的北部、东部和西部堤岸,现存堤岸规整,施工条件较好,且人口密集、重要设施较多,可按较高的标准对该区域的堤岸进行整修加高加固。对澳门半岛东侧和路环岛西侧区域,因施工条件较差,且防护区域面积不大,可采用分仓防护,结合技术经济论证,合理选定设防标准,对堤岸进行整修加高加固或新建。

(三)内港海傍区堤岸临时工程措施

在挡潮闸建成之前,内港海傍区尚无有效措施来应对风暴潮带来的水患问题,建议采用先进材料和可行技术,采取临时工程措施来减免风暴潮对该区域的影响。台风发生期间可在沿线堤岸段建立临时防洪墙工程,临时防洪墙结构可采用半活动式防洪墙,合理设定防御标准,并应处理好与内港海傍区堤岸整治工程衔接的问题。临时防洪墙具有安装速度快、存放空间小、人力调配数量少的特点,可于灾害预警时应急使用。

(四)增设内港南、北两侧泵站

针对内港海傍区等低洼地区防洪排涝设施不足的问题,在内港南、北两侧增设排涝泵站,并修建大型雨水箱涵、自排闸等多种防洪排涝设施,在发生强降雨期间可快速抽排涝水,以解决一定量级的暴雨水浸问题。

(五)完善城市管网排水系统

通过完善排水管网、增设排水渠道及排涝泵站等措施应对城市涝水,并加强积水点改造,市政排水管网改造工程,完善城市雨水排水系统,增加雨水下渗,减小内涝风险。

(六)建立堤岸风险辨识及监控系统

堤岸因长期受水流、风浪侵蚀和冲刷,导致局部堤岸下部掏空,有可能造成上部堤岸坍塌或滑坡，从而影响到相毗邻地面道路正常运营及重要建（构）筑物等重要设施的正常使用，为此，应及时勘探其冲刷破坏程度，并对可能造成的影响进行风险评估，提出对策和措施。同时，对冲刷破坏特别严重区段应建立实时监控预警系统，动态掌握堤岸安全状况。

（七）建立防台风防汛工程运营状况监测预警系统

针对防洪墙建立防洪渗漏无损检测系统，并对雨污泵站、水闸等综合设施实际运营状况建立监测预警系统，包括排水管网、泵站监控系统及水闸运行监控系统等，以充分发挥防台风防汛工程措施的内在效能，全面掌握城市内涝状况，实现排水统筹调度，更好地服务于灾害事故预警、现状评估以及改造方案设计等分析管理工作。

（八）建设滑坡、泥石流等地质灾害监控系统

台风容易导致滑坡、泥石流等众多次生地质灾害，因此针对澳门山体、边坡、堆积体等地质灾害危险区域，应借助 3S 技术、地球物理勘探、合成孔径干涉雷达等多种手段，构建地表位移及深部位移监测为主，降雨量、地下水位及结构应力监测为辅的灾害监测体系，对危险区域的变形进行实时监测、动态分析以及智能预警，并据此进行安全性评价。

二、供水工程

澳门原水供应主要依靠珠海市供水系统。珠海南供水系统竹仙洞水库的原水通过 3 条输水管以自流方式输送到澳门青洲水厂、大水塘水厂和路环水厂，总输水能力合计每日 $50×10^4$ m³。

澳门本地供水系统由蓄水水库、自来水厂、高位水池和供水管网组成。蓄水水库的有效蓄水总量为 $190×10^4$ m³，其中大水塘水库 $160×10^4$ m³，石排湾水库 $30×10^4$ m³。青洲水厂、大水塘水厂和路环水厂设计供水能力分别为 $18×10^4$ m³/d、$18×10^4$ m³/d、$3×10^4$ m³/d，占全澳总设计供水能力的 46%、46%、8%。高位水池设于松山及大潭山作为储备自来水之用，总储蓄量约为 $5.1×10^4$ m³。全澳供水管网总长为 574 km，供水管网漏损率约 10%。

目前，澳门地区日供水量约 $26.6×10^4$ m³，最高日供水量约 $29.8×10^4$ m³。

供水工程是澳门地区生命线工程之一，为有效应对突发事件，保障澳门地区供水安全，加强澳门地区供水设施建设是十分必要的。

（一）完善澳门原水系统设施建设

澳门原水水源的特点是对珠海供水系统依赖程度高。珠、澳两地原水系统合为一体，原水风险一是枯水期受珠江口咸潮影响，取淡水时间少，原水保障程度受到影响；二是易受原水水源地西江水系和澳门本地水库突发性环境事件及污染影响。

2008 年，国务院批复的《保障澳门、珠海供水安全专项规划》对澳、珠供水系统建设提出了近远期规划，规划基准年为 2004 年，近期规划水平年为 2010 年，远期规划水平年为 2020 年。规划提出的控制性水源工程竹银水源工程已基本建成，对保障澳门、珠海的供水安全发挥了重要作用。但由于澳门、珠海两地需水量增加较快，已逼近规划水平年预测值，系统最大供水能力为 $100×10^4$ m³/d，而目前珠海主城区、澳门供水量为 99×10^4 m³/d，供水系统已满负荷运行。针对澳门、珠海原水供应形势，粤澳双方正合作建设第四条对澳供水管道以及第二期平岗—广昌西水东调系统的建设工程，届时，供澳原水的

总输水能力达到 $70 \times 10^4 \ m^3/d$。为了进一步巩固粤澳两地供水安全，应从长计议，提前谋划，按城市发展规划、土地利用规划、供水需求预测等情况，建议澳门政府尽快提出对《保障澳门、珠海供水安全专项规划》进行修编的要求，研究制定保障珠海、澳门远期供水安全的规划方案。

（二）加强澳门本地的供水设施建设

澳门本地储水设施风险隐患主要表现为：一是本地储蓄水库储蓄量仅 $190 \times 10^4 \ m^3$，仅能满足澳门地区 7 天用水需求，储水量不足，抗风险能力低；二是青洲水厂和大水塘水厂地势低，有水浸风险；三是跨江供水管道及主要管道存在破裂风险等。

为此，建议尽快加强澳门本地的供水设施建设：

（1）建立澳门本地多点多源的供水系统，加快路凼区水厂建设。目前澳门用水增长点主要在路凼区，该区用水目前主要依靠澳门半岛供应，建议澳门加快路凼水厂建设，形成路凼区和澳门半岛之间的供水互补关系。同时加快推进对澳门供水第四条管道的建设，早日与珠海境内的管道进行接驳，尽快实现澳门多点互补、管线相通的供水网络系统，保障澳门的中长期供水安全。

（2）调蓄设施建设。针对澳门应对供水安全风险措施不足的问题，澳门特区政府规划建设九澳及石排湾水库扩容整治项目，计划于 2020 年前将两水库的库容量合共提高至 $105 \times 10^4 \ m^3$，届时，在现有 $190 \times 10^4 \ m^3$ 储蓄水量的基础上将澳门地区的储蓄水量提高 40%，可增加至约 9 天半的用水需求，以应对供水突发事件的发生，提高供水应急保障程度。

（3）高位水池建设。目前在松山及大潭山分别设有两组高位水池，容量可维持全澳约 $4 \ h$ 的用水，且在风灾期间发挥了很重要的作用，但容量相对先进国家或地区仍然偏低，因此，选取适宜地点建设高位水池，以增加高位水池的蓄水容量，力争达到可维持全澳约 $10 \sim 12 \ h$ 用水的容量，提高应对风险的能力。

（三）建立应急保障机制

加强节水型社会建设，加强节水宣传，节约用水。完善突发事件供水保障应急预案与保障措施，并完善与珠海跨地域的应急联动机制。

三、供电工程

"天鸽"台风灾害导致澳门供电设施损毁严重。澳门一度电网全黑、全澳停电，超过 25 万户受影响。虽然此次应对"天鸽"台风灾害采取了一系列措施，但也反映出澳门电网供电保障方面的问题和不足，主要表现在：电网建设灾害应对标准不够健全；电力基础设施设防标准不高，抵御灾害能力脆弱；电力防灾减灾与应急抢修体制机制不够健全；电网运行监测预警、处置救援等能力亟待提高。因此，尽快推进相关工程和系统建设迫在眉睫。

（一）进一步提高区外供电的可靠性

积极推进澳门电网与南方电网第三回输电通道建设，优化澳门电网与南方电网联网方案，增强南方电网向澳门供电电源的可靠性。

构建 500 kV 双电源互联互备、全电缆线路、变电站户内布置的北、中、南 3 个免受自然灾害影响的对澳供电 220 kV 关键通道。强化珠海本地支撑电源建设，支持极端自然灾害情况下澳门、珠海电网孤网运行。

（二）加强澳门应急电源建设及南北输电通道建设

推进澳门本地新增燃气机组的建设，提高紧急情况下澳门电网自主供电能力。加强澳门电网南北输电通道建设，增强凼仔（路环）与本岛之间电力互供能力，提升电网供电的灵活性。

针对澳门地区台风、雷暴等极端自然灾害，推进防灾抗灾型电网建设，提升电网整体安全及设备供电安全保障能力。

（三）构建澳门电网安全防御体系

研究澳门电网在与南方电网事故解列情况下的孤岛运行方案及安全稳定控制措施，确保重要负荷的不中断供电。构建预防性控制措施、紧急控制措施、恢复性控制措施体系。开展电网安全防御体系专项研究及系统仿真，研究具体措施的必要性和有效性，提出构建澳门电网安全防御体系的总体方案。在重大灾害预警或与珠海互联通道发生严重故障时，应调整运行方式，应对重大灾害的发生；在澳门电网与南方电网事故解列情况下应采取紧急控制措施，保证澳门电网稳定；在灾害发生后应尽快采取恢复性控制措施，紧急调整运行方式，最大限度地快速恢复停电区供电。

（四）加强运行监控系统建设

加强电网运行监控系统的建设，实现全网的可观可测、智能决策、自动控制。系统应全面覆盖各电压等级的电网及各发电厂、大用户，并与珠海电网实现信息的实时交互，构建闭环控制体系。

构建高级量测体系。全面安装智能电表，开展智能用电服务。

构建调配运营一体化系统及一条龙闭环指挥运维体系，实现电网故障自动定位和告警，自动恢复非故障段供电，自动组织检修，全面提高电网事故感知能力，形成快速反应机制，大幅提升事故处理效率，有效缩短事故停电时间，提高供电可靠性。

（五）加强配电网升级改造，构建先进的配网自动化系统

加强和完善配电网结构，构建强简有序、灵活可靠的配电网架构。根据澳门电网的实际情况，制定重要线路设计与建设标准，合理选取台风区域线路和网络结构，从规划源头提高电网防台风水平和转供电能力，对停电造成重要社会影响或经济损失的供电区域可在当地基本风速分布图的基础上适度提高设防标准。

推进配电网自动化及光通信网络建设。应对配电网进行升级改造，实现双电源闭环运行，进一步提升配网自动化水平，实现配电网可观可控。应加大推进配电网光纤建设力度，尽快实现中压网光纤全覆盖，长远实现光纤入户。必要时，可租用电信部门的光纤，建立电力通信网络。在过渡期可研究无线通信的方式实现遥控，也可采用就地型配网自动化模式，通过开关之间的配合就地实现故障隔离和自动恢复非故障段供电。加强配电网抢修和不停电作业能力，有效减少停电时间。

（六）加强电网在发生重大事故后的应急响应和快速恢复能力建设

加强澳门电网黑启动电源建设和快速恢复供电及孤岛运行能力建设，加强应急预案的研究和仿真、演练。完善与南方电网的协作机制。构建与南方电网的合作研究、联合仿真、联合演练机制，以及协调调控、应急指挥、联动机制，构建应急物资、应急抢修队伍快速调配的绿色通道。

（七）加强重要客户供电系统建设

对重要负荷的供电方案进行全面的检查，水厂、医院、通信、澳门特区政府、驻澳部队、民防及应急协调专责部门等应按一户一方案，严格落实保电方案，做到2~3路供电，并结合用户后备电源建设方案统筹考虑系统后备方案。制定指导用户后备电源方案的标准规范。

优先开展对重要客户配电设施及协调用户侧负责的电力设备防风防水专项改造工程，确保电力设备在重大灾害发生时不会遭水浸。加强对重要用户的日常运维和带电抢修。

（八）提高水浸区建设标准

应根据历年来台风造成的水浸区历史数据，建立水浸区分布图，并精准确定每个区域、每个建筑的最高水浸线，在此基础上制定不同区域的电力设施安装标准、防风防水设计标准，形成相应的法规，指导电网和用户开展水浸区电力设施建设和改造。

对现有电力设施的安装位置、防风、防水设计及标准进行全面检查评估（包括相关电网及用户侧设施），提高设防等级，合理抬升电力设施安装位置，确保重要电力设施不发生水浸事故。对重要电力设施和站点加装防水闸门、水位报警系统等，提高水浸应对能力。

（九）构建事故仿真分析系统

为满足澳门电网安全稳定运行和电力优化调度需求，构建澳门电网事故仿真分析系统及在线安全评估和智能决策系统，实现对"天鸽"台风电网事故及恢复全过程的仿真分析及事故反演，不断优化和加强电力系统应对重大自然灾害等极端事故的能力；实现静态安全分析、瞬时稳定分析等全面的在线安全稳定评估；开展电网调度策略的安全稳定校核及调度处置预案智能生成，从安全裕度评估、预防措施、校正策略等方面，对电网及相关调度策略进行全面评估，自动生成负荷转供和拉减、机组出力调整、运行方式调整等方案，全面提升电网安全稳定运行和应对极端事件的能力。

（十）加强电网调度中心和应急指挥中心建设

加快澳门电网新调度中心建设。对现有调度系统进行全面升级改造，建设新一代电力调度系统SCADA/EMS/ADMS，提升电网实时分析应用水平，全面提升澳门电网协调调控能力。可考虑在新调度中心建成投运后，将现有调度中心作为备调保留使用。加快推进应急指挥中心建设。应急指挥中心平台可考虑与调度员培训仿真系统合建，平时用于调度员培训仿真，灾害仿真分析研究，演练、联合演习等，灾害发生时用于应急指挥，以便提高平台的利用效率并保证平台的日常维护。加强粤澳两地联合反事故演习，提升两地联动协调调控水平。

（十一）加强电网规划和研究工作

开展《澳门电网防灾抗灾总体规划》研究，推动建设和改造项目快速和有序的实施；开展《配电网改造及高可靠性配电网建设规划》研究；开展《澳门电网安全防御体系研究及方案设计》研究，为构建澳门电网整体安全防御体系提供支撑。

四、通信工程

随着澳门经济和旅游业的发展，澳门通信基础设施不断改进和创新，现有固定公共电信网络及服务运营商2个，公共地面流动电信网络及服务（2G）运营商3个，电信网络及服务（3G）运营商 4 个，公共地面流动电信网络及服务（LTE）运营商 4 个，互联网服务运营商 21 个，收费电视地面服务运营商 1 个，卫星电视广播系统运营商 1 个，卫星电视广播服务运营商 3 个。"天鸽"台风期间，澳门通信设施总体上经受住了考验，但部分区域手机通信和移动上网功能一度中断，需要加强应急通信设施建设和对外通信设施建设，提升通信设施的抗毁性，提高网络安全保障能力。

（一）加强澳门本地通信设施建设

统筹部署应急通信基站，强化相关部门专用通信网络备份能力，保障应急救援时信息传递与协调指挥。通过短波通信、微波通信、集群通信等通信方式，进一步保障灾害现场救援、受困公众的通信需求。

（二）加强澳门对外通信设施建设

加强建设澳门应急辅助通信能力，推动短波、卫星等通信手段的部署应用，建立海上通信中继，开展与北斗卫星、国际海事卫星等卫星通信资源的协同调配，提升对外通信的可靠性及可用性。

（三）加强通信设施的抗毁性

提高通信基站、机房等通信设施安全防护的性能标准，将低洼地区机楼、电信设施以及室内布线等通信设施设在较高位置，通过采取应急燃油补给、交换中心冗余电力回路、不间断电源及电池检查、流动网络容量提升等保障措施，增强通信设施的抗毁性和可靠性。

（四）强化通信基础设施建设管理

简化通信网络基础设施的建设流程，推进公共通信网络与电力、交通、教育等专用通信网络基础管线和基站的共建共享，提高资源利用效率。加强云计算、大数据、物联网的运用，强化数据融合和信息感知，提高城市感知水平和经济社会智慧化运营水平，为建设智慧安全澳门提供支撑。

（五）提高网络安全保障能力

加快澳门网络安全保障体系建设，完善网络信息安全防护技术与手段，进一步明确公共通信网络运营商、相关部门专用通信网络的管理权限和责任，进一步健全"电话实名制"，形成网络安全的监测、预警与应急处置等管理标准与流程体系，确保通信网络运行良好、网络数据保密与完整。

（六）加大对通信设施的保护力度

依法惩治破坏通信网络基础设施的行为。加强保护通信网络基础设施安全的宣传，积极强化公众对通信系统基础设施重要性的认知，多方面提高对通信系统基础设施的保护力度。

五、重要基础设施

（一）交通运输系统

交通运输系统是城市基础设施的核心部分。面对台风、洪涝、泥石流等自然灾害，城市交通运输系统一旦出现功能不正常或丧失某些应有的功能，必将进一步加重灾害的破坏力。

1. 道路桥梁

澳门跨境行车大桥（莲花大桥、港珠澳大桥等）、跨海大桥（嘉乐庇总督大桥、友谊大桥、西湾大桥）、主干高速公路、城市街道等道路桥梁的安全性、通畅性和防汛排涝工作，是防台风防汛、灾害救援的重点工程。

对于在建或改建的城市道路，有条件地区可使用透水性铺装材料，并可考虑建立雨水收集利用系统，建设排水泵站和地下排水设施，提高道路的防洪防汛能力；针对灾时、灾后可能出现的道路严重积水区域，布置固定式、移动式泵站，加强道路应急排涝工程建设；同时应加强专业橡皮艇救援队伍的建设，为灾害发生时严重水浸路段的行人或低洼积水小区受困居民提供应急救援服务；完善积水深度标识工作，如有条件可在易积水路段设置水深预警系统或安装水深警示标志（道路水尺、涉水线等）；明确电车、汽车涉水深度，超过规定水深时，禁止车辆通过。对于灾后垃圾淤积区域、树木倒伏与山泥倾泻造成的车辆无法通行路段，应建立专业的应急抢险队伍，同时鼓励和引导企业、小区、志愿团体等积极参与受损道路的抢修救援，及时清理路面，尽快恢复道路畅通。

2. 码头口岸

澳门内港码头、内港客运码头、外港客运码头、凼仔客运码头、沿江作业区域及库场等重要区域的设备设施，是澳门码头口岸防台风防汛、排涝救援的重点防御地段。台风来临前后，应保障码头口岸的水上作业安全，做好水上交通管理工作，并根据风力和潮位对船舶、轮渡的水上作业或短驳、装卸进行限制，确保水上作业、轮渡服务的安全和稳定；结合港口码头的实际地形特征、建筑物结构，以及现有的防洪设施、淹没损失情况，对防洪涵闸进行优化，加强防洪墙建设，提高防洪潮工程的防御标准；建立专业的抢险队伍，配备充足的应急资源，并根据不同等级的台风预警状态，制定相应的抢险救灾预案及不同层级的防台风防汛行动方案；灾害预警状态解除后，检查和统计码头口岸各区域的受损情况，以及各类设备、设施的运行状态，并及时进行维护和维修，确保其保持正常状态。

3. 国际机场

澳门国际机场是防台风防汛的重要防御地段，主要包括候机楼周围、登机桥、排水泵站、供电室、通信机房、机场配套交通设施等。在台风、洪涝灾害发生期间，机场安保、消防机构等部门应协调联动与密切配合，落实机场各项安全防护措施，保障机场应急疏散管理工作有序开展，为滞留旅客提供安全的环境和后勤保障服务，并根据天气状况，及时更新航班动态，确保机场运行秩序，尽快恢复机场正常运行。

（二）地下工程设施

地下工程设施极易受气象灾害、地形地势、城市排水系统、地下空间自身挡排水能力等因素的影响，是城市的易涝点。因此，澳门城市地下空间工程设施是防汛排涝、应急救援的重点，主要包括澳门已建和在建的大型地下商场、地下停车库、行车隧道（如九澳隧道、松山隧道、凼仔隧道）、行人地道等。

地下空间的防汛减灾能力建设，应坚持"以防为主、以排为辅、防排结合"的原则，编制地下空间防汛安全管理规定及地下空间防汛设防标准，改建和完善地下空间所在区域的外围排水系统及防汛设施，设置合理的出入口止水闸门，配置集水井、抽水设备及备用设备，从而提高地下空间的整体防灾减灾能力。从本次台风灾害所造成的7例地下空间致死案例，反映了市民应对地下空间防洪防汛意识和自救互救能力不足，因此有必要在地下空间内部显著位置标识人员撤离路线，加强地下空间防汛知识、疏导撤离等方面的培训工作。

（三）大型综合体及娱乐场

庞大的大型城市综合体及娱乐场是城市时尚生活的中心，已成为城市的地标建筑，具有空间尺度超大、通达性好、环境宜居性良好等特点。大型城市综合体及娱乐场是人口密集区，其防台风防汛、防灾减灾能力建设不容忽视。增设抽水设备及备用设备，提高大型城市综合体及娱乐场的低层建筑、地下车库、地下室等低洼处的应急排涝能力；在台风洪涝期间，保障大型城市综合体及娱乐场的应急疏散引导工作，提供无间断的安全环境，并做好公共服务保障工作，提供如毛毯、饮水、网络服务等；对滞留顾客或游客进行安抚，消除其恐慌情绪。

（四）公共服务设施

重点是加强电厂、医院、车站、幼儿园、学校、大型商场等公共服务设施的防灾减灾能力建设。

一是开展澳门地区重要公共服务设施受水浸及周边防水浸排水工程情况调查。对"天鸽"台风灾害中发生水浸的重要公共服务设施进行实际情况调查，重点调查公共服务设施的地下车库、地下综合设备层、电讯公司机房等受水浸后对设施正常运营的影响及其诱发的次生灾害情况等，编制澳门地区重要公共服务设施水浸灾害分级分布图，为建立内涝分级防治及预警系统建设奠定基础。

二是对重要服务设施防水浸排水系统进行加固改造与建设。建议委托专业机构，针对排水工程改造与建设方案提出规划和设计，科学合理确定分区排水，适度提高排水工程设计的标准，对全区范围内实施的重要排水工程的设计参数选取提出强制性要求。

三是加强防水浸排水设施的维护管理。研究制定排水工程维护疏浚的管理制度，切实加强排水工程的维护管理力度。

四是启动全区防洪滞洪工程可行性研究与规划建设工作。研究论证澳门地区建设防洪滞洪工程的可行性、规划与建设方案，确定蓄洪空间的合理位置。对城市中的校园、公园绿地、运动场、停车场等地面设施进行工程设计，使其具备滞洪功能。研究建设地下调节池、超大型蓄洪设备等，增强城市调蓄水体，结合城市自然景观和美化建设排蓄雨水。

（五）其他

广告招牌、危旧房屋、高空构筑物、室外空调机、电梯安全、电线杆、行道树等在台风灾害期间极易对市民的生命财产安全造成危害，在防台风防汛、防灾减灾能力建设中不容忽视。针对澳门台风期间高空坠落物伤人事件，应对区内广告牌、檐篷、棚架等具有安全隐患的设施进行安全排查，及时拆除或改造违规广告牌或临时建筑物，对（高空）建筑物外墙存在脱落隐患及时排查和处理，减少和杜绝安全事故。

以上生命线工程和重要基础设施建设，应当牢固树立创新、协调、绿色、开放、共享的发展理念，坚持人与自然和谐共生，注重远近结合、符合澳门实际情况和发展要求，统筹推动、系统建设、过程管控，重在提升各类基础设施对城市运行的保障能力和服务水平，确保城市生命线稳定运行，增强抵御灾害事故、处置突发事件、危机管理能力，提高城市韧性，让人民群众生活得更安全、更放心。

第九节　健全完善粤港澳应急联动协作机制

将澳门融入国家发展大局，助力粤港澳大湾区建设，通过健全完善粤港澳应急联动协作机制，提升澳门应对突发事件的能力，最大限度减轻灾害风险、减少灾害损失。

一、建立粤港澳应急管理联席会议制度

每年定期召开会议,统筹研究粤港澳三地信息共享、物资调配、人员交流培训等应急管理有关重大问题,充分利用粤港澳大湾区协同创新机制,加强专业领域的粤港澳应急管理合作,为应急信息通报、联合应急处置、救援资源储备与共享、联合应急演练、救援培训交流等工作提供规范性和指导性意见,构建适应协同发展和应急管理合作的新格局。

二、健全监测预警信息共享机制

结合粤港澳大湾区建设,推进粤港澳相关应急预案的相互衔接,明确任务分工,优化细化处置流程,实现粤港澳区域突发事件监测预警信息共享,进而实现图像信息和数据实时共享。

三、推动粤港澳人员交流培训

实现应急队伍及专家等各类资源共享,定期举办粤港澳综合应急演练、人才交流、培训等活动,提高共同应对重大突发事件的能力。

建立澳门同内地应急管理人员合作与交流互访机制,创新应急管理培训、交流、考察、锻炼等工作方式,建立畅通的人员交流渠道,推动跨区域应急管理合作,为应急人员互访与交流提供机制保障。

(一)拓宽应急人员交流合作渠道

抓住机遇,积极作为,主动融入国家发展大局,积极参与和助力"一带一路"、粤港澳大湾区建设等国家发展战略,深化澳门同内地的交流合作。一方面澳门特区政府公务员可以通过各种渠道来内地交流访问,包括参加培训、到内地灾害与应急管理部门长期访问、来内地有关部门短期交流等,通过形式多样的交流访问方式方法,把内地应急管理工作的经验做法结合澳门实际加以实施;另一方面,内地应急管理专家和相关专业人才也要到澳门实地访问,结合澳门民防行动实际、经济社会发展状况有针对性地为澳门防灾减灾与应急管理工作建言献策。

(二)积极推进应急管理专业人才交流

充分利用粤港澳协同创新机制,重点加强粤港澳在防灾减灾与应急管理领域的合作,加强专业领域的粤港澳应急管理合作,努力构建适应粤港澳协同发展和公共安全形势需要的粤港澳应急管理合作格局。鉴于澳门相关专业领域人才储备不足,专业技能需要进一步提升,在整体合作交流框架下,气象、消防、水利、电力、医疗卫生等专业部门需要制定自身的应急人员能力提升计划,与内地相关部委、省市建立起专业人才交流与合作机制,有力地推动应急人员整体能力水平提升。

四、建立紧急救灾物资快速通关和绿色通道机制

建立粤港澳应急物资共享与协调调配制度,指导粤港澳三地应急物资管理相关部门和机构协同完成工作,规范物流机构、口岸机构和相关部门协作完成应急物资跨区域调配工作。

五、健全生命线工程协调保障机制

坚持"解决当前难题和益于长远发展有机结合"的原则，对粤港澳水、电、油、气等生命线工程的联动计划、调度、存量等运行信息进行实时采集和整合，建立联调统配工程体系框架，提升非常态下生命线工程的资源调配能力和响应效率。在河道管理、用水需求管理、流域及当地水资源分配体系，逐步建立起跨流域、跨地区、覆盖珠三角的科学配置、高效统一的供水网络。继续加强电力基础设施建设和提升联网能力，全面提高供电可靠性和保障能力，推动两地联网电力企业持续完善工作细则和应急处置机制，进一步提高清洁能源输送比例，促进两地资源优化配置。在持续做好澳门油气产品稳定供应同时，积极开拓澳门天然气管网建设，推动天然气管道铺设及推广范围持续扩大，多渠道开拓能源资源，促进资源共享，提升管理水平。

六、粤港澳巨灾保险联动机制

（一）粤港澳巨灾风险特征

一是粤港澳地区为我国台风等巨灾风险的高发区。二是粤港澳为财富高度聚集区；三是粤港澳缺乏一定的地理纵深，吸纳风险的余地相对小，回旋范围有限，"天鸽"袭击澳门就是一个典型的案例；四是面临的巨灾风险相对单一，缺乏不同风险之间的分散可能，导致在国际再保险市场的议价能力相对较弱，巨灾保险供给不足。

香港和澳门回归之后，粤港澳地区加强了各个领域的交流与合作，并取得明显成效。但客观上看，由于行政区划和制度的差异，导致粤港澳的巨灾风险管理仍缺乏一种更有效的协调机制和制度安排。

（二）构建"粤港澳巨灾保险联动机制"

针对粤港澳巨灾风险特征以及管理中面临的挑战，以"一国两制"为方针，以"共建共治共享"和"支持香港、澳门融入国家发展大局"为思路，以"粤港澳大湾区"建设为依托，参考"加勒比海巨灾保险基金"模式，探索建立粤港澳巨灾保险联动机制，统一协调粤港澳的巨灾风险管理，包括灾害信息共享、备灾物资管理、经济损失评估、重建资金保障、巨灾风险研究、研究开发巨灾保险专门产品、加强宣传培训等。

第十节　建立健全政府主导、社会协同、公众参与的应急管理格局

一、提高政府官员应急决策指挥能力

各级官员要牢固树立将民众的生命安全置于首位的理念，通过模拟演练、案例教学、现场教学、专家讲授等形式多样的培训活动，以及亲身参与各类突发事件应急处置实践，提高反应快捷准确的分析力、科学民主果断的决策力、遏制事态恶化的掌控力、全面统筹整合的协调力、敢于冲锋陷阵的行动力和舆论引导力。使政府官员具备应对突发事件的基本功：对下有行动，先期处置、控制事态；对上有报告，争取指导和支持；对相关单位有通报，做到信息共享、协调联动；对媒体和社会主动发声，及时准确引导舆论。

积极开展突发事件应急管理培训，提升公务人员突发事件指挥和应变统筹能力，以预防、控制和减轻突发事件造成的后果。制订培训计划，对各级官员进行培训，不定期举行短训班或专题研讨班；要开发适用于澳门特别行政区的专业性、系列性、层次性应急管理培训课程体系，综合运用专题讲授、案例教学、结构化研讨、仿真演练、现场考察等各种教学方式，充分利用澳门本地、内地、国际上各种教学培训、科研咨询力量，切实提升澳门特区政府各级官员应急决策指挥能力。

二、提高公务人员和专业救援队伍的素质和能力

（一）加强专业应急队伍能力建设

加强消防、治安、水上、紧急医学等专业应急救援队建设，强化救援人员配置、装备配备、日常训练、后勤保障及评估考核，健全快速调动响应机制，提高队伍应急救援能力。依托消防队伍建设澳门综合应急救援队，使之成为应对各类突发事件的骨干力量。加强治安警察队伍建设，强化防暴制暴、攻击防护等装备配备，提高应急处突、反恐维稳能力。加强水上应急救援和抢险打捞能力建设。开展紧急医学救援能力建设，构建陆海空立体化、综合与专科救援兼顾的紧急医学救援体系，加强航空医疗救援和转运能力，建立健全突发事件心理康复队伍、突发急性传染病防控队伍建设。

（二）加强专业领域合作交流

加强与内地、国际防灾减灾和应急管理的交流合作，通过与各部委、省（自治区、直辖市）的交流研讨、国家行政学院等院校的专题培训、邀请内地专家赴澳讲座、人员短期交流和访问学习等多种方式，切实提高气象、治安、消防、电力、水利、通信、防灾减灾、应急管理等领域业务人员的专业素质和能力。

（三）积极提升应急管理研究实力

加大科技研发投资，加强产学研结合，尤其是通过落实建设粤港澳大湾区的框架协议，加强科技合作，促进科技创新。加大与澳门高等学校、科研院所、社会培训机构等优质培训资源合作力度，积极提高澳门特区政府应急管理研究能力。

（四）推动各类专业培训基地建设

建议澳门特区政府依托内地，与广东省共建公共安全与应急管理培训基地，共商共建共管共享，承担提高政府官员和公务人员应急能力的任务。同时，完善澳门民防行动各级领导与专业队伍应急管理培训机构，开发应急处置情景模拟互动教学课件，组织编写适用不同岗位领导干部与应急管理工作人员需要的培训教材。推动消防等专业救援队伍的培训基地建设，深化防灾减灾人力资源开发，建设专业高效的应急救援队伍，提升专业救援队伍应急处置能力。

三、加强公共安全与应急管理宣传教育

深入推进公共安全文化建设，进一步提升公众风险意识与防灾减灾能力，建立健全公共安全与应急管理宣教工作机制，统筹有关部门宣传教育资源，整合面向基层和公众的应急科普宣教渠道。以普及应急知识为工作要点，提高公众预防、避险、自救、互救和减灾等能力，按照突发事件类型及其各个阶段，分类宣传普及应急知识，从而有效防范和妥善处置各类突发事件，最大限度预防和减少突发事件及其造成的损害，保障公众生命财产

安全。

（一）推动公共安全科普宣传教育基地建设

面向社会公众、义工，特别是中小学生，充分利用现有科普教育场馆，建设融宣传教育、展览体验、演练实训等功能于一体的综合性防灾减灾科普宣传教育基地，满足防灾减灾宣传教育、安全知识科普、突发事件情景体验、逃生疏散模拟演练等需求，提高全社会忧患意识和自救互救能力。

（二）加强防灾减灾知识在学校的普及

加强大中小学、幼儿园的公共安全知识教育普及工作，切实把公共安全教育列入各级各类学校必修课程，制定《学校防灾工作指引》，研究编制中学、小学、幼儿园的《安全教育补充教材》，推动公共安全常识进校园，建立学校公共安全教育的长效机制。各级学校每年定期组织开展应急演练，并充分利用"国际减灾日""消防日"，以及教育营等，组织教学活动和实践活动，确保每名学生都接受公共安全教育。

（三）开展形式多样的科普宣教活动

建立实体阵地和媒体阵地相结合、公众宣传与专业培训相结合、宣传讲解与模拟演练相结合、学校教育与公众科普相结合、政府引导与媒体宣传相结合、专业队伍与义工相结合的科普宣教模式。寓教于乐，开发基于安全情景剧角色的中小学生科普宣教。以校园安全情景剧为基础，针对小学生安全教育的特点和不足，通过舞台模拟、VR等形式，真人参与模拟灾害发生情景，测试学生灾害发生时应急处置能力和水平，并通过正确应急避灾展示，达到修正应急避灾反应的目的，有效提升中小学生的防灾减灾技能，为澳门中小学生探索有效降低校园风险的好方法。

四、鼓励和支持社会力量有效有序参与防灾减灾救灾

防灾减灾救灾工作不可能由政府单独完成，社会力量在灾害应急响应和灾后恢复工作中发挥着重要的作用，因此澳门特区政府必须把社会力量的参与纳入防灾减灾救灾计划中，并把社会力量作为重要的合作伙伴。

（一）鼓励和支持社会力量参与日常减灾工作

在常态减灾阶段，政府应积极鼓励和支持社会力量参与日常减灾各项工作，注重发挥社会力量在人力、技术、资金、装备等方面的优势，开展防灾减灾知识宣传教育和技能培训；依托医院、私营部门、慈善团体等，加强专兼职应急救援人员的培训，加强紧急医学救援技能的普及；建立应急救护技能培训制度，建议重点行业、重点部门工作人员应急救护技能培训普及率达到80%以上。制定各类灾害应急救援义工队伍技术培训和装备配置标准，建立健全队伍管理模式和统一调配机制，加大政府购买服务力度，提高应急义工队伍组织化与专业化水平，引导其有序参与防灾减灾救灾工作。

（二）鼓励和支持社会力量参与应急救灾工作

在应急救灾阶段，要突出救援效率，政府应统筹引导具有救灾专业设备和技能的社会力量有序参与，协同开展人员搜救、伤病员紧急运送与救治、紧急救援物资运输、受灾人员紧急转移安置、救灾物资接收发放、灾害现场清理、疫病防控、紧急救援人员后勤服务保障等工作。同时，为了充实澳门本地救灾社会力量，鼓励和支持应急救援社会组织在澳门建立分支机构（分队），以便灾害发生后可以第一时间协助政府开展救灾工作。

（三）鼓励和支持社会力量参与灾后恢复重建工作

在灾后恢复重建阶段，政府应注重支持社会力量协助开展受灾居民安置、伤病员照料、救灾物资发放、特殊困难人员扶助、受灾居民心理辅导和心理治疗、环境清理、卫生防疫等工作，扶助受灾居民恢复生产生活，帮助灾区逐步恢复正常社会秩序。政府应帮助社会力量及时了解灾区恢复重建需求，支持社会力量参与重建工作，重点是参与居民住房、学校、医院等民生重建项目，以及参与小区重建、生计恢复、心理康复和防灾减灾等领域的恢复重建工作。

五、加强小区和家庭防灾减灾能力建设

小区和家庭的应急准备是自然灾害预防、减轻、响应和恢复的最有效方法之一，居民个人和小区最有效的防灾减灾救灾方法就是提前把应急准备工作做好。如果每个家庭都制订了家庭应急计划并能在断电缺水的住宅内储备 3~5 天的家庭应急物资，小区制定了应急预案并储备了一定数量可供本小区居民紧急使用的应急物资，那么就会减少对外部应急资源的需求，其他有限的救灾资源就可以投入到更需要的地方。

（一）加强小区和家庭应急物资储备

推动制定小区、家庭必需的应急物资储备指南和标准，鼓励和支持以小区为单元设立灾害应急物资储备点。家庭应急救灾物资储备是指以家庭为单元提前准备应对各种紧急情况的应急用品，这些应急用品能够提高居民灾后生存能力并帮助居民在紧急情况后从非正常生活状态恢复到正常生活状态，例如储备方便食品、瓶装饮用水、医疗应急包、灭火器、逃生器具等。小区应急物资储备是指将应急物资集中储备在小区应急物资储备点，灾害发生时可以为居民进行救灾物资的发放及救助工作，例如储备方便食品、桶装饮用水、帐篷、破拆工具等。相对于家庭而言，小区可以储备数量更大、种类更多的救灾物资，通过将应急救灾物资储备在小区中，民众可以进行有效互助、互救，显著提高整个小区所有住户的自救互救能力。

（二）加强小区和家庭防灾减灾救灾科普宣传与教育

加强防灾减灾救灾和灾害自救互救知识的宣传教育。开发针对小区和家庭的防灾减灾科普读物、教材和挂图等，开发动漫、游戏等防灾减灾文化产品，提升家庭和居民自救互救能力。充分利用"国际减灾日""消防日"等，面向小区和居民广泛开展防灾减灾知识宣讲、技能培训、应急演练等形式多样的宣传教育活动，提升居民的防灾减灾意识和自救互救技能。加强灾害警示教育，如在"天鸽"台风造成的水浸区将水浸线作为永久警示标识等。

（三）推动创建综合减灾小区

制定综合减灾小区标准，从建设社区日常减灾和应急工作组织与管理机制，开展小区灾害风险调查与评估，编制小区灾害风险地图，制定小区灾害应急预案，配置小区综合减灾基础设施，储备小区应急物资，开展小区减灾宣传与教育，进行小区应急演练等方面确定综合减灾小区的创建要求和标准，实现小区减灾有队伍、有培训、有预案、有演练、有平台、有装备，全面提升小区在日常减灾、灾中应急和灾后恢复重建中的作用。

六、建设澳门公共安全应急信息网

澳门现有的公共安全信息发布基本都分布在政府各部门网站，内容主要集中在公共安

全政策、法规和突发事件的报道和发布，发布的公共安全相关信息比较分散，发布的手段相对比较单一，在一定程度上影响了信息发布的效果。因此，建议充分利用公共基础信息设施和各种媒体，依托业务部门现有业务系统和信息发布系统，建设澳门公共安全应急信息网，强化突发事件信息公开、公共安全知识科普宣教等功能，充分发挥微博、客户端等新媒体的作用，形成突发事件信息收集、传输、发布的综合服务型网络平台。具体内容包括：

（一）建设澳门公共安全宣传教育数字资源库

通过收集整理国际、内地以及港澳台地区现有公共安全相关宣传教育资源，建立公共安全宣传教育资源数据库、典型案例库和专家资源库，建设防灾减灾救灾互动性、共享性的数字图书馆，内容包括防灾减灾救灾相关法律法规、预案、技术标准、重大灾害应对案例、灾害基本知识、自救互救技能培训视频动漫，可以实现相关资源的快速检索、动态展示、实时共享等。

（二）开发公共安全应急信息网及APP

公共安全应急信息网及APP的主要功能包括：一是介绍澳门突发事件应急管理组织架构和基本情况；二是共享突发事件应急管理政策法规、应急预案、技术标准、应急手册、小区与家庭应急物资储备指南等基础数据和文件；三是分享自然灾害、事故灾难、公共卫生事件、社会安全事件的准备、应对和自救互救的基本知识；四是发布灾害预警、灾害事件动态跟踪报告、灾害应急响应、灾后恢复重建等动态信息；五是国内外突发事件应急管理基础理论研究、最新技术应用、重大灾害应对等方面的信息；六是提供在线交流、远程宣传教育等互动功能。

第四章 优化澳门应急管理体系的 重点建设项目建议

第一节 综合风险与应急能力评估项目

综合风险与应急能力评估是应急管理建设的前提，通过调查与评估澳门综合风险情况，了解城市安全薄弱环节，并有针对性地进行应急能力调查与评估，为改进应急管理提供科学依据。

一、建设目标

澳门特区政府应根据实际情况，逐步推进澳门综合风险和应急能力评估项目，完成如下目标：

制定综合风险评估制度，建立综合风险评估体系，对自然灾害或危险工程进行综合风险评估，全面了解澳门潜在灾害发生可能性，为风险管控和应急管理奠定基础。

制定应急能力评估制度，建立应急能力评估体系，确定应急能力评估方法，全面掌握澳门应急能力存在的薄弱环节，提出相应的对策和建议，优化澳门应急管理体系。

二、建设框架

综合风险与应急能力评估项目建设框架如图4-1所示，主要涵盖综合风险评估与应急能力评估两项工作内容。其中，综合风险评估主要包括综合风险识别、综合风险分析、

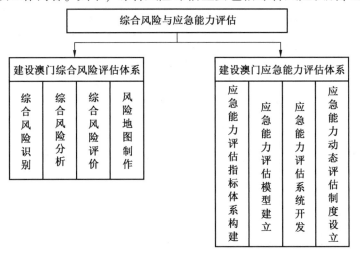

图4-1 澳门综合风险与应急能力评估项目建设框架

综合风险评价、风险地图制作等；应急能力评估主要包括应急能力评估指标体系构建、应急能力评估模型建立、应急能力评估系统开发、应急能力动态评估制度设立等。

三、建设内容

（一）开展澳门综合风险评估

首先基于澳门历史数据构建出澳门的自然灾害、事故灾难、公共卫生事件和社会安全事件基础数据库；然后针对风险列表上的各类风险发生频率和破坏程度构建风险矩阵，之后对综合风险进行分析和评价，最后开展风险地图制作。

1. 综合风险识别

综合风险评估应以风险的全面辨识为基础，主要从自然灾害、事故灾难、公共卫生事件、社会安全事件等四大类突发事件入手，辨识事件风险大小，再结合实际情况，建立全面的风险清单（表4-1）。

表4-1 风险清单

类别	分类	风险名称
自然灾害	水灾灾害	洪水灾害风险
	气象灾害	台风灾害风险
		暴雨灾害风险
	地震灾害	地震灾害风险
	地质灾害	滑坡、泥石流灾害风险
	生物灾害	动物疫情风险
		外来植物（动物）入侵风险
事故灾难	工商贸企业等安全事故	危险化学品储存、运输风险
		建设工程施工安全风险
		涉尘、涉爆企业风险
	火灾事故	火灾风险
	交通运输事故	道路交通事故风险
		轨道交通运营风险
		公共电汽车运营安全风险
		铁路行车安全风险
		航空安全风险
		水上交通安全风险
	公共设施和设备事故	供水突发事件风险
		排水突发事件风险

表 4-1（续）

类别	分 类	风 险 名 称
事故灾难	公共设施和设备事故	电力突发事件风险
		燃气事故风险
		供热事故风险
		地下管线风险
		道路风险
		桥梁（隧道）风险
		堤坝质量风险
		网络与信息安全风险
		人防工程建设风险
		特种设备风险
公共卫生事件	核事件与辐射事故	辐射风险
		核事件风险
	环境污染和生态破坏事件	突发环境事件风险
	传染病疫情	重大传染病疫情风险
	群体性不明原因疾病	群体性不明原因疾病风险
	食品安全和职业危害	食品安全
		饮用水安全风险
		职业中毒风险（职业病）
	动物疫情	重大动物疫情风险
	其他严重影响公众健康和生命安全的事件	药品安全风险
社会安全事件	恐怖袭击事件	恐怖袭击风险
	刑事案件	刑事案件风险
	经济安全事件	生活必需品供给风险
		粮食供给风险
		能源资源供给风险
		金融突发风险
	涉外突发事件	涉外突发事件风险
		境外涉及澳门突发事件风险

表4-1（续）

类别	分 类	风险名称
社会安全事件	群体性事件	群体性事件风险
		民族/宗教群体性事件风险
		校园安全风险
	其他	新闻舆论风险
		旅游突发事件风险
		娱乐场所安全风险
		机场突发事件风险

2. 综合风险分析

综合风险分析是对风险发生频率和破坏程度进行分析。发生频率和破坏程度主要依据辖区内灾害或风险事件的历史数据以及评估结果综合确定。

1）设立风险发生频率和破坏程度的分级标准

风险发生频率：发生频率的分级方法是根据风险事件发生频率，从高到低分为4个等级，等级 P 以分值表示（表4-2）；然后根据单个风险的不同情况，进行频率的具体描述。以洪水灾害为例说明风险频率等级的分级标准（表4-3）。

表4-2 风险发生频率分级

频率等级分值 P	风险发生频率	备 注
1	极高	频率等级为极高，风险事件在较多情况下发生
2	高	频率等级为高，风险事件在某些情况下发生
3	中	频率等级为中，风险事件很少发生
4	低	频率等级为低，风险事件几乎不发生

表4-3 内地洪水灾害风险发生频率分级标准

频率等级分值 P	风险发生频率	备注（用年遇水平表示频率）
1	极高	小于等于10年一遇，频率为极高，风险事件在较多情况下发生
2	高	大于10年一遇至50年一遇，频率为高，风险事件在某些情况下发生
3	中	大于50年一遇至100年一遇，频率为中，风险事件很少发生
4	低	大于100年一遇，频率为低，风险事件几乎不会发生

风险破坏程度：破坏程度的分级方法是根据灾害风险事件产生后果指标的等级分值，将后果从大到小分为4个等级，分别用等级 C 的分值表示；一次灾害风险事件的多个后果指标的等级分值不同时，后果等级分值 C 取其指标等级分值中的最大者（表4-4）。

表4-4　破坏程度分级

破坏程度等级分值 C	破坏程度	后果指标分值				
		指标1	指标2	指标3	指标4	其他指标
1	极高	1	1	1	1	1
2	高	2	2	2	2	2
3	中	3	3	3	3	3
4	低	4	4	4	4	4

以内地洪水灾害为例（表4-5），具体说明破坏程度等级 C 的取值方法。以洪水灾害导致的死亡人数、紧急转移安置或需紧急生活救助人数、倒塌和严重损坏房屋的数量作为产生的破坏程度分级指标。当一次灾害风险事件破坏程度的指标是不同的分值时，其等级 C 的分值取该指标分值中的最小者，也就是最严重者。建议澳门根据实际情况，对指标及参数进行调整。

表4-5　内地洪水灾害风险事件的破坏程度等级分值

破坏程度等级分值 C	破坏程度	后果指标		
		死亡人数/人	紧急转移安置或需紧急生活救助人数/万人	倒塌和严重损坏房屋的数量/万间
1	极高	>200	>100	>20
2	高	101~200	81~100	16~20
3	中	51~100	31~80	11~15
4	低	30~50	10~30	1~10

注：1. 死亡人口为因灾直接导致死亡的人数。

　　2. 紧急转移安置或需紧急生活救助人数为因灾害影响需紧急转移安置或紧急生活救助的人数。

　　3. 倒塌和严重损坏房屋的数量为因灾害造成倒塌和严重损坏房屋的数量。

2）调研辖区内风险清单上的单个风险的历史灾害数据

为了分析澳门风险清单上单个风险的发生频率和破坏程度，采用灾害历史资料搜集、实地调研、专家评价等方法，对澳门风险清单上的综合风险展开详细的调研，主要是针对每个灾害历史发生的频率和造成的损失后果进行调研。同时为了下一步进行风险区划图的绘制，调研对象建议包含澳门各个区域。

3）对单个风险的发生频率和破坏程度进行分析

完成澳门各区域的历史灾害数据收集后，依据风险发生频率和破坏程度评分标准，对澳门各个区域的风险进行分析。

3. 综合风险评价

综合风险评价由各个风险事件发生频率和破坏程度来决定，计算公式为

$$R = P \times C \tag{4-1}$$

式中　R——突发事件风险；

　　　P——风险事件发生频率；

　　　C——风险事件破坏后果的严重性。

根据风险事件的可能性等级 P 的分值和的风险事件的后果严重性等级 C 的分值，进行单个风险的分级评定，建立澳门风险矩阵。

风险等级的标准设置，依据突发事件可能造成的危害程度、紧急程度和发展势态，划分为4级：Ⅰ级（特别严重）、Ⅱ级（严重）、Ⅲ级（较重）和Ⅳ级（一般），依次用红色、橙色、黄色和绿色表示。将由上式计算得出的 R 值参考表 4-6 的分级说明，归入相应分区，进行分级评定。

表4-6　风险矩阵分级说明

风险等级分值 R			破坏程度等级分值 C			
			极高	高	中	低
			1	2	3	4
发生频率等级分值 P	极高	1	1	2	3	4
	高	2	2	4	6	8
	中	3	3	6	9	12
	低	4	4	8	12	16

注：1. 风险等级分值 R 为突发事件的可能性等级分值 P 与后果等级分值 C 相乘的结果。

　　2. 风险等级分值 R 划分为 4 个等级并赋以四种颜色，表示风险的 4 个等级：红色代表极高风险，R 分值为 1~2；橙色代表高风险，R 分值为 3~4；黄色代表中风险，R 分值为 6~9；绿色代表低风险，R 分值为 12~16。

为更清楚的展示未来项目的工作，以某城市的综合风险为对象，按能获得数据进行风险分级评定，对城市综合风险分级评定后建立的风险矩阵给出示例（图 4-2）。

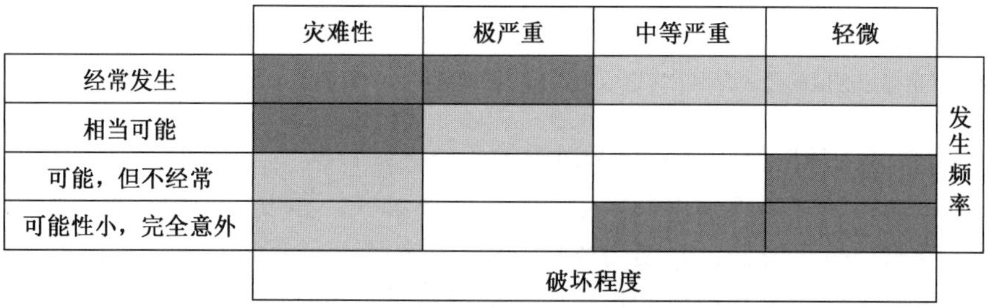

	灾难性	极严重	中等严重	轻微	
经常发生					发生频率
相当可能					
可能，但不经常					
可能性小，完全意外					
破坏程度					

注：风险矩阵网格内填入的数据应为风险指标的序号编码。

图 4-2　风险矩阵

4. 绘制澳门风险区划图

依据澳门综合风险评估方案对澳门各区域进行风险评定，建立澳门风险数据库，并进行动态评估，同时将风险信息绘制成澳门风险区划图，对重点区域进行监管。

（二）开展澳门特区应急能力评估

应急能力是检验具体评估对象在应对突发事件时所拥有的人力、组织、机构、手段和资源等应急因素的完备性、协调性以及最大限度减轻损失的综合能力。因此应立足突发事件的全过程，侧重对于风险应急管理体系进行全方位分析。

1. 构建应急能力评估指标

以澳门现有应急管理的处置策略为基础，借鉴美国、日本、我国内地的应急能力评估体系，构建应急能力评估指标。

依据应急管理的范畴，进行应急能力分析（图4-3），在此基础上构建应急能力评估指标（表4-7）。

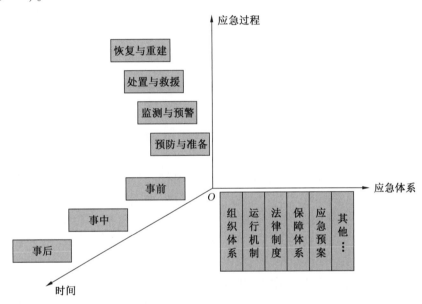

图4-3 应急能力评估指标体系分析框架

表4-7 应急能力评估指标体系

一级指标	二级指标	三 级 指 标
应急管理基础	法律法规	法律法规的制定；法律法规的执行；法律法规的修订完善
	预案体系	预案的可操作性；预案的修订、改进
	监管落实	管理效果；日常监管
	风险评估	风险识别；风险分析；危害评价；风险告知
预防与应急准备软件	应急队伍	队伍管理；综合救援队伍；义工队伍
	宣教演练	准专业人员培训；公众教育；演习演练
预防与应急准备硬件	应急保障	通信保障；物资保障；技术保障
	治理防范	灾害防御；生命线工程综合治理；重要设施保护；避难设施建设；培训基地建设
监测与预警	监测预警	实时监测；预测预报；预警发布机制

表 4-7（续）

一级指标	二级指标	三 级 指 标
应急处置与救援	应急处置与救援	决策指挥；灾情应急快速评估；应急救援；跨区域应急联动
	信息管理	公共信息收集制度；信息发布制度；信息公开制度；信息发布的时机选择
	危机沟通	应急管理组织间的沟通；媒体在沟通中的作用；组织与公众的沟通；危机沟通的双向互动性
事后恢复与重建	社会参与	社会动员机制（社会组织参与）；企业社会责任；社会分担机制（灾害保险）
	恢复重建	损失评估及事故报告；快速恢复；社会救助（标准）；心理援助；灾区复兴

2. 建立应急能力评估模型

应急能力评估模型主要是以对各级指标进行评分为基础，进而对应急能力分项水平及整体水平进行评估。

对于应急能力各指标评分标准，应根据所评价指标的内涵，设计能反映出能力水平差距的定量的打分标准，例如对"演习演练"的打分标准设为：以下 5 项要求中，每满足一个指标得 1 分，如全部满足则取分值为 5 分。5 项要求包括：①制定各类应急演练大纲；②所有相关部门熟知各自的工作内容；③演练大纲得到定期演习实践；④根据演练情况对演练进行评估；⑤对演练结果进行整改。

国际上一些应急能力评估体系中，针对整体应急能力的评价，主要基于木桶理论，所有指标都被赋予了相同的权重。而当前的一些研究则考虑实际中哪些评估项对应急能力更为重要，为不同指标设立不同权重。澳门应急能力评估应在参考国内外研究的基础上，结合澳门实际情况，建立科学合理的评估模型。

3. 开发应急能力评估系统

为更方便地进行应急管理能力评估，将应急能力评估体系的指标及评估模型进行可视化和人机交互界面设计的计算器软件系统开发。

4. 建立应急能力动态评估机制

为了适应新时代应急能力管控的新要求，应急能力评估应定期动态进行，依据应急能力评估系统，查找应急能力短板，为后续提升应急能力水平指明方向。同时设置相应动态评估制度，落实评估责任、数据采集准确性、评估周期、反馈路径、改善方案等。

四、实现路径

综合风险及应急能力评估项目的工作开展，由澳门特区政府相关部门组织成立"综合风险与应急能力评估项目领导小组"，组织专家设计实施方案，确定评估方法及模型，结合互联网等信息技术手段，建设综合风险与应急能力评估体系。具体实现路径如图 4-4 所示。

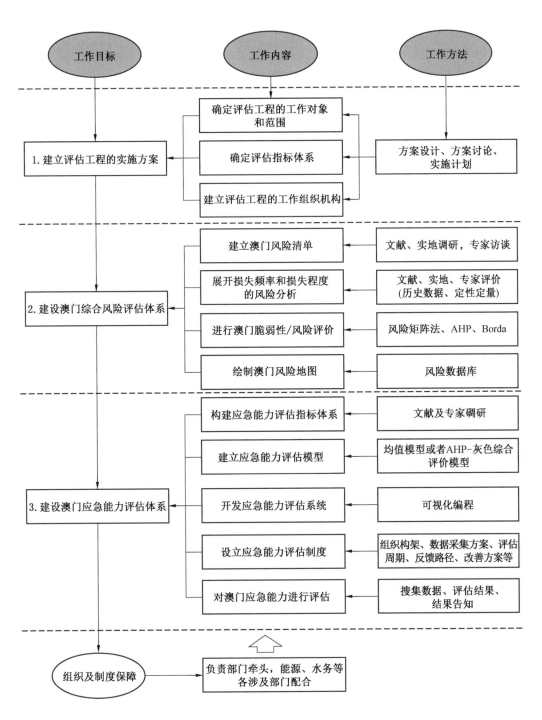

图4-4 综合风险与应急能力评估项目建设路径

第二节　应急避难及转移安置场所建设工程

一、建设目标

坚持以人为本的理念，按照"安全方便、规模适度、功能齐备、稳定有序"的总体要求，科学规划和建设应急避难场所体系，提供安全、高效、规范、有序的基本生活服务保障，确保应急避难以及受灾转移和安置的人员有安全住处、有饭吃、有衣穿、有干净水喝、有病能得到及时医治，确保受灾人员基本生活，确保社会秩序安定有序。

二、建设框架

（一）科学规划应急避难场所体系

根据澳门人口分布、灾害特点、受灾人员避难转移和生活安置的实际情况，开展应急避难场所体系建设专项规划，明确应急避难场所体系建设的短中长期目标，编制应急避难场所建设标准或指导意见，指导各区和各小区（堂区）加快建立形成覆盖全澳门的应急避难场所体系。

（二）应急避难场所新建工程

结合澳门城市规划和土地利用计划，在新区和新的小区建设过程中，统筹规划，建设一定数量能够覆盖主要居民区、危险点和风险地区，具备应急避险、生活安置和救援指挥功能的综合型应急避难场所，在澳门本岛、路凼各建有与人口相匹配的大型综合应急避难场所。

（三）应急避难场所改扩建工程

结合澳门目前的人口、水浸区、灾害隐患点等的分布情况，加大对现有的小区公共空间、绿地、体育场馆、中小学校、大学、大型综合体及娱乐场等统筹规划考虑，根据实际情况和可利用的空间，改建、扩建或协议设置一定数量、能够满足澳门本地居民和外来游客应急避难需要的避难场所体系。

（四）依托内地强化综合风险保障

内地作为保持澳门繁荣稳定发展的坚强后盾，发生大灾后，统筹考虑依托与澳门临近的珠海等地应急避难及转移安置场所，依托内地受灾人员转移安置和生活保障的救灾物资资源，全面强化澳门应对重特大灾害的综合风险托底保障工作。

三、建设内容

应急避难场所是城市建设的一部分，是经规划、建设与规范化管理，具有应急避难服务设施，为小区居民提供紧急、快速、就近、安全避难的安全场所；是避难人员紧急疏散或临时安置的安全场所，也是避难人员集合并转移到固定避难场所的过渡性场所，主要功能是用于接到灾害预警或灾害发生时供人员紧急避难或临时安置，也是避难人员集合并转移到固定避难场所的过渡性场所。建设内容主要包括：避难场地、避难建筑、配套应急设施以及必备的应急储备物资。

（一）避难场地

可供应急避难或临时搭建帐篷和临时服务设施的空旷场地。应急避难场所应以避难场地为主，小区的绿地、广场、小游园或活动场地等可以作为避难场地，满足就近疏散避难的需要。日本防灾避难场所的建设实践表明，面积在 500 m² 左右的街心花园，可作为应急避难场地，并能够有效发挥避险安置作用。

（二）避难建筑

为"老、弱、病、残、孕"及受伤人员等避难人员提供住宿、休息和其他应急保障的建筑。避难建筑应因地制宜。新建避难建筑应经过规划、建设，做到规范化管理；已经建成的小区通过对既有场地或建筑进行改扩建成为应急避难所，相应的建设和改造应满足避难建筑的面积指标、安全防护以及应急设施配备等规定。

（三）应急设施

避难场所内配置的用于保障避难人员生存的设施，包括应急供电、应急供水、应急排水、应急厕所、应急广播等设施，满足应急照明、供排水和信息传达要求。

（四）应急储备物资

避难场所内储备或协议储备用于保障避难人员生活的基本必需物资，包括一定数量的饮用水、食品、药品、衣物、被褥等，满足短时间应急期内受灾安置人员的基本生活需要。

四、实现路径

（一）应急避难场所大小及建设规模

由于澳门地少人多，人口密度高，城市发展公共空间不多，可根据澳门实际情况确定避难场所大小及建设规模。

（二）应急避难场所规划布局

应急避难场所的性质是为小区居民和游客提供紧急、快速、就近、安全避难的安全场所，规划设计应当服务于域内所有避难人员，需满足所有避难人员的紧急避难需求。

结合对我国东北、华北、华中和华东 4 个地区的典型城市中 19 个各类城市应急避难场所进行的实地考察，并与地方民政局及应急避难场所相关工作人员进行座谈，了解到的当地应急避难场所建设和使用的实际情况，城市应急避难场所的服务半径一般应以避难人员步行可以快速到达避难场所入口为原则确定，通常情况下，应急避难场所的服务半径不宜大于 500 m。

（三）应急避难场所新建工程

新建的城市小区应急避难场所考虑避难场地和避难建筑，场地可选择学校、公园、绿地、广场、健身活动场等，并按避难场地建设。

1. 选址

对于新建小区以及新区，考虑居民尚未全部入住，可按规划人口确定避难人员，结合公共空间规划建设应急避难所。场所的选址设计应当遵循场地安全、交通便利和出入方便的原则，选择地势较高、地质条件稳定，空旷，易于排水，适宜搭建帐篷的场地。考虑避难人员能顺畅进入避难场所或向外疏散转移，选址应选择利于人员和车辆进出的地段。

2. 项目构成

新建应急避难场所项目应包括避难场地、避难建筑和应急设施。避难场地应包括应急避难休息、应急医疗救护、应急物资分发、应急管理、应急厕所、应急垃圾收集、应急供电、应急供水等各功能区。避难建筑应由应急避难生活服务用房和辅助用房构成。其中：生活服务用房宜包括避难休息室、医疗救护室、物资储备室等；辅助用房宜包括管理室、公共厕所等。应急设施应包括应急供电、应急供水、应急排水、应急广播和消防等。

3. 应急避难场地

考虑避难人员的承受能力、大规模聚集人员的安全和人员流动的需要，每个避难区避难人数不宜大于 2000 人，且每个避难区之间应留有宽度不小于 3 m 的人行通道作为缓冲区进行分隔。

4. 应急设施和物资储备

一是住宿设施。应有足够的场地空间搭建帐篷或临时住房，帐篷（住房）内应配有棉被、床等基本住宿设施。

二是餐饮设施。应有足够的公共厨具、灶具和安全卫生饮水设施，通过实物储备、协议储备等方式存储一定数量的食品、饮用水等生活类物资。在选择避难场地时，应考虑该区域是否有市政给水管，可结合小区现有市政给水管，在避难场地合适地点设置给水阀门井，或洒水栓井等。

三是照明设施。应采取通电、自行发电等方式，为受灾群众提供必要的照明条件。

四是医疗卫生设施。应根据集中安置点规模大小等因素设置固定医疗室（点）。

五是应急广播设施。应配备高音广播、喇叭等应急广播设施或预留端口，便于应急期或特殊紧急状态下做好应急指挥、广播宣传和信息发布。

六是环境防疫设施。为满足避难人员的基本的卫生需要，应设置应急厕所、垃圾收集点。厕所参照新建住宅区公共厕所蹲位数，设置指标为每千人 2~8 位，也可按每万人 20 个蹲位数设置。避难场地宜优先使用附近符合设防要求的建筑物内的公共厕所，也应规划设计应急厕所，应急厕所可为通槽式水冲厕所，平时用混凝土盖板或铸铁盖板盖上，灾时打开并围挡起来使用，应具备水冲能力，并附设或单独设置化粪池，可以安全、就近排入市政污水管道。

（四）应急避难场所改扩建工程

根据应急避难场所的功能，需要具备空间、地形地貌、环境等基本条件。

1. 城市公园、体育场馆、中小学校、大学等公共服务设施避险综合利用

在确保公园日常生态、景观、游憩、文化功能发挥的前提下，完善场地竖向、给水排水、植物种植及园林建筑等设计，规划合理的避灾场地，利用现有建筑改造加固设计避难建筑，确定合理的灾时避险人口容量，可以发挥公园的平灾转换和应急避难功能。大型体育场馆、中小学校、大学等公共服务机构，一般建筑设防标准相对较高、配套设施较为完善，灾害发生后，可以作为受灾人员临时避险、转移和安置的场所。结合澳门情况，在已经计划的下环区慈幼中学、北区的中葡职中学校和体育馆、路环少年飞鹰、保安部队高等学校及九长慈青营等，以及大量人员需临时安置考虑开放的塔石体育馆 A 馆、凼仔体育馆、澳门东亚运动体育馆及灾民中心等基础上，综合考虑澳门大学、域内其他大学等大型公共服务机构避险安置作用。

2. 大型城市综合体及娱乐场等私营大型机构避险综合利用

建议在帮助提升各博企的灾难应变及复原能力基础上，一方面要求各博企检视自身的事故应急计划及灾难恢复计划，包括娱乐场的后备支持系统、灾后复原能力、后备发电设

备、公司信息发报机制等；另一方面建议要求各博企根据下属的城市综合体、赌场、娱乐场等承担能力，在重特大灾害发生后，提供和承担与自身能力相适应的市民应急避难、避险和临时安置等公益功能，协助特区政府更好地共同管控灾害风险。

3. 城市小区应急避难场所改造

通过对小区公共空间和公共设施进行改造建设，增加应急设施、服务设施及安全方面的设施，能够达到应急避难场所的功能要求。小区的空间结构通常分为环型结构、带型结构、网络型结构和自由型结构几种类型。每种类型在防灾方面存在差异，例如：环型结构的小区，可在小区中心设置大面积的绿地、广场或小学校等作为小区应急避难场所，并保证其具有安全性和可达性。带型结构的小区应在纵向主轴与横向疏散通道的交叉处设置应急避难场所，并控制小区规模，使得小区任意点到达最近的应急避难场所的距离不超过500 m；横向避难通道的间距也不宜过大。网络型结构的小区，应分组团设置应急避难场所，利用小区现有的资源在各组团之间设置防灾隔离带。对于自由结构小区，应根据小区的实际情况均衡布置应急避难场所。

（五）依托内地强化综合风险保障

内地作为保持澳门繁荣稳定发展的坚强后盾，发生大灾、巨灾后，特别是超过澳门应对能力的特大灾害，建议统筹考虑粤港澳应急联动机制，依托与澳门临近的珠海等地和珠三角广大腹地，以及内地目前应急避难及转移安置场所体系，结合内地成熟的工作经验和生活保障机制，发挥祖国强大的托底保障作用，全面提高澳门应对特别重大灾难及其他突发事件的能力。

第三节　内港海傍区防洪（潮）排涝建设工程

一、建设目标

澳门内港海傍区作为历史旧城区，现有居民 4 万~5 万人，区内有不少百年老店和具有历史文化价值的建筑物（包括孙中山开办的中西药局遗址、明清时代兴建的康公古庙、福德祠、清朝海关遗址附近的旧建筑），但地势低洼，工程现状防御标准不高。综合考虑澳门内港海傍区经济、社会、环境等因素，参考国家《防洪标准》（GB 50201—2014）《治涝标准》（SL 723—2016），通过工程措施与非工程措施相结合，建立澳门内港海傍区防洪（潮）排涝体系，使内港海傍区防洪（潮）标准达到 200 年一遇，排涝标准达到 20 年一遇，有效解决澳门内港海傍区水患问题，保障居民生命财产的安全。

二、现状分析

内港海傍区位于澳门半岛西侧，湾仔水道左岸，与珠海市湾仔隔江相望，在水上街市至妈阁之间，长约 3 km，是澳门重要的客货上落点和繁华商业中心。从澳门半岛地形等高线分布情况看，澳门半岛东西向地形地势呈现中间高两边低，其中内港区地势明显较低，地面高程主要为 1.3~2.0 m。

内港海傍区中小商户林立，现状产业主要为渔业、货运、客运及商业，共有 36 个码头，承担港澳货运和来往内地的客货运，货运、客运量较大。内港片区内历史建筑和景观较多，独具特色的建筑风貌、历史悠久的街道和商店、历史遗迹妈阁庙等均具有重要的历史、文化、旅游价值。但由于区域地势低洼，遇天文大潮、风暴潮、暴雨时，极易发生水淹和海水倒灌。近年来随着城市化发展，下垫面硬化加快了降雨产汇流速度，区内滞涝水量增加，导致澳门内港海傍区水淹灾害更甚，基本上每年都受淹，给当地居民生产、生活带来了严重影响。

澳门内港海傍区现状防洪（潮）排涝体系尚不完善，防洪潮排涝能力低。根据有关研究成果，200 年一遇潮位淹没范围覆盖内港沿江马路一线及后方陆域共 2.14 km² 的面积。暴雨导致的淹水主要在纵深区永乐戏院与光复街附近，一般降雨和潮汐共同致灾范围主要在沿江马路一线。2017 年台风"天鸽"给澳门全局带来极大灾害，澳门海陆空交通中断，海水倒灌，水电系统受重创。据统计，"天鸽"台风期间水浸面积 3.4 km²，占澳门半岛总面积的 36.6%。台风吹袭期间适逢天文大潮，台风增水现象明显。内港一带及青洲等地区水浸严重，低洼地段最高淹水深度达 2.5 m，不少民宅一楼进水被淹，地下车库进水导致车辆受损，内港区一带货品被水淹，商户损失严重。

澳门地处珠江口，直面南海，经常受到台风风暴潮的袭击与影响，其所处地理位置决定了防洪潮任务的艰巨性。澳门水患呈发生频次加大、影响程度加重的趋势，严重影响澳门繁荣稳定与发展。目前风暴潮灾害防御能力与澳门经济社会发展不相适应，"天鸽"台风充分暴露出澳门防洪潮措施的薄弱，需尽快消除水利的瓶颈制约，提高区域防洪（潮）排涝能力，做好澳门防洪潮排涝规划与建设。

（一）内港海傍区防洪潮现状

内港海傍区地势低洼且沿岸防护标准低，常受水患灾害的侵扰，防洪潮工程从澳门北侧青洲河边马路沿岸到澳门南侧西湾湖景大马路，防护段全长约 7.6 km。

1. 青洲沿岸至筷子基段

该段范围是从鸭涌马路东端至林茂海边大马路西端沿岸，防护长度约 4.3 km。青洲沿岸地势较高，为堤路结合堤防，高程在 3.1~3.5 m 之间，基本能抵御 50 年一遇潮位。筷子基北湾、南湾沿岸地面高程在 1.7~3.2 m 之间，除青洲塘及邻近码头沿岸、政府船厂高桩码头后方陆域无堤防防护外，其余均为堤路结合堤防，堤顶高程在 2.3~3.2 m 之间，现状防潮能力为 2~50 年一遇。

2. 内港码头段

该段范围是从海港楼至航海学校的码头岸线，防护长度约 2.1 km。此段码头岸线由 34 个码头泊位和海港楼、水上街市工地、北舢舨码头、南舢舨码头及航海学校组成。由于历史原因，现状码头岸线犬牙交错，参差不齐。沿线码头大多采用高桩结构，码头前沿高程多在 1.5~2.0 m 之间，逢台风及天文大潮受淹频繁。码头后方陆域无堤防防护，且地势低洼，路面高程大多在 1.3~1.7 m。该段是目前内港海傍区淹水的重灾区。

3. 西湾湖景大马路段

该段范围是从西湾湖景大马路北端至西湾湖景大马路南端融和门附近，建有堤路结合的海堤，防护长度约 1.2 km，且西湾湖景大马路沿岸地势比较高，地面高程在 2.9~3.7 m 之间，基本能抵挡 20~100 年一遇潮位。

（二）内港海傍区排涝现状

内港海傍区排水主要依靠市政管网、集水箱涵及泵站收集排放雨水，湾仔水道沿岸排水管道出口共 62 处。内港海傍区现有泵站主要有新林茂塘、林茂塘、跨境泵站 3 座。

三、建设框架

内港海傍区防洪（潮）工程建设应按照全面规划、系统治理的规划思路，坚持统筹兼顾、防治结合、以防为主的原则，因地制宜、因害设防。工程的建设还应与澳门、珠海城市规划相协调，兼顾市政建设、水上交通、两岸联络及相关部门的管理要求，综合考虑多方面的因素进行工程建设的总体布局规划。

内港海傍区防洪（潮）排涝体系主要由内港挡潮闸、内港海傍区堤岸整治和市政排涝工程组成。内港挡潮闸的任务是解决由风暴潮引起的水浸灾害问题；内港堤岸整治主要解决常遇天文大潮倒灌引起的水浸问题；市政排涝工程主要解决由强降雨引起的水浸灾害问题。三项工程有机结合，形成防洪（潮）排涝体系，有效解决澳门内港海傍区的水患问题，保障区域防洪（潮）排涝安全。

工程总体布局为：在湾仔水道出口段建设湾仔水道挡潮闸；对内港海傍区沿线7.6 km的堤岸进行整治，改造现有排水管涵拍门及地下管网廊道；在内港海傍区南、北两端新建泵站并对陆域排水管网进行升级改造。

1. 内港挡潮闸工程

澳门内港海傍区是商贸、客货运输交通中心，承担港澳货运和来往内地的客货运，目前区内人口密度大，且具有历史文化价值的建筑物较多，不具备大规模建设高标准防洪潮堤的条件。为提高内港海傍区的防洪（潮）能力，在澳门与珠海的界河湾仔水道出口兴建挡潮闸来防止海水倒灌对内港海傍区的影响，将内港海傍区的防洪潮标准提高到 200 年一遇，达到防御"天鸽"台风风暴潮的能力。

2. 内港海傍区堤岸整治工程

目前，内港海傍区防洪（潮）排涝体系不完善，标准低，部分地段不设防，地下排水通道及各类廊道多，高潮位时导致潮水从地下入侵，致使内港海傍区洪（潮）涝灾害频繁，应根据地势地形条件适当提高内港海傍区的防洪（潮）排涝标准。为提升内港海傍区防洪（潮）排涝标准，建议在现有堤岸工程基础上，采用先进材料和可行的技术，对内港海傍区堤岸进行综合整治，按照合适的标准加高加堤岸，提高内港海傍区自身防御潮水的能力，进一步完善区域防洪（潮）排涝体系。同时，适当提高内港海傍区自身的防洪（潮）排涝标准，今后内港挡潮闸建成后，可减少挡潮闸启用次数，避免在低标准风暴潮时频繁启用对上游排水带来不利影响。同时加强内港海傍区域排水管水拍门及地下廊道改造。地下排水管网和地下廊道与外江连通，是高潮位时导致海水倒灌的主要因素，建议对地下排水管网和廊道进行排查，并进行统一规划，如有条件对地下排水通道或廊道应进行合并改造建设，防止海水倒灌入侵。

3. 排涝泵站建设

为防止强降雨导致的内涝，加强城区内部涝水外排的能力，建议在完善内港海傍区防洪（潮）排涝体系的基础上，结合地下排水管网建设改造，在区域内选择合适的低洼地区，规划建设城市排涝泵站，避免城市内涝造成灾害。

4. 非工程体系建设

建议研究建立澳门防洪（潮）指挥系统。防洪（潮）指挥系统包括水雨情、工情信息采集系统,重点区域、重要防洪(潮)工程视频监控系统,通信与计算器网络系统,数据汇集平台与应用支撑平台,防洪(潮)综合数据库以及包括预测、预报和预警系统的业务应用系统等。加强台风风暴潮风险教育。加强宣传,提高市民的灾害风险防范意识,进行防洪(潮)风险管理,划定风暴潮风险分级区域、撤退线路和避灾场所,最大限度地减少人员伤亡和财产损失。

四、建设内容

(一) 内港挡潮闸工程

1. 闸址选择

从工程布置、施工条件及对周边的影响考虑,内港海傍区挡潮闸址可选在湾仔水道出口处。湾仔水道位于澳门半岛和珠海湾仔镇之间,长约 4 km,目前河宽大部分在 500~800 m 之间,最窄处约 330 m。湾仔水道目前上承中珠联围经前山河下泄的径流,下纳南海潮流,受洪潮交汇作用,水文情势比较复杂。

2. 挡潮闸工程任务与规模

挡潮闸的功能定位为挡潮、排涝、航运等综合利用。近期闸内控制水位可按 1.5 m 考虑,远期待内港海傍区堤岸整治后控制水位可适度提高,按 1.8 m 控制为宜。挡潮闸布置宜采用挡潮闸与泵站相结合的方式。考虑上游前山河流域的排水需要,挡潮闸的总净宽应不小于 300 m。同时为控制闸内水位可预留排涝泵站,使海傍区防洪(潮)标准达到 200 年一遇,排涝标准达到 20 年一遇。

3. 工程总体布置原则

从挡潮闸工程任务和功能定位考虑,挡潮闸工程应包括泄洪闸、通航泄洪闸、排涝泵站以及船闸工程。其布置原则为:一是满足上游前山河流域涝水排泄;二是工程布置应尽量保持水流平顺;三是满足内港航运的需求;四是便于施工导流及围堰布置;五是便于工程管理区域布置;六是与周边规划工程的相协调;七是兼顾水闸本身及两岸的景观,与区域景观相协调。

挡潮闸工程位于澳门与珠海的界河上,在景观上有一定要求,可采用大跨度新型闸门来实现。结合国内外类似工程经验,大跨度通航孔闸门主要型式有卧式水平单开或双开弧形门、旋转升卧式等;大跨度泄水孔闸门主要型式有拱形上翻、弧形闸门、旋转升卧式等。在工程可行性及初步设计中,应深入分析挡潮闸采用不同闸门型式的效益、利弊和可行性等问题,尤其需探讨旋转升卧式闸门的淤积问题,解决闸门启闭可靠性难题,以确保挡潮闸将来运作的安全性。

(二) 内港整治工程建设

内港海傍区沿线 7.6 km 的堤岸进行综合整治,工程主要包括堤岸整治、排水口拍门与地下廊道整治等。对沿线堤岸进行适度加高,其堤顶高度可结合地势地形条件,沿岸人文景观要求,挡潮闸闸内水位控制要求综合论证选定;对沿线地下排水管网和廊道进行排查,并进行统一规划,有条件的情况下地下排水通道或廊道应进行合并改造建设。在挡潮闸建成之前,内港海傍区尚无有效应对台风风暴潮灾害的措施,内港海傍区的水浸问题,可采用先进材料和可行技术,采取临时措施来解决常遇潮水对该区域的影响。

(三) 内港海傍区排涝工程建设

排涝工程布置总体思路是在局部地势较低，排水口多且拍门漏水，受外江高水位顶托排水受阻地区建设截留箱涵或者截留管道，收集雨水，然后在出口集中建设排水泵站和外排水闸，解决排水出口问题；对于管道排水能力不足及错接管道，采用管道升级改造措施，解决排水问题。排涝工程主要包括新建排水泵站，截留箱涵和陆域排水管网升级改造等工程。

五、实现路径

"天鸽"台风过后，澳门向中央提出支持内港海傍区防洪（潮）排涝工程的请求。目前澳门特区政府根据各方面的意见，在前期工作的基础上，组织完成了《澳门内港海傍区防洪（潮）排涝总体方案》。内港海傍区防洪（潮）排涝系统由挡潮闸、堤岸整治和排涝工程组成，系统的骨干工程是挡潮闸工程。堤岸整治工程和排涝工程属澳门本地区的事务，而挡潮闸工程建设涉及粤澳两地，不同于内地一般大型水闸工程建设，应在"一国两制"方针指导下，按照"粤澳合作框架协议"有关精神，来解决内港海傍区水患问题。挡潮闸建设可能影响珠海、中山市的防洪排涝，还涉及航运、水生态环境、台风风暴潮期间水上救援以及建设管理体制等诸多问题，因此，工程建设应统筹协调好内港海傍区水患治理与上游防洪排涝及航运、水生态环境、海洋功能、台风风暴潮期间的应急救援等方面的关系，在粤澳合作框架协议平台上，妥善解决好建设管理体制与机制的问题，加快推进工程项目前期工作，尽早开工建设。

实现路径：

一是完善内港海傍区防洪（潮）排涝总体方案。目前澳门特区政府组织完成了《澳门内港海傍区防洪（潮）排涝总体方案》，并征求了国家相关部委和广东省的意见，应加快对总体方案的修改补充与完善，待达成一致性意见后，《澳门内港海傍区防洪（潮）排涝总体方案》可作为内港海傍区挡潮闸建设的规划依据。

二是建立挡潮闸工程建设管理体制。湾仔水道建闸方案涉及粤澳两地，建设期与运行管理期均与广东珠海市、中山市关系密切，广东省人民政府在答复人大代表提出的建议时，也提出工程涉及粤澳两地，在解决澳门内港水患的同时，可能影响珠海市、中山市的防洪排涝，还涉及航运、水生态环境、台风风暴潮期间水上救援以及建设管理体制等诸多问题，因此应加强建管体制研究，明确建设与管理方式。挡潮闸工程为粤澳跨界工程，属公益性项目，借助粤澳合作框架协议平台，协商研究制定工程建设与管理体制，可委托其中一方管理，或委托第三方管理，成立事业法人。

三是建立前山河流域水闸联合调度与信息共享机制。湾仔水道为澳门内港海傍区和上游中珠联围洪涝水的承泄区，受上游前山河来水、左岸中珠联围防洪排涝和右岸澳门内港排涝要求的制约。挡潮闸的设置，关系到两岸三地人民的切身利益，工程的建设与运行离不开澳门与珠海、中山的沟通及合作。挡潮闸工程的建设与运行，需充分考虑与前山河流域（中珠联围）水闸运行联调机制的协调关系，在现有七闸联调的基础上拟定中珠澳八闸联合调度机制，实行统一管理和调度，创新流域内跨市合作机制和管理模式，建立联席会议制度与信息共享机制，明确澳门、珠海、中山在流域性工程管理中的职责和权益，统筹流域、齐防共治。

四是专题研究建闸对珠海、中山防洪排涝影响。建闸方案跨粤澳两地，应专题分析建闸方案对珠海、中山的防洪排涝以及对航运交通、水生态环境的影响，并加强水闸运行管理，减缓或消除影响。

五是建立挡潮闸调度预报预警系统。河口挡潮闸的调度运行需基于天文潮及风暴潮预测预报系统，前山河流域及海傍区暴雨洪水预报模型进行调度。需建立水务信息管理系统（包括信息采集、传送、处理、数据库等）和大中型水闸、泵站的自动控制系统，在此基础上结合洪潮水位、风、波浪及气象监测等信息，以及降雨、大风等天气预报信息，建立不同预见期风暴潮水位、前山河流域及海傍区暴雨洪水预报模型，根据接收上游中珠联围洪水信息、下游潮水信息和降雨信息进行处理，预测内港海傍区洪潮水位，通过预警预报系统，产生汛情分析、洪水预报和洪灾预测成果，供相关决策部门对挡潮闸调度使用。

第四节　智慧安全城市及公共安全运行与应急指挥平台项目

一、建设目标

着力补短板、织底网、强核心、促协同，推进应急管理工作规范化、精细化、信息化，以应急标准体系为基础，通过构建先进的应急指挥平台系统，建设突发事件信息接收报送、现场信息获取、综合风险监测、突发事件趋势分析、靶向预警信息发布、综合资源管理，以及协同指挥调度等关键应急能力，最大限度减少突发事件及其造成的损失，全面提升澳门应急管理能力。利用先进可靠的安全管理理念、公共安全科学技术、物联网技术，建立健全大数据辅助科学决策和社会治理的机制，推进政府管理和社会治理模式创新，实现政府决策科学化、社会治理精准化、公共服务高效化，形成覆盖全澳门、统筹利用、统一接入的公共安全数据共享大平台，实现跨层级、跨地域、跨系统、跨部门、跨业务的协同管理和服务，创新智能安全管理模式。

二、建设框架

系统规划在顶层架构上呈现层次化的多级协作关系，总体采用"1+2+3+N"的设计模式，其中："1"建设一个城市安全运行综合监测与应急指挥中心；"2"建设一网一图，即澳门城市安全运行监测物联网和城市安全综合监测与应急一张图；"3"建设三大基础支撑，即城市安全大数据、空间信息服务、标准规范体系；"N"建设N个智慧安全专项应用（图4-5）。

各层级的作用如下：

（1）建设全澳统一的城市安全运行综合监测与应急指挥中心，综合治安、消防、海关、交通、电力、气象、水务、工务等民防架构成员单位和各类社会资源，实现多部门（单位）信息的互联互通和多方应急协调联动，共同保障城市安全运行，并为粤港澳地区监测预警与应急指挥信息的共享提供技术保障。

（2）通过城市安全运行监测物联网（"一网"）和城市安全综合监测与应急一张图（"一图"）的系统化建设，形成服务城市风险监测和应急响应的网络体系，包括危险源监测、重点关注目标和场所监测、基础设施运行监测、灾害前兆监测、社情采集等各个方面。通过城市运行物联网监测数据的采集、汇聚和分析，建立城市运行安全动态评估体系，实时呈现城市安全运行动态风险图。

（3）通过城市安全大数据、空间信息服务、标准规范体系等三项基础体系支撑，为平台的建设提供基础支撑服务。

（4）智慧安全专项应用包括数字视频监控专项、城市生命线综合专项、城市桥梁专项、供水管网专项、排水管网专项、应急通信专项等。

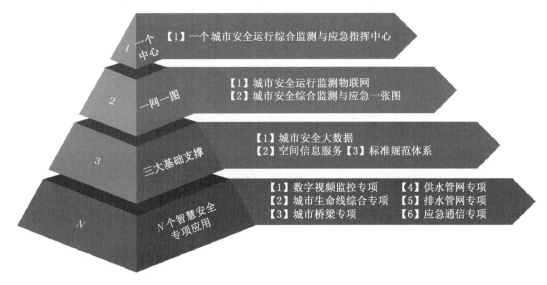

图 4-5 应急指挥和城市安全运行监控能力建设框架

三、建设内容

按照前述总体设计架构，本项目主要包括以下建设内容。

（一）城市安全运行综合监测与应急指挥中心

对接澳门城市运行和民防架构成员部门信息，平时作为澳门城市公共安全综合监测运行中心，战时作为应急指挥中心，统一指挥协调调度全澳民防行动。

（二）城市安全运行监测物联网

由延伸到风险源、危险源、重要设施、重点目标等城市运行载体的物联网，覆盖人群移动、交通运行等城市社会系统的传感网，以及数据传输网络共同构成，是整体安全运行状态监测的数据来源，为全澳安全运行状态监测和应急指挥提供数据。

（三）城市安全综合监测与应急一张图

基于地理信息系统，通过对城市安全运行监测物联网数据的采集、汇聚和分析，以综合"一张图"形式呈现城市整体运行情况；并实现对危险源、防护目标、应急资源等应急信息要素的多样化地图展示，并以丰富的 GIS 功能支持实时监测、预测预警、综合会商、决策分析及可视化服务。

（四）基础支撑系统

包括智能安全风险大数据系统、空间信息服务系统和标准规范体系三部分建设内容。

（1）城市安全大数据系统根据既有数据资源现状和本规划系统的实际运行需求，适当增加计算资源、存储资源、网络资源和安全保障系统，构建大数据支撑服务系统，形成公共安全风险大数据的综合管理平台。

（2）空间信息服务系统将接入已有和新建的地下管网、地上重要基础设施、高层建筑的三维模型，实现地上建筑和地下管线空间的科学管理，并为公共安全综合管理应用提供基础支撑。

（3）标准规范体系通过建设公共安全的基础标准、支撑技术标准、建设管理标准、信息安全标准、应用标准等，为公共安全管理和各部门业务、数据整合、系统建设与运行提供保障。

（五）应急指挥应用系统

主要包括综合业务管理、事件接报、预警信息发布、统一资源管理、灾害和突发事件分析研判等业务子系统。通过本系统的建设，初步形成民防应急指挥平台框架，未来随着平台功能的逐步丰富完善，最终实现功能全面、创新实用的应急指挥平台。

（六）城市安全运行专项应用系统

叠加融合相关部门数据和实时监测信息，根据各专项公共安全管理场景，实现风险分析、资源分析、监测预警、协同会商、指挥调度等功能，全面展示风险隐患监测防控情况，形成澳门综合应急保障能力。

四、实现路径

（一）城市安全运行综合监测与应急指挥中心

作为澳门智慧安全城市及公共安全运行与应急指挥平台运行的物理场所，承载平台技术系统，并与城市安全运行和民防架构成员部门各自的信息系统互联互通，在平时作为城市基础设施实时监控、综合展示、预测预警、风险分析、热线服务、隐患排查的城市安全运行监测运行中心；在战时作为信息报告、综合分析、辅助决策、资源协调、指挥调度的应急指挥中心。本中心建设后将形成集监测分析预警、高效应急指挥调度于一体的综合性中枢机构。

1. 应急指挥中心

应急指挥中心集成灾害和突发事件监控信息的接入与展示、值守与接报，并通过综合分析、指挥调度、预警信息发布等功能实现对全澳重大灾害和突发事件的统一领导和有序处置，并与民防架构成员部门实现互联互通，协同行动。应急指挥中心的建设可以首先通过对澳门现有民防指挥中心场所进行软硬件和安全保障系统的融合升级改造来实现应急指挥平台的核心功能；后期根据新建指挥中心场所，全面提升功能区域和基础设施水平，最大限度发挥平台功效。

2. 城市安全运行监测中心

城市公共安全监测运行中心在应急指挥中心基础上，依托澳门现有公共基础设施的保障与管理需求进行融合和升级，与各相关部门实现互联互通。

（二）城市安全综合监测与应急一张图

城市安全综合监测一张图基于地理信息系统（GIS），采集、汇聚和分析城市运行物联网监测数据及来自民防相关部门的监测信息、应急资源状态、灾情实时态势等数据，以"一张图"形式呈现城市整体运行情况与应急管理要素，提供地图展示、查询、标绘等GIS功能，并支持事件可视化辅助决策、研判分析、协同会商与指挥调度等业务，辅助建立城市运行动态评估体系，实时呈现城市安全运行动态图。

（三）基础支撑系统

基础支撑系统包括城市安全大数据系统、空间信息服务系统和标准规范体系，为智慧安全城市及公共安全运行与应急指挥平台提供基础支撑服务。

1. 城市安全大数据系统

智能城市安全风险大数据系统包括大数据基础平台和大数据服务平台，提供数据存储和分析处理能力，满足数据聚合、管理和分析处理需求，同时提供数据交换和共享服务。实现城市安全基础数据、城市运行实时监测数据、管理部门业务数据、社会数据的汇聚，并为平台上的各智能公共安全应用提供分析服务。此外通过大数据挖掘，可实现对历史和实时的重大灾害和突发事件数据的获取和分析，推动分析研判和预测，辅助科学、高效和合理的应急指挥决策。

2. 空间信息服务系统

地理信息服务系统通过收集、加工、整理的基础设施、危险源和防护目标等基础信息进行三维 BIM 建模，满足安全分析和系统直观显示需求，并实现地上建筑和地下管网的科学管理。

3. 标准规范体系

通过建设公共安全的基础标准、支撑技术标准、建设管理标准、信息安全标准、应用标准等，确保各业务部门和相关系统之间能够实现互联互通、信息共享、协调运作、安全可靠运行，为综合应急管理、各部门业务与数据整合、系统建设与运行提供保障。

（四）城市安全运行监测物联网

通过布设或接入不同类别的传感器，构建延伸到风险源、危险源、重要设施、重点目标等城市运行载体的物联网和覆盖人群移动、交通运行等城市社会系统的传感网；同时可接入相关部门的基础数据信息，在数据传输网络工程建设基础上，为全澳整体安全状态监测和应急指挥提供数据基础。

1. 灾害应急监测前端系统

通过数据传输网络接入民防应急相关部门信息系统，获取物联网环境监测数据，实现对潜在灾害风险和灾害实时态势的感知，同时集成现有社会安全监控信息，为整体安全状态监测和应急指挥提供数据来源。

2. 城市生命线监测前端系统

1）桥梁监测前端系统

澳门现有嘉乐庇总督大桥、友谊大桥、西湾大桥及莲花大桥共 4 条跨海大桥。据统计，目前有关桥梁的事故主要是航道上的船只与护桥栏发生碰撞。桥梁监测前端系统通过对桥梁结构变化的及时感知和分析，能够有效识别结构损伤，在桥梁事故或病害发生初期及时预警，记录结构状态及长期变化趋势，避免风险进一步向更深层次发展，从而最大限度地延长桥梁的服役年限、减少未来维修或加固的成本。

2）供水管网监测前端系统

目前澳门供水管网主要存在以下不安全因素：①青洲水厂和大水塘水厂地处地势较低位置，有水浸风险；②一旦公共电力供应发生中断，将无法保证水厂正常生产及供水；③重要供水设施主要集中在澳门半岛；④跨海的供水管道及主要管道破裂风险，因工程引致供水管道破裂的风险；⑤部分地区存在土地沉降问题，导致该区入户喉管容易被拉脱；⑥跨海原水供水管道布设在跨海桥梁上，存在关联风险。

本系统建设提升城市供水管网运行的安全性和管理的科学性。通过实时监测供水管网运行中的压力、流量、声波等具体特征参数以及管道位置偏移、地基沉降、应力集中等可能危害管网健康的信息，对由此产生的风险如爆管、漏水、供水能力不足等进行及时预警，并结合水力学模型预测定位管道灾害发生的位置，分析管网风险带来的次生衍生灾害事件，快速评估供水管网安全运行状况，为应急处置提供辅助决策支持。

3）排水设施监测前端系统

澳门内港地势低洼，遭遇台风、风暴潮等恶劣天气时经常发生水浸及海水倒灌事件，急需及时掌握城市道桥的积水情况和各排涝站的工作情况，提供汛情预警信息并采取应对措施。本系统通过对排水设施运行流量、液位、淤泥厚度、水质、可燃有毒气体浓度、井盖启闭状态、泵站运行状态、排出口处流量、河道水位、闸门启闭状态、易积水点水位和现场视频、雨量等指标进行在线监测，实现对排水设施运行状态的实时感知，对排水管网、泵站等设施可能发生的异常情况，以及安全隐患进行及时报警、预测预警与分析，为防洪指挥调度和污水输送调度提供基础数据，并为排水管网水力学模型、城市暴雨内涝模型、防洪指挥调度模型和污水输送调度模型校验提供数据支撑。

3. 网络传输工程

网络传输工程主要包括前端物联网采集传输网络和信息交换共享传输网络。前端物联网采集传输网络主要包括桥梁采集传输系统和管网采集传输系统。在桥梁采集传输系统中，为满足传输加速度传感器、沉降监测仪、静力水平仪、动态称重系统、位移传感器及视频传感器等信息传输要求，每座桥需租用 30 Mbps 运营商专用线路。在管网采集传输系统，因传感器安装位置较为分散，选用布设较为灵活的无线传输网络进行信息传输。信息交换共享传输网络主要实现城市安全运行综合监测与应急指挥中心与相关部门或分中心之间的信息交互及共享。考虑到共享信息中 BIM 模型更新发布会产生较大的数据传输量，中心与相关部门之间需采用 100 Mbps 传输带宽。

（五）应急指挥应用系统

1. 应急值守系统

主要实现突发事件信息的上传下达，例行报告的生成与报送，接报情况的统计分析，预警信息的接收和查询，应急席位状态监控，应急相关组织机构信息的维护，以及相关人员通讯簿等业务功能。

2. 资源管理系统

实现对人员、物资、资金、医疗卫生、交通运输、通信保障等各类应急资源和能力的管理，根据应急预案制定应急资源优化配置方案，支持应急工作的高效进行。

3. 情景交互系统

梳理、过滤灾害和突发事件相关信息，以专题方式进行信息的综合展示，支持决策者直观了解应急行动整体态势。

4. 突发事件分析研判系统

通过接入相关业务部门的数据和服务，系统结合实时信息，运用综合预测分析模型，进行快速计算，对事态发展模拟分析，包括可能的影响范围、影响方式、持续时间和危害程度等，预测潜在的次生、衍生事件，并为后续相关预警分级和发布策略提供支持。

5. 预警信息发布系统

预警信息发布对全澳范围内的预警事件信息进行统计、管理、审核与备案，并结合突发事件分析态势结果，利用多种预警信息发布技术手段，如手机 APP、微信、微博、Facebook等，根据发布对象的特点形成发布策略从而进行靶向发布，合理使用资源，增强预警信息发布时效和接收效果。

6. 智能辅助方案系统

通过智能检索和匹配技术，利用数字预案、预测预警模型分析结果、历史案例和现场情况等信息，经用户适度参与调整，生成处置方案，并帮助决策者全面了解应急行动的整体趋势、相关处置部门及其职责等。

7. 指挥调度系统

指挥调度系统支持应急指挥中心向各民防架构成员部门分发任务，协调任务执行过程中出现的问题，并接收部门任务反馈，直观地向应急指挥人员显示事件处置进程，辅助指挥人员作出进一步处理决策，从而实现协同指挥、有序调度和有效监督，提高应急效率。

8. 仿真演练系统

提供灵活的场景设置、脚本编辑和过程控制等功能。同时支持演练全程记录与回放、演练效果评估，从而直观地检验各应急机构和人员在事件处置过程中的应对能力，以及应急预案、方案、处置流程的合理性与有效性。

9. 新闻发布系统（门户）

建立民防应急指挥中心门户网站，向社会公众发布各类突发事件的预警以及最新进展等信息，支持查阅各类预警和突发事件的历史信息，提供各类突发事件的应急常识以及相关的应急手册，帮助提升公众应急自救互救能力。

10. 现场手持移动应急终端

基于智能移动设备，内置定位模块和高分辨率摄像头，安装应急客户端软件，利用移动通信网络实现语音通话、图像采集与传输、通讯簿管理、事件信息群发、GIS 地图管理、位置标示、地理数据采集、草图绘制、预案查询、文件上传下载、视频监控等功能。

（六）城市安全运行专项应用系统

主要包括城市安全综合应用系统和桥梁、供水管网、排水设施等专项应用系统。

1. 城市安全综合应用系统

本专项包括城市生命线全寿命周期管理子系统、城市安全综合分析子系统、突发事件综合应急辅助分析子系统。

城市生命线全寿命周期管理子系统：主要包括生命线工程基础档案、隐患档案、预警信息档案、突发事件档案、维护维修档案、安全评估档案以及周边环境信息。

城市安全综合分析子系统：主要包括风险评估数据融合处理、综合风险评估模型、综合风险评估报告管理和城市风险评估综合一张图。

突发事件综合应急辅助分析子系统：针对恶劣天气、事故灾难和人为破坏等突发事件可能造成的城市生命线破坏，以及可能产生的次生衍生灾害进行综合预测预警与处置建议，同时系统提供针对不同类型突发事件处置所需的应急资源，实现与应急指挥应用系统的资源共享。

2. 桥梁专项应用系统

本专项系统包括桥梁基础信息管理子系统、监控运行可视化子系统、预警管理子系统、辅助决策支持子系统。

桥梁基础信息管理子系统：实现对城市桥梁基础信息的一体化、精细化、可视化管理，使桥梁管理"基本信息清楚，安全运行情况明晰"。

监测运行可视化子系统：将桥梁监测系统中功能性的信息以集成的方式显示于用户终端，包括桥梁三维可视化、接入信息显示、数据预处理和查询信息显示等模块。

预警管理子系统：对桥梁安全事故的预测预警是建设桥梁监测系统的核心目标。除了常规的对桥梁结构安全危险的分级预警，针对台风等极端环境影响桥梁安全的因素，监测系统也分别设置预警功能。

辅助决策支持子系统：定期进行桥梁性能、预警统计等深度分析，将专业分析报告提供给相关的管理部门，使其对桥梁运行状况有全面、宏观的把控。针对桥梁安全预警事件，系统可自动关联预案、案例、知识、现行的处理规范，以及匹配事件处置相关的机构和人员。

3. 供水管网专项应用系统

本专项系统包括基础数据管理子系统、管网综合监测子系统、管网在线预警子系统、管网风险评估子系统、应急决策支持子系统和管网实时仿真子系统。

基础数据管理子系统：提供对供水管网安全监测平台全部基础数据的统一管理功能，为各子系统提供数据支持，实现对管网综合监测信息、管网属性信息、历史漏损信息、周边地质信息等多源数据的快速导入、维护、分析、共享和使用。

管网综合监测子系统：综合监控压力、流量、漏损声波等关键信息，实现供水管网安全运行的动态监控。通过将地理信息数据、管网数据、监测数据整合在统一的信息平台中，实现信息的综合管理与共享。通过地图视图、趋势图等方式将地理信息数据、管网基础信息和实时监测数据展现出来，并具有完整的监测点和信号点管理功能，实时准确获知监测信息并进行分析。

管网在线预警子系统：通过建立适用的数据分析模型对信号进行在线分析处理，对可能的爆管、漏水等潜在风险因素进行动态识别，并利用次生事件预测模型预测可能的后果，产生不同等级的预警预报信息，为城市供水安全隐患的快速排除提供决策依据。

管网风险评估子系统：对地下管网风险隐患造成影响和损失的可能性进行量化评估，建立风险评估模型，对管网资产、供水管道资产、历史事故记录、漏水信息、在线监测信息等信息进行综合分析，识别需要重点关注的高风险区域，定期发布风险评估报告，为地下管网安全管理提供决策依据。

管网实时仿真子系统：通过设立各种模拟情景，对可能影响供水安全的潜在情景、当前情景进行快速模拟，如爆管、漏损、高峰供水、管道维修等，生成仿真模拟结果，科学的掌握管网动态运行状况，预测可能造成的后果。

应急决策支持子系统：针对应急事件进行分析研判并提供辅助方案，包括统计分析、智能辅助方案等模块。可以对供水管线安全事故可能引发的次生事件进行分析预测，通过对供水管网安全应急处置所需的各种资源进行管理，实现各种车辆、人员的定位，实现现场音频、视频的实时传输，实现监控中心与现场的应急指挥互动。

4. 排水设施专项应用系统

本专项系统主要包括基础数据管理子系统、排水管网专业模型、三维可视化管理子系统、风险评估子系统、实时监测与报警子系统、预警分析子系统和辅助决策子系统。

基础数据管理子系统：主要实现对排水管网和排水泵站等排水设施基础数据的集成管理和显示。系统提供对排水管网各类基础数据的查询、编辑和统计功能，满足对排水管网各类基础数据进行管理的需求；同时，系统以可视化的列表、图表、报表等形式对排水管网各类基础数据进行显示，方便全面、直观地获取排水管网各类基础数据信息。此外，系统还提供排水管网日常巡查养护数据、CCTV 检测缺陷数据集成管理与显示，支持对管网各类缺陷情况分类统计。

排水管网专业模型：包括地表径流过程模拟、径流污染过程模拟和管网传输过程模拟，实现基于在线监测与模型仿真的城市排水管网系统安全管理。

三维可视化管理子系统：采用 BIM 建模技术，依据排水管网竣工图纸进行三维建模。

风险评估子系统：针对排水管网风险隐患造成影响和损失的可能性，定期对排水管网安全运行状况进行风险评估，包括管道风险评估、管道淤积风险评估和雨水箱涵大空间爆炸风险评估，优化排水系统运行资源，进一步提高排水系统精细化管理水平。

实时监测与报警子系统：通过在线监测排水系统运行状态，实时采集前端设备的监测数据，全面掌握排水系统运行状态，为排水系统风险评估、预警和仿真分析提供数据支持。

预警分析子系统：通过基于在线监测与模型仿真的预测预警功能，实现排水管网系统运行故障及运行风险的早期预警、趋势预测和综合分析。

辅助决策子系统：对排水系统安全运行问题进行分析研判并提供智能辅助决策方案，提供当前管网排水输送能力分析、管道清淤分析、污水管网降雨入渗分析、合流制管网溢流污染分析和安全运行评估。

第五节　专业救援队伍培训基地建设项目

一、建设目标

（一）基地总体定位

针对澳门特区城市特点与面临的风险挑战，重点结合"天鸽"台风灾害应对过程中暴露出的专业救援队伍能力不足等问题，强化民防架构各成员单位专业救援队伍应对突发事件的能力，确保有效防范和应对各类突发事件，保障公众的生命财产安全。

（二）基地功能定位

根据澳门特区突发事件的区域特征和专业救援的需求，打造集救援产品储备、应急物资储备、决策指挥培训、救援技能培训、实战演习培训、综合应急演练等多种功能于一体的专业救援队伍培训基地。

（三）基地整体目标

吸收借鉴国内外成功经验，从澳门实际出发，建设规模适中、功能齐全、系统科学、装备精良、设施完备的专业救援队伍培训基地，实景化构建各类灾害事故场景，构建多灾种、多类别的应急救援复杂条件，形成联通互动、实时观摩、仿真推演等功能的应急救援场所，打造平时培训演练、急时应急的综合运营模式。

二、建设框架

（一）基地总体框架

专业救援队伍培训基地要实现救援产品储备、应急物资储备、决策指挥培训、救援技能培训、实战演习培训、综合应急演练等多种功能于一体，其中核心功能是实训演练。根据专业救援队伍建设的能力需要，开展决策指挥培训演练与专业技能培训演练两大功能模块建设。围绕这两大模块建设决策指挥演训中心与专业技能实战演训基地（包含多个实战演训功能模块），培训演练实现手段采用实战场地、虚拟仿真、沙盘推演等。为实现基地多功能定位，还需配置物资装备储备、装备技术试验、职业技能认证等相关功能（图 4-6）。

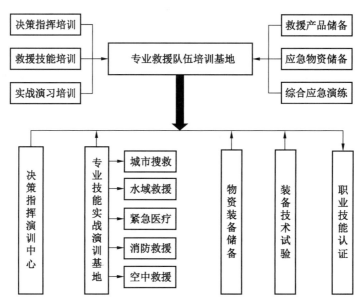

图 4-6　专业救援队伍培训基地总体框架

（二）决策指挥演训中心

决策指挥演训中心重点在于利用地图、沙盘、流程图、计算器模拟、视频会议等辅助手段，针对事先假定的演练情景，讨论和推演应急决策及现场处置的过程。决策指挥演训中心模拟建设应急指挥大厅、专家会商室、预案推演室、小组训练室、新闻发布厅等环境场所，通过室内桌面推演，为各级指挥管理人员培训提供多种灾害事故处置体验式教学演训平台，满足各级指挥人员应对灾害事故的体验式应急管理培训、演练与教学需要，使学员通过体验式教学，深切感受各类灾害事故的突发性、破坏性和震撼性以及应对难度大、处置规模广、协调指挥极端复杂等特点，并通过体验式培训与演练，掌握灾害事故处置中如何快速响应、决策、处置与协调，实现交互式推演与演练。

（三）专业技能实战演训基地

专业技能实战演训基地重点在于利用应急处置所需的设备和物资，针对事先设置的突发事件情景及其后续的发展情景，建造实战场地环境，通过实际决策、行动和操作，完成真实应急响应的过程，从而检验和提高相关人员的临场组织指挥、队伍调动、应急处置技能和后勤保障等应急能力。专业技能实战演训基地根据澳门灾害事故特点，模拟建造灾害事故现场环境，由城市综合救援、高层建筑（火灾）事故救援、空中综合救援、紧急医疗救护、水上搜救救援等多个功能模块区组成，每一功能模块区可以单独开展相关救援科目演训，同时，各个功能模块区根据城市功能进行组合，用于开展大规模、多点多发综合性灾害事故救援演训。

（四）其他功能模块

为实现基地多功能定位，还需配置物资装备储备、装备技术试验、职业技能认证等功能模块区。应急物资、应急装备、应急能源的稳定供应和储备对于维持社会的正常运转尤为重要，做好应急物资、应急装备、应急能源储运，在突发事件应急救援时保证及时供应。通过对各种类型灾害情景的研究，总结归纳出适用于澳门本地实施救援的类别及方法，进而总结归纳出相应的应急救援装备性能需求等，为装备的研发、加工并且实现标准化提供支撑。建立健全救援职业教育体系，尤其是针对消防、紧急医学救援等特殊领域，通过建立职业技能认证体系，为澳门救援服务输送大量专业性人才。

（五）演训实现手段

决策指挥演训中心模拟民防架构指挥体系相关功能与模块。通过进行室内分组与相关会议室设计，开展桌面演练、参加培训学员室内授课、召开应急救援培训演练相关会议。同时，该中心在设计上可考虑同民防行动指挥中心互联互通，确保在常态演训过程中实现相关应急数据的调用，保证演训工作的实用性与可操作性。专业技能实战演训基地以实地灾害场景模拟建造为主。模拟高层建筑失火、水上与水下搜救、城市交通拥堵、人员被困孤岛等灾害事故环境，突出城市综合应急救援，构建全景式城市灾害事故环境，能够开展针对澳门城市特点的各类突发情况演训。借助 VR 等现代信息技术开展仿真模拟。通过高科技声光电 3D 等技术实现台风、火灾、水灾、交通事故等灾害的模拟、再现和体验功能，使得受训人员能够在不动用真实装备设施的情况下，开展决策指挥与救援技能训练。

三、建设内容

（一）决策指挥演训中心

决策指挥演训中心为各级指挥管理人员提供日常的室内授课，救援决策的交互式桌面推演与演练，以及进阶式演练与培训效果评估。

1. 各类功能教室

根据演训形式的需要，不同的教学培训模式需要不同类型的功能教室，具体包括：专题讲授用报告厅、会议室、阶梯教室；案例教学用可分组教室；小组讨论用研讨教室；模拟演练用应急指挥大厅、专家会商室、数字沙盘推演室、虚拟现实厅、新闻发布厅、媒体访谈室等；模拟演练用演练控制室、嘉宾观摩室等；受训人员心理实训室、心理调适室、应急体验室（3D、4D）等。决策指挥演训中心各功能室需要具备满足决策指挥信息系统和业务需要的软硬件、网络环境，包括互联网、移动互联网和卫星网络，满足决策指挥信息系统运行需要的软、硬件环境（服务器、存储设备、基础软件平台，GIS 等应用软件平台、平台安全、计算器、电话等）、平幕或环幕、计算机、网络工程、视频会议系统等。

2. 各类演训平台

立足应急仿真实训,贴近实际,注重训练。以决策指挥为主线,利用声光电技术、实景仿真技术、虚拟现实技术,再现突发事件情景及发展态势,使受训人员沉浸式体验虚拟突发事件处置场景。强调情景模拟的实战性、临场感和可操控性,使人员培训与领导决策指挥无缝衔接。为达到项目建设目标,建设两大系统支撑项目:一是决策指挥推演平台与评估系统;二是公共基础平台与基础业务数据库。

3. 各类数据库资源

打造决策指挥教学培训在线平台,整合各个领域、各个行业、各个层级、国内外灾害与应急管理教学培训资源,包括应急管理培训课程、大规模网络公开课(慕课,MOOC)、应急管理专业证书培训等各类教学培训资源,采用视频课程、课件讲义、应急管理案例、应急演练方案与脚本等多种展现形式,建立应急决策指挥课程库、案例库、法规库、演练库、师资专家库、专业技能培训库等。

4. 决策指挥系统互联互通

决策指挥演训中心要具备城市指挥中心功能,同民防及应急协调专责部门的应急处置指挥中心互联互通,确保决策指挥演训工作的真实性、实战性。同时,演训系统与平台需要复制实战指挥平台综合应用系统与数据库系统,建立数据同步机制。

(二) 专业技能实战演训基地

根据澳门灾害事故特点及本次"天鸽"台风灾害暴露出的短板与不足,建设专业技能实战演训基地,仿真各种常见的灾害事故情景下的应急救援,模拟建造灾害事故现场环境,为各类灾害紧急救援队伍提供建(构)筑物坍塌、火灾事故、城市内涝、紧急医疗救护、水上搜救救援等灾害事故的搜寻与救护技术培训,使之具备多种灾害现场及各种复杂条件下救援的技能、体能和专业知识,能够承担澳门紧急救援任务。专业技能实战演训基地涵盖各类突发事件、多层次、多角度的设定功能模块区,按照分类设置、模块组合、科技集成的原则,重点设置城市综合救援功能模块区、室内火灾仿真抢救功能模块区、水上水下及激流抢救功能模块区、紧急医疗救护功能模块区、空中救援仿真训练功能区等。

1. 城市综合救援功能模块区

城市综合救援功能模块区包括基础训练场和应用训练场,基础训练场分为切割与破拆技术训练区、支撑技术训练区、搜索训练区、绳索联结训练区、生命探测器使用训练区、医疗救护训练区、空气呼吸器训练区;应用训练场分为高空搜索救援区、竖井搜索救援区、废墟搜索救援区、管道搜索救援区和野营开设训练区。

高空搜索救援区。主要包括工地塔式起重机事故救援、货柜码头吊挂机事故救援、缆车事故救援、游乐园高空桥梁及高塔事故救援、悬崖事故救援、超高层建筑物事故救援及跳楼事故,高空救援主要配备包括高空拯救训练塔、塔式起重机训练塔、缆车训练塔。

有限空间救助区。配备水平和垂直长隧道狭小空间设施,模拟隧道、竖井、地下水道、坑道、储槽等地下局限空间灾害等情境,训练救援人员在这些情形下的救援技巧。提供基础及进阶的学员在狭小空间完成救助任务,受训学员在危险环境下使用安全设备及技术。

倒塌倾斜建筑物模拟训练塔。提供仿真及具有挑战的倾斜及倒塌的情境空间,主要执行城市搜救训练场地，提升城市搜救技巧，其中设计地板均倾斜18°，包含建筑物内的所有空间、门窗、通道、楼梯及设备均按18°倾斜设计，供学员模拟真实救援情境。

坍塌废墟搜救区。配备实体建筑物倒塌模型、沟渠坍方、破裂瓦斯管及二次火灾等模拟设施，训练从狭小空间中搜寻并解救出受困者、破除并进入意外现场并能安全撤退以及使用支撑架方法。

2. 室内火灾仿真抢救功能模块区

根据典型高层建筑火灾事故特点，可构建各类火灾模拟抢救训练大楼（含住宅、工厂、危险物品仓库、地下商场、餐厅、KTV、MTV、旅馆、电影院等），内部所有设施均按实际比例建造，让受训人员模拟在逼真的环境中，了解火灾发展的情势及扑救方法。室内火灾综合模拟训练大楼配套设施应包括消防自动报警系统、灭火系统、防排烟及人员疏散系统，用于仿真消防控制系统、火灾自动报警系统、消火栓给水系统、自动喷水灭火系统等的工作状况，模拟开展报警、灭火和人员疏散训练。

室内火灾综合模拟训练大楼应具备燃烧（高温、浓烟）、烟气流动、火势蔓延和轰燃等仿真功能。其中，燃烧模拟应实现火焰、浓烟、高温等场景，燃烧强度及范围要可控；烟气流动模拟应实现火场有毒烟气在训练室顶部的空间积聚、沿楼内走道水平方向流动，以及沿楼内楼梯井、电梯井等部位垂直方向流动；火势蔓延模拟应实现火灾火势垂直蔓延、沿楼内楼梯井、电梯井，以及外窗等部位蔓延；轰燃模拟应实现建筑火灾轰燃，且在轰燃发生后，对浓烟和火焰能进行有效控制。

此外，室内火灾综合模拟训练大楼还要配备相关的控制系统和安全监控系统。其中，控制系统包括背景音响系统、人造烟雾喷射器、自动点火系统、轰燃仿真装置、烟气流动控制系统、调光系统、温控系统、湿度调控系统等。安全监控系统包括热敏摄像机、脚步感知仪、红外摄像监控系统、感应探测系统、遥控脉搏监测仪、对讲系统等。

3. 水上水下及激流抢救功能模块区

水上水下及激流抢救功能模块区进行水上搜索、动静水营救、溺水医疗救护、水下潜水等科目训练，场地设置分为基础训练场、搜救应用训练场、潜水训练场。基础训练场分为绳索投掷训练区、绳索联结训练区、手动操舟训练区、动力操舟训练区、游泳训练区等；搜救应用训练场分为动水训练区、湖心救援训练区、中舟救援训练区、急流水道训练区，用以提升潜水人员的搜救技能及消防人员训练急流救援技术；潜水训练场分为深潜模拟室（仿真器减压舱）、模拟激流池压舱、模拟激流池水中切割及焊接训练池、直升机吊挂入水拯救训练系统、造浪设施、地下空间淹水训练等。

4. 紧急医疗救护功能模块区

紧急医疗救护功能模块区将各类救护设施集合于一处，受训人员可一次进行整个模拟出勤过程，即由收到救护指令开始，继而替病人进行评估、治疗程序，以致最后移交病人及进行消毒程序。综合训练期间，受训人员先在"模拟救护车厢"内接到指令，从车上卸下装备后，携带装备前往小组研讨室内的模拟场景，并按病人评估模式为病人进行治疗。学会使用抬床将病人送往模拟救护车厢，并在车厢内进一步治疗、稳定情况、进行介入程序及检查，最后将病人送往模拟急症室，以进行移交程序。

5. 空中救援仿真训练功能区

空中综合救援是应急救援的方式之一，特指采用航空技术手段和技术装备实施的一种应急救援。与其他应急救援方式比较，其独特之处在于使用的技术条件和组织管理要求较高。澳门空中救援以区域合作为主，重点依靠香港飞行服务队及广东省南海第一救助飞行队，加强空中救援跨区域协作。同时，鉴于空中综合救援使用的装备科技含量高，实施救援的主体需要经过专门训练并贯彻专业化的救援原则，为此设立空中救援仿真训练功能区。一方面，仿真训练功能区内设有经民航局验证公告的直升机起降平台，可随时支持邻近地区紧急空中救灾任务作业，并提供受训学员进行直升机立体三度空间吊挂救援等组合训练。另一方面，灾害发生区域，仿真交通拥堵、危险山区等常规应急救援装备无法达到的灾害情况，通过空中救援力量实施救援。

6. 操作监控塔

为了监控专业技能实战演训基地各个功能模块区训练情形及便于有关领导和人员实地视察、观摩，并确保受训学员人身安全，在专业技能实战演训基地的核心点建设操作监控塔。通过与各功能区的系统连接，可进行训练情境默认、监测、录像及操控（含紧急关闭），监控演训基地安全及紧急应变处置，及时指挥、调度人员进行灾害救援兵棋训练。

（三）应急救援技术试验基地和物资储备基地

通过对各种类型灾害事故情景的研究，总结归纳出实施救援的类别及方法，进而总结归纳出相应的应急救援装备性能需求等关键技术，为装备的研发、加工并且实现标准化提供支撑。装备技术试验基地由试验场地、装备展示中心构成。试验场地用于应急救援装备新产品的现场试验和改进加工；装备展示中心用于展示应急救援装备新产品，供参观人员了解各种最新应急救援装备产品。通过培训演练，实现对应急救援装备的展示和推广，使得应急救援培训演练和应急救援装备新产品的研发、试验、推广结合在一起。同时，基于应急救援的专业性，配备专业的救援装备物资储备，在专业队伍救援培训基地使用的救援设备与专用装备既可用于救援演训，也能满足一定条件下的应急物资调配，实现应急救援物资装备储备的高效利用。

（四）标准化体系与职业化资格认证

专业救援队伍培训基地建设，实现应急救援队伍建设、人员管理、技能培训、进阶式演练的有机结合，推动应急救援标准体系构建。通过应急管理人员、专业技术救援人员的培训管理，形成一套能够与国际接轨、科学化、标准化的专业应急救援操作标准化流程、应急救援装备的标准化管理和使用。实现专业救援人员的职业化资格认证，建立应急计划、管理、岗位、人员等制度规范，使得应急救援的管理人员重视救援的标准化作业和统一管理，从软实力角度增强应急救援的专业化水平。

四、实现路径

（一）澳门本地建设模式

专业救援队伍培训基地建设基于"国际一流、国内领先"的设计标准、高质量的建设标准，能够快速提升澳门专业应急救援队伍能力水平，提升澳门整体应急能力水平，在政策上、技术上、经济效益和社会效益上均是可行的。根据澳门突发事件特征和经济社会发展规划，综合考虑现有保安部队高等学校、消防学校功能的完善，和正在规划兴建的警察学校等场所功能的提升，做到统筹规划、分期建设、逐步推进，尽可能实现专业应急救援能力的快速覆盖、应急装备与物资的有效储备、决策指挥演训平台的互联互通互补。

（二）跨地建设模式

广东省珠海市与澳门在政治、经济、文化和地理区域上联系紧密，双方在共同开发、协作管理、深度融合等方面有着较为广泛的空间。由于澳门土地资源空间有限，可以充分利用粤港澳合作机制和与珠海毗邻的空间优势，与广东共建公共安全与应急管理培训基地，发挥"一国两制"的制度优势。筹划和共建粤澳公共安全与应急管理培训基地，既符合两地健全公共安全体系、加强应急管理工作的共同需求，又符合习近平主席关于"支持澳门融入国家发展大局"的指示精神。建议双方本着共商共建共管共享的原则，通过正常途径探讨合作方式、管理模式和共建目标及内容，力争早日为提升澳门各级指挥员的应急管理能力，提升专业救援队伍的专业水平，提升社会公众自救互救能力作出贡献，并成为澳门的重要应急救援物资储备基地。

第六节　公共安全科普教育基地建设项目

一、建设目标

公共安全科普教育基地建设以提高澳门突发事件风险忧患意识、提升居民面对突发事件的应急处置能力为目标，充分利用澳门现有科普教育场馆、学校、小区、社团等公共资源，面向社会公众、义工，特别是中小学生，通过模块化的设计理念、分馆式的设计方式，建设融宣传教育、展览体验、演练实训等功能于一体的综合性防灾减灾科普宣传教育基地，以实景仿真的形式向广大居民宣传安全知识技能，通过实景展现、模拟互动、寓教于乐的教育手段，带领广大参观者学习安全知识和逃生技能。通过教育基地配备的专业讲解员，带领参观者了解、体验，解析安全知识，同时可以根据需求进行专业的安全知识深化培训。

二、建设框架

（一）建设原则

一是运用多种展示方式。摒弃传统展馆以展板为主的展示模式，以实际体验、游戏、3D 动画、多媒体展墙等多种展示方式和展示手段，增强展示内容的趣味性，提高视觉冲击力。

二是突出观众参与性。依据全新的设计理念要求，绝大多数内容均以参与体验的形式展出，提高观众的参与性，激发参观的主动性，提高展示宣传的效果。

三是突出科技元素。将高科技融入参观展览之中，采用声光电和多媒体技术，建设基于真实三维环境的突发事件模拟仿真、沉浸式体验等单元内容。

（二）规划内容

场馆分为 3 个区，包括自然灾害体验区、生活灾难体验区、应急救援培训区，可采取先急后缓、分时段分节点的方式建设，将学校、小区、现有科普场馆等作为场馆的分结点（图 4-7）。

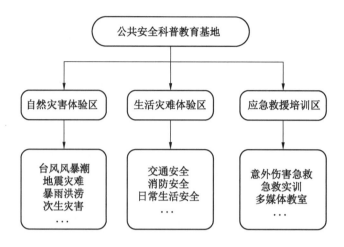

图4-7 公共安全科普教育基地规划内容

（三）体验模式

公共安全科普教育基地通过观光、体验、培训等方式，提升公众科学素养和突发事件发生时的自救能力（图4-8）。

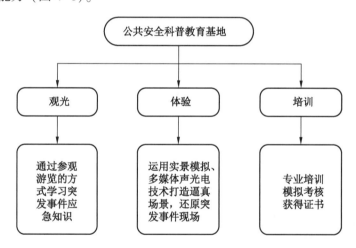

图4-8 公共安全科普教育基地体验模式

三、建设内容

（一）自然灾害体验区

将向参观者展现各种气象灾害、海洋灾害、洪水灾害、地质灾害、地震灾害等。在互动区域，参观者可以体验台风、风暴潮、海啸、地震、暴雨、山洪、火山喷发等灾害场景，并了解其引发的次生灾难。

1. 台风风暴潮体验区

1）台风风暴潮模拟体验

模拟台风风暴潮场景。整个场景处于海边码头，中间区域是一座登船吊桥，吊桥左侧由环幕模拟海上场景，前方是游艇登船场景，右侧是港口码头，下方采用真实水面，周围墙体模拟台风风暴潮来临时效果，四周配备特效装置，与影片同步，包括闪电、暴雨、大风等（图4-9、表4-8）。

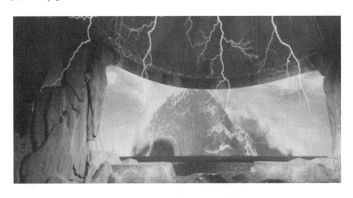

图4-9 台风风暴潮模拟体验场景示意图

表4-8 台风风暴潮模拟体验简介

所属区域	项目名称	体验内容	年龄阶段	体验人数/人
台风风暴潮体验区	台风风暴潮码头	穿越码头	不限	35～50

2）自救影院

自救影院模拟场景。通过投影机在大屏幕投出融合画面，模拟台风风暴潮等灾害的防治以及安全隐患，让参与者了解并且学会如何保护自身安全。参与者坐在各自的席位上观看影片（图4-10、表4-9）。

图4-10 自救影院模拟体验场景示意图

表4-9 自救影院模拟体验简介

所属区域	项目名称	体验内容	年龄阶段	体验人数/人
台风风暴潮体验区	自救影院	学会自救逃生	不限	50～100

2. 洪水体验区

1）洪水逃生模拟体验

模拟洪水逃生场景。通过实物造景与影像的结合演绎展示洪水的危险性，体验当洪水来临时的势不可挡，通过一系列困难，如躲过障碍、翻越绳网、越过深坑、打开密封门等等，学会如何自救逃生（图4-11、表4-10）。

图4-11　洪水逃生模拟体验场景示意图

表4-10　洪水逃生模拟体验简介

所属区域	项目名称	体验内容	年龄阶段	体验人数/人
洪水体验区	洪水模拟场景	洪水中感受	不限	35~50

2）次生灾害体验区

模拟次生灾害场景。通过实物造景与影像的结合演绎各种自然灾害所引发的次生灾害，让参观者学习了解次生灾害的种类以及带来的危害等（图4-12、表4-11）。

图4-12　次生灾害模拟体验场景示意图

表4-11　次生灾害模拟体验简介

所属区域	项目名称	体验内容	年龄阶段	体验人数/人
次生灾害体验区	次生灾害区	感受灾害场景	不限	50~100

3. 地震体验区

1）地震模拟体验

模拟地震场景。通过 6 自由度地震模拟平台营造地震发生时的强烈震感。进入体验区，通过 6 通道大屏幕观看地震影像，视觉上仿佛被地震现场所包围，同时还能感受到地震平台的震动，如同真实体验了一次地震。通过这样的体验，让参与者最直接地感受地震的危险性（图 4-13、表 4-12）。

图 4-13 地震模拟体验场景示意图

表 4-12 地震模拟体验简介

所属区域	项目名称	体验内容	年龄阶段	体验人数/人
地震体验区	地震模拟平台	地震来临感受	不限	30~50

2）地震幻影成像

地震幻影成像场景。通过实物与影像的结合演绎展示地震形成的原因，让观众在震撼的演出中完整了解地震发生的全过程，初步具备一定的地震常识。展项墙体上设有观看窗口，窗口内为演绎空间，里面设计有场景模型、反射机构、投影机、背景绘画、灯光系统等，实物模型与影像的完美叠加配合灯光和音效的同步演绎，使观众仿佛亲临地震现场，充分了解地震成因（表 4-13）。

表 4-13 地震幻影成像场景模拟体验简介

所属区域	项目名称	体验内容	年龄阶段	体验人数/人
地震体验区	地震知识展区	地震知识	不限	不限

3）地震通道

地震双通道投影场景。通过双通道投影地面互动形式来实现。参与者可以了解地震之前的预兆、地震发生过程中的场景变化以及地震结束后的景象，向参与者展示地震给人类造成的惨重灾难，该展项的创意在于可以让参与者设身处地地感受地震，了解地震，提高对地震的防范意识。展项由地面投影结合音响、灯光、动静态画面综合组成，渲染氛围强烈（图 4-14、表 4-14）。

图 4-14　地震双通道投影场景示意图

表 4-14　地震双通道投影场景体验简介

所属区域	项目名称	体验内容	年龄阶段	体验人数/人
地震体验区	地震通道	地震来临感受	不限	50~100

（二）生活灾难体验区

1. 交通安全区

1）沉船海上逃生

模拟沉船场景。依托泰坦尼克实体造型，通过展板、立体画及多媒体技术仿真海上救援逃生等，展现世界海难和自救常识（图 4-15、表 4-15）。

图 4-15　沉船海上逃生模拟场景示意图

表 4-15　沉船海上模拟场景体验简介

所属区域	项目名称	体验内容	年龄阶段	体验人数/人
交通安全区	海难逃生场景	感受海难逃生	不限	100~150

2）航空迫降逃生

　　模拟航空迫降场景。通过实物造景加互动体验设备模拟迫降成功的飞机，通过服务人员讲解和演示，再加上实操体会，让体验者了解飞机迫降的避险常识和逃生方式、步骤，以提高实际逃生能力（图4-16、表4-16）。

图4-16　航空迫降逃生模拟场景示意图

表4-16　航空迫降逃生模拟场景体验简介

所属区域	项目名称	体验内容	年龄阶段	体验人数/人
交通安全区	航空逃生体验区	航空迫降	不限	100~150

3）公交车逃生

　　模拟公交车逃生场景。通过"体验小屋"模拟真实公交车，体验者体验道路上多发事故的隐患现象，并且在事故引发公交车起火的危险状况下，掌握如何正确、及时的逃生方法。利用投影技术、融合技术及虚拟现实技术，通过声、光、电等视觉效果，体现出公交车行驶中的各种险情，了解碰撞起火时逃生的真实感受，掌握逃生的方法（图4-17、表4-17）。

图4-17　公交车逃生模拟场景示意图

表4-17　公交车逃生模拟场景体验简介

所属区域	项目名称	体验内容	年龄阶段	体验人数/人
交通安全区	公交车模拟逃生	安全逃生	不限	30~40

4）车辆翻转体验

模拟车辆翻转场景。正面是投影画面，两边是静态图文，仿真公路路况，体验者坐在安全翻转座椅上体验，现实画面中突然出现一个对象，座椅跟着震颤，座椅倾斜，视频出现滑行画面，接着座椅翻转90°，视频跟着翻转，视频模拟翻车后自救的过程。通过造景营造出公路上真实的车辆翻车情景，让体验者如同身临其境，在发生事故时随着画面与车体的联动，真实感觉车辆翻转情形（图4-18、表4-18）。

图4-18　车辆翻转模拟场景示意图

表4-18　车辆翻转模拟场景体验简介

所属区域	项目名称	体验内容	年龄阶段	体验人数/人
交通安全区	道路交通	汽车翻转 （4台模拟设备）	不限	12~16

5）安全带生命带

模拟交通事故场景。在确保体验者人身安全的前提下，模拟低速运行车辆发生意外碰撞，切身体验车辆发生碰撞时的自身感受及安全气囊弹出时对人体的保护，增强体验者的安全意识，培养乘车系安全带的良好习惯。利用造景让参观者进入倾斜小屋中，感受喝醉酒后行车的效果（图4-19、表4-19）。

图4-19　交通事故模拟场景示意图

表 4-19 交通事故模拟场景体验简介

所属区域	项目名称	体验内容	年龄阶段	体验人数/人
交通安全区	安全气囊体验	汽车碰撞安全	不限	10~100

2. 消防安全区

1）火灾区

重点介绍家庭失火、高楼失火、密集公共场所失火、汽车失火的自救方法。除了多种形式的讲解外，在火灾互动区，参观者可以体验如何使用灭火器以及烟雾逃生训练（表4-20）。

表 4-20 消防安全模拟场景体验简介

所属区域	项目名称	体验内容	年龄阶段	体验人数/人
消防安全区	火灾区	家庭逃生（4个家庭）	不限	50~100

2）模拟设计消防逃生演练

情景一：三四位同学相聚，一楼有超市、服装店、木器加工作坊等，突发火灾，火势猛烈，楼道被封堵，该如何应对？

情景二：因身体不舒服请假在家。在温习功课时，发现对面三楼一住户家中起火，烟雾很浓，火苗直窜。周围很少有居民在家。这时怎么办？

情景三：家住三楼，对门住户家中发生火灾，门已被打开，楼道内烟雾很浓，有可能危及你家。该如何应对？

情景四：在书房温习功课，妈妈在厨房做饭，油已下锅，火已点着，突然听到电话铃声，担心外公在医院发生意外，赶忙去接电话，火未关。5 min 以后，油锅起火。这时该怎么办？

3. 日常生活安全区

通过传统展板、多媒体和视频等多种手段介绍触电事故、公共场所停电事故、电梯事故、煤气事故、供水事故、饮水事故。主要传授参观者在遇到上述情况下的自救方法和安全防范意识。参观者还可以在体验区参与体验检查燃气管道是否漏气、触电的自救和救助他人、如何逃离煤气泄漏的房间、分辨自来水是否安全等（表4-21）。

表 4-21 日常生活安全模拟场景体验简介

所属区域	项目名称	体验内容	年龄阶段	体验人数/人
日常生活安全区	水电气区	水电气知识讲解及体验	不限	10~30

（三）应急救援培训区

1. 意外伤害急救区

通过传统展板、多媒体、视频等多种手段循环展示日常意外发生时的急救常识，主要传授参观者在遇到意外伤害情况下的自救和救助他人的方法。参观者还可以在体验区参与体验学习基本包扎、人工呼吸、基本日常消毒步骤等，进行现场模拟实践。整个区域呈开放式，有利于参观者挑选自己感兴趣的项目进行参与体验。

2. 急救实训区

通过真人或假人为道具，参观者在学习教程后通过辅导员辅导进行各种伤员伤势的处理，体验的宗旨是参观者动手为主，辅导员辅导为辅（表4-22）。

表4-22　急救实训模拟场景简介

所属区域	项目名称	体验内容	年龄阶段	体验人数/人
意外伤害急救区	急救中心	讲解意外事故处理	不限	50~100

注：第三节所引用图片和内容，部分来自网络。

四、实现路径

（一）突出资源整合，整体规划布局

对公共安全科普教育基地建设进行系统性的整体规划。将现有科普教育场馆、学校、小区、社团等公共资源统筹纳入规划进行考虑。根据各自的条件进行不同的科普功能定位；在现行设施设备基础上，不断完善已有的各类科普实践平台，将上述公共资源打造成科普节点，构建"开放式的科普教育基地"。

（二）凝聚多方力量，共同参与建设

政府部门、专家、义工、社会组织、小区志愿者、学校师生以及相关私营单位共同参与设计和建设，发挥各自的特长和优势，对澳门公共安全科普教育基地建设项目进行系统论证，探索形成从理论到实施一整套的科普基地建设模式，推动形成科普宣传文化。

（三）将科普教育基地纳入旅游资源体系

公共安全科普基地资源是城市旅游资源的特色部分，将旅游与科普相结合，是将科普工作向深度和广度拓展的重要途径。充分利用澳门作为世界旅游休闲中心的地域优势，打造开展公共安全科普旅游，让赴澳游客在旅游中获得更多的科学知识，提高游客的突发事件风险忧患意识和面对突发事件的应急处置能力，同时增强旅游活动的乐趣。

结 束 语

由于项目组对澳门防灾减灾救灾和应急管理等情况的调研深度有限,报告编制时间短,本报告所作的分析和所提的建议仅供参考。期望澳门特区政府从实际出发,不断优化应急管理体系,使澳门人民的获得感、幸福感、安全感更加充实、更有保障、更可持续。

注:附录一以《澳门"天鸽"台风灾害评估总结及优化澳门应急管理体制建议》报告为基础,对原文部分内容表述进行了调整修改,删减了原文中的有关地图专题图件。

附录二

澳门特别行政区防灾减灾十年规划
（2019—2028 年）

澳门特别行政区防灾减灾十年规划
（2019—2028 年）

澳门特别行政区政府
2019 年 10 月

目　　录

一、总则 ··· 417

　　1.1　规划背景 ··· 417

　　1.2　编制依据 ··· 417

　　1.3　规划期限 ··· 417

　　1.4　规划定位 ··· 417

　　1.5　基本原则 ··· 417

二、现状与趋势 ··· 418

　　2.1　风险与挑战 ·· 418

　　2.2　现有资源基础与需求 ··· 418

　　2.3　应急能力优先发展领域 ·· 419

三、愿景与目标 ··· 421

　　3.1　防灾减灾愿景 ··· 421

　　3.2　规划目标 ··· 421

　　3.3　分类指标 ··· 421

四、主要任务与行动方案 ··· 425

　　4.1　提高基础设施防灾减灾能力 ·· 425

　　4.2　完善防灾减灾与应急管理体系 ··· 431

　　4.3　提升风险管理与监测预警能力 ··· 434

　　4.4　增强应急队伍救援和装备能力 ··· 436

　　4.5　完善应急指挥和城市安全运行监控能力 ······································ 438

　　4.6　强化应急物资保障能力 ·· 440

　　4.7　加强社会协同应对能力 ·· 442

　　4.8　提升公众忧患意识和自救互救能力 ··· 443

　　4.9　强化区域应急联动与资源共享 ··· 445

五、保障措施 ··· 449

　　5.1　组织领导 ··· 449

　　5.2　资金保障 ··· 449

　　5.3　评估机制 ··· 450

为提高澳门防灾减灾和应对各类突发事件的能力,特编制《澳门特别行政区防灾减灾十年规划（2019—2028 年)》。

一、总则

1.1 规划背景

2017 年 11 月 14 日,行政长官向立法会所作的《二〇一八年财政年度施政报告》,提出了构建防灾减灾长效机制,其中的中长期措施之一是编制《澳门特别行政区防灾减灾十年规划（2019—2028 年)》。

2017 年底,澳门特区政府委托国家减灾中心等三家单位联合编制的《澳门"天鸽"台风灾害评估总结及优化澳门应急管理体制建议》报告,为编制《澳门特别行政区防灾减灾十年规划（2019—2028 年)》奠定了基础。

2017 年以来,澳门特区政府逐步落实防灾减灾长效机制的短、中期措施,修订完善相关应急预案并加强演练,在预防预警、紧急避险、指挥协调、区域联动等能力有了大幅提升,并于 2018 年应对"山竹"超强台风中得到了更好的验证和历练。

1.2 编制依据

《澳门基本法》等相关法律、法规及规范性文件;《澳门特别行政区五年发展规划(2016—2020 年)》等相关规划;《粤港澳大湾区发展规划纲要》;澳门《二〇一八年财政年度施政报告》、澳门《二〇一九年财政年度施政报告》;《澳门特别行政区民防总计划》等相关应急预案。

1.3 规划期限

2018 年为规划基准年,规划期限为 2019—2028 年,并分为短期（2019—2023 年）和中期（2024—2028 年）。

1.4 规划定位

规划立足澳门实际,坚持国际理念、先进适用,是指导未来十年澳门防灾减灾和应急管理能力建设的行动指南。通过优化防灾减灾和应急管理体系,充分利用澳门特区现有资源,共享粤港澳大湾区和内地应急资源,加强应急能力建设,提升澳门应对各类突发事件的能力和水平。

1.5 基本原则

——以人为本、减少危害。切实履行政府的社会管理和公共服务职能,坚持生命至上、安全第一,把保障公众生命财产安全作为首要任务,最大程度减少自然灾害及各类突发事件造成的人员伤亡和危害。

——居安思危、预防为主。高度重视公共安全工作,增强忧患意识和风险意识,常抓不懈,防患于未然。坚持预防与应急相结合,坚持常态减灾与非常态救灾相结合,牢固树立底线思维,做好应对突发事件的各项准备工作。

——统一领导、依法规范。在行政长官的领导下,充分发挥专业应急指挥机构及各部门、各单位的作用。依据有关法律法规,加强应急管理,维护公众的合法权益,使突发事件应对工作更加科学化、规范化、制度化。

——快速反应、协同应对。加强应急队伍建设，健全和完善应急处置快速反应机制。依靠社会力量，充分动员和发挥社区、私人企业和机构、社会组织和义工的作用，建立协同应对机制；发挥粤港澳协调联动优势，形成统一指挥、反应灵敏、功能齐全、协调有序、运转高效的应急管理机制。

——整合资源、突出重点。充分利用政府和社会应急资源，共享粤港澳大湾区等内地资源，优化人员、物资、装备等资源的配置。重点加强基础设施防灾减灾、监测预警、应急指挥协调、信息与资源管理、社会协同应对、区域联动与资源共享等方面的能力建设。

——依靠科技、提高能力。采用先进的监测、预测、预警、决策和应急处置技术及装备设施，充分发挥专家队伍和专业人员的作用，提高应对突发事件的科技水平。加强宣传和培训教育工作，增强公众忧患意识和自救互救能力，提高应对各类突发事件的综合素质。

二、现状与趋势

2.1 风险与挑战

基于对澳门各类突发事件历史数据的分析，根据澳门和内地专家对风险事件发生可能性和后果严重性的量化与质化相结合的评估，澳门在自然灾害、事故灾难、公共卫生事件、社会安全事件等领域主要面临以下风险与挑战：

（1）自然灾害

澳门主要面临热带气旋（台风）、风暴潮、暴雨等气象灾害及其导致的城市洪涝、滑坡等自然灾害风险。随着全球气候变暖及海平面上升，未来热带气旋和风暴潮的强度有可能增加，暴雨、高温热浪等极端天气事件亦有增加趋势。

（2）事故灾难

澳门主要面临火灾事故、道路交通事故、海上交通事故、危险化学品泄漏和船舶溢油环境污染等事故灾难风险，特别是受自然灾害影响，容易造成大范围停水、停电、停气等次生事故灾难。

（3）公共卫生事件

澳门面临的公共卫生事件风险主要是突发急性传染病，包括输入性传染病、蚊媒传播疾病、流感和肠病毒感染等。随着游客数量不断增加，未来公共卫生事件风险将增大。此外，由其他类型突发事件所引发的公共卫生风险，以及对紧急医学救援需求激增也不容忽视。

（4）社会安全事件

澳门面临的社会安全事件风险主要是恐怖袭击、重特大刑事案件。目前，澳门社会治安情况持续稳定良好，但也面临着恐怖主义和暴力犯罪的现实威胁，特别是随着信息化、网络化的快速发展，非传统安全风险不容忽视。

综上，澳门"高风险"等级的公共安全事件主要有：洪涝灾害、台风灾害、暴雨灾害，城市火灾、道路交通事故、水上交通事故、城市供电突发事件，重大传染病疫情、群体性不明原因疾病等。同时，对于其他风险等级的公共安全事件和潜在风险也要给予关注。

2.2 现有资源基础与需求

根据对澳门现有应急资源和应急能力状况的调研，采用基于"情景—任务—能力"的评估方法，澳门特区政府和内地专家对本地应急能力现状的评估结论是：澳门已初步具备应对各类突发事件的能力，政府公共服务、灾后恢复重建、消防应急救援处置等能力较强。但部分应急能力依然存在一定差距，在基础设施防灾减灾能力、风险评估能力、监测预警能力等方面还有较大提升空间（见图1）。

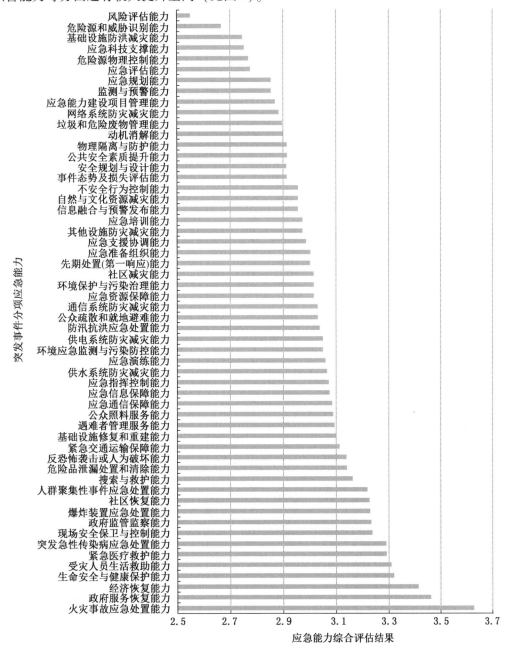

注：应急能力由专家评估得出，分值为0~5。

图1 澳门应急能力现状评估结果

2.3 应急能力优先发展领域

澳门未来应急能力建设的优先领域为：基础设施防洪减灾能力、供电供水系统防灾减灾能力、道路桥梁等防灾减灾能力、网络通信系统防灾减灾能力、风险管理与监测预警能力、先期处置（第一响应）能力、生命搜索与救护能力、防汛抗洪应急处置能力、应急指挥能力、应急科技支撑能力等。优先度评价结果如图 2 所示。

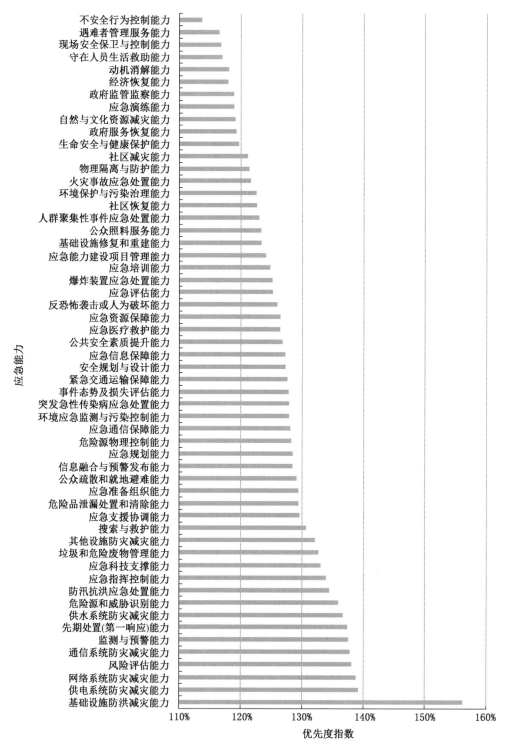

注：应急能力发展优先度为重要度与现有应急能力专家评估得分之比。

图 2　澳门应急能力发展优先度评价结果

结合需要优先发展的应急能力，并综合考虑特区政府相关部门的规划需求，制定以下 9 个方面的规划任务主线：基础设施防灾减灾、应急管理体系、风险管理与监测预警、应急队伍救援和装备、应急指挥和城市安全运行监控、应急物资保障、社会协同应对、公众忧患意识和自救互救、区域应急联动与资源共享等。

三、愿景与目标

3.1　防灾减灾愿景

愿景：共建安全韧性城市，同享幸福美好生活。

安全韧性城市是指能够有效防控安全风险，减少脆弱性，在重大突发事件发生时能够维持基本功能和结构，迅速展开应急响应并快速恢复正常功能的城市。安全韧性城市建设需要政府与社会力量协同配合，"人人有责任、人人有行动"，形成政府治理和社会自我调节、居民良性互动的共建共治共享格局。

3.2　规划目标

以全面贯彻"一国两制""澳人治澳"、高度自治为原则，坚守"一国"之本，善用"两制"之利，以建设国际先进的宜居、宜业、宜行、宜游、宜乐城市为目标，以保障居民和公众生命财产安全为根本，以做好预防与应急准备为主线，有序开展防灾减灾工作。到 2023 年，进一步优化突发事件应急管理体系，综合应急能力显著提高，有效减少重特大突发事件及其造成的生命财产损失。到 2028 年，主要防灾减灾工程和项目基本建成，安全韧性城市愿景基本实现，公众生命财产安全得到更加充分的保障，基本建成与澳门经济社会发展相适应，政府主导、全社会共同参与，覆盖全灾种、全过程、全方位的应急管理体系，为建设"世界旅游休闲中心"，打造"中国与葡语国家商贸合作服务平台"，为促进澳门长期繁荣稳定提供安全保障。

3.3　分类指标

为保障愿景和目标实现，按照规划任务主线，选出基础设施防灾减灾、应急管理体系、风险管理与监测预警、应急队伍救援和装备、应急指挥和城市安全运行监控、应急物资保障、社会协同应对、公众忧患意识和自救互救、粤港澳应急联动与资源共享等 9 个方面的 37 项指标，以全面反映未来 10 年澳门防灾减灾与应急能力建设的成效。各重点建设领域主要规划指标见专栏 1。

专栏 1　规　划　主　要　指　标

序号	指标项	现值（2018 年）	短期目标（2023 年）	中期目标（2028 年）	备注
1　基础设施防灾减灾能力					
1.1	防洪（潮）标准	2~200 年一遇	/	200 年一遇	重要保护区远期可提高到 300 年一遇
1.2	治涝标准	2~10 年一遇	/	20 年一遇 24 h 降雨 24 h 排除	内港、筷子基北湾、南湾和路环城区以及关闸至新口岸等重点易涝区及新建城区达到规划的治涝标准；远期全澳达到规划的治涝标准

专栏 1（续）

序号	指标项	现值（2018 年）	短期目标（2023 年）	中期目标（2028 年）	备注
1.3	本地蓄水设施蓄水量	190×10⁴ m³（满足约 7 天用水需求）	约 258×10⁴ m³（满足约 8 天用水需求）	约 270×10⁴ m³（满足约 8 天用水需求）	本地蓄水设施蓄水量是指本澳水库的总库容
1.4	高位水池保障供水量	5.3×10⁴ m³（可供水约 4 h）	约 8.3×10⁴ m³（可供水约 7 h）	约 14.3×10⁴ m³（可供水约 12 h）	
1.5	紧急情况下澳门电网自主供电能力占日最高负荷比例	30%	50%	50%	如果未来供电负荷快速增长，中期比例可能会下降
1.6	灾后主要交通干道救灾车辆和公交车辆恢复通行的时间	"天鸽"等重特大灾害超过 24 h	救灾车辆：一般灾害不超过 5 h，重特大灾害不超过 12 h；公交车辆：一般灾害不超过 8 h（重特大灾害除外）	救灾车辆：一般灾害不超过 3 h，重特大灾害不超过 8 h；公交车辆：一般灾害不超过 6 h（重特大灾害除外）	
2 防灾减灾与应急管理体系					
2.1	应急管理体制机制法制完善程度	基本建立	基本完善	完善	
2.2	特区政府及其相关部门应急预案制定及修订率	60%	≥80%	100%	私人机构和社会组织参照执行
2.3	特区政府及其相关部门应急预案按要求培训演练率	60%	≥80%	100%	私人机构和社会组织参照执行
3 风险管理与监测预警能力					
3.1	热带气旋八号风球发布目标时间提前量	【民防内部 3 h】	4 h	6 h	发布目标时间提前量是指可预测情况下提前作出预警的目标时间。但预测具有不确定性，在必要情况下可能会缩短
3.2	风暴潮橙色及以上级别警告发布目标时间提前量	【民防内部 6 h】	8 h	10 h	
3.3	雷暴警告或强对流天气提示发布目标时间提前量	约 10 min	15 min	30 min	

专栏 1（续）

序号	指标项	现值（2018 年）	短期目标（2023 年）	中期目标（2028 年）	备注
3.4	风暴潮高潮位（叠加天文潮）24 h 预报平均误差	约 74 cm	±55 cm	±45 cm	以进入澳门 800 km 内的热带气旋计算
3.5	风暴增水 24 h 预报平均误差	约 63 cm	±45 cm	±35 cm	
3.6	突发事件预警信息公众覆盖率	约 60%	≥80%	≥95%	
3.7	传染病申报率	95%	≥98%	100%	
3.8	群集疾病监测报告率	90%	≥93%	≥95%	
4　应急队伍救援和装备能力					
4.1	消防人员数量占常住人口比例	2.0‰	2.3‰	2.5‰	视实际情况可作出合理调整
4.2	治安警察人数占常住人口比例	7.8‰	8.9‰	10.0‰	
4.3	消防和急救车辆在出动后 6 min 内到达现场率	95%	≥98%	≥98%	离岛特殊区域除外
4.4	可用于传染病治疗的负压病房病床数量	95 张	≥150 张	≥200 张	
4.5	一天内可以紧急救治突发事件受伤人员数量	300 人	≥400 人	≥500 人	
4.6	海上应急力量接到指令后 30 min 内到达现场率	95%	≥98%	≥98%	在 8 级风力或以下，以及处于非恶劣天气时
4.7	海上溢油应急清除能力	18 t	42 t	100 t	区域合作可达 500 t
5　应急指挥和城市安全运行监控能力					
5.1	应急指挥平台与专业应急指挥平台及其他相关单位之间互联互通率	已建成"应急指挥应用平台"，计划与其他平台互联互通	≥80%	100%	
5.2	公共场所监控镜头数量	820 个	2600 个	4200 个	
5.3	城市基础设施安全运行监控系统覆盖率	燃气：100% 供水：75%	≥60%（排水、桥梁、隧道等）	100%	包括供水、排水、燃气管网、桥梁、隧道等

专栏 1（续）

序号	指标项	现值（2018 年）	短期目标（2023 年）	中期目标（2028 年）	备注
6 应急物资保障能力					
6.1	重特大灾害发生后第一批救灾物资发放给需要的受灾人员的时间	避险中心内储存物资发放为实时，补充物资因各中心位置不同所需时间差异较大	≤12 h	≤8 h	目前避险中心备有 20% 救灾物资。在橙色或以上预警信号发布时，启动运送救灾物资至避险中心
6.2	避险中心基本生活物资储备可满足需求的天数	≤1 天	≥2 天	≥3 天	物资仅针对避险中心启用后，有避险和救助需求的人群
7 社会协同应对能力					
7.1	应急志愿者（义工）占常住人口总数的比例	0.3%	≥0.6%	≥1%	
8 公众忧患意识和自救互救能力					
8.1	每个社区每年举行应急演练次数	低洼地区已展开	≥1 次	≥2 次	
8.2	每个小学、中学、大学每年举行应急演练次数	≥1 次	≥1 次	≥2 次	
8.3	学校安全教育普及率	幼儿、小学、中学教育阶段已达 100%，将持续提高质量	高等教育 ≥80%	所有学校 100%	
8.4	公众对公共安全基本知识的知晓率	逐步改善偏低的状态	≥80%	≥95%	
9 粤港澳应急联动与资源共享能力					
9.1	粤澳、港澳应急管理合作和突发事件应急联动机制	基本建立	基本完善	完善	
9.2	粤港澳海上互助合作机制	基本建立	基本完善	完善	
9.3	粤港澳联合开展港珠澳大桥警务、应急救援及应急交通管理合作机制	基本建立	基本完善	完善	

四、主要任务与行动方案

4.1 提高基础设施防灾减灾能力

加强澳门防洪排涝设施、供水供电供气设施、通信设施、交通基础设施、房屋及服务设施、历史文化遗产与设施的防灾抗灾能力建设，提升各类防灾设施对城市安全运行的保障能力，增强城市生命线工程等公共服务基础设施抵御灾害事故的能力。

4.1.1　防洪排涝设施

（1）基本策略：针对本地的地理特点、水患灾害防治及经济社会发展的要求，科学设定不同区域和岸段的防洪（潮）与城市治涝标准。在充分兼顾城市景观的基础上，设计建设防洪排涝设施，通过工程与非工程措施相结合的举措，提高防洪（潮）和排涝能力。

（2）行动目标：将澳门防洪（潮）标准整体提升至 200 年一遇，相应澳门内港潮位站潮位为 3.71 m（澳门基面，下同）；重要保护区远期可提高到 300 年一遇，相应内港潮位站潮位为 3.91 m；治涝标准提升至 20 年一遇 24 h 降雨 24 h 排除。

（3）行动方案：

1）实施内港挡潮闸工程建设。挡潮闸方案已获中央批复，已开展工程设计，按 200 年一遇标准设计，已于 2019 年下半年启动。

2）实施内港海傍区排涝工程建设，增设排涝泵站和修建大型雨水涵箱使该区域达到规划的治涝标准。该项工程已完成招标程序，以及有关路段的地下管线迁移工作，将展开全面施工，预计 2021 年建成。

3）实施澳门半岛内港海傍区堤岸改善措施。例如修建防洪墙，在内港沿线建造 1.5 m 高的防洪墙，以及设置泵井加强排涝能力；又如开展"内港临时防洪退水拍门安装工程"，并争取 2019 年中完成。同时对沿岸廊道、管线进行整治，适度提高海傍区防御常遇洪潮水的能力。

4）实施澳门半岛西侧青洲—筷子基沿岸堤防工程，提高该区域防御常遇风暴潮的能力，使其防洪（潮）标准符合内港海傍区防洪（潮）工程体系的总体要求。相关工程计划的编制正在进行中。

5）实施澳门半岛东侧关闸至外港段堤防优化提升工程，使该区域防洪（潮）标准达到 200 年一遇。相关工程计划的编制正在进行中。

6）实施路环岛西侧防洪（潮）排涝工程，使其防洪（潮）标准达到 200 年一遇。相关工程计划的编制正在进行中。

7）实施澳门半岛南侧堤防工程。对现无堤防区域实施堤防建设，对已有堤防区域实施达标加固建设，使其防洪（潮）标准达到 200 年一遇。

8）实施路凼岛堤防工程达标加固建设。新建或达标加固凼仔岛北侧及路凼新区东、西两侧堤防工程，使该区域防洪（潮）标准达到 200 年一遇。

9）实施重要基础设施自身防御能力建设。澳门自来水厂、供电设施与通信设施等重要设施按相应的设防标准，开展防御灾害能力建设。至 2018 年底，已改善低洼地区 101 个变压房。

10）实施筷子基北湾、南湾和路环市区以及关口至新口岸重点易涝区城市排水管网改造工程和排涝工程建设，治理水浸黑点，使上述区域达到规划的治涝标准；新建城区应按照规划确定的治涝标准，建设城市排水管网和排涝工程。

11）以低洼易涝区域为重点，对全澳排水管网的排涝能力进行总体评估，在此基础上，按照规划确定的治涝标准，逐步实施易涝区现有排水管网的扩容和升级改造，新建雨水截留涵箱渠和排水泵站工程，力争达到规划的治涝标准。在鸭涌马路与何贤绅士大马路交界处建造一条约 200 m 长的雨水溢流管道，连接至沙梨头北街，相关工程将于 2019 年中完成。

12）进一步完善防洪（潮）非工程措施，开展重点区域洪水风险评估，编制洪水风险图。

4.1.2 供水保障设施

（1）基本策略：针对澳门供水系统的特点和供水保障需求，通过完善供水系统，建设本地调蓄设施和高位水池，建立供水应急保障机制，提高澳门供水安全保障能力。

（2）行动目标：将澳门本地蓄水设施蓄水量提高 40%、达约 270×10^4 m^3（满足约 8 天用水需求）；将高位水池保障供水量增加到约 14.3×10^4 m^3（可供水约 12 h）。

（3）行动方案：

1）完善供水系统建设。"第四条原水管道"工程将于 2019 年完成，同时，加快石排湾水厂工程建设，开展澳门半岛与离岛之间的供水管道工程建设。

2）实施澳门本地调蓄设施建设。推进落实九澳水库和石排湾水库扩容，以及加快石排湾净水厂建造工程，计划于 2028 年将两水库的总库容量提高至约 105×10^4 m^3，将本地蓄水设施蓄水量提高至约 270×10^4 m^3，满足约 8 天用水需求。

3）实施新增高位水池建设。在本地选择合适地点，新建高位水池，使全澳高位水池蓄水量增加到约 14.3×10^4 m^3，保障供水时间提升至约 12 h。

4）建立应急保障机制。加强节水型社会建设，加强节水宣传，提倡节约用水。完善突发事件供水保障应急预案与保障措施，完善与珠海的应急供水联动机制。

4.1.3 供电设施

（1）基本策略：坚持以防为主、协同保障的原则，提高内地电网对澳门供电可靠性，加强本地电力基础设施建设，提升澳门因灾引发电网事故的预警能力，增强电网事故处置救援能力，形成"多点供电、网架坚强、电源支撑、风险可控"的澳门电网新格局。

（2）行动目标：电力系统的制度保障、应急准备、预防预警、处置救援、恢复重建等能力有效提升，电网大面积停电风险可防可控，极端自然灾害情况下澳门电网可孤网运行，可保证重要用户优先供电。紧急情况下澳门电网自主供电能力占日最高负荷可达 50%。

（3）行动方案：

1）提高内地电网对澳电网供电能力。优化珠海电网对澳门供电网架结构，确保单一变电站、单一输电通道故障风险可控；强化对澳供电关键通道建设，争取粤澳第三条高压输电通道于 2019 年完成铺设电缆，并尽早投入运作。构建北、中、南三个抗灾能力强的对澳供电 220 kV 关键通道。

2）提升本地应急电源供电能力。加强本地应急电源建设，促进紧急情况下电力供需就地平衡，使澳门电网具有在极端自然灾害情况下孤网运行的能力，提高系统抵御和防范极端灾害能力。研究燃气机组、屋顶光伏等分布式能源开发及应用，采取多种措施增加澳门电力和能源供应。争取新天然气机组工程建设于 2019 年上半年展开和于 2021 年完成及投运。详细制定黑启动和系统恢复供电方案，并开展仿真分析和演练，保证电网快速稳定恢复供电。

3）优化本地主网架布局和结构。加强本地变电站建设，已建造 3 个高压变电站，其中仁伯爵综合医院变电站和港珠澳大桥澳门口岸管理区变电站分别已于 2018 年投入运作，离岛医疗综合体变电站也已完成主体工程建设；提升主网架建设素质，优化简化变电站出线规模，合理确定主接线形式，形成结构清晰、安全可控的 220 kV 主网架结构。远期可在新城填海 A 区右方中段靠北区域预留用地新建澳门第四座 220 kV 变电站及线路，形成澳门境内 220 kV 电网环形结构。

4）加强配电网升级改造。适当提高澳门电网建设标准，提升配电网装备防护水平，遵循差异化原则进行配电网升级改造，强化配电网抢修和不停电作业能力，提高供电可靠性。

5）提升电力设施防灾抗灾建设标准。制定不同区域电力设施安装标准、防风防水设计标准，指导电网和用户开展水浸风险区电力设施建设和改造，降低重要电力设施因水浸导致停电事故的风险。2018 年"低洼地区新建筑物电力装置的技术规范"已获确认，并开始试行。2018 年"新建筑物供电设计标准"已获确认，并开始试行。

6）提升澳门电网智能运维水平。基于物联网、地理信息系统、智能机器人等技术，推进全生命周期管理体系建设，提升澳门电网智能运维水平，实现设备高效管理。已展开智能电网的试点工程，并计划兴建新的调度中心和建设新一代调度系统。

7）完善重要用户供电系统建设。对于澳门政治、安全、卫生、应急等具有重要意义的部门、单位和设施，要进行全面排查、重新评估，制订对这些重要用户的供电方案，优化其网架结构和落实保电方案。协助重要用户制定后备电源配置方案，确保后备/应急电源随时可投入运行，满足运行时间要求。澳电已与重要用户检讨供电方案及拟定优化方案，并按用户情况推动落实。

8）完善电网调度与监控系统建设。加快推进澳门电网新调度中心建设，提高信息共享、智能决策水平。建立电网调度、控制、运检、客服一体化在线监控、运营、指挥平台，实现对电网运行状况、用户供电状态的实时监测、闭环控制和智能处理。

9）构建电力系统安全防御体系。构建预防性、紧急、恢复性控制措施体系，加强电网应急响应和快速恢复能力建设，提高电网安全防御能力。

10）构建事故仿真及分析系统。构建澳门电网事故仿真分析系统及在线安全评估和智能决策系统，实现重大事故反演、在线预警、辅助决策等功能。开展应急预案仿真、演练，验证应急预案有效性。建设澳门保电管理系统，最大限度保障重要地区和用户的安全可靠供电。

11）部署需求侧响应机制。科学分析和预测澳门电力需求资源潜力，制定需求响应机制，促进电网企业建立高等级测量体系，加强电网与用户之间的双向互动，实现澳门地区需求响应机制的全面部署。

12）加快推进电力系统应急指挥中心建设。加快应急中心基础环境建设，完善应急指挥中心功能。应急指挥中心平台可考虑与调度员培训仿真系统合建，平时用于调度员培训仿真、灾害仿真分析研究、演练、联合演习等，灾害发生时用于应急指挥，以提高平台利用效率并保证平台的日常维护。

13）完善与内地电网的应急协调联动机制。预先商定事前的防范措施、事中的应对措施、事后的恢复措施。在澳门电网大面积停电事故时，迅速启动与内地电网的应急协调联动，保障电网供电快速恢复，最大程度预防和减少突发事件对澳门电网及社会造成损失和影响。目前，与内地检讨及制定了紧急后备电源保供方案。

4.1.4 供气设施

（1）基本策略：加强政府对供气专营公司的监管，完善突发事件应急通报机制；加快实施应急保供方案，增强与内地天然气管网的互通能力，逐步实现多气源、多渠道供气。

（2）行动目标：到 2020 年，实施应急保供方案；到 2025 年，实施第二气源供澳管道方案；到 2028 年，持续建设完善天然气供气设施。

（3）行动方案：

1）加强与内地抢险队伍的合作，由供气专营公司签订抢险合作协议，在发生重大事故时内地抢险队伍能及时赴澳提供协助（包括人员及设施）。

2）由供气专营公司筹建"抢修中心"，储备足够的抢险设施及备件，加强供气事故的本地抢险能力。

3）完善供气事故应急预案及应急通报机制，加强灾害和事故发生后与各部门的信息沟通与发布，及时作出相应处置及补救措施。

4）配备 LNG/CNG 槽车，从内地直接引入 LNG/CNG，作为灾害和事故发生后的应急供应气源，以及未来本澳 LNG 储配站的气源补给。

5）增强与内地天然气管网的互通能力，研究实施澳门天然气分配管网与珠海城市天然气管网连接项目，连通珠海横琴与澳门路凼区管网、珠海拱北与澳门半岛天然气管网。

6）加快建设本澳 LNG 储配站，其储存规模达到 600 m³ 液化天然气（远期储量为 1000 m³），提升液化天然气应急储配能力。

7）研究于澳门或珠海附近海域内建造 LNG 接收站，通过长输管线向本澳供气，实现多气源、多渠道的供气目标。

8）开展现有管网安全风险评估，评估风险点残余寿命及其事故风险等级，并建立相应的实时监测监控与预警系统。

4.1.5 电信设施

（1）基本策略：提高电信设施安全防护标准，加强对外通信设施和本地通信设施的建设和保护，增强通信设施的抗毁能力和快速抢修能力，提高电信网络安全保障能力。

（2）行动目标：减轻突发事件对电信设施和电信服务的影响，为重要用户提供稳定、可靠的电信服务，以便更好为公众服务。

（3）行动方案：

1）加强电信设施的抗毁性和可靠性。提高通信基站、机房等电信设施安全防护标准，电信网络的核心网络必须有备份，且相关后备电源至少能维持核心网络正常运行 3 h；低洼地区机房、电信设施以及室内线路等需设在较高位置，相关工作已有序开展。提供宽带服务的光纤线路终端、流动电信室外基站的位置应不低于水平面 5.6 m 且设有后备电源；提升流动通信网络容量。

2）健全电信范畴应急机制。更新及完善"电信范畴紧急事故通报、应变及处理机制"，不断提升应变能力。持续监察优化电信网络的素质，因应实际情况适度引入规范性的指引及指示，保障电信网络按相关指标运作。

3）加强对重要用户的通信保障。配合民防行动中心，尽快将风暴潮预警中受水浸威胁地区撤离信息及其他预警信息准确地发放给居民和公众。

4）提升电信设施抢修和保护能力。加强抗灾演练，定期测试核心冗余资源性能，以提高电信网络快速抢通能力。加大对电信设施的保护力度，各相关部门依法开展通信网络基础设施的保护工作。

5）加强本地对外通信设施建设。加强通信网络建设规划，促进本地及国际网络建设的投资，除强化现有通信设施外，将推动对外通信路由的多元化，从而提升公共电信服务的整体安全性、可靠性及实用性。

6）强化通信基础设施建设管理。推进通信网络基础设施建设；在新城填海 A 区规划建设中探索和总结共同管沟建设、维护及管理经验，推进公共通信网络基础设施共建共享，提高通信资源利用效率。

4.1.6　交通基础设施

（1）基本策略：加强交通基础设施运行维护管理，提高交通基础设施防风防潮能力，加强专业工程抢险能力建设，提高交通运输系统的韧性。

（2）行动目标：减少交通基础设施因灾损毁中断服务的时间，力争主要交通干道救灾车辆恢复通行时间一般灾害不超过 3 h、重特大灾害不超过 8 h；公交车辆恢复通行时间不超过 6 h（重特大灾害除外）。

（3）行动方案：

1）加强澳门跨境行车大桥（莲花大桥、港珠澳大桥等）、跨海大桥（嘉乐庇总督大桥、友谊大桥、西湾大桥）、隧道及其辅助设施设备的运行维护管理和安全健康监测。加强对（澳门大学）河底隧道设施设备的运行维护管理及其结构安全监测。

2）针对灾时、灾后可能出现的道路严重积水区域，布置固定式、移动式泵站，加强道路应急排涝工程建设；完善积水深度标识，在易积水路段设置水深预警系统或安装水深警示标识（道路水尺、涉水线等）；明确电车、汽车涉水深度，超过规定水深时，禁止车辆通过。

3）加强已建和在建大型地下商场、地下停车库、行车隧道（如九澳隧道、松山隧道、凼仔隧道、澳大河底隧道）、行人地道等的防汛减灾能力建设，改建和完善地下空间所在区域的外围排水系统及防汛设施，合理设置出入口止水闸门，配置集水井、抽水设备及备用设备，在显著位置设置人员逃生路线标识，提高地下工程的整体防灾减灾能力。

4）加强机场和港口的安保、消防等部门协调联动与密切配合，落实机场、港口各项安全防护措施，保障机场、港口应急疏散管理工作有序开展，为滞留旅客提供安全的环境和后勤保障服务，并根据天气状况，及时更新、发布航班动态，确保机场、港口运行秩序，尽快恢复机场、港口正常运行。

5）依托道路维护保养、工程施工企业，建立专业的交通抢修保通队伍，配备充足的应急资源，负责道路设施损毁和因垃圾淤积、树木倒伏与滑坡泥石流等造成道路无法通行时的抢修保通工作。

6）研究在建或改建的城市道路使用透水性铺装材料的可行性，并考虑建立雨水收集利用系统或海绵城市体系，建设排水泵站和地下排水设施，提高道路的防洪防汛能力。

7）加强专业橡皮艇救援队伍建设，为灾害发生时严重水浸路段的行人或低洼积水社区受困居民提供应急救援服务。建立完善灾害期间应急救援、工程抢修车辆道路优先通行机制。

8）加强澳门国际机场候机楼周围、登机桥、排水泵站、供电室、通信机房、机场配套交通设施等的防风防潮能力。

9）加快论证在澳门特区管理海域内新建避风港项目，以满足台风及休渔期间大量船只回港避风和停泊需求。

4.1.7 房屋及服务设施

（1）基本策略：加强房屋和重要服务设施的隐患排查治理、防灾能力建设和运行维护管理，合理设置避险中心，保障居民和公众安全。

（2）行动目标：减少房屋和重要服务设施因灾损毁及中断服务的时间；避险中心规划设置合理，居民步行到达就近的避险中心所需时间一般在市区少于15 min（离岛特殊区域除外）。

（3）行动方案：

1）在居住区适当设立避险中心，作为居民的安全避险场所。避险中心可提供基本生活物资，配备适当的工作人员，制定有效的操作指引，在宣布公众紧急撤离避险前做好开放准备。根据需要设立合适的集合点和紧急停留地点，以方便将弱势人士转送往避险中心。至2018年底，已设立16个避险中心，4个集合点和紧急疏散点。2019年将有2个新的避险中心加入。

2）充分利用体育中心、学校、公园等，按照居民在市区15 min内可步行到达的原则，规划设置一定数量空间分布合理、规模满足社区避险需要的固定避险中心，提高防灾抗灾标准，加强救灾物资配备，使其具备应急避险、生活安置等基本功能。

3）提高大型城市综合体及博彩场所建筑、地下车库、地下室等低洼处的应急排涝能力，增设抽水设备及备用设备；在台风洪涝和其他紧急事件期间，保障大型城市综合体及博彩场所的人员疏散引导，提供无间断的安全环境，并做好公共服务保障工作，提供如毛毯、饮水、网络服务等；对滞留顾客或游客进行安抚，消除其恐慌情绪。

4）对广告招牌、危旧房屋、高空构筑物、室外冷气机、玻璃幕墙、电线杆、行道树等在台风期间易坠落或倒伏的设施和物品，持续开展安全隐患排查、评估和防护措施研究，减少事故隐患。

5）编制澳门重要公共服务设施水浸灾害分级分布图，建立内涝分级防治及预警系统。建设或改造重要服务设施防水浸排水系统，并加强维护管理。

6）研究在有条件的地点建设地下调节池、超大型蓄洪设施等，增强城市调蓄水体；对满足改造条件的公园绿地、道路广场等地面设施进行工程设计，使其具备排蓄雨水和滞洪功能。

7）统筹规划，重点加强医院、车站、幼儿园、安老院、学校、大型商场等公共服务设施防洪排涝、防地质灾害、防火、抗风等方面的防灾减灾能力建设，确保安全和服务不因灾中断。

8）在澳门特区陆域或管理的 85 km² 海域范围内，建造融环境保护和防灾减灾功能为一体的废料堆填区。位于凼仔机场大马路旁的建筑废料堆填区现已饱和，并存在安全风险，需要尽快建造融环境保护和防灾减灾功能为一体的废料堆填区，以便在灾难发生时能紧急接收处理所产生的固体废物。

4.1.8　历史文化遗产与设施

（1）基本策略：加强澳门历史城区和被评定的不动产及相关文化设施安全风险防控和隐患排查治理，加强防灾减灾能力建设和运行维护管理，保障公众和游客安全。

（2）行动目标：提高历史文化遗产安全风险辨识、评估、预防、减灾、保护能力，减少安全隐患，有效处置突发事件。

（3）行动方案：

1）力争在 2020 年完成编制《澳门历史城区保护及管理计划》，以及完成相关行政法规的编制，并正式实施，提升历史文化遗产与设施的保护能力。全面开展澳门历史城区和被评定的不动产及相关文化设施的安全风险评估，重点排查就台风、暴雨、雷击、水浸、地面沉降、山体滑坡、虫害、树木、火灾、建筑结构安全、人为破坏等风险因素，划分风险等级，制定并实施风险监测和防控方案。

2）建立澳门历史城区火灾等安全隐患常态化排查整治机制，严管电源、明火，定期检查消防设施；制定并实施安全隐患整治方案和应急预案，定期开展应急培训和演练活动。适时开展打通消防车道整治行动，重点解决老城区因条件制约影响消防及救援车辆通行的问题。

3）对公众开放的不动产，如庙宇、教堂、博物馆、名人旧居及公共部门辖下的文化设施，政府相关部门与经营者共同制定相关场所拥挤程度标准、安全管理方案和应急预案，设置必要的警示标识、疏散通道和应急装备，实施景点承载力管理，确保居民和游客安全。

4.2　完善防灾减灾与应急管理体系

进一步优化防灾减灾与应急管理法制、体制、机制和应急预案，健全完善"统一领导、综合协调、部门联动、分级负责、反应灵敏、运转高效"的应急管理体制机制。

4.2.1　完善应急管理法制

（1）基本策略：坚持法治思维，依法行政，通过立法修法、普法用法、守法执法，巩固应急管理的法治基础。

（2）行动目标：完善重要的应急管理法律法规和标准，提高应急管理法治化、制度化、规范化水平。

（3）行动方案：

1）制定《民防纲要法》。统一规范澳门突发事件分类分级方法；确立民防领域决策、管理和执行的恒常权力架构、领导体制、运作机制，以及相关的民间支持机制、信息共享机制等；明确政府、公私营实体和社会公众在预防和应对突发事件过程中的权利和义务；政府增设专责统筹协调机构，实现行政当局对民防行动的主导统筹，提升民防体系对突发事件的应对效率。

2）配合《民防纲要法》生效，制定具体实施的配套法规。通过制定和修订相关行政法规，落实法律有关民防专责统筹协调机构组织运作、民防架构运作、民防领域公民教育、各类应急预案编制、预警机制及措施、应急资源分配与调用、民间力量协助民防事宜等的规定，以确保法律规定实施的可操作性。

3）围绕澳门应急管理重点领域和业务需求，制订一批重要技术标准，在基础设施防灾减灾、监测预警、应急标识、应急信息、避难场所建设等方面实现重点突破，发挥示范带动效应，提升应急管理标准化工作水平。

4）加强法律法规的宣传教育。面向不同群体、采取多种形式广泛开展法律法规和标准的宣传，引导政府部门和单位，以及私人企业和机构、学校、医院、社会组织、社会公众等，学习和遵守相关法律法规，提高应急管理法治化水平。

4.2.2 健全应急管理体制

（1）基本策略：通过完善应急管理指挥协调架构，理顺不同部门、不同主体的职责，加强相互协调配合，提高应急管理体制运转有效性。

（2）行动目标：健全"统一领导、综合协调、部门联动、分级负责、反应灵敏、运转高效"的应急管理体制。

（3）行动方案：

1）设立民防及应急协调专责部门，承担应急管理的常规工作，强化综合协调职能，统筹预防与应急准备工作，开展突发事件的值守应急、信息管理、监测预警、应急处置与救援、灾后救助、恢复与重建、宣传引导等工作；具体负责民防行动中心的运作。

2）进一步健全民防架构，根据各类突发事件应对的实际需要适时调整和补充相关成员单位，将旅游危机处理办公室纳入民防架构；在特区政府领导下协同开展防灾减灾和应急管理工作，由新组建的民防及应急协调专责部门承担日常应急管理职责。

3）健全旅游危机事件协调架构，加强与民防及应急协调专责部门的协作关系，建立常态化的信息共享机制和支撑系统；明确旅游危机应对时民防构架相关成员单位的职责，明确旅游服务单位、旅游团组和游客各方职责及沟通机制，提高旅游危机事件应对能力。

4）完善海上应急指挥协调体系，将气象、环保、市政等部门纳入海上应急指挥体系；强化"澳门海上搜救协调中心"协调中枢职能，简化协调程序，在发生海上突发事件时直接协调消防局、卫生局及医院等参与海上应急工作。

5）健全突发事件卫生应急协调架构，自2008年建立了卫生应急行动指挥中心，运作良好，并持续优化，将进一步明确行动指挥官、组成部门和机构等；明确卫生应急行动指挥中心与民防及应急协调专责部门之间的协作关系，建立健全常态化的信息共享机制和支撑系统。

6）贯彻落实《粤港澳突发公共卫生事件应急合作协议》，加强和完善突发公共卫生事件和重大传染病应急体系建设，持续执行三地对突发公共卫生事件的信息交流，并透过不同的合作机制及演练，完善区域间的联防联动机制。

4.2.3 完善应急管理机制

（1）基本策略：通过健全风险管理、监测预警、信息报告、决策指挥、应急保障和风险分担等机制，提高应急管理的综合效率。

（2）行动目标：形成涵盖突发事件事前、事中和事后，涵盖应对全过程的各种系统化、制度化、程序化、规范化的方法与措施。

（3）行动方案：

1）完善突发事件风险管理制度。建立重大决策风险评估制度以及风险常态化管理制度，健全风险管理机制，推动风险管理的科学化。

2）健全监测预警机制。加强部门协作，依托民防及应急协调专责部门，整合各部门监测预警信息，建立覆盖自然灾害、事故灾难、公共卫生事件、社会安全事件等四大类突发事件的综合监测预警信息共享机制，实现各类突发事件监测预警信息的实时汇总、综合分析、态势分析、快速发布。

3）完善信息报告机制。建立健全政府部门和社区的突发事件信息报告机制，针对突发事件发生发展情况，制定初报、续报、核报的过程性报告流程。建立完善突发事件信息统计报告制度，明确突发事件信息统计报告的责任主体、指标要求、报送时限等。

4）完善决策指挥机制。进一步明确安全委员会、突发事件应对委员会的职责和关系。进一步理顺民防行动中心与专业行动指挥中心的职责和关系。重点强化突发事件现场指挥体系和现场指挥官制度，实现各类应急资源的统一指挥调配。

5）完善应急保障机制。统筹利用各方面资源，进一步完善应急队伍、应急指挥平台、应急通信、应急物资、紧急运输、科技支撑和避险中心等保障体系和运行机制，提升综合应急保障能力。

6）完善风险分担机制。强化风险管理和风险防范意识，组织编制社区灾害风险图，开展安全韧性社区创建活动。充分发挥市场机制在防灾减灾及灾害风险分担中的作用。

4.2.4 完善应急预案体系

（1）基本策略：做好应急预案体系顶层设计，规范应急预案的内容要素，全面制定修订重要应急预案，加强应急预案全过程管理。

（2）行动目标：特区政府及其相关部门应急预案制定和修订率达 100%、预案按要求培训演练率达 100%，构建起"纵向到底、横向到边"的应急预案体系，提高应急预案的针对性、实用性和可操作性。

（3）行动方案：

1）研究制定突发事件预案体系及内容框架指引，构建以政府突发事件总体应急预案、专项应急预案和部门应急预案、基层社区和社会组织应急预案、重点场所和重大活动应急预案等为基本构成的应急预案体系。2019 年初，已完成改善部门应急预案的工作；将陆续展开其他相关预案的建立和健全工作。

2）在开展风险评估和重大突发事件情景的基础上，梳理各级各类应急预案编制需求，制订政府应急预案编制计划，明确不同应急预案的牵头和参与部门。

3）以现有《民防总计划》为基础，研究制定突发事件总体应急预案。

4）开展台风与风暴潮、大面积停电、旅游危机、公共卫生事件、海上突发事件、恐怖袭击事件等专项应急预案的制定和修订工作。

5）根据总体预案和专项预案，落实部门应急预案，并根据情况制定相应的标准操作程序（手册）和应急行动指南。

6）根据需要组织编制娱乐场等重点场所和重大活动应急预案，重点加强预防与应急准备，明确人员保护与疏散方案。

7）制订重要基础设施和关键资源保护计划，按照"设施分类、保护分级、监管分等"的原则，建立健全重要基础设施和关键资源风险评估和风险管控长效工作机制。

8）通过开展宣传、培训、指导和检查等活动，推动私人企业和机构、社会组织、基层社区编制或修订应急预案。

9）研究制定突发事件应急预案管理规范性文件，明确应急预案的编制、审批、发布、备案、培训、演练、评估、修订等要求，建立应急预案持续改进机制，加强应急预案管理的组织保障，强化应急预案分级分类管理。

10）研究制定突发事件应急演练指引，组织开展形式多样的应急演练，以检验和完善应急预案，促进应急物资、装备和技术准备，锻炼应急人员和队伍，理顺相关单位和人员职责任务，提高公众风险防范意识。

4.3　提升风险管理与监测预警能力

以提高预警信息准确性、发布时效性和覆盖面为目标，完善突发事件监测预警网络和相关规范，依靠科技、强化协同，加强突发事件风险管理，积极拓宽预警信息传播渠道，健全预警联动工作机制，努力做到监测精细、预报准确、预警及时、应对高效。

4.3.1　建立突发事件风险管理体系

（1）基本策略：以加强对突发事件风险隐患排查和管控为出发点，强化源头管理、建立运行机制、推动部门会商协同、抓好责任落实，将风险隐患消除在萌芽状态。

（2）行动目标：完成公共安全领域的风险评估，主要风险得到有效控制。

（3）行动方案：

1）加强城市安全风险源头治理。将突发事件风险管控贯穿于城市规划、建设、运行和发展的各个环节；重点做好危险源、危险区域的风险治理，加强引导博彩等重点私人企业和机构、重点场所以及关键基础设施建立健全隐患排查和整治机制，确保措施到位、责任到位、预案到位。

2）开展自然灾害风险评估工作，建立自然灾害风险隐患数据库。编制热带气旋、风暴潮、暴雨及其引发的水浸、滑坡、市政设施和道路桥梁损坏等灾害风险图以及公众避险转移路线图。

3）加强公共卫生风险评估工作，重点关注输入性传染病、蚊媒传播疾病以及重特大自然灾害所衍生的公共卫生风险，传染病申报率达100%，群集疾病监测报告率超过95%。对于重大公共卫生风险，及时通报有关部门和医疗卫生机构及周边地区卫生部门，必要时进行联合会商和形势分析，并通过有效途径适时向社会公众发布。

4）定期评估涉恐风险，提高涉恐情报搜集、风险分析、综合分析和预警能力，视情况开展内部预警或者面向社会的公开预警，及时采取防范和应对措施。

4.3.2　提升突发事件监测能力

（1）基本策略：加强灾害监测站网布局建设，修订完善相关监测预警业务规范，加强粤港澳信息共享，提高对灾害的快速感知能力和精细化监测水平。

（2）行动目标：提高监测站点密度，增加监测信息种类，提升监测信息处理效率和共享能力，实现各种灾害因素和信息的快速获取。

（3）行动方案：

1）在现有观测能力基础上，优化风、雨、水、潮、浪、流等气象和海洋水文环境信息监测站网布局，加强交通干线和航道、重要输电线路、重要输油（气）设施、重要供水设施、滑坡泥石流危险区域、堤岸垮塌危险区、重点保护区和旅游区等的气象和海洋监测设施建设。

2）加强粤港澳监测数据共享能力建设。加强网络传输、数据交换与存储等能力建设，提高粤港澳资料和信息共享的广度、深度和时效性。

3）加强数据快速处理能力建设。建立基于交互式和可视化技术的海量数据快速处理系统，实现对主要灾害全天候、无缝隙、快速、准确监测分析。

4）加强极端性天气自动监测能力建设。基于地面自动站、雷达、卫星等观测手段以及潮、浪等综合观测数据，加强对台风、暴雨、强对流及风暴潮、海浪等极端性天气的定量监测。开展基于阈值的自动监测报警业务。

5）修订完善灾害监测预警业务规范。进一步检视现有台风、风暴潮、暴雨、雷暴等灾害预警（信号）标准及流程，参照内地、香港或其他国家/地区经验，结合澳门特点和过往使用习惯，修订完善灾害监测预警业务规范，提高灾害监测预警信息发布的可操作性及对防灾减灾的指导作用。

6）强化机场、车站、码头和公路运输场站对输入性新发或烈性传染病疫情的监测能力，完善与珠海通关口岸的联防联控机制，实现疫情疫病信息的快速传递和交流反馈。

7）在已有传染病强制申报系统、群集疾病监测系统、症状监测系统、缺勤监测系统、环境监测系统和口岸健康监测系统的基础上，完善突发公共卫生事件监测报告制度，加强不同来源信息的整合，提高报告的及时性与规范性。

8）加强对重点目标的监测监控和安全保护。基于涉恐风险分析结果，全面掌握重点目标相关情况和脆弱性，形成并动态更新安全保护重点目标列表，保障重点目标的安全。

9）加强空域、航空器和飞行活动安全管理。严格落实安防措施，严密防范针对航空器或者利用飞行活动实施的恐怖活动。

4.3.3　加强突发事件预警能力

（1）基本策略：加强对典型突发事件的背景及原因剖析，提升对突发事件发生发展机理认知水平。通过技术引进、合作开发等，完善突发事件预报预测预警模型，提升预警准确率和精细化水平。

（2）行动目标：台风、暴雨、雷暴、风暴潮等灾害预报准确率达到与周边气象机构同等水平；各类突发事件的预警准确率、精细化和时效性进一步提升。

（3）行动方案：

1）开展技术交流和典型灾害事件总结分析、多数据综合应用、数值模式解释应用，并加强大数据、机器学习及人工智能技术在台风、暴雨、雷暴及风暴潮、海浪等预报预警上的应用，提高灾害预报准确率、精细化和预警时效。

2）以合作共建方式，加强大气及海洋高分辨率数值模式技术研发和应用，包括多源大数据同化技术、快速更新循环预报技术、海陆气耦合预报技术等，提升台风、暴雨、雷暴、风暴潮、海浪等灾害预报预警的核心技术支撑能力。

3）依靠多途径信息挖掘手段，加强对社会舆情的搜集和掌控，特别是人员密集场所和网络舆情的动态监测和实时预警。建立突发事件信息汇总和综合分析机制，实现监测预警信息共享，提高突发事件监测预警能力。

4）继续加强粤港澳合作，提高涉恐和刑事犯罪等情报的搜集、分析和预警能力，开展风险分析和预警分析；提高反恐怖和防控严重罪案的能力和水平。

4.3.4　完善突发事件预警信息发布能力

（1）基本策略：加强突发事件预警信息发布系统建设，完善突发事件预警信息发布标准和机制，提升预警信息发布的时效性、精准度和覆盖面。

（2）行动目标：到 2028 年热带气旋八号风球发布目标时间提前量达到 6 h，风暴潮橙色及以上级别警告发布目标时间提前量达到 10 h，雷暴警告或强对流天气提示发布目标时间提前量达到 30 min，突发事件预警信息公众覆盖率达到 95% 以上。

（3）行动方案：

1）建设统一的突发事件预警信息发布系统。制定预警信息发布管理办法，完善预警信息发布机制，规范预警信息发布与解除程序。完善预警信息发布平台，统筹发布各类突发事件预警信息。

2）加强预警响应能力建设，规范和细化各类预警响应措施与协调联动机制，明确启动预警响应后民防架构成员单位的工作职责和具体任务，将预警响应纳入灾害管理工作流程。

3）完善气象及海洋灾害预警信息发布制度，明确气象及海洋灾害预警信息发布权限、流程和渠道等，细化灾害预警信息发布标准和警示事项等。加快灾害预警信息接收传递设备设施建设。

4）加强学校、社区、机场、港口、车站、口岸、旅游景点、博彩场所等人员密集区和公共场所预警信息发布手段建设。结合澳门节假日人流车流密度剧增的特色，通过多种渠道探索人流交通高峰预警发布模式。

5）建立充分利用广播、电视台、互联网、手机短信、社交媒体、警报器、宣传车、公共场所电子显示屏等各种手段，完善预警信息发布平台和预警信息快速发布"绿色通道"，提高预警信息发送效率。2018 年已完成在沿岸低洼地区 90 处电子监察系统上增设音频警报器，在松山灯塔、凼仔大潭山及路环叠石塘山的无线电发射器上设置警报器，未来持续完善。

6）强化针对特定区域、特定人群的预警信息精准发布能力，特别加强针对老年人、儿童、残疾人和其他行动不便弱势群体，以及游客、外籍人士等的预警信息发布系统建设。

7）推进预警信息服务能力建设，形成多语种、分灾种、分区域、分人群的个性化定制预警信息服务，完善各类预警信息数据库，提高预警信息发布的针对性和时效性。

4.4　增强应急队伍救援和装备能力

加强消防、治安、海事、公共卫生和医疗应急等专业应急救援队伍建设，强化救援人员配置、装备配备、日常训练、后勤保障及评估考核，健全快速调动响应机制，提高队伍应急救援能力。

4.4.1　应急救援队伍能力建设

（1）基本策略：建设综合应急救援队伍、重点行业领域专业救援队伍、企业专职救援队伍和社会志愿者应急队伍，加强各类应急救援队伍的协调联动，全面提高应急救援队伍的处置能力。

（2）行动目标：建设形成以综合应急救援队伍和专业队伍为骨干，以私人企业和机构专职或兼职队伍为辅助，以社会志愿者应急队伍为补充的应急救援体系。到 2028 年，消防人员数量占常住人口比例达 2.5‰（视实际情况可作出合理调整），海上应急力量接到指令后 30 min 内到达现场率超过 98%（在 8 级风力或以下、以及处于非恶劣天气时），确保各类突发事件能够得到迅速有力处置。

（3）行动方案：

1）依托消防局加强综合应急救援队伍建设，重点加强灭火、搜索、营救、院前急救及运送服务和后勤保障等救援能力建设，使其具备应对火灾、建筑结构坍塌、严重交通事故、热带气旋、风暴潮、暴雨及水浸、爆炸及恐怖事件、群体性事件之救援及院前救护能力。

2）依托海事、海关等部门，加强海上应急救援队伍建设，在现时海关已设立的 3 个海上运作基地及海关船艇 24 h 执勤基础上，配合本澳填海建设工程，尽快在港珠澳大桥人工岛、九澳港等地新增海事、海关共享公务码头作为海上运作基地，进一步加强海上运作基地的设备设施建设，优化整体布局，提升救援效率。建立健全符合澳门实际的海上巡航搜救、专业化海上巡航、巡逻、救助队伍和管理机制。

3）在医疗卫生部门已经建立的卫生及防疫救援队伍的基础上，加紧筹建国际应急医疗队，以持续巩固和完善各项应急能力。加强卫生应急核心人员的培训和交流，提高其紧急医疗救援能力、卫生应急管理能力、现场流行病学调查与处置能力、新发病原体的实验室检测能力。

4）依托治安警察局、司法警察局等相关部门建立应急救援后备队伍，主要应对重大暴力犯罪、恐怖袭击活动等社会安全事件、重特大道路交通事故以及参与其他突发事件事态升级时的应急处置与救援工作。

5）由市政署负责建立市政应急救援队伍。澳门电力股份有限公司、澳门电讯有限公司、澳门广播电视股份有限公司等应当建立相应的应急抢修队伍，提升专业救援和工程抢险能力。

6）由新设立民防及应急协调专责部门统筹及依托澳门红十字会、私人机构和社会团体等民间力量，建设社会志愿者应急队伍，使其达到一定数量的人员规模并拥有必要的装备设施。加强志愿者组织体系建设，政府相关部门在办公场所、应急救援设备及维护、日常培训及演练等方面给予必要的保障支持。

7）完善各类应急救援队伍管理体系和教育培训体系，合理配备应急救援人员，完善应急救援人员统招、统训、统管机制和考核、奖惩制度，建立完善激励机制，定期组织多种形式业务培训、竞赛和演练活动，实施粤澳应急救援培训演练联动工程。加强与广东省相关应急救援培训演练基地的联动，分主题组织澳门应急救援队伍参加培训和演练，特别是针对特殊群体实施救援的能力培训，提升应急救援与处置能力。至 2018 年，有 200 间社会服务设施已制定《防灾紧急应变计划》，并持续完善。组织专门人员队伍进行演练及持续培训。

8）综合考虑现有保安部队高等学校、消防学校、规划筹建的警察学校的功能提升，完善本地应急救援培训设施。抓住粤港澳大湾区建设契机，考虑采取跨地建设模式，与广东省共建公共安全与应急管理培训基地。

9）制定各类应急救援队伍协调联动制度，建立健全民防行动中心、消防局、海关、海事及水务局、市政署、治安警察局等部门应急救援队伍联动机制，探索多类型应急救援队伍分工模式，建立统一指挥、协调配合的应急救援指挥体系。

10）探索建立政府飞行服务队。澳门应当创造条件建立自己的空中搜救力量，发挥直升机在海陆搜救、人员转移、高空救援及消防等方面的优势，提升突发事件快速反应能力。建议在条件成熟时，适时建立政府飞行服务队，并在珠澳口岸人工岛增设直升机停机坪，以加强搜救行动时人员运输的灵活性。

4.4.2　应急救援装备能力建设

（1）基本策略：逐步配备或改装一批适用于澳门的高效、先进应急救援装备，根据地域范围、道路交通等情况合理布置应急装备储备站（点）。加强与国内外科研机构、龙头应急企业合作，不断提高应急救援装备水平。

（2）行动目标：提出一套科学、完整、经济、适用的应急救援队伍装备配备体系，实现应急救援装备合理配备和双套配备（一用一备）。

（3）行动方案：

1）健全澳门应急救援队伍装备配备体系。根据澳门的城市特点、社会环境和突发事件特点和趋势，提出一套科学、完整、经济、适用的应急救援队伍装备配备体系，逐步完成澳门应急救援装备配备和升级工作。

2）加强海上清污及消防装备建设。新建 1 艘小型专业清污及消防船，或将计划新建的搜索救援船增加溢油应急回收及消防功能。新增配置移动式收油机 4 台（30 m³/h）、围油栏 3000 m 等，使澳门海上溢油清除能力达到 100 t，并透过《珠江口区域海上船舶溢油应急计划》的区域合作机制进一步提升至 500 t。

3）加强澳门应急救援装备配备。合理配置消防、医疗救援、海上搜救等方面的应急救援装备，增强其在防护装备、攻坚装备、首战装备、通信装备、工程机械装备、保障装备等方面的能力，并健全完善粤港澳大湾区应急救援联动机制。

4.5　完善应急指挥和城市安全运行监控能力

充分利用互联网、物联网、大数据、云计算、智能监控和 3S 技术等先进科技手段，开展城市应急指挥和安全运行监控平台的信息化、智能化和规范化建设，实现各类应急指挥平台的互联互通和资源共享，满足突发事件监测预警、科学决策、指挥调度的需要。

4.5.1　建设澳门应急指挥平台

（1）基本策略：基于智慧城市规划和建设成果，对分散在各个部门的资源进行充分整合，实现资源的最优利用。采用先进的技术手段、系统平台架构和安全措施，整合治安监控资源、道路监控资源、市政监控资源、社会监控资源，建设先进的城市应急指挥和安全运行一体化平台，实现部门间系统的互联互通和资源共享。

（2）行动目标：实现跨层级、跨部门、跨业务的协同应急管理和指挥决策，提升快速协同应对能力。

（3）行动方案：

1）建设新民防应急指挥中心。尽早完成澳门半岛新民防和应急行动中心办公场地建设，并同步建设新应急指挥中心及应用平台软硬件和网络系统。

2）建设应急指挥应用平台。2022 年完成应用平台软件系统核心功能建设；实现澳门应急指挥平台与民防架构成员单位、解放军驻澳门部队、相邻地区应急平台（例如广东省应急平台)的互联互通,及时接收、处理、共享突发事件信息。

3)构建应急指挥标准体系。建设公共安全基础标准、支撑技术标准、建设管理标准、信息安全标准、应用系统标准等,为综合应急管理、各部门业务与数据整合、系统建设与运行提供保障。

4)推进专业应急行动指挥中心建设。推进消防指挥控制中心、交通指挥控制中心、治安警指挥控制中心、海关指挥中心、公共卫生应急行动指挥中心、旅游危机指挥中心建设,完善软硬件设施设备,实现与城市应急指挥平台、业务相关单位之间的互联互通,满足专业领域信息接报、监测预警、指挥控制、资源调度等的需要。

5)加强应急通信系统建设,确保大灾巨灾下的应急指挥信息通畅。依托固定通信线路、卫星通信线路和移动通信线路建立应急信息骨干网,实现民防行动中心与民防架构成员单位、相关专业应急行动指挥中心、内地相关部门间网络的互联互通,并实施视频会商系统建设,为应急指挥、调度、决策会商提供现代化的手段。为社区、应急救援队伍配备视、音频应急电话系统以及小型移动应急平台,实现灾害现场迅速连通民防行动中心以及相关专业应急行动指挥中心。加强应急信息骨干网络、城市应急指挥应用平台的安全等级保护加固,并建立业务级异地容灾备份系统。

4.5.2　提升城市安全运行监控能力

(1)基本策略:在重点场所、重要部位、热点地区设置监控"点",将出入关口、主要干道、轨道交通沿线监控点连成"线",将每个监控中心的覆盖区域设置为"面",实现网格化、层次化监控和管理。

(2)行动目标:到 2028 年,澳门应急指挥平台与专业应急指挥平台及其他相关单位之间互联互通率达 100%,公共场所监控镜头数量达 4200 个,城市基础设施安全运行监控系统覆盖率达 100%,实现澳门供电线路、供水管网、排水系统、燃气管网、交通等安全运行监控,为澳门城市安全运行事件的及早预测、高效应对提供支撑。

(3)行动方案:

1)建设城市安全运行监控系统。利用人工智能、互联网、物联网等先进科技,2025 年基本建成澳门城市安全运行监控平台。

2)加强城市安全综合分析,提升城市生命线全寿命周期信息管理、城市安全综合分析、突发事件综合应急辅助分析等能力。

3)加强滑坡泥石流、堤岸安全及桥梁结构健康智能监控体系建设,提升监控信息一体化、精细化、智能化管理及其对安全事故的预测预警能力。

4)加强供水系统安全监控,提升供水系统基础数据管理、管网综合监测、管网在线预警、管网风险评估、管网实时模拟以及应急决策支持等能力。

5)加强内涝灾害的预警预报,建设覆盖低洼地区、水浸黑点、各管道主要交汇处和各出海口的积排水实时监测和预警调度系统,获取流量、流速和水位等数据,实现对排水防涝预警调度方案的智能优化。

6)加强排水运行系统监控,加快智能排水运行监控系统试点工程建设,提升排水系统基础数据管理、排水管网模拟、三维可视化管理、风险评估、实时监测与报警以及辅助决策等能力。

7)加强隧道安全运行监控,实现隧道交通、通风、照明、消防、火灾、环境等监控，提升隧道安全数据分析、异常情况处理、图像监控、诱导交通流及日常运行维护等运行管理能力。

8）加强燃气管网运行系统监控，提升燃气管网系统基础数据管理、风险评估、实时监测、预警与报警以及辅助决策等能力。

9）提升城市安全运行预警保障服务能力。基于澳门城市应急平台大数据支撑环境，构建综合多种数据分析的气象灾害引发的城市内涝、建筑施工、桥梁涵洞积水风险点的智能识别和风险分析研判模型，并纳入城市应急管理平台，形成智慧城市气象灾害风险精准预警辅助支撑能力。

4.5.3 提升智慧化运行支撑能力

（1）基本策略：结合智能城市建设，构建安全风险大数据系统、城市地理信息服务系统、城市安全运行监测物联网、城市安全综合监测系统，为应急指挥和城市安全运行监控提供获取、分析和展示数据与信息的支撑环境。

（2）行动目标：满足应急指挥和城市安全运行监控对数据获取、管理和分析的需要，实现以"一张图"形式展现城市整体运行情况与应急管理要素。

（3）行动方案：

1）建设安全风险大数据系统，形成大数据基础平台和大数据服务平台，满足数据聚合、管理和分析处理需求，提供数据交换和共享服务。

2）建设城市地理信息服务系统，完成对基础设施、危险源和防护目标等基础信息的三维城市建模，实现对地上建筑和地下建筑及管网的安全分析和系统直观显示。

3）建设城市安全运行监测物联网，布设或接入不同类别的传感器，构建延伸到风险源、危险源、重要设施、重点目标等城市运行载体的物联网和覆盖人群移动、交通运行等城市社会系统的传感网；同时接入相关部门的基础数据信息，为澳门整体城市安全状态监测和应急指挥提供数据基础。

4）构建城市安全综合监测"一张图"，采集、汇聚和分析城市运行物联网监测数据及来自相关部门的监测信息、应急资源状态、灾情实时态势等数据，以"一张图"形式呈现城市整体运行情况与应急管理要素。

4.6 强化应急物资保障能力

优化整合各类社会应急资源，多渠道筹集应急储备物资，形成以应急物资储备库（点）为基础，以社区储备点为补充，统一指挥、规模适度、布局合理、功能齐全，符合澳门实际的应急物资储备保障体系。

4.6.1 建设应急物资储备库（点）体系

（1）基本策略：以澳门特区政府为主导，鼓励社会力量参与，结合避险中心设置，新建和改扩建一批应急物资储备库（点），形成澳门应急物资储备库（点）基本保障体系。

（2）行动目标：到 2028 年，建成统一指挥、规模适度、布局合理、功能齐全，符合澳门实际的应急物资储备库（点）体系。

（3）行动方案：

1）结合已设置和拟设置分布各区的避险中心及已有的紧急疏散停留点、集合点等，通过新建、改扩建等方式，于澳门半岛、氹仔、路环各设置不少于 1 个应急物资储备库

（点）。

2）在上述基础上，进一步调整完善各应急物资储备库（点）设置和布局，同时，根据居民社区的实际条件，组织开展以居民社区为单位的社区储备，指导各社区设置符合本社区实际情况的应急物资储备点。

3）到 2028 年，健全和完善澳门应急物资储备布局，形成以避险中心、应急物资储备库（点）为基础，以社区储备点为补充的应急物资储备保障体系。

4.6.2 完善应急物资储备品种和数量

（1）基本策略：以澳门特区政府为主导，优化整合各类社会应急资源，采取协议储备、委托代储等方式，充分调动社会力量参与应急物资储备，多渠道筹集应急物资。

（2）行动目标：到 2028 年，避险中心基本生活物资储备可满足避险和应急救助人员需求的天数不少于 3 天，形成规模适度、品种齐全、保障有力、符合实际的应急物资储备。

（3）行动方案：

1）结合拟新建和设置的应急物资储备库（点），通过采购实物、签订委托代储协议等方式储备相应的安置类、生活类、避险救生类等应急物资，以满足每个避险中心计划安置人数 1 天所需的基本生活物资。

2）在上述基础上，进一步健全完善应急物资储备库（点），以满足每个避险中心计划安置人数 2 天所需基本生活物资为储备目标，完善储备保障方式，丰富储备物资品种和数量。

3）到 2028 年，健全和完善澳门应急物资储备规模，以满足每个避险中心计划安置人数 3 天所需的基本生活物资为目标，形成以分布各区的避险中心、应急物资储备库（点）实物储备为基础，以应急物资协议储备等方式为支撑，符合澳门重特大灾害应急需要的物资储备。

4.6.3 建立应急物资运送和发放机制

（1）基本策略：发挥澳门特区政府的主导作用，充分动员社区、私人企业和机构、社会组织和义工队伍积极参与，共同做好应急物资运送和发放保障工作。

（2）行动目标：到 2028 年，建成统一指挥、反应迅速、运转高效、符合实际的应急物资运送和发放机制，重特大灾害发生后第一批救灾物资发放给需要的受灾人员的时间不超过 8 h。

（3）行动方案：

1）以灾害发生后 16 h 内将第一批应急基本生活物资发放至各区避险中心为目标，结合拟新建、改扩建等方式设置的应急物资储备库（点），建立以政府为主导的应急物资运送和发放保障队伍。

2）在上述基础上，以灾害发生后 12 h 内将第一批应急基本生活物资发放至各区避险中心为目标，加快提升应急物资运送和发放保障能力，结合居民社区实际，以居民社区为单位设置应急物资集中接收和发放点，建构各社区内部的物资运送和发放机制。

3）到 2028 年，以灾害发生后 8 h 内将第一批应急基本生活物资发放给需要的受灾人员为目标，进一步调整完善应急物资运送和发放机制，形成以政府为主导、以社区内部运送和发放为基础，私人企业和机构、社会组织和义工队伍积极参与，符合澳门实际的应急物资运送和发放机制。

4.7 加强社会协同应对能力

充分发挥政府防灾减灾主导作用，注重政府与社会力量、市场机制的协同配合，完善多元主体协同应对机制，形成政府主导、多方参与、协调联动、共同应对的工作格局。

4.7.1 完善社会协同救灾机制

（1）基本策略：制定和完善社会力量参与防灾减灾的法律法规与参与救灾的工作预案和操作规程，加强对社会力量参与防灾减灾救灾工作的引导和支持，使社会力量成为政府重要合作伙伴。

（2）行动目标：充分发挥社会力量在预防与应急准备、监测预警、应急救援与处置和灾后恢复重建工作中的重要作用，鼓励、支持、引导社会力量依法依规有序参与防灾减灾救灾工作。

（3）行动方案：

1）制定社会协同应急计划。通过签订"互助协议"等形式，与社会组织建立合作互助关系。制定社会协同应急计划，将民间组织、社区组织、志愿者组织纳入政府应急管理框架，明确社会组织在防灾减灾救灾工作中的责任分工和权利义务，在应急响应时提供必要的人力、物力和智力支持。

2）鼓励和支持社会力量开展防灾减灾知识宣传教育和技能培训。依托医院、私人企业和机构、慈善团体等，开展专职或兼职应急救援人员培训，普及紧急医学救援技能；建立应急救护技能培训制度，确保重点行业、重点部门工作人员应急救护技能培训普及率达到 80% 以上。

3）鼓励和支持社会力量参与灾后恢复重建工作。政府支持社会力量协助开展受灾居民安置、伤病员照料、救灾物资发放、特殊困难人员扶助、受灾居民心理干预、环境清理、卫生防疫等工作，扶助受灾居民恢复生产生活，帮助灾区逐步恢复正常社会秩序。

4）大力发展社会化应急救援力量。将社会力量参与救灾纳入政府购买服务范围，明确购买服务的项目、内容和标准，鼓励社会服务组织和私人机构自建的应急救援队伍提供社会化救援服务。建立系统、规范的社会应急救援力量信息数据库，为科学调度、有序协调社会力量参与救灾提供信息支持。

5）搭建社会应急资源协同服务平台。积极研究搭建社会应急资源协同服务平台，协调、指导社会力量及时向服务平台报送参与救灾的计划、可提供资源、工作进展等信息，做好政策咨询、业务指导、项目对接、跟踪检查等工作。联合有关部门和社团组织，依托互联网、社交媒体、电话等手段，及时在服务平台上发布灾情、救灾需求和供给等指引信息，保障救灾行动各方信息畅通，促进供需对接匹配，实现救灾资源优化高效配置。

4.7.2 推动应急志愿者队伍建设

（1）基本策略：健全完善志愿者和志愿服务组织参与抗灾善后的工作机制，鼓励发展提供专项服务的应急志愿者队伍，引导志愿者和志愿服务组织有序参与应急救援。

（2）行动目标：形成以专项服务应急志愿者为基础、多种类型志愿者广泛参与的应急志愿者队伍格局，提升应急志愿服务能力。

（3）行动方案：

1）明确专项服务应急志愿者队伍定位。依法确立政府在应急救援志愿者队伍建设中的主体地位，明确政府在应急救援志愿者的招募、登记、培训、组织等工作中所承担的具体义务，明确政府对志愿者实施表彰激励的方式方法，以及志愿者在应急救援中所享有的各种政府保障。

2）促进专项服务应急志愿者队伍有序发展。加大与高等院校、中学、社会组织、公共部门及机构合作，鼓励居民加入应急救援志愿者队伍，组建种类齐全的专项服务应急救援志愿者队伍。

3）制定专项服务应急救援志愿者队伍服务规程。研究制定各灾种应急救援志愿者队伍技能培训体系、装备配备标准、管理模式、统一调配机制。加强对应急救援志愿者的专项服务技能培训工作，提高应急志愿者队伍组织化与专项服务技能，引导其有序参与防灾减灾救灾工作。

4）开展标准化应急志愿服务站建设。将应急志愿服务站作为公共应急资源的重要组成部分，使其成为应急志愿者参与应急志愿服务的基地，发挥其在社区居民应急科普宣教，应急志愿者队伍的备勤、信息联络、培训交流、突发事件先期处置等方面的作用。

4.7.3 强化社区防灾减灾能力

（1）基本策略：加强社区和家庭应急物资储备，开展家庭火灾、燃气安全风险检测报警，提高社区韧性和家庭防灾减灾水平。

（2）行动目标：发挥社区和家庭在防灾减灾中的作用，建设安全韧性社区。

（3）行动方案：

1）加强社区和家庭应急物资储备。研究制定社区、家庭必需的应急物资储备标准和指南，鼓励和支持社区、家庭储备必要的应急物资，编制和发放公众防灾减灾知识手册，提高社区和家庭的防灾减灾能力。

2）开展安全韧性社区建设。制定安全韧性社区标准，明确安全韧性社区的建设要求，建立火灾、燃气泄漏分布式监测体系，安装家庭火灾及燃气检测报警器，全面提升社区在日常减灾、灾中应急和灾后恢复重建中的作用。

3）指导家庭开展防灾减灾活动。相关服务机构指导或辅助家庭开展房屋、水电气等设备设施安全检查，及时消除安全隐患；编制家庭安全风险监测和应急计划，了解居住环境风险情况，掌握社区应急避险场所和避险疏散路线；鼓励家庭购买灾害相关保险，参与社区防灾减灾活动，提高家庭抗灾能力。

4.8 提升公众忧患意识和自救互救能力

以提升社会公众自救互救能力为主要目标，以巩固安全培训、教育和宣传为主要手段，围绕安全培训制度化、安全教育普及化、安全宣传常态化开展建设，基本形成全社会共同参与的安全与应急文化氛围。

4.8.1 推动建立健全学校安全及防灾教育制度

（1）基本策略：通过建立健全安全教育课程、编制安全教育教材、定期开展防灾演练，形成健全的学校安全及防灾教育制度。2018 年完成了编制《学校防灾工作计划》和《安全教育补充教材》，涵盖幼儿、小学、中学教育阶段。未来持续优化相关指引及教材质量和水平。

（2）行动目标：确保各年龄段学生都能接受系统的安全及防灾教育，至 2028 年，实现安全及防灾教育普及化，每间小学、中学、大学每年举行应急演练次数不少于 2 次，学校安全教育普及率达 100%。

（3）行动方案：

1）推进安全及防灾教育进学校，将安全及防灾知识纳入学校教学内容。

2）研究编印安全及防灾教育教材，为各年龄段学生提供全面、实用的安全及防灾学习数据。幼儿、小学教育阶段以掌握自然灾害以及人为灾害的逃生知识与技能为主，中学和大学教育阶段以学习急救知识和自救互救技能为主。

3）建立定期防灾演练制度，组织学校师生开展形式多样的演练活动，完善学校重大突发事件应急预案及处置机制，提高师生自救互救技能，增强学校应对突发事件的实战能力。

4.8.2 推动建立多层次的安全培训体系

（1）基本策略：建立面向不同培训对象，涵盖基础培训、专业技术培训和指挥决策培训等的多层次、标准化培训体系，通过专题研讨、桌面推演、实战演练等，实现应急理论与实务培训的紧密结合。

（2）行动目标：应急管理决策者、重点行业领域和场所①从业人员、专业救援人员、志愿者、社区居民都能够接受到专业实用的应急培训。

（3）行动方案：

1）依托澳门消防部门和相关院校，联合内地相关培训机构和专家，建立应急管理专门培训机构，建立针对应急管理决策者、重点行业领域从业人员、专业救援人员、志愿者等的应急培训课程，逐步实现培训课程的规范化、标准化、模块化②。

2）加强应急培训师资力量建设。从事应急培训工作的人员必须完成规定学习课程、具备应急培训能力并取得相关培训资质。

3）加强重点行业领域从业人员应急培训，将应急培训课程纳入从业人员岗前培训科目，并定期开展继续教育培训。

4）加强急救知识和技能培训。从事司机、警察、导游等特殊行业人员，每年必须参加不少于规定课时的急救知识和技能培训。全社会接受急救知识和技能培训人员比例不低于 2%。

5）加强特殊需要人群保护应急培训。针对老年人、儿童、残疾人士及其他弱势群体的特殊需要，制定针对性的安全避险及应急救援机制，组织开展相关服务机构人员应急培训和演练。

6）加强社区居民应急培训。组织社区居民定期开展参与度高、针对性强、形式多样的应急演练，每个社区每年举行应急演练次数不少于 2 次，提高居民自救互救技能。

4.8.3 推动建设应急科普基地与设施

（1）基本策略：将公共安全科普教育基地建设纳入城市规划，打造多样化的科普宣教场所，推动公共场所配备基本应急救援装备。

（2）行动目标：建成高标准的应急科普宣传场所，公共场所普及配备自救互救器材。

---

① 重点行业领域和场所主要包括能源供应、食品供应、公共交通、信息通信等民生领域以及学校、医院、商业场所、口岸、旅游景点、博彩场所、文化娱乐等场所。

② 课程模块化是将教学内容按知识和能力编排成不同的基本单元；并根据需要进行排列组合，以实现灵活多样的课程编排和教学。

（3）行动方案：

1）研究设立公共安全科普教育基地，为澳门居民提供免费开放式的公共安全科普教育场所。

2）在学校、社区、大型商场、城市综合体、娱乐场、酒店、公共文体场馆等公共场所和人员密集区域，合理配置固定或流动科普教育橱窗展板、急救药品、自动体外除颤仪（AED）等自救互救器材，加强宣传培训，提升公众自救互救能力。

3）利用广东等内地现有公共安全教育基地，组织公众、学生参观学习体验。

4.8.4　推动建立畅通的应急信息和知识获取渠道

（1）基本策略：充分利用和发挥移动互联网、电视台、广播、平面媒体等功能作用，营造增强公众应急意识和技能的舆论氛围和学习环境。

（2）行动目标：基本形成全民宣教、社会参与的安全文化氛围。到2028年社会公众对公共安全基本知识的知晓率超过95%，应急意识和技能显著增强，全社会抵御灾害的综合防范能力显著提高。

（3）行动方案：

1）充分利用国际减灾日、消防日以及重大节假日，在公共场所播放公益宣传广告、开设专家讲座、开展现场模拟演练、分发通俗读本等方式，广泛宣传和普及应急知识。

2）积极推进应急知识"进社区"活动，开发应急宣传产品，免费发放给社区居民。各社区通过公告栏、电梯广告、户外广告等各类载体宣传应急知识。

3）政府或公共部门应在适当地点（如公众场所、主要道路设施、海陆空出入境口岸、学校、老人院、避灾中心等）安装电视屏幕、LED显示屏等，本澳酒店在灾害预警和发生期间应在酒店内装设的电视机或LED显示屏上免费提供澳门电视广播股份有限公司的中葡文频道讯号，以便向公众和旅客播放最新电视新闻信息、灾害监测预警信息或公共安全教育节目。

4）根据灾害严重程度增加求助电话线路数量，减少居民危急致电求助时因线路繁忙出现无法接通的情况。

5）开发由幼儿园、小学和中学学生亲身参与突发事件舞台情景剧项目，培养幼儿和青少年的安全意识，提高师生在突发事件中自救互救的应变能力，同时带动家庭和社会关注突发事件安全教育。

6）建设澳门公共安全应急信息网，及时发布应急政策、危险源分布、突发事件预警、灾情和处置进程等应急信息，为社会公众提供各类应急文化产品服务。

4.9　强化区域应急联动与资源共享

结合粤港澳大湾区建设，主动融入国家发展大局，对接国家发展战略，深化澳门与广东、香港的应急管理和防灾减灾救灾合作，推动澳门与广东、香港建立健全三地应急管理合作机制，加强区域突发事件信息与资源共享、区域生命线工程协调保障、区域应急管理人员合作与交流。

4.9.1　完善区域突发事件应急管理合作机制

（1）基本策略：推动建立与广东省应急管理部门、香港特区政府、珠三角各市政府参与的联防联治突发事件应急管理合作机制，形成统一协调、分工明确、配合密切、运转高效的联动工作机制，协同开展粤港澳大湾区突发事件应急活动，提升澳门突发事件应急管理能力。

（2）行动目标：建立健全与粤港的应急管理合作机制，完善区域应急协同联动机制、海上互助合作机制、应急救灾物资和应急救援队伍快速通关机制、应急救灾物资储备共享机制、社会力量参与防灾减灾救灾协作机制。

（3）行动方案：

1）加强《粤澳应急管理合作协议》的落实，进一步健全合作机制、拓展合作领域、完善合作内容，促进区域内应急管理工作水平的整体提升，实现应急管理资源的有效利用和合理共享。

2）加强澳门突发事件应急预案与粤港相关应急预案在应急管理组织体系、工作职责、运行机制、应急保障、监督管理等方面的有效衔接，每年联合举办粤港澳应对突发事件联合演练，提高粤港澳协同应对突发事件能力。

3）推动完善澳门与内地、香港的海上互助合作机制，修订完善相关合作安排和计划，推动建立并不断完善粤港澳海上联合搜救行动机制，提升澳门海上搜救能力。

4）建立与广东特别是珠海的应急物资共享与协调调配机制，规范物流机构、口岸机构和相关部门协作完成应急物资跨区域调配工作。推动建立健全粤港澳三地应急救援队伍、需转运的伤病人员和应急救灾物资"快速通道"机制，方便救援队伍、伤病人员和物资快速通关。

5）加强与粤港合作，形成粤港澳公共卫生事件应急标准作业程序（SOP）。将三地合作的协议内容，以精细化、规范化的具体步骤进行描述，保证三地合作联防联控机制有效、高效发挥作用，并开展效果评估和监督工作。

6）积极引导粤港澳社会力量参与澳门防灾减灾救灾和突发事件应对工作，推动搭建粤港澳三地社会力量应急协作平台，加强三地社会力量之间的交流合作，有效支持三地政府合作开展防灾减灾救灾工作。

4.9.2 加强区域突发事件信息与资源共享

（1）基本策略：结合粤港澳大湾区建设，进一步完善与粤港的突发事件信息沟通渠道，建立澳门应急管理机构与粤港应急管理机构之间的常态信息交流机制、联合预警机制，建立协同工作平台，加强与粤港的突发事件信息与资源共享。

（2）行动目标：促进与粤港在常态风险管理、突发事件监测预警、应急响应等方面的信息交流，提升粤港澳大湾区防灾减灾救灾信息交流时效性和准确性。

（3）行动方案：

1）建立澳门应急管理机构与粤港应急管理机构之间的常态信息交流机制，进一步健全与粤港的突发事件信息通报机制，畅通突发事件信息沟通渠道。

2）建立健全与粤港的突发事件联合预警机制，针对台风、风暴潮等区域性灾害开展联合预警，对于本地发生的、可能会波及其他两地的突发事件，第一时间向相关方通报准确情况，确保及时、有效开展联合处置。

3）加强与内地及香港的气象海洋观测资料共享能力建设，按照共享信息传输的需要增加澳门与广东省气象局数据专线带宽，提高资料共享的深度、广度和时效性。

4）促进与粤港在环境监测、水质监测、气象观测、海洋观测等方面积极开展合作交流，推动建立灾害协同立体观测网和气象云服务协同工作平台。

4.9.3　加强区域生命线工程安全协调保障

（1）基本策略：坚持"解决当前难题和益于长远发展有机结合"的原则，建立健全与广东在供水、供电等生命线工程运行信息方面的共享机制，提升粤港澳非常态下生命线工程的安全协调和应急保障能力。

（2）行动目标：加强供水、供电、消防、交通等方面的协调与合作，促进粤澳信息共享和资源优化配置，提升澳门应急供水、供电保障能力和重大生命线工程的安全保障能力。

（3）行动方案：

1）加强应急供水保障能力。全面推动落实《粤澳供水合作框架协议》《粤澳供水协议》《关于建造第四条对澳供水管道工程的合作协议》及《关于建造平岗—广昌原水供应保障工程的合作协议》，加快推进第四条对澳供水管道工程及平岗—广昌原水供应保障工程建设，确保对澳供水安全。

2）加强应急供电保障能力。积极推进澳门电网与南方电网第三条输电通道建设，优化澳门电网与南方电网联网方案，增强南方电网向澳门供电电源的保障性。

3）加强消防救援保障能力。加大与粤港消防队伍的协调联动，增强澳门抢险救灾、灭火消防等器材装备与粤港的兼容互通，加强应急装备互操作性培训和适应性训练。合理配备可共享的消防应急救援专用装备，加强联合训练与演练，提高联合作战能力。

4）加强港珠澳大桥联合应急救援能力。推动粤港澳三地深入开展调研评估，根据港珠澳大桥运营管理情况、周边环境和安全形势，建立健全港珠澳大桥应急救援联合预案、港珠澳大桥警务、应急救援及应急交通管理等合作机制。

4.9.4　加强区域应急管理人员合作与交流

（1）基本策略：依托粤港澳各自优势资源，强化应急管理人员合作与交流，创新应急管理培训、交流、考察、锻炼等工作方式，建立畅通的人员交流渠道，推动跨区域应急管理人员合作交流。

（2）行动目标：建立完善澳门和内地、香港应急管理人员合作与交流互访机制，拓宽应急管理合作交流渠道，互相学习借鉴先进经验，提高共同应对重大突发事件的能力。

（3）行动方案：

1）加强公务人员应急管理能力合作培训。充分利用澳门、内地、香港应急管理教学培训资源，积极开展粤港澳公务人员应急管理合作培训。通过多种渠道组织澳门公务人员赴内地或香港参加培训、访问交流等，学习交流应急管理工作经验。

2）提高专业队伍应急救援能力。充分利用澳门、内地、香港专业应急救援培训基地和教学资源，加强粤港澳消防、治安、水上、紧急医学等专业应急救援队合作培训。

3）提升专业人才能力水平。制定气象、消防、水利、电力、医疗卫生等专业部门应急人员能力提升计划，与内地相关部委、省市建立专业人才交流与合作培训机制，提升澳门应急专业人才能力水平。

4）提升应急管理研究能力。加大与粤港科研管理部门、高等学校、科研院所等的合作交流力度，加强应急相关科研、规划、标准、技术和装备研发等方面的合作，提高澳门应急管理科学研究与技术研发能力。

专栏2 规划重点项目

序号	重点项目	主要建设内容
1	防洪排涝设施建设	力争尽早开工建设内港挡潮闸工程，结合内港海傍区排涝工程和堤岸临时工程建设，整治沿岸廊道、管线、拍门等，实现内港海傍区防洪（潮）标准200年一遇，治涝标准20年一遇24 h降雨24 h排除的治理目标；建设澳门半岛青洲—筷子基沿岸堤防工程，使其防洪（潮）标准和治涝标准与内港海傍区相协调；结合澳门经济社会发展需求和城市总体规划要求，新建或达标加固路环岛西侧、澳门半岛南侧、路凼岛等堤防工程；对城市易涝区现有排水管网实施升级改造，使其逐步达标；完善防洪非工程措施，编制洪水风险图，制定防灾减灾预案和应急抢险措施。
2	澳门供水保障设施建设	推进落实九澳水库扩容工程和石排湾水库整治工程建设，于2028年将两水库的总库容量提高至约 105×10^4 m^3，将澳门本地蓄水施蓄水量提高至约 270×10^4 m^3，满足约8天原水供水需求；在澳门本地选择合适地点，新建高位水池，使全澳高位水池蓄水量增加到约 14.3×10^4 m^3，保障供水时间提升至约12 h。
3	重要用户供电保障系统建设	全面排查、重新评估重要用户供电方案，加强重要用户供电网络建设，优化重要用户的网架结构，协调重要用户配置保安电源，确保重要用户双电源或三电源供电，落实重要用户的保电方案；保障重大灾害情况下重要用户的优先供电。（重要用户包括政府部门、应急指挥中心、医院、水厂、通信、解放军驻澳门部队等。）
4	澳门应急预案体系建设	制定发布应急预案管理和编制指引等规范性文件，统筹推进政府总体预案、专项预案、部门预案建设，以及指导私人部门和单位、社会组织和基层社区制修订应急预案和应急处置方案，形成"纵向到底、横向到边"的应急预案体系，规范应急预案编制和管理，提高应急预案的针对性、实用性和可操作性。
5	自然灾害风险评估项目	建立自然灾害风险隐患数据库；编制热带气旋、风暴潮、暴雨及其引发的水浸、滑坡、市政设施和道路桥梁损坏等灾害风险图。
6	气象灾害监测预警系统建设	科学评估现有气象及水文观测能力，进一步优化陆地及所属海域风、雨、水、潮、浪、流等气象和海洋水文环境信息监测站网布局；加强粤港澳监测资料共享能力建设；提升多源海量资料快速处理及应用能力，实现对主要灾害全天候、无缝隙、快速、准确监测分析；通过技术引进和合作共建，加强大气及海洋高分辨率数值模式技术应用，为提升主要灾害预警水平提供核心科技支撑。
7	突发事件预警信息发布系统建设	建设统一的突发事件预警信息发布系统，进一步完善预警信息发布机制，建立预警信息发布平台和预警信息快速发布"绿色通道"，提高预警信息发送效率和覆盖面。
8	粤澳公共安全与应急管理培训基地建设	加强与广东省合作，共商共建共管共享，在珠海建设集决策指挥培训、救援技能培训、实战演习培训、综合应急演练、救援物资储备、应急物资储备等多种功能于一体的专业救援队伍培训基地。建立平时培训演练、急时应急的综合运营模式，有效提升指挥人员的应急决策指挥能力、应急救援队伍的应急处置能力；同时还可以作为澳门公众特别是青少年安全教育科普基地。
9	海上应急队伍建设	探索建立海上巡航搜救、专业化海上巡航、巡逻、救助队伍；加强公务船舶船员消防和搜救技能培训、海上应急高级指挥人员培养，组建海上应急专家队伍；充分发挥社会船只的作用；定期开展演习演练；逐步创造条件，打造全方位覆盖、全天候运行、具备快速反应能力的海上应急队伍。

专栏 2（续）

序号	重点项目	主 要 建 设 内 容
10	新应急指挥中心及应用平台建设	尽早完成澳门半岛新民防和应急行动中心办公场所建设，并同步开展新应急指挥中心及应用平台软硬件和网络建设、城市应急指挥应用平台软件系统核心功能建设，对接澳门城市运行和民防架构成员部门信息，集中处理各种应急需求，统一指挥、协调、调度澳门民防行动。
11	城市安全运行监控系统建设	采用人工智能、互联网、物联网等先进科技，建设澳门城市安全运行监控系统，实现对澳门水、电、气、交通、通信网等安全运行监控，并将信息汇集到城市应急指挥应用平台，为城市安全运行风险管控提供科技支撑。
12	应急物资储备库（点）新建和改扩建项目	实施应急物资储备库（点）的新建、改扩建工程，采购储备相应的安置类、生活类、避险救生类等应急物资。制定社区应急物资储备指导意见，引导和鼓励有条件的社区、居民社区等设置片区、社区、居民楼内的应急物资储备点，存储符合各自社区实际需要的临时安置类、生活类等应急物资。
13	社会应急物资信息化管理平台建设	建立完善实物储备、协议储备、社区储备、社团组织储备和居民家庭储备相结合的应急物资储备机制，适时建立社会应急物资信息化管理平台，依托互联网、社交媒体、电话等手段，及时通过平台发布救灾需求和供给等信息，促进供需对接匹配，实现应急物资统一接收、调配及及时有序发放。
14	安全韧性社区建设	制定安全韧性社区标准，明确安全韧性社区的建设要求，倡导家庭、社区安装火灾、燃气探测器并进行集中联网报警，进行火灾和燃气风险的早发现、早施救，做到风险监测有手段、有应急志愿者、有安全教育、有应急预案、有培训演练、有应急物资储备、有应急通信装备，全面提升社区在日常减灾、灾中应急和灾后恢复重建中的作用，为建设安全韧性澳门奠定基础。
15	公共安全科普教育基地建设项目	依托澳门科学馆，建设融宣传教育、展览体验、演练实训等功能于一体的综合性防灾减灾科普宣传教育基地，形成实景展现、模拟互动、寓教于乐的安全教育科普场所，满足普通民众学习安全知识和逃生技能的需求。
16	公共安全知识服务平台建设项目	建设公共安全知识服务平台，开发系列安全及防灾科普产品，方便澳门市民和来澳游客获取安全及防灾科普资料，及时了解突发事件相关信息，享受安全及防灾产品服务。
17	粤港澳应对突发事件联合演练项目	继续推动粤港澳三地每年定期开展港珠澳大桥应急演练、海上联合搜救演练、海上联合消防演练等突发事件应对联合演练，并根据演练效果评估情况对相关应急预案进行修订和完善，不断提高粤港澳三地协同应对突发事件能力。

五、保障措施

5.1 组织领导

在行政长官统领下，各部门加强分工与合作，认真分解落实规划相关指标、主要任务、重点项目的责任部门和单位，并将规划相关指标、主要任务、重点项目纳入部门和单位年度计划。重点项目牵头单位要抓紧开展项目方案设计，办理项目审批手续，加强项目建设管理，确保项目顺利实施。

5.2 资金保障

对于纳入政府各部门年度施政计划的工作任务，应通过部门年度预算保障相关工作经费。对于规划的政府重点项目、应急物资装备储备、日常运行维护等长期防灾减灾工作，政府设立专项预算，提供资金保障。对于涉及私人企业和机构、基层社区和社会组织的工作任务和建设项目，政府将制订相关支持政策，引导多元化资金投入，同时充分发挥市场机制和社会力量的作用。

5.3 评估机制

建立规划实施评估机制，定期检查规划的落实情况，适时评估和调整政策措施，确保规划顺利实施。组织开展规划实施情况的年度评估和中期评估，设立政府自评、第三方评估和社会评估三层评估机制，制定和完善规划实施绩效评估办法和指标；根据评估结果，适时调整规划相关政策和内容，并及时向社会公布评估结果和调整内容。

注：附录二以《澳门特别行政区防灾减灾十年规划（2019—2028 年）》（社会发布版）为基础，删减了原文中的有关地图专题图件。

参 考 文 献

[1] 闪淳昌，薛澜. 应急管理概论：理论与实践 [M]. 北京：高等教育出版社，2012.

[2] 闪淳昌，等. 中国突发事件应急体系顶层设计 [M]. 北京：科学出版社，2017.

[3] 闪淳昌，周玲，秦绪坤，等. 我国应急管理体系的现状、问题及解决路径 [J]. 公共管理评论，2020(2)：4-20.

[4] 闪淳昌，周玲，钟开斌. 对我国应急管理机制建设的总体思考 [J]. 国家行政学院学报，2011(1)：8-12，21.

[5] 闪淳昌. 建设现代化应急管理体系的思考 [J]. 社会治理，2015(1)：109-114.

[6] 薛澜. 中国应急管理系统的演变 [J]. 行政管理改革，2010(8)：22-24.

[7] 薛澜. 学习四中全会《决定》精神，推进国家应急管理体系和能力现代化 [J]. 公共管理评论，2020(1)：33-40.

[8] 李湖生. 非常规突发事件应急准备体系的构成及其评估理论与方法研究 [J]. 中国应急管理，2013(8)：15-23.

[9] 钟开斌. 中国应急管理机构的演进与发展：基于协调视角的观察 [J]. 公共管理与政策评论，2018(6)：21-36.

[10] 钟开斌. "一案三制"：中国应急管理体系建设的基本框架 [J]. 南京社会科学，2009(11)：77-83.

[11] 闪淳昌，张云霞，秦绪坤. 面向重大灾害现场调查评估研究：以澳门"天鸽"台风灾害应对实践为例 [J]. 中国应急管理，2021(10)：10-13.

[12] 张云霞，闪淳昌，秦绪坤. 澳门"天鸽"台风灾害现场调查评估的实践与思考 [J]. 中国减灾，2021(9)：40-45.

[13] 秦莲霞，张庆阳，郭家康. 国外气象灾害防灾减灾及其借鉴 [J]. 中国人口·资源环境，2014，24(3)：349-354.

[14] 蔡继，田亦毅，付巍巍. "海燕"重创菲律宾对我国台风防御的启示 [J]. 中国防汛抗旱，2014，24(6)：76-78.

[15] 汪伟全. 突发事件区域应急联动机制研究 [J]. 探索与争鸣，2012(3)：47-49.

[16] 陈文红. 城市基础设施防灾能力评价体系及其应用研究 [D]. 北京：首都经济贸易大学，2016.

[17] 叶云凤，董晓梅，王声湧，等. 国内外公众自救互救技能培训研究进展 [J]. 伤害医学（电子版），2015，4(1)：37-44.

[18] 睿联佳业. 灾难应急救援体验基地规划方案 [EB/OL]. (2019-10-07)[2021-11-22]. https：//ishare. iask. sina. com. cn/f/13UTcOcJ45t. html.